Word/Excel/PPT 实战技术大全

宋翔◎编著

人民邮电出版社

北京

图书在版编目（CIP）数据

Word/Excel/PPT实战技术大全 / 宋翔编著. -- 北京：
人民邮电出版社，2020.4
ISBN 978-7-115-52613-7

Ⅰ．①W… Ⅱ．①宋… Ⅲ．①办公自动化－应用软件
Ⅳ．①TP317.1

中国版本图书馆CIP数据核字（2019）第269107号

内 容 提 要

  本书全面而详细地介绍了 Word、Excel 和 PowerPoint 的功能及其使用方法，还提供了丰富的应用案例。本书并非简单地堆砌 Word、Excel、PowerPoint 的功能，而是将其相同或相似的功能进行了高度整合，使读者可以在最短的时间内轻松掌握 3 个组件的大量相同或相似功能，并能举一反三。

  本书共 5 个部分 27 章，内容包括 Word、Excel、PowerPoint 的界面环境、基本操作与自定义设置，以及 Word、Excel、PowerPoint 3 个组件在文档方面的通用操作；使用 Word 进行文档输入、编辑与排版的方法和技巧；使用 Excel 对数据进行处理、分析与展示的方法和技巧；使用 PowerPoint 设计与制作幻灯片，并进行放映与发布的方法和技巧；使用 Word、Excel、PowerPoint 协同工作完成复杂任务的方法和技巧。

  本书内容系统全面，案例丰富，可操作性强，兼具技术性与实用性，适合所有学习和使用 Word、Excel 和 PowerPoint 的用户。本书既可作为 Word、Excel 和 PowerPoint 的自学宝典，又可作为案例应用的速查手册，还可作为各类院校职业技能的培训教材。

◆ 编　　著　宋　翔
  责任编辑　牟桂玲
  责任印制　马振武

◆ 人民邮电出版社出版发行　　北京市丰台区成寿寺路 11 号
  邮编　100164　　电子邮件　315@ptpress.com.cn
  网址　http://www.ptpress.com.cn
  涿州市京南印刷厂印刷

◆ 开本：787×1092　1/16
  印张：28.75
  字数：792 千字　　　　　　　　2020 年 4 月第 1 版
  印数：1 – 2 500 册　　　　　　　2020 年 4 月河北第 1 次印刷

定价：89.00 元

读者服务热线：(010)81055410　印装质量热线：(010)81055316
反盗版热线：(010)81055315
广告经营许可证：京东工商广登字 20170147 号

感谢您选择了《Word/Excel/PPT 实战技术大全》！本书详细介绍了 Word、Excel、PowerPoint 3 个组件的大部分功能与技术，并提供了大量的应用案例，使理论知识与实际应用紧密结合。与市面上的同类图书相比，本书具有以下 3 个显著特点。

◆ 本书并非简单地堆砌 Word、Excel、PowerPoint 的功能，而是将其相同或相似的功能进行了高度整合，使读者可以在最短的时间内轻松掌握 3 个组件的大量相同或相似功能，并能举一反三。本书第 1 章和第 2 章尤其体现了这一特点。

◆ 本书是一本真正意义上的三合一宝典，既包含详细的内容和技术，又提供了丰富的应用案例。

◆ 本书为了避免大量重复的内容，当讲解到 Word、Excel、PowerPoint 都包含的相同功能时，只在其中一个组件中详细讲解，而在其他两个组件中对该功能进行简要描述，将节省下来的篇幅用于介绍其他更有必要详细讲解的内容。

本书组织结构

本书分为 5 个部分 27 章，包含 187 个案例。根据 Word、Excel 和 PowerPoint 的功能和特性，对各部分在本书中的顺序安排以及每个部分涵盖的内容进行了细致的考虑与划分，具体如下。

第 1 部分　Word/Excel/PPT 使用基础

该部分主要介绍 Word、Excel、PowerPoint 界面环境的基本操作与自定义设置，以及 Word、Excel、PowerPoint 这 3 个组件在文档方面的通用操作。

第 2 部分　Word 文档输入、编辑与排版

该部分主要介绍使用 Word 进行文档输入、编辑与排版的方法和技巧，具体内容包括文档的页面格式设置、输入与编辑文本、设置文本的字体和段落格式、创建与使用表格和图表、处理图片和图形对象、长文档排版与多文档处理的相关功能和技术等。

第 3 部分　Excel 数据处理、分析与展示

该部分主要介绍使用 Excel 对数据进行处理、分析与展示的方法和技巧，具体内容包括工作表的基本操作、单元格的选择与定位、在工作表中输入与编辑数据、设置数据格式、公式与函数的概念与使用方法、几类常用函数的语法和实际应用、数据列表的简单分析功能、使用数据透视表分析数据、使用图表呈现数据、工作表页面设置与打印等。

第 4 部分　PPT 幻灯片制作、放映与发布

该部分主要介绍使用 PPT 设计与制作幻灯片，并进行放映与发布的方法和技巧，具体内容包括在 PPT 中输入与设置文本内容、添加图片和其他图形对象、设计幻灯片版式和母版、使用主题、创建 PPT 模板、在 PPT 中使用音频和视频、为幻灯片设置切换动画、为幻灯片中的内容设置对象

动画、在 PPT 中设计交互功能、放映与发布 PPT 等。

第 5 部分　Word/Excel/PPT 协同办公

该部分主要介绍通过协同使用 Word、Excel、PowerPoint 来完成复杂任务的方法和技巧。

虽然本书按照一定的逻辑顺序进行编排，但读者在阅读时可以跳转到感兴趣或迫切需要了解的内容中。如果读者对 Word、Excel 和 PowerPoint 还不太了解，则建议从本书第 1 章开始循序渐进地学习。

为了让读者更有效率地阅读本书内容，本书还包括以下几个特色小栏目。

提示： 对辅助性或可能产生疑问的内容进行补充说明。

技巧： 提供完成相同任务或效果的更加简捷、高效的方法。

注意： 给出需要引起特别注意或可能会造成灾难性后果的警告信息。

代码解析： 本书包含很多查找替换的代码，对这些代码的编写思路进行详细说明。

交叉参考： 在本书的适当位置给出与当前内容相关的知识所在的章节，便于读者跳转参考阅读。

本书读者对象

本书适合有以下需求的各类人士阅读。

◆ 希望快速掌握 Word、Excel、PowerPoint 中的任意一个或所有组件的使用方法。

◆ 需要使用 Word 进行各类文档的排版。

◆ 需要制作大量格式和内容相似的文档，如通知书、工资条、工作证等。

◆ 希望掌握正规的排版方法，实现 Word 自动化排版，改善 Word 排版质量并提高排版效率。

◆ 需要使用 Excel 制作各类报表，并进行各种计算和统计分析。

◆ 所从事的工作中需要经常使用 Excel，如销售管理、人力管理、财务管理等。

◆ 经常需要设计与制作 PPT，或使用 PPT 演讲发言。

◆ 经常同时使用 Word、Excel 和 PowerPoint，并在它们之间交换数据。

图形界面元素、鼠标和键盘等操作的描述方式

花几分钟时间来了解一下本书对图形界面元素、鼠标和键盘等操作的描述方式，会给阅读本书带来很大帮助。

图形界面元素操作

本书使用以下方式来描述在图形界面中对菜单命令、按钮等界面元素进行的操作。

◆ 在命令菜单中选择命令时，使用类似"选择【复制】命令"的描述方式。

◆ 在窗口、对话框等界面中操作按钮时，使用类似"单击【确定】按钮"的描述方式。

◆ 在带有功能区界面的环境中进行操作时，使用类似"单击功能区中的【开始】⇨【剪贴板】⇨【格式刷】按钮"的描述方式。

鼠标操作

本书中的很多操作都是使用鼠标来完成的，本书使用下列术语来描述鼠标的操作方式。

◆ 指向：将鼠标指针移动到某个项目上。

◆ 单击：按下鼠标左键一次并松开鼠标按键。

◆ 右击：按下鼠标右键一次并松开鼠标按键。

◆ 双击：快速按下鼠标左键两次并松开鼠标按键。

◆ 拖动：按住鼠标左键不放，然后移动鼠标指针。

键盘操作

在使用键盘上的按键来完成某个操作时，如果只需要按一个键，则表示为与键盘上该按键名称相同的英文单词或字母，如"按【Enter】键"；如果需要同时按几个键才能完成一个操作，则使用"+"号连接所需要按下的每一个键，如执行复制文件的操作表示为"按【Ctrl+C】组合键"。

本书附赠资源

购买本书将同时获得以下配套资源。

◆ 本书重点案例的源文件。

◆ 本书重点案例的多媒体视频教程。

◆ Windows 10 多媒体视频教程。

◆ Office VBA 程序开发电子书。

◆ Word/Excel/PPT 快捷键速查电子书。

◆ Word/Excel/PPT 文档模板。

◆ Word/Excel/PPT 疑难问答手册电子书。

读者可以根据个人习惯及上网环境，通过以下方式获取本书配套资源。

◆ 关注"职场研究社"微信公众号，回复"52613"获取本书配套资源的下载链接地址。

◆ 加入专为本书开设的读者 QQ 群（群号：292438317），从群共享中下载。

本书更多支持

如果您在使用本书的过程中遇到问题，可以通过以下方式与作者联系。

◆ 邮箱：songxiangbook@163.com。

- ◆ 微博：@ 宋翔 book。
- ◆ 作者 QQ：188171768，加 QQ 时请注明"读者"以验证身份。
- ◆ 读者 QQ 群：292438317，加群时请注明"读者"以验证身份。

声明

本书中的示例所使用的数据均为虚拟数据，如有雷同，纯属巧合。

第 1 部分

Word/Excel/PPT 使用基础

第1章 在 Word/Excel/PPT 中导航

Office 2003 以及更低版本的 Office 一直使用传统的菜单栏和工具栏界面环境。从 Office 2007 开始，微软使用全新的功能区界面代替了使用已久的传统界面。虽然从 Office 2007 一直到目前最新的 Office 2019 都使用功能区界面环境，但是不同版本的 Office 始终对功能区进行着持续改进。Word、Excel 和 PowerPoint（本书后续内容将使用 PPT 代替 PowerPoint）是微软 Office 办公套件中的 3 个主要且常用的组件，虽然它们的主要功能与应用场合并不相同，但是它们的界面环境及使用方法非常相似，所以熟悉并掌握了其中某个组件的界面环境与使用方法，也就相当于同时掌握了另外两个组件的界面环境与使用方法。

本章和第 2 章将集中介绍 Word、Excel 和 PPT 这 3 个 Office 组件的共同特性和功能，以及很多相同和相似的操作。通过对比性的讲解，读者可以快速掌握这 3 个组件的界面环境及其基本使用方法，以及它们的大部分通用操作，使学习和使用这 3 个 Office 组件达到事半功倍的效果。

1.1 Word/Excel/PPT 概述

由于 Word、Excel 和 PPT 这 3 个组件的界面结构非常相似，因此本书对它们在界面环境方面的相同与不同之处进行了整体介绍，有关功能区的详细介绍请参考本章 1.2 节。此外，虽然这 3 个组件的核心功能完全不同，但是它们具有很多相同或相似的功能，本节统一对这些功能进行了总结，便于读者快速了解这 3 个组件的通用功能，节省学习的时间。在介绍这些内容前，本节首先介绍 Word、Excel 和 PPT 3 个组件的应用环境与功能划分，使读者对这 3 个组件有基本的了解。

1.1.1 Word/Excel/PPT 应用环境与功能划分

Word、Excel 和 PPT 在数据录入、基础格式设置以及自动化等方面具有很多相同或相似的功能，它们之间的主要区别在于各组件具有的核心功能和最终数据的呈现方式不同。下面简要介绍 Word、Excel 和 PPT 3 个组件的主要应用环境与功能划分。

1. Word 应用环境与功能划分

Word 主要用于文档内容的编辑、排版与打印，可以完成从只有文字的简单文档，到同时包含文字、表格、图片以及其他类型内容的复杂文档的编辑与排版。具体而言，Word 可以完成以下类型文档的制作。

- 纯文字类文档：只包含文字的文档，如各种类型的通知。
- 表格类文档：只包含表格，或文字与表格混合的文档，如员工登记表、个人简历。
- 图文混合类文档：包含文字和图片的文档，如宣传海报、名片。
- 图表类文档：包含图表的文档，如销售业绩报告。
- 具有相同版式布局的大量文档：具有相同页面布局和格式，但内容稍有差异的大批量文档，如录用通知书、会议邀请函。
- 大型文档：图、文、表以及其他有效内容混合在一起，且具有严格排版要求的文档，如论文、书籍。

根据文档编辑与排版的不同阶段以及所完成的不同任务，可以将 Word 涵盖的主要功能划分为以下几个部分：内容录入与编辑、格式设置与图文表混排、排版自动化、多文档处理、页面设置与打印。

2. Excel 应用环境与功能划分

Excel 主要用于表格数据的存储、计算、分析和呈现，可以完成从只存储固定数据的静态表格，到包含公式、函数与数据分析工具的动态表格的制作与处理。具体而言，Excel 可以完成以下类型表格的制作。

◉ 数据存储类表格：仅用于存储固定数据和信息的表格，其中不包含任何用于计算的公式或其他可自动更新的功能，如人员资料表。

◉ 数据计算类表格：用于对数据进行计算的表格，通过使用公式与函数对指定数据进行各种类型的计算和处理，如汇总求和与平均值、统计数量、提取文本中的特定部分、计算财务数据等。

◉ 数据分析类表格：用于对数据进行分析的表格，可以使用排序、筛选和分类汇总对数据进行简单的分析工作，也可以使用数据透视表更灵活地从不同角度来分析数据，还可以使用假设分析、规划求解等高级工具对数据进行分析。

◉ 数据呈现类表格：使用图表、迷你图、图片、形状等图形化方式来呈现数据内在含义的表格，如通过图表来分析商品的销售趋势。

◉ 功能定制类表格：××管理系统或带有增强、扩展功能的插件，需要在其中通过 VBA 编程来定制表格的操作方式、数据计算和分析方法等大量特定的功能。

根据对表格中的数据进行制作与处理的不同方式以及所完成的不同任务，可以将 Excel 涵盖的主要功能划分为以下几个部分：数据录入与编辑、格式设置与数据呈现、数据计算、数据分析、页面设置与打印、自动化处理。

3. PPT 应用环境与功能划分

PPT 主要用于幻灯片的设计、制作、放映与发布，可以完成从只有文字和图片的简单幻灯片，到同时包含文字、图片、图表、动画和交互功能的复杂幻灯片的设计与制作。具体而言，PPT 可以完成以下类型幻灯片的制作。

◉ 简单的文字和图片类幻灯片：只包含文字和图片的静态幻灯片，如工作总结。

◉ 数据呈现类幻灯片：包含表格数据和图表的幻灯片，如销售业绩报告。

◉ 视觉呈现类幻灯片：具有丰富视觉效果的幻灯片，其中可能包含大量的图片、视频以及为幻灯片中的对象设置的动画效果，如教学课件。

◉ 简单交互类幻灯片：带有简单交互功能的幻灯片，如使用图形化按钮控制动画的播放。

◉ 特殊功能定制类幻灯片：带有特殊功能或自动化要求的幻灯片，通常需要通过 VBA 编程才能实现，如自动出题与评分系统。

根据幻灯片设计与制作的不同阶段以及所完成的不同任务，可以将 PPT 涵盖的主要功能划分为以下几个部分：构建 PPT 内容、美化与自定义 PPT、设置动画与交互、放映与发布 PPT、自动化处理。

> **交叉参考** 本章 1.1.3 小节总结了 Word、Excel 和 PPT 3 个组件所具有的相同或相似的功能和操作，便于读者快速掌握它们的共同之处，节省学习这 3 个组件相同功能的时间。

1.1.2 Word/Excel/PPT 操作界面的整体结构

从 Office 2007 开始，微软对 Office 应用程序的界面环境做出了重大改进，使用新的功能区界面代替了 Office 早期版本中的菜单栏和工具栏界面。Office 2016 是在编写本书之际发布的最新版本，在从 Office 2007 发展到 Office 2016 的过程中，每一个高版本都对其前一个版本的功能区界面进行了不同程度的改进。虽然 Word、Excel 和 PPT 的核心功能完全不同，但是它们具有相似的界面环境。下面将介绍这 3 个组件在界面环境方面的共同点，以及其中存在的一些区别。

　　无论是 Word、Excel，还是 PPT，它们都提供了基于功能区的界面环境，每个组件功能的主要命令都位于功能区中。从界面的整体结构来看，Word、Excel 和 PPT 3 个组件的界面环境都由几个部分组成。这里以 Excel 为例进行介绍，如图 1-1 所示。

图 1-1　Excel 的界面整体结构

　　◉　标题栏：位于 Office 应用程序窗口的顶部，显示了在窗口中打开的文档名称，以及 Office 应用程序的名称。

　　◉　窗口控制按钮：位于标题栏的右侧，Office 应用程序窗口的右上角，用于调整窗口的状态，包括【最小化】【最大化/还原】【关闭】3 个按钮。【最大化】和【还原】两个按钮位于同一个位置，但不能同时出现。

　　◉　快速访问工具栏：默认位于标题栏的左侧，以按钮的形式显示了一些常用的命令。默认只显示【保存】【撤销】【恢复/重复】3 个按钮，可以根据需要向其中添加更多命令或从中删除不需要的命令。

　　◉　功能区：位于标题栏下方，是横跨应用程序窗口的矩形区域。图 1-2 所示为 Word 2016、Excel 2016 和 PPT 2016 的功能区。功能区由选项卡、组和命令 3 个部分组成，每个选项卡的顶部都有一个用于标识该选项卡类别和用途的文字标签，如【开始】选项卡和【视图】选项卡，单击标签可以切换到对应的选项卡。每个选项卡中的命令按照功能类别被划分为多个组，如【开始】选项卡中的【剪贴板】组和【字体】组。组中的命令就是用户可以执行的各种操作。

　　◉　【文件】按钮：位于功能区中第 1 行选项卡的左侧，单击该按钮进入的界面中包含了与文档操作相关的命令。应用程序选项设置界面需要通过单击【文件】按钮后选择【选项】命令才能进入。

　　◉　内容编辑区：位于功能区的下方，可在其中输入和编辑文档的内容。图 1-3 所示为 Word 2016、Excel 2016 和 PPT 2016 的内容编辑区。在内容编辑区中输入的内容类型和方式由 Office 应用程序类型决定：Word 的内容编辑区显示为页面，以先行后列的方式输入并显示文本，可以在页面中插入表格、图片和图形等内容；Excel 的内容编辑区显示为纵横交错的单元格，可以在表格中输入和编辑数据，也可以在其中插入图片和图形等内容；PPT 的内容编辑区显示为幻灯片，可以在每张幻灯片中输入文字，插入表格、图片、图形、音频和视频等内容。

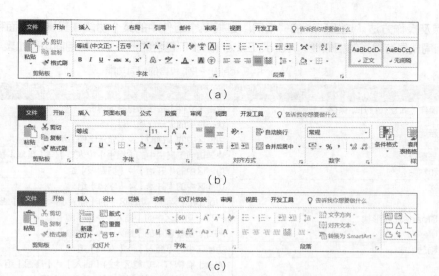

图 1-2　Word 2016 的功能区（a）、Excel 2016 的功能区（b）和 PPT 2016 的功能区（c）

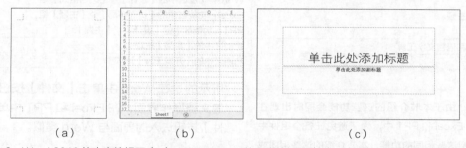

（a）　　　　　　　　（b）　　　　　　　　（c）

图 1-3　Word 2016 的内容编辑区（a）、Excel 2016 的内容编辑区（b）、PPT 2016 的内容编辑区（c）

◉　滚动条：用于调整文档窗口中当前显示的内容，拖动滚动条上的滑块可以在屏幕中显示位于当前窗口之外的内容。

◉　状态栏：位于 Office 应用程序窗口的底部，图 1-4 所示为 Word 2016、Excel 2016 和 PPT 2016 的状态栏。状态栏中显示了与当前文档内容相关的一些信息，不同的 Office 应用程序在状态栏中会显示不同的信息。例如，在 Word 状态栏中会显示插入点当前位于哪一页、文档包含的总页数等信息；在 Excel 状态栏中会显示当前选中的单元格区域中数据的统计信息。右击状态栏中的空白处，在弹出的菜单中可选择要在状态栏中显示的信息类型。状态栏的右侧提供了用于调整窗口显示比例的控件，显示比例控件的左侧是视图按钮，用于在不同的视图之间切换。

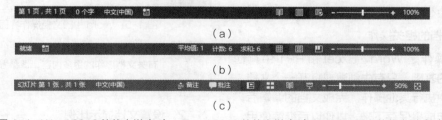

图 1-4　Word 2016 的状态栏（a）、Excel 2016 的状态栏（b）、PPT 2016 的状态栏（c）

1.1.3　Word/Excel/PPT 通用操作一览

本节对 Word、Excel 和 PPT 3 个组件包含的相同功能进行了总结，便于读者更容易地掌握它们的共同点及操作方法。这里所说的"相同"是指 3 个组件中的某个功能在其操作界面和使用方法方面完全相同或具有很高的相似性。Word、Excel 和 PPT 包含的一些主要的相同功能如表 1-1 所示。

表 1-1　Word、Excel 和 PPT 包含的相同功能

功能	命令路径
文档的相关操作（新建、打开、保存、关闭等）	单击【文件】按钮所打开的界面
设置文档显示比例	状态栏中的显示比例控件 功能区中的【视图】⇨【显示比例】组
撤销、恢复与重复	快速访问工具栏中的【撤销】【恢复】与【重复】按钮
剪切、复制和粘贴	功能区中的【开始】⇨【剪贴板】组
设置字体格式	功能区中的【开始】⇨【字体】组
使用图片、SmartArt 和形状	Word 和 Excel：功能区中的【插入】⇨【插图】组 PPT：功能区中的【插入】⇨【插图】组 PPT：功能区中的【插入】⇨【图像】组
使用文本框和艺术字	功能区中的【插入】⇨【文本】组
使用图表	Word 和 PPT：功能区中的【插入】⇨【插图】组 Excel：功能区中的【插入】⇨【图表】组
设置文档主题	Word：功能区中的【设计】⇨【文档格式】组 Excel：功能区中的【页面布局】⇨【主题】组 PPT：功能区中的【设计】⇨【主题】组
使用批注和语言文字工具	功能区中的【审阅】选项卡
VBA	功能区中的【开发工具】选项卡

> **注意**　　由于本节介绍的这些功能会同时出现在 Word、Excel 和 PPT 中，为了避免在各个组件中重复介绍这些相同的功能，本节介绍的这些相同或相似的功能只会在 Word、Excel 或 PPT 组件的其中之一进行详细讲解，具体在哪个组件中讲解，由该功能在这 3 个组件中的重要性和使用频率决定。例如，图表在 Excel 中的重要性与使用频率明显高于 Word 和 PPT，因此就会在本书的 Excel 部分详细讲解图表的相关内容。

下面将对表 1-1 中列出的 3 个组件包含的一些主要的相同功能进行简要介绍，这些功能的详细说明会在具体介绍各个组件时进行讲解。

1. 文档的相关操作

文档操作是 Word、Excel 和 PPT 中其他所有操作的基础，只有先创建或打开一个文档，才能在其中执行其他操作。完成文档的编辑后，需要将工作成果保存下来，以便以后继续使用。在 Word、Excel 和 PPT 中单击【文件】按钮，在进入的界面左侧显示了一系列命令，用于执行与文档相关的操作，如【新建】【打开】【保存】【另存为】【关闭】【打印】【导出】等。图 1-5

所示的是在 Word 中单击【文件】按钮后进入的文档操作界面，在 Excel 和 PPT 中单击【文件】按钮进入的界面与 Word 类似。

图 1-5　Word 中的文档操作界面

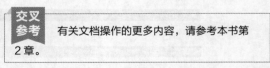
有关文档操作的更多内容，请参考本书第 2 章。

2. 设置文档显示比例

设置文档显示比例是比较常用的一种操作，它可以改变文档内容的显示大小，以便于更清楚地查看内容的细节，但不会改变文档内容自身的尺寸。在 Word、Excel 和 PPT 状态栏的右侧

都提供了用于设置显示比例的滚动条和按钮，如图 1-6 所示。

图 1-6 在状态栏中提供了用于设置显示比例的控件

在 Word、Excel 和 PPT 功能区【视图】选项卡的【显示比例】组中也提供了用于设置显示比例的命令，如图 1-7 所示。

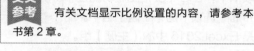

（a） （b） （c）

图 1-7 Word（a）、Excel（b）和 PPT（c）中的
【显示比例】组

> **交叉参考** 有关文档显示比例设置的内容，请参考本书第 2 章。

3. 撤销、恢复与重复

Word、Excel 和 PPT 都提供了撤销、恢复和重复 3 个功能，各功能的含义如下。

◉ 撤销：如果执行了错误的操作，可以使用【撤销】命令取消该操作。例如，在文档中输入数字 100，执行【撤销】命令后会取消输入操作，并返回到输入该数字前的状态。

◉ 恢复：如果执行了【撤销】命令，可以使用【恢复】命令还原被撤销的操作。例如，在文档中输入数字 100，执行【撤销】命令后会返回到输入该数字前的状态，此时如果执行【恢复】命令，将重新输入数字 100，即恢复之前输入的数字 100。

◉ 重复：如果执行了某个操作，可以多次使用【重复】命令反复执行该操作。例如，在文档中输入数字 100，执行【重复】命令将再次输入数字 100，继续执行【重复】命令，会重复输入该数字。

【撤销】【恢复】和【重复】命令默认都位于快速访问工具栏中，【恢复】和【重复】命令位于同一个位置，但不会同时出现。图 1-8 所示的是【撤销】命令 ↺ 和【重复】命令 ↻，以及【撤销】命令 ↺ 和【恢复】命令 ↻。单击【撤销】按钮上的下拉按钮，可以从列表中选择撤销多步操作。

图 1-8 【撤销】和【重复】命令以及【撤销】和【恢复】命令

4. 剪切、复制和粘贴

在 Word、Excel 和 PPT 中输入与编辑内容时，通常都会用到剪切、复制和粘贴这 3 个操作。它们在 Word、Excel 和 PPT 中的位置相同，都位于功能区【开始】选项卡的【剪贴板】组中，如图 1-9 所示。

（a） （b） （c）

图 1-9 Word（a）、Excel（b）和 PPT（c）中的
【剪贴板】组

在 Word、Excel 和 PPT 中复制的内容将暂时存储在 Office 剪贴板中，它们共享同一个 Office 剪贴板，如果在其中一个组件中执行复制操作，已复制的内容会同时出现在该组件和其他两个组件的 Office 剪贴板中。

> **交叉参考** 有关剪切、复制和粘贴的更多内容，请参考本书第 4 章和第 10 章。

5. 设置字体格式

Word、Excel 和 PPT 都提供了字体格式功能，用于为文档中的文本设置字体、字号、字体颜色以及其他字体效果。字体格式功能在 Word、Excel 和 PPT 中的位置相同，都位于功能区【开始】选项卡的【字体】组中，如图 1-10 所示。可以发现，相对于 Excel 和 PPT 而言，Word 在字体格式设置方面提供了更多选项。

（a）

（b） （c）

图 1-10 Word（a）、Excel（b）和 PPT（c）中的
【字体】组

交叉参考 有关字体格式的更多内容，请参考本书第 5 章和第 20 章。

6. 使用图片、SmartArt、形状、文本框和艺术字

在 Word、Excel 和 PPT 中可以添加多种类型的对象并设置它们的格式，包括图片、SmartArt、形状、文本框和艺术字等，在 3 个组件中操作这些对象的方法基本相同。在 Word 和 Excel 中，图片、SmartArt 和形状这 3 个功能位于功能区【插入】选项卡的【插图】组中，在 PPT 中位于功能区【插入】选项卡的【插图】组和【图像】组中。文本框和艺术字功能在 Word、Excel 和 PPT 中的位置相同，都位于功能区【插入】选项卡的【文本】组中，如图 1-11 所示。

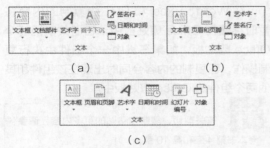

（a）　　　　　　（b）

（c）

图 1-11　Word（a）、Excel（b）和
PPT（c）中的【文本】组

交叉参考 有关图片、SmartArt、形状、文本框和艺术字的更多内容，请参考本书第 7 章和第 21 章。

7. 使用图表

图表是数据可视化的一种有效工具。Word、Excel 和 PPT 都提供了图表功能，在 Word 和 PPT 中图表功能位于功能区【插入】选项卡的【插图】组中，在 Excel 中图表功能位于功能区【插入】选项卡的【图表】组中。图 1-12 所示的是 Excel 2016 中的【图表】组。

图 1-12　Excel 中的【图表】组

在文档中插入图表并将其选中后，在功能区中将新增【设计】和【格式】两个选项卡，使用这两个选项卡中的命令可以更改图表的类型、外观和格式。

交叉参考 有关图表的更多内容，请参考本书第 18 章。

8. 设置文档主题

主题是指将一组设置好的颜色、字体和图形效果组合在一起而形成的文档外观设计方案，在不同主题之间切换可以快速改变文档的外观。主题可以在 Word、Excel 和 PPT 之间共享，这有些类似于前面介绍的 Office 剪贴板。在 Word 和 PPT 中主题功能位于功能区【设计】选项卡中，在 Excel 中主题功能位于功能区【页面布局】选项卡的【主题】组中。图 1-13 所示的是 Excel 2016 中的【主题】组。

图 1-13　Excel 中的【主题】组

交叉参考 有关文档主题的更多内容，请参考本书第 22 章。

9. 使用批注和语言文字工具

Word、Excel 和 PPT 都提供了批注功能，可以为文档内容添加批注，从而明确标识出对内容的意见或建议，便于与其他人进行讨论和交流。批注功能在 Word、Excel 和 PPT 中的位置相同，都位于功能区【审阅】选项卡的【批注】组中，如图 1-14 所示。

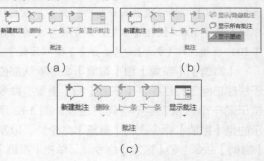

（a）　　　　　　（b）

（c）

图 1-14　Word（a）、Excel（b）和
PPT（c）中的【批注】组

除了批注功能外，Word、Excel 和 PPT 都在【审阅】选项卡中提供了文字校对和语言工具，如简繁互转、语言翻译等。

交叉参考 有关批注的更多内容，请参考本书第 2 章。

1.2 了解功能区

功能区是 Office 应用程序界面的重要组成部分，其中包含用于执行 Office 应用程序主要功能的命令，可以从功能区中快速执行这些命令。本节将详细介绍功能区的整体结构及其包含的各组成元素。

1.2.1 功能区的基本结构

功能区是一个位于窗口标题栏下方，且与窗口等宽的矩形区域。功能区由选项卡、组和命令 3 部分组成，图 1-15 所示为【开始】选项卡中的【剪贴板】和【字体】两个组及其中包含的命令。

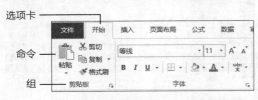

图 1-15 功能区的基本结构

选项卡顶部的文字称为标签，单击某个选项卡的标签可以将其激活，使其成为活动选项卡并显示其中包含的命令。每个选项卡中的命令按功能和用途划分为多个组，用户最终可以执行的是每个组中的命令。

提示 为了扩大内容编辑区的显示面积，可以将功能区中的选项卡隐藏起来。隐藏功能区的方法有很多种，这里介绍 3 种比较常用的方法：①双击功能区中的任意一个选项卡标签；②单击功能区右侧下边缘上的【折叠功能区】按钮 ^；③按【Ctrl+F1】组合键。恢复功能区显示的方法与此类似。

1.2.2 功能区中包含的命令类型

命令以控件的形式显示在功能区中。根据命令的外观和操作方式，可以将命令分为普通按钮、开关按钮、组合按钮、复选框、下拉列表、库等多种控件类型。下面以 Excel 为例，介绍功能区中包括的命令类型和操作方式。

◎ 普通按钮：单击此类按钮将执行指定的操作。图 1-16 所示的【开始】选项卡【剪贴板】组中的【剪切】按钮 就是一个普通按钮。

◎ 开关按钮：此类按钮分为按下和弹起两种状态。按钮按下时表示已启用该按钮代表的功能，按钮弹起时表示未启用该按钮代表的功能。【开始】选项卡【字体】组中的【加粗】按钮 B 就是一个开关按钮。

图 1-16 普通按钮和开关按钮

◎ 组合按钮：此类按钮分为左右或上下两部分。图 1-17 所示的【开始】选项卡【对齐方式】组中的【合并后居中】按钮 就是一个组合按钮，单击按钮的左侧部分会直接将选中的单元格合并在一起并将文本居中对齐，单击按钮右侧的下拉按钮会打开一个列表，从中可以选择更多的选项。

图 1-17 在组合按钮的下拉列表中包含的一些选项

◎ 弹出式菜单按钮：此类按钮与组合按钮的外观类似，但是单击按钮后弹出的菜单与按钮是一个整体，而不是分为左右两部分。单击弹出式菜单按钮不会直接执行命令，而是弹出一个包含命令的菜单。图 1-18 所示的【页面布局】选项卡【页面设置】组中的【分隔符】按钮就是一个弹出式菜单按钮。

◎ 复选框：复选框由方框及其右侧的文字组成。通过选中或取消选中方框来决定是否启用复选框代表的功能。选中复选框时，方框中会显示一个对勾标记。图1-19所示的【视图】选项卡的【显示】组中包含4个复选框。

图1-18　弹出式菜单按钮　　　　　　　　　　　　　　　图1-19　复选框

◎ 下拉列表：下拉列表由一个文本框和一个下拉按钮组成，可以单击下拉按钮后从列表中选择所需选项，也可以直接在文本框中输入内容后按【Enter】键。图1-20所示的是【开始】选项卡【字体】组中包含的【字体】下拉列表。

◎ 库：可以将库看做是下拉列表的增强版，库中的选项常以图形化的方式显示，除了可以像下拉列表那样选择库中的选项外，当右击库中的选项时，将弹出与选项相关的命令菜单，以便对特定选项执行所需操作。某些库中的部分选项会显示在功能区中，可以使用库中的▲、▼和▦3个按钮浏览库中的选项。图1-21所示的是【开始】选项卡【样式】组中的【单元格样式】库。

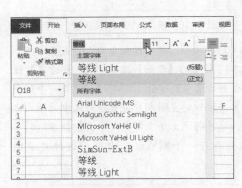

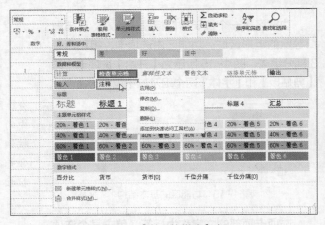

图1-20　下拉列表　　　　　　　　　　　　　　　图1-21　【单元格样式】库

1.2.3　上下文选项卡

在进行一些操作时，除了固定显示在功能区中的选项卡外，功能区中还会新增一个或多个选项卡，这些选项卡会出现在所有固定选项卡的最右侧。例如，当在文档中选择图片时，功能区中将出现名为【图片工具 | 格式】的选项卡，其中包括的选项用于设置图片的格式，如图1-22所示。该选项卡是动态显示的，如果取消选择图片，【格式】选项卡将自动隐藏。

图1-22　【图片工具 | 格式】上下文选项卡

除了图片外，在选择很多其他类型的对象或执行一些特定操作时，也会在功能区中出现类似的选项卡。由于这些选项卡只有在进行特定操作时才会显示和隐藏，因此将它们称为"上下文选项卡"。

1.2.4 对话框启动器

除了上面介绍的命令类型外，在选项卡中的某些组的右下角有一个 形状的按钮，称为"对话框启动器"。单击该按钮将打开一个对话框，该对话框中的选项对应于 按钮所在组中的选项，而且通常还包括一些未显示在组中的选项。例如，单击【开始】选项卡【对齐方式】组右下角的对话框启动器 ，如图 1-23 所示，将打开【设置单元格格式】对话框中的【对齐】选项卡，其中包含与文本对齐方式相关的选项。

图 1-23 【对齐方式】组右下角有一个对话框启动器

1.2.5 功能区控件的外观随窗口大小自动调整

当 Office 应用程序窗口以最大化方式显示时，功能区中的大多数命令控件都能完整显示出来。如果改变窗口的大小，为了适应窗口尺寸的变化，一些命令控件的外观和尺寸会自动调整，最显著的变化主要有以下几种。

◉ 原来同时显示文字和图标的按钮，改为只显示图标而隐藏文字，如图 1-24 所示。

图 1-24 显示文字和图标的命令改为只显示图标

◉ 原来纵向显示的弹出式菜单按钮和组合按钮，改为横向显示，如图 1-25 所示。

图 1-25 纵向显示的弹出式菜单按钮改为横向显示

◉ 原来在功能区中显示部分选项的库，显示为一个弹出式菜单按钮。

◉ 原来显示全部命令或部分命令的组，显示为一个弹出式菜单按钮。

◉ 当应用程序窗口足够小而无法同时显示所有选项卡标签时，在选项卡标签的两端将会各显示一个箭头，单击箭头可以滚动显示选项卡标签。

1.3 使用对话框和窗格

在使用 Office 应用程序的过程中，与程序相关的大量设置都需要在对话框中操作，而与对象格式设置相关的选项则在窗格中操作。本节将对这两类与用户频繁交互的设置界面进行简要介绍。

1.3.1 普通对话框与选项卡式对话框

在 Office 应用程序中无时无刻不在使用对话框。关闭未保存的文档时会弹出保存对话框，其中显示了简短的提示信息，并提供了几个按钮，用户根据需要可以选择是否对文档进行保存，这是最简单的对话框类型。

另一类对话框包含很多不同类型的控件，使用这些控件可以完成多种操作。图 1-26 所示的是 Word 中的【字体】对话框，在该对话框中有可以输入字体名称或字号大小的文本框，也有可供从中选择选项的列表框和下拉列表，还有可以同时选择多项的复选框。对这些选项进行组合设置，可以实现对字体格式的综合设置。

图 1-26　Word 中的【字体】对话框

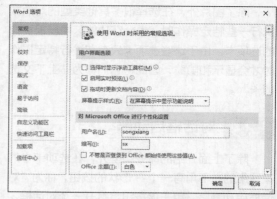

图 1-27　Word 中的【Word 选项】对话框

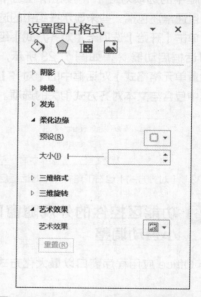

图 1-28　Word 中的【设置图片格式】窗格

　　对话框的上方可能还会包含多个选项卡,如【字体】对话框中的【字体】选项卡和【高级】选项卡。与功能区中的选项卡类似,单击选项卡标签可以在各选项卡之间切换,从而对不同类别的选项进行设置。这类对话框都会提供【确定】和【取消】两个按钮,单击【确定】按钮表示接受对话框中所有选项的设置并关闭对话框,单击【取消】按钮则关闭对话框并放弃所做的任何设置。在设置 Office 应用程序的某项功能时通常都会遇到这类对话框。

　　上面介绍的【字体】对话框中包含的多个选项卡呈横向排列,在 Office 应用程序中还有很多选项卡呈纵向排列的对话框,最常见的就是 Office 应用程序的选项对话框。单击【文件】按钮后选择【选项】命令可以打开该对话框,图 1-27 所示的是 Word 中的【Word 选项】对话框。选项对话框中的所有选项卡纵向排列在对话框的左侧,单击不同的标签将切换到对应的选项卡并显示其中包含的选项。

1.3.2　设置对象格式的窗格

　　除了对话框外,在设置图片、形状等对象的格式时,为了进行全面设置,可能需要使用专门设置对象格式的窗格。图 1-28 所示的是 Word 中设置图片格式的窗格,只需右击文档中的图片,在弹出的菜单中选择【设置图片格式】命令,即可打开该窗格。

　　窗格上方以图标的形式显示了多个选项卡,将鼠标指针指向图标将会显示图标的名称,单击不同的图标可以在各选项卡之间切换。每个选项卡中纵向排列着一个或多个带箭头的文字,单击这些文字可以展开其中包含的选项。图 1-28 展开了【柔化边缘】和【艺术效果】两个类别中的选项,而其他几个类别中的选项处于折叠状态。

　　需要注意的是,在窗格中进行的设置会实时作用于当前选中的对象,而不像上一小节介绍的对话框,单击【确定】按钮才使设置生效。如果在窗格中进行了误操作,可以在不关闭窗格的情况下按【Ctrl+Z】组合键撤销之前的操作。

1.4 自定义快速访问工具栏和功能区

可以将常用命令添加到快速访问工具栏，以加快命令的执行速度。如果要对大量的命令进行自定义设置，则可以在功能区中创建新的选项卡和组来安排这些命令的位置。对快速访问工具栏和功能区的自定义设置，可以使 Office 应用程序的操作环境更符合用户的个人使用习惯，提高操作效率。

1.4.1 自定义快速访问工具栏

自定义快速访问工具栏主要包括两方面的设置：一方面是移动快速访问工具栏的位置，另一方面是在快速访问工具栏中添加或删除命令。

1. 移动快速访问工具栏的位置

快速访问工具栏默认位于应用程序窗口标题栏的左侧，可以使用以下两种方法移动快速访问工具栏。

◎ 右击快速访问工具栏的任意位置，在弹出的菜单中选择【在功能区下方显示快速访问工具栏】命令。选择该菜单中的【在功能区上方显示快速访问工具栏】命令，可将快速访问工具栏移动到原始位置。

◎ 单击快速访问工具栏右侧的下拉按钮，在弹出的菜单中选择【在功能区下方显示】或【在功能区上方显示】命令，如图 1-29 所示。

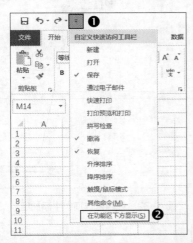

图 1-29 使用下拉菜单中的命令移动快速访问工具栏

2. 在快速访问工具栏中添加或删除命令

快速访问工具栏默认包含【保存】【撤销】【恢复】3 个命令，可以将常用命令添加到快速访问工具栏，也可以将其中不需要的命令删除。

◎ 添加有限的几个命令：单击快速访问工具栏右侧的下拉按钮，在弹出的菜单中选择要显示在快速访问工具栏中的命令。

◎ 添加功能区中的命令：右击功能区中的某个命令，在弹出的菜单中选择【添加到快速访问工具栏】命令，即可将该命令添加到快速访问工具栏中，如图 1-30 所示。

图 1-30 将功能区中的命令添加到快速访问工具栏

◎ 添加任意命令：右击快速访问工具栏，在弹出的菜单中选择【自定义快速访问工具栏】命令，进入自定义快速访问工具栏界面。在【从下列位置选择命令】下拉列表中选择命令类别，然后在下方的列表框中选择要添加的命令，单击【添加】按钮，即可将所选命令添加到右侧的列表框中，如图 1-31 所示。单击【确定】按钮，右侧列表框中的命令将出现在快速访问工具栏中。

提示 右侧列表框的上方有一个下拉列表，可以选择对快速访问工具栏的自定义设置结果是对所有文档有效，还是只对当前文档有效，默认对所有文档有效。

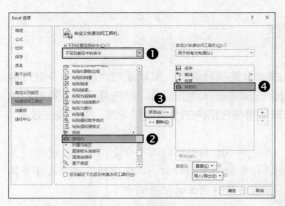

图 1-31　向快速访问工具栏中添加任意命令

3. 删除快速访问工具栏中的命令

可以使用以下两种方法删除快速访问工具栏中的命令。

◉　右击快速访问工具栏中要删除的命令，在弹出的菜单中选择【从快速访问工具栏删除】命令。

◉　进入自定义快速访问工具栏界面，在右侧列表框中选择要删除的命令，然后单击【删除】按钮。

1.4.2　自定义功能区

可以对功能区中的内置选项卡进行自定义设置，包括在选项卡中添加和删除组、调整选项卡和组的排列顺序、更改选项卡和组的名称等，但是不能在内置组中添加命令。如果需要自定义一个组中的命令，则需要创建新的组。还可以在功能区中创建新的选项卡，然后使用与设置内置选项卡和组相同的方法，对创建的选项卡进行类似设置。

Office 应用程序中的所有选项卡分为以下 4 类，了解这些选项卡，可以在自定义功能区时快速找到所需的命令。

◉　主选项卡：功能区中默认显示的选项卡，如【开始】和【插入】选项卡。

◉　工具选项卡：选择特定对象时显示的上下文选项卡，即本章 1.2.3 小节介绍的选项卡类型。

◉　文件选项卡：单击功能区默认的第一个选项卡左侧的【文件】按钮进入的界面。

◉　自定义选项卡：用户创建的选项卡。

自定义功能区的界面与自定义快速访问工具栏的界面类似，进入方法也基本相同。右击功能区中的任意一个命令，但不要右击用于输入内容的文本框，然后在弹出的菜单中选择【自定义功能区】命令，进入自定义功能区界面。

1. 在内置选项卡中添加组和命令

可以在内置选项卡中添加内置的组，或者在内置选项卡中创建新的组，然后在其中添加所需的命令。其方法：在【Exce 选项】对话框的右侧列表框中单击"+"按钮展开要添加组的主选项卡，然后在该主选项卡中选择要在其下方添加的组。在左侧的【从下列位置选择命令】下拉列表中选择一个选项卡类别，然后在下方的列表框中展开特定的选项卡，并选择要添加的组，单击【添加】按钮，将选中的组添加到右侧选中的组的下方。图 1-32 所示为将【插入】选项卡中的【表格】组添加到【开始】选项卡中【剪贴板】组的下方。

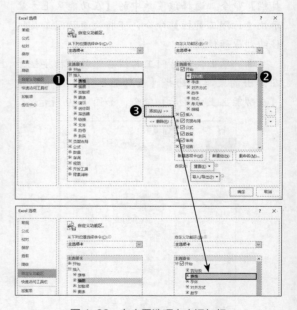

图 1-32　在内置选项卡中添加组

> **提示**
>
> 选择一个组后，可以单击对话框右侧的 ▲ 或 ▼ 按钮来调整该组在当前选项卡中的位置。当移动到选项卡的开头或结尾时，继续单击这两个按钮会将组移动到上一个选项卡或下一个选项卡中。调整组位置的方法同样适用于对选项卡和命令的调整。

单击【确定】按钮关闭对话框,在【开始】选项卡中将显示添加的【表格】组,如图 1-33 所示。

图 1-33　在内置选项卡中添加内置组

果想要自定义组中的命令,则需要创建新的组。在右侧列表中选择一个组,然后单击【新建组】按钮,将在该组的下方添加一个不包含任何命令的组,其名称默认为"新建组(自定义)",单击【重命名】按钮可以修改组的名称。选择创建的组,在左侧列表框中选择要添加的命令,然后单击【添加】按钮,将所选命令添加到创建的组中。

图 1-34 所示为在【开始】选项卡中添加的一个组,将该组重命名为"常用命令(自定义)",并在该组中添加了【插入图片】【插入表格】【文本框】【艺术字】和【符号】5 个命令。

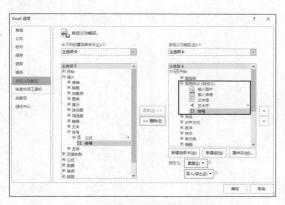

图 1-34　在新建的组中添加命令

2. 创建新的选项卡并添加组和命令

如果要创建选项卡,可以单击【新建选项卡】按钮,将在右侧列表框中添加一个新的选项卡,其中包含一个没有任何命令的组,新选项卡的名称默认为"新建选项卡(自定义)"。然后可以将现有的内置组添加到新建的选项卡中,或者在新建选项卡中的默认组或新建组中添加命令,方法与在内置选项卡中添加组和命令类似,

此处不再赘述。

对于新建的选项卡、添加的内置组或新建组、在组中添加的命令,都可以将它们从功能区中删除,只需在自定义功能区界面中选择这些元素,然后单击【删除】按钮。

1.4.3　备份和恢复界面配置

可以对快速访问工具栏和功能区的自定义设置进行备份,在重装 Office 或操作系统时恢复原来的界面配置,而无须进行重复设置。还可以将备份的界面配置导入安装了 Office 的其他计算机中,以快速获得定制好的功能区界面。备份界面配置的具体操作步骤如下。

(1)进入自定义快速访问工具栏或功能区的界面,单击【导入 / 导出】按钮,在弹出的菜单中选择【导出所有自定义设置】命令,如图 1-35 所示。

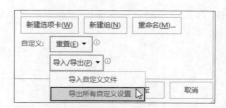

图 1-35　选择【导出所有自定义设置】命令

(2)打开【保存文件】对话框,设置备份文件名并选择存储位置,单击【保存】按钮,将快速访问工具栏和功能区的配置信息以文件的形式存储到指定位置。

以后可以在自定义功能区界面中单击【导入 / 导出】按钮,在弹出的菜单中选择【导入自定义文件】命令,然后选择之前保存的备份文件,将界面配置导入 Office 应用程序中。

1.4.4　恢复界面的默认设置

对快速访问工具栏或功能区进行自定义设置后,可以随时将它们恢复到默认状态。例如,如果要重置快速访问工具栏,则需要进入自定义快速访问工具栏界面,然后单击【重置】按钮,在弹出的菜单中包含以下两个命令,如图 1-36 所示。

图 1-36　重置自定义设置

◉　仅重置快速访问工具栏：选择该命令将
快速访问工具栏恢复到默认状态。

◉　重置所有自定义项：选择该命令将删除

快速访问工具栏和功能区的所有自定义设置，并
将它们恢复到默认状态。

重置功能区的方法与此类似，只需进入自定
义功能区界面，然后单击【重置】按钮，如果选
择【仅重置所选功能区选项卡】命令，则只将当
前在右侧列表框中选中的选项卡恢复到默认设
置。如果选中的选项卡不包含自定义设置，则该
命令处于禁用状态。如果要重置整个功能区，则
需要选择【重置所有自定义项】命令。

第2章 通用于 Word/Excel/PPT 的文档操作

虽然 Word、Excel 和 PPT 的核心功能完全不同，但是它们在文档操作方面有很多相似之处。本章与第 1 章类似，将继续介绍 Word、Excel 和 PPT 3 个组件的通用操作，但关注的重点是文档操作方面，具体包括文档的基本操作、文件格式与兼容性、文档的显示与切换、批注和修订内容、保护文档安全、打印文档以及文档操作易用性方面的功能设置。通过本章的学习，读者可以同时掌握 Word、Excel 和 PPT 3 个组件的文档操作。

2.1 文档的基本操作

本节将介绍文档的基本操作，包括文档的新建、打开、修复、保存和另存、关闭、恢复等，它们是对文档进行其他操作的基础。

2.1.1 "文档"在 Word/Excel/PPT 中的不同称谓

本书第 1 章使用术语"文档"统一表示在 Word、Excel 和 PPT 3 个组件中创建的文件，但是实际上在 Word、Excel 和 PPT 中创建的文件都有其各自的特定术语，具体如下。

◉ 在 Word 中创建的文件称为"Word 文档"或"文档"。

◉ 在 Excel 中创建的文件称为"Excel 工作簿"或"工作簿"。

◉ 在 PPT 中创建的文件称为"PPT 演示文稿"或"演示文稿"。

如果计算机中安装的 Office 最高版本是 Office 2016，创建的 Word 文档、Excel 工作簿和 PPT 演示文稿的文件图标的外观将会如图 2-1 所示。

图 2-1 Word 文档、Excel 工作簿和
PPT 演示文稿的文件图标

由于本章介绍的是 Word、Excel 和 PPT 3 个组件在文档方面的通用操作，因此仍然会使用"文档"一词来表示在这 3 个组件中创建的文件。

2.1.2 新建文档

默认情况下，启动 Office 应用程序将会显示【开始屏幕】界面，在该界面的左侧列出了最近打开过的几个文档的名称，右侧以缩略图的形式显示了一些内置模板，可以使用这些模板创建新的文档。如需获得更多的内置模板，可以在缩略图上方的文本框中输入关键字进行搜索。

如果自己创建或从其他途径收集了一些模板，可以使用这些自定义模板创建新的文档。用户可能会在【开始屏幕】界面中看到【个人】类别，单击该类别将显示其中包含的自定义模板，如图 2-2 所示。

如果在【开始屏幕】界面中没有显示【个人】类别，或者在【个人】类别中没有任何模板，可能是以下原因造成的。

◉ *没有显示【个人】类别：如果在【开始屏幕】界面中没有显示【个人】类别，通常是由于没有在 Office 应用程序中设置模板的存储位置。本章 2.7.3 小节介绍了设置自定义模板存储位置的方法。*

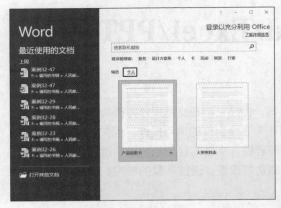

图2-2　在【个人】类别中包含的自定义模板

◎　【个人】类别中没有任何模板：如果在
【个人】类别中没有显示任何模板，说明存储自
定义模板的文件夹中不包含任何模板，只需将模
板从其他位置移动或复制到该文件夹中即可。

无论使用内置模板还是自定义模板，单击要
使用的模板缩略图，即可基于该模板创建新的文
档。如果需要创建空白文档，可以单击缩略图中
带有"空白"二字的模板。不同的 Office 应用
程序，其空白模板的名称各不相同，但是都包含
"空白"二字。

如果在编辑某个文档的过程中需要创建新的
文档，可以单击【文件】⇨【新建】命令，在进
入的界面中选择相应模板创建新的文档。

2.1.3　打开文档

如果想继续编辑以前未完成的文档，需要先在
相应的 Office 应用程序中将其打开。单击【文件】
⇨【打开】命令，进入图2-3所示的界面。该界面
分为左右两列，右列显示的内容根据左列当前选中
的内容而自动变化，左列显示了打开文档的位置。

◎　最近：显示最近打开过的文档的名称，
选择一个名称即可打开相应的文档。如果打开失
败，可能是由于后来修改过文档名称，也可能是
已将文档删除或移动到其他位置。在【最近】打
开列表中右击某个文档，将弹出图2-4所示的菜
单，可以选择【固定至列表】命令将特定文档固
定在列表中，该文档将始终显示在列表顶部，而
不会在打开大量文档后被挤出列表。

◎　OneDrive：使用 Microsoft 账户登录 Office

应用程序，然后可以打开存储在与 Microsoft 账
户关联的 OneDrive 中的文档。

图2-3　选择打开文档的位置

图2-4　【最近】打开列表中的快捷菜单

◎　这台电脑：显示一个内嵌的小型的文件
资源管理器。默认显示 Office 应用程序的默认文
件夹，可以单击其中的文件夹名称进入相应的文
件夹，也可以单击上方的箭头逐层返回上一级文
件夹，直到返回显示磁盘分区的顶层目录。在文
件夹中找到并单击所需的文档以将其打开。

◎　添加位置：添加云端位置。

◎　浏览：单击【浏览】按钮将显示【打开】
对话框，并自动定位到 Office 应用程序的默认文
件夹，从中双击要打开的文档。如果无法正常打
开文档，可以使用 Office 应用程序自带的修复功
能尝试修复并打开文档。在【打开】对话框中选
择要打开的文档，然后单击【打开】按钮上的下
拉按钮，在弹出的菜单中选择【打开并修复】命
令，如图2-5所示。

图2-5　打开文档的同时进行修复

默认文件夹是每次执行打开、另存等命令时自动定位到的文件夹，有关设置默认文件夹的方法，请参考本章 2.7.2 小节。

如果希望在执行【打开】命令时直接显示【打开】对话框，而绕过打开位置的选择界面，可以单击【文件】⇨【选项】命令，打开 Office 应用程序的选项对话框，在左侧选择【保存】选项卡，然后在右侧的【保存文档】区域中选中【打开或保存文件时不显示 Backstage】复选框。该设置也适用于下一小节介绍的保存和另存文档时的操作。

2.1.4 保存和另存文档

保存文档包含两方面的含义：对于新建的文档而言，保存文档可将其以文件的形式存储到计算机磁盘中，以便后面可以继续使用这个文件；对于已有文档而言，保存文档可将当前的编辑成果存储下来，以便在下次打开这个文档时，继续之前未完成的编辑。

对于在计算机磁盘中已经以文件的形式存在的文档，在将其打开并编辑的过程中，可以随时单击【文件】⇨【保存】命令或按【Ctrl+S】组合键对其进行保存。对于还未将其存储到计算机磁盘中的新建文档，在执行【保存】命令后，需要选择文档的保存位置，位置类型与选择方法与上一小节介绍的打开文档类似。

如果希望将文档存储到 Office 应用程序的默认文件夹中，可以单击位置类型中的【浏览】按钮，打开图 2-6 所示的【另存为】对话框，在【文件名】文本框中设置文档的名称，然后单击【保存】按钮。

在实际应用中可能经常会遇到这类需求：打开一个文档并对其内容进行了修改，或在原有内容的基础上新增了一些内容，希望可以在不破坏原有内容的基础上，将修改或新增的内容存储为另一个文件。此时可以使用【另存为】命令，这样在打开原始文档后所做的所有修改都会被保存到另存后的文档中，而不会破坏原始文档，但是需要确保在执行【另存为】命令前，没有在原始文档中修改或新增内容后执行过【保存】命令。

单击【文件】⇨【另存为】命令执行的另存为操作与保存新文档的操作相同，此处不再赘述。

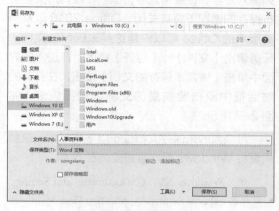

图 2-6 【另存为】对话框

2.1.5 关闭文档

对于处于打开状态，并在完成其编辑任务后长时间不需要使用的文档，应该及时将其关闭，这样既可以节省文档占用的系统资源，也可以避免多文档之间的切换带来的不必要的混乱。单击【文件】⇨【关闭】命令将关闭活动窗口中的文档。在关闭了打开的最后一个文档后，文档所属的应用程序窗口不会关闭。

如果在关闭文档时存在未保存的内容，则会弹出对话框询问是否保存，单击【保存】按钮保存并关闭文档，单击【不保存】按钮不保存并关闭文档，单击【取消】按钮取消当前的关闭操作并返回之前的窗口。

可以使用下面的方法一次性关闭在 Word 和 Excel 中打开的所有文档。

◉ Word：将【关闭 / 全部关闭】命令添加到快速访问工具栏中，然后按住【Shift】键并单击该按钮。在关闭最后一个打开的文档后不会退出 Word 程序。

◉ Excel：按住【Shift】键并单击应用程序窗口右上角的关闭按钮。在关闭最后一个打开的文档后将退出 Excel 程序。

2.1.6 恢复未保存的文档

恢复未保存的文档是从 Office 2010 开始提

供的功能。未保存文档是指在一个新创建的文档中执行了任何可被检测到文档发生更改的操作，如输入内容、设置格式等，然后在没有对文档进行保存的情况下将其关闭。Office 2010 以及更高版本的 Office 可以恢复这类未保存的文档，只需单击【文件】⇨【打开】命令，在进入的界面中单击【恢复未保存的文档】按钮，在打开的对话框中双击要恢复的文档以进行恢复，如图 2-7 所示。

图 2-7　选择要恢复的未保存文档

可恢复的未保存文档位于以下路径中，这里假设将 Windows 操作系统安装在 C 盘。

- Windows XP：C:\Documents and Settings\< 用户名 >\Local Settings\Application Data\Microsoft\OFFICE\UnsavedFiles。

- Windows 7/8/10：C:\Users\< 用户名 >\AppData\Local\Microsoft\OFFICE\UnsavedFiles。

> **交叉参考**　Office 应用程序默认启用了未保存文档的恢复功能，如果发现无法对未保存文档进行恢复，或者想要禁用该功能，请参考本章 2.7.5 小节的方法进行设置。

2.2　文件格式与兼容性

微软在 Office 2007 中加入了基于 XML 的新的文件格式，但仍然支持使用早期版本 Office 创建的文件格式。本节将介绍 Word、Excel 和 PPT 中支持的主要文件格式、在 Office 2007 以及更高版本的 Office 中打开早期 Office 文件格式出现的兼容性问题，以及新旧文件格式转换等内容。

2.2.1　了解 Word/Excel/PPT 的文件格式

在 2003 版本的 Office 应用程序中，无论 Office 文档是否包含 VBA 代码，都使用同一种文件格式存储文档内容。例如，在 Word 中使用扩展名为 ".doc" 的文件存储包含或不包含 VBA 代码的内容。在 Office 2007 以及更高版本的 Office 中新增了基于 XML 的文件格式，其扩展名是在早期 Office 文件格式的扩展名的末尾添加了小写字母 x 或 m，扩展名以 x 结尾的文件不能存储 VBA 代码，扩展名以 m 结尾的文件可以存储 VBA 代码。

表 2-1 ～表 2-3 列出了 Word、Excel 和 PPT 支持的主要文件类型及其扩展名，以及这些文件类型是否可以包含 VBA 代码。

表 2-1　Word 支持的主要文件类型及其扩展名

文件类型	扩展名	是否可以包含 VBA 代码
Word 文档	.docx	不可以
启用宏的 Word 文档	.docm	可以
Word 模板	.dotx	不可以
启用宏的 Word 模板	.dotm	可以
Word 97-2003 文档	.doc	可以
Word 97-2003 模板	.dot	可以

表 2-2　Excel 支持的主要文件类型及其扩展名

文件类型	扩展名	是否可以包含 VBA 代码
Excel 工作簿	.xlsx	不可以
Excel 启用宏的工作簿	.xlsm	可以
Excel 模板	.xltx	不可以
Excel 启用宏的模板	.xltm	可以
Excel 加载宏	.xlam	可以
Excel 97-2003 工作簿	.xls	可以
Excel 97-2003 模板	.xlt	可以
Excel 97-2003 加载宏	.xla	可以

表 2-3　PPT 支持的主要文件类型及其扩展名

文件类型	扩展名	是否可以包含 VBA 代码
PowerPoint 演示文稿	.pptx	不可以
启用宏的 PowerPoint 演示文稿	.pptm	可以
PowerPoint 模板	.potx	不可以
PowerPoint 启用宏的模板	.potm	可以
PowerPoint 加载项	.ppam	可以
PowerPoint 97-2003 演示文稿	.ppt	可以
PowerPoint 97-2003 模板	.pot	可以
PowerPoint 97-2003 加载项	.ppa	可以

2.2.2　在兼容模式下工作

在 Office 2007 以及更高版本的 Office 中打开 ".doc" ".xls" ".ppt" 等早期文件格式的 Office 文档时，将在 Office 应用程序窗口的标题栏中显示 "[兼容模式]" 字样，如图 2-8 所示。

图 2-8　打开早期文件格式的 Office 文档将自动进入兼容模式

在兼容模式下会禁用一些在早期版本 Office 中不支持的新功能。也有一些新功能可以在兼容模式下使用，但是如果仍以早期文件格式保存文档，高版本 Office 中的兼容性检查器将检查文档中是否包含早期版本 Office 不支持的功能，一旦发现将会显示类似于图 2-9 所示的提示信息。单击【继续】按钮仍以早期文件格式保存文档，其中包含的新功能会丢失或被降级处理，如将内容控件转换为静态内容，将不再具有内容控件自身的特性。

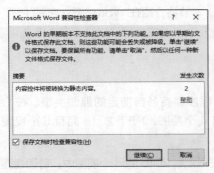

图 2-9　兼容性检查器自动检查早期版本 Office 不支持的功能

2.2.3　升级到新的文件格式

虽然可以在兼容模式下正常打开并显示早期文件格式的文档，但是高版本 Office 中的很多新功能的使用都会受到限制。即使可以在兼容模式下打开的文档中使用新功能，在以早期文件格式保存文档时，也将会丢失早期版本 Office 不支持的所有新功能。

为了解决这个问题，可以在打开早期文件格式的文档后，将其转换为基于 XML 的新文件格式。只需单击【文件】⇨【信息】命令，在进入的界面中单击【转换】按钮，如图 2-10 所示，然后在弹出的对话框中单击【确定】按钮，即可将当前文档升级到新的文件格式。之后就可以在该文档中使用所有高版本 Office 的新功能，标题栏中的 "[兼容模式]" 字样也会自动消失。

> **提示**　完成格式转换后，将在当前窗口中显示转换后的新文件格式的文档，但是仍然保留着旧文件格式的文档，只是自动将其关闭了。

图 2-10 单击【转换】按钮将文档升级到新的文件格式

2.2.4 将文档转换为 PDF 格式

Office 2007 首次提供了将 Office 文档转换为 PDF 格式的功能，但是需要下载相关插件才能完成转换操作。从 Office 2010 开始可以直接将文档转换为 PDF 格式，而无须下载任何插件。转换操作很简单，在 Office 应用程序中打开要转换为 PDF 格式的文档，然后使用以下两种方法。

◉ 单击【文件】➡【导出】命令，在进入的界面中单击【创建 PDF/XPS】按钮。

◉ 单击【文件】➡【另存为】命令，在进入的界面中单击【浏览】按钮，打开【另存为】对话框，在【保存类型】下拉列表中选择

【PDF】。

使用以上两种方法都将打开转换 PDF 的设置对话框，如图 2-11 所示。在【文件名】文本框中输入转换后的 PDF 文件的名称，在上方的地址栏中可以选择 PDF 文件的保存位置，单击【选项】按钮可以对 PDF 的转换选项进行设置。最后单击【发布】或【保存】按钮，将文档转换为 PDF 格式。

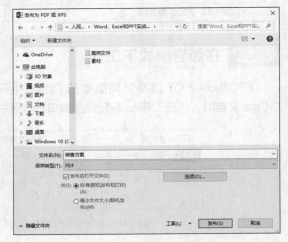

图 2-11 转换为 PDF 的设置对话框

> **提示**
> 【发布】按钮出现在使用第 1 种方法打开的对话框中，【保存】按钮出现在使用第 2 种方法打开的对话框中。

2.3 文档的显示与切换

在处理文档的过程中，经常需要以不同的方式浏览文档，以便查看文档的整体结构或局部细节，有时还可能需要对比多个文档或一个文档不同部分的内容。本节将介绍在 Word、Excel 和 PPT 中实现以上操作的方法，包括使用文档的视图类型、设置显示比例、拆分文档窗口以及在多文档之间切换。

2.3.1 理解文档的视图类型

视图是指文档窗口的布局结构，不同的 Office 应用程序拥有各自特定的视图类型。在 Office 2016 中，Word 2016 拥有 5 个视图，Excel 2016 拥有 4 个视图，PPT 2016 拥有 5 个视图。如果加上 3 个母版视图，PPT 2016 拥有 8 个视图。

不同的视图提供了完成特定任务的最佳环境。例如，在 Excel 2016 的 4 个视图中，普通视图主要用于数据的输入、编辑、计算、处理和分析等大多数工作；页面布局视图主要用于设置工作表的页面版式以便于打印，如添加页眉和页脚；分页预览视图主要用于设置打印内容的分页效果。图 2-12 所示

的是 Excel 中的普通视图和页面布局视图。

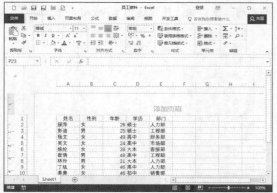

图 2-12　Excel 中的普通视图和页面布局视图

在 Word、Excel 和 PPT 中可以使用以下两种方法在不同视图类型之间切换。

◉ 状态栏中的视图按钮：单击窗口底部状态栏右侧的视图按钮，如图 2-13 所示，可以在几个视图之间切换，但状态栏中并未包含全部的视图类型。

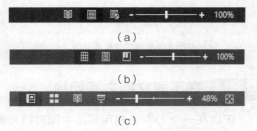

图 2-13　Word（a）、Excel（b）和 PPT（c）状态栏中包含的视图按钮

◉ 功能区中的【视图】选项卡：在功能区【视图】选项卡中，有一个组专门提供所有视图类型的命令，该组的名称在 Word、Excel 和 PPT 中并不相同，如图 2-14 所示。

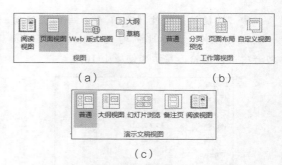

图 2-14　Word（a）、Excel（b）和 PPT（c）中包含视图命令的组

2.3.2　设置文档的显示比例

设置显示比例是指从视觉上放大或缩小文档的内容，但没有真正改变内容的字体大小。Word 和 Excel 中的默认显示比例为 100%，PPT 中的默认显示比例是一个自动与当前窗口大小匹配的最佳值。在 Word、Excel 和 PPT 中可以使用以下 3 种方法设置显示比例。

◉ 状态栏中的显示比例控件：显示比例控件位于窗口底部状态栏的右侧，图 2-15 所示的是 Word 状态栏中的显示比例控件。单击 ➕ 或 ➖ 按钮每次以 10% 的幅度增大或减小显示比例，拖动这两个按钮之间的滑块可以任意调整显示比例。➕ 按钮右侧的数字 150% 表示当前设置的显示比例，该数字也是一个可以单击的按钮，单击它将打开【显示比例】对话框。

图 2-15　显示比例控件

◉ 功能区【视图】选项卡中的【显示比例】组：在功能区【视图】选项卡【显示比例】组中提供了用于设置显示比例的命令。【显示比例】按钮同时存在于 Word、Excel 和 PPT 中，单击该按钮将打开【显示比例】对话框，如图 2-16 所示，其中包含一些预置的比例选项，可以直接选择这些选项快速改变显示比例，也可以在文本框中输入一个数字来指定显示比例的特定值。除了【显示比例】按钮外，【显示比例】组中还包含适用于特定 Office 应用程序的其他命令，如在 Excel 中有一个【缩放到选定区域】命令，用于将当前选择的单元格区域放大到 Excel 窗口范围。

◉ 快捷键：按住【Ctrl】键，每向上滚动一次鼠标滚轮，显示比例增大 10%，每向下滚动一次鼠标滚轮，显示比例减小 10%。

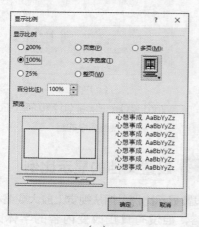

（a）

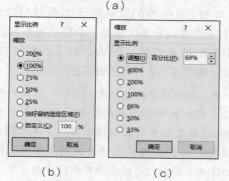

（b） （c）

图 2-16　Word（a）、Excel（b）和 PPT（c）中的【显示比例】对话框

2.3.3　在同一个文档的不同部分之间快速切换

如果经常需要对比查看一个文档的不同部分，使用鼠标从文档的一个位置滚动到另一个位置非常耗时，即使使用【PageUp】或【PageDown】键也需要逐页移动。为了提高在文档不同部分之间切换的效率，可以使用以下两种方法。

◉ 为同一个文档创建多个窗口：单击功能区中的【视图】⇨【窗口】⇨【新建窗口】按钮，为当前文档创建一个新的窗口，在两个窗口中分别定位到文档中的不同位置，之后就可以在两个窗口之间快速切换。

◉ 拆分文档窗口：单击功能区中的【视图】⇨【窗口】⇨【拆分】按钮，在 Word 中会将窗口一分为二，在 Excel 中会将窗口分为 2 个或 4 个部分，如图 2-17 所示，具体数量取决于拆分前光标的位置，拆分后的各个窗格可以定位到文档的不同位置。该方法仅适用于 Word 和 Excel。

	A	B	C	D	E	F
7	崔倩	男		48 高中	工程部	
8	林伶	男		31 大本	人力部	
9	丁纮	女		46 高中	人力部	
10	姜康	女		46 初中	销售部	
11						
1	姓名	性别	年龄	学历	部门	
2	顾萍	女		26 硕士	人力部	
3	彭迪	男		25 硕士	工程部	
4	杨艾	女		49 高中	财务部	
5	吴文	女		24 高中	市场部	
6	姚纶	女		38 大本	客服部	
7	崔倩	男		48 高中	工程部	
8	林伶	男		31 大本	人力部	
9	丁纮	女		46 高中	人力部	
10	姜康	女		46 初中	销售部	
11						

	A	B	C	D	E	F
1	姓名	性别	年龄	学历	部门	
2	顾萍	女		26 硕士	人力部	
3	彭迪	男		25 硕士	工程部	
4	杨艾	女		49 高中	财务部	
5	吴文	女		24 高中	市场部	
6	姚纶	女		38 大本	客服部	
7	崔倩	男		48 高中	工程部	
8	林伶	男		31 大本	人力部	
9	丁纮	女		46 高中	人力部	
10	姜康	女		46 初中	销售部	
11						
12						
13						
14						
15						
16						

图 2-17　在 Excel 中可将工作表拆分为 2 个或 4 个部分

2.3.4　在不同文档之间切换

可以在一个 Office 应用程序中同时打开多个文档，便于浏览和比较各个文档的内容。可以使用以下几种方法在打开的各个文档之间切换。

◉ 功能区【视图】选项卡中的【切换窗口】按钮：单击功能区中的【视图】⇨【窗口】⇨【切换窗口】按钮，在打开的列表中选择要显示的工作簿名称，如图 2-18 所示。

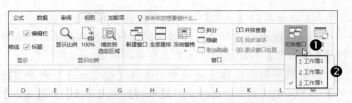

图 2-18　单击【切换窗口】按钮

◉　任务栏按钮：在 Office 应用程序中每次打开一个文档，在操作系统的任务栏中都会有一个与其对应的按钮，单击任务栏中的按钮可以在不同文档窗口之间切换。该方法不仅适用于同类型文档，还适用于不同程序创建的文档。

◉　快捷键：按【Alt+Tab】组合键，在弹出的面板中显示了当前打开的所有窗口的缩略图，缩略图上方会显示窗口的标题。按住【Alt】键的同时反复按【Tab】键以选择不同的缩略图，找到所需的缩略图后释放所有按键，即可切换到对应的文档窗口。该方法不仅适用于同类型文档，还适用于不同程序创建的文档。

2.4　批注和修订内容

当一份文档需要由多人共同维护时，批注和修订功能便于不同用户在文档中添加个人的修改意见和修改结果，并自动对修改记录进行跟踪，当某个用户打开这个文档时，可以看到其他用户添加的批注和修改信息，并及时做出反馈和必要的更正。Word、Excel 和 PPT 都支持批注功能，但只有 Word 和 PPT 支持修订功能，PPT 中的修订功能只有在比较两个演示文稿时才能使用。本节将以 Word 为例来介绍批注和修订功能的使用与设置方法，Excel 和 PPT 中的批注功能与 Word 类似。

2.4.1　为内容添加批注

在文档中选择要添加批注的内容，然后单击功能区中的【审阅】⇨【批注】⇨【新建批注】按钮，将在页面右侧延伸出一个矩形区域，其中包含一个方框，方框与所选内容之间使用一条线连接，在方框中输入批注的内容，如图 2-19 所示。

图 2-19　添加批注

输入批注的内容后，单击批注框以外的位置，完成批注的添加，此时会自动隐藏批注框的外边框，批注框与所选文字的连线变为虚线，如图 2-20 所示。

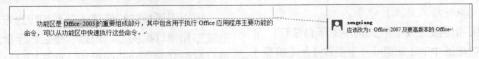

图 2-20　添加批注完成后的效果

可以对已添加完成的批注进行以下几种操作。

◉　浏览批注：单击功能区中的【审阅】⇨【批注】⇨【上一条】按钮或【下一条】按钮，将在文档中逐一定位每一个批注，并自动展开批注框。

◉　修改批注：单击批注以展开批注框，然后修改批注内容。

◎ 答复批注：单击批注框中的【答复】按钮，对批注内容进行回复。

◎ 解决批注：单击批注框中的【解决】按钮，批注框呈浅灰色显示，表示该条批注已解决。可以单击批注框中的【重新打开】按钮使批注恢复正常显示状态。

◎ 删除批注：右击该批注框，在弹出的菜单中选择【删除批注】命令将当前批注删除。如果需要删除文档中的所有批注，可以单击功能区中的【审阅】➾【批注】➾【删除】按钮下方的下拉按钮，在弹出的菜单中选择【删除文档中的所有批注】命令。

2.4.2 修订内容

使用修订功能可以记录对内容进行修改的细节，包括修改的内容本身和内容的格式，并同时保留修改前和修改后的内容，以便以后根据需要选择接受修改或拒绝修改。在修订前，需要单击功能区中的【审阅】➾【修订】➾【修订】按钮进入修订模式，之后对内容的任何修改都会被 Word 记录下来：对内容本身的添加和删除操作将显示在内容的原始位置上，对内容格式的修改细节将显示在页面右侧延伸出的修订框中，如图 2-21 所示。

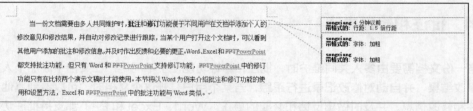

图 2-21　修订内容

如果文档中包含多处修订，可以单击功能区中的【审阅】➾【更改】➾【上一处】按钮或【下一处】按钮，在文档中逐一定位每一处修订。可以根据需要接受或拒绝修改，具体操作如下。

◎ 添加的内容：在正文中右击启用修订模式后添加的内容，在弹出的菜单中选择【接受输入】或【拒绝输入】命令。

◎ 删除的内容：在正文中右击启用修订模式后删除的内容，在弹出的菜单中选择【接受删除】或【拒绝删除】命令。

◎ 格式的修改：右击页面右侧延伸区域中的修订框，在弹出的菜单中选择【接受格式更改】或【拒绝格式更改】命令。

如果需要接受或拒绝文档中的所有修订，可以单击功能区中的【审阅】➾【更改】➾【接受】按钮下方的下拉按钮或【拒绝】按钮下方的下拉按钮，在弹出的菜单中选择【接受所有修订】或【拒绝所有修订】命令。

可以控制文档中所有批注和修订的显示状态，单击位于功能区【审阅】➾【修订】组中图

2-22 所示的下拉按钮，在弹出的菜单中选择一种显示状态。还可以单击功能区中的功能区【审阅】➾【修订】➾【显示标记】按钮，在弹出的菜单中选择在文档中显示的标记类型。

图 2-22　控制所有批注和修订的显示状态

2.4.3 设置批注和修订选项

可以设置批注和修订的外观和行为方式，如批注框和修订框的显示位置、是否显示批注框和修订框与文字之间的连接线、批注和修订的颜色等。单击功能区【审阅】➾【修订】组右下角的对话框启动器，打开【修订选项】对话框，如图 2-23 所示。然后单击【高级选项】按钮，打开【高级修订选项】对话框，如图 2-24 所示，在该对话框中可以对批注和修订进行详细设置。

图 2-23 【修订选项】对话框   图 2-24 设置批注和修订选项

2.5 保护文档安全

数据本身的价值远远高于编辑这些数据所耗费的时间价值。为了防止数据和个人信息的泄露，应该为包含重要数据的文档设置安全保护措施，同时可以在将文档发送给他人前，清除文档中的个人信息。本节将介绍 Office 提供的几种保护文档安全功能的设置方法，在此之前首先介绍受保护的视图，它是防范可能具有安全隐患的外部文档的一种保护机制。

2.5.1 受保护的视图

受保护的视图是在 Office 2010 中首次加入的功能，它是用于防范任何可能存在安全隐患的文档的一种保护性措施。默认情况下，以下来源的文件将自动在受保护的视图中打开。

◉ 从互联网上下载的文件。

◉ 从 Outlook 中下载的附件。

◉ 位于不安全位置中的文档，如互联网临时文件夹中的文件。

◉ 在【文件阻止设置】中选中的文件类型，该设置位于【信任中心】对话框的【文件阻止设置】选项卡中。

> **提示**
> 用户也可以手动在受保护的视图中打开特定文档，只需在【打开】对话框中选择文件后，单击【打开】按钮右侧的下拉按钮，在弹出菜单中选择【在受保护的视图中打开】命令。

在受保护的视图中打开文档时，将在功能区下方显示一个黄色的消息栏，窗口顶部的标题栏中会显示"[受保护的视图]"字样，如图 2-25 所示，同时会禁用大多数编辑功能。用户可以检查文档是否存在安全隐患，如果确认文档是安全的，可以单击消息栏中的【启用编辑】按钮，以恢复文档的编辑功能。还可以单击【文件】 ⇨【信息】命令，在进入的界面中单击【启用编辑】按钮恢复文档的编辑功能。

图 2-25 在受保护的视图中打开文档

用户可以设置在受保护的视图中所打开文件的来源，具体操作步骤如下。

（1）单击【文件】➪【选项】命令，打开 Office 应用程序的选项对话框，在左侧选择【信任中心】选项卡，在右侧的【Microsoft Excel 信任中心】区域中单击【信任中心设置】按钮，如图 2-26 所示。

（2）打开【信任中心】对话框，在左侧选择【受保护的视图】选项卡，在右侧选中或取消选中复选框，从而指定某些来源的文件在受保护的视图中打开。

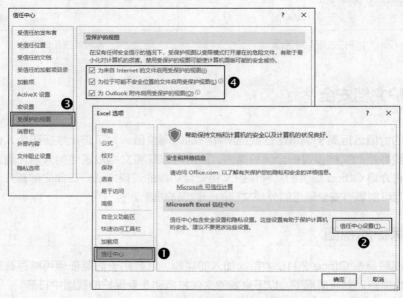

图 2-26 "受保护的视图"功能的设置界面

2.5.2 清除文档中的隐私信息

在将制作好的文档发送给他人前，为了避免泄露个人信息，可以使用 Office 应用程序内置的文档检查器自动检查并删除这些信息。单击【文件】➪【信息】命令，在进入的界面中单击【检查问题】按钮，在弹出的菜单中选择【检查文档】命令。

打开图 2-27 所示的【文档检查器】对话框，选择要检查的信息类型，单击【检查】按钮开始对文档进行检查。检查结束后，可以单击【全部删除】按钮删除与其对应的信息类型中的信息，如图 2-28 所示。

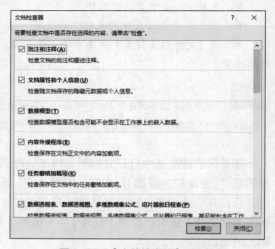

图 2-27 【文档检查器】对话框

图 2-28　单击【全部删除】按钮删除特定类型的信息

2.5.3　将文档标记为最终状态

如果文档中的内容已经编辑完成，为了让可能会使用该文档的所有用户都能了解到这是一个已完成的版本，可以将文档标记为最终状态。"标记为最终状态"功能可以将文档设置为只读模式，从而避免用户无意修改文档内容。

单击【文件】⇨【信息】命令，在进入的界面中单击【保护工作簿】按钮，在弹出的菜单中选择【标记为最终状态】命令。在弹出的对话框中单击【确定】按钮，会再弹出一个对话框，如图 2-29 所示，单击【确定】按钮。

图 2-29　标记为最终状态的相关说明

将文档标记为最终状态后，在窗口底部状态栏的左侧将显示 标记，并在功能区下方显示一个消息栏，如图 2-30 所示，提示用户文档已被标记为最终状态。此时文档处于只读模式，但可以随时单击消息栏中【仍然编辑】按钮恢复正常的编辑功能。

图 2-30　将文档标记为最终状态

可以使用与将文档标记为最终状态类似的操作来取消文档的最终状态。只需单击【文件】⇨【信息】命令，在进入的界面中单击【保护工作簿】按钮，在弹出的菜单中选择【标记为最终状态】命令，取消该命令的勾选状态即可。

2.5.4　为文档加密

虽然前面介绍的几种方法可以对文档起到一定的保护作用，但其安全性较低。如果希望只有授权用户才能查看和编辑文档中的内容，可以为文档设置密码，只有知道密码的用户才能打开和编辑文档。文档密码分为两种：打开文档密码和修改文档密码。打开文档密码是指在打开文档时需要提供密码，只有密码正确才能打开文档。修改文档密码是指只有输入正确的密码才能对打开的文档进行修改，否则将以只读模式打开文档。

下面将以 Word 为例，介绍打开文档密码和修改文档密码的设置方法，Excel 和 PPT 中的操作与 Word 类似。

1．设置打开文档密码

设置打开文档密码的具体操作步骤如下。

（1）打开要设置密码的文档，单击【文件】⇨【信息】命令，在进入的界面中单击【保护文档】按钮，在弹出的菜单中选择【用密码进行加密】命令。

（2）弹出图 2-31 所示的【加密文档】对话框，在文本框中输入密码，然后单击【确定】按钮。

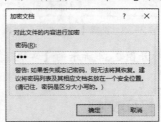

图 2-31　设置打开文档时的密码

（3）弹出【确认密码】对话框，再次输入设置的密码，然后单击【确定】按钮。

此时已对文档进行加密，执行【保存】命令将密码存储到文档中。下次打开这个文档时，将显示图 2-32 所示的对话框，只有输入正确的密码才能打开文档。

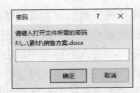

图 2-32 输入正确的密码才能打开文档

如果需要删除文档中的密码，可以打开这个文档，单击【文件】⇨【信息】命令，在进入的界面中单击【保护文档】按钮，在弹出的菜单中选择【用密码进行加密】命令。弹出【加密文档】对话框，删除文本框中的内容，然后单击【确定】按钮，最后保存文档。

2. 设置修改文档密码

设置修改文档密码的具体操作步骤如下。

（1）打开要设置密码的文档，执行【另存为】命令以打开【另存为】对话框。

（2）单击【工具】按钮，在弹出的菜单中选择【常规选项】命令，如图 2-33 所示。

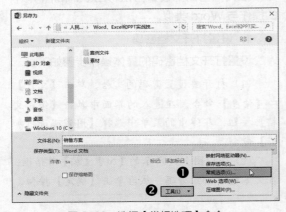

图 2-33 选择【常规选项】命令

（3）打开图 2-34 所示的【常规选项】对话

框，在【修改文件时的密码】文本框中输入修改文档密码，然后单击【确定】按钮。

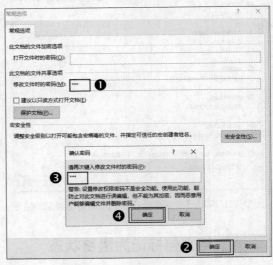

图 2-34 设置修改文档密码

（4）弹出【确认密码】对话框，再次输入设置的密码，单击【确定】按钮。

（5）返回【另存为】对话框，选择文档的存储路径和名称，然后单击【保存】按钮，完成修改文档密码的设置。

下次打开这个文档时，将显示图 2-35 所示的对话框，只有输入正确的密码才能在打开文档后对其进行修改，否则只能单击【只读】按钮以只读模式打开文档。

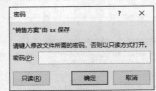

图 2-35 输入正确的密码才能修改文档

2.6 打印文档

在实际应用中，将文档打印输出到纸张上也是经常进行的操作。打印前需要进行一些必要的设置，如打印机的选择、纸张的页面设置、打印范围和页数的设置等。本节将介绍 Word、Excel 和 PPT 共同支持的打印选项，针对特定 Office 应用程序的打印选项将在各个组件的专题内容中进行介绍。

2.6.1 选择打印机

在打印文档前，通常需要对打印的相关选项进行一些设置，以便打印出符合要求的文档。

Word、Excel 和 PPT 的打印选项都位于单击【文件】⇨【打印】命令进入的界面中，左侧包含多个打印选项，右侧显示的是进入打印设置界面前屏幕中显示的页面，可以单击页面左下方的 ◄ 和 ► 按钮在各个页面之间切换显示。图 2-36 所示的是 Word 2016 的打印设置界面，Excel 和 PPT 的打印设置界面与 Word 类似。

图 2-36　Word 2016 的打印设置界面

提示　　如果发现打印设置界面右侧的页面显示不完全，可以单击右下角的【缩放到页面】按钮 ⊡，让页面大小自动适应打印设置界面的大小。

在【打印机】下方的下拉列表中可以选择要使用的打印机。选择好后可以单击【打印机属性】，在打开的对话框中对打印机进行设置。

2.6.2　设置纸张的尺寸和方向

可以在打印设置界面中设置纸张的尺寸和方向。尺寸设置包括纸张自身的大小以及页边距的大小两种设置。图 2-37 所示的选项用于设置纸张大小、页边距和方向，可以打开这几个选项的下拉列表，从中选择预置的选项。纸张方向只有【横向】和【纵向】两种，而纸张大小和页边距包含多个预置项。如果预置项都不符合要求，可以在下拉列表中选择【其他纸张大小】和【自定义边距】根据需要设置纸张和页边距的尺寸。

图 2-37　设置纸张的尺寸和方向

2.6.3　设置打印份数和页面输出顺序

在打印设置界面上方的【打印】按钮右侧，可以指定文档的打印份数，还可以在下方选择打印时的页面输出顺序。如图 2-38 所示，页面输出顺序分为以下两种。

◉　按页次逐页打印整个文档，直到文档的

最后一页。完成第1遍后，再按页次逐页打印第2遍文档，以此类推。例如，如果需要将一个总共6页的文档打印3份，第1遍将打印文档的1～6页，完成后第2遍也打印文档的1～6页，完成后第3遍同样将打印文档的1～6页。

⊙ 按页码打印文档，根据要打印的份数，按码打印文档。例如，如果需要将一个总共6页的文档打印3份，会先将第1页打印3份，完成后再将第2页打印3份，以此类推。

图 2-38　设置打印份数和页面输出顺序

2.6.4　设置打印范围和页数

默认情况下，将会打印文档中的所有页面，但是可以根据实际需要打印文档中的部分内容。打开【设置】下方的第一个下拉列表，从中可以选择打印的文档范围，比如分别可以选择打印所有页、当前页或选中的内容，如图2-39所示。

有时可能需要打印部分页面，此时可以在【页数】文本框中输入要打印的页码，包括以下几种输入方式。

图 2-39　设置打印范围

⊙ 打印连续的多个页面：使用"-"符号指定连续的页面范围，如输入"2-5"将打印第2~5页。

⊙ 打印不连续的多个页面：使用","符号指定不连续的页面，如输入"1，3，5"将打印第1、3、5页。

⊙ 打印连续和不连续的页面：可以综合使用"-"和","符号指定连续和不连续的页面，如输入"1，3，5-8"将打印第1、3页以及第5-8页。

⊙ 打印包含节的页面：如果为文档设置了分节，可以使用字母s表示节，p表示页，页在前、节在后，字母不区分大小写，如p3s2表示文档中的第2节第3页。可以结合前几种方法指定包含节和页的打印范围，如输入"p3s2-p6s5"将打印文档中的第2节第3页到第5节第6页范围中的内容。

设置好本小节和前几小节介绍的打印选项后，可以单击【打印】按钮进行打印。

2.7　让文档更易用的功能设置

本节将介绍提高文档操作便捷性和效率的功能设置，这些设置与本章前几节介绍的文档操作相互关联。

2.7.1　设置最近打开过的文档名称的显示数量

Office 应用程序能够自动记录用户最近打开过的文档的名称，并自动维护最近打开文档列表。

单击【文件】⇨【打开】命令，在进入的界面中选择【最近】，界面右侧将显示最近打开过的文档名称列表，单击某个名称可以打开对应的文档，这样便于快速打开曾经使用过的文档。默认情况下，Office 2016 能够记录最近打开过的50 个文档的名称。用户可以自定义设置记录文档的数量，具体操作步骤如下。

（1）单击【文件】⇨【选项】命令，打开 Office 应用程序的选项对话框。

（2）在左侧选择【高级】选项卡，在右侧的【显示】区域中的【显示此数目的"最近使用的文档"】文本框中输入一个不超过 50 的数字，最后单击【确定】按钮，如图 2-40 所示。

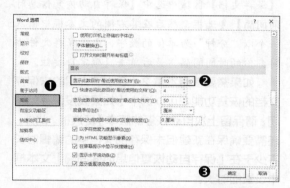

图 2-40　设置最近打开过的文档名称的显示数量

> **提示**
> 如果不希望显示最近打开文档列表中的所有记录，可以将【显示此数目的"最近使用的文档"】设置为 0。

如果需要彻底删除最近打开文档列表中的所有记录，可以单击【文件】⇨【打开】命令，在进入的界面中选择【最近】，在右侧右击任意一个文档记录，在弹出的菜单中选择【清除已取消固定的文档】命令，然后在弹出的对话框中单击【是】按钮。对于已固定的文档记录，需要先取消固定，再进行删除，或者直接右击并选择【从列表中删除】命令。

2.7.2 设置打开和保存文档的默认文件夹

每次使用【打开】对话框打开一个 Office

文档，或者使用【另存为】对话框保存、另存一个 Office 文档时，在对话框中自动定位到的文件夹就是 Office 应用程序的默认文件夹。如果常用文档集中存储在某个特定文件夹中，可以将该文件夹设置为默认文件夹，以便提高打开和保存文档的操作效率。设置默认文件夹的具体操作步骤如下。

（1）单击【文件】⇨【选项】命令，打开 Office 应用程序的选项对话框，在左侧选择【保存】选项卡，在右侧的【保存文档】区域中的【默认本地文件位置】文本框中显示了当前设置的默认文件夹，单击文本框右侧的【浏览】按钮，如图 2-41 所示。

图 2-41　设置打开和保存文档的默认文件夹

（2）在打开的对话框中选择要作为默认文件夹的文件夹，然后单击两次【确定】按钮，依次关闭打开的对话框。

2.7.3 设置自定义模板的存储位置

假设 Windows 操作系统安装在 C 盘，自定义模板的默认位置位于以下路径中。

C:\Users\< 用户名 >\Documents\ 自定义 Office 模板

如果自定义模板文件夹中包含文档模板，将在新建文档时的界面中显示【个人】类别，可以使用该类别中的模板创建新的文档。可以改变自定义模板的存储位置，操作方法与上一小节介绍的设置打开和保存文档的默认文件夹类似：在 Office 应用程序的选项对话框的左侧选择【保存】选项卡，在右侧的【保存文档】区域中的【默认本地文件位置】文本框中，输入希望作为自定义模板存储位置的文件夹的路径，最后单击【确定】按钮。

2.7.4 设置保存文档的默认格式

在 Office 2007 以及更高版本的 Office 中，保存新建文档时的默认格式是基于 XML 的新文件格式，如在 Word 2016 中默认以".docx"格式保存新建的文档。如果制作的文档经常要在不同版本的 Office 中使用，为了增强文档的兼容性，可以将文档存储为早期版本 Office 的文件格式，或者根据需要将文档以特定格式保存。设置保存文档的默认格式的具体操作步骤如下。

（1）单击【文件】 ⇨【选项】命令，打开 Office 应用程序的选项对话框。

（2）在左侧选择【保存】选项卡，在右侧的【保存文档】区域中打开【将文件保存为此格式】下拉列表，从中选择早期版本 Office 的文件格式，如 Word 早期版本的文件格式是"Word 97-2003 文档（*.doc）"，最后单击【确定】按钮，如图 2-42 所示。

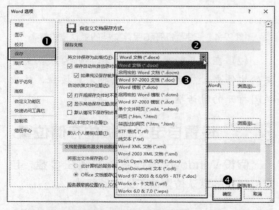

图 2-42 设置保存文档的默认格式

2.7.5 设置文档的自动恢复功能

默认情况下，Office 应用程序每隔 10 分钟会自动保存当前打开文件的一个临时备份，当 Office 应用程序意外退出时，可以在下次启动 Office 应用程序时使用临时备份文件恢复在上次意外退出时处于打开状态的文档。可以将自动保存时间间隔缩短，尽量减少数据损失，提高文档安全。设置自动保存时间间隔的具体操作步骤如下。

（1）单击【文件】 ⇨【选项】命令，打开 Office 应用程序的选项对话框。

（2）在左侧选择【保存】选项卡，在右侧的【保存文档】区域中选中【保存自动恢复信息时间间隔】复选框，然后在其右侧的文本框中输入一个以"分钟"为单位的数字，表示保存文件临时备份的时间间隔，最后单击【确定】按钮。

如果需要使用本章 2.1.6 小节介绍的未保存文档的恢复功能，可以选中【如果我没保存就关闭，请保留上次自动恢复的版本】复选框。此外，还需要确保在新建但未保存的文档中的编辑时长不少于在【保存自动恢复信息时间间隔】文本框中设置的时长。

第2部分

Word 文档输入、编辑与排版

Word Excel PPT

第3章 设置文档的页面格式

文档的页面格式决定着内容在文档中整体的版式布局结构。在对具体内容进行排版前，应该先确定文档页面的整体格式，这样可以避免由于调整页面大小、方向以及其他格式而导致已排好版的内容出现版面错乱的问题。本章主要介绍 Word 文档页面格式涉及的相关概念和设置方法，包括页面的基本格式，如页面方向、纸张大小、页边距、页眉和页脚，以及分页、分节和分栏等内容。在实际应用中，有些页面格式并非必须在文档建立之初就进行设置，而可以在文档的编辑过程中根据内容的版式要求选择性设置。

3.1 设置页面的基本格式

页面的基本格式包括页面的方向、纸张大小、页边距大小、页眉和页脚的大小、垂直对齐方式等，本节将介绍页面基本格式的设置方法。

3.1.1 设置页面方向

新建的 Word 文档的页面方向默认为纵向，可以根据需要在纵向与横向之间切换。单击功能区中的【布局】⇨【页面设置】⇨【纸张方向】按钮，在打开的列表中选择所需的页面方向，如图 3-1 所示。默认情况下，改变文档中任何一页的页面方向，其他所有页面的方向都将自动统一调整，以使所有页面的方向保持一致。

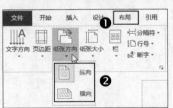

图 3-1　设置文档的页面方向

> **交叉参考**　一个文档中可以同时包含纵向和横向页面，具体设置方法请参考本章 3.3.3 小节中的案例。

3.1.2 设置纸张大小

Word 提供了大量的纸张大小规格，可以从

中进行选择，快速将文档页面设置为指定的纸张大小，也可以自定义设置特定的纸张大小。单击功能区中的【布局】⇨【页面设置】⇨【纸张大小】按钮，在打开的列表中选择预置的纸张大小，如图 3-2 所示。

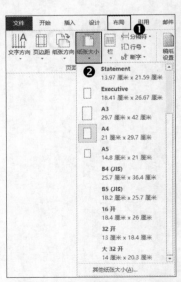

图 3-2　选择预置的纸张大小

如果需要自定义设置纸张的大小，可以选择下拉列表底部的【其他纸张大小】命令，或者单击功能区【布局】⇨【页面设置】组右下角的对

话框启动器，打开【页面设置】对话框，切换到【纸张】选项卡，在【宽度】和【高度】文本框中输入纸张的宽度和高度，如图3-3所示。设置完成后单击【确定】按钮。

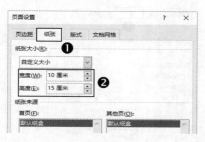

图3-3 自定义设置纸张大小

3.1.3 设置页边距

页边距是指版心的4个边缘与页面对应的4个边缘之间的距离，设置页边距实际上是指确定页面版心的大小。版心是页面中占据最大面积的区域，文档包含的主体内容通常会放置到版心中。根据纸张和页边距的大小，可以使用以下公式计算出版心的大小。

> 版心的宽度 = 纸张宽度 - 页面左边距 - 页面右边距

> 版心的高度 = 纸张高度 - 页面上边距 - 页面下边距

单击功能区中的【布局】⇨【页面设置】⇨【页边距】按钮，可在打开的列表中选择预置的页边距。如果需要自定义设置页边距，可以在下拉列表的底部选择【自定义边距】命令，或者单击功能区【布局】⇨【页面设置】组右下角的对话框启动器，打开【页面设置】对话框，切换到【页边距】选项卡，在【上】【下】【左】【右】4个文本框中输入4个页边距的值，设置完成后单击【确定】按钮。

案例 3-1
设置公司考勤制度的页边距以确定其版心大小

案例目标： 创建一个16开纸张大小的公司考勤制度，将其版心尺寸设置为宽15厘米、高20厘米。

完成本例的具体操作步骤如下。

（1）将文档的纸张大小设置为16开，然后单击功能区【布局】⇨【页面设置】组右下角的对话框启动器。

（2）打开【页面设置】对话框，切换到【页边距】选项卡，将【上】和【下】文本框中的值设置为【3厘米】，将【左】和【右】文本框中的值设置为【1.7厘米】，如图3-4所示，最后单击【确定】按钮。

图3-4 通过指定页边距的值来设置版心尺寸

因为16开大小的纸张的宽度为18.4厘米、高度为26厘米，本例要设置的版心的宽度为15厘米、高度为20厘米，因此要设置的页面左边距、页面右边距的尺寸之和为18.4-15=3.4（厘米），将该值除以2所得到的1.7厘米就是页面左边距和页面右边距的设置值。页面上边距和页面下边距的计算方式类似，即(26-20)÷2=3（厘米）。

3.1.4 设置页眉和页脚的大小

与版心大小的计算方式有些类似，页眉和页脚的大小也无法直接设置，而需要根据页面上边距和页面下边距的大小，以及天头和地脚的大小来计算得到。天头是指页眉以上的留白部分，地脚是指页脚以下的留白部分。【页面设置】对话框【版式】选项卡中的【页眉】和【页脚】两个选项用于设置天头和地脚的大小，通过设置这两个选项以及页面上、下边距，可以使用以下公式计算出页眉和页脚的大小。

> 页眉 = 页面上边距 - 天头

> 页脚 = 页面下边距 - 地脚

案例 3-2
设置公司合同的页眉和页脚大小

案例目标： 在一个页面上、下边距都为 3 厘米的文档中，将页眉大小设置为 1.25 厘米，将页脚大小设置为 1.75 厘米。

完成本例的具体操作步骤如下。

（1）单击功能区【布局】⇨【页面设置】组右下角的对话框启动器，打开【页面设置】对话框，在【页边距】选项卡中将【上】和【下】设置为【3 厘米】。

（2）切换到【版式】选项卡，将【页眉】距边界的距离设置为【1.75 厘米】，将【页脚】距边界的距离设置为【1.25 厘米】，如图 3-5 所示，最后单击【确定】按钮。

图 3-5　通过设置天头和地脚来确定页眉和页脚的尺寸

本例中的页眉和页脚的尺寸使用以下公式计算得到，因此需要设置的值为 1.75 厘米和 1.25 厘米。

页眉：3-1.75=1.25（厘米）

页脚：3-1.25=1.75（厘米）

3.1.5　设置页面的垂直对齐方式

文档中的文字默认从页面顶部开始，自上而下整行排列。文字的这种排列方式由页面的垂直对齐方式决定，默认的垂直对齐方式为顶端对齐。如果有特殊的排版需要，可以选择不同的垂直对齐方式。

如果需要设置页面的垂直对齐方式，可以单击功能区【布局】⇨【页面设置】组右下角的对

话框启动器，打开【页面设置】对话框，切换到【版式】选项卡，在【垂直对齐方式】下拉列表中进行选择，如图 3-6 所示。

图 3-6　设置页面的垂直对齐方式

3.1.6　设置文档网格

文档网格用于精确控制页面包含的字符总数，可以指定页面包含的行数以及每行包含的字符数，还可以借助网格来调整和对齐图形对象在页面中的位置。在功能区【视图】⇨【显示】组中选中【网格线】复选框，将在页面中显示网格。

案例 3-3
为产品说明书设置每页包含的字符总数

案例目标： 将文档每个页面的字符总数设置为 1400 个，具体为每页 40 行，每行 35 个字符，效果如图 3-7 所示。

> **产品简介**
>
> 　　计算机考勤机是为了实现人事考勤、薪资管理和行政管理而独立研制的。系统采用目前最先进的非接触 IC（ID）卡技术，具有磁卡、接触式 IC 卡、光电卡等卡无可比拟的优点。它代替了传统的"考勤卡"员工在感应区的有效距离内出示卡，便可完成考勤操作，再通过相应考勤软件便可方便对员工上班、下班及加班进行考勤，方便管理人员有效统计人员出勤率；统计员工签到、早退、旷工、加班以及请假情况，方便计算出各人员的薪资，可广泛应用于各企、事业单位。

图 3-7　每页包含 1400 个字符的版式效果

完成本例的具体操作步骤如下。

（1）单击功能区【布局】⇨【页面设置】组右下角的对话框启动器，打开【页面设置】对话框。

（2）切换到【文档网格】选项卡，在【网格】区域中选中【指定行和字符网格】单选

按钮，在下方的【字符数】区域的【每行】文本框中输入"35"，以指定每行包含35个字符；在【每页】文本框中输入"40"，以指定每页包含40行，如图3-8所示，最后单击【确定】按钮。

图3-8 设置行的字符数以及每页的行数

3.2 设置分页

在文档中输入内容时，当内容占满一页后，Word 会自动添加一个空白页面，并将后续输入的内容移入新增的页面中，这是因为 Word 自动在上一页的底部插入了分页符。Word 允许用户在文档中的特定位置手动插入分页符，以便在任意位置进行分页。本节将介绍手动插入分页符和空白页的方法，还将介绍为段落智能分页的方法。

3.2.1 在文档中的指定位置分页

有时在一页内容未填满时，希望后面的内容位于下一页，这时就需要手动插入分页符进行分页。首先将插入点定位到希望分页的位置，然后可使用以下几种方法插入分页符。

◉ 单击功能区中的【插入】➡【页面】➡【分页】按钮。

◉ 单击功能区中的【布局】➡【页面设置】➡【分隔符】按钮，在弹出的菜单中选择【分页符】命令。

◉ 按【Ctrl+Enter】组合键。

无论使用哪种方法，都将在插入点位置插入一个分页符，如图3-9所示，位于分页符之后的内容被自动移入下一页，图中贯穿两段之间的灰色线条表示的是页面之间的分隔线。如果没有看到分页符，可以单击功能区中的【开始】➡【段落】➡【显示/隐藏编辑标记】按钮，将格式编辑标记显示出来。

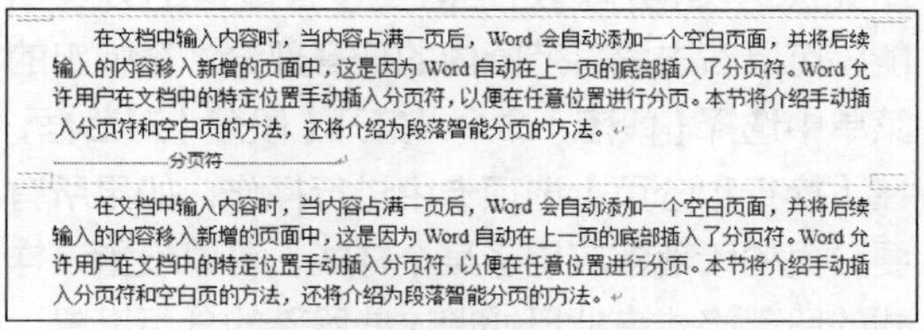

在文档中输入内容时，当内容占满一页后，Word 会自动添加一个空白页面，并将后续输入的内容移入新增的页面中，这是因为 Word 自动在上一页的底部插入了分页符。Word 允许用户在文档中的特定位置手动插入分页符，以便在任意位置进行分页。本节将介绍手动插入分页符和空白页的方法，还将介绍为段落智能分页的方法。

————分页符————

在文档中输入内容时，当内容占满一页后，Word 会自动添加一个空白页面，并将后续输入的内容移入新增的页面中，这是因为 Word 自动在上一页的底部插入了分页符。Word 允许用户在文档中的特定位置手动插入分页符，以便在任意位置进行分页。本节将介绍手动插入分页符和空白页的方法，还将介绍为段落智能分页的方法。

图3-9 手动插入的分页符

提示 默认情况下，两个页面之间存在一小段空白，可以将鼠标指针移动到两个页面之间的空白部分，当鼠标指针变为 时双击，将空白部分隐藏起来。如果使用的是 Word 2003，则只需单击即可。

还可以在文档中的特定位置插入空白页，它与分页的区别是：分页只是将特定位置之后的内容移入下一页，而插入空白页是在位于特定位置前、后的两部分内容之间插入一个空白的页面。例如，如果文档只有1页，其中包含两个段落，将插入点定位到两段之间，在插入空白页后，文档共有3页，第1段内容位于第1页，第2段内容位于第 3 页，而第 2 页就是插入的空白页。

如果需要删除手动插入的分页符，可以将鼠标指针移动到分页符的左侧，当鼠标指针变为向右的箭头时单击以选中分页符，如图 3-10 所示，按【Delete】键将其删除。Word 自动插入的分页符是无法删除的。

在文档中输入内容时，当内容占满一页后，Word 会自动添加一个空白页面，并将后续输入的内容移入新增的页面中，这是因为 Word 自动在上一页的底部插入了分页符。Word 允许用户在文档中的特定位置手动插入分页符，以便在任意位置进行分页。本节将介绍手动插入分页符和空白页的方法，还将介绍为段落智能分页的方法。

图 3-10　删除手动插入的分页符

3.2.2　为段落智能分页

在处理某些文档时，可能需要有规律地对文档中的特定段落进行分页设置。例如，在编排书籍时，需要让每章的章标题位于一个页面的顶部，而不是接排在上一章结尾之后。虽然可以使用上一小节介绍的手动插入分页符的方法，但是要在整个文档中逐一找到章标题并插入手动分页符，效率非常低。

可以使用 Word 为段落提供的分页功能自动完成这类操作。如果需要设置段落的分页功能，可以右击段落范围内的任意部分，在弹出的菜单中选择【段落】命令，打开【段落】对话框，在【换行和分页】选项卡中进行操作。如果所有要分页的段落都应用了某个样式，可以设置该样式的段落格式来批量处理这些段落的分页设置。

> **交叉参考**　有关段落和样式的更多内容，请参考本书第 5 章。

案例 3-4
在工作总结中的特定段落前自动分页

案例目标： 为文档中应用了【标题 1】样式的段落设置自动分页，效果如图 3-11 所示。

完成本例的具体操作步骤如下。

（1）单击功能区【开始】➪【样式】组右下角的对话框启动器，打开【样式】窗格，在样式列表中右击【标题 1】样式，在弹出的

菜单中选择【修改】命令，如图 3-12 所示。

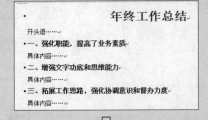

图 3-11　为标题段落设置自动分页

图 3-12　选择【修改】命令

（2）打开【修改样式】对话框，单击左下角的【格式】按钮，在弹出的菜单中选择【段落】命令，如图 3-13 所示。

（3）打开【段落】对话框，切换到【换行和分页】选项卡，选中【段前分页】复选框，如图 3-14 所示。

（4）单击两次【确定】按钮，依次关闭【段落】对话框和【修改样式】对话框。使用这种方法为段落分页不会显示分页符。

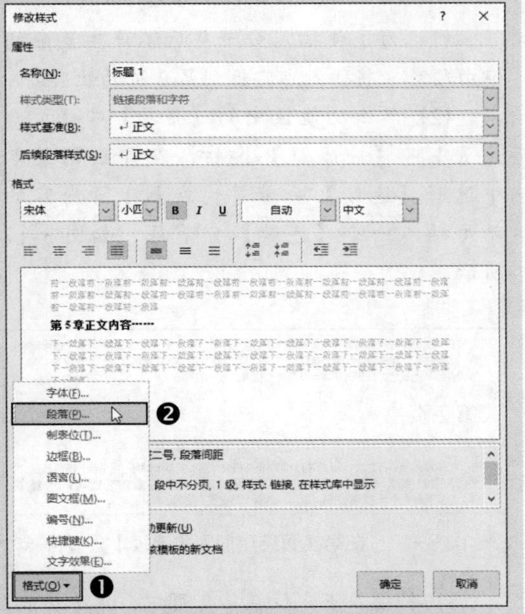

图 3-13　选择【段落】命令

图 3-14　选中【段前分页】复选框

除了本例介绍的段落分页方法外，Word 还提供了以下 3 种段落分页方式。

◉ 孤行控制：选择该项可避免段落的第一行位于当前页的底部，或段落的最后一行位于下一页的顶部。

◉ 与下段同页：选择该项可将当前段落移动到下一段所在的页面中，使该段与其下一段位于同一个页面。此功能常用于让标题及其下方的内容位于同一页，或让图片及其下方的题注位于同一页。

◉ 段中不分页：选择该项可将页面底部无法整段显示的段落自动移动到下一页，以确保该段落中的内容始终位于同一页。

3.3　设置分节

分节在长文档排版中发挥着非常重要的作用。通过分节，可以将一个文档划分为多个逻辑部分，以便对每个部分进行不同的版式处理，从而在文档中实现多种灵活的排版需求。本节将介绍节的概念、分节符的类型以及对文档进行分节的方法。

3.3.1　"节"在文档中的作用

在文档中插入分节符后，以分节符为间隔将文档分为两个或多个部分，各个部分按照其在文档中的排列顺序，依次称为第 1 节、第 2 节、第 3 节等。分节后可以为各节设置不同的格式，具体包括纸张大小、纸张方向、页边距、页面边框、页面垂直对齐方式、页眉和页脚、页码、行号、脚注和尾注、分栏。

例如，书籍前言部分的页码需要使用罗马数字，正文部分的页码需要使用阿拉伯数字，为了在一本书中实现不同的页码格式，就需要在前言的最后一页与正文的第一页之间插入一个分节符，从而将整个文档分为两节，每一节可以拥有特定的页码格式。

3.3.2　分节符类型

Word 支持以下 4 种类型的分节符。

◉ 【连续】分节符：插入【连续】分节符后，新的一节从同一页开始，位于刚插入的分节符之前和之后的内容位置不会发生变化。

◉ 【下一页】分节符：插入【下一页】分节符后，新的一节从下一页开始，位于分节符之后的内容会被移动到下一页。

◉ 【奇数页】分节符：插入【奇数页】分节符后，新的一节从下一个奇数页开始。例如，如果在文档的第 2 页插入【奇数页】分节符，位于分节符之后的内容会被移动到第 3 页。如果在第 3 页插入【奇数页】分节符，位于分节符之后的内容会被移动到第 5 页。

● 【偶数页】分节符：插入【偶数页】分节符后，新的一节从下一个偶数页开始。例如，如果在文档的第1页插入【偶数页】分节符，位于分节符之后的内容会被移动到第2页。如果在第2页插入【偶数页】分节符，位于分节符之后的内容会被移动到第4页。

3.3.3 插入分节符

在插入分节符前，需要先将插入点定位到想要分节的位置。然后单击功能区中的【布局】➪【页面设置】➪【分隔符】按钮，在弹出的菜单中选择【分节符】类别中的分节符，如图3-15所示。

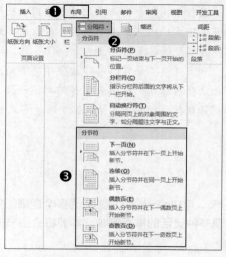

图 3-15 插入分节符

案例 3-5
在文档中同时使用纵向页面和横向页面

案例目标： 文档包含纵向的两页，通过分节功能，将第2页改为横向，效果如图3-16所示。

图 3-16 在文档中同时包含纵向页面和横向页面

完成本例的具体操作步骤如下。

（1）为了使插入分节符后不产生多余的空白段落，将插入点定位到第2页的开头。

（2）单击功能区中的【布局】➪【页面设置】➪【分隔符】按钮，在弹出的菜单中选择【连续】分节符，在第1页内容的结尾插入一个【连续】分节符，如图3-17所示。

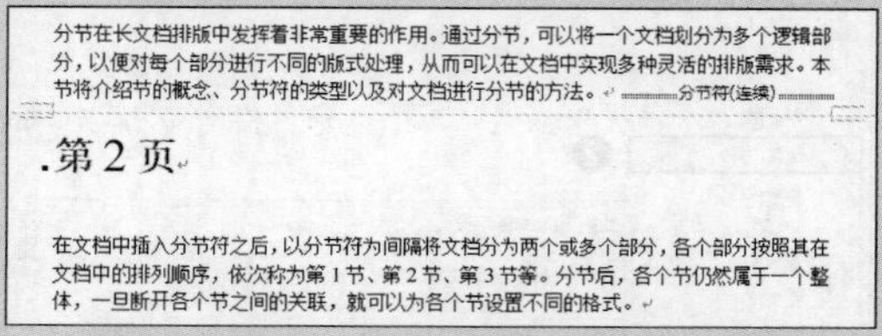

分节在长文档排版中发挥着非常重要的作用。通过分节，可以将一个文档划分为多个逻辑部分，以便对每个部分进行不同的版式处理，从而可以在文档中实现多种灵活的排版需求。本节将介绍节的概念、分节符的类型以及对文档进行分节的方法。·······分节符(连续)·····

.第2页.

在文档中插入分节符之后，以分节符为间隔将文档分为两个或多个部分，各个部分按照其在文档中的排列顺序，依次分为第1节、第2节、第3节等。分节后，各个节仍然属于一个整体，一旦断开各个节之间的关联，就可以为各个节设置不同的格式。

图 3-17 在第1页结尾插入【连续】分节符

（3）将插入点定位在第2页中，单击功能区中的【布局】➪【页面设置】➪【纸张方向】按钮，在弹出的菜单中选择【横向】命令，将第2页改为横向，而第1页仍为纵向。

3.3.4 更改分节符的类型

文档中插入的分节符的类型可直接更改。更改分节符的类型前，需要将插入点定位到要更改的分节符之后的内容范围内。如果在要更改的分节符之后还有其他分节符，需要将插入点定位到这两个分节符之间的位置，如图3-18所示。

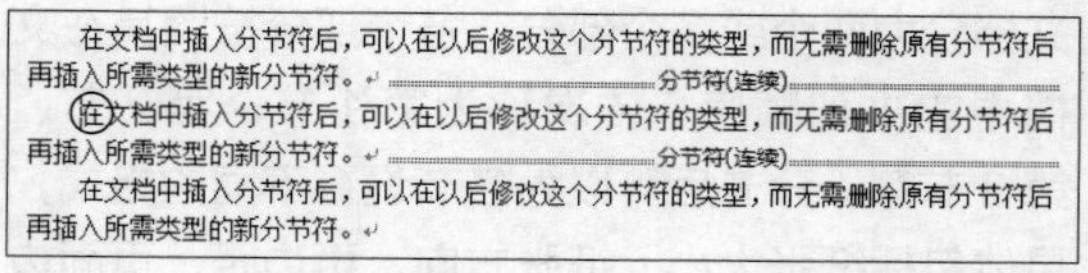

在文档中插入分节符后，可以在以后修改这个分节符的类型，而无需删除原有分节符后再插入所需类型的新分节符。·······分节符(连续)·····
在文档中插入分节符后，可以在以后修改这个分节符的类型，而无需删除原有分节符后再插入所需类型的新分节符。·······分节符(连续)·····
在文档中插入分节符后，可以在以后修改这个分节符的类型，而无需删除原有分节符后再插入所需类型的新分节符。

图 3-18 将插入点定位到两个分节符之间

单击功能区【布局】➪【页面设置】组右下角的对话框启动器，打开【页面设置】对话框，切换到【版式】选项卡，在【节的起始位置】下拉列表中选择节的类型，如【新建页】，如图3-19所示。单击【确定】按钮，位于插入点之前的分节符的类型将被更改为所选择的类型，如图3-20所示。

图 3-19 选择节的类型

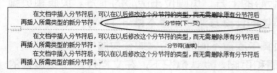

图 3-20 更改位于插入点之前的分节符的类型

3.3.5 删除分节符

由于分节符可能位于段落的结尾，也可能位于单独的空白段落中，因此删除分节符的方法也有所不同，具体如下。

◉ 分节符位于段落的结尾：将插入点定位到分节符的左侧，即段落结尾的段落标记的右侧，按【Delete】键将分节符删除。

◉ 分节符位于单独的空白段落中：将鼠标指针移动到分节符的左侧，当鼠标指针变为向右的箭头时单击以选中分节符，按【Delete】键将其删除。

分节符控制其前面内容的格式，如果删除了某个分节符，位于该分节符之前的内容将会合并到该分节符之后的节中，并采用后面的节中所设置的格式。文档中的最后一个段落标记控制最后一节的格式。例如，一个文档包含两个段落，在两段之间插入一个分节符，该分节符将控制第 1 段的格式，第 2 段的格式由第 2 段结尾的段落标记进行控制。

3.4 设置分栏

默认情况下，文档内容只有一列。通过分栏，可以将内容纵向分为两列或多列，并在分栏的位置自动插入分节符。分栏前，需要选择要分栏的内容，然后单击功能区中的【布局】⇨【页面设置】⇨【栏】按钮，在弹出的菜单中选择栏数。图 3-21 所示为将所选内容分为两栏后的效果。

如果需要对分栏进行更多控制，可以在单击【栏】按钮后弹出的菜单中选择【更多栏】命令，打开图 3-22 所示的【栏】对话框，对分栏选项进行自定义设置，包括以下几项。

◉ 栏数：在【栏数】文本框中输入栏数。

◉ 栏宽：取消选中【栏宽相等】复选框，然后可以自定义各栏的宽度。

◉ 分隔线：选中【分隔线】复选框，可以在各栏之间添加分隔线。

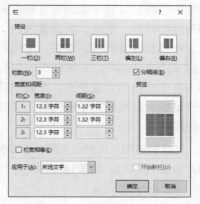

图 3-21 为内容分栏

图 3-22 对分栏进行更多控制

3.5 设置页眉和页脚

页眉和页脚是独立于文档正文内容的特定区域,可以在页眉和页脚中放置与文档相关的一些辅助信息,如文档名和页码。Word 为页眉和页脚提供了灵活的排版方式,本节将介绍适用于不同排版需求的页眉和页脚的设置方法,还将介绍在页眉和页脚中添加页码的方法。

3.5.1 了解页眉和页脚

页眉和页脚是文档页面的组成元素,页眉位于版心的上方,页脚位于版心的下方。页眉和页脚的大小可由纸张大小及天头和地脚共同计算得出,具体的计算方法请参考本章 3.1.4 小节。

页眉和页脚是相互独立的,因此可以在页眉和页脚中放置不同的内容,如在页眉中放置文档名,在页脚中放置页码。大型文档通常需要同时设置页眉和页脚。默认情况下,在文档任意一页设置的页眉和页脚内容会同时出现在其他所有页中。

如果需要设置页眉和页脚,可以双击页眉区域或页脚区域,进入页眉或页脚的编辑状态,在功能区中将新增【页眉和页脚工具 | 设计】选项卡,页眉和页脚的相关命令和选项都位于该选项卡中,如图 3-23 所示。

图 3-23 【页眉和页脚工具 | 设计】选项卡

> **提示**
> 用户也可以在不进入页眉和页脚的编辑状态的情况下,使用功能区【插入】⇨【页眉和页脚】组中的命令编辑页眉和页脚。

可以直接在页眉和页脚中输入文字,也可以使用【页眉和页脚工具 | 设计】选项卡中的命令向页眉和页脚中添加与文档相关的信息,如日期和时间、图片、页码等内容,并且可以为这些内容设置相应的格式,与为正文内容设置格式的方法相同。如果在页眉和页脚中添加的内容需要占用大量空间,页眉和页脚区域将会自动增大以容纳其中的内容,同时会缩小版心的尺寸。

完成页眉和页脚的设置后,可以使用以下几种方法退出页眉和页脚的编辑状态。

- ◉ 按【Esc】键。
- ◉ 双击页眉和页脚以外的区域。
- ◉ 单击功能区中的【页眉和页脚工具 | 设计】⇨【关闭】⇨【关闭页眉和页脚】按钮。

> **案例 3-6**
> **为毕业论文中的所有页面设置相同的页眉**
>
> **案例目标:** 将文档顶部的标题添加到每一页的页眉并居中显示,效果如图 3-24 所示。 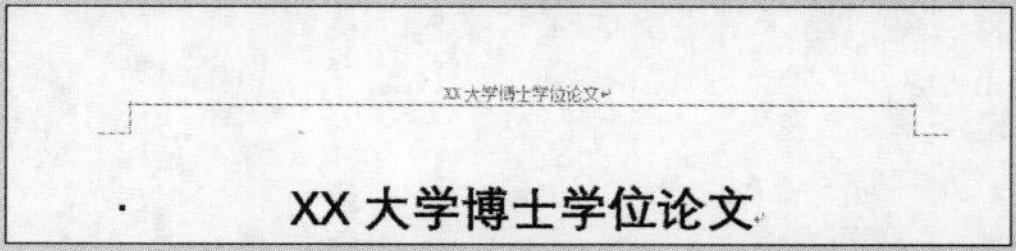
>
> XX 大学博士学位论文
>
> **XX 大学博士学位论文**
>
> 图 3-24 将文档标题添加到页眉中
>
> 完成本例的具体操作步骤如下。
>
> (1) 在文档中双击任意一页顶部的页眉区域,进入页眉编辑状态,输入文档的标题,如图 3-25 所示。
>
> (2) 如果内容没有居中显示,可以单击功能区中的【开始】⇨【段落】⇨【居中】按

钮，将页眉中的内容居中对齐。

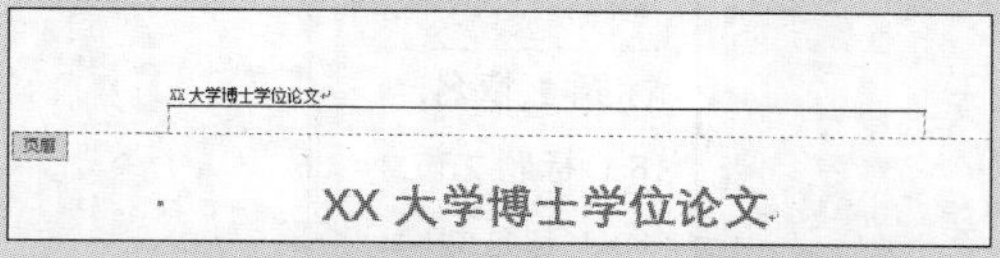

图 3-25 在页眉区域中输入所需内容

（3）按【Esc】键退出页眉编辑状态，文档所有页面中的页眉都将显示相同的内容。

3.5.2 设置满足不同需求的页眉和页脚

文档中的所有页面并不总是包含相同的页眉和页脚，根据文档的不同类型和用途，对每页的页眉和页脚中显示的内容有不同的要求。例如，对于书籍而言，通常需要在奇数页的页眉中显示章名、偶数页的页眉中显示书名，或者在奇数页的页眉中显示节名、偶数页的页眉中显示章名。Word 提供了灵活设置页眉和页脚显示方式的选项，配合分节功能可以设置满足不同需求的页眉和页脚。

下面将通过几个案例介绍不同页眉显示方式的设置方法，虽然是以设置页眉为主，但设置方法同样适用于页脚。

案例 3-7
为毕业论文设置首页不同的页眉

案例目标： 将文档第 1 页的页眉设置为文档名，其他页的页眉设置为文档顶部的标题。

完成本例的具体操作步骤如下。

（1）双击文档第 1 页的页眉区域，进入页眉编辑状态，输入文档的标题，该标题会同时出现在其他页面的页眉中。

（2）选中功能区中的【页眉和页脚工具|设计】➡【选项】➡【首页不同】复选框，Word 将自动删除第 1 页页眉中的内容，在该页页眉中输入文档名，如图 3-26 所示。

（3）按【Esc】键退出页眉编辑状态，文档第 1 页的页眉显示文档名，其他页的页眉显示文档标题。

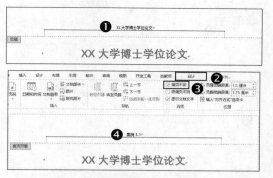

图 3-26 选中【首页不同】复选框

案例 3-8
为毕业论文设置奇偶页不同的页眉

案例目标： 将文档奇数页的页眉设置为文档标题，偶数页的页眉设置为文档名。

完成本例的具体操作步骤如下。

（1）双击文档第 1 页的页眉区域，进入页眉编辑状态。输入文档标题，文档标题将同时出现在其他所有页的页眉中。

（2）选中功能区中的【页眉和页脚工具|设计】➡【选项】➡【奇偶页不同】复选框，可参考图 3-26。Word 将自动删除所有偶数页页眉中的内容，在任意一个偶数页的页眉中输入文档名，其他偶数页的页眉中也会显示文档名。

（3）按【Esc】键退出页眉编辑状态，文档奇数页的页眉显示文档标题，偶数页的页眉显示文档名。

案例 3-9
将毕业论文设置为从指定页开始显示页眉

案例目标： 从文档第 3 页开始的每个页面的页眉中显示文档标题，前两页不显示页眉。

完成本例的具体操作步骤如下。

（1）将插入点定位到文档的第 2 页，然后单击功能区中的【布局】➡【页面设置】➡【分隔符】按钮，在弹出的菜单中选择【分节符】类别中的【连续】，如图 3-27 所示，在第 2 页插入一个【连续】分节符。

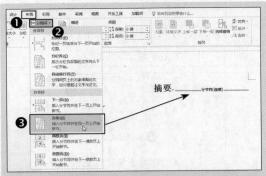

图 3-27　在文档第 2 页插入一个【连续】分节符

（2）双击第 3 页的页眉区域，进入页眉编辑状态，页眉区域的右侧会显示"与上一节相同"字样。单击功能区中的【页眉和页脚工具|设计】➡【导航】➡【链接到前一条页眉】按钮，断开与上一节的关联，"与上一节相同"字样消失，在页眉中输入文档标题，如图 3-28 所示。

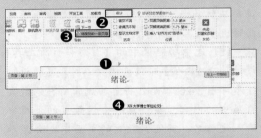

图 3-28　单击【链接到前一条页眉】按钮断开
与上一节的关联

（3）按【Esc】键退出页眉编辑状态，从文档第 3 页开始的每个页面的页眉中显示文档标题，文档前两页的页眉不显示任何内容。

3.5.3　删除页眉中的横线

在编辑页眉时，Word 可能会自动添加一条横线，作为页眉与正文内容之间的分隔标记。页眉中的横线本质上是段落的下边框线，如果不想显示这条横线，可以在进入页眉编辑状态后，使用以下两种方法将其删除。

◉　单击功能区【开始】➡【样式】组右下角的对话框启动器，打开【样式】窗口，在样式列表中选择【全部清除】样式，如图 3-29 所示。

图 3-29　选择【全部清除】样式

◉　选择页眉中的段落标记，然后单击功能区中的【开始】➡【段落】➡【边框】按钮，在弹出的菜单中选择【无框线】，如图 3-30 所示。

图 3-30　选择【无框线】

如果页眉中包含设置了格式的内容，使用第 1 种方法会将页眉内容的格式恢复为默认格式，而第 2 种方法不会对页眉内容的格式产生影响。

3.5.4　添加页码

页码用于标识页面在整个文档中的次序，是长文档的必要组成部分。由于页码位于页眉或页脚中，因此其编辑方法与其他位于页眉和页脚中的内容类似。与在页眉和页脚中手动输入的内容不同，页码是自动编号的，当添加或删除页面时，每个页面上的页码会自动调整，不需要用户手动修改。可以从以下两个位置打开包含页码命令和选项的菜单。

◉　单击功能区中的【插入】➡【页眉和页脚】➡【页码】按钮。

◉　先进入页眉和页脚的编辑状态，然后单击功能区中的【页眉和页脚工具|设计】➡【页眉和页脚】➡【页码】按钮。

无论使用哪种方法，都会弹出图 3-31 所示的菜单，从中选择要对页码进行的操作，包括插入页码、设置页码格式和删除页码。

图 3-31　包含页码操作的菜单

◉　**页面顶端**：选择【页面顶端】命令，打开页码样式库，从中选择 Word 预置的页码，并自动插入到页眉中。

◉　**页面底端**：与【页面顶端】命令的功能类似，但将页码插入到页脚中。

◉　**页边距**：选择【页边距】命令，打开页码样式库，从中选择 Word 预置的页码，将自动插入到页面两侧的页边距区域中。

◉　**当前位置**：与【页面顶端】和【页面底端】命令的功能类似，只不过是在插入点位置插入页码。

◉　**设置页码格式**：选择【设置页码格式】命令，在打开的对话框中选择页码的数字格式，如阿拉伯数字或罗马数字，还可以设置页码的编号方式。

◉　**删除页码**：删除用上面几种方法在页眉和页脚中插入的页码。

案例 3-10
将毕业论文设置为从第 3 页开始显示页码

案例目标：文档前两页不显示页码，从第 3 页开始显示页码，页码从 1 起编。

完成本例的具体操作步骤如下。

（1）将插入点定位到文档第 3 页的起始位置，然后单击功能区中的【布局】⇨【页面设置】⇨【分隔符】按钮，在弹出的菜单中选择【分节符】类别中的【下一页】，如图 3-32 所示，在第 2 页结尾插入一个【下一页】分节符。

（2）双击第 3 页的页脚区域，进入页脚编辑状态，单击功能区中的【页眉和页脚工具|设计】⇨【导航】⇨【链接到前一条页眉】按钮，断开与上一节的关联。

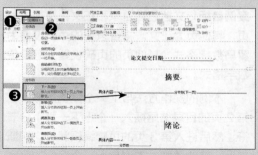

图 3-32　在第 2 页结尾插入【下一页】分节符

（3）单击功能区中的【页眉和页脚工具|设计】⇨【页眉和页脚】⇨【页码】按钮，在弹出的菜单中选择【设置页码格式】命令，打开【页码格式】对话框，在【起始页码】文本框中输入"1"，如图 3-33 所示，然后单击【确定】按钮。

图 3-33　设置起始页码

（4）单击功能区中的【页眉和页脚工具|设计】⇨【页眉和页脚】⇨【页码】按钮，在弹出的菜单中选择【当前位置】命令，在打开的页码样式库中选择一种页码样式，将在第 3 页插入页码 1，如图 3-34 所示，其后的页码自动按顺序排列，但前两页不会显示页码。

图 3-34　在第 3 页插入页码

（5）设置完成后，按【Esc】键退出页眉编辑状态。

案例 3-11
在同一个文档中设置两种页码格式

案例目标： 文档包含目录和正文，目录占两页，其他页为正文。将目录页的页码设置为罗马数字格式，其他页的页码设置为阿拉伯数字格式。

本例的操作方法与上一个案例类似，在第 2 页的目录结尾插入一个【下一页】分节符，然后进入第 3 页的页脚编辑状态，切断与上一节的关联。本例与上一个案例的区别在于，除了在【页码格式】对话框中设置第 2 节的起始页码为 1 外，还需要为前、后两节分别选择不同的【编号格式】，将第 1 节的【编号格式】设置为罗马数字，第 2 节的【编号格式】设置为阿拉伯数字。经过以上设置，将实现在一个文档中插入两种格式页码的操作。

案例 3-12
设置双栏页码

案例目标： 文档的每一页都包括两栏内容，每一栏都有对应的页码，第 1 页的左栏页码为 1，右栏页码为 2；第 2 页的左栏页码为 3，右栏页码为 4……以此类推，效果如图 3-35 所示。

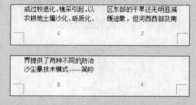

图 3-35　每个双栏页面包含两个页码

完成本例的具体操作步骤如下。

（1）双击文档第一页的页脚区域，进入页脚编辑状态，先设置左栏页码，输入下面的域代码，如图 3-36 所示（大括号需要按【Ctrl+F9】组合键输入）。

{ ={ page }*2-1 }

图 3-36　设置左栏的页码

（2）输入完成后，按【F9】键更新域将会显示左栏的页码。然后设置右栏的页码，需要输入下面的域代码。

{ ={ page }*2 }

（3）输入完成后，按【F9】键更新域将会显示右栏的页码。根据需要适当调整两个页码的距离和位置，完成后按【Esc】键退出页脚编辑状态。

第4章 在文档中输入与编辑文本

文本是文档内容的主要组成部分，构建文档内容的第一步是在文档中输入文本。本章主要介绍在文档中输入常见类型文本的方法，还将介绍编辑文本的方法，包括文本的选择、修改以及移动和复制等内容。

4.1 理解插入点

使用 Word 的第一步是理解插入点的概念。本节将介绍插入点在 Word 中的作用，以及与插入点相关的一些内容，包括插入、改写模式以及即点即输功能。

4.1.1 插入点的作用

在文档中输入内容前，首先应该了解 Word 是如何控制内容的输入位置和方式的。无论是新建还是现有的 Word 文档，每个文档中都会包含一条闪烁的黑色竖线，如图 4-1 所示，它的位置决定了内容被输入到哪里，通常将这条竖线称为"插入点"。

图 4-1　用于指示内容输入位置的插入点

在输入内容的同时，插入点会自动向右移动，并且始终位于刚输入内容的右侧。图 4-2 所示显示了插入点随着输入内容位置的变化而移动的情况。

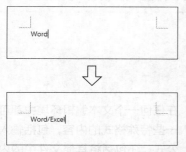

图 4-2　插入点随输入的内容自动右移

当输入的内容到达一行的结尾时，之后输入的内容就会被自动转移到下一行，这种方式称为"自动换行"。在自动换行方式下，无论输入的内容占据几行，它们都属于同一个段落。如果希望将插入点之前的内容划分为另一个段落，需要在插入点到达合适的位置时手动按下【Enter】键，这样就会强制从插入点位置将当前段落划分为两个段落。图 4-3 所示包含两个段落，第 2 行结尾的 ↵ 符号是按【Enter】键产生的一个段落标记，表示一个段落的终止，同时也说明位于该标记之后的内容是一个新的段落。

图 4-3　包含两个段落的文档

 交叉参考　有关段落设置的更多内容，请参考本书第5章。

4.1.2 在插入与改写模式之间切换

在文档中输入内容时，需要将插入点放置到要输入内容的位置，然后输入所需的内容。定位插入点的操作可以通过单击鼠标或使用键盘上的方向键来完成。将插入点定位到指定位置后，对于非空白文档而言，插入点右侧通常都有内容。在输入新内容时，新内容会插入到右侧现有内容的左侧，插入点右侧的内容会跟随插入点自动右移。图 4-4 所示显示了在已有内容之间输入新内容的效果。

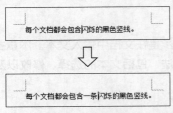

图 4-4　在插入模式下输入内容

除了插入模式，Word 还支持改写模式。在改写模式下输入内容时，每输入一个新字符的同时，Word 会自动删除插入点右侧的一个字符。可以使用以下两种方法在插入模式与改写模式之间切换。

◉　单击状态栏中的【插入】，将会切换到改写模式；单击状态栏中的【改写】，将会切换到插入模式。

◉　如果当前处于插入模式，按【Insert】键将会切换到改写模式；如果当前处于改写模式，按【Insert】键将会切换到插入模式。

> **提示**　为了避免误按【Insert】键而进入改写模式，可以设置禁用该键的切换功能。单击【文件】⇨【选项】命令打开【Word 选项】对话框，在左侧选择【高级】选项卡，然后在右侧的【编辑选项】区域中取消选中【用 Insert 键控制改写模式】复选框。

Word 窗口底部的状态栏中显示的【插入】或【改写】指明了当前的编辑模式，如图 4-5 所示。如果在状态栏中未显示【插入】或【改

写】，则可以右击状态栏，在弹出的菜单中选择【改写】。

第1页，共1页　18个字　中文(中国)　插入

图 4-5　在状态栏中查看编辑模式

4.1.3　使用即点即输功能

对于空白文档而言，输入的内容默认只能从第 1 行的最左侧开始，在内容输入满一行后插入点会自动下移并从第 2 行开始继续输入，如此反复进行。

如果希望在文档中的任意位置输入内容，可以使用即点即输功能，该功能只在页面视图中有效。图 4-6 所示的页面下方的内容就是通过即点即输功能输入的，只需双击要输入内容的位置，插入点就会自动跳转到该位置，然后输入所需内容即可。

图 4-6　使用即点即输功能在文档任意位置输入内容

> **提示**　如果发现无法使用即点即输功能，说明该功能当前可能处于关闭状态，可以单击【文件】⇨【选项】命令打开【Word 选项】对话框，在左侧选择【高级】选项卡，然后在右侧的【编辑选项】区域中选中【启用"即点即输"】复选框。

4.2　输入文本

在 Word 中可以很容易地输入中英文字符和标点符号，在任何一个文本编辑环境中都可以输入这些内容。因此，本节主要介绍利用 Word 特有的功能输入一些特殊格式的内容，包括输入上下标数字、大写中文数字、带圈数字、特殊符号、日期和时间、公式，还包括将其他文件中的内容导入到 Word 中。

4.2.1 输入上下标数字

编写技术类文档时可能经常需要在文档中输入上下标数字，如平方或立方。要输入平方符号，可以先输入一个数字 2，选中该数字后单击功能区中的【开始】⇨【字体】⇨【上标】按钮 x²，即可将数字 2 设置为平方符号，如图 4-7 所示。输入立方符号的方法类似，只需输入数字 3，选中该数字后单击功能区中的【开始】⇨【字体】⇨【上标】按钮即可。

$$3^2$$

图 4-7 输入平方符号

与输入上标符号的方法类似，如果需要输入下标符号，只需选择要作为下标的字符，然后单击功能区中的【开始】⇨【字体】⇨【下标】按钮 x₂。

4.2.2 输入大写中文数字

在制作与金额相关的文档时，可能经常需要输入大写中文数字。例如，想要在文档中输入与数字 1、2、3、4、5、6 对应的大写中文数字，具体操作步骤如下。

（1）将插入点定位到要输入大写中文数字的位置，然后单击功能区中的【插入】⇨【符号】⇨【编号】按钮，如图 4-8 所示。

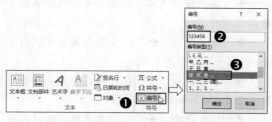

图 4-8 输入数字并选择大写中文数字

（2）打开【编号】对话框，在【编号】文本框中输入阿拉伯数字，在【编号类型】列表框中选择大写中文数字选项，然后单击【确定】按钮，即可完成在文档中输入大写中文数字，如图 4-9 所示。

壹拾贰萬叁仟肆佰伍拾陆

图 4-9 输入大写中文数字

4.2.3 输入带圈数字

在 Word 中可以使用插入符号功能输入 10 以内的带圈数字，具体操作步骤如下。

（1）将插入点定位到要输入带圈数字的位置，然后单击功能区中的【插入】⇨【符号】⇨【符号】按钮，在弹出的菜单中选择【其他符号】命令，如图 4-10 所示。

图 4-10 选择带圈数字

（2）打开【符号】对话框，在【符号】选项卡的【字体】下拉列表中选择【（普通文本）】选项，在【子集】下拉列表中选择【带括号的字母数字】选项，然后在下面的列表框中选择 1 ~ 10 的带圈数字。

（3）单击【插入】按钮，【符号】对话框中的【取消】按钮变为【关闭】按钮，单击【关闭】按钮关闭该对话框，在文档中便已经插入了所选择的带圈数字，如图 4-11 所示。

①②③④⑤⑥⑦⑧⑨⑩

图 4-11 输入 10 以内的带圈数字

所示。

> **提示**
>
> 【符号】对话框的底部显示了当前选中的符号对应的字符代码。例如，在前面的图中选中了带圈数字 1，其字符代码为 2460，如果在文档中输入该代码后按【Alt+X】组合键，便可将代码转换为带圈数字 1。使用这种方式可以在不打开【符号】对话框的情况下直接输入相应的符号。

如果要输入 10 以上的带圈数字，则可以使用带圈字符功能，具体操作步骤如下。

（1）将插入点定位到要输入带圈数字的位置，然后单击功能区中的【开始】⇨【字体】⇨【带圈字符】按钮，如图 4-12 所示。

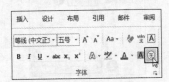

图 4-12　设置带圈字符选项

（2）打开【带圈字符】对话框，在【文字】文本框中输入一个数字，在【圈号】列表框中选择圆圈符号，然后选择上方的【增大圈号】选项，单击【确定】按钮，如图 4-13 所示，即可在文档中输入指定的带圈数字。

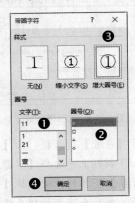

图 4-13　输入 10 以上的带圈数字

4.2.4　输入符号

使用 Word 中的插入符号功能，可以输入各种类型的符号。单击功能区中的【插入】⇨【符号】⇨【符号】按钮，在打开的列表中选择【其他符号】命令，打开【符号】对话框，如图 4-14

在【符号】选项卡的上方包含【字体】和【子集】两个下拉列表，下方的列表框会根据这两个下拉列表中选项的不同而显示不同的符号。在列表框中滚动查看不同符号时，【子集】中当前显示的内容也会随之变化。选择所需符号，单击【插入】按钮，即可将其插入到文档中。

图 4-14　【符号】对话框

另外还可以通过 Word 的自动更正功能来快速输入符号，下面是一些常用符号的输入方法。

◉　商标符号 "™"：在英文输入法状态下输入 "（tm）"。

◉　注册商标符号 "®"：在英文输入法状态下输入 "（r）"。

◉　版权符号 "©"：在英文输入法状态下输入 "（c）"。

◉　输入箭头 "←"：在英文输入法状态下输入 1 个 "<" 和 2 个 "–"。

◉　输入箭头 "→"：在英文输入法状态下输入 2 个 "–" 和 1 个 ">"。

◉　输入箭头 "⇐"：在英文输入法状态下输入 1 个 "<" 和 2 个 "="。

◉　输入箭头 "⇒"：在英文输入法状态下输入 2 个 "=" 和 1 个 ">"。

◉　输入细直线：在英文输入法状态下输入 3 个 "–" 后按【Enter】键。

◉　输入粗直线：在英文输入法状态下输入

3个"_"后按【Enter】键。

◉ 输入细双线：在英文输入法状态下输入3个"="后按【Enter】键。

◉ 输入波浪线：在英文输入法状态下输入3个"~"后按【Enter】键。

> **交叉参考** 有关自动更正功能的更多内容，请参考本章4.5节。

4.2.5 自动插入日期和时间

在 Word 中很容易输入当前的系统日期和时间，而且还可以在每次打开文档时自动更新日期和时间。单击功能区中的【插入】⇨【文本】⇨【日期和时间】按钮，打开【日期和时间】对话框，如图 4-15 所示，从【可用格式】列表中选择一种日期格式，然后单击【确定】按钮，即可将所选日期或时间插入到文档中。

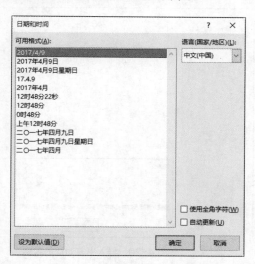

图 4-15 选择日期和时间的格式

如果希望插入的日期或时间自动更新，则需要选中【自动更新】复选框。

4.2.6 输入公式

在 Word 2007 以及更低版本的 Word 中只能使用公式编辑器来输入公式。从 Word 2010 开始新增了公式功能，该功能预置了大量常用的公式样本，可以直接将它们插入到文档中，或者对它们进行局部修改以便快速得到具有类似结构和内容的公式。

Word 中的公式功能可通过功能区中的【插入】⇨【符号】⇨【公式】按钮来实现。单击该按钮将创建新的空白公式。如果单击【公式】按钮上的下拉按钮，可以在打开的公式库中选择 Word 预置的公式，如图 4-16 所示。

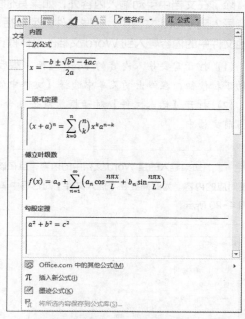

图 4-16 在公式库中选择 Word 预置的公式

如果想要手动输入公式的各个部分，则可以在公式库中选择【插入新公式】命令，将在插入点位置自动插入一个空白公式，如图 4-17 所示，同时激活功能区中的【公式工具 | 设计】选项卡。选择【插入新公式】命令与直接单击【公式】按钮的效果相同。

在此处键入公式。

图 4-17 插入的空白公式

功能区【公式工具/设计】选项卡的【结构】组中的命令用于在公式中插入所需的数学符号框架，可以在框架中填入所需的数字，如图 4-18 所示。例如，可以单击【分数】按钮，选择一种分数框架并插入到公式中，这样就可以在该框架中输入分数的分子和分母。【符号】组中的命令用于在公式中输入所需的运算符和特殊符号。

图 4-18 【结构】组和【符号】组

4.2.7 导入其他文件中的内容

除了在文档中手动输入内容外，如果其他文件中包含所需的内容，也可以直接将这些文件中的内容导入到 Word 文档中，这些文件类型包括 Word 文档、文本文件、RTF 文件和 XML 文件。将其他文件中的内容导入到 Word 文档的具体操作步骤如下。

（1）打开需要导入内容的 Word 文档，然后单击功能区中的【插入】⇨【文本】⇨【对象】按钮上的下拉按钮，在弹出的菜单中选择【文件中的文字】命令，如图 4-19 所示。

（2）打开【插入文件】对话框，双击包含要导入内容的文件，即可将该文件中的所有内容导入到当前文档中。

> **提示**
>
> 如果导入的是 Word 文档中的内容，且在该文档中为指定内容设置了书签，则可以在导入时只导入与书签对应的内容。为此需要在【插入文件】对话框中单击【范围】按钮，然后输入要导入的内容所对应的书签，如图 4-20 所示。

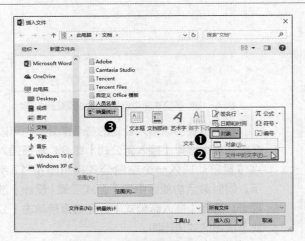

图 4-19 选择包含要导入内容的文件

图 4-20 导入书签对应的内容

4.3 选择文本

在对文本进行很多操作之前，通常都需要先选择这些文本。根据要选择的不同文本范围，需要使用不同的方法进行选择，本节将介绍在不同情况下选择文本的方法。

4.3.1 选择不规则区域中的文本

最常见的选择文本的情况是选择不规则区域中的文本，即平时最常见的使用鼠标拖动的方法来选择任意范围内的文本。单击要选择的文本范围的起始位置，然后按住鼠标左键并拖动，鼠标拖动经过的文本都会被选中，选中的文本会突出显示，如图 4-21 所示。

> 在文档中输入内容时，需要将插入点放置到要输入内容的位置，然后再输入所需的内容。定位插入点的操作可以通过单击鼠标或使用键盘上的方向键来完成。将插入点定位到指定位置后，对于非空白文档而言，插入点右侧通常都有内容。在输入新内容时，新输入的内容会插入到现有内容的左侧，插入点右侧的内容会跟随插入点自动向右移动。

图 4-21　通过拖动鼠标来选择文本

如果需要选择的文本跨越了多个页面，可以使用鼠标单击并配合【Shift】键来进行选择。单击要选择的文本范围的起始位置，然后按住【Shift】键单击要选择的文本范围的结束位置，将会自动选中起始位置和结束位置之间的内容。

如果文本位于不相邻的多个位置，则需要先选择第一处文本，然后按住【Ctrl】键并继续选择其他位置上的文本，最后即可同时选中多个位置上的文本，如图 4-22 所示。

> 在文档中输入内容时，需要将插入点放置到要输入内容的位置，然后再输入所需的内容。定位插入点的操作可以通过单击鼠标或使用键盘上的方向键来完成。将插入点定位到指定位置后，对于非空白文档而言，插入点右侧通常都有内容。在输入新内容时，新输入的内容会插入到现有内容的左侧，插入点右侧的内容会跟随插入点自动向右移动。
>
> 除了插入模式，Word 还支持改写模式。当在改写模式下输入内容时，每输入一个新字符的同时 Word 会自动删除插入点右侧的一个字符。这也正是一些用户遇到的在输入新内容后无故丢失原有的一些内容的原因。出现这种情况是因为当前正处于改写模式中。

图 4-22　选择不相邻的多个位置上的文本

提示

如果错选了某个部分，单击这部分所在的选区范围，即可取消对该部分的选中状态，需要注意单击时也要一直按住【Ctrl】键。

4.3.2 选择矩形区域中的文本

默认情况下，在 Word 中选择文本的操作是由行到列进行的，只有在选区到达一行文本的结尾时，才能继续选择下一行文本。Word 也支持在垂直范围内的矩形区域中选择文本，即在未到达一行结尾时就可以选择其他行中的文本。要在一个垂直范围内选择多行文本，首先需要将插入点定位到要选择的垂直范围内的第一行的起始位置，然后按住【Alt】键并拖动鼠标来选择垂直范围内的多行文本，如图 4-23 所示。

> 在文档中输入内容时，需要将插入点放置到要输入内容的位置，然后再输入所需的内容。定位插入点的操作可以通过单击鼠标或使用键盘上的方向键来完成。将插入点定位到指定位置后，对于非空白文档而言，插入点右侧通常都有内容。在输入新内容时，新输入的内容会插入到现有内容的左侧，插入点右侧的内容会跟随插入点自动向右移动。
>
> 除了插入模式，Word 还支持改写模式。当在改写模式下输入内容时，每输入一个新字符的同时 Word 会自动删除插入点右侧的一个字符。这也正是一些用户遇到的在输入新内容后无故丢失原有的一些内容的原因。出现这种情况是因为当前正处于改写模式中。

图 4-23　选择矩形区域中的文本

4.3.3 选择一句、一行或多行

要选择一个句子，可以按住【Ctrl】键后单击句子中的任意位置。要选择一行或多行文本可以使用以下方法。

- 选择一行：将插入点定位到要选择行的左侧且位于页面左边距的位置，当鼠标指针变为↗时单击，如图 4-24 所示。

> 在文档中输入内容时，需要将插入点放置到要输入内容的位置，然后再输入所需的内容。定位插入点的操作可以通过单击鼠标或使用键盘上的方向键来完成。将插入点定位到指定位置后，对于非空白文档而言，插入点右侧通常都有内容。在输入新内容时，新输入的内容会插入到现有内容的左侧，插入点右侧的内容会跟随插入点自动向右移动。
>
> 除了插入模式，Word 还支持改写模式。当在改写模式下输入内容时，每输入一个新字符的同时 Word 会自动删除插入点右侧的一个字符。这也正是一些用户遇到的在输入新内容后无故丢失原有的一些内容的原因。出现这种情况是因为当前正处于改写模式中。
>
> 如果经常由于误按【Insert】键而导致意外地改变了编辑模式，那么可以禁用【Insert】键的切换功能。打开【Word 选项】对话框，在左侧选择【高级】选项卡，然后在右侧取消选中【用 Insert 键控制改写模式】复选框，最后单击【确定】按钮。

图 4-24　选择一行

- 选择连续的多行：先选择一行，然后按住鼠标左键向上或向下拖动。
- 选择不连续的多行：先选择一行，然后按住【Ctrl】键，再使用相同的方法选择其他行，如图 4-25 所示。

> 在文档中输入内容时，需要将插入点放置到要输入内容的位置，然后再输入所需的内容。定位插入点的操作可以通过单击鼠标或使用键盘上的方向键来完成。将插入点定位到指定位置后，对于非空白文档而言，插入点右侧通常都有内容。在输入新内容时，新输入的内容会插入到现有内容的左侧，插入点右侧的内容会跟随插入点自动向右移动。
>
> 除了插入模式，Word 还支持改写模式。当在改写模式下输入内容时，每输入一个新字符的同时 Word 会自动删除插入点右侧的一个字符。这也正是一些用户遇到的在输入新内容后无故丢失原有的一些内容的原因。出现这种情况是因为当前正处于改写模式中。
>
> 如果经常由于误按【Insert】键而导致意外地改变了编辑模式，那么可以禁用【Insert】键的切换功能。打开【Word 选项】对话框，在左侧选择【高级】选项卡，然后在右侧取消选中【用 Insert 键控制改写模式】复选框，最后单击【确定】按钮。

图 4-25　选择不连续的多行

4.3.4 选择一段或多段

可以使用以下方法选择一段或多段。

- 选择一段：将插入点定位到要选择的段落的左侧且位于页面左边距的位置，当鼠标指针变为↗时双击。
- 选择连续的多段：先选择一段，然后按住鼠标左键向上或向下拖动。
- 选择不连续的多段：先选择一段，然后

按住【Ctrl】键，使用选择行的方法再选择其他段，如图 4-26 所示。

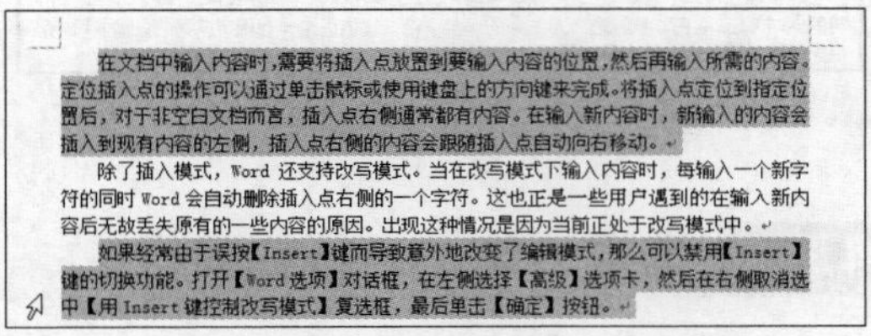
在文档中输入内容时，需要将插入点放置到要输入内容的位置，然后再输入所需的内容。定位插入点的操作可以通过单击鼠标或使用键盘上的方向键来完成。将插入点定位到指定位置后，对于非空白文档而言，插入点右侧通常都有内容。在输入新内容时，新输入的内容会插入到现有内容的左侧，插入点右侧的内容会跟随插入点自动向右移动。

除了插入模式，Word 还支持改写模式。当在改写模式下输入内容时，每输入一个新字符的同时 Word 会自动删除插入点右侧的一个字符。这也正是一些用户遇到的在输入新内容后无故丢失原有的一些内容的原因。出现这种情况是因为当前正处于改写模式中。

如果经常由于误按【Insert】键而导致意外地改变了编辑模式，那么可以禁用【Insert】键的切换功能。打开【Word 选项】对话框，在左侧选择【高级】选项卡，然后在右侧取消选中【用 Insert 键控制改写模式】复选框，最后单击【确定】按钮。

图 4-26　选择不连续的多段

4.3.5 选择文档中的所有内容

可以使用以下两种方法选择文档中的所有内容。

◉ 按【Ctrl+A】组合键。

◉ 将鼠标指针移动到页面左页边距的范围内，当鼠标指针变为↗时快速单击鼠标左键 3 次。

4.4 修改和删除文本

在输入文档内容的过程中，如果发现输入了错误的内容，可以随时进行修改。如果发现不再需要某些内容，可以将它们从文档中删除。本节将介绍修改和删除文本的方法。

4.4.1 修改文本的基本方法

通常可以使用两种方法来修改输入错误的内容：将插入点定位到要修改内容的左侧后按【Delete】键，或定位到右侧后按【BackSpace】键，都能将要修改的内容删除，然后输入所需的新内容即可；也可以直接选择要修改的内容，然后输入新的内容以替换选中的内容。

如果需要修改的同一个文本出现在文档中的多个位置，可以使用替换功能进行一次性的批量修改，而不用到逐个位置进行重复修改。

交叉参考

有关使用替换功能批量修改文本的方法，请参考本章 4.4.2 小节。

4.4.2 使用替换功能批量修改文本

如果要修改的内容出现在文档中的多个位置，则可以使用 Word 中的替换功能，这样可以一次性将所有位置上的相同内容修改为指定内容，提高操作效率。Word 可以直接对具体的内容进行替换，还可以使用通配符进行更大范围、适应性更强的替换操作。

1. 常规替换

单击功能区中的【开始】⇨【编辑】⇨【替换】按钮，或者按【Ctrl+H】组合键，打开【查找和替换】对话框的【替换】选项卡，在【查找内容】和【替换为】两个文本框中分别输入希望在文档中修改的内容以及修改后的新内容，然后执行以下操作进行不同方式的修改。

◉ 单击【替换】按钮，从当前插入点位置向文档结尾的方向查找第一个匹配的内容，并使用【替换为】文本框中的内容进行替换。

◉ 单击【全部替换】按钮，将文档中所有与【查找内容】文本框匹配的内容替换为【替换为】文本框中的内容。

案例 4-1

使用替换功能批量修改合同中的错别字

案例目标：使用替换功能将图 4-27 所示的文档中的所有“和同”改为“合同”。

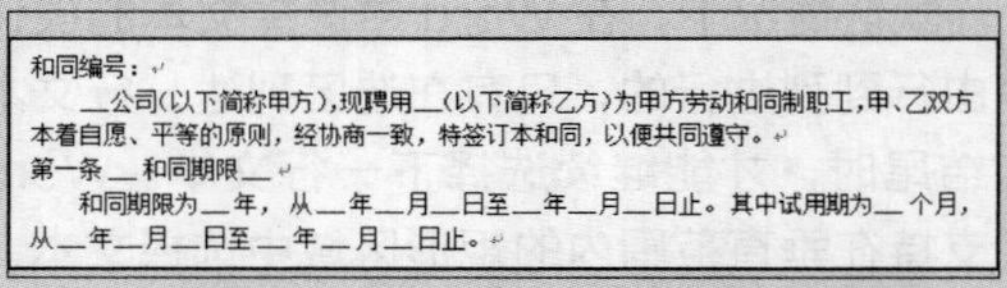
和同编号：

__公司(以下简称甲方)，现聘用__(以下简称乙方)为甲方劳动和同制职工，甲、乙双方本着自愿、平等的原则，经协商一致，特签订本和同，以便共同遵守。

第一条__和同期限__

和同期限为__年，从__年__月__日至__年__月__日止。其中试用期为__个月，从__年__月__日至__年__月__日止。

图 4-27　需要修改的内容

完成本例的具体操作步骤如下。

(1) 按【Ctrl+H】组合键，打开【查找和替换】对话框的【替换】选项卡。

(2) 在【查找内容】文本框中输入“和

同", 在【替换为】文本框中输入"合同",
如图 4-28 所示。

图 4-28 设置替换选项

（3）单击【全部替换】按钮, 弹出图 4-29
所示的对话框, 单击【确定】按钮, 然后单
击【关闭】按钮。

图 4-29 显示最终完成替换的数量

技巧
如果将【替换为】文本框留空（即不输入
任何内容）, 则在单击【全部替换】按钮后, 将删
除文档中所有与【查找内容】匹配的内容。通过
这种特殊的替换方式可以快速删除文档中的指定
内容。

案例 4-2
使用替换功能批量转换技术文档中的英文大小写

案例目标: 使用替换功能将图 4-30 所示的
文档中的所有"cpu"改为"CPU", 即将
小写形式转换为大写形式。

cpu 从最初发展至今已经有二十多年的历史了, 这期间, 按照其处理信息的字长, cpu 可以分为四位微处理器、八位微处理器、十六位微处理器、三十二位微处理器以及六十四位微处理器, 等等。1971年, 早期的 Intel 公司推出了世界上第一台微处理器 4004, 这便是第一个用于计算机的四位微处理器, 它包含 2300 个晶体管。随后, Intel 公司又研制出了 8080 处理器、8085 处理器, 加上当时 Motorola 公司的 MC6800 微处理器和 Zilog 公司的 Z80 微处理器, 一起组成了八位微处理器的家族。十六位微处理器的典型产品是 Intel 公司的 8086 微处理器, 以及同时生产出的数学协处理器, 即 8087。这两种芯片使用互相兼容的指令集, 但在 8087 指令集中增加了一些专门用于对数、指数和三角函数的数学计算指令, 由于这些指令应用于 8086 和 8087, 因此被人们统称为 X86 指令集。此后 Intel 推出的新一代的 cpu 产品, 均兼容原来的 X86 指令。

图 4-30 需要转换英文大小写的内容

完成本例的具体操作步骤如下。

（1）按【Ctrl+H】组合键, 打开【查找和
替换】对话框的【替换】选项卡。

（2）在【查找内容】文本框中输入"cpu",
在【替换为】文本框中输入"CPU"。

（3）单击对话框中的【更多】按钮, 展
开【查找和替换】对话框, 选中【区分大小写】
复选框, 如图 4-31 所示。

图 4-31 选中【区分大小写】复选框

提示
选中【区分大小写】复选框后, 该格式设
置将显示在【查找内容】文本框的下方。位于该文
本框下方的文字指明了对要查找的文本所设置的格
式限制, 只有同时具有这些格式的文本才会被搜
索到。

（4）单击【全部替换】按钮, 在弹出的
替换结果对话框中单击【确定】按钮, 最后
单击【关闭】按钮。

2. 使用通配符替换

如果希望实现更灵活的替换方式, 需要使
用通配符。通配符是在替换时使用的具有特殊
意义的字符, 它们通常并不代表某个具体的字
符, 而是代表一系列类似的字符或特定范围内
的任意一个字符。"*"和"?"是两个简单常
用的通配符, "*"代表任意零个或多个字符,
"?"代表任意一个字符。使用通配符进行替换

时，必须在【查找和替换】对话框的【替换】选项卡中单击【更多】按钮，然后选中【使用通配符】复选框。

图 4-33　设置使用通配符进行替换时的选项

案例 4-3

使用替换功能更正拼写错误的英文单词

案例目标： 使用替换功能将图 4-32 所示的文档中所有以字母"w"开头、字母"d"结尾，且在它们之间只包含两个字母的单词都更正为"word"。

war	who	wild	word	ward
wofd	wood	what	world	woood
worst	whose	whatd	worstd	whosed

图 4-32　需要更正拼写的英文单词

完成本例的具体操作步骤如下。

（1）按【Ctrl+H】组合键，打开【查找和替换】对话框的【替换】选项卡。

（2）在【查找内容】文本框中输入"w??d"，在【替换为】文本框中输入"word"。

（3）单击对话框中的【更多】按钮，展开【查找和替换】对话框，选中【使用通配符】复选框，如图 4-33 所示。

（4）单击【全部替换】按钮，在弹出的替换结果对话框中单击【确定】按钮，最后单击【关闭】按钮。完成替换后的效果如图 4-34 所示。

交叉参考 关于在替换功能中使用通配符的更多内容，请参考本书第 8 章。

war	who	word	word	word
word	word	what	world	woood
worst	whose	whatd	worstd	whosed

图 4-34　替换后的效果

4.4.3　删除文本

可以使用多种方法删除文档中不需要的内容。如果需要删除插入点左侧的内容，可以按【BackSpace】键；如果需要删除插入点右侧的内容，可以按【Delete】键。如果需要删除的是大范围的内容，可以在选择内容后使用以下几种方法来执行删除操作。

◉ 按【Delete】键。

◉ 按【BackSpace】键。

◉ 剪切选中的文本但不进行粘贴，可以按【Ctrl+X】组合键，也可以在鼠标右键菜单中选择【剪切】命令，还可以单击功能区中的【开始】⇨【剪贴板】⇨【剪切】按钮。

4.5　输入时自动更正错误内容

Word 的自动更正功能可以帮助用户避免输入错误的内容。该功能可以自动将用户输入的内容更改为预先指定好的内容，这样就起到了对输入错误的内容进行更正的作用，以便用户更加专注于文档的内容而不是修正错字或错词。本节将介绍管理和使用自动更正功能的方法。

4.5.1　启用自动更正功能

Word 默认启用了自动更正功能，如果不确定该功能当前是否处于启用状态，可以进入【Word

选项】对话框进行检查，具体操作步骤如下。

（1）单击【文件】➡【选项】命令，打开【Word 选项】对话框，在左侧选择【校对】选项卡，在右侧的【自动更正选项】区域中单击【自动更正选项】按钮，如图 4-35 所示。

图 4-35 单击【自动更正选项】按钮

（2）打开【自动更正】对话框，自动更正功能的大多数选项都位于【自动更正】选项卡中，如图 4-36 所示。可以根据需要设置自动更正功能的特定部分的启用或关闭状态，具体操作如下。

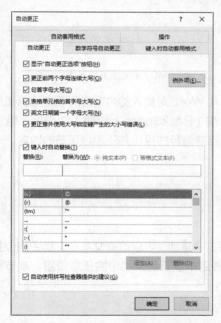

图 4-36 自动更正功能的选项设置界面

◉ 在文档中显示【自动更正选项】按钮：当 Word 对用户在文档中输入的内容进行自动更正以后，在该内容附近会显示一个【自动更正选项】按钮，单击该按钮后会在弹出的菜单中显示

一些用于控制自动更正方式的选项。如果不想显示【自动更正选项】按钮，可以取消选中【显示"自动更正选项"按钮】复选框。

◉ 自动更正英文的大写形式：【显示"自动更正选项"按钮】复选框下面的 5 个选项用于控制是否对输入的英文进行大写的自动更正，包括对句首字母、表格单元格中的首字母等情况下的英文字母进行大写更正。选中不同的复选框即可启用相应的英文大写更正功能。

◉ 使用指定内容自动替换用户输入的内容：【键入时自动替换】是自动更正功能的主要选项，只有选中【键入时自动替换】复选框才能在用户输入内容时由 Word 使用预先指定的内容替换输入的内容，从而实现对输入内容进行自动更正的目的。

提示 如果不想使用自动更正功能，在【自动更正】选项卡中取消选中相应的复选框即可。

4.5.2 添加自动更正词条

Word 通过维护一个词条列表来判断用户输入的内容是否与列表中的内容匹配，如果匹配则使用相应的内容来替换用户输入的内容。这个列表位于【自动更正】对话框的【自动更正】选项卡中，如图 4-37 所示。左列是 Word 要检测的用户输入的内容，当用户在文档中输入左列内容时，Word 会将其替换为同行右列的内容。例如，如果在文档中输入"（c）"，Word 会自动将其替换为"©"。

图 4-37 Word 自动更正中的词条列表

用户可以在词条列表中添加自己需要的内

容。在词条列表上方的【替换】文本框中输入需要被 Word 自动更正功能检测的内容，即用户以后在文档中输入的内容，在【替换为】文本框中输入期望替换后的内容，如图 4-38 所示。单击【添加】按钮，即可将这一组内容添加到词条列表中。

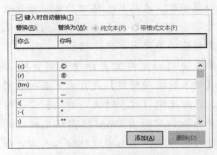

图 4-38　向列表中添加新的自动更正词条

> **提示**
> 自动更正词条列表应用于支持该功能的所有 Office 程序，这意味着在 Word 中添加或删除列表中的词条时，其操作结果会同时应用于 Excel 和 PPT。

如果需要从列表中删除不需要的词条，只需在列表中选中该词条后单击【删除】按钮。

4.5.3 使用自动更正修改输入错误的内容

默认情况下，当 Word 检测到用户正在输

入的内容与自动更正列表中的某个词条匹配时，将鼠标指向当前输入的内容的开头，文字下方会出现一条蓝色的横线，如图 4-39 所示。将鼠标下移会显示【自动更正选项】按钮，单击该按钮会弹出图 4-40 所示的菜单，其中包含以下 3 个命令。

◉　改回至：将当前自动更正后的内容改回到更正之前的内容。

◉　停止自动更正：从自动更正列表中删除当前正在更正的内容所对应的词条。实际上该命令是一个可选择或取消选择的选项。在不关闭当前文档的情况下，还可以取消选择该命令以重新进行更正，此时会将自动更正词条重新添加到自动更正列表中。

◉　控制自动更正选项：打开【自动更正】对话框的【自动更正】选项卡。

你吗↵

图 4-39　自动更正后的文字下方出现蓝色横线

图 4-40　自动更正菜单中的命令

在 Word 对输入的内容应用了自动更正后，可以按【BackSpace】键或【Ctrl+Y】组合键撤销当前进行的更正并还原更正前的内容。

4.6　移动和复制文本

文本的移动和复制是编辑文档时经常用到的操作。通过"移动"可以改变文本在文档中的位置，通过"复制"可以为文本创建一份或多份副本，并将这些副本放置到文档中的任意位置。本节将介绍使用多种方法来移动和复制文本。

4.6.1 使用常规方法移动和复制文本

在 Word 中进行的大多数移动和复制操作使用的都是常规方法，包括鼠标拖动、鼠标右键菜单或功能区命令、快捷键操作 3 种。为了便于描述，在后面的内容中使用"源数据"表示移动或复制前的文本，使用"目标位置"表示移动或复制到的位置。移动和复制的区别在于：前者将源数据移动到目标位置后，原位置上的数据不复存在；后者是在目标位置上创建一个源数据的副本，复制后

原位置上的数据仍然存在。

1. 使用鼠标拖动

如果是在近距离范围内移动或复制文本，则可以使用鼠标拖动的方式完成，方法如下。

◉ 移动文本：选择要移动的内容，然后将鼠标指针移动到选区上，当鼠标指针变为时，按住鼠标左键将所选内容拖动到目标位置。

◉ 复制文本：选择要复制的内容，然后将鼠标指针移动到选区上，当鼠标指针变为时，按住【Ctrl】键的同时按住鼠标左键将所选内容拖动到目标位置。拖动过程中鼠标指针附近会出现一个"+"符号，以此来表示正在执行的是复制操作。

2. 使用鼠标右键菜单或功能区命令

◉ 移动文本：选择要移动的内容，右击所选内容并从弹出的菜单中选择【剪切】命令，然后右击目标位置并在弹出的菜单中选择【粘贴选项】中的一种粘贴方式，如图4-41所示。

图4-41 在鼠标右键菜单中选择粘贴方式

◉ 复制文本：选择要移动的内容，右击所选内容并从弹出菜单中选择【复制】命令，然后右击目标位置并在弹出的菜单中选择【粘贴选项】中的一种粘贴方式。

> **提示** 鼠标右键菜单中包含的粘贴选项取决于当前正在剪切或复制的内容类型。例如，如果剪切或复制的是普通文本，则在粘贴时的鼠标右键菜单中通常只包含3个选项。如果剪切或复制的是Excel表格中的数据，粘贴时的鼠标右键菜单中将会包含图4-42所示的粘贴选项。

图4-42 粘贴Excel数据时可用的粘贴选项

功能区中也提供了相应的剪切、复制和粘贴命令，这些命令位于功能区【开始】⇨【剪贴板】组中。【剪贴板】组中的【粘贴】按钮分为上下两部分。单击该按钮的上半部分将使用默认的粘贴选项进行粘贴；如果要选择特定的粘贴选项，则需要单击该按钮的下半部分，然后在弹出的菜单中进行选择。

3. 使用快捷键

熟悉键盘快捷键的用户可能更习惯于使用快捷键来执行移动和复制文本的命令，快捷键操作如下。

◉ 移动文本：按【Ctrl+X】组合键将所选内容剪切到剪贴板，将插入点定位到目标位置，然后按【Ctrl+V】组合键将剪贴板中的内容粘贴到目标位置。

◉ 复制文本：按【Ctrl+C】组合键将所选内容复制到剪贴板，将插入点定位到目标位置，然后按【Ctrl+V】组合键将剪贴板中的内容粘贴到目标位置。

> **提示** 与应用自动更正功能时显示的【自动更正选项】按钮类似，在执行粘贴操作时，默认会显示【粘贴选项】按钮，单击该按钮后可以选择所需的粘贴选项，如图4-43所示。

图4-43 【粘贴选项】按钮

使用快捷键进行粘贴时，Word会自动使用默认的粘贴选项将数据从剪贴板粘贴到Word文档中。如果不了解默认的粘贴选项是什么，或是希望改变默认的粘贴选项，则可以在【Word选项】对话框中进行操作。单击【文件】⇨【选项】命令打开【Word 选项】对话框，在左侧选择【高级】选项卡，在右侧的【剪切、复制和粘贴】区域中可以设置不同数据来源的默认粘贴选项，如图 4-44 所示。如果不想在粘贴时显示【粘贴选项】按钮，可以取消选中【粘贴内容时显示粘贴选项按钮】复选框。

图 4-44　设置不同数据来源的默认粘贴选项

4.6.2　使用选择性粘贴

粘贴数据时除了可以使用粘贴选项外，还可以使用选择性粘贴功能。该功能可以将剪切或复制的数据以一种特定的格式粘贴到文档中，具体包含哪些格式取决于当前正在剪切或复制的数据类型。

在剪切或复制数据并将插入点定位到目标位置后，单击功能区中的【开始】⇨【剪贴板】⇨【粘贴】按钮下半部分的下拉按钮，在弹出的菜单中选择【选择性粘贴】命令，打开【选择性粘贴】对话框，在【形式】列表框中选择要将数据以哪种格式进行粘贴，如图 4-45 所示。在对话框上方的【源】右侧显示的内容是当前正在剪切或复制的数据来源，图中显示数据来源于名为"销售报告"的 Word 文档。

当数据来源于支持链接和嵌入功能的程序时，在打开的【选择性粘贴】对话框中会包含名称以"对象"结尾的格式（就像上图中显示的"Microsoft Word 文档对象"），使用这种格式进行粘贴后将在文档中创建嵌入对象，双击嵌入对象会在该对象所依附的源程序中将其打开并可以对其进行编辑。

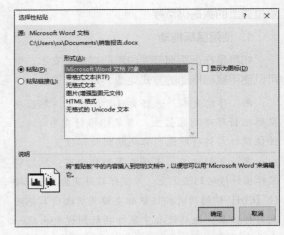

图 4-45　【选择性粘贴】对话框

可以在粘贴时选择【粘贴链接】选项，以便让粘贴后的内容链接到源数据所在的文件，这种方式的粘贴只会将源数据所在文件的路径等信息存储到 Word 文档中，而不会将源数据本身写入 Word 文档，因此文档体积不会有明显改变。以后在源文件中修改源数据时，修改结果会更新到包含粘贴了源数据链接的 Word 文档中。只有满足以下两个条件才能使用【粘贴链接】选项。

◉　源数据所在位置与目标位置不是同一个文档。

◉　源数据所在的文件必须已经使用特定名称保存到磁盘中。如果源数据位于一个从未保存过的新文件中，即使使用【粘贴链接】选项将数据粘贴到 Word 文档中，以后也会导致链接失效而无法对数据进行更新。

交叉参考　　有关对象的链接与嵌入的更多内容，请参考本书第 27 章。

4.6.3　使用 Office 剪贴板

Windows 剪贴板是 Windows 系统内存中的一个临时存储区域，用于存储用户剪切或复制的一项内容，并且在剪切或复制其他内容或关闭计算机前，这项内容始终存在于 Windows 剪贴板中。只要两个应用程序使用的文件格式互相兼容，它们之间就可以通过 Windows 剪贴板来交换信息。

Office 剪贴板是 Microsoft Office 程序中的一个内部功能，它与 Windows 剪贴板类似，也用于临时存放用户剪切或复制的内容。与 Windows 剪贴板不同的是，Office 剪贴板可以临时存储 24 项内容，极大地增强了 Office 剪贴板交换信息的能力。Windows 剪贴板中的内容对应于 Office 剪贴板中的第 1 项内容。打开 Office 剪贴板的方法有以下两种。

◉ 单击功能区【开始】⇨【剪贴板】组右下角的对话框启动器。

◉ 连续按两次【Ctrl+C】组合键。

如果第 2 种方法无效，可以先使用第 1 种方法打开 Office 剪贴板，然后单击 Office 剪贴板下方的【选项】按钮，在弹出的菜单中选择【按 Ctrl+C 两次后显示 Office 剪贴板】选项以使该选项左侧出现对勾标记，如图 4-46 所示。之后就可以使用第 2 种方法打开 Office 剪贴板了。

打开 Office 剪贴板后，每次剪切或复制的数据都会被添加到 Office 剪贴板中，最新剪切或复制的内容位于列表的最上方。可以使用以下方法将 Office 剪贴板中的内容粘贴到文档中。

◉ 粘贴一项：单击 Office 剪贴板中的任意一项内容，将其粘贴到文档中的插入点位置。

◉ 粘贴多项：重复使用粘贴一项的方法，将 Office 剪贴板中的多项内容粘贴到文档中。

图 4-46 设置按两次【Ctrl+C】组合键打开 Office 剪贴板

◉ 粘贴所有项：单击 Office 剪贴板中的【全部粘贴】按钮。如果所有内容存在先后顺序关系，在将它们复制到 Office 剪贴板时就应该注意复制时的顺序。

◉ 粘贴除个别项以外的其他所有项：先右击要排除的项（即不粘贴的个别项），在弹出的菜单中选择【删除】命令将其从 Office 剪贴板中删除，然后单击【全部粘贴】按钮将其他所有项粘贴到文档中。

如果需要删除 Office 剪贴板中的所有项，可以单击【全部清空】按钮。

第5章 设置文本的格式

字体格式和段落格式是文本的两种基础格式，它们可以改变文本自身的外观以及文本在文档中的排列与分布方式。字体格式以"字符"为单位，用于控制文本的大小和颜色等外观格式。段落格式以"段"为单位，用于设置一段或多段内容的段落属性，如段落首行的缩进格式或段与段之间的距离。样式是一种可以同时包含字体格式和段落格式的集合体。通过样式来设置文本格式可以极大地提高操作效率，而且便于格式的后期维护与修改。本章主要介绍字体格式和段落格式的基本概念与设置，以及样式的创建、使用与管理等内容，还将介绍与文本格式相关的其他一些内容，包括输入内容时自动设置格式以及快速复制和修改格式的方法。

5.1 显示或隐藏格式编辑标记

在输入、编辑以及排版文档内容的过程中，为了在文档中清晰显示当前应用了哪些格式以及它们在文档中的位置，Word 会使用不同的符号对各类格式进行标记。灰色圆点"·"表示空格，硬回车符号"↵"表示段落标记。段落标记位于一个段落的结尾，表示段落的结束。这两个符号都是Word 中的格式编辑标记，它们都属于非打印字符，即在打印文档时不会打印出这些符号。除了空格和段落标记以外，Word 还包括其他类型的格式编辑标记，如制表符、分节符、分页符等。

为了便于了解文档中包含的格式的类型、位置和数量，用户可以设置格式编辑标记的显示状态，以决定它们是否显示在文档中，具体操作步骤如下。

（1）单击【文件】⇨【选项】命令，打开【Word 选项】对话框。

（2）在左侧选择【显示】选项卡，在右侧的【始终在屏幕上显示这些格式标记】区域中，选择想要在文档中显示的格式编辑标记对应的复选框，然后单击【确定】按钮，如图 5-1 所示。

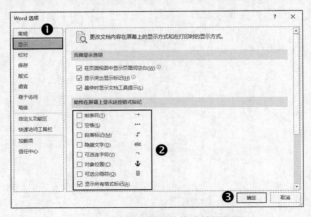

图 5-1　选择要显示的格式编辑标记

如果要显示所有类型的格式编辑标记，可以使用以下 3 种方法。

◉　在【Word选项】对话框【显示】选项卡的【始终在屏幕上显示这些格式标记】区域中选中【显示所有格式标记】复选框。

- ◉ 单击功能区中的【开始】⇨【段落】⇨【显示 / 隐藏编辑标记】按钮。
- ◉ 按【Ctrl+Shift+8】组合键。

5.2 设置字体格式

字体格式用于控制文本中各个字符的显示效果，包括字体、字号、字体颜色、加粗、倾斜等格式。由于字体格式以字符为单位，因此在设置字体格式前，需要先选择要设置的文本。如果未选择任何内容而保持插入点的默认状态，此时设置的字体格式将作用于插入点之后输入的内容。本节将介绍为文本设置字体格式的方法。

5.2.1 字体格式简介

Word 包含 4 个级别的格式，分别是字体 / 字符、段落、节、整个文档。字体 / 字符格式是最小的格式单元，可以针对单个字符或多个字符进行设置。使用"字符格式"代替"字体格式"所表达的含义可能更为恰当和广泛。

在 Word 中可以使用以下几种方法来设置字体格式。

◉ 使用功能区【开始】⇨【字体】组中的选项。

◉ 使用浮动工具栏中的字体格式选项，使用该方法前需要在【Word 选项】对话框中选中【选择时显示浮动工具栏】复选框。

◉ 使用【字体】对话框。可以使用多种方法打开【字体】对话框：单击功能区【开始】⇨【字体】组右下角的对话框启动器；选中文本后右击选区并选择【字体】命令；按【Ctrl+D】组合键。

◉ 使用字符样式或段落样式。

前 3 种方法是使用手动的方式进行字体格式设置，在以后修改字体格式时，需要在文档中逐一查找并修改文本的字体格式。当然，可以借助 Word 的查找和替换功能对格式进行批量修改。如果熟悉样式功能，则可以使用样式类型中的字符样式来设置文本的字体格式。段落样式也

可以设置字体格式，但是它针对的是段落中的所有文本。使用样式的优点就是在以后需要修改字体格式时，只要修改样式中的字体格式，修改结果就会自动作用于文档中所有应用了该样式的文本。

5.2.2 设置文本的字体和字号

字体和字号是字体格式中的两种最基本的格式。字体是指具有特定外形的字符样式，如宋体、黑体、Times New Roman 等，字号是指文本的大小。功能区【开始】⇨【字体】组中的选项用于设置文本的字体格式，其中的【字体】和【字号】两个下拉列表用于设置文本的字体和字号，如图 5-2 所示。

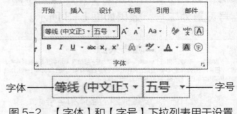

图 5-2 【字体】和【字号】下拉列表用于设置
文本的字体和字号

单击【字体】控件右侧的下拉按钮，在打开的下拉列表中包含以下 3 个部分。

◉ 主题字体：显示的字体由文档当前设置的主题决定。使用主题字体的优点是，当为文档

切换不同的主题时，文本所应用的字体会自动切换为与所选主题对应的字体，这样可以确保文档中的所有文本应用一致的字体而不会发生设置偏差或遗漏。使用这种动态设置字体功能的前提是为文本设置名称中带有"标题"或"正文"的字体，而不能是某种特定类型的字体。

◉ 最近使用的字体：显示最近经常使用的字体，为快速选择常用的字体提供方便。

◉ 所有字体：显示可以在 Word 程序中使用的所有字体，字体名称按字母顺序排列。

【字号】下拉列表包含的字号分为中文字号和数字磅值两种形式，中文字号以中文数字显示，数字磅值以阿拉伯数字显示。

设置字体和字号的方法基本相同，先选择要设置的文本，然后打开【字体】或【字号】下拉列表，从中选择合适的字体或字号。可以在下拉列表中滚动鼠标滚轮来查看当前没有显示出来的字体或字号。【字体】和【字号】两个下拉列表的上方各包含一个文本框，可以直接在文本框中输入字体名称或表示字号的数字，按【Enter】键将文本设置为所输入的字体或字号。

> **提示**
> 虽然在【字号】下拉列表中提供的最大字号只有 72 磅，但是可以在【字号】下拉列表上方的文本框中输入不超过 1638 磅的字号。

案例 5-1
设置产品简介的标题字体和字号

案例目标： 将文档标题的字体设置为黑体，字号设置为二号，效果如图 5-3 所示。

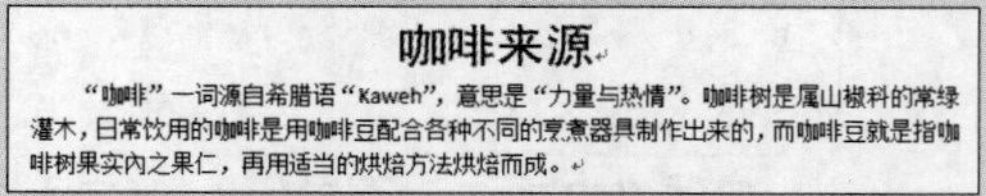

图 5-3 设置标题的字体和字号

完成本例的具体操作步骤如下。

（1）选择文档中的标题，然后单击功能区中的【开始】⇨【字体】⇨【字体】下拉列表右侧的下拉按钮，在打开的【字体】下拉列表中选择【黑体】，即可将标题的字体设

置为黑体，如图 5-4 所示。

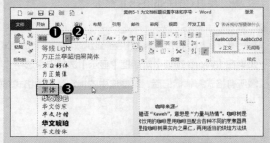

图 5-4 在【字体】下拉列表中选择【黑体】

（2）保持标题的选中状态，然后单击功能区中的【开始】⇨【字体】⇨【字号】下拉列表右侧的下拉按钮，在打开的【字号】下拉列表中选择【二号】，即可将标题的字号设置为二号，如图 5-5 所示。

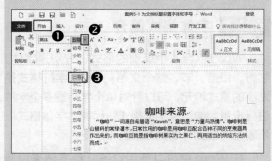

图 5-5 在【字号】下拉列表中选择【二号】

5.2.3 设置文本的字体颜色

可以为文本设置不同的字体颜色来突出显示重要的内容。可以使用功能区中的【开始】⇨【字体】⇨【字体颜色】按钮为选中的文本设置字体颜色，如图 5-6 所示。【字体颜色】按钮分为左、右两部分，左侧部分的字母"A"下方显示的颜色表示当前的颜色设置，单击左侧部分会为文本设置该颜色，它也说明了最近一次为文本设置的颜色。

图 5-6 【字体颜色】按钮

如果需要设置的颜色并不是【字体颜色】按钮左侧部分显示的颜色，可以单击该按钮右侧部

分的下拉按钮，在打开的颜色列表中选择所需要的颜色，如图 5-7 所示。

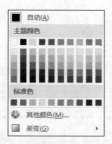

图 5-7 在颜色列表中选择更多的颜色

5.2.4 为文本设置加粗和倾斜效果

加粗格式可以让文本的笔画线条看起来更粗更黑，通常可以起到较好的强调和突显效果。倾斜格式可以让文本向右侧偏斜一定的角度，使其与正常的文本区分开。图 5-8 所示的段落中的英文单词和"力量与热情"几个字同时设置了加粗和倾斜格式，浏览这段文字时，视线很容易被带有加粗和倾斜格式的文字所吸引。

"咖啡"一词源自希腊语 *"Kaweh"*，意思是 *"力量与热情"*。咖啡树是属山椒科的常绿灌木，日常饮用的咖啡是用咖啡豆配合各种不同的烹煮器具制作出来的，而咖啡豆就是指咖啡树果实内之果仁，再用适当的烘焙方法烘焙而成。

图 5-8 为文本设置加粗和倾斜格式

可以使用以下方法为文本设置加粗和倾斜格式。

◉ 设置加粗格式：选择文本后单击功能区中的【开始】⇨【字体】⇨【加粗】按钮，或按【Ctrl+B】组合键。

◉ 设置倾斜格式：选择文本后单击功能区中的【开始】⇨【字体】⇨【倾斜】按钮，或按【Ctrl+I】组合键。

【加粗】按钮和【倾斜】按钮都属于开关类型的按钮，这意味着对于选中的文本而言，可以反复单击这两个按钮来设置或取消加粗和倾斜格式，快捷键也同样有效。

5.2.5 为文本添加下划线并设置间距

下划线是在文本下方添加的横线，可以使用功能区中的【开始】⇨【字体】⇨【下划线】按

钮为选中的文本添加下划线。与前面介绍的【字体颜色】按钮类似，【下划线】按钮也包括左、右两部分，单击按钮的左侧部分可以为选中的文本添加下划线。图 5-9 所示为"实战技术大全"几个字添加了下划线的效果。

Word、Excel 和 PPT <u>实战技术大全</u>

图 5-9 为文本添加下划线

除了普通的实线以外，还可以使用双实线、虚线、点划线、波浪线等多种线型作为文本的下划线。为了选择下划线的线型，需要单击【下划线】按钮右侧部分的下拉按钮，在打开的下拉列表中进行选择，如图 5-10 所示。在该列表中还可以执行以下两种操作。

图 5-10 选择下划线的线型

◉ 选择【其他下划线】命令将会打开【字体】对话框，可以在【字体】选项卡中的【下划线线型】下拉列表中选择更多的下划线线型，如图 5-11 所示。

◉ 将鼠标指针移动到【下划线颜色】命令上将会自动打开一个颜色列表，可以为下划线选择一种颜色。该列表包含的内容及其操作方法与前面介绍的字体颜色类似，这里不再赘述。

可以使用以下两种方法清除为文本设置的下划线。

◉ 选中添加了下划线的文本，然后单击功能区中的【开始】⇨【字体】⇨【下划线】按钮的左侧部分。如果【下划线】按钮左侧部分显示的线型不是当前选中的文本正在设置的下划线，在单击【下划线】按钮后将会改变文本的下划线而不是清除下划线。

图 5-11 选择更多的下划线线型

◉ 选中添加了下划线的文本，然后单击功能区中的【开始】⇨【字体】⇨【下划线】按钮上的下拉按钮，在打开的下拉列表中选择【（无）】。

案例 5-2
为促销规划方案中的标题添加下划线并增加二者之间的距离

案例目标： 正常添加的下划线与文本之间的距离很近，需要增加标题与下划线之间的距离，效果如图 5-12 所示。

2019 年度促销规划方案

图 5-12 增加文本与下划线之间的距离

完成本例的具体操作步骤如下。

（1）在文档中输入要添加下划线的文本，然后在文本的左右两侧各按一次空格键。

（2）选择包含空格在内的文本，然后单击功能区中的【开始】⇨【字体】⇨【下划线】按钮右侧部分的下拉按钮，在打开的下拉列表中选择单实线，如图 5-13 所示。

（3）以上操作将为文本及其左、右两侧的空格添加下划线。选择添加了下划线的文本，但不选择文本左右两侧的空格，如图 5-14

所示。

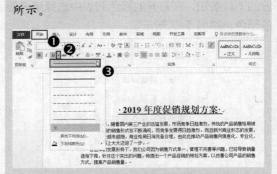

图 5-13 为文本添加线型为单实线的下划线

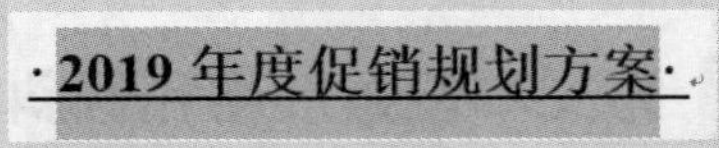

·**2019 年度促销规划方案**·

图 5-14 选择不包含空格的文本部分

（4）按【Ctrl+D】组合键打开【字体】对话框，切换到【高级】选项卡，在【位置】下拉列表中选择【提升】选项，将其右侧的【磅值】设置为【6 磅】，如图 5-15 所示，最后单击【确定】按钮。

图 5-15 提升文本的位置

> **提示**
> 可以根据文本与下划线之间的期望距离自定义【磅值】的大小。

5.2.6 转换英文大小写

利用 Word 中的英文大小写转换功能，可以非常便捷地在全大写、全小写、大小写混合等格式之间进行转换。图 5-16 所示为将整个段落中的所有大写英文字母转换为只有句首字母大写而其他字母小写的形式。若要完成此转换，只需选择要转换的文本，单击功能区中的【开始】⇨【字体】⇨【更改大小写】按钮，在弹出的菜单中选择【句首字母大写】命令。

THE MOST COST-EFFECTIVE AND ENVIRONMENTALLY ACCEPTABLE METHOD OF ADDRESSING THE HAZARDS OF ACETONE IS SOURCE REDUCTION AVOIDING USE AND GENERATION FROM THE OUTSET. SOURCE REDUCTION TECHNIQUES SHOULD BE INVESTIGATED BEFORE EXAMINING THE FEASIBILITY OF RECYCLING SPENT ACETONE.

⬇

The most cost-effective and environmentally acceptable method of addressing the hazards of acetone is source reduction avoiding use and generation from the outset. Source reduction techniques should be investigated before examining the feasibility of recycling spent acetone.

图 5-16 将所有英文句首单词的首字母转换为大写

在单击【更改大小写】按钮后弹出的菜单中还包括以下几种大小写转换方式。

◉ 全部小写：将文本中的英文字母全部转换为小写形式。

◉ 全部大写：将文本中的英文字母全部转换为大写形式。

◉ 每个单词首字母大写：将每个单词的首字母转换为大写形式。

◉ 切换大小写：将文本中的大写字母转换为小写字母，小写字母转换为大写字母。

5.2.7 设置文档的中、英文默认字体

默认字体是指在新建文档时，在不更改字体设置的情况下插入点所在空白处显示的字体。在 Word 中新建空白文档时，文档中默认的中、英文字体取决于文档使用的主题。Word 2016 中的文档默认使用名为"Office"的主题，该主题中的中、英文字体都被设置为等线体，即使用 Word 2016 新建文档的默认字体为等线体。

如果不想使用 Word 内部指定的默认字体，可以将自己常用的字体指定为文档的默认字体。设置默认字体有两种方式：一种是将用户选择的特定字体作为文档的默认字体；另一种是将默认字体指定为随主题改变，这样在为文档选择不同主题时，文档的默认字体会自动更改为主题中的字体。无论使用哪种方式，都需要在【字体】对话框中进行设置。

设置默认字体前，如果文档中已经有设置好目标字体格式的文本，则可以先选择该文本，然后再打开【字体】对话框。如果文档中没有包含目标字体格式的文本，可以直接打开【字体】对话框。按【Ctrl+D】组合键打开【字体】对话框，【中文字体】和【西文字体】两项用于设置文本

的中、英文字体，如图 5-17 所示。

图 5-17 在【字体】对话框中设置默认字体格式

如果在打开【字体】对话框前预先选择了文本，文本当前的中、英文字体就会自动作为【中文字体】和【西文字体】两项的当前设置。此时可以直接单击对话框下方的【设为默认值】按钮，弹出图 5-18 所示的对话框，即可选择默认字体的应用范围。通常会选择【所有基于 Normal 模板的文档】选项，这样可以将当前设置的默认字体应用于以后新建的每一个文档中。选择好后单击【确定】按钮。

图 5-18 选择默认字体的应用范围

> **提示**
>
> 如果选择【所有基于 Normal 模板的文档】选项，在退出 Word 程序时可能会显示图 5-19 所示的对话框，单击【保存】按钮即可。

图 5-19 保存对 Normal 模板的修改

提示　默认新建的文档是基于 Normal.dotm 模板设置的。如果是基于用户模板创建的文档，在选择默认字体的应用范围的对话框中将会使用用户模板的名称代替 Normal。有关模板的更多内容，请参考本书第 9 章。

如果在打开【字体】对话框前没有选择任何文本，【中文字体】和【西文字体】两项可能会显示默认设置，这两项的默认值为"+ 中文正文"和"+ 西文正文"，如图 5-17 所示，默认字体会随着文档中使用的主题的变化而自动改变。可以根据需要从【中文字体】和【西文字体】两个下拉列表中选择所需的特定字体，如【宋体】和【Times New Roman】。选择好字体后的操作与上面相同，此处不再赘述。

5.2.8　添加系统中没有的字体

如果希望在文档中使用字体列表中没有的字体，需要先在 Windows 操作系统中安装要使用的字体，安装后才能让 Word 识别这些新字体。默认情况下，假设将 Windows 操作系统安装在 C 盘，Windows 操作系统中的所有字体都位于以下路径中。

C:\Windows\Fonts

可以使用以下两种方法安装新的字体。

◉　右击新字体的字体文件，在弹出的菜单中选择【安装】命令。

◉　将新字体的字体文件复制到 Fonts 文件夹中。

5.3　设置段落格式

段落格式以"段"为单位，它与字体格式的最主要区别在于：段落格式的设置结果作用于整个段落，而不只是选中的内容。在设置一个段落的段落格式前，通常不需要先选择整个段落，只需将插入点定位到段落内部。但是如果需要同时设置多个段落的段落格式，则必须先选择这些段落，再进行设置。设置段落格式前是否需要选择整个段落还由要设置的段落格式的类型决定。当设置对齐方式、缩进、行距、段间距等格式时，只需单击段落内部即可，而在设置段落的边框和底纹前通常需要先选择整个段落。本节将详细介绍段落格式的设置方法。

5.3.1　理解段落与段落标记

段落标记是指在按下【Enter】键后由 Word 自动插入的一个非打印符号 ↵，该符号称为"段落标记"，它标志着一个段落的结束，也预示着下一个段落即将开始。图 5-20 所示的文档中包含两个段落。

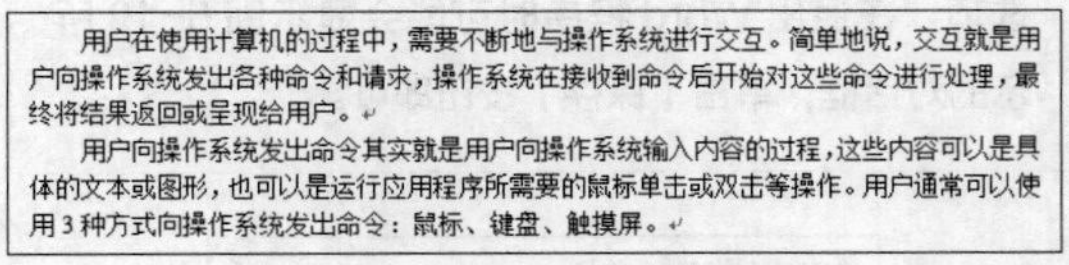

用户在使用计算机的过程中，需要不断地与操作系统进行交互。简单地说，交互就是用户向操作系统发出各种命令和请求，操作系统在接收到命令后开始对这些命令进行处理，最终将结果返回或呈现给用户。
　　用户向操作系统发出命令其实就是用户向操作系统输入内容的过程，这些内容可以是具体的文本或图形，也可以是运行应用程序所需要的鼠标单击或双击等操作。用户通常可以使用 3 种方式向操作系统发出命令：鼠标、键盘、触摸屏。

图 5-20　文档中包含两个段落

提示　非打印符号意味着虽然可以在文档中显示出来，但是在打印文档时不会被打印出来。如果在文档中没有看到段落标记，可以使用本章 5.1 节的方法来设置格式编辑标记的显示状态。

段落中包含的格式存储于该段落结尾的段落标记中，按下【Enter】键后，下一段的格式会自动延续上一段的格式设置。例如，如果为一个段落设置了 2 倍行距，按下【Enter】键后产生的新段落也具有 2 倍行距。

此时如果将文档其他位置上的段落内容（不包含段落结尾的段落标记）复制并粘贴到新段落的段落标记的左侧，无论粘贴前的段落具有哪种行距，粘贴后都会被自动设置为 2 倍行距。如果希望在移动或复制段落内容的同时保留段落格式，在选择段落内容时就必须同时选择段落结尾的段落标记。

5.3.2 硬回车与软回车的区别

图 5-21 所示的左图和右图各自包含两段内容，如果将文档中的格式编辑标记显示出来，会发现两段之间的编辑标记并不相同，左图显示为 ↵，右图显示为 ↓。↵ 是按【Enter】键得到的段落标记，俗称"硬回车"。↓ 是按【Shift+Enter】组合键得到的，俗称"软回车"。

> 用户在使用计算机的过程中，需要不断地与操作系统进行交互。简单地说，交互就是用户向操作系统发出各种命令和请求，操作系统在接收到命令后开始对这些命令进行处理，最终将结果返回或呈现给用户。↵
> 用户向操作系统发出命令其实就是用户向操作系统输入内容的过程，这些内容可以是具体的文本或图形，也可以是运行应用程序所需要的鼠标单击或双击等操作。用户通常可以使用 3 种方式向操作系统发出命令：鼠标、键盘、触摸屏。

> 用户在使用计算机的过程中，需要不断地与操作系统进行交互。简单地说，交互就是用户向操作系统发出各种命令和请求，操作系统在接收到命令后开始对这些命令进行处理，最终将结果返回或呈现给用户。↓
> 用户向操作系统发出命令其实就是用户向操作系统输入内容的过程，这些内容可以是具体的文本或图形，也可以是运行应用程序所需要的鼠标单击或双击等操作。用户通常可以使用 3 种方式向操作系统发出命令：鼠标、键盘、触摸屏。

图 5-21 硬回车与软回车

硬回车和软回车的区别如下。

◉ 由硬回车分隔的两部分内容是两个独立的段落，它们可以拥有各自独立的段落格式。

◉ 由软回车分隔的两部分内容属于同一个段落，它们具有相同的段落格式。

5.3.3 设置段落的水平对齐方式

段落的水平对齐方式是指段落中的各行文本在水平方向上的位置。Word 为段落提供了 5 种水平对齐方式，图 5-22 所示为 5 种水平对齐方式的显示效果，由上到下依次为左对齐、居中对齐、右对齐、两端对齐、分散对齐。

图 5-22 段落的 5 种对齐方式

5 种对齐方式的含义如下。

◉ 左对齐 ≣：将段落中的各行文本以页面左边距为基准进行对齐排列。

◉ 居中对齐 ≣：将段落中的各行文本以页面中间为基准进行对齐排列。

◉ 右对齐 ≣：将段落中的各行文本以页面右边距为基准进行对齐排列。

◉ 两端对齐 ≣：将段落中的各行文本在页面中进行首尾对齐排列。当各行文本的字体大小不同时，Word 会自动调整文本的字符间距。

◉ 分散对齐 ≣：与两端对齐类似，将段落中的各行文本在页面中进行分散对齐排列，并根据需要自动调整文本的字符间距。分散对齐与两端对齐的区别在于它们对段落最后一行的处理方式不同：当段落的最后一行包含大量空白时，为了让最后一行与段落的其他行等宽，分散对齐会在最后一行文本之间均匀地添加大量的空格，而两端对齐不会进行这种处理。

新建文档中的段落对齐方式默认为两端对齐，可以根据需要随时改变段落的对齐方式。改变段落对齐方式有以下两种方法。

◉ 使用功能区命令：单击要设置对齐方式的段落内部，然后使用功能区【开始】⇨【段落】组中的 5 个对齐按钮来进行设置，如图 5-23 所示。

图 5-23 使用功能区命令设置对齐方式

◉ 使用【段落】对话框：右击要设置对齐方式的段落内部，在弹出的菜单中选择【段落】命令。在打开的【段落】对话框中切换到【缩进和间距】选项卡，在【对齐方式】下拉列表中选择所需的对齐方式，如图 5-24 所示。

图 5-24 在【段落】对话框中设置对齐方式

5.3.4 设置段落的缩进方式

段落缩进是指段落第 1 行、第 1 行以外的其他行或段落中的所有行向页面左侧或右侧偏移的距离。Word 中的段落缩进方式有以下 4 种。

◉ 首行缩进：段落中的第 1 行向页面右侧偏移指定的距离，其他行不变。

◉ 悬挂缩进：段落中除第 1 行以外的其他行向页面右侧偏移指定的距离。

◉ 左缩进：段落中的所有行向页面右侧偏移指定的距离。

◉ 右缩进：段落中的所有行向页面左侧偏移指定的距离。

图 5-25 所示为 4 种段落缩进方式的显示效果，由上到下依次为首行缩进、悬挂缩进、左缩进、右缩进。

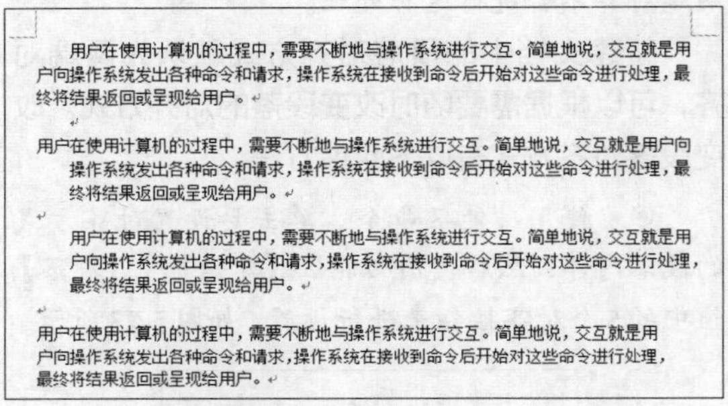

图 5-25 段落的 4 种缩进方式

设置段落缩进的最简单方法是使用功能区【开始】选项卡【段落】组中的【增加缩进量】和【减少缩进量】命令，如图 5-26 所示。将插入点定位到要设置缩进的段落内部，单击【增加缩进量】按钮将为段落添加左缩进，单击【减少缩进量】按钮可删除已添加的左缩进。

图 5-26 功能区中用于设置段落缩进的命令

如果想要直观地设置段落缩进，则可以使用标尺。选中功能区中的【视图】⇨【显示】⇨【标尺】复选框，将在功能区下方显示标尺。如图 5-27 所示，标尺上的 4 个标记对应于段落的 4 种缩进方式：图中的 ❶ 代表首行缩进，❷ 代表

悬挂缩进，❸ 代表左缩进，❹ 代表右缩进。将鼠标指针指向这些标记会显示它们所代表的缩进方式的名称。将插入点定位到要设置的段落内部，然后拖动标尺上的缩进标记，即可为段落设置对应的缩进。

图 5-27 标尺上的缩进标记与段落缩进之间的对应关系

如果想要精确设置段落的缩进，则可以使用【段落】对话框，在图 5-28 所示的【缩进和间距】选项卡中可以设置段落的 4 种缩进方式。

◉ 【左侧】和【右侧】选项用于设置段落的左缩进和右缩进。

◉ 如果要设置首行缩进或悬挂缩进，则需要在【特殊格式】下拉列表中选择【首行缩进】或【悬挂缩进】选项，在右侧的【缩进值】文本框中输入缩进量。

图 5-28 在【段落】对话框中设置段落缩进

> **提示**
> 还可以在功能区【布局】⇨【段落】组中设置段落左缩进和右缩进的值。

> **技巧**
> 用户还可以使用"字符"作为段落缩进的单位，这样可以避免由于字体和字号的改变造成的格式错乱问题。例如，中文习惯在每段第一行的开头空出两格，即空出与段落文字相同大小的两个文字的位置。如果使用"厘米"或"磅"作为缩进单位，当改变段落文本的字体大小后，改变文字大小之前的缩进量将不再适用于改变文字大小后的段落，此

时为了得到正确的空两格效果，用户就必须根据段落当前的文字大小重新调整段落缩进。如果以"字符"为单位来设置段落缩进，无论如何改变段落文本的字体大小，已经设置好的段落缩进都不需要进行重新调整。

案例 5-3
将公司合同的标题设置为绝对居中对齐

案例目标：文档顶部的标题默认具有首行缩进 2 字符的缩进格式，现在需要将标题设置为绝对居中对齐，效果如图 5-29 所示。

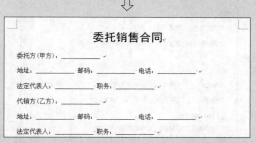

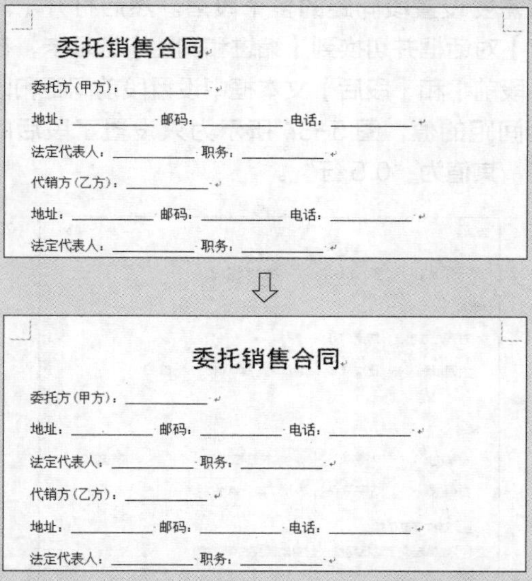

图 5-29 将包含首行缩进的标题设置为绝对居中对齐

完成本例的具体操作步骤如下。

（1）单击文档顶部的标题内部，即将插入点定位到标题所在段落的内部。

（2）单击功能区中的【开始】⇨【段落】⇨【居中】按钮，或按【Ctrl+E】组合键，将标题居中对齐。由于标题段落带有首行缩进，因此现在的居中对齐并没有让标题真正位于页面正中间，如图 5-30 所示。

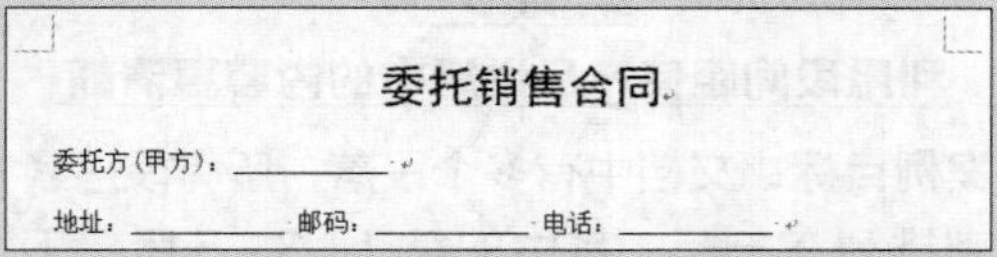

图 5-30 在页面中不完全居中的标题

（3）为了让标题真正位于页面的正中间，需要右击标题内部并在弹出的菜单中选择【段落】命令，打开【段落】对话框，在【缩进和间距】选项卡的【特殊格式】下拉列表中选择"（无）"。这样可以删除标题原来带有的首行缩进，让标题真正位于页面的正中间。

5.3.5 调整段落内各行之间的距离

行距表示段落中的行与行之间的垂直距离。行距既可以是行高的某个百分比，也可以是一个固定的值。设置行距的最简单方法是单击功能区中的【开始】⇨【段落】⇨【行和段落间距】按钮，在弹出的菜单中选择行距的一个预设值，如图 5-31 所示，这些数值表示的是每行字体高度的倍数。图 5-32 所示是将字体大小为五号的段落设置为 1.5 倍行距时的效果。

图 5-31 Word 行距的预设值

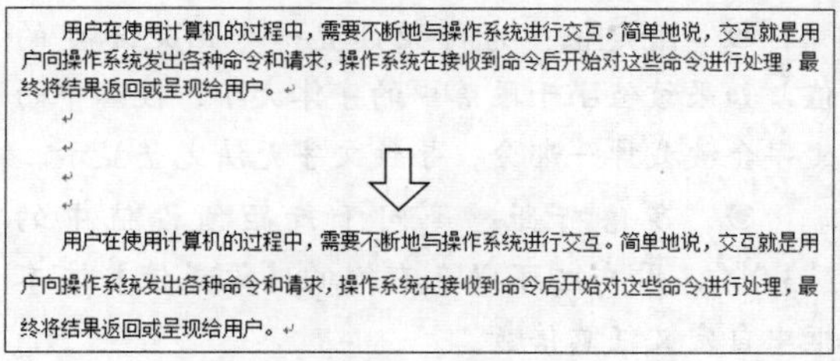

图 5-32 设置 1.5 倍行距的效果

Word 中的行距由字体大小决定，当改变字体大小时，行距也会随之发生变化。Word 中的字体大小以"磅"为单位，1 磅约等于 0.036 厘米（由 1÷28 计算得到）。一号字体的大小是 26 磅，约等于 1 厘米。假设段落的字体大小是五号（即 10.5 磅），如果将行距设置为 1.5 倍，行与行之间的距离就是字体高度的 1.5 倍，即 10.5×1.5=15.75（磅），相当于在原字体大小的基础上增加了 0.5 倍。表 5-1 列出了常用的中文字号与磅值之间的对应关系。

表 5-1　中文字号与磅值之间的对应关系

中文字号	磅值	中文字号	磅值	中文字号	磅值
初号	42	二号	22	四号	14
小初	36	小二	18	小四	12
一号	26	三号	16	五号	10.5
小一	24	小三	15	小五	9

如果需要为行距设置预设值之外的某个值，可以在【段落】对话框中进行操作。将插入点定位到段落内部后打开【段落】对话框，切换到【缩进和间距】选项卡，在【行距】下拉列表中包含以下 6 项，其中的一些选项作为预设值显示在前面介绍的单击【行和段落间距】按钮所打开的菜单中，另一些选项可供用户自定义特定的行距值。

⦿　单倍行距：等同于行距预设值中的"1.0"。

⦿　1.5 倍行距：等同于行距预设值中的"1.5"。

⦿　2 倍行距：等同于行距预设值中的"2.0"。

⦿　最小值：选择该项后，在【设置值】文本框中会自动显示一个数值，该值为当前段落单倍行距的值。行距由单倍行距和用户设置的最小值之间的大小决定，只有在单倍行距小于用户设置的最小值时才使用最小值作为行距值，否则使用单倍行距作为行距值。也就是说，选择【最小值】选项可以确保段落的行距再小也不会小于单倍行距。

⦿　固定值：为行距设置一个固定不变的值，如果该值小于段落中的字体大小，段落中的文字会被截掉一部分，导致文字无法完整显示。

⦿　多倍行距：等同于行距预设值中的"3.0"，用户也可以在右侧的【设置值】文本框中自定义任意倍数。

5.3.6　调整段落之间的距离

段间距是指段与段之间的距离，分为段前间距和段后间距。一个段落的段前间距位于这个段落的上方，段后间距位于这个段落的下方。为了避免整个文档内容紧挨在一起而给阅读带来不便，可以适当增加各个段落之间的距离。图 5-33 所示是将多个段落的段后间距设置为 0.5 行后的效果。

用户在使用计算机的过程中，需要不断地与操作系统进行交互。

简单地说，交互就是用户向操作系统发出各种命令和请求，操作系统在接收到命令后开始对这些命令进行处理，最终将结果返回或呈现给用户。

用户向操作系统发出命令其实就是用户向操作系统输入内容的过程，这些内容可以是具体的文本或图形，也可以是运行应用程序所需要的鼠标单击或双击等操作。

用户通常可以使用 3 种方式向操作系统发出命令：鼠标、键盘、触摸屏。

⇓

用户在使用计算机的过程中，需要不断地与操作系统进行交互。

简单地说，交互就是用户向操作系统发出各种命令和请求，操作系统在接收到命令后开始对这些命令进行处理，最终将结果返回或呈现给用户。

用户向操作系统发出命令其实就是用户向操作系统输入内容的过程，这些内容可以是具体的文本或图形，也可以是运行应用程序所需要的鼠标单击或双击等操作。

用户通常可以使用 3 种方式向操作系统发出命令：鼠标、键盘、触摸屏。

图 5-33　为多个段落设置段间距

如果需要为一个段落设置段间距，只需将插入点定位到这个段落内部，否则需要同时选择所有需要设置段间距的多个段落。然后打开【段落】对话框并切换到【缩进和间距】选项卡，在【段前】和【段后】文本框中设置段前间距和段后间距的值，图 5-34 所示为只设置了段后间距，其值为"0.5 行"。

图 5-34　设置段间距的值

提示　　用户还可以在功能区【布局】⇨【段落】组中设置段前间距和段后间距的值。

案例 5-4
利用段间距使产品说明中的内容更清晰

案例目标： 文档中有多个段落，所有段落紧密排列在一起，其中的第 1、3、5 段是下方段落的标题。现在希望为标题段落设置段间距以使文档内容更清晰，效果如图 5-35 所示。

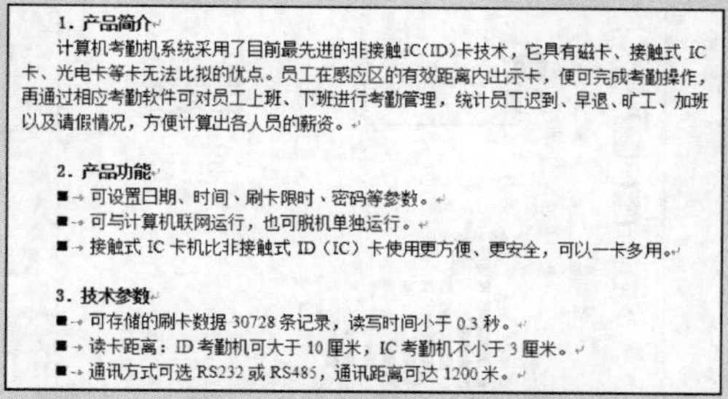

图 5-35 利用段间距使文档内容更清晰

完成本例的具体操作步骤如下。

（1）选择文档中第 2 个标题所在的段落，按住【Ctrl】键的同时再选择第 3 个标题所在的段落，如图 5-36 所示。

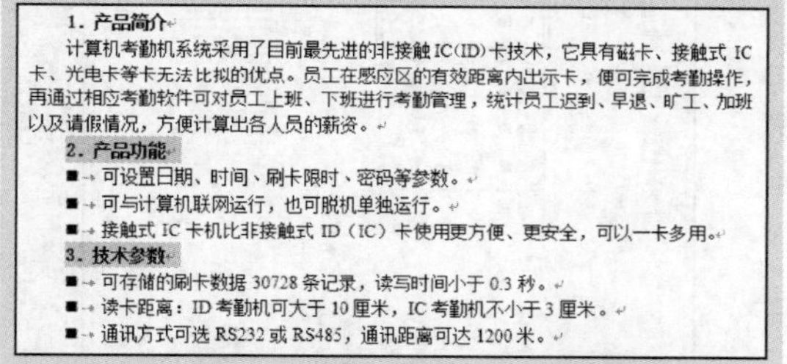

图 5-36 同时选择第 3 段和第 5 段

（2）右击选区并在弹出的菜单中选择【段落】命令，打开【段落】对话框。在【缩进和间距】选项卡中将【段前】设置为【1行】，如图 5-37 所示，然后单击【确定】按钮。

图 5-37 设置段前间距

5.3.7 为段落设置边框和底纹

为段落设置边框和底纹效果与为指定文字设置边框和底纹效果有明显区别。图 5-38 所示说明了它们之间的区别：为段落设置的边框和底纹效果会完整覆盖整个段落，形成一个边框和底纹的矩形区域；而为指定文字设置的边框和底纹效果只围绕着文字区域，不会覆盖文字所在的整个段落。

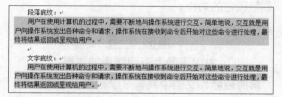

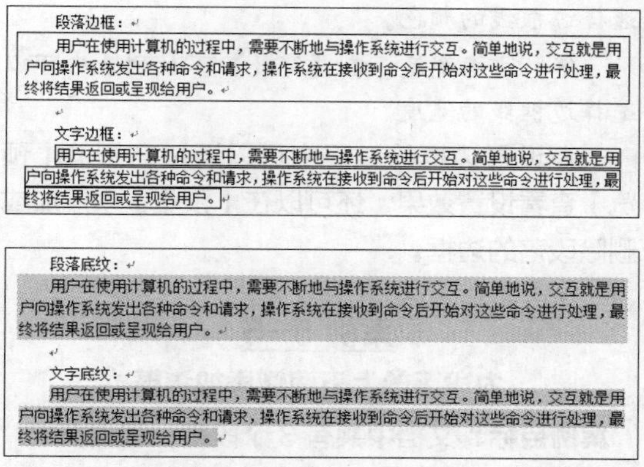

图 5-38 段落边框和底纹与文字边框和底纹的区别

1. 为段落设置边框

为段落设置边框前，通常可以先选择要设置的段落，选区需要包含段落结尾的段落标记。然后单击功能区中的【开始】⇨【段落】⇨【边框】按钮右侧部分的下拉按钮，在弹出的菜单中选择预置的边框类型，如图 5-39 所示。

图 5-39 选择预置的边框类型

除了选择预置的边框类型外，还可以进行更灵活的边框自定义设置。在上面打开的边框菜单中选择【边框和底纹】命令，打开【边框和底纹】对话框，切换到【边框】选项卡。如果在打开【边框和底纹】对话框前选中了整个段落，在【应用于】下方显示的就是"段落"，否则【应用于】

下方将会显示"文字"。如果需要为整个段落设置边框，可以将【应用于】选项设置为【段落】。接下来需要设置用于决定边框外观的各个选项。

◉ 边框类型：在【设置】部分可以选择边框的类型，如选择【方框】将为段落添加边框，选择【无】将清除段落的边框。

◉ 边框线型：在【样式】列表框中可以选择边框的线型，如实线、虚线、点划线。

◉ 边框颜色：在【颜色】下拉列表中可以选择边框线的颜色。

◉ 边框宽度：在【宽度】下拉列表中可以选择边框线的宽度。

在设置边框的过程中可以通过右侧的【预览】查看设置效果，还可以在【预览】中添加或删除段落的边框。

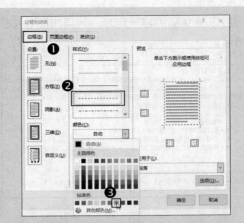

图 5-41 设置边框的线型和颜色

案例 5-5
为段落的上下两侧添加边框

案例目标： 文档中共有 3 个段落，需要在第 2 段的上方和下方添加 1.5 磅宽的浅蓝色虚线边框，效果如图 5-40 所示。

> 沙尘暴频频发生是生态环境恶化的标志之一。我国沙漠、戈壁和沙漠化土地面积已达 165.3 万平方公里，并以每年 2460 平方公里的速度发展。土地沙漠化东西部有很大的差别。以贺兰山为界，以西受西北干旱气候控制，缺少降雨，土地利用为绿洲灌溉农业区。
> 沙漠化的因素和表现形式主要是水资源调配不当，下游农耕地区缺水撂荒或沙漠与绿洲过渡带的盲目开垦、樵采及过牧引起，或草场因地表水枯竭、地下水位下降导致天然植被死亡、风蚀量增大。
> 东部受东亚季风的影响，夏秋有一定量的降水，沙漠化主要发生在农牧交错带，冬春干旱季节，由滥垦、草场严重超载或过牧退化、樵采引起，以农耕地土壤沙化、砾质化、灌丛沙漠化和沙地活化为主要形式。

图 5-40 为段落的上下两侧添加边框

完成本例的具体操作步骤如下。

（1）选择文档中的第 2 段，选区需要包含段落结尾的段落标记。

（2）单击功能区中的【开始】➭【段落】➭【边框】按钮右侧部分的下拉按钮，在弹出的菜单中选择【边框和底纹】命令。

（3）打开【边框和底纹】对话框，在【边框】选项卡的【样式】列表框中选择图 5-41 所示的虚线，在【颜色】下拉列表中选择【浅蓝】。

（4）在【宽度】下拉列表中选择【1.5磅】，如图 5-42 所示，在【预览】中会显示设置好线型、颜色和线宽的边框效果。

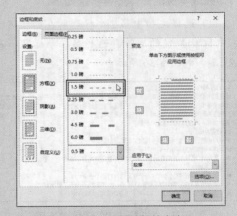

图 5-42 设置边框的宽度

（5）由于本例的目标是要在段落的上方和下方添加边框，因此需要删除段落左右两侧的边框。使用鼠标指针指向【预览】中表示段落左边框和右边框的位置并单击，即可删除这两个边框，如图 5-43 所示，最后单击【确定】按钮。

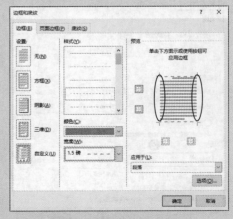

图 5-43 删除段落的左边框和右边框

在为段落添加边框时，还可以控制边框与段落四周文字边缘之间的距离。只需在【边框】选项卡中单击【选项】按钮，在打开的【边框和底纹选项】对话框中进行设置即可，如图5-44所示。

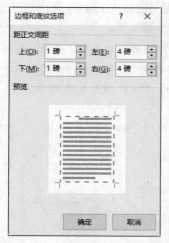

图 5-44　设置边框与文字之间的距离

2．为段落设置底纹

设置段落底纹的方法与设置段落边框类似，可以在【边框和底纹】对话框中完成，只是设置底纹的相关选项位于该对话框的【底纹】选项卡中。选择包含段落标记的整个段落后打开【边框和底纹】对话框，切换到【底纹】选项卡，在【填充】下拉列表中选择段落底纹的颜色，如图5-45所示。

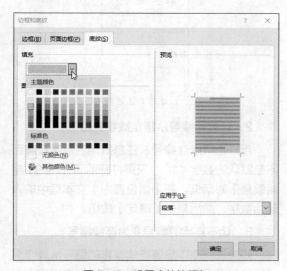

图 5-45　设置底纹的颜色

还可以在【样式】下拉列表中选择一种图案，然后在【颜色】下拉列表中为图案选择一种颜色，使用图案作为段落的底纹效果。

5.3.8　为段落添加项目符号和编号

为了使一组具有并列关系的内容在视觉上更突出，可以为它们添加项目符号。选择要添加项目符号的多个段落，然后单击功能区中的【开始】⇨【段落】⇨【项目符号】按钮，为选中的内容设置【项目符号】按钮上显示的项目符号。如果希望使用 Word 预置的其他项目符号，可以单击【项目符号】按钮右侧部分的下拉按钮，在打开的列表中选择所需的项目符号，如图 5-46 所示。

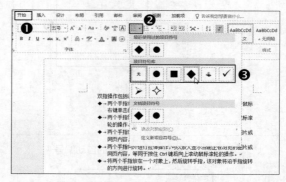

图 5-46　选择 Word 预置的项目符号

用户还可以将自己喜欢的符号指定为项目符号，只需在上图打开的列表中选择【定义新项目符号】命令，然后在打开的【定义新项目符号】对话框中进行设置。

当多段内容存在先后顺序关系时，可以使用 Word 提供的自动编号来代替用户为这些内容手动添加的编号。以后如果改变内容的位置，Word 会自动调整编号的顺序。图 5-47 所示是为表示顺序关系的内容添加了自动编号后的效果。单击其中的任意一个编号，所有编号都会呈现灰色底纹，如图 5-48 所示，这说明这些编号是 Word 自动添加的编号，而不是用户手动输入的编号。

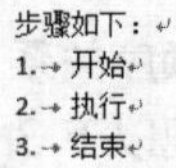

图 5-47　为表示顺序关系的内容添加自动编号

步骤如下：
1. → 开始
2. → 执行
3. → 结束

图 5-48　自动编号会带有灰色底纹

为段落添加编号的步骤为：选择要添加自动编号的多个段落，然后单击功能区中的【开始】⇨【段落】⇨【编号】按钮右侧部分的下拉按钮，在打开的列表中选择一种数字编号，如图 5-49所示。也可以在列表中选择【定义新编号格式】命令，然后在打开的对话框中选择其他的编号格式，如图 5-50 所示。

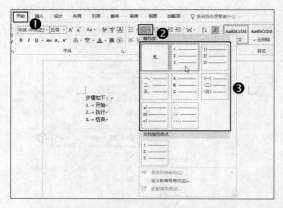

图 5-49　选择 Word 预置的自动编号

图 5-50　自定义编号

由于编号具有顺序关系，因此在使用自动编号的过程中可能出现以下 3 个问题。

◎　编号没有从数字 1 起编。

◎　想让编号从指定数字而不是 1 起编。

◎　一组编号没有进行连续编排，从某个位置断开了。

1. 让起始编号从数字 1 开始

在文档中添加的自动编号的起始数字默认为 1，如果编号没有从 1 起编，可以对其进行调整，具体操作步骤如下。

（1）右击希望从数字 1 开始起编的自动编号或其所在的段落内部，在弹出的菜单中选择【设置编号值】命令，如图 5-51 所示。

图 5-51　选择【设置编号值】命令

（2）打开【起始编号】对话框，选中【开始新列表】单选按钮，将【值设置为】文本框中的值设置为【1】，如图 5-52 所示。最后单击【确定】按钮，即可将步骤（1）中鼠标右击段落的编号改为所设置的数字，该段落之后的其他段落编号也将随之顺延。

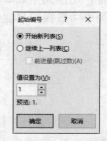

图 5-52　设置作为起始编号的数字

2. 让起始编号从指定数字开始

用户也可以让编号从任意指定的数字起编而不是默认的数字"1"。只需打开前面介绍的【起始编号】对话框，在【值设置为】文本框中输入起始数字，然后单击【确定】按钮。

3. 让不连续的编号变为连续编号

如果发现原本应该连续编排的编号从某个编号开始与前面的编号断开了，可以右击出现中断的编号或其所在的段落内部，在弹出的菜单中选择【继续编号】命令。

5.3.9 设置与使用制表位

默认情况下，每按一次【Tab】键，插入点就会从当前位置向右移动 2 个字符的距离。每次按【Tab】键后插入点移动到的新位置称为"制表位"。图 5-53 所示是使用制表位将两行中不同列上的小数以小数点为基准对齐排列后的效果。

图 5-53 使用制表位以小数点为基准对齐多个小数

可以使用以下两种方法设置制表位。

◉ 在标尺上通过鼠标单击来设置制表位。

◉ 在【制表位】对话框中设置制表位。

如果希望在标尺上设置制表位，只需单击标尺上的某个位置，即可创建一个制表符。制表符是标尺上显示制表位所在位置的标记，图 5-54 所示的标尺上的 ∟ 标记就是制表符。

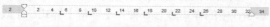

图 5-54 标尺上显示的制表符

Word 提供了 5 种类型的制表符：∟（左对齐）、⊥（居中对齐）、⏌（右对齐）、⊿（小数点对齐）、⊦（竖线对齐）。它们用于控制制表位上文本的对齐方式。在标尺上设置制表位前，应该根据希望实现的文本对齐方式，在水平标尺最左侧（垂直标尺上方）的标记上反复单击，这样可以在不同类型的制表符之间切换，以便显示需要的制表符。

如果希望精确设置制表位的位置，可以使用【制表位】对话框。打开【段落】对话框，然后单击对话框底部的【制表位】按钮，打开图 5-55 所示的【制表位】对话框。在【默认制表位】文本框中可以改变默认制表位的值，这样可以控制每次按下【Tab】键时插入点移动的距离。但是在这种方式下，文本的对齐方式只能为默认的左对齐。如果需要设置其他对齐方式，需要自定义设置制表位。

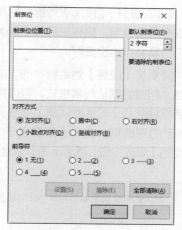

图 5-55 【制表位】对话框

要在【制表位】对话框中添加新的制表位，需要在【制表位位置】文本框中输入制表位的位置，然后在下方选择制表位位置上的文本对齐方式以及是否要在制表位左侧显示前导符及其样式。前导符类似于目录中页码左侧的省略号。设置好制表位的相关选项后，单击【设置】按钮即可创建一个制表位。使用相同的方法可以创建出多个制表位。

可以使用以下两种方法删除制表位。

◉ 将鼠标指针指向标尺上的制表符，按住鼠标左键将制表符拖动到标尺范围之外。

◉ 打开【制表位】对话框，在列表框中选择要删除的制表位，然后单击【清除】按钮将所选制表位删除，单击【全部清除】按钮将删除所有设置好的制表位。

5.3.10 设置新建文档的默认段落格式

新建一个文档时，在【段落】对话框中显示的段落设置是 Word 在每次新建的文档中自动使用的段落格式。例如，默认的对齐方式为两端对齐，段落没有任何方式的缩进，行距为单倍行距等。如果需要使用不同的段落格式作为文档的默认段落格式，可以更改这一默认设置，以便在以后新建的文档中使用预先指定好的段落格式，而不必进行重复设置。

打开【段落】对话框，根据需要设置所需的段落格式。如果文档中已经存在设置好目标格式的段落，可以在打开【段落】对话框前将插入点定位到这个段落内部，这样在打开【段落】对话框时各个选项会自动设置好。

如果需要将【段落】对话框中的当前设置保存为新建文档时的默认段落格式，可以单击【段落】对话框底部的【设为默认值】按钮，弹出图5-56 所示的对话框，选中【所有基于 Normal 模板的文档】单选按钮，然后单击【确定】按钮。

 提示 默认的新文档是基于 Normal 模板创建的。

如果文档是基于用户模板创建的，在上图对话框中将会使用用户创建的模板名称代替 "Normal"。有关模板的更多内容，请参考本书第 9 章。

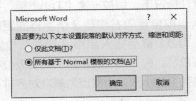

图 5-56 设置文档的默认段落格式

5.4 创建与使用样式

样式是 Word 中非常重要的格式化工具，可以将它看作是一个包含了字体、段落等基础格式的集合体。在排版中是否使用样式决定着排版效率的高低以及后期维护的便利与否。本节将介绍在 Word 中创建和使用样式的方法，以及与样式相关的一些设置和操作技巧。

5.4.1 理解样式

在文档排版的过程中，通常会在内容的格式设置上耗费大量的时间，主要包括对字体格式、段落格式、段落和表格的边框与底纹效果等方面的设置，这些格式属于 Word 中的基础格式。

当需要为文档中的某处内容设置多种基础格式时，用户需要分多次完成，每次设置这些格式中的一种。如果需要为文档中的多处内容设置相同的格式，用户就必须重复执行每一种格式设置，操作烦琐且效率很低。一种更好的做法是在设置好一处内容的格式后，使用 Word 中的格式刷功能来为其他位置上的内容设置相同的格式，但是这种方式不利于格式的后期修改和维护工作。

样式的出现解决了以上问题。可以将样式理解为包含了多种基础格式的容器。在样式中设置好所有需要使用的基础格式，之后就可以为指定内容应用样式。Word 会将样式中包含的所有基础格式一次性设置到内容上，这样就简化了每次都要重复设置每一种基础格式的操作过程。由于可以在不同文档之间复制样式，因此通过样式可以很方便地为不同文档设置相同的格式。

根据样式的功能和应用类型的不同，可以将 Word 中的样式分为 5 种：【字符】样式、【段落】样式、【链接段落和字符】样式、【表格】样式、【列表】样式。前 3 种样式应用于文本，【表格】样式专门应用于表格，【列表】样式应用于包含自动编号的段落。5 种样式包含的格式和设置方法如表 5-2 所示。

样式的大多数操作都是在【样式】窗格中进行或以该窗格为操作起点的。要显示【样式】窗格，可以单击功能区【开始】⇨【样式】组右下角的对话框启动器。【样式】窗格默认会显示 Word 内置样式。如果用户创建过新的样式，其中还会显示用户创建的样式。为了在样式名上体现出样式具有的格式特性，可以选中【样式】窗格底部的【显示预览】复选框。

每个样式名的右侧都有一个符号，该符号表示样式的类型。带有小写字母 a 的样式是【字符】样式，带有段落标记的样式是【段落】样式，同时带有小写字母 a 和段落标记的样式是【链接段落和字符】样式，如图 5-57 所示。

表 5-2　5 种样式包含的格式和设置方法

样式类型	包含的格式	设置方法
【字符】样式	字体格式	与设置字体格式的方法类似，选中文本后进行设置
【段落】样式	字体格式和段落格式、编号、边框和底纹	与设置段落格式的方法类似，单击一个段落内部后进行设置。如果需要设置多个段落，需要先选择这些段落，再进行设置
【链接段落和字符】样式	与【段落】样式相同	兼具【字符】样式和【段落】样式的功能，既可对选中的文本设置字体格式，也可将插入点定位到段落内部后为整个段落设置段落格式
【表格】样式	表格的相关属性、边框和底纹、字体格式和段落格式	将插入点定位到表格范围内，然后在功能区【表格工具 | 设计】 ⇨ 【表格样式】组中选择表格样式
【列表】样式	字体格式和编号	为不同级别的标题设置自动编号，最多可以设置 9 个级别的编号

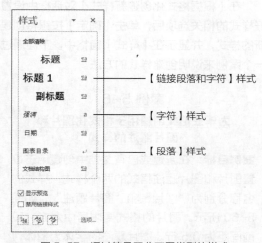

图 5-57　通过符号区分不同类型的样式

5.4.2　创建与修改样式

Word 提供了大量的内置样式，用户可以直接在文档中使用这些样式，也可以根据需要创建新的样式。每个基于 Word 默认的 Normal.dotm 模板创建的空白文档都包含一个默认段落样式【正文】，以及一个默认字符样式【默认段落字体】。对于 Word 内置样式以及用户创建的样式，可以在以后任何时候对它们进行修改。

【字符】样式、【段落】样式、【链接段落和字符】样式这 3 种样式的创建过程有很多相似的地方。【字符】样式的创建过程最简单，而【段落】样式和【链接段落和字符】样式的创建过程完全相同，但是比创建【字符】样式涉及更多的格式和选项。无论创建这 3 种样式中的哪一种，都可以使用以下两种方法来进行。

◉　基于现有格式创建新样式：如果文档中的某处内容所具有的格式符合使用要求，可以将该内容所具有的格式直接作为将要创建的样式中包含的格式。

◉　基于现有样式创建新样式：可以在现有样式中选择一个样式作为新建样式的格式起点，然后通过修改该样式中的格式来创建出符合使用要求的新样式。

> **注意**
>
> 在创建样式时需要注意，如果新建的样式用于标题多级编号或题注编号，最好不要重新创建样式，而是修改 Word 内置的【标题 1】~【标题 9】样式，这是因为 Word 中的很多自动化排版功能是基于这些样式实现的。

通常使用第 2 种方法来创建新样式。单击【样式】窗格底部的【新建样式】按钮，打开图 5-58 所示的【根据格式化创建新样式】对话框。其中显示的各个选项的默认设置是在打开该对话框前插入点所在位置上的字体格式和段落格式，用户可以重新定义新样式中包含的格式。

图 5-58　【根据格式化创建新样式】对话框

【根据格式化创建新样式】对话框中的选项分为 4 个部分: 基本属性、基础格式、保存和更新选项、更多格式。其中,样式的基本属性主要用于设置样式的基本信息和运作方式,包括以下几项。

◉ 名称:设置样式的名称,它会显示在【样式】窗格和样式库中。

◉ 样式类型:选择新建样式的类型。

◉ 样式基准:选择要以哪个样式为起点来创建新样式。

◉ 后续段落样式:该选项用于设置在应用了新建样式的段落结尾按下【Enter】键后,Word 自动为下一段应用哪个样式。

样式的基础格式主要用于设置样式中包含的字体格式和段落格式。如果创建的样式只包含一些简单的格式,此部分列出的格式基本够用。在设置样式的过程中,每一项的设置效果会在下方的预览窗格中反映出来。

保存与更新选项用于设置样式的保存位置与更新方式,包括以下几项。

◉ 添加到样式库:选择该项后,可以将创建的新样式添加到功能区【开始】⇨【样式】组中的样式库中。

◉ 自动更新:选择该项后,如果修改了某处内容的格式,而之前已为该处内容应用了某个样式,格式的修改结果将会自动更新这个样式的格式定义。这也正是有时会遇到样式中的格式自动改变的原因。

◉ 仅限此文档:如果选择该项,创建的样式只会保存在当前文档中。

◉ 基于该模板的新文档:如果选择该项,创建的样式会保存到当前文档所基于的模板中,这样所有基于这个模板创建出来的文档都可以使用这个新建样式。

基础格式部分提供了一些常用的格式选项,如字体、字号、字体颜色、段落对齐方式、行距等。如果需要为样式设置更多更详细的格式,可以单击【根据格式化创建新样式】对话框底部【格式】按钮,弹出图 5-59 所示的菜单,选择要设置的格式类型并在各自打开的对话框中进行设置。

图 5-59　通过【格式】按钮设置更多格式

在【根据格式化创建新样式】对话框中设置好样式的相关选项后,单击【确定】按钮将创建新的样式,并显示在【样式】窗格中。下面通过一个案例来说明创建样式的方法。

案例 5-6
为毕业论文创建用于格式化图片和图片题注的样式

案例目标: 在新建或已有文档中创建用于设置图片和图片题注格式的两个样式,样式的名称分别为“图片”和“图片题注”,如图 5-60 所示。图片的格式要求居中对齐,段前间距为 0.5 行。图片题注的字体为楷体,字号为小五号,也要求居中对齐,段后间距为 0.5 行。插入图片并应用图片样式后,按【Enter】键后下一段可以自动应用图片题注样式。

图 5-60　创建【图片】和【图片题注】两个样式

完成本例的具体操作步骤如下。

（1）单击功能区【开始】⇨【样式】组右下角的对话框启动器，打开【样式】窗格，单击窗格底部的【新建样式】按钮，如图5-61所示。

图5-61 单击【新建样式】按钮

（2）打开【根据格式化创建新样式】对话框，在对话框中进行以下几项设置，其他保持默认设置，如图5-62所示。

◉ 将【名称】设置为【图片题注】。
◉ 将【样式类型】设置为【段落】。
◉ 将【样式基准】设置为【正文】。
◉ 将【后续段落样式】设置为【正文】。
◉ 将【字体】设置为【楷体】，将【字号】设置为【小五】。将段落对齐方式设置为【居中】。

图5-62 设置【图片题注】样式的基本属性

（3）为了设置段后间距，需要单击对话框底部的【格式】按钮，在弹出的菜单中选择【段落】命令。打开【段落】对话框，在【缩进和间距】选项卡中将【段后】设置为【0.5行】，如图5-63所示。

图5-63 设置【图片题注】样式的段后间距

（4）单击两次【确定】按钮，依次关闭打开的对话框，完成【图片题注】样式的创建。

（5）接下来创建【图片】样式。再次打开【根据格式化创建新样式】对话框，在对话框中进行以下几项设置，如图5-64所示。

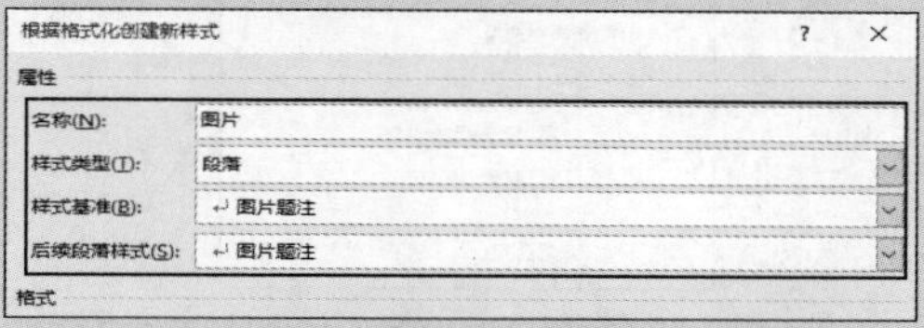

图5-64 设置【图片】样式的基本属性

◉ 将【名称】设置为【图片】，将【样式类型】设置为【段落】。
◉ 将【样式基准】设置为【图片题注】。并非必须设置为【图片题注】，但是这样设置可以简化【图片】样式的格式设置步骤。
◉ 将【后续段落样式】设置为【图片题注】。
◉ 将段落对齐方式设置为【居中】。如果将【样式基准】设置为【图片题注】，【图片】样式将会自动继承【图片题注】样式中的格式设置，因此可省去将段落对齐方式设置为【居中】的步骤。

（6）与步骤（3）的操作方法类似，打开【图片】样式的【段落】对话框，在【缩进和间距】选项卡中将【段前】设置为【0.5行】。完成后单击两次【确定】按钮，依次关闭打开的对话框，完成【图片】样式的创建。

修改样式的方法与创建样式类似，在样

式库或【样式】窗格中右击要修改的样式，在弹出的菜单中选择【修改】命令，如图 5-65 所示。打开的【修改样式】对话框的结构及其中包含的选项与新建样式所打开的【根据格式化创建新样式】对话框完全相同。修改好格式后单击【确定】按钮，即可完成样式的修改。如果选择【删除 xx】命令（xx表示具体的样式名），则将从文档中删除指定的样式。

图 5-65　选择【修改】命令修改样式

> **提示**　如果对模板中的样式进行了修改，但是在打开基于该模板创建的文档时并没有获得样式的最新修改结果，则可以单击功能区中的【开发工具】⇨【模板】⇨【文档模板】按钮，在打开的【模板和加载项】对话框中选中【自动更新文档样式】复选框，如图 5-66 所示。可以在自定义功能区界面中将【开发工具】选项卡添加到功能区中。

图 5-66　选中【自动更新文档样式】复选框

5.4.3 使用样式

创建好样式后就可以使用样式来设置文档内

容的格式了。设置不同类型内容的格式所使用的样式类型和方法并不相同，具体如下。

⊙ 设置选中的文本：对于文档中选中的文本，如果需要设置其字体格式，可以使用【字符】样式。【字符】样式只对选中内容有效。使用【链接段落和字符】样式也可以对选中的文本设置字体格式。

⊙ 设置一个段落：如果只设置某个段落的字体格式和段落格式，可以使用【段落】或【链接段落和字符】样式。设置时只需单击段落内部，然后选择要使用的样式。

⊙ 设置多个段落：在设置多个段落的格式前，需要先选择这些段落，再选择要使用的样式。

⊙ 设置图片等嵌入型对象：可以使用样式为图片等嵌入型对象设置段落样式。选择图片，或者将插入点定位到图片的左侧或右侧，然后选择要使用的样式。

⊙ 设置文本框、艺术字等浮动型对象中的文本：单击文本框、艺术字等对象的边框以选中整个对象，然后选择要使用的样式。

⊙ 设置表格：单击文档中的表格内部，在激活的功能区【表格工具|设计】⇨【表格样式】组中打开表格样式库，然后选择要使用的表格样式。

图 5-67 所示为对文档中的多段内容设置了指定样式后的效果。由于要设置的内容包含多个段落，因此在设置前需要先选择这些段落。

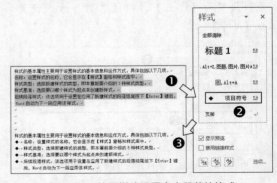

图 5-67　使用样式设置多个段落的格式

在【样式】窗格中选择【全部清除】可以清除当前插入点位置或所选文本上设置的样式，并将文本的格式设置为默认段落样式【正文】所具有的格式。

5.4.4 通过样式快速选择多个位置上的内容

当为文档中的多处内容设置了同一个样式后，可以通过这个样式快速选择这些分散在不同位置上的内容。在【样式】窗格中右击这个样式，在弹出的菜单中选择【选择所有 n 个实例】命令，其中的 n 代表一个具体的数字，表示文档中应用了该样式的内容总数。选择该命令后将会自动选中当前文档中应用了该样式的所有内容，如图 5-68 所示。

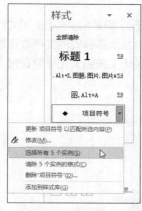

图 5-68　通过样式快速选择多个位置上的内容

> **提示**　如果在右击样式后弹出的菜单中没有【选择所有 n 个实例】命令，说明当前没有启用 Word 的格式跟踪功能。可以使用以下方法启用该功能：单击【文件】⇨【选项】命令，打开【Word 选项】对话框，在左侧选择【高级】选项卡，然后在右侧的【编辑选项】区域中选中【保持格式跟踪】复选框。

5.4.5 为样式设置快捷键

可以为经常使用的样式设置一个快捷键，之后通过快捷键来使用样式，而不必在【样式】窗格中查找并选择特定的样式。打开要为其设置快捷键样式的【修改样式】对话框，单击【格式】按钮并在弹出的菜单中选择【快捷键】命令，打开【自定义键盘】对话框，如图 5-69 所示，其中包含以下几个选项。

⦿ 当前快捷键：如果已经为样式设置了快捷键，快捷键会显示在【当前快捷键】列表框中。

⦿ 请按新快捷键：准备要为样式设置的快捷键。

⦿ 将更改保存在：为样式设置的快捷键的保存位置。可以保存在 Word 的通用模板 Normal.dotm 中，也可以保存在当前文档中。如果当前文档是基于某个特定模板创建的，还可以将样式的快捷键保存在该特定模板中。

⦿ 指定、删除、全部重设：【指定】按钮用于将用户在【请按新快捷键】中输入的快捷键设置为样式的快捷键。【删除】按钮用于删除样式上当前已经存在的快捷键。【全部重设】按钮用于将样式的快捷键恢复为默认状态。

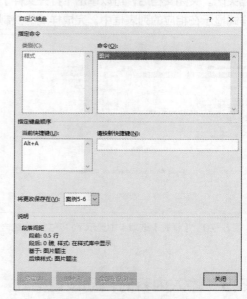

图 5-69　为样式设置快捷键

简单来说，为样式设置快捷键的流程如下。

（1）在【请按新快捷键】文本框中单击，然后设置快捷键。

（2）在【将更改保存在】下拉列表中选择保存位置。

（3）单击【指定】按钮，将快捷键添加到【当前快捷键】列表框中，然后保存文档。

如果要删除为样式指定的快捷键，可以在【将更改保存在】下拉列表中选择快捷键所在的位置，然后在【当前快捷键】列表框中选择要删除的快捷键，最后单击【删除】按钮。

Word 允许用户在任意文档和模板之间复制其中包含的样式。复制样式前，在 Word 窗口中打开了哪些文档或模板并不十分重要，因为可以在复制样式的过程中重新选择所需要的文档或模板。

要复制样式，首先单击功能区中的【开发工具】⇨【模板】⇨【文档模板】按钮，打开【模板和加载项】对话框，单击底部的【管理器】按钮。选中【管理器】对话框的【样式】选项卡，左、右两侧的列表框中显示了当前文档与 Normal 模板中包含的样式，样式所属的文档名称显示在列表框下方的【样式位于】中，如图 5-70 所示。

在其中一个列表框中选择要复制的样式，然后单击【复制】按钮，即可将所选样式复制到另一个列表框中。还可以单击【删除】按钮或【重命名】按钮删除所选样式或修改样式的名称。如果在复制样式时遇到同名样式，将会显示图 5-71 所示的提示信息，单击【是】按钮使用正在复制的样式覆盖目标文档中的同名样式。

如果列表框中显示的样式并非来自所需文档，可以单击对应于列表框下方的【关闭文件】按钮将文档关闭。关闭文档后，可以单击【打开文件】按钮选择并打开包含所需样式的文档或模板，将其中的样式显示在相应的列表框中。完成样式的复制操作后，单击【关闭】按钮关闭【管理器】对话框。

图 5-70　【样式】选项卡中显示了打开文档中包含的样式

图 5-71　复制同名样式时显示的提示信息

5.5　输入内容时自动设置格式

本章前面介绍的设置格式的方法，都是在文档中输入内容后，由用户手动来设置内容的格式。实际上 Word 可以自动为用户输入的某些类型的内容设置格式，如自动为输入的内容添加项目符号、编号、超链接等。例如，在文档中输入"1. 字体格式"后按【Enter】键，手动输入的数字"1"会变为 Word 中的自动编号，下一段的起始位置将自动显示编号"2"，如图 5-72 所示。

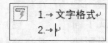

图 5-72　Word 自动为用户输入的内容设置格式

如果发现在输入类似上面的内容时，Word 没有为其添加自动编号，可能是由于关闭了 Word 的键入时自动套用格式功能。可以通过设置 Word 选项启用该功能，也可以在不需要这项功能时将其关闭。设置键入时自动套用格式功能的具体操作步骤如下。

（1）单击【文件】⇨【选项】命令，打开【Word 选项】对话框，在左侧选择【校对】选项卡，在右侧的【自动更正选项】区域中单击【自动更正选项】按钮，如图 5-73 所示。

功能，可以取消选中【自动编号列表】复选框。

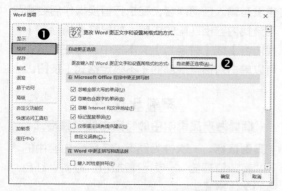

图 5-73　单击【自动更正选项】按钮

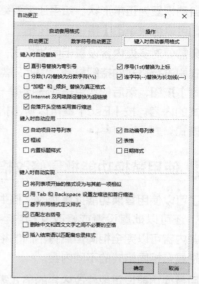

图 5-74　设置键入时自动套用格式功能

（2）打开【自动更正】对话框，切换到【键入时自动套用格式】选项卡，如图 5-74 所示。根据用户的个人需要启用或关闭相应的自动格式设置功能。例如，如果不想使用自动添加编号的

（3）单击两次【确定】按钮，依次关闭【自动更正】对话框和【Word 选项】对话框。

5.6　快速复制与修改格式

虽然使用样式为文档内容设置与修改格式很方便，但是在没有使用样式的文档中修改多处内容的格式将会很麻烦。在这种情况下，使用 Word 提供的格式刷与替换功能可能会让操作变得简单一些。使用格式刷可以将某处内容上的格式快速设置到其他内容上。使用替换功能可以快速修改多处相同内容的格式，或具有相同格式的不同内容的格式。

5.6.1　使用格式刷快速复制格式

如果需要为文档中的多处内容设置完全相同的格式，可以使用格式刷功能。格式刷是 Word 提供的格式复制工具。复制格式前，需要先为文档中的某处内容设置好所需的格式，如字体格式、段落格式等。然后将插入点定位到包含格式的文字之间，接着单击功能区中的【开始】⇨【剪贴板】⇨【格式刷】按钮，如图 5-75 所示。

图 5-75　单击【格式刷】按钮

鼠标指针的形状变为 ▲I，此时进入格式复制模式。根据要设置的格式类型与内容范围的不同，设置方法可以分为以下几种。

◉　只设置字体格式：无论设置的内容是否是完整的段落，都需要拖动鼠标选择要设置的内容。

◉　只设置段落格式：由于设置段落格式不需要选择要设置的段落，因此只需单击要设置的不同段落的内部即可。

◉　同时设置字体格式和段落格式：无论设置的文本范围是否是完整的段落，都需要拖动鼠标选择要设置的内容。

上面介绍的是使用格式刷进行格式的单次复制操作，这意味着每次使用格式刷对目标内容设

置格式后，格式刷复制模式会自动结束，鼠标指针也会自动恢复为正常形状。如果还需要继续设置格式，可以再次单击【格式刷】按钮。

如果需要对多处内容设置相同的格式，可以使用格式刷进行格式的持续复制。为此只需双击【格式刷】按钮，然后依次单击或选择每一处要设置格式的内容。按【Esc】键可以退出格式持续复制模式。

5.6.2 使用替换功能批量修改格式

除了可以使用替换功能批量修改文档中的内容以外，还可以批量设置或修改文档内容的格式，这些内容可以完全相同但具有不同的格式，也可以是具有相同格式的不同内容。

利用替换功能设置或修改内容的格式需要使用【查找和替换】对话框。按【Ctrl+H】组合键打开【查找和替换】对话框的【替换】选项卡，单击【更多】按钮展开该对话框。设置查找和替换的格式时，需要将插入点定位到【查找】和【替换为】文本框中，然后单击【格式】按钮，在弹出的菜单中选择要设置的格式类型，之后设置查找格式和替换格式。除了可以查找字体格式和段落格式外，还可以查找和替换样式。设置好的格式会显示在【查找内容】和【替换为】文本框的下方，如图 5-76 所示。单击【全部替换】按钮将按照设置好的格式进行查找并替换。

图 5-76　在【查找和替换】对话框中查找和替换格式

只要在【替换为】文本框中设置了格式，即使在【替换为】文本框中没有输入任何内容，也可以执行正常的替换操作，但仅限于格式上的替换。如果没有在【替换为】文本框中设置格式，也没有输入任何内容，在执行替换操作后会删除与查找内容相匹配的内容。如果需要清除在【查找内容】或【替换为】文本框中设置好的格式，可以单击对话框底部的【不限定格式】按钮。

案例 5-7
批量为产品说明中的特定内容设置格式

案例目标：一次性为图 5-77 所示内容中的"资源管理器"一词设置加粗、倾斜、红色的字体格式。

图 5-77　批量设置内容的字体格式

完成本例的具体操作步骤如下。

（1）按【Ctrl+H】组合键打开【查找和替换】对话框的【替换】选项卡。

（2）在【查找内容】文本框中输入"资源管理器"，将插入点定位到【替换为】文本框的内部，然后单击【更多】按钮，如图 5-78 所示。

图 5-78　输入查找内容并定位插入点

（3）在展开的【查找和替换】对话框中单击【格式】按钮，在弹出的菜单中选择【字体】命令，如图 5-79 所示。

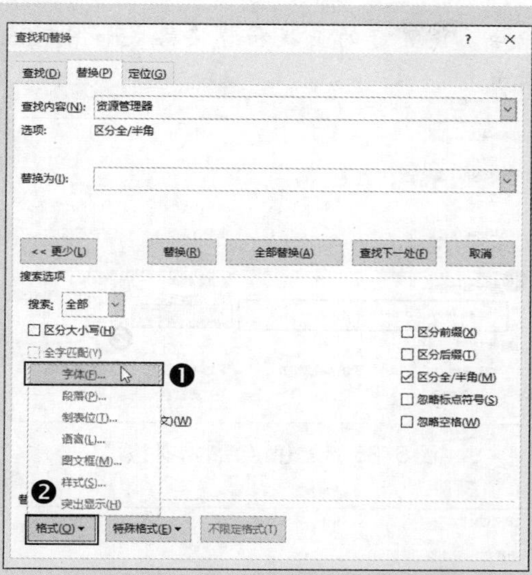

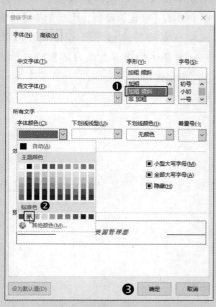

图 5-79 选择【字体】命令

(4) 打开【替换字体】对话框，在【字体】选项卡中的【字形】列表框中选择【加粗 倾斜】选项，在【字体颜色】下拉列表中选择【红色】选项，然后单击【确定】按钮，如图 5-80 所示。

图 5-80 设置替换后的字体格式

(5) 返回【查找和替换】对话框，在【替换为】文本框下方显示了步骤 (4) 设置的字体格式"字体: 加粗，倾斜，字体颜色: 红色"，如图 5-81 所示。

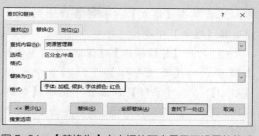

图 5-81 【替换为】文本框的下方显示了设置的格式

(6) 单击【全部替换】按钮，弹出图 5-82 所示的对话框，其中显示了完成替换的数量，将文档中的所有"资源管理器"一词设置为加粗、倾斜、红色的字体格式，然后依次单击【确定】按钮和【关闭】按钮。

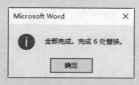

图 5-82 显示完成替换的数量

案例 5-8

批量修改具有相同格式的不同内容的格式

案例目标：一次性将图 5-83 所示内容中具有倾斜、加粗、Arial 字体格式的内容更改为不倾斜但加粗、字体为"Times New Roman"并且带有突出显示的格式。

使用过 ***Windows*** 操作系统的用户对 ***Windows*** 资源管理器应该非常熟悉，它是 ***Windows*** 操作系统内置的文件管理实用程序，用于对文件和文件夹进行各种常规操作与管理。在 ***Windows 8*** 中将早期 ***Windows*** 操作系统中的"***Windows*** 资源管理器"改名为"文件资源管理器"，同时将界面设计为 ***Ribbon*** 功能区的外观和结构。本节将对 ***Windows 10*** 操作系统中的文件资源管理器进行概括性介绍，包括文件资源管理器的整体结构、文件资源管理器在 ***Windows 10*** 操作系统中的新变化、***Ribbon*** 功能区的界面说明等内容。

⇩

使用过 **Windows** 操作系统的用户对 **Windows** 资源管理器应该非常熟悉，它是 **Windows** 操作系统内置的文件管理实用程序，用于对文件和文件夹进行各种常规操作与管理。在 **Windows 8** 中将早期 **Windows** 操作系统中的"**Windows** 资源管理器"改名为"文件资源管理器"，同时将界面设计为 **Ribbon** 功能区的外观和结构。本节将对 **Windows 10** 操作系统中的文件资源管理器进行概括性介绍，包括文件资源管理器的整体结构、文件资源管理器在 **Windows 10** 操作系统中的新变化、**Ribbon** 功能区的界面说明等内容。

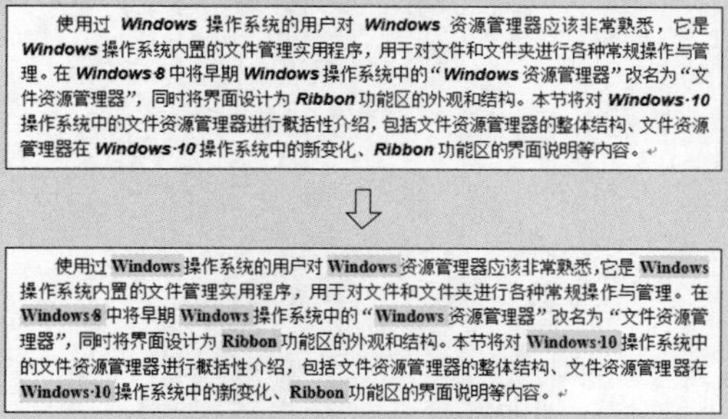

图 5-83 批量修改内容的字体格式

完成本例的具体操作步骤如下。

(1) 按【Ctrl+H】组合键，打开【查找和替换】对话框的【替换】选项卡，单击【更多】按钮，展开【查找和替换】对话框。

(2) 将插入点定位到【查找内容】文本框的内部，并确保该文本框中不包含任何内容，然后单击【格式】按钮并在弹出的菜单中选择【字体】命令。

（3）打开【替换字体】对话框，在【字体】选项卡中的【西文字体】下拉列表中选择【Arial】，在【字形】列表框中选择【加粗倾斜】选项，如图 5-84 所示，然后单击【确定】按钮。

图 5-84 设置查找的字体格式

（4）将插入点定位到【替换为】文本框中，然后重复步骤（2）、步骤（3）的操作，打开【替换字体】对话框，在【字体】选项卡中的【西文字体】下拉列表中选择【Times New Roman】，在【字形】列表框中选择【非倾斜】选项，如图 5-85 所示，然后单击【确定】按钮。

（5）返回【查找和替换】对话框，单击【格式】按钮，在弹出的菜单中选择【突出显示】命令。设置好的查找和替换格式如图 5-86 所示。

图 5-85 设置替换后的字体格式

图 5-86 设置好的查找和替换格式

（6）单击【全部替换】按钮，在弹出的对话框中单击【确定】按钮，然后单击【关闭】按钮，即可自动将文档中所有格式为倾斜、加粗、Arial 字体的内容更改为不倾斜但加粗、字体为"Times New Roman"并且带有突出显示的格式。

创建与使用表格

在不同类型的文档中经常都会用到表格，如人员信息表、考勤表等。表格不仅用于承载内容，还可用作版面设计的辅助工具，借助表格在结构方面的灵活性，可以设计出具有特殊布局的页面版式。本章主要介绍在 Word 文档中创建与设置表格、在表格中输入内容并设置格式，以及使用表格进行排版等内容，最后介绍将表格中的数据展现在图表中的方法。

6.1 创建表格

在 Word 中创建表格的方法有 6 种，如表 6-1 所示。

表 6-1 创建表格的 6 种方法

命令	方法	特点
拖动方格	使用鼠标拖动菜单上方的方格来创建表格	只能创建最大为 8 行 10 列的表格
插入表格	在对话框中通过指定行、列数来创建表格	可以设置表格的自动调整功能
绘制表格	通过手动绘制表格的边框线来创建表格	可以创建结构灵活的表格，但是效率低
文本转换成表格	将包含特定分隔符的文本转换为表格	可以将普通文本快速转换为表格
Excel 电子表格	插入 Excel 工作表	可以使用 Excel 内部功能计算和处理数据
快速表格	选择一种预置的表格样式来创建表格	可以创建带有预置文本和外观的表格

单击功能区中的【插入】➪【表格】➪【表格】按钮，在打开的列表中包含了用于创建表格的命令，如图 6-1 所示。创建表格常用的是第 2 种方法，即【插入表格】命令，选择该命令，打开图 6-2 所示的【插入表格】对话框。在【列数】和【行数】文本框中输入表格的列数和行数，然后单击【确定】按钮，将创建包含指定行、列数的表格。

图 6-1 用于创建表格的命令

图 6-2 【插入表格】对话框

在【插入表格】对话框中单击【确定】按钮前，可以通过以下几个选项来设置表格的自动调整功能。

◉ 固定列宽：选择【固定列宽】选项创建的表格，其大小不会随页面版心的宽度或表格内容的多少而自动调整。表格列宽的单位是在 Word 中设置的默认度量单位。

◉ 根据内容调整表格：选择【根据内容调

整表格】选项创建的表格，其大小会根据表格中包含的内容多少而自动调整，如图6-3所示。选择此项功能创建的表格的初始大小很小，因为在刚创建的表格中不包含任何内容。

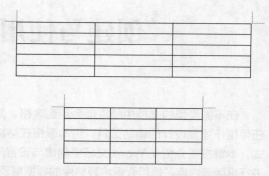

图6-3　使用【根据内容调整表格】选项创建的表格

⊙　根据窗口调整表格：选择【根据窗口调整表格】选项创建的表格，其总宽度与页面版心相同。当调整页面的左、右页边距时，表格的总宽度会自动随之改变。图6-4所示的两个表格，第1个表格是在16开大小的页面中创建的，第2个表格是在32开大小的页面中创建的。可以发现，无论页面的尺寸有多大，使用【根据窗口调整表格】选项创建的表格始终与页面版心同宽。

图6-4　使用【根据窗口调整表格】选项创建的表格

技巧

如果经常创建固定行、列数的表格，则可以在【插入表格】对话框中设置好所需的行、列数，然后选中【为新表格记忆此尺寸】复选框。以后打开【插入表格】对话框时，【列数】和【行数】文本框中显示的就是之前设置好的值。

6.2　调整表格的结构和外观

创建表格后，接下来通常需要根据最终表格的结构，对所创建的表格的结构进行调整，如可以增加指定行的高度或列的宽度，或者将一些相邻的单元格合并为一个整体。除了调整表格的结构之外，可能还需要调整表格的外观，如表格边框线的粗细和颜色，或者单元格的背景色（即单元格底纹）等。

6.2.1　选择表格元素

表格元素是指表格中的行、列、单元格。在对整个表格或表格中的某个部分进行操作时，通常都需要先选择它们。例如，如果要删除表格的第2～5行，需要先选择这些行，然后才能执行删除操作。本小节将介绍选择单元格、行、列等表格元素的方法。

1. 选择一个或多个单元格

单元格的选择方式分为选择一个单元格、选择连续的多个单元格、选择不连续的多个单元格3种，具体方法如下。

⊙　选择一个单元格：将鼠标指针移动到某个单元格内的左边缘，当鼠标指针的形状变为 ➔ 时单击，将选中该单元格，选中的单元格高亮显示，如图6-5所示。

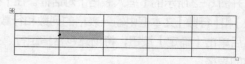

图6-5　选择一个单元格

⊙　选择连续的多个单元格：单击某个单元格，然后按住鼠标左键向上、向下、向左或向右拖动，将同时选中鼠标拖动过的每一个单元格，如图6-6所示。也可以先选择一个单元格，按住【Shift】键后再单击另一个单元格，这样将自动选中由这两个单元格所组成的区域中包含的所有单元格。

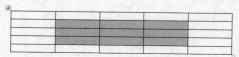

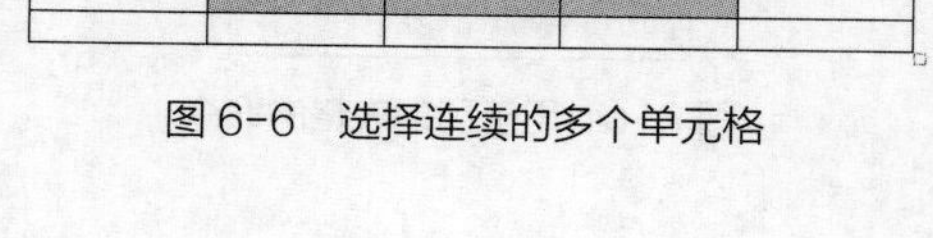

图6-6　选择连续的多个单元格

◎ 选择不连续的多个单元格：先选择一个单元格，然后按住【Ctrl】键并依次单击其他要选择的单元格，将同时选中所有单击过的单元格。

2．选择一行或多行

行的选择方式分为选择一行、选择连续的多行、选择不连续的多行3种，具体方法如下。

◎ 选择一行：将鼠标指针移动到页面左侧的选定栏中，当鼠标指针的形状变为 ↗ 时单击，将选中与鼠标指针在同一水平位置上的行，如图6-7所示。

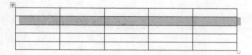

图6-7 选择一行

◎ 选择连续的多行：将鼠标指针移动到页面左侧的选定栏中，当鼠标指针的形状变为 ↗ 时，按住鼠标左键并向下或向上拖动，将选中连续的多行。

◎ 选择不连续的多行：将鼠标指针移动到选定栏中，当鼠标指针的形状变为 ↗ 时，按住【Ctrl】键后依次单击多个行的左侧，将同时选中所有单击过的行，如图6-8所示。

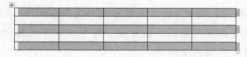

图6-8 选择不连续的多行

> **提示** 选定栏是指版心左边缘以外的空白部分，位于页面左边距范围内。

3．选择一列或多列

与选择行的方法类似，列的选择也分为以下3种方式。

◎ 选择一列：将鼠标指针移动到某列的上方，当鼠标指针的形状变为 ↓ 时单击，将选中鼠标指针下方的列，如图6-9所示。

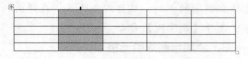

图6-9 选择一列

◎ 选择连续的多列：将鼠标指针移动到某列的上方，当鼠标指针的形状变为 ↓ 时，按住鼠标左键并向左或向右拖动，将选中连续的多列。

◎ 选择不连续的多列：将鼠标指针移动到某列的上方，当鼠标指针的形状变为 ↓ 时，按住【Ctrl】键后依次单击多个列的上方，将同时选中所有单击过的列，如图6-10所示。

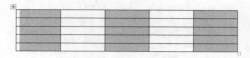

图6-10 选择不连续的多列

4．选择整个表格

如果希望在保留表格的情况下清除其中的所有内容，或者想要复制表格中的所有内容，则在执行以上操作前需要先选择整个表格。将鼠标指针移动到表格范围内，此时表格的左上角会显示全选标记 ⊞，单击该标记将选中整个表格。

6.2.2 添加与删除表格元素

在调整表格结构时最常用到的操作之一是在表格中添加或删除行和列。当表格中已经没有多余空间来容纳未输入的内容时，就需要在表格中添加新的行或列。如果已经在表格中输入所有需要的内容，而此时表格中还存在空行或空列，则可以将它们删除。另外还可以在删除行或列的同时删除其中包含的内容。本小节除了介绍以上内容外，还将介绍添加和删除单元格，以及删除整个表格的方法。

1．添加与删除行

可以使用以下几种方法在表格中添加新行。

◎ 右击某个单元格，在弹出的菜单中选择【插入】命令，在子菜单中选择在该单元格的上方或下方添加新行，命令为【在上方插入行】和【在下方插入行】，如图6-11所示。

◎ 单击某行最后一个单元格的右边框的右侧，即将插入点定位到一行最右侧位于表格外的位置，如图6-12所示。按【Enter】键后，将在该行下方插入一个新行。

图 6-11　使用鼠标右键菜单中的命令添加新行

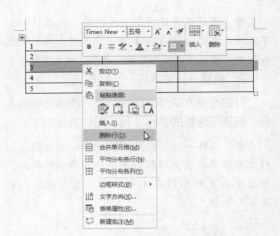

图 6-14　选择【删除行】命令

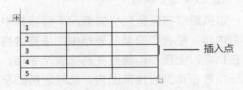

图 6-12　使用【Enter】键插入新行

⊙　单击表格中的最后一个单元格，即位于表格右下角的单元格，然后按【Tab】键。

⊙　将鼠标指针移动到表格左侧行与行之间的边界线附近时，将会显示图 6-13 所示的行智能标记⊕，单击该标记后将在其下方添加一个新行。注意：该方法不能在 Word 2010 以及更低版本的 Word 中使用。

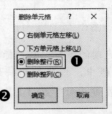

图 6-15　选中【删除整行】单选按钮

2. 添加与删除列

可以使用以下几种方法在表格中添加新列。

⊙　右击某个单元格，在弹出的菜单中选择【插入】命令，在子菜单中选择【在左侧插入列】或【在右侧插入列】命令，即可在该单元格的左侧或右侧添加新列。

⊙　将鼠标指针移动到表格顶端列与列之间的边界线附近时，将会显示列智能标记⊕，单击该标记后将在其右侧添加一个新列。注意：该方法不能在 Word 2010 以及更低版本的 Word 中使用。

可以使用下面的方法删除表格中的列。

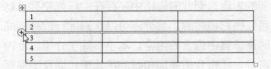

图 6-13　使用行智能标记添加新行

可以使用下面的方法删除表格中的行。

⊙　删除一行：选择要删除的行，右击选区并在弹出的菜单中选择【删除行】命令，如图 6-14 所示。也可以右击要删除的行中的任意一个单元格，在弹出的菜单中选择【删除单元格】命令，打开图 6-15 所示的对话框，选中【删除整行】单选按钮，最后单击【确定】按钮。

⊙　删除多行：与删除一行的方法类似，先选择要删除的多行，然后右击选区，在弹出的菜单中选择【删除行】命令。

⊙　删除一列：选择要删除的列，右击选区并在弹出的菜单中选择【删除列】命令。也可以右击要删除的列中的任意一个单元格，在弹出的菜单中选择【删除单元格】命令，在打开的对话框中选中【删除整列】单选按钮，最后单击【确定】按钮。

⊙　删除多列：与删除一列的方法类似，先选择要删除的多列，然后右击选区，在弹出的菜单中选择【删除列】命令。

3. 添加与删除单元格

添加与删除单元格的方法如下。

● 添加单元格：右击表格中的某个单元格，在弹出的菜单中选择【插入】⇨【插入单元格】命令，打开【插入单元格】对话框，选择活动单元格的移动方向，实际上就是选择将要插入的单元格相对于活动单元格的位置。活动单元格是在打开【插入单元格】对话框前右击的单元格。活动单元格的移动方向分为【活动单元格右移】和【活动单元格下移】两种。图6-16所示是在右击第2行第2列的单元格后，选择【活动单元格下移】选项插入的单元格，新添加的单元格位于活动单元格的上方。

1	1	1
2	2	2
3	3	3
4	4	4
5	5	5

⇩

1	1	1
2		2
3	2	3
4	3	4
5	4	5
	5	

图6-16 添加单元格前、后的效果

● 删除单元格：右击要删除的单元格，在弹出的菜单中选择【删除单元格】命令，打开【删除单元格】对话框。与添加单元格需要选择的选项类似，此处需要选择在删除当前右击的单元格后，其右侧或下方的单元格的移动方式，有【右侧单元格左移】和【下方单元格上移】两种选择。设置完成后单击【确定】按钮。

4. 删除整个表格

使用本章6.2.1小节介绍的方法选择一个表格后，可以使用以下几种方法将其删除。

● 按【BackSpace】键。

● 按【Shift+Delete】组合键。

● 按【Ctrl+X】组合键，表格被剪切到剪贴板中，同时也会从文档中删除。

● 选择整个表格及其下一行的段落标记，然后按【Delete】键。

提示 如果不选择表格下一行的段落标记，在按下【Delete】键后只能删除表格中的内容，而不是表格本身。

6.2.3 合并与拆分单元格

在表格的实际应用中，通常需要将多个单元格合并为一个整体，从而满足表格结构上的需要。选择要合并的多个单元格，右击选区并在弹出的菜单中选择【合并单元格】命令，即可将所有选中的单元格合并在一起。

拆分单元格是将一个单元格划分为多个单元格。例如，在图6-17所示的表格中，第1行输入省份的名称，第2行输入各省份包含的城市名称。由于每个省份不止包含一个城市，因此需要在第2行创建出更多数量的单元格以容纳多个城市名称。由于创建表格时每行具有相同数量的单元格，因此需要对第2行中的单元格进行拆分。

黑龙江		吉林		辽宁	
哈尔滨	牡丹江	长春	四平	沈阳	大连

图6-17 需要拆分单元格的情况

右击要拆分的单元格，在弹出的菜单中选择【拆分单元格】命令，然后在图6-18所示的对话框中输入拆分后的单元格数量，该数量由此处设置的列数和行数决定。设置完成后单击【确定】按钮。

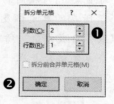

图6-18 设置拆分单元格的方式和数量

案例 6-1
调整人员资料表的结构

案例目标： 通过合并与拆分单元格来调整人员资料表的结构，效果如图6-19所示。

完成本例的具体操作步骤如下。

（1）选择"照片"所在的单元格及其下方的4个单元格，右击选区并在弹出的菜单中选择【合并单元格】命令，如图6-20所示。

图 6-19 调整人员资料表的结构

图 6-20 合并"照片"单元格

（2）使用与步骤（1）相同的方法，分别将"工作经历"所在的单元格及其下方的 3 个单元格，以及"自我评价"所在的单元格及其下方的 3 个单元格合并在一起，完成后的效果如图 6-21 所示。

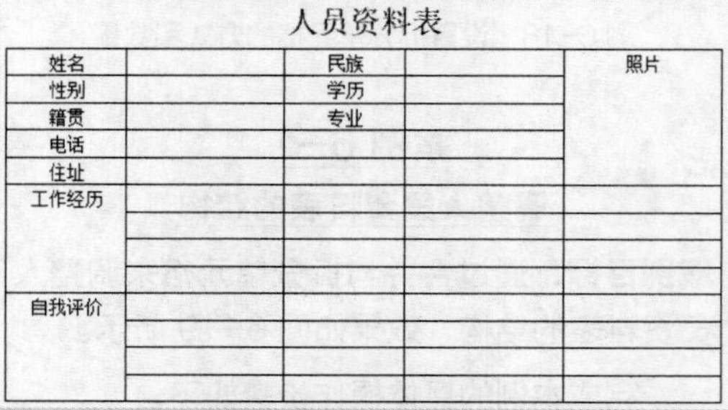

图 6-21 合并两组单元格

（3）选择"电话"所在单元格同行右侧的 3 个单元格，右击选区并选择【合并单元

格】命令，如图 6-22 所示，将这 3 个单元格合并。

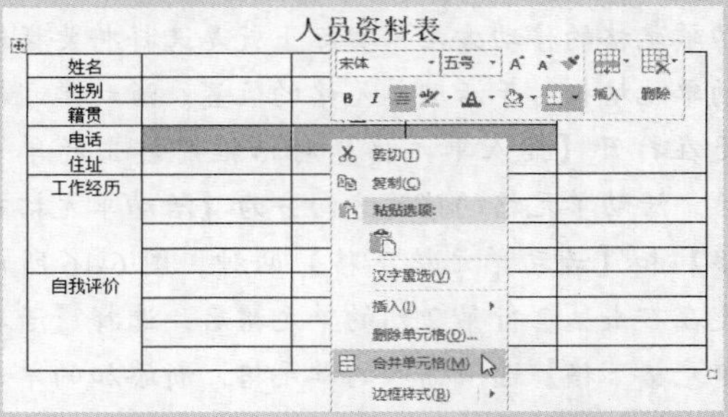

图 6-22 合并"电话"所在的单元格右侧的 3 个单元格

（4）使用与步骤（3）相同的方法，将"住址"右侧的 3 个单元格，以及"工作经历"右侧的 4 行单元格以"行"为单位进行合并，如图 6-23 所示。

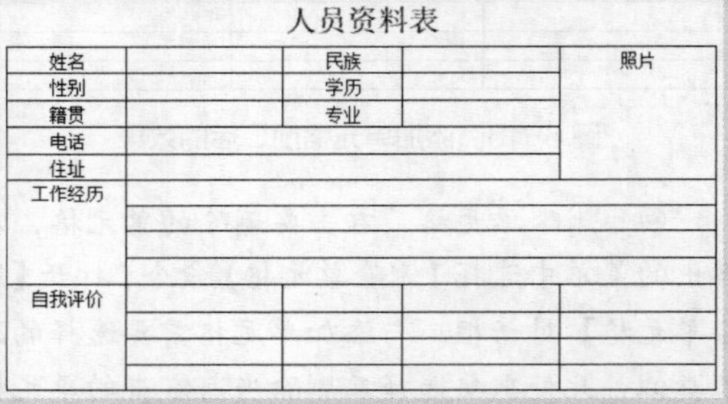

图 6-23 以"行"为单位合并单元格

（5）将"自我评价"右侧的 4 行单元格合并为一个整体，然后将插入点定位到"自我评价"单元格中，再单击功能区中的【表格工具|布局】⇨【对齐方式】⇨【水平居中】按钮，将文字在单元格中居中对齐。使用相同的方法，将"工作经历"和"照片"单元格中的文字也设置为在单元格中居中对齐。

6.2.4 设置行高和列宽

在使用【插入表格】命令创建表格时，如果在【插入表格】对话框中选择了【根据内容调整表格】选项，在创建好的表格中输入内容时，表格的列宽会自动根据其中包含的内容多少进行调整。除了使用这种自动调整功能以外，用户也可以手动调整列的宽度或行的高度，调整方式分为任意调整和精确调整两种。

◉ **任意调整**：将鼠标指针移动到行与行或列与列的边界线上，当鼠标指针的形状变为双箭头时，按住鼠标左键并进行拖动，将会改变行的高度或列的宽度，如图 6-24 所示。

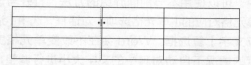

图 6-24 使用拖动鼠标的方法任意调整行高和列宽

◉ **精确调整**：将插入点定位到要调整尺寸的行或列的任意一个单元格中，然后在功能区【表格工具 | 布局】⇨【单元格大小】组中设置【高度】和【宽度】的值，如图 6-25 所示。

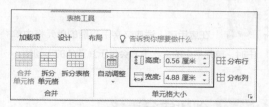

图 6-25 精确设置行高和列宽的值

提示

每次设置列宽会同时改变所设置的列中所有单元格的宽度。如果只想改变一列中某个单元格的宽度，可以先选中该单元格，然后使用鼠标拖动单元格左右两侧的边框线，这样就可以只改变该单元格的宽度。

6.2.5 快速均分行高和列宽

从整齐美观的角度考虑，可能会希望表格中的所有行的高度相同，所有列的宽度也相同。Word 提供了快速均分行高和列宽的功能。选择要均分尺寸的多行或多列，右击选区并在弹出的菜单中选择【平均分布各行】或【平均分布各列】命令。图 6-26 所示为均分多列的列宽前、后的效果。

注意

只有选择相邻的多个行或多个列，【平均分布各行】或【平均分布各列】命令才有效。

图 6-26 均分多列的列宽

6.2.6 让 Word 自动调整表格的大小

在使用【插入表格】命令创建表格时，如果在【插入表格】对话框中选择了【固定列宽】选项，创建的表格的大小将不会随版心宽度的改变而进行自动调整，也不会随表格中的内容多少而自动调整。图 6-27 所示是在 32 开的页面中使用【固定列宽】选项创建的表格，在将页面尺寸改为 16 开之后，表格的宽度并未自动调整到与版心同宽。

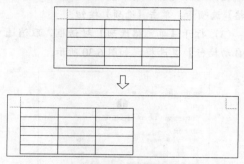

图 6-27 改变页面尺寸后表格宽度未自动调整

如果希望让创建好的表格具有自动调整其宽度的功能，可以选中该表格，右击选区后在弹出的菜单中选择【自动调整】命令，在子菜单中选择除了【固定列宽】以外的其他两项之一，如图 6-28 所示。

图 6-28 让表格具有自动调整功能

6.2.7 锁定单元格大小

在表格的单元格中输入很多内容时,如果无法在一行中完全显示,Word 会自动将多余内容在同一个单元格中换行显示,如图 6-29 所示。

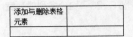

图 6-29 一行显示不下的内容会自动换行显示

如果要将表格的列宽设置为【自动调整】中的【根据窗口自动调整表格】选项,那么可以使用下面的方法将单元格中的内容显示在一行,具体操作步骤如下。

(1)右击包含内容的单元格,在弹出的菜单中选择【表格属性】命令。

(2)打开【表格属性】对话框,切换到【单元格】选项卡,单击【选项】按钮。

(3)打开【单元格选项】对话框,取消选中【自动换行】复选框,如图 6-30 所示。

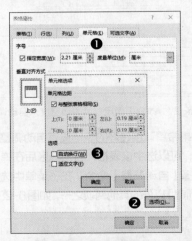

图 6-30 取消选中【自动换行】复选框

(4)单击两次【确定】按钮,依次关闭【单元格选项】对话框和【表格属性】对话框。

经过以上设置,在单元格中输入很多内容时,如果单元格的原有宽度不足以容纳内容,单元格的宽度会自动增大,以便让内容始终显示在一行中,如图 6-31 所示。

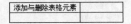

图 6-31 自动调整单元格宽度使内容显示在一行中

使用上面的方法虽然可以让单元格中的内容始终显示在一行中,但是位于该单元格右侧的列的宽度会变窄。而且当输入大量内容后,表格的宽度也会自动增大。如果希望在表格尺寸和结构不变的情况下,让单元格中的内容显示在一行中,可以使用本节前面介绍的方法,打开与该单元格对应的【单元格选项】对话框,选中【适应文字】复选框。Word 会在不改变单元格宽度的情况下自动对其中的文字大小进行调整,如图 6-32 所示。

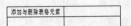

图 6-32 在表格尺寸和结构不变的情况下单元格中的内容显示在一行中

提示　在启用了【适应文字】功能的单元格中单击时,单元格中的文字下方会显示浅蓝色的下划线。

6.2.8 创建错行表格

错行表格是指在一个包含两列的表格中,两列的高度相同但每列包含不同的行数。图 6-33 所示就是一个错行表格,表格的第 1 列有 4 行,第 2 列有 3 行,第 1 列和第 2 列的高度相同。

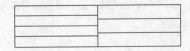

图 6-33 错行表格

可以使用文本框和分栏两种方法来制作错行表格。使用文本框的方法创建的表格容易产生细微误差,因此本小节介绍使用分栏的方法创建错行表格。使用分栏法制作错行表格时,需要为表格中的行设置一定的行高值,然后对表格进行分栏,最终实现错行表格的效果。

案例 6-2
借助分栏功能制作错行表格

案例目标:借助分栏功能制作一个错行表格,表格的左列包含 4 行,右列包含 3 行,左、右两列具有相同的高度。

完成本例的具体操作步骤如下。

（1）在文档中插入一个7行1列的表格。选择表格的前4行，右击选区并在弹出的菜单中选择【表格属性】命令。

（2）打开【表格属性】对话框，切换到【行】选项卡，选中【指定高度】复选框，在其右侧的文本框中输入"0.6厘米"，将【行高值是】改为"固定值"，如图6-34所示，然后单击【确定】按钮。

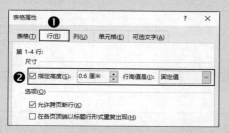

图6-34 设置表格前4行的行高

（3）选择表格的后3行并打开【表格属性】对话框，与步骤（2）中的设置相同，唯一区别是将【指定高度】右侧的文本框中的值设置为【0.8厘米】，如图6-35所示。设置完成后单击【确定】按钮。

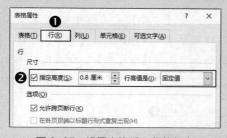

图6-35 设置表格后3行的行高

提示
设置为0.8厘米是因为当前表格一共有7行，而要制作的错行表格为左列4行，右列3行。为了让左右两列可以准确对齐，需要确保左列和右列的总高度相同。步骤（2）中已经将前4行每行的高度设置为0.6厘米，因此前4行的总高度为0.6×4=2.4（厘米）。而右列只有3行，为了使右列3行的总高度也等于2.4厘米，需要将右列每行的高度设置为2.4÷3=0.8（厘米）

（4）选择整个表格，然后单击功能区中

的【布局】⇨【页面设置】⇨【栏】按钮，在弹出的菜单中选择【更多栏】命令，如图6-36所示。

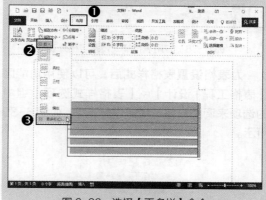

图6-36 选择【更多栏】命令

（5）打开【栏】对话框，选择【预设】中的"两栏"，将【间距】设置为【0字符】，如图6-37所示。

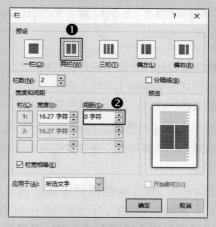

图6-37 设置分栏选项

（6）单击【确定】按钮，即可将原来的7行1列表格创建为左列4行、右列3行的错行表格。

6.2.9 创建与使用表格样式

Word提供的表格样式功能可以快速改变表格的整体外观。单击表格中的任意一个单元格，在功能区【表格工具|设计】⇨【表格样式】组中打开表格样式库，其中显示了很多Word预置的表格样式。将鼠标指针指向某个表格样式，Word会自动显示表格应用该样式后的预览效

果。单击满意的样式即可将其真正设置到表格上，如图 6-38 所示。

姓名	性别	年龄	籍贯
关洪	男	22	河北
周鹏	男	25	山西
王永	男	23	湖北
李萍	女	27	江苏

图 6-38 使用表格样式设置表格外观

为表格设置表格样式后，可以使用功能区【表格工具|设计】➡【表格样式选项】组中的选项来调整表格不同部分的外观，如图 6-39所示。

☑ 标题行　☑ 第一列
☐ 汇总行　☐ 最后一列
☑ 镶边行　☐ 镶边列
表格样式选项

图 6-39 通过表格样式选项改变表格外观

> **提示** 在表格样式库中可以选择【修改表格样式】或【新建表格样式】命令修改现有表格样式或创建一个新的表格样式。

如果需要删除为表格设置的表格样式，需要在表格样式库中选择【清除】命令。该命令不仅会删除表格的底纹，还会删除表格的边框。

除了 Word 内置的表格样式以外，用户还可以创建新的表格样式以及修改或删除现有的表格样式。

在 Word 2003 中创建的表格样式显示在【样式】窗格中，而在 Word 2016 中创建的表格样式不显示在【样式】窗格中，而是显示在功能区【表格工具|设计】➡【表格样式】组的表格样式库中。可以使用以下两种方法创建表格样式。

◉ 在功能区【表格工具|设计】➡【表格样式】组中打开表格样式库，然后选择【新建表格样式】命令。

◉ 单击功能区【开始】➡【样式】组右下角的对话框启动器，在打开的【样式】窗格中单击【新建样式】按钮。

无论使用以上哪种方法，都将打开【根据格式化创建新样式】对话框，对话框中包含了与表格相关的各种选项。下面通过一个案例来介绍创建表格样式的方法。

案例 6-3
创建三线表的表格样式

案例目标： 创建灰色标题行的三线表外观的表格样式，效果如图 6-40 所示。图中的虚线不是真正的表格边框，而是边框的辅助参考线。

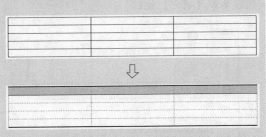

图 6-40 创建灰色标题行的三线表外观的表格样式

完成本例的具体操作步骤如下。

（1）使用本节前面介绍的两种方法之一打开【根据格式化创建新样式】对话框，确保在【样式类型】下拉列表中选择的是【表格】，这样将会切换到包含表格样式选项的界面中。

（2）在【名称】文本框中将表格样式的名称设置为【三线表】，在【将格式应用于】下拉列表中选择【标题行】，如图 6-41 所示。

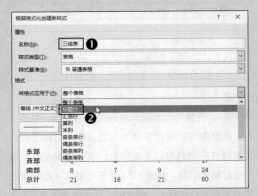

图 6-41 修改样式名称并选择为"标题行"设置格式

（3）选择【标题行】后会进入标题行设置模式，在【填充颜色】下拉列表中选择一种灰色，如图 6-42 所示。

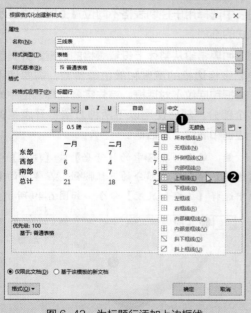

图 6-42　设置标题行的颜色

（4）单击边框线按钮右侧部分的下拉按钮，在打开的下拉列表中选择【上框线】，如图 6-43 所示。

图 6-43　为标题行添加上边框线

提示
如果设置后没有显示上边框，可以在边框线下拉列表中先选择【无框线】，再选择【上框线】。

（5）为标题行添加上边框线以后，在边框线宽度下拉列表中选择【1.5 磅】，如图 6-44 所示。

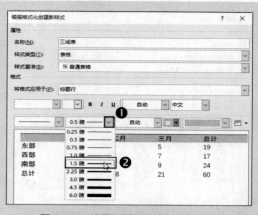

图 6-44　设置标题行上边框线的宽度

（6）重复步骤（4）中的操作，但是需要在边框线下拉列表中选择【下框线】而不是【上框线】，在预览窗格中可以看到设置后的标题行效果，如图 6-45 所示。

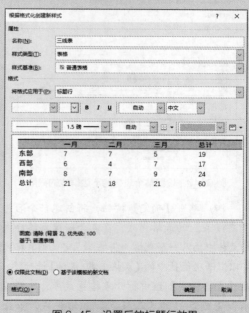

图 6-45　设置后的标题行效果

（7）在【将各式应用于】下拉列表中选择【整个表格】，切换到整个表格的设置模式。然后重复步骤（6）中的操作，在边框线下拉列表中选择【下边框】，如图 6-46 所示，此时设置的是整个表格的下边框线。

（8）为整个表格添加下边框线以后，在边框线宽度下拉列表中选择【1.5 磅】，如图 6-47 所示。

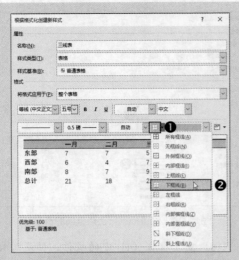

图 6-46　为整个表格添加下边框线

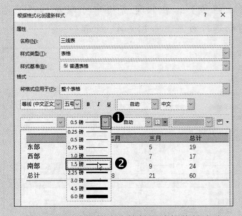

图 6-47　设置整个表格的下边框线的宽度

（9）单击【确定】按钮，将创建一个名为"三线表"的表格样式。在包含新建表格样式的文档中插入一个表格，将插入点定位到表格内部以激活功能区中的【表格工具|设计】选项卡，在【表格样式】组中打开表格样式库，选择在本例中创建好的"三线表"表格样式，如图6-48 所示，即可为当前表格设置三线表外观。

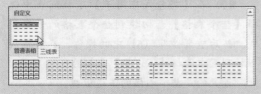

图 6-48　新建的表格样式

可以随时修改 Word 内置或由用户创建的表格样式。首先打开表格样式库并右击要修改

的表格样式，在弹出的菜单中选择【修改表格样式】命令，然后在【修改样式】对话框中对表格样式进行修改。删除表格样式的操作方法与修改表格样式类似，也需要在表格样式库中右击要删除的表格样式，在弹出的菜单中选择【删除表格样式】命令。

6.2.10　设置表格的边框和底纹

设置表格的边框和底纹是改善表格外观的常用方式，表格的边框和底纹也是本章上一节介绍的表格样式中包含的格式。本小节将介绍设置表格的边框和底纹的方法。

1．设置表格的边框

默认创建的表格的所有边框具有相同的宽度，但是在制作一些具有特定意义或用途的表格时，可能对边框的宽度或其他显示方式有特殊的要求。可以单击功能区中的【开始】⇨【段落】⇨【边框】按钮右侧部分的下拉按钮，在打开的列表中选择用于控制表格不同位置上的边框显示方式的选项。

如果希望从整体上设置表格的边框，并灵活控制表格边框的宽度和颜色等参数，需要使用【边框和底纹】对话框。首先需要选择表格中的某个部分，然后使用以下两种方法打开表格的【边框和底纹】对话框。

◉　单击功能区中的【开始】⇨【段落】⇨【边框】按钮右侧部分的下拉按钮，在弹出的菜单中选择【边框和底纹】命令，如图 6-49 所示。

图 6-49　选择【边框和底纹】命令

● 右击表格中的选区，在弹出的菜单中选择【表格属性】命令，打开【表格属性】对话框，在【表格】选项卡中单击【边框和底纹】按钮。

表格边框的设置方法与段落边框设置类似，但是需要考虑的因素更多，这是因为表格本身就是由线条组成的。选择单元格、行、列等不同类型和范围的表格元素将会直接影响表格边框的设置效果。

对于图6-50所示的表格而言，当选择第1行的最后两个单元格、第1列的所有单元格、表格右下角的4个单元格，以及整个表格这4种不同范围时，在【边框和底纹】对话框中的【边框】选项卡的【预览】区域中显示的选区外观并不相同：选择表格右下角的4个单元格与选择整个表格的显示效果相同，而与其他两种选择范围的显示效果不同。【边框和底纹】对话框中的预览效果完全对应于所选择的表格区域的结构。

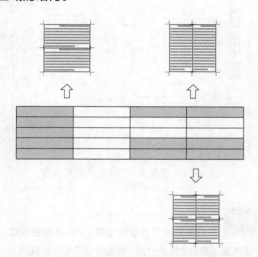

图6-50 【边框和底纹】对话框中的预览效果对应于选择的表格范围

在了解了表格中的选区与【边框和底纹】对话框中预览效果的对应关系以后，设置表格边框就变得很容易了。下面对【边框和底纹】对话框【边框】选项卡（见图6-51）中各个选项的功能进行说明。

● 设置：Word预置了几个边框设置方案，可以只为表格设置外边框，或者同时设置表格

的内、外边框，还可以自定义边框或删除所有边框。

● 样式：设置边框的线条类型。
● 颜色：设置边框的颜色。
● 宽度：设置边框的宽度。

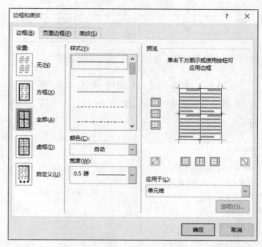

图6-51 在【边框和底纹】对话框中设置表格的边框

对以上4个选项进行综合设置，可以获得不同的边框效果。所有设置会立刻反映到对话框右侧的【预览】区域中，这样可以随时查看设置效果是否符合预期要求。【预览】区域不但用于显示边框的设置效果，还允许用户在其中执行添加和删除边框的操作。【预览】区域中显示了一些按钮，它们代表不同方向上的边框，单击这些按钮可以添加或删除表格指定位置上的边框。也可以不使用这些按钮而直接在【预览】区域中单击不同位置上的边框线来进行设置。

案例6-4
自定义设置人员资料表的边框

案例目标：文档中有一个表格，现在希望将该表格的左、右边框删除，并将上、下边框的宽度设置为1.5磅，效果如图6-52所示。

完成本例的具体操作步骤如下。

（1）单击表格左上角的全选标记以选中整个表格，然后使用本小节介绍的方法打开【边框和底纹】对话框，并切换到【边框】选项卡。

姓名	性别	年龄	籍贯
关洪	男	22	河北
周鹏	男	25	山西
王永	男	23	湖北
李萍	女	27	江苏

⇩

姓名	性别	年龄	籍贯
关洪	男	22	河北
周鹏	男	25	山西
王永	男	23	湖北
李萍	女	27	江苏

图 6-52　自定义设置表格的边框

（2）在【预览】区域单击左、右两侧的边框线，将它们从表格中删除，如图 6-53 所示。

图 6-53　删除左、右两侧的边框线

（3）打开【宽度】下拉列表，从中选择【1.5 磅】，在【预览】区域中单击上、下两条边框，将这两条边框的宽度设置为 1.5 磅，如图 6-54 所示。最后单击【确定】按钮。

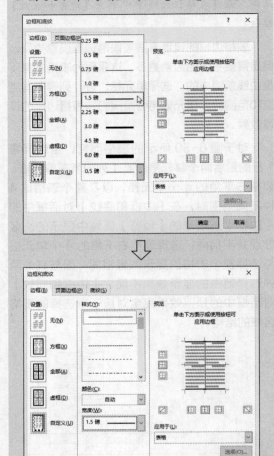

图 6-54　设置上、下两条边框的宽度

提示　如果删除了表格的边框，Word 会使用虚线来表示表格边框的位置，如图 6-55 所示。将插入点定位到表格内部，然后单击功能区中的【表格工具|布局】⇨【表】⇨【查看网格线】按钮来显示或隐藏表格边框的辅助参考线，打印表格时不会打印这些辅助参考线。

姓名	性别	年龄	籍贯
关洪	男	22	河北
周鹏	男	25	山西
王永	男	23	湖北
李萍	女	27	江苏

图 6-55　显示表格边框的辅助参考线

2. 设置表格的底纹

表格底纹是指表格中的行、列或单元格的背景颜色或图案，可以起到突出显示内容的作用，也可用于美化表格的外观。图 6-56 所示是对表格的标题行设置了底纹后的效果。

姓名	性别	年龄	籍贯
关洪	男	22	河北
周鹏	男	25	山西
王永	男	23	湖北
李萍	女	27	江苏

图 6-56　为表格的标题行设置底纹效果

要设置表格的底纹，首先在表格中选择要设置底纹的部分，然后打开【边框和底纹】对话框，在【底纹】选项卡的【填充】下拉列表中选择一种颜色，如图 6-57 所示。选择好后单击【确定】按钮，将表格中的选区设置为所选择的底纹颜色。

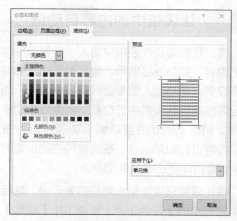

图 6-57　选择一种底纹颜色

> **提示**
>
> 也可以在【样式】下拉列表中选择一种图案，然后在【颜色】下拉列表中选择图案的颜色，这样可以为表格的底纹设置图案效果。

6.3　处理表格中的内容

创建好表格后，通常都需要在表格中输入内容，这样的表格才有意义。本节主要介绍在表格中输入内容的方法以及编辑表格内容的一些技巧，最后介绍计算表格数据的方法。

6.3.1　在表格中输入内容

在表格中输入内容前，需要先将插入点定位到要输入内容的单元格中，然后输入所需内容。定位插入点的一种方法是使用鼠标单击，另一种方法是按【Tab】键或【Shift+Tab】组合键。两种按键的区别是插入点在各个单元格中的移动方向不同，按【Tab】键是从左到右移动插入点，【Shift+Tab】组合键正好相反，是从右到左移动插入点。

在使用快捷键移动插入点时，如果单元格中包含内容，将自动选中该内容。图 6-58 所示为在一个 5 行 4 列的表格中输入内容后的效果。

姓名	性别	年龄	籍贯
关洪	男	22	河北
周鹏	男	25	山西
王永	男	23	湖北
李萍	女	27	江苏

图 6-58　在表格中输入内容

如果表格的每个单元格中有部分内容是相同的，如在图 6-59 所示的表格中，每个单元格的开头部分都包含"PBDQ-"，可以先在所有单元格中一次性输入内容中相同的部分，然后在每个单元格中分别输入内容中不同的部分。

PBDQ-1	PBDQ-2	PBDQ-3	PBDQ-4
PBDQ-5	PBDQ-6	PBDQ-7	PBDQ-8
PBDQ-9	PBDQ-10	PBDQ-11	PBDQ-12
PBDQ-13	PBDQ-14	PBDQ-15	PBDQ-16
PBDQ-17	PBDQ-18	PBDQ-19	PBDQ-20

图 6-59　表格的所有单元格中包含
一部分相同内容

首先在一个单元格中输入要同时出现在其他单元格中的相同内容，然后选择该内容并按【Ctrl+C】组合键，将其复制到剪贴板中。接着选择整个表格或希望包含该内容的多个单元格，按【Ctrl+V】组合键将剪贴板中的内容粘贴到选中的每一个单元格中。

6.3.2 让表格中的内容自动编号

有时可能需要在表格中输入一些带有顺序关系的内容,如为商品编号。如果需要输入的商品名称较多,手动输入编号会浪费很多时间,而且一旦调整商品在表格中的位置,就需要手动修改编号。利用 Word 的自动编号功能可以为表格中的内容进行自动编号,在调整内容的位置时,Word 会自动更正编号的顺序。

首先需要选择要输入编号的单元格,然后单击功能区中的【开始】⇨【段落】⇨【编号】按钮上的下拉按钮,在打开的列表中选择一种编号格式,如图 6-60 所示,Word 将会在所选单元格中插入可自动更新的编号。

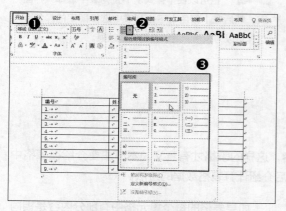

图 6-60 选择编号格式

<blockquote>
交叉
参考

有关自动编号的更多内容,请参考本书第 5 章。
</blockquote>

6.3.3 在表格上方输入内容

如果在一个新建的空白文档中创建表格,创建的表格默认位于页面顶部,这样就无法在表格上方输入内容。一种解决方法是在创建表格前先输入所需的内容,然后按【Enter】键创建一个新的段落,再创建表格。

如果已经创建好表格并在其中输入了内容,使用上面介绍的方法将当前表格删除再重新创建表格显然不明智。此时可以将插入点定位到表格第一个单元格内的文本开头,第一个单元格就是表格左上角的单元格。按【Enter】键表格将自动下移,在表格上方会出现一个新的段落,此时在表格上方的段落中输入所需内容即可。

6.3.4 自动为跨页表格添加标题行

标题行通常是指表格的第 1 行,标题行中的内容主要用于说明表格各列数据的含义,而非数据本身。例如,商品库存表第 1 行的各个单元格中可能会包含"产地""品名""单价""数量""金额"等,它们说明了商品库存表每一列数据的含义。

当一个表格连续占据多个页面时,默认情况下只有第 1 页中的表格会显示标题行,位于其他页中的表格不会显示标题行,在浏览第 1 页以外的表格部分时就会很难理解每列数据表示的含义。Word 提供了为跨页表格的不同部分添加标题行的功能,即使以后会继续增加该表格占用的页数,Word 也会自动为该表格在新增页面中的部分添加标题行。

单击位于第 1 页中的表格标题行内的任意一个单元格,然后单击功能区中的【表格工具|布局】⇨【数据】⇨【重复标题行】按钮,Word 将会自动在每页表格的第 1 行上方添加标题行,如图 6-61 所示。再次单击该按钮即可取消跨页表格中重复的标题行。

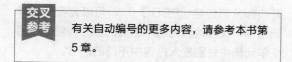

图 6-61 在多页表格中自动添加标题行

6.3.5 让表格中跨页的行显示在同一页中

在制作一些表格的过程中，某些单元格可能会包含大量内容，当这样的单元格正好位于页面底部时，单元格中的内容就会跨越两个页面显示。可以通过设置表格的跨页断行功能来解决此类问题，具体操作步骤如下。

（1）右击页面底部出现内容跨页的单元格内部，在弹出的菜单中选择【表格属性】命令。

（2）打开【表格属性】对话框，切换到【行】选项卡，取消选中【指定高度】和【允许跨页断行】两个复选框，然后单击【确定】按钮，如图6-62所示。

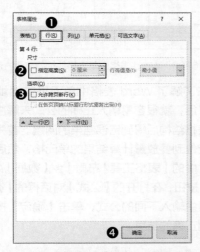

图 6-62　避免表格跨页断行的选项设置

经过该设置后，位于一个单元格中但跨页显示的内容将会显示在同一个页面中而不再跨页，如图6-63所示。

样式类型	包含的格式	设置方法
【字符】样式	字体格式	与设置字体格式的方法类似，选中文本后进行设置
【段落】样式	字体格式和段落格式、编号、边框和底纹	与设置段落格式的方法类似，单击一个段落内部后进行设置。如果需要设置多个段落，需要先选择这些段落，然后再进行设置

【链接段落和字符】样式	与【段落】样式相同	兼具【字符】样式和【段落】样式的功能，既可对选中的文本设置格式，也可插入点定位到段落内部之后进行设置段落格式
【表格】样式	表格的相关属性、边框和底纹 字体格式和段落格式	将插入点定位到表格范围内，然后在功能区中的【表格工具	设计】⇨【设计】⇨【表格样式】组中选择表格样式
【列表】样式	字体格式和编号	为不同级别的标题添加自动编号，最多可以设置9个级别的编号

图 6-63　解决表格跨页断行的问题

6.3.6 计算表格中的数据

Word可以对表格中的数据进行自动计算并返回结果。在图6-64所示的表格中，使用Word的自动计算功能计算出了所有商品的总金额。

编号	类别	产地	品名	单价	数量	金额
1	化工	上海	油漆	55	14	770
2	化工	武汉	油漆	45	31	1395
3	化工	武汉	染料	102	16	1632
4	化工	北京	油漆	65	26	1690
5	化工	北京	油漆	65	26	1690
6	化工	上海	油漆	55	32	1760
7	化工	济南	染料	99	18	1782
8	化工	济南	染料	99	18	1782
9	化工	武汉	油漆	45	40	1800
10	化工	武汉	油漆	45	42	1890
					总金额：	16191

图 6-64　自动计算表格中的数据

对于上面给出的表格数据计算示例，可以使用下面的方法进行计算并得出结果，具体操作步骤如下。

（1）在表格中单击要放置计算结果的单元格，然后单击功能区中的【表格工具 | 布局】⇨【数据】⇨【fx 公式】按钮，如图6-65所示。

图 6-65　单击【fx 公式】按钮

（2）打开【公式】对话框，在【公式】文本框中自动输入了求和公式，如图6-66所示。公式中的SUM是一个求和函数，ABOVE是SUM函数的参数，表示公式所在单元格上方的所有单元格，因此该公式表示对公式所在单元格上方的所有单元格进行求和。

> **提示**
> 在【公式】对话框的【编号格式】下拉列表中，可以为计算结果选择一种数字格式，如图6-67所示。

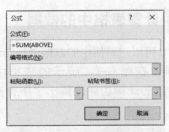

图 6-66　自动输入求和公式

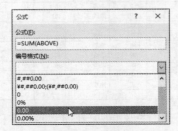

图 6-67　为计算结果选择一种数字格式

（3）单击【确定】按钮，即可得到求和结果。

> **提示**
> 除了在上面的示例中使用的 SUM 函数以外，Word 还提供了很多其他函数，可以在【公式】对话框的【粘贴函数】下拉列表中找到它们。在列表中选择一个函数的同时将自动在【公式】文本框中输入该函数以及一对圆括号，可在圆括号中指定要进行计算的单元格区域。上面示例中的参数使用的是 ABOVE，与其类似的还有 BELOW、LEFT、RIGHT，它们分别表示公式所在单元格的下方、左侧、右侧。以上 4 个参数可以单独或混合使用，如果混合使用，需要在两个参数之间输入一个英文逗号作为分隔符。

如果将表格改为图 6-68 所示的形式，使用"SUM(ABOVE)"公式将无法得到正确的计算结果。这是因为待计算的单元格区域并非位于放置计算结果的单元格的同列上方，所以此时使用 ABOVE 作为 SUM 函数的参数将会出错。

编号	类别	产地	品名	单价	数量	金额
1	化工	上海	油漆	55	14	770
2	化工	武汉	油漆	45	31	1395
3	化工	武汉	染料	102	16	1632
4	化工	北京	油漆	65	26	1690
5	化工	北京	油漆	65	26	1690
6	化工	上海	油漆	55	32	1760
7	化工	济南	染料	99	18	1782
8	化工	济南	染料	99	18	1782
9	化工	武汉	油漆	45	40	1800
10	化工	武汉	油漆	45	42	1890
总金额：0						

图 6-68　修改表格结构后使用同一个公式
无法得到正确的结果

要想得到正确的计算结果，需要先来了解一下 Word 表格中的单元格的表示方法。Word 表格中的每个单元格都有一个地址，用于标识单元格在表格中的位置。如果曾经使用过 Excel，将会很容易理解 Word 表格中单元格地址的表示方式。在 Word 中，将表格左上角的单元格地址表示为 A1，其中的字母 A 表示第 1 列，数字 1 表示第 1 行。列号用 26 个英文字母表示，行号用自然序数表示，列号在前，行号在后。图 6-69 所示显示了 Word 表格中单元格地址的表示方法，这里以 5 行 4 列的表格为例。

	A	B	C	D
1	A1	B1	C1	D1
2	A2	B2	C2	D2
3	A3	B3	C3	D3
4	A4	B4	C4	D4
5	A5	B5	C5	D5

图 6-69　Word 表格中单元格地址的表示方法

在了解了 Word 表格中单元格的地址命名规则以后，就很容易输入正确的公式来解决前面修改表格结构后得到错误结果的问题。首先将插入点定位到要放置计算结果的单元格，然后单击功能区中的【表格工具 | 布局】⇨【数据】⇨【fx 公式】按钮，在打开的【公式】对话框的【公式】文本框中输入下面的公式，单击【确定】按钮即可得到正确的结果。

$$=SUM(G2:G11)$$

> **提示**
> 如果需要计算的数据位于多个连续的单元格中，可以使用冒号将区域中的起始单元格与终止单元格连接起来，类似于上面公式中的书写形式。

在实际应用中可能会遇到设计结构不规则的表格，如表格中存在一些经过合并后面积较大的单元格。图 6-70 所示显示了 Word 对表格中的合并单元格地址的表示方法：合并单元格以该单元格合并前包含的所有单元格中的左上角单元格的地址进行命名，其他单元格地址的命名方式不变。

例如，图 6-70 中的 B2 单元格，由于该单元格合并前包含 B2 和 B3 两个单元格，而 B2

是合并单元格前位于左上角的单元格，因此合并后的单元格以 B2 命名。C4 单元格是图中的另一个合并单元格，在合并前包含 C4 和 D4 两个单元格，C4 为合并单元格前位于左上角的单元格，因此 C4 和 D4 合并后的单元格以 C4 命名。

	A	B	C	D
1	A1	B1	C1	D1
2	A2	B2	C2	D2
3	A3		C3	D3
4	A4	B4	C4	
5	A5	B5	C5	D5

图 6-70　表格中包含合并单元格的地址表示方法

6.4　图、文、表混合排版

图、文、表混合排版是指图片、文本、表格这 3 类对象的综合性排版。由于大多数文档会同时包含图片、文本和表格这 3 类对象，因此它们之间的混合排版较为常见。图片与文本之间的排版会在第 7 章进行单独介绍，因此本节主要介绍图片与表格、文本与表格之间的排版，还将介绍借助表格实现规则或不规则的版式布局。

6.4.1　设置文本在表格中的位置

文本在表格中的对齐类型分为水平对齐和垂直对齐两种。水平对齐分为左对齐、居中对齐、右对齐 3 种，垂直对齐分为顶部对齐、中部对齐、底部对齐 3 种。这两种对齐类型组合在一起形成了 9 种不同的对齐方式。图 6-71 所示显示了文本在表格中的 9 种对齐方式。在表格中输入的文本默认位于单元格内部靠左、靠上的位置，即单元格的左上角。

顶部左对齐	顶部居中对齐	顶部右对齐
中部左对齐	中部居中对齐	中部右对齐
底部左对齐	底部居中对齐	底部右对齐

图 6-71　文本在表格中的 9 种对齐方式

如果需要设置一个表格中的文本对齐方式，可以选择该单元格或者将插入点定位到这个单元格中；如果需要设置多个单元格或整个表格中所有文本的对齐方式，可以选择这些单元格或整个表格，然后在功能区【表格工具 | 布局】⇨【对齐方式】组中选择所需的对齐方式，如图 6-72 所示。

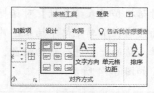

图 6-72　设置文本在表格中的对齐方式

6.4.2　设置图片在表格中的位置

与文本在表格中的位置类似，图片在表格中的位置也分为 9 种。将插入点定位到要放置图片的单元格中，然后单击功能区中的【插入】⇨【插图】⇨【图片】按钮，在打开的对话框中找到并双击图片，将图片插入到指定的单元格中。

但是在单元格中插入大尺寸图片时，单元格通常会被该图片"撑"大，以至于位于该单元格两侧的单元格会受到挤压而变形。如果不希望在插入图片后破坏表格原有的结构，可以进行以下设置，具体操作步骤如下。

（1）右击表格中的任意一个单元格，在弹出的菜单中选择【表格属性】命令。

（2）打开【表格属性】对话框，切换到【表格】选项卡，单击【选项】按钮，如图 6-73 所示。

（3）打开【表格选项】对话框，取消选中【自动重调尺寸以适应内容】复选框。

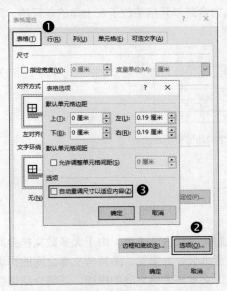

图 6-73　取消自动调整单元格大小功能

（4）单击两次【确定】按钮，依次关闭【表格选项】对话框和【表格属性】对话框。以后在这个表格的任意一个单元格中插入图片时，图片都会根据单元格的大小进行自动缩放，不会再挤压单元格，如图 6-74 所示。

图 6-74　图片自动缩放以适应单元格的大小

> **注意**
>
> 　如果在取消自动重调尺寸前，表格中已经插入了图片，最好先将图片删除，使表格恢复到最初状态。否则在取消自动重调尺寸功能以后，之前插入的图片所占据的单元格空间不会自动恢复到最初状态。

6.4.3　设置表格在文档中的位置

　　与段落的水平对齐方式类似，表格在文档中的水平位置分为左对齐、居中对齐、右对齐 3 种，如图 6-75 所示。单击表格左上角的全选标

记 ⊞ 选中整个表格后，可以使用以下两种方法设置表格在文档中的位置。

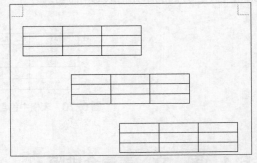

图 6-75　表格在文档中的 3 种对齐方式

◉　单击功能区【开始】⇨【段落】组中的对齐按钮。

◉　打开【表格属性】对话框，在【表格】选项卡中的【对齐方式】区域中进行设置，如图 6-76 所示。

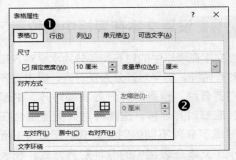

图 6-76　在对话框中设置对齐方式

> **注意**
>
> 　如果将插入点定位到某个单元格中，在单击功能区【开始】⇨【段落】组中的对齐按钮后，将只会调整该单元格中的内容在单元格中的位置，而不会改变表格在文档中的位置。

　　除了可以设置表格在文档中的水平对齐方式以外，还可以设置表格与文字之间的环绕方式。与设置图片与文字的环绕方式类似，直接拖动表格左上角的全选标记 ⊞，就可以将表格拖动到文字中，被文字环绕，如图 6-77 所示。

　　设置表格与文字之间环绕方式的另一种方法：打开【表格属性】对话框，在【表格】选项卡中选择【环绕】选项。可以单击【定位】按钮，打开【表格定位】对话框，然后设置表格基于某

一参照标准在水平和垂直方向上的位置以及与正文的间距。这种方法适用于需要精确调整表格位置的情况。

在中国，人们越来越爱喝咖啡。随之而来的"咖啡文化"充满生活的每个时刻。无论在家里，还是在办公室，或是各种社交场合，人们都在品着咖啡：它逐渐与时尚、现代生活联系在一起。遍布各地的咖啡屋成为人们交谈、听音乐、休息的好地方，咖啡逐渐发展为一种文化。无论是新鲜研磨的咖啡豆，还是刚刚冲好的热咖啡，都散发出馥郁的香气，令人沉醉。品味这一沉醉的方

姓名	性别	年龄	籍贯
关洪	男	22	河北
周鹏	男	25	山西
王永	男	23	湖北
李萍	女	27	江苏

意大利咖啡、卡咖啡、风味咖啡们为北

式很多：特浓咖啡其顿拉泰、咖啡，它京、上

海以及中国其他大城市经常光顾咖啡屋的人们提供了各种选择。中国人也逐渐喜欢自己做咖啡了。用炒过的咖啡豆和滲流壶、滤纸做一杯新鲜的咖啡，也别有一番滋味。随着咖啡这一有着悠久历史饮品的广为人知，咖啡正在被越来越多的中国人所接受。有数据表明，中国的咖啡消费量正逐年上升，有望成为重要的咖啡消费国。

图 6-77　设置表格与文字之间的环绕方式

6.5　将表格中的数据展现在图表中

图表可以将表格中的数据以易于理解的图形化方式呈现出来，是数据的可视化工具。虽然 Word 和 Excel 是不同的应用程序，但是在它们中操作和处理图表的方法非常相似。然而，与在 Excel 中创建的图表不同，在 Word 中创建的初始图表使用的是 Word 预置的数据，而不是用户自己的数据。在创建图表后，用户需要使用个人数据替换图表中的预置数据。在 Word 中创建图表的具体操作步骤如下。

（1）将插入点定位到文档中要放置图表的位置，然后单击功能区中的【插入】⇨【插图】⇨【图表】按钮。

（2）打开【插入图表】对话框，在左侧列表中选择一种图表类型，右侧会显示所选图表类型中包含的图表子类型。选择一种图表子类型，下方会显示与其对应的缩略图。将鼠标指针指向缩略图时，缩略图会放大显示。例如，选择【柱形图】类型中的"簇状柱形图"子类型，如图 6-78 所示。

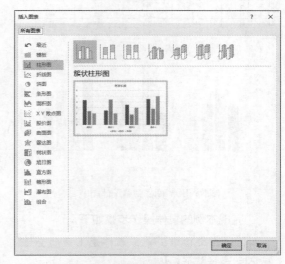

图 6-78　选择图表类型及其子类型

提示　图表类型决定了数据以何种形式绘制到图表中，不同类型的图表所传达的数据含义并不相同，而且可能有很大区别。因此需要根据制作图表的目的以及希望表达的含义来选择合适的图表类型。对于已经创建好的图表，可以随时更改其图表类型。只需右击图表，在弹出的菜单中选择【更改图表类型】命令，然后选择一种图表类型即可。Word 支持的图表类型及其含义将在本书第 18 章进行详细介绍。

（3）单击【确定】按钮，在文档中插入一个所选类型的图表，如图 6-79 所示。同时会打开一个 Excel 窗口，其中包含绘制图表所使用的数据。初始创建的图表所使用的数据由 Word 提供。

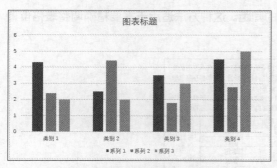

图 6-79　初始创建的图表

正如本节前面介绍的，初始创建的图表是使用 Word 预置数据来绘制的，接下来需要使用用户的个人数据替换预置数据，让图表正确显示。下面通过一个案例来介绍在 Word 中创建图表的方法。

案例 6-5
创建商品销量统计图表

案例目标： 为了反映商品的销售情况，基于表格中的数据创建一个柱形图，效果如图 6-80 所示。

	空调	冰箱	洗衣机	电视
1 月	584	758	632	368
2 月	503	971	539	693
3 月	964	702	804	572

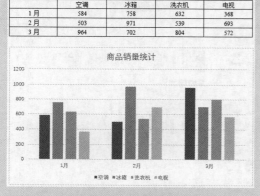

图 6-80　商品销量统计图表

完成本例的具体操作步骤如下。

（1）在文档中，单击表格左上角的全选标记 ✛ 选择整个表格。

（2）按【Ctrl+C】组合键，将整个表格及其中包含的所有数据复制到剪贴板中。

（3）将插入点定位到要放置图表的位置，然后使用本节前面介绍的方法创建一个初始图表。

（4）创建图表后会自动打开 Excel 窗口，

其中显示了绘制图表所用的数据，如图 6-81 所示。在数据区域的右下角可以看到一个蓝色的标记，该标记的位置决定了绘制到图表中的数据区域的范围，图中显示的绘制到图表中的数据范围是 A1:D5 单元格区域。

图 6-81　与图表关联的 Excel 窗口

提示

如果之前已经创建好初始图表，并关闭了与其关联的 Excel 窗口，可以右击图表中的任意位置，在弹出的菜单中选择【编辑数据】命令，如图 6-82 所示，将会重新打开与图表关联的 Excel 窗口。

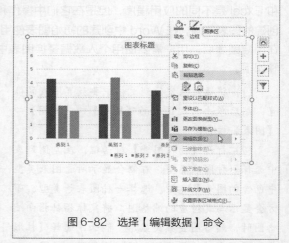

图 6-82　选择【编辑数据】命令

（5）右击 Excel 窗口中的 A1 单元格，在弹出的菜单中选择【粘贴选项】中的【匹配目标格式】命令，如图 6-83 所示，将之前复制到剪贴板中的表格数据粘贴到 Excel 中，如图 6-84 所示。

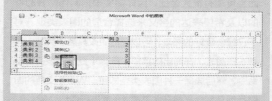

图 6-83　选择【粘贴选项】中的【匹配目标格式】命令

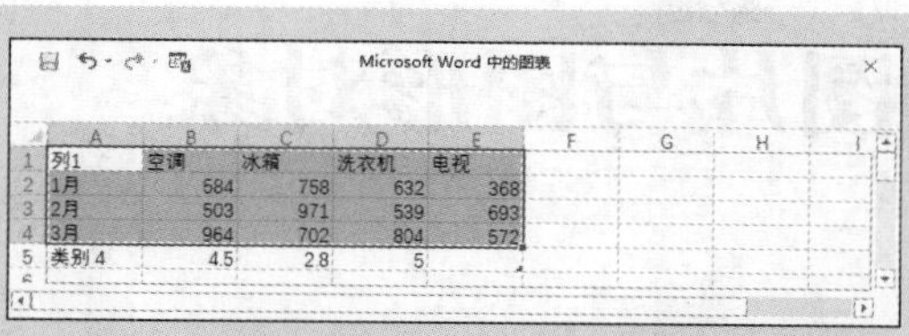

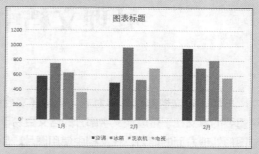

图 6-84　将剪贴板中的数据粘贴到 Excel 中

（6）复制后可以看到用户数据所在的范围是 A1:E4 单元格区域，但是用于绘制图表的数据范围由 Excel 窗口中的蓝色标记决定，它位于 E5 单元格的右下角。这意味着当前绘制到图表中的数据范围是 A1:E5 单元格区域，但是该区域中的最后一行（即 A5:E5）是无用数据，因此需要调整蓝色标记的位置。将鼠标指针指向蓝色标记，当鼠标指针的形状变为双向箭头时，按住鼠标左键向上拖动鼠标，将蓝色标记拖动到 E4 单元格的右下角，这样就将 A5:E5 单元格区域排除在外，如图 6-85 所示。

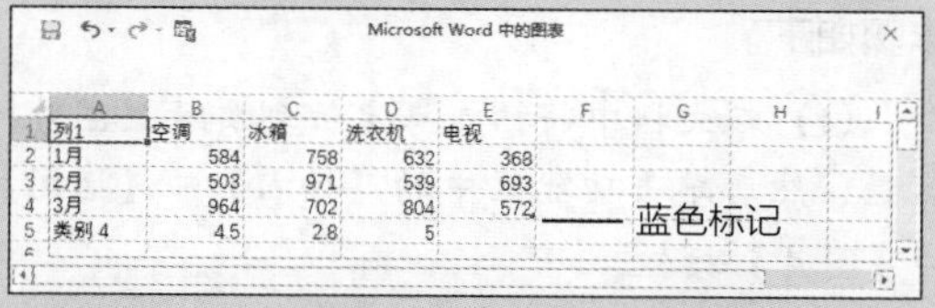

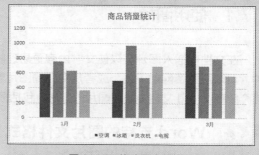

图 6-85　拖动蓝色标记以调整数据范围

（7）关闭 Excel 窗口，在 Word 文档中可以看到已将用户数据正确绘制到图表中，如图 6-86 所示。

图 6-86　在图表中正确绘制数据

（8）单击图表顶部的"图表标题"，然后输入适当的文字作为图表的标题，如图 6-87 所示。

图 6-87　修改图表的标题

在最初创建的图表中包含以下几个构成图表的基本部分：图表标题、数据系列、横坐标、纵坐标、图例等。用户可以随时向图表中添加所需的元素，也可以改变现有元素的位置和外观，如调整图例的位置，还可以将不需要的元素隐藏起来。具体方法将在本书第 18 章进行详细介绍，此处不再赘述。

第7章 处理文档中的图片与图形对象

虽然很多文档都以文字为主，但是在文档中加入图片和图形化元素不仅可以让文档图文并茂，更重要的意义在于可以让文字部分的含义更易于理解。Word 2007 以及更高版本的 Word 增强了图片与图形处理方面的能力，在文档中使用图片、SmartArt 以及形状、文本框和艺术字等图形对象，可以让文档看起来更加精致美观。本章主要介绍在 Word 中使用图片、SmartArt 和图形对象的方法，还将介绍形状、文本框、艺术字这 3 种图形对象的共性操作，以及同时处理多个图形对象的方法和技巧。

7.1 使用图片

在文档中插入图片可以使文字内容更易理解，还可以让文档图文并茂。获得图片的渠道有很多种，可以从免费网站下载，或者从专业的图片素材网站购买，还可以用数码相机进行拍摄等。本节将介绍在 Word 文档中使用图片的方法，包括插入与设置图片、图文混排等内容。

7.1.1 Word 支持的图片文件格式

Word 支持多种类型的图片文件格式，如表 7-1 所示，可以将这些格式的图片添加到 Word 文档中。

表 7-1　Word 支持的图片文件格式

图片格式	扩展名
Windows 位图	.bmp、.dib、.rle
Windows 图元文件	.wmf
Windows 增强型图元文件	.emf
压缩的 Windows 图元文件	.wmz
压缩的 Windows 增强型图元文件	.emz
JPEG 文件交换格式	.jpg、.jpeg、.jfif、.jpe
可移植网络图形	.png
图形交换格式	.gif
Tag 图像文件格式	.tif、.tiff
封装的 PostScript	.eps
WordPerfect 图形	.wpg
CorelDraw	.cdr
计算机图形元文件	.cgm
Macintosh PICT	.pct、.pict

7.1.2 插入图片文件

Word 主要提供了 3 种在文档中插入图片的

方法，插入图片文件是最常用的方法，具体操作步骤如下。

（1）在文档中将插入点定位到要放置图片的位置，然后单击功能区中的【插入】⇨【插图】⇨【图片】按钮。

（2）打开【插入图片】对话框，找到并双击要插入的图片，如图 7-1 所示。

图 7-1　找到并双击要插入的图片

（3）将图片插入到文档中插入点所在的位置，如图 7-2 所示。图中是将图片插入到文档的顶部。

除了插入计算机中保存的图片文件之外，还可以在文档中插入以下来源的图片。

图 7-2 在文档中插入图片

◉ 互联网上的图片：Word 从 2013 版开始提供了联机图片功能，用户可以通过微软的 Bing 搜索引擎在互联网上搜索图片，但是需要计算机连接到互联网。可以单击功能区中的【插入】⇨【插图】⇨【联机图片】按钮，通过搜索关键字来快速查找所需的图片。

◉ 屏幕截图：插入屏幕截图是 Word 从 2010 版开始提供的功能，该功能允许用户使用 Word 作为截图工具，截取操作系统中当前未处于最小化的窗口，并自动将截取后的图片插入到当前文档中。可以单击功能区中的【插入】⇨【插图】⇨【屏幕截图】按钮来插入屏幕截图。

7.1.3 让更换的新图片保持原图片的尺寸和外观

有时在文档中插入图片后，对图片进行了一些设置，如调整图片的尺寸、位置和外观效果，之后觉得这张图片与内容不符，想要更换一张图片，但是希望新图片也具有与原图片完全相同的效果。

对于上面这种情况，一种方法是在选择图片后按【Delete】键将其删除，然后重新插入其他图片，再对新插入的图片进行之前所做的设置。另一种方法是在文档中右击要更换的图片，在弹出的菜单中选择【更改图片】⇨【来自文件】命令，如图 7-3 所示。在打开的对话框中找到并双击新的图片，替换文档中的原有图片。

注意
Word 2003 不支持【更改图片】功能。

使用第 2 种方法插入的新图片会保留原有图片具有的一些特性，如图片在文档中的位置、图片尺寸、图片样式等。

图 7-3 不改变图片格式的情况下更换图片

7.1.4 设置图片的尺寸和方向

在将图片插入到文档后，通常都需要调整图片的尺寸，有时可能还需要更正图片的方向。Word 为设置图片的尺寸和方向提供了多种方法，本小节将介绍如何使用这些方法来设置图片。

1. 使用控制点调整图片尺寸

在文档中选择一张图片后，图片四周会出现图 7-4 所示的 8 个圆圈（在一些 Word 版本中为方块），这些圆圈称为"控制点"。无论将鼠标指针移动到哪个控制点上，只要鼠标指针的形状变为双向箭头，就可以通过按住鼠标左键并进行拖动来调整图片的尺寸。

图 7-4 图片上的 8 个控制点

根据控制点的作用，可以将 8 个控制点分为以下 3 类。

◉ 4 个角上的控制点：位于图片 4 个角上的控制点可以同时调整图片的宽度和高度，这样能够保证图片不变形。

◉ 左、右边框上的控制点：位于图片左、

右边框中间的控制点只能调整图片的宽度。

◉ 上、下边框上的控制点：位于图片上、下边框中间的控制点只能调整图片的高度。

> **技巧**
>
> 在使用鼠标左键拖动控制点的过程中，只能实时看到当前的图片大小，而无法看到图片尺寸改变的轨迹。如果在控制点上按住鼠标右键进行拖动，将能够看到尺寸变化的轨迹，黑色边框包围的图片是拖动控制点后的图片尺寸。

2. 精确设置图片尺寸

如果想要精确设置图片的尺寸，可以使用以下两种方法。

◉ 选择要设置的图片，然后在功能区【图片工具|格式】⇨【大小】组中设置图片的高度和宽度，如图 7-5 所示。

图 7-5　在功能区中设置图片尺寸

◉ 右击要设置的图片，在弹出的菜单中选择【大小和位置】命令，打开【布局】对话框。切换到【大小】选项卡，在【高度】区域中设置【绝对值】的值，在【宽度】区域中设置【绝对值】的值，如图 7-6 所示。

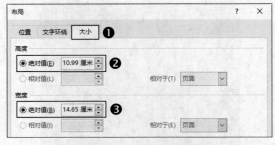

图 7-6　在对话框中设置图片尺寸

> **提示**
>
> 可以单击【重置】按钮使图片恢复到原始尺寸。原始尺寸并非是指最初将图片插入到文档时的尺寸，而是指图片文件本身的尺寸，该尺寸显示在【布局】对话框中的【大小】选项卡的下方，如图 7-7 所示。

图 7-7　图片的原始尺寸

3. 等比例缩放图片

有时在调整图片尺寸时，图片可能会发生变形。这种问题通常是由于在调整图片尺寸前，没有锁定图片的纵横比。可以右击图片并选择【大小和位置】命令，打开【布局】对话框，在【大小】选项卡中选中【锁定纵横比】复选框。以后设置图片尺寸时，图片会自动按比例进行缩放，而不再发生变形。

> **注意**
>
> 在选中【锁定纵横比】复选框前，如果在【大小】选项卡中设置了高度或宽度中的一个，在选中【锁定纵横比】复选框后，另一个值不会按图片的原始比例进行自动调整。

4. 旋转和翻转图片

由于图片本身或用户误操作等原因，有时需要将图片的角度或方向调整为合适的状态。可以任意旋转图片或将图片设置为精确角度的方法进行调整，具体方法如下。

◉ 选择图片，在图片四周除了显示 8 个控制点以外，还会在图片上边框中间位置的控制点的上方显示一个弯箭头，如图 7-8 所示。当鼠标指针指向该箭头时，鼠标指针的形状会变为黑色箭头，此时拖动鼠标指针可以旋转图片。

图 7-8　用于旋转图片的弯箭头

◉ 选择图片，然后单击功能区中的【图片工具|格式】⇨【排列】⇨【旋转】按钮，在弹出的菜单中选择要调整到的角度。图 7-9 所示为将图片顺时针旋转 90°后的效果。

◉ 如果希望将图片旋转为除了 90°以外的其他角度，可以右击图片并选择【大小和位置】命令，在【布局】对话框【大小】选项卡的【旋转】文本框中输入所需的角度值，如图 7-10 所示。

图 7-9　旋转图片

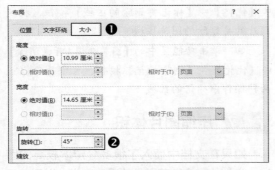

图 7-10　设置任意的旋转角度

除了旋转图片以外，还可以翻转图片，翻转分为水平和垂直两个方向。选择要翻转的图片，然后单击功能区中的【图片工具|格式】⇨【排列】⇨【旋转】按钮，在弹出的菜单中选择翻转的方向，如图 7-11 所示。图 7-12 中的左图是原始图片，右图是对图片进行水平翻转后的效果。

图 7-11　选择翻转图片的方向

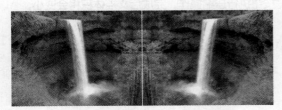

图 7-12　翻转图片前、后的效果

7.1.5　裁剪图片的特定部分

有时会发现在文档中插入的图片包含很多无

用部分，如空白或与图片主题无关的内容，这样会浪费页面空间。为了更好地突出图片主题，可以将图片中的无关部分删除，在 Word 中将这种操作称为"裁剪"。可以使用以下两种方法进入图片的裁剪模式。

◉　选择要裁剪的图片，然后单击功能区中的【图片工具|格式】⇨【大小】⇨【裁剪】按钮，如图 7-13 所示。

图 7-13　单击【裁剪】按钮

◉　右击需要裁剪的图片，在弹出的菜单中选择【裁剪】命令，如图 7-14 所示。

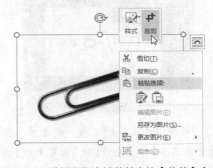

图 7-14　选择鼠标右键菜单中的【裁剪】命令

无论使用以上哪种方法，都会进入图片的裁剪模式。图片四周会显示较粗的黑色线段，鼠标指针指向这些线段时，其形状会发生变化。此时按住鼠标左键并进行拖动，拖动过程中产生的灰色区域表示将要裁剪掉的部分，如图 7-15 所示。拖动鼠标指针直到灰色区域已经覆盖了要删除的部分，然后单击图片以外的区域，将灰色区域删除。

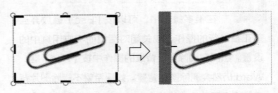

图 7-15　拖动鼠标指针产生的灰色区域是
将要裁剪掉的部分

7.1.6 去除图片背景

在制作文档或幻灯片时，不带背景的图片非常受欢迎，因为它们可以很好地与文档或幻灯片融合在一起。以前需要使用像 Photoshop 这样的专业图形处理软件才能去除图片的背景，如今已经可以在 Word 2010 或更高版本的 Word 中通过几步简单的操作实现。去除图片背景的具体操作步骤如下。

（1）在文档中选择要去除背景的图片，然后单击功能区中的【图片工具 | 格式】⇒【调整】⇒【删除背景】按钮，进入图片去除背景模式。通过拖动图片边框上的控制点来控制去除背景的范围，如图 7-16 所示。该操作方式类似于上一小节介绍的裁剪图片。

图 7-16　选择要保留的图片区域

（2）单击图片以外的区域，或者单击功能区中的【背景消除】⇒【关闭】⇒【保留更改】按钮，将图片的背景删除，如图 7-17 所示。

图 7-17　删除背景后的图片

> **注意**
> 在很多操作中，可以按【Esc】键放弃当前正在进行的操作，或关闭对话框而不应用其中的设置。然而在删除图片背景的操作中按【Esc】键，Word 仍然会删除图片背景。如果希望不删除图片背景并返回图片的初始状态，可以单击功能区中的【背景消除】⇒【关闭】⇒【放弃所有更改】按钮。

如果希望更灵活地控制图片背景的保留与删除方式，可以在进入图片去除背景模式后执行以下操作。

◉ 单击功能区中的【图片工具 | 背景消除】⇒【优化】⇒【标记要保留的区域】按钮，指定额外的要保留下来的图片区域。

◉ 单击功能区中的【图片工具 | 背景消除】⇒【优化】⇒【标记要删除的区域】按钮，指定额外的要删除的图片区域。

◉ 单击功能区中的【图片工具 | 背景消除】⇒【优化】⇒【删除标记】按钮，可以删除以上两种操作中标记的区域。

7.1.7 压缩图片体积

如果在文档中插入了很多分辨率较高的图片，文档体积会随着图片的数量剧增，以后在打开和编辑这个文档时，处理速度将会变慢。另一方面，文档中的很多图片可能都经过了裁剪处理，虽然图片变小了，但是文档体积并未变小，主要是因为 Word 只是将裁剪掉的部分隐藏了起来，而并未真正将这些部分从文档中彻底删除。利用 Word 内置的压缩图片功能可以解决这个问题。

在对文档中的图片完成裁剪操作后，选择文档中的任意一张图片，然后单击功能区中的【图片工具 | 格式】⇒【调整】⇒【压缩图片】按钮，打开图 7-18 所示的【压缩图片】对话框。确保选中【删除图片的剪裁区域】复选框，这样可以真正将裁剪掉的图片部分从文档中删除。如果希望对文档中的所有图片进行相同处理，需要取消选中【仅应用于此图片】复选框。设置好后单击【确定】按钮执行压缩操作，完成后文档体积将会变小。

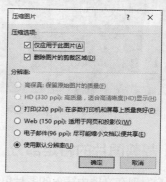

图 7-18　设置图片的压缩方式

7.1.8 设置图片的显示效果

Word 提供了一些用于改善图片显示效果的工具，包括亮度、对比度、颜色以及一些预置的特效，这些工具都位于选中图片后激活的【图片工具 | 格式】选项卡的【调整】和【图片样式】组中，如图 7-19 所示。

图 7-19　【图片工具 | 格式】选项卡

例如，可以使用【调整】组中的艺术效果或【图片样式】组中的图片样式为图片设置特效。在文档中选择要设置的图片，然后执行以下操作。

◉　艺术效果：单击功能区中的【图片工具 | 格式】⇨【调整】⇨【艺术效果】按钮，打开图 7-20 所示的列表，从中可以为图片选择一种类似绘画风格的艺术效果。

图 7-20　图片艺术效果的预置选项

◉　图片样式：在【图片工具 | 格式】⇨【图片样式】组中打开图 7-21 所示的图片样式库，从中可以为图片选择一种效果。这些效果是由阴影、倒影、边框、三维等独立的效果组合而成的。

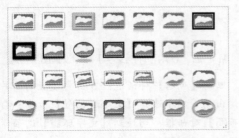

图 7-21　图片样式的预置选项

> **提示**
> 在 Word 2007 中只提供了"图片样式"功能。

图 7-22 是为图片设置【塑封】艺术效果和【金属圆角矩形】图片样式前、后的效果。如果想对图片特效进行更灵活的设置，可以右击要设置的图片，在弹出的菜单中选择【设置图片格式】命令，打开【设置图片格式】窗格并自动切换到【效果】选项卡，如图 7-23 所示。其中包括组成图片样式的 6 种基础效果以及艺术效果，单击效果类别的名称，将会展开其中包含的选项，然后根据需要进行设置。

图 7-22　为图片设置图片样式和艺术效果前、后的效果

图 7-23　自定义设置图片样式和艺术效果

7.1.9 图文混排

Word 文档中的所有内容分布在文字层和图形层中。文字位于文字层中，该层中的对象不能在文档中任意移动，它们只能在页面中排满一行后，才能转到下一行继续排列。在文档中插入的图片也默认位于文字层中，此时这些图片的行为方式与文字类似。位于图形层中的对象则可以在文档中随意移动，如形状和文本框，而且图形层中的多个对象可以进行对齐、层叠、组合等操作。

为了排出特定布局的页面版式，需要改变图片的版式布局。位于图形层中的对象的版式布局称为浮动型，而位于文字层中的对象的版式布局称为嵌入型。图 7-24 所示是在一个段落中插入一张图片后的效果，图片占据了文字的空间，原先位于图片所在位置的文字，在插入图片后会被强制移到图片的右侧，图片所在行的行高由图片的高度决定。

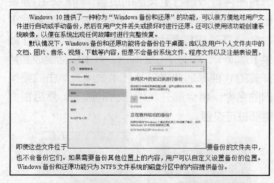

图 7-24 嵌入型图片与文字的排版方式

如果希望制作出类似报纸、杂志中的图片排版效果，即图片出现在一段文字的中间，段落中的文字环绕在图片四周，图片可以随意在文字间移动，如图 7-25 所示，可以通过改变图片版式布局的类型来实现。

图 7-25 让文字环绕在图片四周

如果要将图片的版式布局类型设置为【四周型】，可以使用以下 3 种方法。

◉ 【布局选项】按钮：选择要设置的图片，图片右上角会自动显示【布局选项】按钮。单击该按钮，在弹出的菜单中选择【四周型】选项，如图 7-26 所示。

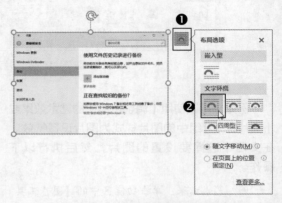

图 7-26 使用【布局选项】按钮设置图片布局

◉ 【环绕文字】命令：右击要设置的图片，在弹出的菜单中选择【环绕文字】命令，在子菜单中选择【四周型】命令，如图 7-27 所示。

图 7-27 使用【环绕文字】命令设置图片布局

◉ 【布局】对话框：右击要设置的图片，在弹出的菜单中选择【大小和位置】命令，打开【布局】对话框，切换到【文字环绕】选项卡，选择【四周型】选项，如图 7-28 所示。

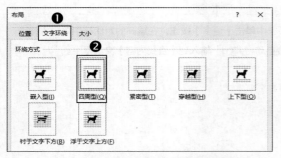

图 7-28　使用【布局】对话框设置图片布局

> **注意**
>
> Word 2010 以及更低版本的 Word 不支持第 1 种方法，后两种方法在不同的 Word 版本中的名称可能会有所不同。例如，在 Word 2010 中，第 2 种方法中的【环绕文字】命令的名称是【自动换行】。

当图片的版式布局为浮动型时，选中图片后，其附近的某个段落的左侧会显示一个锁定标记 ⚓，该标记说明当前图片的位置依赖于此标记右侧的段落。例如，图 7-29 所示的图片被设置为【四周型】，锁定标记位于第 1 段的左侧。当向下移动第 1 段文字时，图片会随之一起移动，而移动第 2 段文字时图片不会移动。

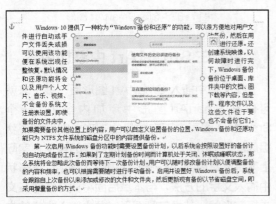

图 7-29　锁定标记指明了与图片关联的段落

可以通过改变锁定标记的位置改变图片所依赖的段落。只需使用鼠标将锁定标记拖动到合适的段落左侧即可完成改变。

> **技巧**
>
> 用户可以通过设置改变插入图片时的默认版式。单击【文件】➡【选项】命令打开【Word 选

项】对话框，在左侧选择【高级】选项卡，然后在右侧的【剪切、复制和粘贴】区域中打开【将图片插入 / 粘贴为】下拉列表，从中选择插入图片时的默认版式，如图 7-30 所示。

图 7-30　设置插入图片时的默认版式

7.1.10 使用查找和替换功能批量删除图片

有时可能需要将文档中的所有嵌入型图片全部删除，但是由于无法同时选择多个嵌入型对象，因此通常的做法是每次删除一张图片，分多次删除。更好的方法是借助 Word 的查找和替换功能批量删除图片。

首先使用以下任意一种方法打开【查找和替换】对话框的【替换】选项卡。

◉　单击功能区中的【开始】➡【编辑】➡【替换】按钮。

◉　按【Ctrl+H】组合键。

打开【查找和替换】对话框的【替换】选项卡后，在【查找内容】文本框中输入"^g"，在【替换为】文本框中不输入任何内容，如图 7-31 所示。单击【全部替换】按钮，即可一次性删除文档中所有的嵌入型图片。

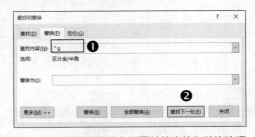

图 7-31　设置删除嵌入型图片的查找和替换选项

7.2 使用 SmartArt

SmartArt 是在 Office 2007 中引入的功能，它取代了 Office 早期版本中的图示功能。使用 SmartArt 很容易创建出表示不同逻辑关系的示意图，如并列图、流程图、循环图、层次图等。对于已经创建好的 SmartArt 图形，可以使用 Word 预置的外观选项进行快速美化，也可以自定义设置 SmartArt 图形的外观。本节将介绍创建与设置 SmartArt 图形的方法。

7.2.1 创建 SmartArt

Word 对 SmartArt 图形按类别进行了划分，创建一个基本的 SmartArt 图形的过程就是从合适的类别中选择所需的 SmartArt 图形。创建 SmartArt 图形的具体操作步骤如下。

（1）将插入点定位到文档中要放置 SmartArt 图形的位置，然后单击功能区中的【插入】⇒【插图】⇒【SmartArt】按钮。

（2）打开【选择 SmartArt 图形】对话框，左侧列表中显示了 SmartArt 图形的类别，分为以下 8 种：列表、流程、循环、层次结构、关系、矩阵、棱锥图、图片。选择一个类别后，中间列表会显示该类别包含的 SmartArt 图形。在中间列表里选择一种具体的 SmartArt 图形后，对话框的右侧会显示该 SmartArt 图形的说明信息，如图 7-32 所示。

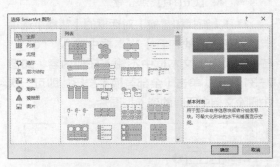

图 7-32 选择 SmartArt 图形

提示
如果在左侧列表中选择的是【全部】，中间列表将会显示所有的 SmartArt 图形。

（3）选择好一个 SmartArt 图形后，单击【确定】按钮，将在插入点位置创建 SmartArt 图形。图 7-33 所示为创建的【流程】类别中名为"公式"的 SmartArt 图形。

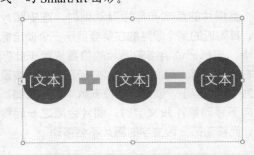

图 7-33 创建 SmartArt 图形

7.2.2 在 SmartArt 中添加内容

在文档中插入 SmartArt 图形后，接下来就可以在 SmartArt 图形中添加内容了。一个 SmartArt 图形由不定数量的矩形、圆形等形状组成。为 SmartArt 图形添加内容的操作，实际上就是在其内部的各个形状中输入文字。在形状中输入文字的方法，与本章后面将要介绍的在文本框、形状、艺术字等图形对象中输入文字的方法类似。

在最初创建的 SmartArt 图形中，每个形状内部都会包含占位符文字"[文本]"。当单击这类形状的内部时，"[文本]"会自动消失并显示一个闪烁的插入点，等待用户的输入。

如果在初始创建的 SmartArt 图形中添加了新形状，将不会在新形状中显示占位符文字。此时如果需要在新形状中输入文字，需要右击形状，在弹出的菜单中选择【编辑文字】命令，如图 7-34 所示。

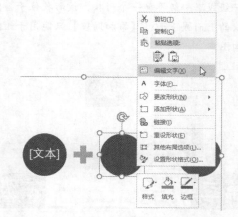

图 7-34 为新形状添加文字

除了使用上面介绍的输入文字的方法外，还可以使用与 SmartArt 图形关联的文本窗格来输入文字。选择 SmartArt 图形，以显示其最外层的边框，然后使用以下 3 种方法打开与 SmartArt 图形关联的文本窗格。

◉ 单击 SmartArt 图形左边框中间位置上的箭头 ◂ 。

◉ 单击功能区中的【SmartArt 工具 | 设计】➪【创建图形】➪【文本窗格】按钮。

◉ 右击 SmartArt 图形内部的空白处，在弹出的菜单中选择【显示文本窗格】命令。

在打开的文本窗格中包含一些黑色的圆点，每个圆点对应于 SmartArt 图形中的一个形状。单击圆点右侧会自动选中与其对应的形状并进入编辑状态，输入的内容会同时出现在对应的形状中，如图 7-35 所示。

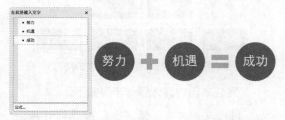

图 7-35 在文本窗格中输入 SmartArt 图形的内容

如果不再使用文本窗格，可以单击文本窗格右上角的 ✖ 按钮将其关闭。

7.2.3 更改 SmartArt 的版式布局

如果不满意 SmartArt 图形的版式布局，可以将其更改为另一种版式布局。选择 SmartArt 图形，然后在功能区【SmartArt 工具 | 设计】➪【版式】组中打开版式库，如图 7-36 所示，为 SmartArt 图形选择同类别中的其他版式布局。图 7-37 所示为选择名为"垂直公式"的版式布局后的效果。

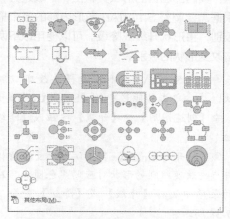

图 7-36 选择同类别中的其他版式布局

图 7-37 更改 SmartArt 图形的版式布局

如果希望将 SmartArt 图形的版式布局更改为其他类别，可以使用以下两种方法。

◉ 在功能区中的版式库中选择【其他布局】命令。

◉ 右击 SmartArt 图形内部的空白处，在弹出的菜单中选择【更改布局】命令。

使用任意一种方法都将打开本章 7.2.1 小节出现过的【选择 SmartArt 图形】对话框，为 SmartArt 图形选择所需的版式布局即可。

7.2.4 调整 SmartArt 的结构

通常情况下，初始创建的 SmartArt 图形无法完全满足用户的使用要求，在创建好一个基本的 SmartArt 图形后，都需要在其原有基础之上添加一个或多个新的形状，从而构建更复杂的图形结构。本小节所说的 SmartArt 的结构是指对 SmartArt 图形内部包含的形状在级别和数量方面的调整，而非上一小节介绍的对整个 SmartArt 图形版式布局的调整。

对于像层次结构这种类型的 SmartArt 图形而言，其内部包含的形状具有上、下级之分，可以根据需要调整 SmartArt 图形内部的各个形状的级别，将形状升级或降级。可以使用以下两种方法改变形状的级别。

◉ 在 SmartArt 图形中选择要改变级别的形状，然后单击功能区中的【SmartArt 工具|设计】⇨【创建图形】⇨【升级】按钮或【降级】按钮。

◉ 打开与 SmartArt 图形关联的文本窗格，右击与要改变级别的形状对应的黑色圆点，在弹出的菜单中选择【升级】或【降级】命令，如图 7-38 所示。

图 7-38　在文本窗格中改变形状的级别

除了调整现有形状的级别外，还可以在 SmartArt 图形中添加新的形状，方法如下。

◉ 选择 SmartArt 图形中的某个形状，然后单击功能区中的【SmartArt 工具|设计】⇨【创建图形】⇨【添加形状】按钮的下拉按钮，在弹出的菜单中选择要添加的形状。

◉ 右击 SmartArt 图形中的某个形状，在弹出的菜单中选择【添加形状】命令，在其子菜单中选择要在哪个位置添加形状，如图 7-39 所示。【在后面添加形状】和【在前面添加形状】

表示在当前形状的同一级别上添加一个形状，该形状位于当前形状的右侧或左侧；【在上方添加形状】和【在下方添加形状】表示在当前形状的上一级或下一级添加一个形状，该形状位于当前形状的上面或下面；【添加助理】只能用于组织结构图中。

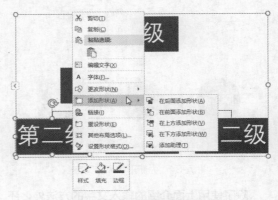

图 7-39　选择要添加的形状

案例 7-1
调整公司组织结构图的结构

案例目标： 对文档中的组织结构图进行调整，使其拥有 1 个顶级形状，2 个助理，4 个二级形状，效果如图 7-40 所示。

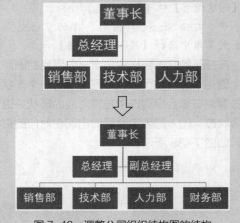

图 7-40　调整公司组织结构图的结构

完成本例的具体操作步骤如下。

（1）右击文字"董事长"所在的形状，在弹出的菜单中选择【添加形状】⇨【添加助理】命令，如图 7-41 所示。

（2）在组织结构图中新增一个助理形状。

右击该形状并选择【编辑文字】命令，在助理形状中输入文字"副总经理"，如图 7-42 所示。

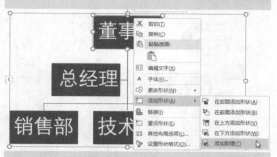

图 7-41　选择【添加助理】命令

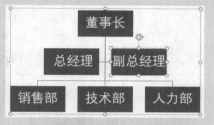

图 7-42　在新增的助理形状中输入文字

提示　由于要为顶级形状添加一个助理形状，这相当于添加一个与现有的"总经理"文字所在形状同级别的助理形状，因此也可以右击现有的助理形状，在弹出的菜单中选择【添加形状】➪【在后面添加形状】命令来进行操作。

（3）右击文字"人力部"所在的形状，在弹出的菜单中选择【添加形状】➪【在后面添加形状】命令，在该形状的右侧添加一个同级别的形状。右击新添加的形状，在弹出的菜单中选择【编辑文字】命令，在形状中输入文字"财务部"。

7.2.5　设置 SmartArt 的外观效果

最初创建的 SmartArt 图形中的所有形状默认使用蓝色作为背景色（在 Word 中称为填充色）。除了颜色外，形状本身没有任何其他的外观效果。用户可以根据需要将形状的背景色改为其他颜色，还可以为形状设置很多外观效果。

Word 为 SmartArt 图形提供了一些配色与样式方案，以便用户快速改变 SmartArt 图形的整体外观效果。除此之外，用户还可以单独设置 SmartArt 图形内部形状的颜色和外观。

1. 使用预置的颜色和样式改变 SmartArt 图形的整体外观

选择要设置外观的 SmartArt 图形，然后可以在功能区【SmartArt工具|设计】➪【SmartArt 样式】组中找到 Word 为 SmartArt 图形提供的预置颜色和样式选项，如图 7-43 所示。

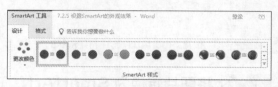

图 7-43　Word 为 SmartArt 图形预置的颜色和样式选项

单击【更改颜色】按钮后可以为 SmartArt 图形选择一种配色方案。在 SmartArt 样式库中可以为 SmartArt 图形选择一种样式方案，每一种样式都是由阴影、倒影、边框、三维等独立的效果组合而成的。图 7-44 所示是为 SmartArt 图形添加了名为"彩色范围 - 个性色 5 至 6"的配色方案，以及名为"优雅"的样式方案后的效果。

图 7-44　改变 SmartArt 图形的整体外观

2. 自定义设置 SmartArt 图形的局部格式

除了改变 SmartArt 图形的整体外观外，还可以单独设置 SmartArt 图形内部某个形状的外观。在 SmartArt 图形内部选择某个形状，然后可以在功能区【SmartArt 工具|格式】选项卡中对所选形状进行以下两类主要设置。

◉　设置形状外观：可以在【形状样式】组中选择 Word 预置的形状样式，也可以使用该组中的【形状填充】【形状轮廓】和【形状效果】3 个按钮，分别设置形状的填充色、边框和特殊效果。特殊效果包括阴影、倒影、发光、三维立体等。

◉ 设置文字外观：可以在【艺术字样式】组中为形状中的文字选择一种预置的艺术字样式，也可以使用该组中的【文本填充】【文本轮廓】和【文本效果】3个按钮自定义文字的外观。

图7-45所示为在前面的SmartArt图形的基础之上，为其中的第3个形状添加了"映像"形状效果后的效果。

图7-45 设置SmartArt图形中特定形状的格式

7.2.6 将图片转换为SmartArt

用户可以直接将文档中的嵌入型图片转换为SmartArt图形，一次只能转换一张图片，因为每次只能选择一张嵌入型图片。选择要转换的图片，然后单击功能区中的【图片工具 | 格式】⇨【图片样式】⇨【图片版式】按钮，在打开的列表中选择一种SmartArt图形的版式布局，如图7-46所示，即可将所选图片转换为SmartArt图形，如图7-47所示。

如果文档中包含多张浮动型图片，可以将这些图片一次性转换为SmartArt图形。按住【Shift】键依次单击这些浮动型图片，以便同时将它们选中，然后单击功能区中的【图片工具 | 格式】⇨【图片样式】⇨【图片版式】按钮，在打开的列表中选择一种SmartArt图形的版式布局即可。

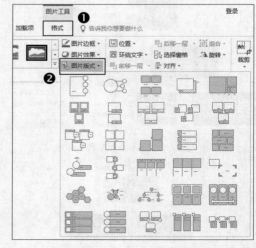

图7-46 选择SmartArt图形的版式布局

图7-47 将图片转换为SmartArt图形

7.3 使用形状、文本框和艺术字

Word中的形状、文本框和艺术字虽然属于不同类型的对象，但是它们在外观以及操作方式等多个方面具有很多相似之处。实际上这3类对象只是在Word中初始创建它们时有些区别，后期经过一些设置可以让它们实现完全相同的功能。最初创建的形状具有边框和填充色，但是不包含文字；最初创建的文本框有边框但没有填充色，其中包含文字；而艺术字可以看作是文本框的特效版，在创建之初具有特殊的文字效果。

形状、文本框、艺术字这3类对象的另一个相似之处是，它们在最初创建时都位于Word的图形层，这意味着它们是浮动型对象，可以在文档中随意移动它们的位置。正因为形状、文本框、艺术字这3类对象有如此多的相同点，因此本节及本章后续内容可能会使用"图形"或"图形对象"来作为这3类对象的统一描述方式。

7.3.1　创建形状、文本框和艺术字

创建文本框和艺术字的命令都位于功能区【插入】⇨【文本】组中。要插入文本框，需要单击该组中的【文本框】按钮，打开图 7-48 所示的列表。【内置】类别中显示的是 Word 预置的文本框样本，其中包含一些预设的文字，而且可能还包含一些设置好的填充色，从而增强文本框的设计感。如果希望快速创建具有一定外观的文本框，可以选择一种预置的文本框样本。

图 7-48　选择要创建的文本框类型

如果需要从头开始创建文本框，可以选择上图中的【横排文本框】或【绘制竖排文本框】命令。文本框分为横排文本框和竖排文本框两种，横、竖是指文本框中文字的方向。横排文本框中文字的方向为从左到右、从上到下显示，竖排文本框中文字的方向为从上到下、从右到左显示。使用【横排文本框】命令创建的是横排文本框，使用【绘制竖排文本框】命令创建的是竖排文本框。

选择一种文本框样本后，Word 会自动将包含预设文字和一定外观的文本框插入到文档中。如果选择的是【横排文本框】或【绘制竖排文本框】命令，则需要在文档中通过拖动鼠标绘制一个文本框。

在创建的文本框中会显示一个插入点，它与文档中的插入点在外观和功能上类似。可以在文本框中输入文字，如图 7-49 所示，而且可以像编辑文档中的文本那样编辑文本框中的文本。例如，可以使用【BackSpace】键删除插入点左侧的文本，使用【Delete】键删除插入点右侧的文本，使用方向键改变插入点的位置，还可以为文本框中的文本设置字体格式和段落格式。

图 7-49　在文本框中输入文字

如果需要创建艺术字，可以单击功能区中的【插入】⇨【文本】⇨【艺术字】按钮，打开图 7-50 所示的艺术字列表，从中选择一种预置的艺术字样式。Word 将在文档中创建具有该样式外观的艺术字，其中还会包含预设文字，将其修改为所需内容即可，如图 7-51 所示。初始创建的艺术字与文本框之间最主要的区别是，艺术字中的文字自带外观效果，而文本框中的文字只具有文档默认的基本字体格式。

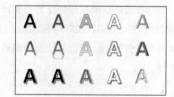

图 7-50　Word 预置的艺术字样式

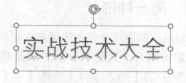

图 7-51　在文档中插入艺术字

在文档中创建形状的方法也很简单，单击功能区中的【插入】⇨【插图】⇨【形状】按钮，将打开图 7-52 所示的列表，其中的形状按类别进行划分。在列表中选择某个形状后，在文档中拖动鼠标即可绘制出所选择的形状，与绘制横排或竖排文本框的方法相同。图 7-53 所示为绘制的平行四边形。

图 7-52　形状列表

图 7-53　在文档中绘制的平行四边形

7.3.2　使用锁定绘图模式快速创建同一种形状

有时可能需要在文档中连续多次绘制同一种形状，如绘制 6 个矩形。一种方法是每次都单击功能区中的【插入】➡【插图】➡【形状】按钮，在形状列表中选择矩形，然后在文档中进行绘制。更简便的方法是在第一次打开形状列表时，右击要绘制的形状，如矩形，在弹出的菜单中选择【锁定绘图模式】命令，如图 7-54 所示。

此时将进入形状锁定模式，可以在文档中反复绘制同一个形状。当不用再绘制该形状时，可以按【Esc】键退出锁定模式。

图 7-54　选择【锁定绘图模式】命令

7.3.3　从一种形状更改为另一种形状

无论在文档中创建的是形状、文本框还是艺术字，都可以随时改变它们本身的形状，如由矩形改为圆形。选择要更改形状的图形对象，然后单击功能区中的【绘图工具｜格式】➡【插入形状】➡【编辑形状】按钮，在弹出的菜单中选择【更改形状】命令，在打开的列表中选择所需的形状。如果在更改形状前已经为图形对象设置了格式和外观效果，更改形状后的图形对象将具有相同的格式和外观效果。

7.3.4　让图形对象的大小随其内部文字而自动缩放

由于在创建文本框时很难保证文本框大小正好适合其内部包含的文字，因此就经常会出现在文本框中输入文字后，文本框中还留有一部分空白的情况，看起来很不美观。可以通过设置文本框的格式选项，让文本框的大小随其内部文字的多少而自动缩放。

案例 7-2
让文本框的大小随其内部文字的多少
而自动缩放

案例目标：希望无论在文本框中输入多少文字，文本框的大小始终都能正好与文字相适应，效果如图 7-55 所示。

图 7-55　让文本框的大小随其内部文字的多少而自动缩放

完成本例的具体操作步骤如下。

（1）右击文本框的边框，在弹出的菜单中选择【设置形状格式】命令，打开【设置形状格式】窗格。

（2）切换到【形状选项】⇨【布局属性】选项卡，展开【文本框】类别，选中【根据文字调整形状大小】复选框，并取消选中【形状中的文字自动换行】复选框，如图 7-56 所示。

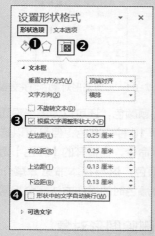

图 7-56　设置文本框格式

（3）单击窗格右上角的✕按钮关闭【设置形状格式】窗格，此时文本框的大小已经自动调整为正好与文字匹配。

> **提示**　可以通过设置【左边距】【右边距】【上边距】【下边距】4 个值来控制文字与文本框 4 个边框之间的距离。

本小节介绍的功能同样适用于形状和艺术字，不过最初创建的艺术字已经默认具有自动缩放功能，不需要进行额外设置。

7.3.5　设置图形对象的边框和填充效果

形状、文本框和艺术字都可以设置边框和填充效果，通常需要根据具体的应用场合来进行设置。例如，为了使页面元素更丰富，可能会使用带有颜色的形状来进行装饰，这时就需要设置形状的填充效果。而在使用文本框作为标注对文档中的图片进行注释说明时，通常不需要对文本框

设置填充效果，或者使用白色作为文本框的填充色，这样可以避免文本框中的文字受背景的干扰。

Word 为图形对象提供了预置的外观方案，可以快速改变图形对象的边框和填充效果。选择图形对象后，可以在功能区【绘图工具|格式】⇨【形状样式】组中打开形状样式库，通过选择不同的样式，可以快速改变所选对象的边框和填充效果。

用户也可以自定义设置图形对象的边框和填充效果，这些命令位于功能区【绘图工具|格式】⇨【形状样式】组中。要设置图形对象的边框，可以单击【形状轮廓】按钮，打开图 7-57 所示的列表，从中进行设置即可。

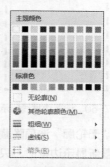

图 7-57　设置图形对象的边框样式

对边框的设置主要有以下几种方式。

◉ 边框的颜色：如果需要设置边框的颜色，可以从列表上半部分的颜色中选择一种。

◉ 隐藏边框：如果不想显示边框，可以选择【无轮廓】选项。

◉ 边框的宽度：如果需要设置边框的宽度，可以选择【粗细】选项，在打开的列表中选择边框的宽度，如图 7-58 所示。边框的宽度以"磅"为单位。

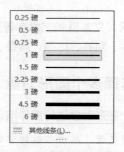

图 7-58　设置边框的宽度

◉ 边框的线型：如果需要设置边框的线型，如虚线、点划线等，可以选择【虚线】选项，在打开的列表中选择一种线型，如图 7-59 所示。

图 7-59　设置边框的线型

图 7-60 所示是将正方形的边框设置为 3 磅宽度的黑色虚线后的效果。

图 7-60　设置边框线的示例

如果使用"无轮廓"选项隐藏了图形对象的边框，当需要重新显示边框时，只需对边框的颜色、线型、宽度中的任何一项进行设置即可。

要设置图形对象的填充效果，可以单击【形状填充】按钮，然后在打开的列表中选择一种填充方式，如图 7-61 所示。列表上半部分列出的颜色分为两种——主题颜色和标准色。主题颜色分为 10 列，第 3 ～ 10 列对应于功能区【设计】⇨【文档格式】⇨【颜色】下拉列表中的每个主

题颜色方案中的每一种颜色。如果选择一种主题颜色作为图形对象的填充色，当改变文档的主题颜色时，图形对象的填充色也会随之改变。

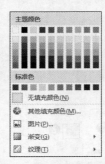

图 7-61　设置图形对象的填充效果

除了主题颜色，还可以为图形设置标准色。默认只显示 10 种标准色，但是可以选择【其他填充颜色】命令，在打开的【颜色】对话框中选择更多的颜色，这与在本书第 5 章介绍的设置文本的字体颜色时的操作方法完全相同。

7.3.6 删除图形对象

删除形状、文本框和艺术字的方法完全相同，只需单击对象的边框将其选中，然后按【Delete】键。如果需要同时删除文本框、艺术字或形状中的多个对象，可以在按住【Shift】键的同时依次单击要删除的对象，然后按【Delete】键。

 交叉参考　有关选择多个图形对象的方法，请参考本章 7.4.1 小节。

7.4　同时处理多个图形对象

由于形状、文本框和艺术字等对象默认都位于图形层中，因此可以同时对这些对象进行一些操作，包括选择、对齐、排列、层叠、组合等。本节将详细介绍同时处理多个图形对象的方法。

7.4.1 选择多个图形对象

在对多个图形对象进行操作前，通常都需要先选择它们。选择多个图形对象的方法有以下几种。

◉ 使用鼠标：单击功能区中的【开始】⇨【编辑】⇨【选择】按钮，在弹出的菜单中选择【选择对象】命令。然后按住鼠标左键在文档中拖动鼠标指针，只有图形对象完全位于鼠标指针拖动过

的区域内，该对象才会被选中。图7-62所示的矩形和圆形会被选中，而三角形不会被选中，这是因为三角形的一部分位于鼠标框选范围外。

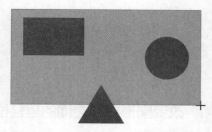

图7-62 使用鼠标框选多个图形对象

◉ 使用【Shift】键：按住【Shift】键后依次单击要选择的图形对象，所有单击过的图形对象都会被选中。

◉ 使用【选择】窗格：单击功能区中的【开始】⇨【编辑】⇨【选择】按钮，在弹出的菜单中选择【选择窗格】命令，打开【选择】窗格。按住【Ctrl】键的同时依次单击窗格中的图形名称，与名称对应的图形都会被选中，如图7-63所示。单击图形对象名称右侧的眼睛图标，可以让图形对象在显示与隐藏状态之间切换。

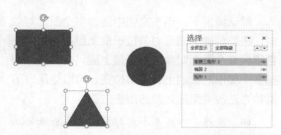

图7-63 使用【选择】窗格选择多个图形对象

> **技巧** 按【Esc】键可以快速取消选择处于选中状态的所有图形对象。

7.4.2 对齐多个图形对象

Word为图形对象提供了水平和垂直两种方向上的对齐功能，使用该功能可以快速对齐多个图形对象。要使用对齐功能，需要先选择一个或多个图形对象，然后可以在以下两个位置找到对齐功能。

◉ 功能区【绘图工具|格式】⇨【排列】组中的【对齐】按钮。

◉ 功能区【布局】⇨【排列】组中的【对齐】按钮。

无论单击哪个【对齐】按钮，都会弹出图7-64所示的菜单，其中包含用于对齐图形对象的命令选项。

图7-64 Word提供的对齐命令选项

例如，在图7-65所示的文档中散乱地排列着3个文本框。如果希望它们在垂直方向上彼此居中对齐，可以同时选中这3个文本框，然后选择上图菜单中的【对齐所选对象】命令，再选择该菜单中的【水平居中】命令，Word会自动将这3个文本框在垂直方向上进行居中对齐，如图7-66所示。

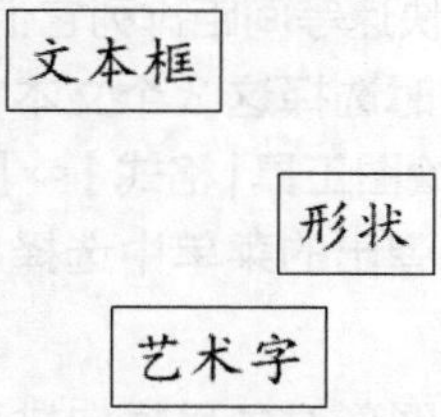

文本框

形状

艺术字

图7-65 散乱排列的文本框

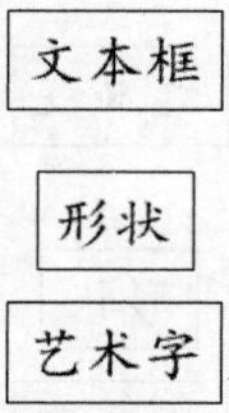

文本框

形状

艺术字

图7-66 将文本框在垂直方向上居中对齐

在包含对齐命令的菜单中，【对齐页面】【对齐边距】【对齐所选对象】3个命令用于确定在对齐多个图形对象时使用的参照基准。前面示例中的3个文本框是以它们彼此作为参照基准进行对齐，因此在对齐前需要选择【对齐所选对象】命令。

图7-67所示为选择【对齐边距】命令后以页边距为参照基准进行左对齐的效果。

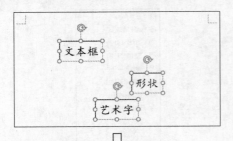

图 7-67　以页边距为参照基准的左对齐

7.4.3　等间距排列多个图形对象

图7-68所示的3个文本框之间的间距不同，如果希望快速等间距排列它们，如图7-69所示，可以同时选择这3个文本框，然后单击功能区中的【绘图工具|格式】⇨【排列】⇨【对齐】按钮，在弹出的菜单中选择【纵向分布】命令。

如果多个图形对象呈横向排列，可以选择【横向分布】命令对它们进行等间距排列。

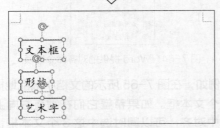

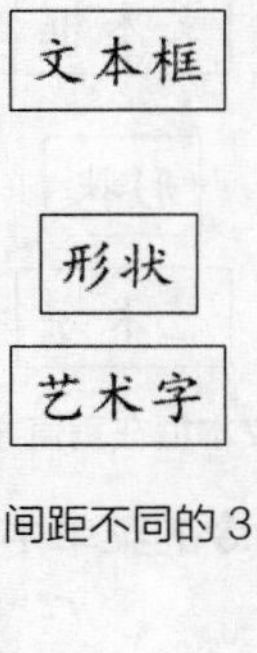

图 7-68　间距不同的 3 个文本框

图 7-69　等间距排列 3 个文本框

7.4.4　改变图形对象之间的层叠位置

Word图形层中的对象存在上、下层的位置关系。当两个对象处于同一个位置时，位于上层的对象会覆盖位于下层的对象。图7-70所示显示了3个文本框，包含文字"第三名"的文本框位于最上方，因此该文本框中的文字可以完全显示出来。位于它下方的两个文本框中的文字只能显示一部分。

图 7-70　图形层中的对象存在上、下层的位置关系

默认情况下，当在文档中创建多个图形对象时，最新创建的图形对象位于最上层。有时可能希望将某个图形对象放置到最上层，或者重新调整多个图形对象的上、下层位置。可以使用以下两种方法改变图形对象的层叠位置。

◎　选择一个或多个图形对象，然后单击功能区中的【绘图工具|格式】⇨【排列】⇨【上移一层】按钮或【下移一层】按钮。还可以单击这两个按钮上的下拉按钮，在弹出的菜单中选择有关层叠的更多命令。

◎　右击一个或多个图形对象，在弹出的菜单中选择【置于顶层】或【置于底层】命令。还可以将鼠标指针指向这两个命令右侧的三角箭头上，在弹出的子菜单中选择有关层叠的更多命令。

> **技巧**　当多个图形对象紧挨在一起时，准确选择某个对象可能会变得很困难，此时可以借助【选择】窗格来完成。单击功能区中的【开始】⇨【编辑】

⇨【选择】按钮，在弹出的菜单中选择【选择窗格】命令，打开【选择】窗口。在列表中选择要调整层叠位置的图形对象的名称，然后单击窗格右上角的 ▲ 或 ▼ 按钮进行上下层移动。

7.4.5 将多个图形对象组合为一个整体

有时在创建的多个图形对象之间具有特定的位置关系，为了便于整体移动和复制多个图形对象，可以将这些图形对象组合为一个整体。选中要组合的所有图形对象，然后右击其中的任意一个对象，在弹出的菜单中选择【组合】⇨【组合】命令，如图 7-71 所示，即可将所有选中的图形组合为一个整体。

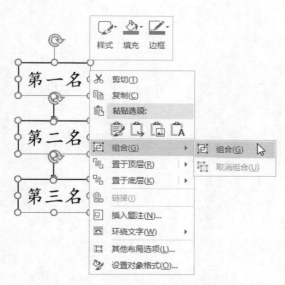

图 7-71　选择【组合】命令将多个图形组合在一起

将图形组合为一个整体后，当单击其中的某个图形对象时，Word 会自动选中整个组合图形，此时在组合图形的最外层会显示一个大的边框，以此来表示其内部的所有对象当前处于组合状态，如图 7-72 所示，拖动这个边框可以整体移动组合图形。在外层边框显示的情况下单击组合图形内部的某个图形对象，可以选中该图形对象并对其进行单独操作。

可以随时将组合图形拆分为组合前各自独立的图形，只需右击组合图形，在弹出的菜单中选择【组合】⇨【取消组合】命令。

图 7-72　组合后的图形共用同一个边框

7.4.6 使用绘图画布将多个图形对象组织到一起

使用绘图画布功能可以将多个图形对象组织到一起。与上一小节介绍的组合功能不同，绘图画布并没有将多个图形对象组合起来，只是提供了一个存放的场所，可以将所有图形层中的对象放入绘图画布中，然后在绘图画布中调整这些对象的位置和层叠关系。移动绘图画布时，其内部的所有图形对象都会随之一起移动，并保持各个对象的相对位置不发生改变。图 7-73 所示是在绘图画布中放入了一张图片、一个文本框、一条直线，并调整它们各自位置后的效果。

图 7-73　使用绘图画布组织多个图形对象

要在文档中使用绘图画布，可以单击功能区中的【插入】⇨【插图】⇨【形状】按钮，在打开的形状列表的底部选择【新建绘图画布】命令，Word 会在插入点位置创建一个绘图画布。之后可以将所有非嵌入型对象拖动到绘图画布中，如形状、文本框、艺术字、浮动型图片等。

图 7-74 所示。这样可以让绘图画布根据其内部包含的内容多少而自动缩放，从而尽量减少绘图画布中额外的空白部分。

> **提示**
>
> 　　如果在将图形对象拖动到绘图画布后，发现图形对象并未真正进入绘图画布中，可以右击图形对象，在弹出的菜单中选择【剪切】命令，然后右击绘图画布，在弹出的菜单中选择【粘贴】命令，将图形对象移入绘图画布。

当绘图画布中至少包含两个对象时，在调整好对象之间的相对位置后，可以右击绘图画布的边框，在弹出的菜单中选择【调整】命令，如

图 7-74 使用调整功能自动缩放绘图画布的大小

长文档排版技术

在实际应用中，需要处理的文档可能是包含几十页甚至上百页的大型文档。在编辑与排版这些文档的过程中会涉及很多可变元素，如各章节标题的编号、图片和表格的编号、脚注和尾注、目录、索引等。随着文档内容的不断增删和修改，很多元素将会发生不同程度的变化，手动添加和维护这些可变元素会使工作效率大大降低。使用 Word 提供的功能可以使处理这些可变元素变得简单、高效且不易出错。本章主要介绍 Word 多级编号、题注、脚注和尾注、目录、索引、通配符的查找和替换等功能在长文档排版中的作用与使用方法。在介绍这些内容前，将会先介绍在文档中快速定位的多种方法，它们适用于不同的定位需求，使用这些定位方法可以显著提高编辑与排版效率。

8.1 在文档中快速定位

在文档的编辑过程中，随时都可能需要在文档的不同部分之间来回跳转，以便进行上下文参考或修改特定部分的内容。滚动鼠标或使用快捷键逐页定位的方式只适用于页数不多的文档，对于包含几十页甚至上百页的长文档而言，使用 Word 内置的定位工具可以加快定位的速度，提高文档的编辑效率，而且这些工具支持不同需求的定位方式。最简单的一种定位方式是【Shift+F5】组合键，打开以前编辑过的文档，反复按该组合键将在上次最后编辑的 3 个位置之间依次定位。本节将介绍 Word 中的定位工具的使用方法，这些定位工具包括大纲视图、导航窗格、定位和查找、书签、交叉引用。

8.1.1 使用大纲视图

Word 中的大纲视图主要用于构建和显示文档的整体框架结构，框架结构类似于书籍目录，用于确定文档的所有标题以及它们的级别和顺序。建立好文档的框架结构后，在每个标题下添加正文内容，正文内容是指没有设置大纲级别的内容。

单击功能区中的【视图】⇨【视图】⇨【大纲视图】按钮，切换到大纲视图，功能区中将新增一个【大纲显示】选项卡。在大纲视图中可以为新建文档中输入的标题设置大纲级别，也可以在已经包含内容的文档中设置只显示特定大纲级别的标题，而不显示具体内容，从而可以查看文档的框架结构。

大纲级别属于段落格式，可以在大纲视图或【段落】对话框中进行设置。将插入点定位到标题所在的段落范围内，然后在功能区【大纲】⇨【大纲工具】⇨【大纲级别】下拉列表中选择一个大纲级别，如图 8-1 所示。还可以在【段落】对话框【缩进和间距】选项卡的【大纲级别】下拉列表中选择大纲级别。

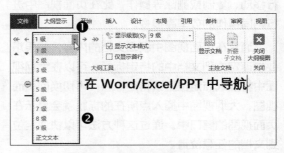

图 8-1 为标题设置大纲级别

如果文档中包含一些设置了大纲级别的标题，可以在功能区【大纲】⇨【大纲工具】⇨【显示级别】下拉列表中选择一个大纲级别，将只显示不低于该大纲级别的所有标题，而隐藏其他内容。图 8-2 所示只显示文档中大纲级别为 1 级和 2 级的标题，这是因为将【显示级别】设置为【2 级】。

图 8-2　显示指定大纲级别的标题

在大纲视图中，如果标题左侧显示一个 ⊕，说明在该标题中包含级别更低的标题或正文内容。双击 ⊕ 可以展开标题中包含的所有内容，如图 8-3 所示。

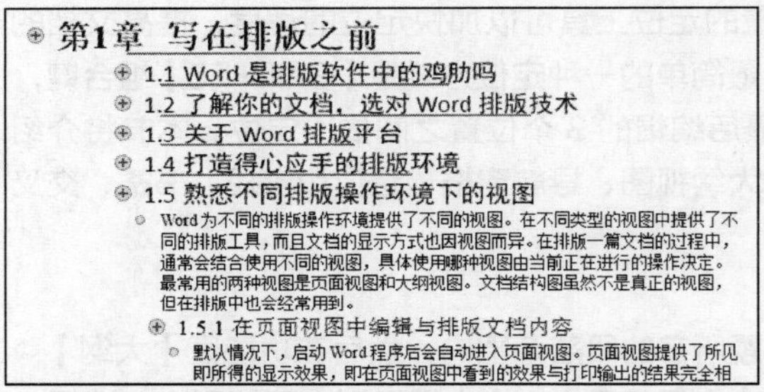

图 8-3　展开标题以显示其中包含的所有内容

单击标题左侧的 ⊕ 可以快速选中该标题及其中包含的所有内容，然后可以对选中的内容进行移动、复制或删除等操作，比在页面视图中进行相同操作的效率高很多。

通常在页面视图中编辑文档的内容，如果想要快速定位到文档中的特定标题，可以在大纲视图中将插入点定位到该特定标题，再切换回页面视图，大纲视图中插入点所在的标题就会显示在页面视图的窗口中。通过这种方法可以快速定位到文档的任意位置。

8.1.2　使用导航窗格

虽然可以在大纲视图中编辑和排版文档，但是由于页面视图提供了所见即所得的显示效果，

因此更适合作为编辑与排版的主环境。如果需要在页面视图中快速定位到文档的特定位置，可以切换到大纲视图，然后将插入点定位到所需位置，再切换回页面视图。这样操作的缺点是需要在两个视图之间不断切换，降低了操作效率。

如果想要在不切换视图的情况下，既可以在页面视图中编辑和排版文档内容，又可以在该视图中查看文档的整体结构并快速定位到特定标题，那么可以使用导航窗格。Word 2010 以及更高版本的 Word 使用"导航窗格"代替了早期版本 Word 中的"文档结构图"。

导航窗格提供的功能与大纲视图环境下的功能区【大纲显示】⇨【大纲工具】组中的命令的功能基本相同，用于显示和设置标题的大纲级别，但是导航窗格可以显示在页面视图中，这样就不需要往返于页面视图和大纲视图之间。

选中功能区中的【视图】⇨【显示】⇨【导航窗格】复选框，在 Word 窗口中显示【导航】窗格，切换到【导航】窗格中的【标题】选项卡，其中会显示文档中已经设置了大纲级别的标题，并按级别高低呈缩进格式排列，如图 8-4 所示。

图 8-4　【导航】窗格

在【导航】窗格中主要可以进行以下几种操作。

◉　设置显示的标题级别：右击任意一个标题，在弹出的菜单中选择【显示标题级别】命令，然后在弹出的子菜单中选择要显示的标题级别范

围。图 8-5 所示为选择【显示至标题3】，这意味着将在【导航】窗格中显示标题1、标题2和标题3。【全部展开】命令用于显示所有级别的标题，【全部折叠】命令用于只显示最高级别的标题。

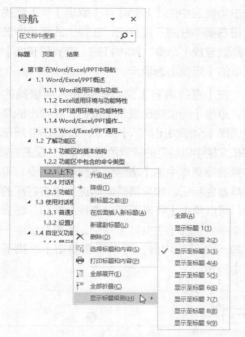

图 8-5 控制【导航】窗格中显示的标题级别

⊙ 定位标题：单击【导航】窗格中的标题，将跳转到标题所在的页面，插入点自动定位到标题所在的段落内。

⊙ 调整标题的大纲级别：右击需要调整大纲级别的标题，在弹出的菜单中选择【升级】或【降级】命令，可将所选标题升一级或降一级。处于最高级别的标题不能升级，处于最低级别的标题不能降级。

⊙ 选择和删除标题及其中的内容：右击某个标题，在弹出的菜单中选择【选择标题和内容】命令，将选中该标题及其中包含的低级标题和正文内容。如果选择菜单中的【删除】命令，将删除标题及其中包含的所有内容。

除了以上几种常用操作外，还可以在指定的标题之前或之后添加新的标题，只需在【导航】窗格中右击某个标题，然后在弹出的菜单中选择以下几个命令。

⊙ 新标题之前：在右击的标题前添加一个

同等大纲级别的标题。

⊙ 在后面插入新标题：在右击的标题后添加一个同等大纲级别的标题。

⊙ 新建副标题：在右击的标题内部添加一个比其低一级的标题。

8.1.3 使用定位功能

Word 提供了一种称为"定位"的功能，可以快速定位不同类型的文档元素，如节、页面、行、标题、批注、脚注、尾注、书签、图形、表格、公式等。定位功能位于【查找和替换】对话框的【定位】选项卡中，可以按【F5】键将其打开。在【定位目标】列表框中选择要定位的内容类型，然后在右侧的文本框中输入与所选内容相关的值。

例如，如果选择【页】，需要在文本框中输入表示页码的数字，如图 8-6 所示，然后单击【定位】按钮，将定位到指定的页面。

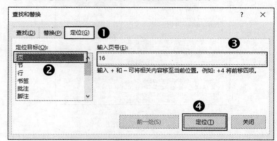

图 8-6 使用定位功能跳转页面

8.1.4 使用查找功能

上一小节介绍的定位功能主要用于定位特定类型的文档元素，而查找功能主要用于定位文档中的特定字符和具体内容，可以是英文字符、中文汉字、数字、标点符号和常用符号、段落标记和制表位等特殊符号，还可以是具有特定格式和样式的内容。

单击功能区中的【开始】⇨【编辑】⇨【查找】按钮，或按【Ctrl+F】组合键，打开【导航】窗格的【结果】选项卡。在搜索框中输入要查找的内容，文档中所有与搜索内容相匹配的内容将以黄色背景显示，搜索框下方会显示匹配内容的总数，如图 8-7 所示。

图 8-7　以特定的背景色显示所有匹配的内容

> **提示**
> 如果页面中的匹配内容没有以特定的背景色显示，可以单击搜索框右侧的下拉按钮，在弹出的菜单中选择【选项】命令，在打开的对话框中选中【全部突出显示】复选框，如图 8-8 所示，然后单击【确定】按钮。

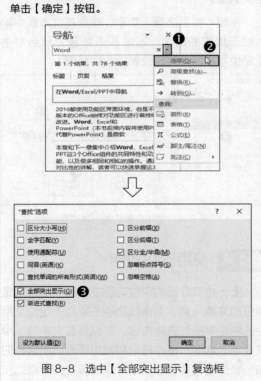

图 8-8　选中【全部突出显示】复选框

在【导航】窗格中可以单击 ▲ 和 ▼ 按钮依次选中每一个匹配的内容。在搜索框下方的列表框中显示了每一个包含匹配内容的上下文，便于查看匹配内容出自于文档的哪个部分。单击搜索框右侧的 × 按钮删除搜索框中的内容，Word 将自动清除页面中高亮显示的内容。可以单击搜索

框右侧的下拉按钮，在弹出的菜单中选择 Word 其他类型的内容。

如果希望更灵活地进行查找，需要使用【查找和替换】对话框。在单击搜索框右侧的下拉按钮所弹出的菜单中选择【高级查找】命令，或者单击功能区中的【开始】⇨【编辑】⇨【查找】按钮右侧部分的下拉按钮，在弹出的菜单中选择【高级查找】命令，都将打开【查找和替换】对话框的【查找】选项卡。

在【查找内容】文本框中输入要查找的内容，单击【阅读突出显示】按钮，在弹出的菜单中选择【全部突出显示】命令，如图 8-9 所示，将在文档中以特定的背景色显示所有匹配的内容。如果选择菜单中的【清除突出显示】命令，可以清除颜色标记。如果需要同时选择所有匹配的内容，可以单击【在以下项中查找】按钮，在弹出的菜单中选择【主文档】命令。如果需要逐一定位每一个匹配内容，可以反复单击【查找下一处】按钮。

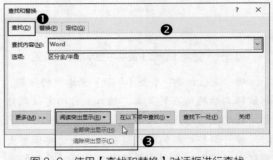

图 8-9　使用【查找和替换】对话框进行查找

> **提示**
> 【查找和替换】是非模式对话框，即可以在不关闭【查找和替换】对话框的情况下，对文档中的内容进行操作。

> **交叉参考**
> 可以在查找中使用通配符进行更灵活的查找，有关通配符的更多内容，请参考本章 8.7 节。

8.1.5　使用书签

使用书签可以快速定位到文档中的特定部

分。书签相当于一个标记。书签标记的内容既可以是文档中的一个选定范围，也可以只是一个插入点。书签在文档排版中具有很多实际应用价值，如本章 8.6.3 小节将介绍的通过书签创建表示页面范围的索引。此外，还可以在交叉引用中使用书签。如果需要创建书签，可以单击功能区中的【插入】⇨【链接】⇨【书签】按钮，在打开的【书签】对话框中进行操作。

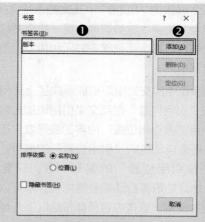

图 8-11 创建书签

案例 8-1
使用书签快速选择特定内容

案例目标： 希望无论插入点位于文档中的哪个位置，都能快速选中"Office 2016"。

完成本例的具体操作步骤如下。

（1）在文档中选择需要使用书签进行标记的内容，如本例中的"Office 2016"，然后单击功能区中的【插入】⇨【链接】⇨【书签】按钮，如图 8-10 所示。

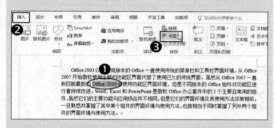

图 8-10 单击【书签】按钮

> **提示**
> 如果不做任何选择，将在当前插入点位置创建书签。

（2）打开【书签】对话框，在【书签名】文本框中输入一个易于识别的名称，如"版本"，如图 8-11 所示。单击【添加】按钮创建书签，并自动关闭【书签】对话框。

（3）将插入点定位到文档中的任意位置，重新打开【书签】对话框，选择已经创建好的书签"版本"，单击【定位】按钮，如图 8-12 所示，将会自动选中书签所标记的内容。

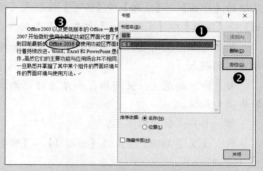

图 8-12 使用书签在文档中定位

如果需要删除书签，可以在【书签】对话框中选择要删除的书签，然后单击【删除】按钮。

8.1.6 使用交叉引用

交叉引用通常出现在长文档中，用于在某个特定位置引用其他位置上的内容，以便快速参考。可能经常在书中看到类似"请参考本章 8.1.2 小节"的文字，它表示当前位置上的内容与 8.1.2 小节中的内容相关，更多详细内容可以到 8.1.2 小节中查看。

可以将"请参考本章 8.1.2 小节"文字的位置称为"引用位置"，将这些文字中的编号所指向的位置（如 8.1.2）称为"被引用位置"。在文档编辑和排版过程中，"被引用位置"的内容很可能会被移动到文档的其他位置。由于位置变化了，"被引用位置"的编号也需要随之改变，如将原来的 8.1.2 小节调整到 8.2.6 小节。此时就需要在"引用位置"手动将之前输入好的

"8.1.2"修改为"8.2.6"。在文档最终完成前，很可能会发生多次这类调整，逐一检查并修改这些可变的内容将会耗费很多时间和精力，而且还容易出现遗漏。

Word 中的交叉引用功能解决了上述问题。如果在"引用位置"使用交叉引用添加内容的编号，一旦"被引用位置"内容的编号发生改变，Word 将会自动更新"引用位置"的编号，以确保与"被引用位置"的编号一致。只要是由 Word 创建的带有自动编号的内容，都可以在交叉引用中使用，这些内容具体包括以下几类。

◉ 设置了自动编号的内容：包括使用功能区中的【开始】⇨【段落】⇨【编号】按钮或【开始】⇨【段落】⇨【多级列表】按钮设置的编号。

◉ 题注：使用题注功能为图片、表格等对象添加的题注。

◉ 脚注和尾注：使用脚注和尾注功能添加的脚注和尾注。

◉ 书签：创建的书签。

◉ 设置了 Word 内置的【标题 1】~【标题 9】样式的内容。

案例 8-2
使用交叉引用自动引用文档特定位置上的内容

案例目标： 在文档中添加引用其他位置上的编号的文字，当这些编号改变时，引用位置上的编号可以自动保持一致，效果如图 8-13 所示。

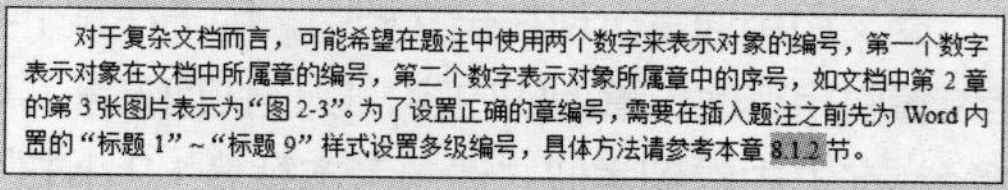

对于复杂文档而言，可能希望在题注中使用两个数字来表示对象的编号，第一个数字表示对象在文档中所属章的编号，第二个数字表示对象所属章中的序号，如文档中第 2 章的第 3 张图片表示为"图 2-3"。为了设置正确的章编号，需要在插入题注之前先为 Word 内置的"标题 1"~"标题 9"样式设置多级编号，具体方法请参考本章节。

图 8-13　设置交叉引用

完成本例的具体操作步骤如下。

（1）将插入点定位到要输入引用内容的位置，然后输入除了编号外的其他需要引用的内容，如"具体方法请参考本章节"，如图 8-14 所示。

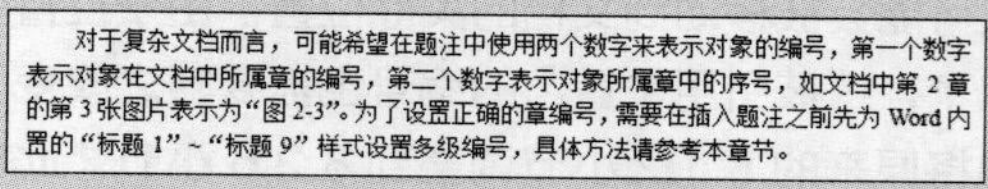

对于复杂文档而言，可能希望在题注中使用两个数字来表示对象的编号，第一个数字表示对象在文档中所属章的编号，第二个数字表示对象所属章中的序号，如文档中第 2 章的第 3 张图片表示为"图 2-3"。为了设置正确的章编号，需要在插入题注之前先为 Word 内置的"标题 1"~"标题 9"样式设置多级编号，具体方法请参考本章节。

图 8-14　输入除了编号外的其他内容

（2）将插入点定位到要放置编号的位置，本例中为"章"和"节"两个字之间，然后单击功能区中的【引用】⇨【题注】⇨【交叉引用】按钮，如图 8-15 所示。

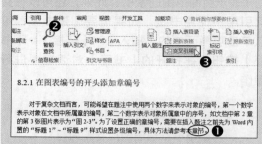

8.2.1 在图表编号的开头添加章编号

对于复杂文档而言，可能希望在题注中使用两个数字来表示对象的编号，第一个数字表示对象在文档中所属章的编号，第二个数字表示对象所属章中的序号，如文档中第 2 章的第 3 张图片表示为"图 2-3"。为了设置正确的章编号，需要在插入题注之前先为 Word 内置的"标题 1"~"标题 9"样式设置多级编号，具体方法请参考本章节。

图 8-15　单击【交叉引用】按钮

（3）打开【交叉引用】对话框，在【引用类型】下拉列表中选择【标题】，在【引用内容】下拉列表中选择【标题编号】，在下方的列表框中选择要引用的内容，如图 8-16 所示。

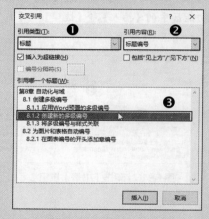

图 8-16　设置交叉引用

（4）单击【插入】按钮和【关闭】按钮，关闭【交叉引用】对话框，在插入点处插入一个编号，该编号就是要引用的内容的编号。

可以在按住【Ctrl】键的同时单击文档中的交叉引用，将会自动跳转到被引用位置。如果被引用位置上的内容发生了改变，可以右击引用位置上的内容，在弹出的菜单中选择【更新域】命令，将内容同步更新以使其与被引用位置上的内容保持一致。如果文档中包含多处交叉引用，可以按【Ctrl+A】组合键选择所有内容，然后按【F9】键同时对所有交叉引用进行更新。

8.2 创建多级编号

本书第 5 章介绍了自动编号的用法，但涉及的都是单级编号，即只对位于同一个级别中的内容添加编号。对于复杂文档而言，其内容通常是一个包含多个层次的嵌套结构。图 8-17 所示的文档包含两层内容，每层内容使用不同的编号形式：以文字“第一条”“第二条”开头的段落为第 1 层内容，即一级内容；以数字“1.”“2.”开头的段落为第 2 层内容，即二级内容。一级内容下属可以包含一个或多个二级内容。两个一级内容下属的二级内容的编号相对独立。例如，“第五条”下属的 3 个二级内容和“第六条”下属的 4 个二级内容，它们的编号都是以“1.”开始的。

一个更复杂的例子是书籍中的章节标题编号，如图 8-18 所示。书籍中的章节标题通常至少包含 3 层，即 3 个级别。每一章有一个章标题，编号形式类似于“第 2 章”；每一章会划分为多个节，编号形式类似于“2.1”“2.2”；每一节又会划分为多个小节，编号形式类似于“2.1.1”“2.2.1”。

第一条 为严明纪律，奖惩分明，提高员工工作积极性，提高工作效率和经济效率，特制订本制度。

第二条 适用范围：全体员工。

第三条 对员工的奖惩实行精神鼓励和思想教育为主、经济奖惩为辅的原则。

第四条 奖励办法

第五条 本公司设立如下奖励方法，酌情使用：

1. 通告表扬；
2. 奖金奖励；
3. 晋升提级。

第六条 有下列表现的员工应给予通告表扬：

1. 品德端正，工作努力；
2. 维护公司利益，为公司争得荣誉，防止或挽救事故与经济损失有功；
3. 一贯忠于职守，积极负责，廉洁奉公；
4. 有其他功绩，足为其他员工楷模。

图 8-17 具有简单嵌套结构和编号形式的内容

第 2 章 模板——让文档页面格式一劳永逸
- 2.1 页面的组成结构
  - 2.1.1 版心
  - 2.1.2 页边距
  - 2.1.3 页眉和页脚
  - 2.1.4 天头和地脚
- 2.2 设置页面的尺寸及其相关元素
  - 2.2.1 设置纸张大小
  - 2.2.2 设置版心大小
  - 2.2.3 设置页眉和页脚的大小
  - 2.2.4 设置页面方向
  - 2.2.5 让同一文档同时包含横竖两个方向的页面
  - 2.2.6 为页面添加边框和背景
  - 2.2.7 为页面添加水印效果
  - 2.2.8 为文档添加封面
- 2.3 设计文档的版面布局
  - 2.3.1 纯文字类文档的版面设计
  - 2.3.2 文、表类文档的版面设计

图 8-18 具有复杂嵌套结构和编号形式的内容

为具有两个或两个以上不同级别的内容进行编号称为多级编号。Word 预置了一些不同格式的多级编号，可以根据需要直接使用这些编号。如果对编号格式有特殊要求，可以创建新的多级编号，Word 支持的最大编号级别为 9 级。

由于多级编号由 Word 自动维护，因此在文档中调整设置了多级编号的内容的位置，或在内容之前或之后增删内容时，Word 会自动重排内容的编号，以确保编号的顺序和级别正确无误。

8.2.1 应用 Word 预置的多级编号

Word 预置了一些多级编号，从中进行选择可以快速为指定的内容设置多级编号。在设置多级编号前，需要先选择要设置多级编号的内容，然后单击功能区中的【开始】⇨【段落】⇨【多级列表】按钮，在打开的列表库中选择一种多级编号。

Word 多级编号中的不同编号级别是基于段落缩进来自动分配的。如果在设置多级编号前，所选内容具有相同的缩进格式，设置多级编号后，这些内容将具有相同的编号级别。如果希望为内容设置不同级别的编号，需要为内容中的各个段落设置不同的缩进格式。可以先设置缩进格式，再设置多级编号，也可以先设置多级编号，然后根据需要为指定的编号增加或减少缩进。缩进量越大，编号的级别越低。

设置缩进时，需要将插入点定位到段落开头，然后按【Tab】键或【Shift+Tab】组合键进行设置：

每按一次【Tab】键，将增加一定量的左缩进，编号级别下降一级；每按一次【Shift+Tab】组合键，将减少一定量的左缩进，编号级别上升一级。

案例 8-3

为员工奖惩制度设置多级编号

案例目标：文档中的内容具有相同的缩进格式，为这些内容设置两个级别的编号，第 1 级编号是罗马数字，第 2 级编号是大写英文字母，效果如图 8-19 所示。

I. 为严明纪律，奖惩分明，提高员工工作积极性，提高工作效率和经济效率，特制订本制度。
II. 适用范围：全体员工。
III. 对员工的奖惩实行精神鼓励和思想教育为主、经济奖惩为辅的原则。
IV. 奖励办法
V. 本公司设立如下奖励方法，酌情使用：
A. 通告表扬；
B. 奖金奖励；
C. 晋升提级。
VI. 有下列表现的员工应给予通告表扬：
A. 品德端正，工作努力；
B. 维护公司利益，为公司争得荣誉，防止或挽救事故与经济损失有功；
C. 一贯忠于职守，积极负责，廉洁奉公。

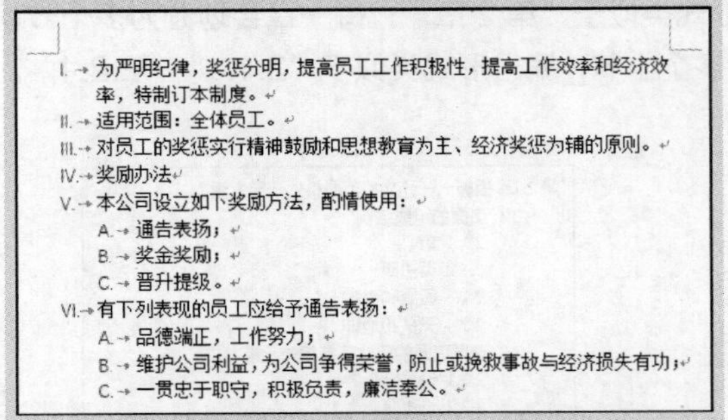

图 8-19　应用 Word 预置的多级编号

完成本例的具体操作步骤如下。

（1）选择文档中要设置多级编号的内容，然后单击功能区中的【开始】⇨【段落】⇨【多级列表】按钮，打开多级编号列表库，选择图 8-20 所示的多级编号。

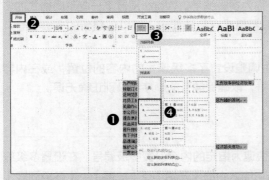

图 8-20　为所选内容选择一种预置的多级编号

（2）选择要设置第 2 级编号的内容，如图 8-21 所示。按【Tab】键为所选内容添加左缩进，这些内容的编号将会下降一级。

如果为内容设置的是 Word 自动编号，在单击任一编号时，所有同级编号都会显示灰色背景，如图 8-22 所示。

I. 为严明纪律，奖惩分明，提高员工工作积极性，提高工作效率和经济效率，特制订本制度。
II. 适用范围：全体员工。
III. 对员工的奖惩实行精神鼓励和思想教育为主、经济奖惩为辅的原则。
IV. 奖励办法
V. 本公司设立如下奖励方法，酌情使用：
VI. 通告表扬；
VII. 奖金奖励；
VIII. 晋升提级。
IX. 有下列表现的员工应给予通告表扬：
X. 品德端正，工作努力；
XI. 维护公司利益，为公司争得荣誉，防止或挽救事故与经济损失有功；
XII. 一贯忠于职守，积极负责，廉洁奉公。

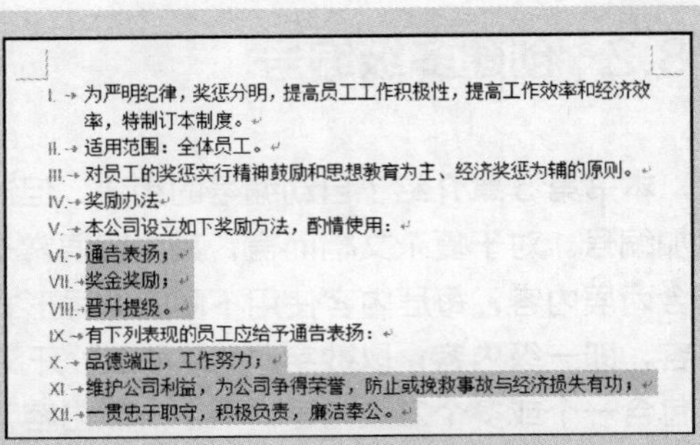

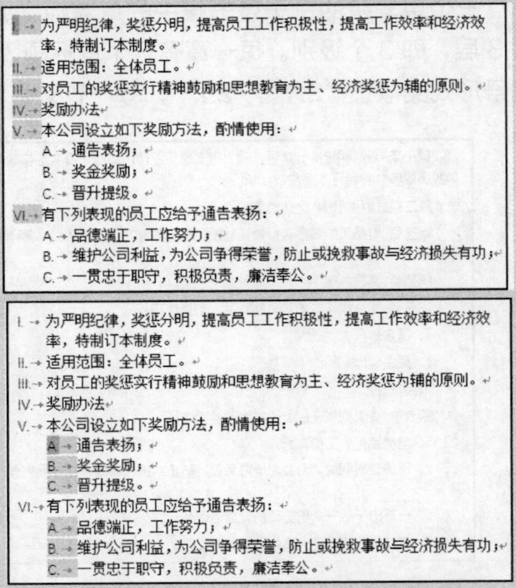

图 8-21　选择设置第 2 级编号的内容

I. 为严明纪律，奖惩分明，提高员工工作积极性，提高工作效率和经济效率，特制订本制度。
II. 适用范围：全体员工。
III. 对员工的奖惩实行精神鼓励和思想教育为主、经济奖惩为辅的原则。
IV. 奖励办法
V. 本公司设立如下奖励方法，酌情使用：
A. 通告表扬；
B. 奖金奖励；
C. 晋升提级。
VI. 有下列表现的员工应给予通告表扬：
A. 品德端正，工作努力；
B. 维护公司利益，为公司争得荣誉，防止或挽救事故与经济损失有功；
C. 一贯忠于职守，积极负责，廉洁奉公。

I. 为严明纪律，奖惩分明，提高员工工作积极性，提高工作效率和经济效率，特制订本制度。
II. 适用范围：全体员工。
III. 对员工的奖惩实行精神鼓励和思想教育为主、经济奖惩为辅的原则。
IV. 奖励办法
V. 本公司设立如下奖励方法，酌情使用：
A. 通告表扬；
B. 奖金奖励；
C. 晋升提级。
VI. 有下列表现的员工应给予通告表扬：
A. 品德端正，工作努力；
B. 维护公司利益，为公司争得荣誉，防止或挽救事故与经济损失有功；
C. 一贯忠于职守，积极负责，廉洁奉公。

图 8-22　所有同级编号显示灰色背景

8.2.2 创建新的多级编号

Word 预置的多级编号并不总能满足所有需求，如果对编号的格式有特殊要求，可以创建新的多级编号。如果需要创建多级编号，可以单击功能区中的【开始】⇨【段落】⇨【多级列表】按钮，在打开的多级编号列表库中选择【定义新的多级列表】命令，在打开的【定义新多级列表】对话框中进行操作。

案例 8-4

为技术文档中的标题创建新的多级编号

案例目标：创建包含 3 个级别的多级编号，形式类似于书籍的章节编号，具体如下：x 表示章编号，y 表示节编号，z 表示小节编号，所有编号都使用阿拉伯数字，效果如

图 8-23 所示。

◉ 章标题：1 级编号，编号形式为"第 x 章"。

◉ 节标题：2 级编号，编号形式为"x.y"。

◉ 小节标题：3 级编号，编号形式为"x.y.z"。

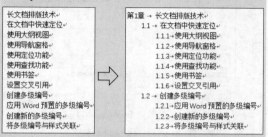

图 8-23　创建新的多级编号

完成本例的具体操作步骤如下。

（1）单击功能区中的【开始】⇨【段落】⇨【多级列表】按钮，在打开的下拉菜单中选择【定义新的多级列表】命令。

（2）打开【定义新多级列表】对话框，在【单击要修改的级别】列表框中显示了多级编号的 9 个级别，首先设置 1 级编号的格式，此处选择【1】后进行以下设置。

◉ 在【此级别的编号样式】下拉列表中选择【1，2，3，…】，如图 8-24 所示。

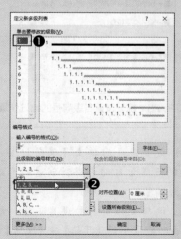

图 8-24　选择编号样式

◉ 在【输入编号的格式】文本框中"1"的左、右两侧输入"第"和"章"两个字，

如图 8-25 所示。

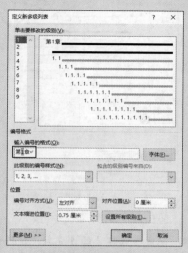

图 8-25　为编号添加额外文字

（3）完成 1 级编号的设置后，开始设置 2 级编号。在【单击要修改的级别】列表框中选择【2】，将【输入编号的格式】文本框中的所有内容删除，然后进行以下设置。

◉ 在【包含的级别编号来自】下拉列表中选择【级别 1】，添加 1 级编号的数字，该数字将显示在【输入编号的格式】文本框中，然后在该数字右侧输入一个英文句点。

◉ 在【此级别的编号样式】下拉列表中选择【1，2，3，…】，添加 2 级编号的数字。

设置过程如图 8-26 所示。

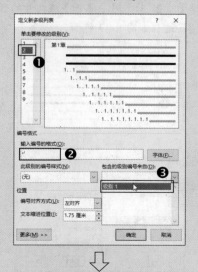

图 8-26　设置 2 级编号

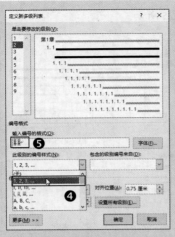

图 8-26 设置 2 级编号（续）

（4）完成 2 级编号的设置后，开始设置 3 级编号。在【单击要修改的级别】列表框中选择【3】，将【输入编号的格式】文本框中的所有内容删除，然后进行以下设置。

◉ 在【包含的级别编号来自】下拉列表中选择【级别 1】，添加 1 级编号的数字，该数字将显示在【输入编号的格式】文本框中，然后在数字右侧输入一个英文句点。

◉ 在【包含的级别编号来自】下拉列表中选择【级别 2】，添加 2 级编号的数字，该数字将显示在【输入编号的格式】文本框中，然后在该数字右侧输入一个英文句点。

◉ 在【此级别的编号样式】下拉列表中选择【1，2，3，…】，添加 3 级编号的数字。

设置过程如图 8-27 所示。

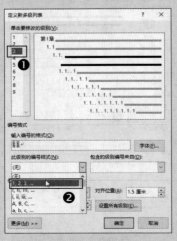

图 8-27 设置 3 级编号

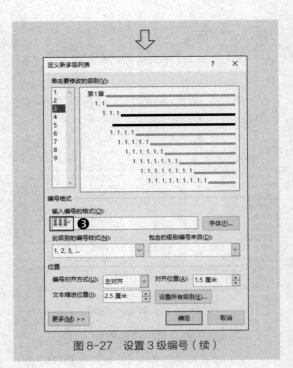

图 8-27 设置 3 级编号（续）

> **提示**
> 如果需要单独指定每级编号的【对齐位置】和【文本缩进位置】，可以单击【定义新多级列表】对话框中的【设置所有级别】按钮，在打开的对话框中统一指定所有级别的编号位置和文本缩进位置，如图 8-28 所示。

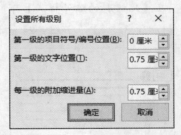

图 8-28 统一设置各级编号的缩进位置

（5）设置完成后单击【确定】按钮，插入点处的段落会自动设置新创建的多级编号中的 1 级编号。

（6）选择文档中需要设置多级编号的内容，单击功能区中的【开始】⇨【段落】⇨【多级列表】按钮，在打开的多级编号列表库中选择本例创建的多级编号，如图 8-29 所示。在为选中内容设置多级编号后，可以根据需要使用【Tab】键更改指定内容的缩进格式，以使编号呈现不同的级别。

图8-29 为内容设置新建的多级编号

如果希望在其他文档中使用由用户创建的多级编号，需要在打开的多级编号列表库中右击该多级编号，然后在弹出的菜单中选择【保存到列表库】命令。如果要从多级编号列表库中删除用户创建的多级编号，可以在多级编号列表库中右击要删除的多级编号，在弹出的菜单中选择【从列表库中删除】命令。

8.2.3 将多级编号与样式关联

创建的多级编号具有文档默认的字体格式和段落格式。将多级编号与样式关联在一起，这样就可以让多级编号自动获取样式中包含的字体和段落等格式。同时，在使用这些样式为内容设置格式时，也会自动应用样式中包含的多级编号。与多级编号关联的样式必须是 Word 内置的样式。

如果需要为多级编号与 Word 内置样式建

立关联，可以打开【定义新多级列表】对话框，单击【更多】按钮，展开该对话框包含的其他选项。

在【单击要修改的级别】列表框中选择要设置样式关联的编号级别，然后在【将级别链接到样式】下拉列表中选择要进行关联的样式。图8-30 所示为将多级编号中的 1 级编号关联到标题 1 样式。

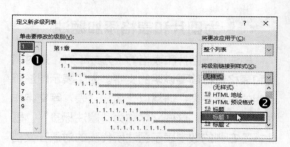

图8-30 建立多级编号与样式的关联

重复上述操作，直到为所有需要的编号与样式建立关联。设置完成后单击【确定】按钮，关闭【定义新多级列表】对话框。打开【样式】窗格，与编号建立关联的样式名中会显示相应的编号，如图8-31 所示。

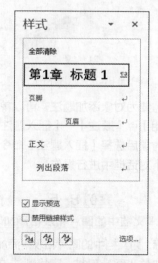

图8-31 关联后的样式名会显示编号

8.3 为图片和表格添加题注

大型文档通常都包含大量的图片和表格，排版时需要为它们编号。虽然可以进行手动编号，但是如果图片和表格的位置、数量经常发生变化，后期就需要反复修改这些编号以确保它们正确排序，这无疑是一项烦琐低效的工作。使用 Word 中的题注功能可以自动为图片和表格编号，并在图片和表格的位置、数量发生改变时自动更新编号，以获得正确的结果。本节将介绍为图片和表格添加题注的方法。

8.3.1 为图片和表格添加题注

题注位于图片和表格的上方或下方，是对图片和表格进行简要说明的文字。为了表示题注所说明的对象类型，通常以"图""表"等文字作为题注的开头，这些文字称为"题注标签"。题注标签右侧的数字表示题注所代表的对象在文档中的序号。图 8-32 所示为一个题注的示例，该题注以"图"字开头，说明这是一个图片题注。题注标签右侧的数字 1 表示该图片是文档中的第一张图片。题注中的其他文字是对图片的简要说明。

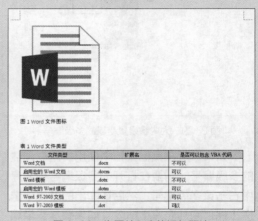

图 8-33　为图片和表格添加题注

图 8-32　题注示例

如果需要为对象添加题注，可以单击功能区中的【引用】⇨【题注】⇨【插入题注】按钮，或者右击对象后选择【插入题注】命令，在打开的【题注】对话框中进行操作。

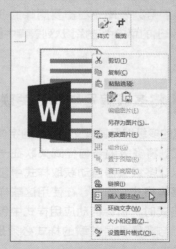

图 8-34　选择【插入题注】命令

案例 8-5

为技术文档中的图片和表格添加题注

案例目标： 为文档中的图片和表格添加题注，图片题注位于图片下方，表格题注位于表格上方，两种对象的题注编号各自独立，互不影响，效果如图 8-33 所示。

完成本例的具体操作步骤如下。

（1）右击要添加题注的图片，在弹出的菜单中选择【插入题注】命令，如图 8-34 所示。

（2）打开【题注】对话框，可以从【标签】下拉列表中选择已有的题注标签。如果没有符合需要的，可以创建新的题注标签。单击【新建标签】按钮，打开【新建标签】对话框，在【标签】文本框中输入"图"，然后单击【确定】按钮，如图 8-35 所示。

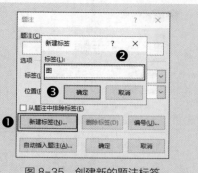

图 8-35 创建新的题注标签

如果不想在题注中包含题注标签，可以在【题注】对话框中选中【从题注中排除标签】复选框。

（3）新建的标签自动作为当前创建题注所使用的标签。系统自动在【题注】文本框中显示"图 1"字样，在该字样后面输入题注中包含的说明性文字，如"Word 文件图标"，然后单击【确定】按钮，如图 8-36 所示，完成为选中的图片插入题注。题注默认插入到所选对象的下方，可以在【题注】对话框的【位置】下拉列表中指定题注的位置。

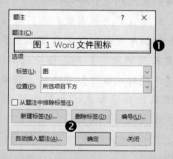

图 8-36 设置题注标签和说明文字

如果创建了错误的题注标签，可以在【标签】下拉列表中选择该标签，然后单击【删除标签】按钮将其删除。

（4）为表格添加题注的方法与图片题注类似，选择文档中的表格，然后右击选区，在弹出的菜单中选择【插入题注】命令，在打开的【题注】对话框中进行以下几项设置，如图 8-37 所示。

● 创建"表"题注标签：单击【新建标签】按钮，在打开的对话框中输入"表"。

● 指定题注的位置：表格题注一般位于表格的上方，因此需要在【位置】下拉列表中选择【所选项目上方】。

● 输入题注的内容：在【题注】文本框中输入"Word 文件类型"。

图 8-37 设置表格题注

（5）设置完成后单击【确定】按钮，完成在选中的表格上方添加题注。

8.3.2 创建包含章编号的题注

在实际应用中，很多文档中的题注可能要求使用类似"图 2-1"的形式，题注中的第 1 个数字 2 表示对象在文档中所属的标题的编号，如书籍中的"章"；题注中的第 2 个数字表示对象在其所属标题下的同类对象中的序号，如"图 2-1"表示第 2 章的第 1 张图片。

为了在题注中显示正确的章编号，需要在添加题注前为 Word 内置的【标题 1】~【标题 9】样式设置多级编号，具体方法请参考本章 8.2.2 小节和 8.2.3 小节。

案例 8-6
创建包含章编号的题注

案例目标： 假设已在文档中正确创建了多级编号，并在多级编号与样式之间建立了关联，现在需要在为图片创建包含章编号的题注，效果如图 8-38 所示。

完成本例的具体操作步骤如下。

（1）使用上一个案例的方法在【题注】对话框中为图片设置题注选项，然后单击【编号】按钮，如图 8-39 所示。

图 2-1 Word 文件图标

图 8-38　创建包含章编号的题注

图 8-39　单击【编号】按钮

（2）打开【题注编号】对话框，选中【包含章节号】复选框，然后进行以下几项设置。

⊙　选择编号格式：在【格式】下拉列表中选择编号的数字格式。

⊙　在【章节起始样式】下拉列表中选择要作为题注编号中第一个数字的标题样式。

⊙　在【使用分隔符】下拉列表中选择题注编号中的两个数字之间的分隔符号。

设置过程如图 8-40 所示。

图 8-40　设置题注编号的格式

（3）设置完成后单击【确定】按钮，在【题注】文本框中已经显示了包含章编号的题注，如图 8-41 所示。单击【确定】按钮，将为所选图片插入包含章编号的题注。也可以单击【关闭】按钮仅保存该设置，而不插入任何题注。

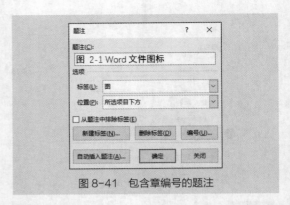

图 8-41　包含章编号的题注

8.3.3　题注中的章编号变为中文数字的解决方法

如果文档中的章标题使用的是中文数字编号，如"第一章""第二章"等，在为图片等对象添加包含章编号的题注时，将得到类似"图一-1"的结果，可以使用下面的方法将题注更正为"图 1-1"的形式，具体操作步骤如下。

（1）将插入点定位到任意一个包含章标题的段落范围内，然后单击功能区中的【开始】⇨【段落】⇨【多级列表】按钮，在打开的列表中选择【定义新的多级列表】命令。

（2）打开【定义新多级列表】对话框，单击【更多】按钮展开该对话框以显示更多选项。在【单击要修改的级别】列表框中选择【1】，然后选中【正规形式编号】复选框，将章编号的数字改为阿拉伯数字形式，如图 8-42 所示。设置完成后单击【确定】按钮。

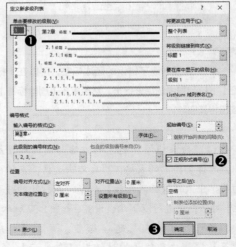

图 8-42　更正题注的方法

（3）按【Ctrl+A】组合键选择文档中的所有内容，然后按【F9】键更新域，使所有章标题及题注中的章编号显示为阿拉伯数字。

（4）重复步骤（2）中的操作，在【定义新多级列表】对话框中取消选中【正规形式编号】复选框，然后单击【确定】按钮，使标题中的章编号恢复为原来的中文数字。

> **注意**
>
> 确保不会再对文档中的所有域进行更新后，再执行以上操作，否则如果更新了文档中的所有域，题注又会变为"图一-1"的形式。

8.4　创建脚注和尾注

脚注位于页面底部，用于对当前页面中的指定内容进行辅助说明。尾注位于文档结尾，列出了正文中标记的引文出处等内容。在复杂文档的创作与编辑过程中，经常会涉及脚注和尾注的操作。可以利用 Word 提供的功能添加脚注和尾注，并自动维护它们的编号。本节将介绍添加与设置脚注和尾注的方法。

8.4.1　添加与删除脚注和尾注

脚注是指在一个页面底部添加的对本页某处内容的辅助说明文字。可以在一个页面中添加多个脚注，Word 会根据添加的顺序依次为这些脚注编号，在调整脚注的位置时，Word 会自动更正脚注中的编号，以确保所有脚注编号按正确顺序排列。图 8-43 所示为一个脚注的示例，由脚注引用标记、脚注分隔线、脚注引用编号和脚注内容 4 个部分组成。

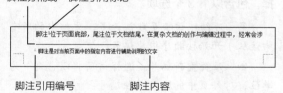

图 8-43　脚注的组成部分

为内容添加脚注前，需要先选中内容，或将插入点定位到内容的右侧，然后单击功能区中的【引用】⇨【脚注】⇨【插入脚注】按钮，插入点将自动定位到当前页面的底部，输入脚注内容即可完成对指定内容添加脚注的操作。脚注引用标记、脚注引用编号和脚注分隔线都由 Word 自动创建。将鼠标指针指向脚注引用标记时会自动显示脚注内容，如图 8-44 所示。

尾注位于文档结尾，即文档最后一个段落的下方。尾注与脚注除了在文档中的位置不同外，其组成部分与涉及的操作基本相同。如果需要创建尾注，可以单击功能区中的【引用】⇨【脚注】⇨【插入尾注】按钮。将鼠标指针指向尾注引用标记时会自动显示尾注内容。

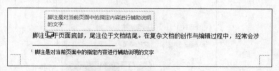

图 8-44　鼠标指针指向脚注引用标记时自动显示脚注内容

可以通过设置【脚注引用】和【脚注文本】两个 Word 内置样式来改变脚注引用标记、脚注引用编号和脚注内容的格式，通过设置【尾注引用】和【尾注文本】两个样式来改变尾注引用标记、尾注引用编号和尾注内容的格式。

如果文档中包含多个脚注，可以反复单击功能区中的【引用】⇨【脚注】⇨【下一条脚注】按钮，自动向文档结尾的方向依次定位每一条脚注。单击该按钮右侧部分的下拉按钮，在弹出的菜单中可以选择定位脚注或尾注以及定位的方向，如图 8-45 所示。

图 8-45　选择定位脚注或尾注以及定位的方向

如果需要删除文档中的脚注和尾注，只需将正文中的脚注和尾注的引用标记删除，与其对应的脚注内容和尾注内容会被自动删除。与删除普通文本的方法类似，选中脚注或尾注的引用标记，按【Delete】键即可将其删除。

8.4.2 调整脚注和尾注的位置与编号格式

用户可以根据需要更改文档中已添加的脚注和尾注的位置以及它们的编号格式。无论进行哪种设置，都需要在【脚注和尾注】对话框中进行操作。

（1）单击功能区【引用】⇨【脚注】组中的对话框启动器，打开【脚注和尾注】对话框。

（2）在【位置】区域中选中【脚注】或【尾注】单选按钮，然后在其右侧的下拉列表中选择脚注或尾注的位置，如图8-46所示。

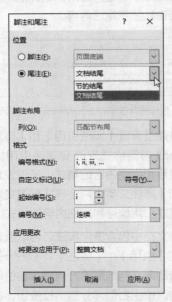

图 8-46　设置脚注和尾注的位置

（3）在【脚注和尾注】对话框的【格式】区域中可以为脚注和尾注的引用标记设置编号格式。在【编号格式】下拉列表中选择 Word 预置的一种编号格式，如图8-47所示。然后在【起始编号】文本框中为脚注和尾注设置起始编号值。如果预置的编号格式不符合需求，还可以在【自定义标记】文本框中输入所需的标记，或者

单击【符号】按钮选择更多的符号。

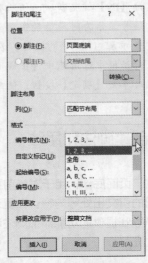

图 8-47　设置脚注和尾注的编号格式

默认情况下，脚注在文档中连续编号。例如，如果文档共有两页，第1页有两个脚注，第2页有3个脚注，那么脚注的编号依次为"1、2、3、4、5"。在实际应用中，可能需要让各页中的脚注单独编号，如第1页的脚注编号为"1、2"，第2页的脚注编号为"1、2、3"。

如果需要改变脚注的编号方式，可以在【脚注和尾注】对话框的【编号】下拉列表中进行选择，包含以下3个选项。

◉　连续：该项是默认设置，文档中的所有脚注从1开始按顺序依次编号。

◉　每页重新编号：选择该项将以"页"为单位，对每页中的脚注单独编号。

◉　每节重新编号：选择该项将以"节"为单位，对每节中的脚注单独编号。

8.4.3 在脚注和尾注之间转换

如果文档中同时包含脚注和尾注，则可以将其中的脚注转换为尾注，也可以将尾注转换为脚注，或者同时相互转换。单击功能区【引用】⇨【脚注】组中的对话框启动器，打开【脚注和尾注】对话框，单击【转换】按钮，打开图8-48所示的【转换注释】对话框，选择转换方式后单击【确定】按钮。

图 8-48 选择脚注和尾注的转换方式

8.4.4 删除脚注中的分隔线

在文档中添加脚注时，会在页面底部自动插入一条横线，以便分隔脚注和正文内容，在页面视图中无法选中和删除这条线。有时可能想要删除这条分隔线，但却发现无法选中它，此时可以使用下面案例中的方法删除脚注分隔线。

案例 8-7

删除脚注中的分隔线

案例目标： 将脚注中的分隔线删除，效果如图 8-49 所示。

完成本例的具体操作步骤如下。

（1）单击功能区中的【视图】⇨【视图】⇨【草稿】按钮，切换到草稿视图。

（2）在草稿视图中，单击功能区中的【引用】⇨【脚注】⇨【显示备注】按钮，在 Word 窗口底部显示备注窗格。

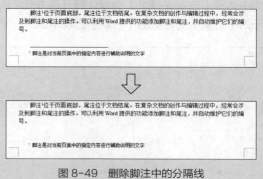

图 8-49 删除脚注中的分隔线

（3）在备注窗格的【脚注】下拉列表中选择【脚注分隔符】，如图 8-50 所示。

图 8-50 选择【脚注分隔符】

（4）使用鼠标拖动脚注分隔线，以将其选中，如图 8-51 所示，按【Delete】键将其删除。

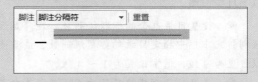

图 8-51 选中脚注分隔线

8.5 创建目录

目录是大型文档的重要组成部分，其中包括构成文档整体结构的各级标题以及它们在文档中的页码。通过目录可以快速了解文档的整体框架结构，同时便于用户快速跳转到指定标题对应的页面。本节将介绍创建与设置正文标题目录和图表目录的方法。

8.5.1 创建一个或多个目录

Word 允许用户将文档中的指定内容添加到目录中，添加方式包括以下 3 种。

◉ 样式：将应用了特定样式的内容添加到目录中。

◉ 大纲级别：将设置了大纲级别的内容添加到目录中。该方式与第一种方式可同时使用。

◉ 任意内容：使用 TC 域将任意内容添加到目录中。本小节主要介绍前两种方式。

在创建目录前，应该检查是否为希望出现在目录中的内容设置了正确的样式和大纲级别。Word 内置的【标题 1】～【标题 9】样式与大纲级别 1 级～ 9 级一一对应。确认无误后，将插入点定位到要放置目录的位置，然后单击功能区中的【引用】⇨【目录】⇨【目录】按钮，在打开的目录样式库中选择【自定义目录】命令，打开图8-52所示的【目录】对话框的【目录】选项卡。

图 8-52　【目录】对话框

在【目录】对话框中可以对创建的目录进行以下几类设置。

◉ 设置目录包含的标题级别数：在【显示级别】文本框中指定目录的标题级别数，最多可以设置为9级，通常设置为1～4级。

◉ 设置目录页码的显示方式：可以选中或取消选中【显示页码】和【页码右对齐】复选框来指定目录标题右侧是否显示页码，以及页码是自动右对齐还是紧跟在标题之后。还可以选中【使用超链接而不使用页码】复选框，让目录标题具有超链接功能，这样在按住【Ctrl】键后单击目录标题，将会自动跳转到与标题对应的页面中。

◉ 设置目录标题的格式：单击【修改】按钮，在打开的【目录】对话框中可以更改目录标题的格式，与修改其他样式的格式的操作类似。也可以在创建目录后，在【样式】窗格中修改带有"目录"二字样式的格式。

◉ 设置将哪些内容添加到目录中：单击【选项】按钮，打开【目录选项】对话框，可以指定将哪些内容添加目录中，如图8-53所示。

在【目录选项】对话框中可以使用以下3种方式指定要添加到目录中的内容。

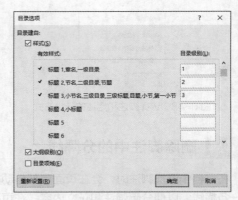

图 8-53　指定要添加到目录中的内容

1. 样式

选中【样式】复选框，【有效样式】列表框中的所有样式变为可用状态，如果为内容应用了其中的某些样式，并且希望将这些内容添加到目录中，则可以在这些样式右侧的【目录级别】文本框中输入1～9的数字，该数字表示内容在最终创建的目录中的目录标题级别。

2. 大纲级别

选中【大纲级别】复选框，无论是否为内容设置了样式，所有设置了大纲级别的内容都可能会被添加到目录中。【目录】对话框【显示级别】文本框中设置的数字决定最终将哪些大纲级别的内容添加到目录中。例如，文档中存在大纲级别为1～5级的不同内容，但是在【目录】对话框中将【显示级别】设置为3，那么最后只会将大纲级别为1～3级的内容添加到目录中。

3. 目录项域

选中【目录项域】复选框，可以将文档中使用TC域标记的内容添加到目录中。

在【目录】对话框中设置好以上列出的所有或部分选项后，单击【确定】按钮，将在插入点位置创建目录。

案例 8-8
为毕业论文创建目录

案例目标： 将文档中应用了【标题1】【标题2】和【标题3】样式的内容创建为目录，并将目录中一级标题的字体设置为楷体，字号设置为四号，效果如图8-54所示。

图 8-54 为文档创建目录

完成本例的具体操作步骤如下。

（1）将插入点定位到要放置目录的位置，然后单击功能区中的【引用】⇨【目录】⇨【目录】按钮，在打开的目录样式库中选择【自定义目录】命令。

（2）打开【目录】对话框的【目录】选项卡，选中【显示页码】和【页码右对齐】两个复选框，在【制表符前导符】下拉列表中选择省略号作为目录标题与页码之间的连接符，将【显示级别】设置为【3】，然后单击【选项】按钮，如图 8-55 所示。

图 8-55 设置页码和显示级别选项

（3）打开【目录选项】对话框，选中【样式】复选框，取消选中【大纲级别】和【目录项域】复选框，将【标题 1】【标题 2】【标题 3】3 个样式的【目录级别】依次设置为【1】【2】【3】，然后单击【确定】按钮，如图 8-56 所示。

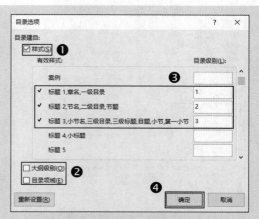

图 8-56 设置样式的目录级别

（4）返回【目录】对话框，单击【修改】按钮，打开【样式】对话框，选择【目录 1】，然后单击【修改】按钮，如图 8-57 所示。

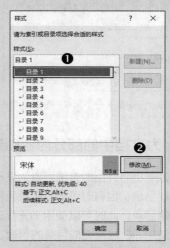

图 8-57 选择要修改格式的目录样式

（5）打开【修改样式】对话框，在【格式】区域中将【字体】设置为【楷体】，【字号】设置为【四号】，如图 8-58 所示。

（6）单击 3 次【确定】按钮，依次关闭打开的 3 个对话框，完成在插入点处创建目录。

可以在同一个文档中创建多个目录，每个目录的创建方法都相同。但是在文档中已经存在目录的情况下，当创建下一个目录时，将会显示图 8-59 所示的对话框，单击【否】按钮，即可保留已有的目录并创建下一个目录。

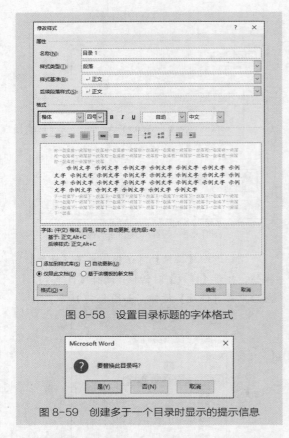

图 8-58　设置目录标题的字体格式

图 8-59　创建多于一个目录时显示的提示信息

图 8-60　为所选内容创建书签

（3）将插入点定位到要放置目录的位置，按【Ctrl+F9】组合键插入一对域专用的大括号，在大括号中输入下面的域代码，"局部目录"就是在步骤（1）中创建的书签名。输入后的域代码外观如图 8-61 所示。

TOC \b 局部目录

{ TOC · \b · 局部目录 · }

图 8-61　输入 TOC 域代码

（4）确保插入点位于域代码的范围内，按【F9】键将为所选内容范围创建目录。

8.5.2 为文档中的部分内容创建目录

使用上一小节介绍的方法可以为文档中的所有内容创建目录，但有时可能只需要为特定范围的内容创建目录，此时可以使用书签标记特定范围，然后使用 TC 域来完成目录的创建。

案例 8-9

为文档中的部分内容创建目录

案例目标： 在文档中选择一个特定范围的内容，为所选内容创建目录。

完成本例的具体操作步骤如下。

（1）在文档中选择要创建目录的内容范围，然后单击功能区中的【插入】⇨【链接】⇨【书签】按钮，打开【书签】对话框，在【书签名】文本框中为书签设置一个名称，如"局部目录"，如图 8-60 所示。

（2）单击【添加】按钮，关闭【书签】对话框，即可为所选内容创建书签。

8.5.3 为图片和表格创建图表目录

除了为文档中的正文内容创建目录外，还可以为图片和表格等对象创建图表目录，以便快速找到特定的图片和表格。与前面介绍的创建正文标题目录的方式类似，Word 也支持 3 种创建图表目录的方式。

◉　使用常规方法插入的题注：将通过【题注】对话框插入的题注添加到图表目录中。

◉　所有应用了特定样式的内容：将应用了某个特定样式的内容添加到图表目录中。

◉　任意内容：将使用 TC 域标记的任意内容添加到图表目录中。

符合以上 3 种情况之一的内容，都可以被创建到图表目录中，前两种方式不能同时使用。如果希望一次性创建图片和表格的目录，则应该使用第2种方法，因为第1种方法通过题注标签来识别图片和表格，每次只能创建图片或表格中的一种目录，如果需要同时创建图片和表格的目录，则需要分两次创建才能完成。

如果需要创建图表目录，首先将插入点定位到要放置图表目录的位置，然后单击功能区中的【引用】⇨【题注】⇨【插入表目录】按钮，打开【图表目录】对话框，该对话框的外观及其中包含的选项与【目录】对话框类似。在【图表目录】对话框中完成图表目录的设置和创建工作。

下面将通过两个案例介绍使用题注标签和特定样式创建图表目录的方法。

案例 8-10
使用题注标签创建图表目录

案例目标： 在文档中已经为图片添加图片题注、为表格添加表格题注，图片题注的题注标签为"图"，表格题注的题注标签为"表"。现在需要使用题注标签创建图表目录，效果如图8-62所示。

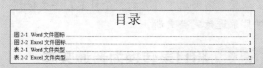

图 8-62　创建的图表目录

完成本例的具体操作步骤如下。

（1）将插入点定位到要放置图表目录的位置，然后单击功能区中的【引用】⇨【题注】⇨【插入表目录】按钮，如图8-63所示。

图 8-63　单击【插入表目录】按钮

（2）打开【图表目录】对话框的【图表目录】选项卡，在【题注标签】下拉列表中

选择图片题注所使用的题注标签"图"，如图8-64所示。

图 8-64　选择图片题注的题注标签

（3）确保【显示页码】【页码右对齐】和【包括标签和编号】3个复选框已被选中，单击【确定】按钮，将在插入点处为文档中的所有图片创建图表目录，如图8-65所示。

图 8-65　使用图片题注为图片创建图表目录

（4）重复步骤（2）和步骤（3）中的操作，但是在【题注标签】下拉列表中选择题注标签时，需要改为表格题注所使用的题注标签"表"。设置完成后单击【确定】按钮，将在图片目录的下方创建表格目录。

如果两次创建的图表目录之间存在空行，可以将插入点定位到位于上方的图表目录的最后一个目录标题的结尾，然后按【Delete】键将空行删除。

> **提示**　如果需要修改图表目录的文本格式，可以在【图表目录】对话框中单击【修改】按钮进行设置。或者在创建好图表目录后，在【样式】窗格中对Word内置的【图表目录】样式进行设置。

案例 8-11
使用特定样式创建图表目录

案例目标： 文档中的图片题注和表格题注都应用了【题注】样式，现在需要为所有图片和表格创建图表目录。

完成本例的具体操作步骤如下。

（1）将插入点定位到要放置图表目录的位置，然后单击功能区中的【引用】⇨【题注】⇨【插入表目录】按钮。

（2）打开【图表目录】对话框的【图表目录】选项卡，单击【选项】按钮。

（3）打开【图表目录选项】对话框，在【样式】下拉列表中选择图片和表格应用的样式，本例为【题注】样式，如图 8-66 所示，选择样式后【样式】复选框会被自动选中。

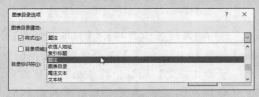

图 8-66 选择图片和表格应用的样式

（4）单击两次【确定】按钮，关闭【图表目录选项】对话框和【图表目录】对话框，将在插入点处创建同时包含图片和表格的图表目录。

8.5.4 保持目录与文档内容一致

如果是使用 Word 内置功能自动创建的目录，当用于创建目录的标题、图片和表格的题注等的位置或内容发生改变时，不需要重新创建目录，而只对目录执行更新操作，即可让目录与最新修改结果保持一致。更新目录的方法有以下几种。

◎ 在目录范围内单击，然后按【F9】键。直接单击可能会自动跳转到对应的标题位置，可在按住【Ctrl】键后单击。

◎ 在目录范围内右击，在弹出的菜单中选择【更新域】命令，如图 8-67 所示。

◎ 在目录范围内单击，再单击功能区中的

【引用】⇨【目录】⇨【更新目录】按钮。

图 8-67 选择【更新域】命令

无论使用哪种方法，都将弹出图 8-68 所示的【更新目录】对话框。在该对话框中可以执行以下两种操作。

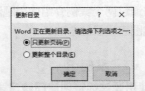

图 8-68 选择更新目录的方式

◎ 如果文档内容的页码与创建目录时的页码有所不同，可以选中【只更新页码】单选按钮，只将目录中的页码更新到最新状态。

◎ 如果在创建目录后，文档内容本身发生了改变，需要选中【更新整个目录】单选按钮，对目录进行完整更新。

8.5.5 将目录转换为普通文本

当单击目录中的任意标题时，都将自动跳转到标题所在的文档位置。右击目录、选择目录或将插入点定位到目录中的任意位置，整个目录都会显示灰色背景。如果确定目录不会再发生改变，可以去除以上特性而将目录变为普通文本，从而避免发生意外的目录更新或其他问题。

案例 8-12
将目录转换为普通文本

案例目标： 将使用 Word 功能自动创建的目录转换为普通文本。

完成本例的具体操作步骤如下。

（1）选择目录中的所有内容，按【Ctrl+Shift+F9】组合键，将目录中的所有内容转换为带有下划线的蓝色文字，如图 8-69 所示。

第 8 章 长文档排版技术……1
8.1 在文档中快速定位……1
8.1.1 使用导航窗格……1
8.1.2 使用大纲视图……1
8.1.3 使用定位功能……1
8.1.4 使用查找功能……1
8.1.5 使用书签……1
8.1.6 使用交叉引用……1
8.2 创建多级编号……1
8.2.1 应用 Word 预置的多级编号……1
8.2.2 创建新的多级编号……1
8.2.3 将多级编号与样式关联……1
8.3 为图片和表格添加题注……1
8.3.1 为图片和表格添加题注……1
8.3.2 创建包含章编号的题注……1
8.3.3 题注中的章编号变为中文数字的解决方法……2

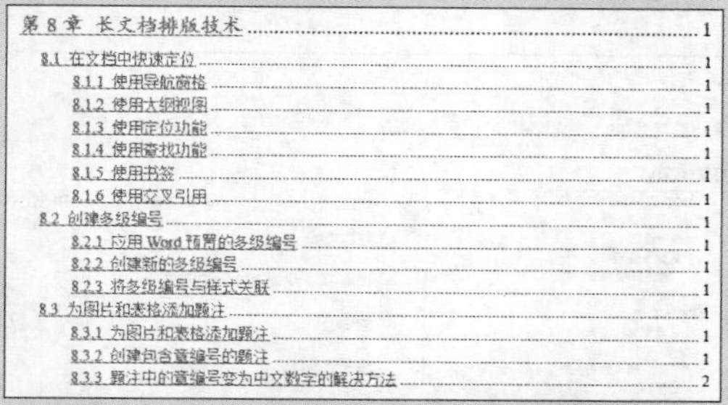

图 8-69　将目录转换为带有下划线的蓝色文字

（2）选中转换后的所有内容，按【Ctrl+D】组合键打开【字体】对话框。在【字体】选项卡中将【字体颜色】设置为【自动】，将【下划线线型】设置为【（无）】，如图 8-70 所示。

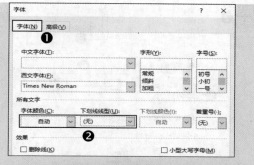

图 8-70　为转换后的目录设置字体格式

技巧

如果目录较长，通过拖动鼠标的方法进行选择非常耗时。此时，可以将插入点定位到目录中的第一个标题的开头，按一次【Delete】键将自动选中整个目录。

（3）单击【确定】按钮，将目录文字的颜色改为默认的黑色，同时取消文字的下划线。

8.6　创建索引

索引通常出现在专业性较强的书籍的结尾，其中包括书中出现的重要内容及其在书中出现的所有位置对应的页码，以便于用户可以快速找到特定内容在书中出现的特定位置，图 8-71 所示为一个索引的示例。本节将介绍创建不同形式索引的方法。

Function 过程，17，19，20，21，98
Sub 过程，17，18，19，20，98
变量，12，13，14，15，16，17，18，20，21，22，25，26，27，32，37，51，52，53，55，78，98，99，100
常量，12，17，18，20，21，25，26，46，55，56，58，67，68，69，71，72，73，74，76，77，78，79，81，83，84，85，86，87，88，93，94，95，96，97
对象模型，1，41，42，44，54

图 8-71　索引示例

8.6.1 手动标记索引项

在 Word 中创建索引最常用的方法是手动标记索引项。索引项是指出现在最终创建的索引中的词条。手动标记索引项是指在创建索引前，先将需要出现在索引中的词条标记出来，以便在创建索引时 Word 能够识别这些标记过的内容。手动标记索引项并创建索引的具体操作步骤如下。

（1）在文档中选择希望出现在索引中的某个内容，然后单击功能区中的【引用】⇨【索引】⇨【标记索引项】按钮，打开【标记索引项】对话框，所选内容将被自动添加到【主索引项】文本框中，如图 8-72 所示。

（2）单击【标记】按钮，对所选内容进行标记。如果要对文档中该内容出现的所有位置都进行标记，可以单击【标记全部】按钮。标记后，Word 会在该内容的右侧显示 XE 域代码，如图 8-73 所示。

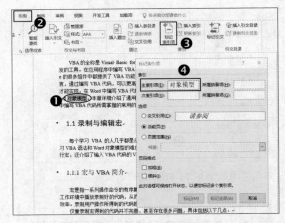

图 8-72　标记索引项

Word 对象模型{ XE "对象模型" }。

图 8-73　标记为索引项的内容右侧会显示 XE 域代码

> **提示**
> 如果未显示 XE 域代码，可以单击功能区中的【开始】⇨【段落】⇨【显示 / 隐藏编辑标记】按钮，在文档中显示格式编辑标记。

（3）重复步骤（1）和步骤（2）中的操作，对文档中其他所有需要出现在索引中的内容逐个进行标记。由于可以在【标记索引项】对话框打开的情况下选择文档中的内容，因此标记过程中不需要关闭【标记索引项】对话框。

（4）完成所有所需的标记工作后，单击【关闭】按钮，关闭【标记索引项】对话框。

> **注意**
> 如果标记的内容包含英文冒号，需要在【主索引项】文本框中的冒号左侧输入一个反斜杠"\"，否则 Word 会将冒号右侧的内容指定为次索引项。

（5）将插入点定位到要放置索引的位置，然后单击功能区中的【引用】⇨【索引】⇨【插入索引】按钮。打开【索引】对话框的【索引】选项卡，如图 8-74 所示。在该对话框中可以对创建的索引进行以下几类设置。

◉　设置索引的栏数：在【栏数】文本框中输入表示索引栏数的数字，可将索引创建为单栏、双栏或多栏。

◉　设置索引的布局类型：选择多级索引的

排列方式，【缩进式】的索引排列方式类似多级目录，不同级别的索引呈缩进结构；【接排式】的索引没有层次感，相关的索引在一行中连续排列。

图 8-74　【索引】对话框

◉　设置索引的页码显示方式：如果选中【页码右对齐】复选框，可将索引的页码创建为类似目录的页码形式。

◉　设置索引中内容的排序依据：在【排序依据】下拉列表中选择索引中的内容是按笔画多少排序，还是按每个内容第一个字的拼音首字母排序。

◉　设置索引中的内容格式：单击【修改】按钮，可以设置索引中的内容格式，与修改目录的格式类似。也可以在创建索引后打开【样式】窗格，然后修改【索引 1】～【索引 9】样式。

（6）根据需要对索引选项进行设置，完成后单击【确定】按钮，将在插入点处创建索引。图 8-75 所示为一个双栏索引，如果将【栏数】改为 1，将创建图 8-76 所示的单栏索引。

```
Function 过程, 17, 19, 20, 98          6, 46, 55, 56, 58, 67, 68, 69, 71, 72, 7
Sub 过程, 17, 18, 19, 20, 98           3, 74, 76, 77, 78, 79, 81, 83, 84, 85, 8
VBE, 1, 4, 5, 9, 37, 38, 42, 44, 50,   6, 87, 88, 93, 94, 95, 96, 97
51                                     对象模型, 1, 41, 42, 44, 54
变量, 12, 13, 14, 15, 16, 18, 19, 2    工程资源管理器, 9, 10, 11
0, 21, 22, 25, 26, 27, 32, 37, 51, 52, 5  宏, 1, 2, 3, 4, 8, 9, 10, 17, 19, 28,
3, 55, 78, 98, 99, 100                 44, 98
常量, 12, 16, 17, 18, 20, 21, 25, 2
```

图 8-75　按首字母排序的双栏索引

```
Function 过程, 17, 19, 20, 97
Sub 过程, 17, 18, 19, 97
VBE, 1, 4, 9, 37, 41, 43, 49, 50
变量, 11, 12, 13, 14, 15, 16, 18, 19, 20, 21, 25, 26, 32, 36, 50, 51, 52, 54, 77, 97,
98
常量, 11, 12, 16, 17, 18, 20, 24, 25, 45, 54, 55, 57, 66, 67, 68, 69, 70, 71, 72, 73,
75, 76, 78, 80, 82, 84, 85, 86, 87, 91, 93, 94, 96
对象模型, 1, 40, 41, 43, 53
工程资源管理器, 9, 10, 11
宏, 1, 2, 3, 4, 7, 8, 9, 17, 18, 27, 43, 97
```

图 8-76　单栏索引

由于标记索引项的 XE 域代码会额外占据文档空间而导致页数增加，为了确保创建的索引不会出现页码错误，应该在创建索引前隐藏 XE 域代码。单击功能区中的【开始】⇨【段落】⇨【显示／隐藏编辑标记】按钮，使该按钮弹起。如果仍然显示 XE 域代码，可以单击【文件】⇨【选项】命令，在【Word 选项】对话框的左侧选择【显示】选项卡，在右侧的【始终在屏幕上显示这些格式标记】区域中取消选中【隐藏文字】复选框，然后单击【确定】按钮。

8.6.2　创建多级索引

与创建多级目录类似，也可以创建具有嵌套层次的多级索引。在多级索引中包括主索引项和次索引项两部分，它们是相对于索引级别而言的。主索引项是索引中位于顶级的内容，次索引项是位于顶级内容下一级或下 n 级的内容。图8-77 所示为一个 2 级索引，其中的"VBE"是主索引项，"代码窗口""工程资源管理器"和"属性窗口"是次索引项。

```
VBE
    代码窗口, 9, 10, 11
    工程资源管理器, 9, 10, 11
    属性窗口, 9, 10, 11
```

图 8-77　一个多级索引的示例

创建多级索引的具体操作步骤如下。

（1）在文档中复制要标记为次索引项的内容，然后单击功能区中的【引用】⇨【索引】⇨【标记索引项】按钮。

（2）打开【标记索引项】对话框，所选内容被自动添加到【主索引项】文本框中，将该文本框中的内容修改为主索引项内容，如"VBE"。

然后单击【次索引项】文本框内部，按【Ctrl+V】组合键粘贴步骤（1）复制的次索引项内容，如图 8-78 所示。

图 8-78　标记主索引项和次索引项

（3）单击【标记全部】按钮。重复步骤（1）和步骤（2）中的操作，对其他所有需要在索引中作为次索引项出现的词语进行标记。

（4）标记完成后，单击功能区中的【引用】⇨【索引】⇨【插入索引】按钮，打开【索引】对话框，将【栏数】设置为【1】，将【排序依据】设置为【拼音】，单击【确定】按钮，将在插入点处创建多级索引。

除了上面介绍的方法外，还可以使用另一种方法标记多级索引：在【标记索引项】对话框的【主索引项】文本框中，直接输入要作为主索引项和次索引项的内容，并使用英文冒号将它们分隔开，如图 8-79 所示，冒号左侧的内容是主索引项，冒号右侧的内容是次索引项。

图 8-79　使用冒号分隔主索引项和次索引项

8.6.3　创建表示页码范围的索引

有的内容可能在文档的连续页面中频繁出现，如果将这类内容所在的所有页码都在索引中逐一列出，会显得非常冗余，也不易查看。为出现在连续多页的内容指定一个页码范围可以让索引变得更简洁。创建表示页码范围的索引的具体操作步骤如下。

（1）在文档中选择一个页面范围，然后单击功能区中的【插入】⇨【链接】⇨【书签】按钮。

（2）打开【书签】对话框，在【书签名】文本框中输入"页码范围索引"，如图 8-80 所示。

单击【添加】按钮，关闭【书签】对话框。

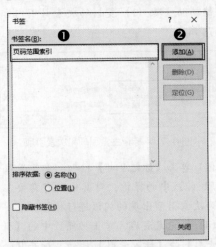

图 8-80　为所选内容创建书签

（3）选择范围内要标记的某个内容，然后单击功能区中的【引用】⇨【索引】⇨【标记索引项】按钮，在【标记索引项】对话框中选中【页面范围】单选按钮，在【书签】下拉列表中选择步骤（2）创建的书签，如图 8-81 所示，然后单击【标记】按钮。

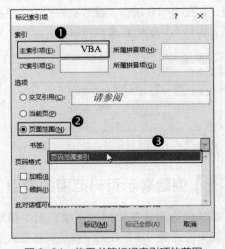

图 8-81　使用书签标记索引项的范围

（4）完成范围内的所有词语的标记后，单击【关闭】按钮，关闭【标记索引项】对话框。

（5）将插入点定位到要放置索引的位置，然后单击功能区中的【引用】⇨【索引】⇨【插入索引】按钮，打开【索引】对话框，设置好索引选项后单击【确定】按钮，将在插入点处创建表示页码范围的索引，如图 8-82 所示。

```
变量, 12-23
常量, 12-23
数据类型, 12, 13, 14, 18, 19, 20, 25, 36, 51, 60, 61, 67
```

图 8-82　创建表示页码范围的索引

8.6.4　更新索引与删除索引项

与更新目录的方法类似，当文档中的内容发生变化时，为了让索引与文档保持一致，需要更新索引。可以使用以下几种方法更新索引。

- 单击索引范围内，然后按【F9】键。
- 右击索引范围内，在弹出的菜单中选择【更新域】命令。
- 单击索引范围内，然后单击功能区中的【引用】⇨【索引】⇨【更新索引】按钮。

> **注意**　更新索引后，将会丢失由用户手动为索引设置的格式，因此，最好在确定索引不会再发生更改后，再为索引设置格式。

如果标记了错误的索引项，可以按【Ctrl+Z】组合键撤销标记操作，也可以选中包括大括号在内的 XE 域代码，然后按【Delete】键将其删除。如果想要删除文档中标记的所有索引项，可以按【Ctrl+H】组合键打开【查找和替换】对话框的【替换】选项卡，在【查找内容】文本框中输入"^d"，【替换】文本框中不输入任何内容，如图 8-83 所示。

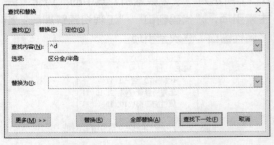

图 8-83　利用替换批量删除索引项

如果文档中只有 XE 域代码，可以单击【全部替换】按钮一次性删除所有 XE 域代码。如果文档中还包含其他域，需要单击【查找下一处】按钮，每次找到并自动选中一个 XE 域代码后，单击【替换】按钮将其删除。然后继续单击【查找下一处】按钮查找下一个 XE 域代码。

8.7 利用替换功能实现批量排版

Word 中的替换功能可以快速修改和删除文档中的指定内容、为内容设置或修改格式。如果在替换中使用通配符，则可以执行非常灵活的查找和替换操作，从而批量完成复杂的编辑与排版工作。本节首先介绍使用通配符前需要了解的重要内容，然后通过几个案例说明在替换中使用通配符的具体应用。

8.7.1 通配符的使用规则与注意事项

通配符是 Word 查找和替换中可以使用的一些特殊字符，它们用于代表一类内容，如"*"代表任意个数的字符，"?"代表任意单个字符。使用通配符可以查找和替换符合条件的一系列内容，而不只是针对特定的个体。例如，查找以字母 B 开头、字母 T 结尾的所有英文单词，或者查找所有 3 位数字。表 8-1 列出了在 Word 查找和替换操作中可以使用的通配符的功能及其用法。

表 8-1 Word 查找和替换中可以使用的通配符的功能及其用法

通配符	说明	示例
?	任意单个字符	c?t 可查找到 cat、cut，但查找不到 coat
*	任意零个或多个字符	c*t 可查找到 cat、cut，也可查找到 coat
<	单词的开头	<(view) 可查找到 viewer，但查找不到 review
>	单词的结尾	(view)> 可查找到 review，但查找不到 viewer
[]	指定字符之一	c[au]t 可查找到 cat、cut，但查找不到 cot
[-]	指定范围内的任意单个字符	[0-9] 可查找到 0 ~ 9 的任一数字
[!]	括号内字符范围以外的任意单个字符	[!0-9] 查找除数字 0 ~ 9 以外的其他任何内容
{n}	*n* 个前一字符或表达式	ro{2}t 可查找到 root，但查找不到 rot
{n,}	至少 *n* 个前一字符或表达式	ro{1,}t 可查找到 root，也可查找到 rot
{n,m}	*n* 到 *m* 个前一字符或表达式	10{1,3} 可查找到 10、100、1000 及 10000 中的前 4 位
@	1 个或 1 个以上的前一字符或表达式	ro@t 可查找到 rot、root，与 {1,} 的功能类似
(n)	表达式，用于将内容分组，以便在替换代码中以组为单位进行灵活操作	如果查找（word），可以在替换时使用 \1 表示 word。如果查找（word）（excel），可以使用 \1 和 \2 表示 word 和 excel

如果需要在查找和替换中使用通配符，可以按【Ctrl+H】组合键打开【查找和替换】对话框的【替换】选项卡，单击【更多】按钮展开该对话框，然后选中【使用通配符】复选框，在【查找内容】文本框下方会显示"使用通配符"字样，如图 8-84 所示，然后就可以使用通配符进行查找和替换了。

在使用通配符时需要注意以下几点。

◉ 在【查找内容】文本框中输入的内容严格区分大小写。

◉ 通配符通常输入到【查找内容】文本框中，而且必须在英文半角状态下输入。

◉ 当要查找用作通配符的字符时，比

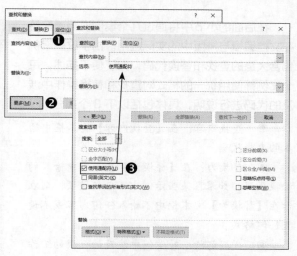

图 8-84 选中【使用通配符】复选框

如 "*" "?" "\" "[" 和 "]"，需要在这些字符前添加 "\"。例如，要查找 "*" 字符，需要输入 "*"。

◉ 图 8-85 显示了在选中【使用通配符】复选框之前和之后，【查找内容】和【替换为】两个文本框中可以使用的特殊符号。左侧的两个图是在【查找内容】文本框中可用的特殊符号，右侧的两个图是在【替换为】文本框中可用的特殊符号。在单击【特殊格式】按钮后弹出的菜单中可以选择这些特殊符号，也可以在【查找内容】和【替换为】文本框中输入与这些特殊符号等效的代码，这些代码以 "^" 符号开头，如段落标记对应的代码为 "^p" 或 "^13"。

◉ 在对大型文档进行复杂的查找和替换操作前，最好先保存文档，以免发生 Word 程序无响应的情况。

图 8-85　在【查找内容】和【替换为】两个文本框中可以使用的特殊符号

在后面的小节中将通过几个案例说明通配符在文档编辑与排版中的实际应用。由于这些案例包含大量的查找和替换代码，为了便于描述，每个案例都使用统一的格式对查找和替换操作中涉及的代码进行说明，具体包括以下 3 个部分。

◉ 查找内容：在【查找内容】文本框中输入的查找代码。

◉ 替换为：在【替换为】文本框中输入的替换代码。如果在某些示例中不包括该项，则表示在【替换为】文本框中不输入任何内容或不设置任何格式。

◉ 代码解析：对案例中涉及的代码的工作方式进行说明。

8.7.2 批量删除所有中文汉字

案例 8-13
批量删除所有中文汉字

案例目标： 将文档中的所有中文汉字删除。

完成本例的具体操作步骤如下。

按【Ctrl+H】组合键打开【查找和替换】对话框的【替换】选项卡，单击【更多】按钮展开该对话框，选中【使用通配符】复选框，然后输入下面的代码，单击【全部替换】按钮，将一次性删除文档中的所有中文汉字。

查找内容：[一－隖]

代码解析："隖"是汉字中的最后一个字，"一"是汉字中的第一个字，因此"[一－隖]"表示所有汉字。可以使用以下两种方法输入"隖"字。

◉ 输入"FA29"，然后按【Alt+X】组合键，其中的"FA"大小写均可。

◉ 单击功能区中的【插入】➪【符号】➪【符号】按钮，在弹出的菜单中选择【其他符号】命令，打开图 8-86 所示的【符号】对话框。在【符号】选项卡中将【字体】设置为"（普通文本）"，将【子集】设置为【CJK 兼容汉字】，在下方选择【隖】，然后依次单击【插入】按钮和【关闭】按钮。

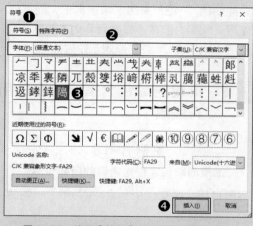

图 8-86　使用【符号】对话框输入"隖"字

8.7.3 批量删除所有英文和英文标点符号

案例 8-14

批量删除所有英文和英文标点符号

案例目标：将文档中的所有英文和英文标点符号删除。

完成本例的具体操作步骤如下。

按【Ctrl+H】组合键打开【查找和替换】对话框的【替换】选项卡，单击【更多】按钮展开该对话框，选中【使用通配符】复选框，然后输入下面的代码，单击【全部替换】

按钮，将一次性删除文档中的所有英文和英文标点符号。

查找内容：[^1-^127]

代码解析：所有英文字母和英文标点符号的 ASCII 编码位于 1 ~ 127 中，因此"[^1-^127]"表示所有英文字母和标点符号。

如果文档中的内容不止一段，为了在删除所有英文和标点符号后不破坏原来的段落格式，可以使用下面的代码，跳过表示段落标记的"^13"，以便在删除时保留段落标记。

查找内容：[^1-^12^14-^127]

8.7.4 批量删除所有中文标点符号

案例 8-15

批量删除所有中文标点符号

案例目标：将文档中的所有中文标点符号删除。

完成本例的具体操作步骤如下。

按【Ctrl+H】组合键打开【查找和替换】对话框的【替换】选项卡，单击【更多】按钮展开该对话框，选中【使用通配符】复选框，然后输入下面的代码，单击【全部替换】按钮，将一次性删除文档中的所有中文标点符号。

查找内容：[! 一－隖 ^1-^127]

代码解析：本例需要删除所有中文标点符号，这也就相当于保留所有中文汉字、英文字母和英文标点符号。本例查找代码中的"[一－隖]"表示所有中文汉字，"[^1-^127]"表示所有英文字母和英文标点符号，因此"[一－隖 ^1-^127]"表示所有中文汉字、英文字母和英文标点符号。"!"符号表示指定范围以外的内容，因此"[! 一－隖 ^1-^127]"表示查找非中文汉字、非英文字母以及非英文标点符号的内容，即查找中文标点符号，这正是本例的需求。

8.7.5 批量删除中文字符之间的空格

案例 8-16
批量删除中文字符之间的空格

案例目标： 将文档中的所有中文字符之间的空格删除，具体包括中文汉字之间的空格、中文标点符号之间的空格、中文汉字与中文标点符号之间的空格，这些空格可以是半角空格、全角空格和不间断空格。

完成本例的具体操作步骤如下。

按【Ctrl+H】组合键打开【查找和替换】对话框的【替换】选项卡，单击【更多】按钮展开该对话框，选中【使用通配符】复选框，然后在相应的文本框中输入下面的代码，单击【全部替换】按钮，将一次性删除文档中的所有中文字符之间的空格。

查找内容：([!^1-^127])[^s]{1,}([!^1-^127])

替换为：\1\2

代码解析： 本例的中文字符即指所有非西文字符，由"[!^1-^127][!^1-^127]"表示两个中文字符，它们之间的"[^s]{1,}"表示一个或更多个空格，其中的"^s"表示不间断空格，"^s"左侧的空白分别是输入的半角空格和全角空格。使用圆括号分别将两个"[!^1-^127]"括起，以便将它们转换为表达式。【替换为】文本框中的"\1"和"\2"表示【查找内容】文本框中的两个"[!^1-^127]"，即两个中文字符，"\1\2"连在一起表示将【查找内容】文本框中两个"[!^1-^127]"之间的部分删除，即删除由"[^s]{1,}"表示的所有类型的空格。

8.7.6 批量删除所有空白段落

案例 8-17
批量删除所有空白段落

案例目标： 将文档中的所有空白段落删除。
完成本例的具体操作步骤如下。

按【Ctrl+H】组合键打开【查找和替换】对话框的【替换】选项卡，单击【更多】按钮展开该对话框，选中【使用通配符】复选框，然后在相应的文本框中输入下面的代码，单击【全部替换】按钮，将一次性删除文档中的所有空白段落。

查找内容：^13{2,}
替换为：^p

代码解析： "^13"表示段落标记。由于文档中每两段内容之间的空白段落可能不止一个，因此使用"{2,}"表示段落标记的数量在2个或2个以上。由于选中了【使用通配符】复选框，因此在【查找内容】文本框中只能使用"^13"来表示段落标记，而不能使用"^p"，但在【替换为】文本框中可以使用"^p"或"^13"来表示段落标记。

8.7.7 批量删除包含指定内容的所有段落

案例 8-18
批量删除包含指定内容的所有段落

案例目标： 将文档中包含"Word"一词的所有段落删除。

完成本例的具体操作步骤如下。

按【Ctrl+H】组合键打开【查找和替换】对话框的【替换】选项卡，单击【更多】按钮展开该对话框，选中【使用通配符】复选框，然后在相应的文本框中输入下面的代码，单击【全部替换】按钮，将一次性删除文档中包含"Word"一词的所有段落。

查找内容：<[!^13]@Word*^13

代码解析： "[!^13]"表示非段落标记的任何字符，"<"表示词的开头，"@"表示一个以上的前一字符或表达式，因此"<[!^13]@"表示以非段落标记开头的一个或多个字符。"Word*^13"表示包含"Word"在内的以段落标记结尾的内容，

因此整个代码 "<[!^13]@Word*^13" 表示的是包含 "Word" 在内的整个段落。

如果本例中的 "Word" 位于段首，需要使用下面的代码删除包含 "Word" 在内的段落。

查找内容：Word*^13

8.7.8 批量为文档中的数字添加千位分隔符

案例 8-19

批量为文档中的销售额添加千位分隔符

案例目标： 为表格中的所有金额数字添加千位分隔符，效果如图 8-87 所示。

年度	产品	销售额（万元）
2010 年	空调	3500
2011 年	空调	3780
2012 年	空调	4350
2013 年	空调	3920
2014 年	空调	5390

年度	产品	销售额（万元）
2010 年	空调	3,500
2011 年	空调	3,780
2012 年	空调	4,350
2013 年	空调	3,920
2014 年	空调	5,390

图 8-87 为指定区域中的数字批量添加千位分隔符

完成本例的具体操作步骤如下。

选择整个表格，按【Ctrl+H】组合键打开【查找和替换】对话框的【替换】选项卡，单击【更多】按钮展开该对话框，选中【使用通配符】复选框，然后在相应的文本框中输入下面的代码，单击【全部替换】按钮，将一次性为表格中的所有金额数字添加千位分隔符。

查找内容：<([0-9])([0-9]{3})>
替换为：\1,\2

代码解析： "[0-9][0-9]{3}" 表示查找一个四位数，由于需要在数字的第一位和第二位之间插入千位分隔符，因此需要将数字第一位和后三位分成两组，使用两对圆括号将两组代码转换为两个表达式。由于文档中还存在 4 位数的年份，因此使用 "<" 和 ">" 限定只查找以数字结尾的连续 4 位数字，由于年份是 4 位数字 + "年" 字，总共包含 5 位，因此被排除在外。在【替换为】文本框中使用 "\1" 代表 4 位数字中的第一位，"\2" 代表 4 位数字中的后三位，在它们之间输入一个千位分隔符 ","。

高效处理多个文档

无论是创建文档，还是对文档进行编辑和排版，复杂工作所要处理的文档通常都不止一个。Word 为多文档处理提供了一些有用的工具，使用模板可以快速创建具有统一页面结构、格式以及内容的一系列文档；使用主控文档可以灵活组合与拆分多个文档，以便于对这些文档进行统一处理；使用邮件合并可以批量创建格式相同、内容相似的一系列文档。以上 3 种工具让多文档处理变得简单高效。本章主要介绍模板、主控文档、邮件合并 3 个功能在多文档处理中的使用方法。

9.1 创建与使用文档模板

模板是所有 Word 文档的起点，虽然用户可能并未察觉到模板的存在，但其实一直都在使用它。模板存在的目的是便于快速创建具有统一格式的一系列文档，这些文档包含相同的页面尺寸、页面背景、样式等格式设置。如果模板中还包含文字、图片、表格等实际内容，在基于模板所创建的每一个文档中也会自动包含完全相同的内容。本节将介绍模板的基本概念以及创建与使用模板的方法。

9.1.1 了解模板及其文件格式

模板是所有 Word 文档的起点，基于模板可以快速创建出包含统一的页面格式、样式甚至是内容的多个文档。例如，每个月公司的每个部门需要制作一份月度报告，每个月的月度报告中的标题和正文内容的位置与字体格式都是统一的，报告中包含的一些线条和图形也具有相同的位置和外观。

在不使用模板的情况下，每次制作月度报告都需要重复进行以下操作：新建文档 ⇨ 在文档中添加内容 ⇨ 设置内容的格式 ⇨ 调整内容的位置以及进行其他所需要的处理。重复进行这些操作不但枯燥乏味，稍有不慎还可能会导致格式上的不统一，大量重复性的格式设置会浪费很多时间。

为了提高操作效率，可以将做好的月度报告转换为模板格式，以后可以使用这个模板来创建月度报告，新建的月度报告与模板具有完全相同的格式和内容。在模板中主要存储以下几类内容。

◉ **页面格式**：纸张大小、页面方向、页边

距、页眉和页脚等页面格式方面的设置。

◉ **样式**：包括 Word 内置样式和用户创建的自定义样式。

◉ **内容**：Word 文档支持的所有内容，如文字、图片、图形、表格、图表等。

在基于模板所创建的每一个文档中自动包含模板中的所有内容。对于前面列举的月度报告的例子，可以先按照规范格式制作一个月度报告的模板，然后将模板分发给公司的各个部门。以后每个月需要制作月度报告时，各部门都以该模板为基础创建月度报告，然后根据各部门的实际情况和制作要求，对模板中的内容和格式稍作调整，即可快速完成月度报告的制作，不再需要对格式进行大量重复的设置，使工作变得简单高效。

模板和普通文档本质上都是 Word 文件，但模板用于批量创建格式和内容完全相同的多个文档，模板主要用于存储在普通文档中共同出现的内容。普通文档是用户实际使用的文档，可以在其中存储所需要的任何内容。Word 模板相当于模具，普通 Word 文档相当于使用模具批量生产出来的产品。

模板的文件格式与普通 Word 文档不同，

可以根据扩展名中是否包含字母"t"来判断一个文档是普通 Word 文档还是 Word 模板。

◉ Word 2003 模板的文件扩展名为".dot"，模板中可以包含 VBA 代码。

◉ Word 2007 以及更高版本的 Word 模板的文件扩展名为".dotx"和".dotm"，.dotx 格式的模板不能包含 VBA 代码，.dotm 格式的模板可以包含 VBA 代码。

9.1.2 理解 Normal 模板

每次在 Word 中使用【新建】命令或按【Ctrl+N】组合键创建的空白文档，实际上都是基于一个名为 Normal.dotm 的模板创建的，该模板是所有 Word 文档的默认模板，它具有以下几个功能。

◉ 所有默认新建的文档都基于 Normal 模板。

◉ 存储在 Normal 模板中的样式和内容可被所有文档使用。

◉ 存储在 Normal 模板中的宏可被所有文档使用。

正是由于 Normal 模板具有以上这些通用性，因此可以将有用的内容放入 Normal 模板，这样所有新建的文档就都可以使用 Normal 模板中的内容，相当于将所需内容从 Normal 模板转移到基于该模板创建的每一个文档中。Normal 模板虽然可以提供便利的使用环境，但是如果 Normal 模板中包含过多内容，可能会出现以下两个问题。

◉ 日益膨胀的 Normal 模板会影响 Word 程序的启动速度。

◉ 一旦 Normal 模板自身出现问题，可能会导致无法正常启动 Word。

Normal 模板默认位于以下路径中，假设 Windows 操作系统安装在 C 盘。

> C:\Users\< 用户名 >\AppData\Roaming\Microsoft\Templates

如果在该路径中未看到 Normal 模板，通常是因为 Normal 模板具有隐藏属性，而 Windows 操作系统默认不显示具有隐藏属性的文件。只需

在 Windows 文件夹选项中将隐藏文件设置为显示，就会看到 Normal.dotm 文件。另一个可能的原因是从未对 Normal 模板中的默认设置进行过修改，因此该模板不会出现。

9.1.3 创建和使用模板

创建模板前，应该先在 Word 中设置存储用户创建模板的文件夹，否则在 Word 中创建新文档时不会显示用户创建的模板。在【Word 选项】对话框中设置存储用户创建模板的默认文件夹位置的方法已在本书第 2 章介绍过，此处不再赘述。Word 2016 使用名为"自定义 Office 模板"的文件夹存储用户创建的模板，该文件夹位于以下路径中，假设 Windows 操作系统安装在 C 盘。用户可以使用其他文件夹代替 Word 默认的模板文件夹。

> C:\Users\< 用户名 >\Documents

创建模板的方法与创建普通文档类似，只是在保存文件的格式类型方面有所不同。创建模板的具体操作步骤如下。

（1）在 Word 中新建一个空白文档，为该文档设置合适的页面格式，创建所需使用的一个或多个样式。根据需要，还可以添加一些希望在每个文档中重复出现的内容。

（2）按【F12】键打开【另存为】对话框，在【保存类型】下拉列表中选择模板支持的文件类型，如图 9-1 所示。

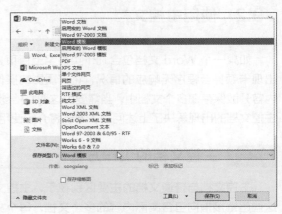

图 9-1 选择模板支持的文件类型

（3）选择模板文件类型后，保存位置将自动

切换到在【Word 选项】对话框中设置的用户模板的默认文件夹。为模板设置一个易于识别的名称，单击【保存】按钮，完成模板的创建。

将创建好的模板移入存储用户自定义模板的文件夹，该文件夹必须是在【Word 选项】对话框中设置的存储模板的默认文件夹。之后就可以在 Word 中使用这些用户模板创建文档，具体方法请参考本书第 2 章。

如果需要修改模板中的格式或内容，可以先在 Word 中打开模板文件，然后像编辑普通文档那样，修改模板中的格式和内容，修改完成后保存并关闭模板。在 Word 中可以使用以下两种方法打开模板文件。

◉ 打开模板所在的文件夹，右击要修改的模板文件，在弹出的菜单中选择【打开】命令。

◉ 在 Word 中执行【打开】命令，在【打开】对话框中双击要打开的模板文件。可以在【打开】对话框右下角的下拉列表中选择【所有 Word 模板】选项，对文件类型进行过滤，以便只显示 Word 模板文件。

9.1.4 分类管理模板

当拥有数量庞大的用户模板后，在新建文档时想要快速找到所需的模板并不是一件容易的事。可以按模板的用途或其他依据将模板分类存放，以便于快速找到特定的模板。图 9-2 所示

为分类存放模板后，新建文档时选择用户模板的效果，在【个人】类别中显示了模板类别，每一类模板对应于一个特定的文件夹中，单击文件夹图标将显示其中包含的模板，然后可以从中选择要使用的模板。

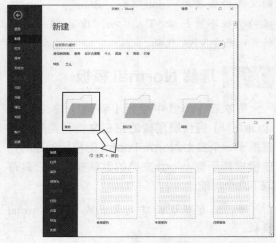

图 9-2 分类管理模板

实现模板分类显示需要满足以下两个条件。

◉ 在存储用户模板的文件夹中，创建与模板类别同等数量的子文件夹，并使用希望在 Word 中显示的模板类别的名称作为每个子文件夹的名称。

◉ 每个子文件夹中必须至少有一个模板，空文件夹不会在 Word 中显示。

9.2 使用主控文档

如果一个 Word 文档包含几十页甚至上百页，在打开、编辑和保存文档时需要耗费更多时间，出现卡顿甚至程序无响应的情况，将严重影响操作效率。从文档的组织方式来看，如果一份完整的内容分散保存在多个文档中，当需要为这些文档创建统一的页码、目录和索引时，将带来很多不便。主控文档的出现解决了上述问题。本节将介绍使用主控文档处理长文档和多文档排版的方法。

9.2.1 主控文档的工作方式

主控文档与普通文档的主要区别在于，主控文档并不包含实际的内容，而只包含一些超链接，这些超链接指向包含实际内容的多个文档，每个文档中存储大型文档的一部分内容，所有这些文档中的内容共同组成了大型文档的完整内容。每次打开主控文档时，Word 将会自动查找主控文档中的超链接所指向的每一个文档，将这些文档中的内容按顺序加载并显示到主控文档中。超链接所指向

的每一个文档称为"子文档",包含超链接的文档称为"主控文档"。

可以使用主控文档功能实现以下两种组织与操作文档的方式。无论使用哪种方式,都将创建主控文档和子文档。

◎ 将包含内容的多个文档组织为一个整体,以便于对这些文档中的所有内容进行统一处理。

◎ 为了提高处理一个包含几十页甚至上百页的大型文档的效率,将大型文档拆分为多个独立的子文档。拆分后的这些子文档与大型文档之间仍然存在关联,并可以在大型文档中对这些子文档进行统一处理。

创建主控文档时需要注意以下两点,否则可能会带来格式上的混乱。

◎ 确保主控文档与子文档具有相同的页面格式。

◎ 确保在主控文档与子文档中使用了相同的模板和样式。

9.2.2 主控文档与子文档之间的合并与拆分

主控文档的相关操作需要在大纲视图中进行。单击功能区中的【视图】⇨【视图】⇨【大纲】按钮切换到大纲视图,然后单击功能区中的【大纲显示】⇨【主控文档】⇨【显示文档】按钮,展开【主控文档】组中包含的命令,这些命令用于操作主控文档和子文档,如图9-3所示。

图9-3 操作主控文档和子文档的命令位于
【主控文档】组中

1. 将多个子文档合并到主控文档中

如果将一个大型文档中包含的所有内容分别存储在多个文档中,当需要对这些文档中的内容进行统一处理时,最好的方法是使用主控文档功能将这些独立的文档合并为一个整体,然后再执行所需的操作。

例如,有一本书共包含6章内容,这些内容分别存储在6个文档中,每个文档包含其中的一章内容,6个文档位于同一个文件夹中,如图9-4所示。

图9-4 需要将内容合并到一起的多个文档

为了确保将要创建的主控文档与现有的子文档具有相同的页面格式,并使用相同的模板和样式,可复制现有的任意一个文档,将粘贴后创建的文档副本的名称改为易于识别的名称,如"主控文档"。在 Word 中打开这个文档,删除其中的所有内容,接下来就可以使用主控文档功能将6个独立的文档合并起来,具体操作步骤如下。

(1)单击功能区中的【视图】⇨【视图】⇨【大纲视图】按钮,切换到大纲视图。

(2)单击【大纲显示】⇨【主控文档】⇨【显示文档】按钮,展开【主控文档】组中的所有命令,然后单击【插入】按钮。

(3)打开【插入子文档】对话框,双击要添加到主控文档中的第1个子文档,如图9-5所示。每次选择插入子文档的顺序决定了最终在主控文档中内容的排列顺序。

图9-5 选择要添加到主控文档中的子文档

> **注意**
> 在向主控文档插入子文档时,可能会弹出图9-6所示的对话框。为了确保子文档内容的完整性,最好不要对样式进行重命名,因此,通常单击【全否】按钮。

Microsoft Word
是(Y)
全是(A)
否(N)
全否(L)

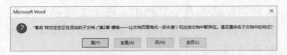

图 9-6　选择是否重命名子文档中的样式

（4）将所选择的子文档插入到主控文档中。重复步骤（2）和步骤（3），将其他子文档依次插入到主控文档中，设置完成后对主控文档进行保存。

完成子文档的添加之后，在功能区【大纲显示】⇨【大纲工具】⇨【显示级别】下拉列表中选择【1 级】，如图 9-7 所示，以在大纲视图中只显示大纲级别为 1 级的标题。

文件
大纲显示
开始
插入
设计
布局
引用
邮件
审阅
视图
开发工具
加载项
显示级别(S): 9 级
显示文本格式
仅显示首行
大纲工具
显示文档
折叠子文档
创建
插入
取消链接
合并
拆分
锁定文档
主控文档
关闭大纲视图
关闭
第1章　写在排版之前
1.1 Word 是排版
1.1.1 在众多排
所有级别
如今用于排版的软件有很多种，常见的主要有 Word、Pagemaker、Indesign、

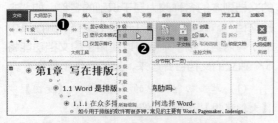

图 9-7　设置子文档内容的显示级别

如果每个子文档只包含一个大纲级别为 1 级的标题，在将其添加到主控文档后，每个 1 级标题就代表一个子文档，这样便于查看插入到主控文档中的子文档的数量和排列顺序。标题四周有一个灰色边框，它表示与标题关联的子文档的范围，如图 9-8 所示。边框的左上角有一个▣标记，单击该标记可以快速选中与标记对应的子文档中的所有内容。

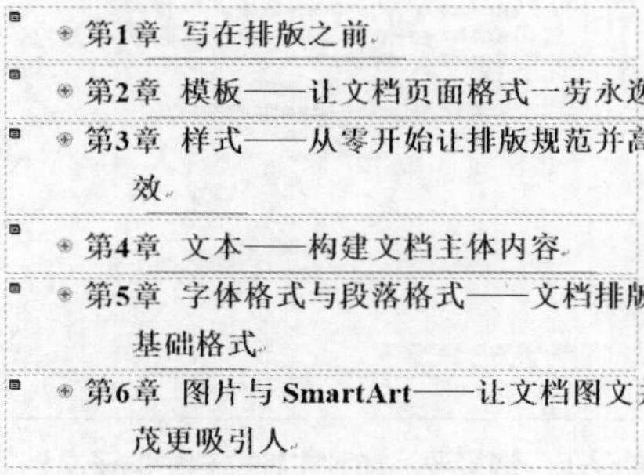
第1章　写在排版之前
第2章　模板——让文档页面格式一劳永逸
第3章　样式——从零开始让排版规范并高效
第4章　文本——构建文档主体内容
第5章　字体格式与段落格式——文档排版基础格式
第6章　图片与 SmartArt——让文档图文并茂更吸引人

图 9-8　只显示标题为大纲级别 1 级的子文档

单击功能区中的【视图】⇨【视图】⇨【页面视图】按钮，切换到页面视图，可以在页面视图中浏览主控文档中的内容，与在普通文档中的操作相同。

2. 将一个文档拆分为多个子文档

与将多个子文档合并到主控文档中的操作相反，也可以将一个大型文档拆分为多个独立的子文档，拆分后的大型文档只包含指向各个子文档的超链接，而其中的内容则被分散保存到各个子文档中。

例如，有一个包含 6 章内容共 200 多页的文档，假设该文档的名称为“主控文档”，每一章的章标题设置了 Word 内置的【标题 1】样式，如图 9-9 所示。现在需要将 6 章内容分别保存到 6 个文档中，具体的操作步骤如下。

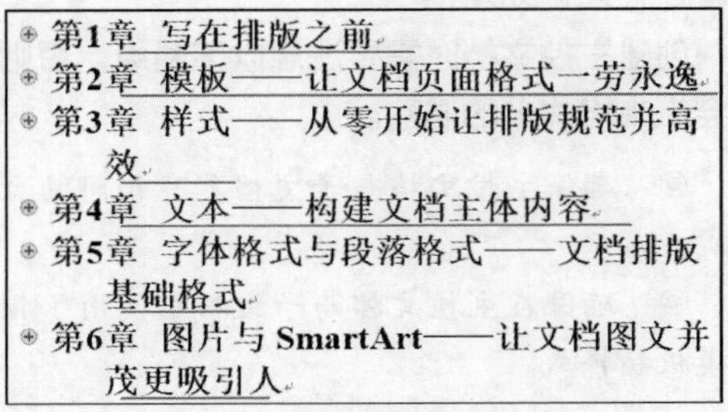
第1章　写在排版之前
第2章　模板——让文档页面格式一劳永逸
第3章　样式——从零开始让排版规范并高效
第4章　文本——构建文档主体内容
第5章　字体格式与段落格式——文档排版基础格式
第6章　图片与 SmartArt——让文档图文并茂更吸引人

图 9-9　包含 6 章内容的文档

（1）在 Word 中打开要拆分的文档，然后单击功能区中的【视图】⇨【视图】⇨【大纲视图】按钮，切换到大纲视图。

（2）单击功能区中的【大纲显示】⇨【主控文档】⇨【显示文档】按钮，展开【主控文档】组中的所有命令。

（3）在功能区【大纲显示】⇨【大纲工具】⇨【显示级别】下拉列表中选择【1 级】，在大纲视图中只显示大纲级别为 1 级的标题。

（4）单击第 1 个标题右侧的⊕标记，选中该标题及其中包含的所有内容，然后单击功能区中的【大纲显示】⇨【主控文档】⇨【创建】按钮，如图 9-10 所示。

文件
大纲显示
开始
插入
设计
布局
引用
邮件
审阅
视图
开发工具
显示级别(S): 1 级
显示文本格式
仅显示首行
大纲工具
显示文档
折叠子文档
创建
插入
取消链接
合并
拆分
锁定文档
主控文档
第1章　写在排版之前
第2章　模板——让文档页面格式一劳永逸
第3章　样式——从零开始让排版规范并高效

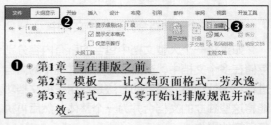

图 9-10　选择第 1 个标题及其包含的所有内容后单击【创建】按钮

（5）Word 将在第 1 个标题的四周添加一个灰色边框，如图 9-11 所示，表示已将该标题及其中包含的所有内容标记为一个子文档。

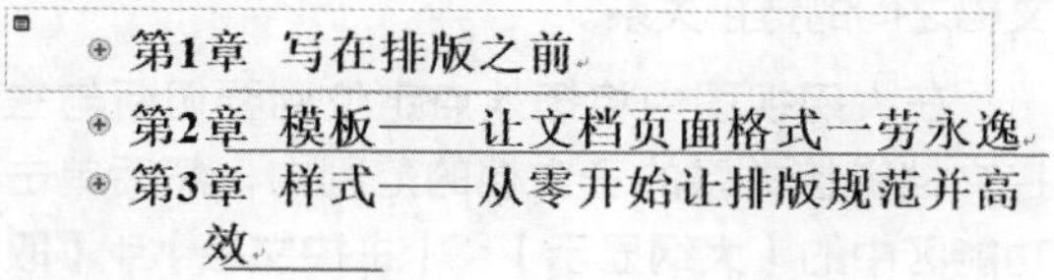

⊛ **第1章** 写在排版之前
⊛ **第2章** 模板——让文档页面格式一劳永逸
⊛ **第3章** 样式——从零开始让排版规范并高效

图 9-11　将第 1 个标题标记为子文档

（6）保存主控文档的同时将自动创建第 1 个子文档，子文档的名称与主控文档中的第 1 个 1 级标题的名称相同，如图 9-12 所示。

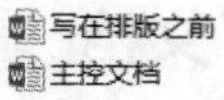

写在排版之前
主控文档

图 9-12　拆分出的第 1 个子文档

> **提示**
>
> 拆分出的子文档名称以原文档中拥有最高大纲级别的标题名称为准。如果标题名称不适合作为子文档名称，可以先将标题修改为适用于文档名称的内容，创建子文档后，再将标题改为原来的内容。如果主控文档中的最高大纲级别的标题使用了自动编号，在拆分后的子文档的名称中将不包含该编号。

（7）重复步骤（4）~步骤（6），将主控文档中的其他 1 级标题及其中包含的内容分别拆分为独立的子文档。所有操作完成后将在文件夹中看到拆分后的所有子文档，如图 9-13 所示。此时的主控文档中只包含指向各子文档的超链接，而不包含任何实际内容。

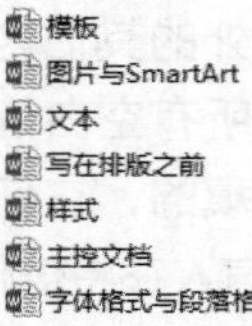

模板
图片与SmartArt
文本
写在排版之前
样式
主控文档
字体格式与段落格式

图 9-13　将一个文档拆分为多个子文档

9.2.3　在主控文档中编辑子文档

创建主控文档后，再次打开它时将显示类似于图 9-14 所示的超链接，超链接显示了子文档的完整路径，超链接之间以分节符分隔。这些由

Word 自动添加的分节符是确保主控文档正常工作的必要元素，将它们删除可能会出现无法预料的问题。

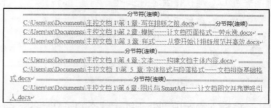

图 9-14　主控文档中包含指向子文档的超链接

打开主控文档后，如果需要显示子文档中的内容，需要切换到大纲视图，然后单击功能区中的【大纲显示】⇨【主控文档】⇨【展开子文档】按钮。展开所有子文档中的内容后，可以切换到页面视图，像编辑普通文档那样编辑主控文档中的内容。

在编辑主控文档的过程中，每次保存主控文档都会耗费一定的时间。可以在独立的窗口中打开和编辑特定的子文档，完成编辑并保存子文档后，编辑的结果会自动反映到主控文档中，这样可以加快编辑和保存的速度。在展开主控文档中的所有子文档的内容前，可以使用以下几种方法在独立的窗口中打开特定的子文档。

◉　在页面视图中，单击要单独打开的子文档的超链接。

◉　在页面视图中，右击要单独打开的子文档的超链接，在弹出的菜单中选择【打开超链接】命令。

◉　在大纲视图中，单击功能区中的【大纲显示】⇨【主控文档】⇨【显示文档】按钮，然后双击要单独打开的子文档标题左侧的全选标记▤。

9.2.4　锁定子文档以防止意外修改

将子文档锁定，可以避免由于误操作而对子文档进行的意外修改。在大纲视图中将插入点定位到要锁定的子文档的范围内，然后单击功能区中的【大纲显示】⇨【主控文档】⇨【锁定文档】按钮。锁定后的子文档的标题左侧将显示 🔒 标记，表示该子文档已被锁定，如图 9-15 所示。

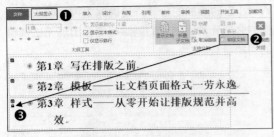

图 9-15 锁定子文档

将插入点定位到处于锁定状态的子文档的范围内时,功能区中的所有编辑命令都将不可用。如果需要编辑处于锁定状态的子文档,需要先将其解锁。在大纲视图中将插入点定位到处于锁定状态的子文档的范围内,然后单击功能区中的【大纲显示】⇨【主控文档】⇨【锁定文档】按钮,即可解锁子文档。

9.2.5 将子文档中的内容写入主控文档

默认情况下,在创建的主控文档中只包含指向子文档的超链接,并不包含任何实际的内容。如果需要将子文档中的内容写入主控文档,让主控文档包含实际的内容,需要切断主控文档与子文档之间的链接关系。

在大纲视图中将插入点定位到要切断与主控文档链接关系的子文档的范围内,然后单击功能区中的【大纲显示】⇨【主控文档】⇨【取消链接】按钮。切断链接关系后,Word 会将子文档中的内容写入主控文档,子文档周围也不再显示灰色边框,表示该子文档已经与主控文档断开。

9.2.6 删除子文档

如果子文档不再有用,应该及时将其从主控文档中删除,以免带来不必要的混乱。只需在展开要删除的子文档前,选中该子文档对应的超链接,按【Delete】键即可将该子文档删除,然后保存对主控文档的修改。

9.3 使用邮件合并

Word 中的邮件合并功能具有非常广泛的实际应用价值,虽然最开始是以批量编写和发送电子邮件为主要用途,但是邮件合并的应用范围远不止如此,其还可用于批量创建通知书、邀请函、工资条、奖状、产品标签、信封等多种类型和用途的文档。本节将介绍邮件合并的基本概念、工作原理以及通用流程,并通过 3 个不同类型的实际应用案例来介绍使用邮件合并功能批量创建文档的方法。

9.3.1 邮件合并的工作原理与通用流程

使用邮件合并功能可以批量创建多种类型的文档,这些文档有一个共同特征:它们都是由固定内容和可变内容组成的。例如,在发给每一位应聘者的录用通知书中,除了姓名、性别等有关应聘者个人信息的内容不同外,其他内容都是相同的。应聘者的个人信息就是可变内容,通知书中的其他内容则是固定不变的内容。其他诸如邀请函、工资条、奖状、信封等类型的文档与录用通知书的内容组织方式类似。因此,以上这些类型的文档都可以使用邮件合并来批量创建。

主文档和数据源是邮件合并过程中需要使用的两类文档。主文档中包含固定不变的内容,如前面提到的应聘者的个人信息;数据源中包含可变的内容,如前面提到的录用通知书中除了应聘者个人信息外的其他内容。可以将主文档看作空白信封,所有空白信封上的邮编栏和地址栏都是留空待填的,它们在信封上有预先指定好的位置。寄信人在将信件寄给不同人前,需要在邮编栏和地址栏中填写不同的邮政编码和邮寄地址。所有填写好的信封具有统一的格式,但在每个信封上填写的邮政编码和邮寄地址各不相同,这些需要填写的邮政编码和地址就是数据源。

无论使用邮件合并功能批量创建哪种类型的文档,都需遵循以下通用流程。

创建主文档和数据源 ⇨ 建立主文档与数据源的关联 ⇨ 将数据源中的数据插入到主文档中对应的位置上 ⇨ 预览并完成合并

下面将对流程中的每一步进行简要说明。

（1）创建主文档和数据源

邮件合并的第 1 步需要先创建主文档与数据源。在主文档中输入最终创建的所有文档中共有的内容，同时需要为待填入的可变内容留出空位。在数据源中输入要在主文档中使用的具有差异性的数据，需要以表的形式存储这些数据。用于邮件合并的主文档和数据源的文件类型请参考本章 9.3.2 小节。

（2）建立主文档与数据源的关联

创建好主文档与数据源后，需要使用 Word 功能区中的【邮件】⇨【开始邮件合并】⇨【选择收件人】命令建立主文档与数据源之间的关联。

（3）将数据源中的数据插入到主文档中对应的位置上

建立主文档与数据源的关联后，需要将数据源每条记录中的各个字段数据插入到主文档对应的位置上，在 Word 邮件合并中将该操作称为"插入合并域"。

（4）预览并完成合并

将数据源中的数据插入到主文档的对应位置后，可以使用 Word 功能区中的【邮件】⇨【预览结果】⇨【预览结果】命令预览合并后的效果。如果确认无误，可以正式批量生成合并文档。根据步骤（1）中选择的主文档类型，创建后的所有记录可能位于同一页中，也可能每页只包含一条记录。例如，创建的每份录用通知书都会单独占用一页，而创建的工资条则位于同一页中，超过一页才会延伸到下一页。

为了便于用户更好地使用邮件合并功能，Word 提供了邮件合并向导，用户可以按照向导的提示逐步完成邮件合并文档的创建。邮件合并向导共有 6 步，操作过程仍然遵循前面介绍的邮件合并的通用流程。如果需要使用邮件合并向导，可以单击功能区中的【邮件】⇨【开始邮件合并】⇨【开始邮件合并】按钮，在弹出的菜单中选择【邮件合并分步向导】命令，打开图 9-16

所示的【邮件合并】窗格，根据向导中的提示完成邮件合并。

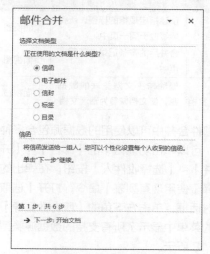

图 9-16　邮件合并向导

9.3.2 邮件合并中的主文档和数据源类型

Word 预置了 6 种常用的主文档类型，分别为信函、电子邮件、信封、标签、目录、普通 word 文档，具体选择哪种类型由用户最终创建的文档类型决定。单击功能区中的【邮件】⇨【开始邮件合并】⇨【开始邮件合并】按钮，弹出图 9-17 所示的菜单，其中列出了 6 种主文档类型，详细说明如表 9-1 所示。

图 9-17　选择主文档类型

表 9-1　邮件合并中的主文档类型及其说明

主文档类型	功能	视图类型
信函	创建不同用途的信函，合并后的每条记录占用单独的一页	页面视图
电子邮件	为每个收件人创建电子邮件	Web 版式视图
信封	创建指定尺寸的信封	页面视图

续表

主文档类型	功能	视图类型
标签	创建指定规格的标签，所有标签位于同一页中	页面视图
目录	合并后的多条记录位于同一页中	页面视图
普通 Word 文档	删除与主文档关联的数据源，使文档恢复为普通文档	页面视图

邮件合并中可以使用的数据源包含多种文件类型，可以单击功能区中的【邮件】⇨【开始邮件合并】⇨【选择收件人】按钮，在弹出的菜单中选择【使用现有列表】命令，打开【选取数据源】对话框，单击右下角的【所有数据源】，在弹出的菜单中显示了所有支持的数据源类型，如图 9-18 所示。

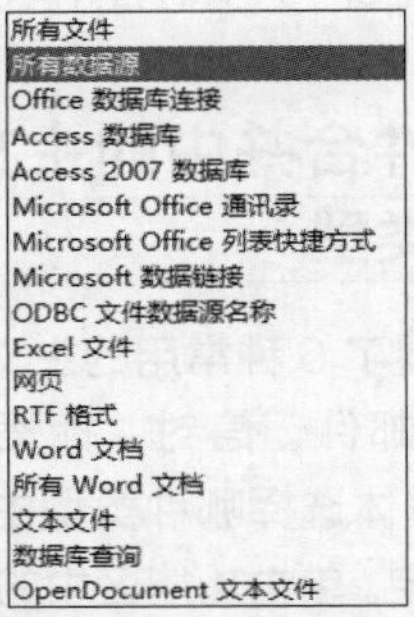

图 9-18　邮件合并支持的数据源类型

最常用的数据源是 Excel 工作簿，因为需要在 Excel 中使用表格形式存储数据。图 9-19 所示的 Excel 工作表就是一个可用于邮件合并的标准数据源，第一行包含用于描述各列数据的标题，下面的每一行数据都是一条记录，每一条记录中的各列存储着不同数据项。

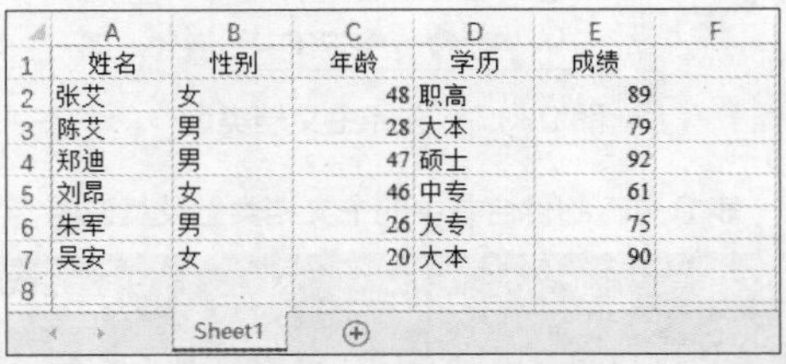

	A	B	C	D	E	F
1	姓名	性别	年龄	学历	成绩	
2	张艾	女	48	职高	89	
3	陈艾	男	28	大本	79	
4	郑迪	男	47	硕士	92	
5	刘昂	女	46	中专	61	
6	朱军	男	26	大专	75	
7	吴安	女	20	大本	90	
8						

图 9-19　使用 Excel 工作表作为邮件合并的数据源

除了 Excel 外，还可以使用 Word 文档作为邮件合并的数据源。可以在 Word 中创建一个表格，表格的结构与 Excel 工作表类似，如图 9-20 所示。为了让邮件合并功能将 Word 表格正确识别为数据源，Word 表格必须位于文档顶部，表格上方不能包含任何内容。

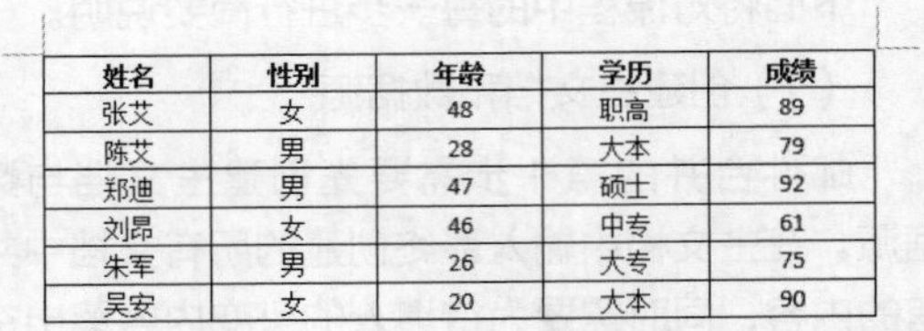

姓名	性别	年龄	学历	成绩
张艾	女	48	职高	89
陈艾	男	28	大本	79
郑迪	男	47	硕士	92
刘昂	女	46	中专	61
朱军	男	26	大专	75
吴安	女	20	大本	90

图 9-20　使用 Word 文档作为邮件合并的数据源

还可以使用文本文件作为邮件合并的数据源，在文本文件中的各条记录之间以及每条记录中的各项数据之间，必须使用相同的符号分隔，如图 9-21 所示。在主文档中建立与文本文件类型的数据源的关联时，Word 可以自动识别这些分隔符，从而确定文本文件中的数据的分列方式。如果不能正确识别数据之间的分隔符，将会弹出【域名记录定界符】对话框，此时可由用户手动指定分隔符。

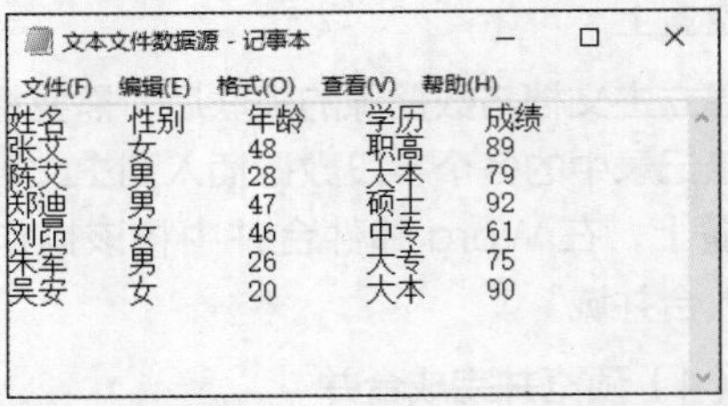

图 9-21　使用文本文件作为邮件合并的数据源

除了上面介绍的 3 种常用的数据源文件类型外，Word 还支持 Access 数据库、Outlook 联系人、SQL 或 Oracle 数据库等多种类型的数据作为邮件合并的数据源。本章接下来的部分将介绍使用邮件合并功能批量创建 3 种不同类型文档的方法。

9.3.3 批量创建录用通知书

在用人单位对应聘者进行多层筛选和面试考核后，将会根据最终成绩来选择录用的人员，并向录用者发出录用通知书。

案例 9-1

批量创建录用通知书

案例目标：图 9-22 所示为本例创建录用通

知书所使用的主文档和数据源，需要为成绩在85分以上的人员创建录用通知书。

录用通知书

尊敬的　　　：
　　您好！您在本次笔试中取得分的优异成绩，经过公司内部慎重的考虑和讨论之后，您已被我公司录用。请于3日内来公司人力资源部登记报到并办理入职手续。欢迎您的加盟，让我们共创美好的明天！

	A	B	C	D	E	F
1	姓名	性别	年龄	学历	成绩	
2	徐华	男	48	职高	99	
3	胡迪	女	47	初中	93	
4	王健	男	28	大专	75	
5	徐晨	女	22	高中	85	
6	梁宏	女	32	大本	81	
7	王亮	男	24	中专	93	
8	杨晨	男	24	中专	77	
9	王芙	女	22	高中	87	
10	马超	男	48	高中	90	
11	马斌	男	50	硕士	96	
12						
13						

应聘人员个人信息

图9-22　创建录用通知书所使用的主文档和数据源

完成本例的具体操作步骤如下。

（1）在Word中打开录用通知书主文档，然后单击功能区中的【邮件】⇨【开始邮件合并】⇨【开始邮件合并】按钮，在弹出的菜单中选择【信函】命令。此步操作不是必需的，因为在下一步选择数据源后，文档类型会自动变为信函。

（2）单击功能区中的【邮件】⇨【开始邮件合并】⇨【选择收件人】按钮，在弹出的菜单中选择【使用现有列表】命令，如图9-23所示。

图9-23　选择【使用现有列表】命令

（3）打开【选取数据源】对话框，双击本例需要使用的Excel数据源文件。

（4）打开【选择表格】对话框，选择包含数据的工作表，如图9-24所示，然后单击【确定】按钮，建立数据源与主文档之间的关联。

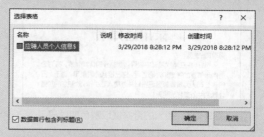

图9-24　选择包含数据的工作表

（5）在主文档中将插入点定位到要插入应聘者姓名的位置，然后打开功能区中的【邮件】⇨【编写和插入域】⇨【插入合并域】下拉列表，从中选择【姓名】，如图9-25所示。在插入点处插入"《姓名》"，如图9-26所示。

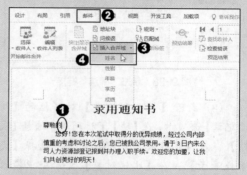

图9-25　选择要在主文档中插入的数据

录用通知书

尊敬的《姓名》：
　　您好！您在本次笔试中取得分的优异成绩，经过公司内部慎重的考虑和讨论之后，您已被我公司录用。请于3日内来公司人力资源部登记报到并办理入职手续。欢迎您的加盟，让我们共创美好的明天！

图9-26　在指定位置插入合并域

（6）重复步骤（5）中的操作，将数据源中的"成绩"插入到主文档中的适当位置上。可以单击功能区中的【邮件】⇨【编写和插入域】⇨【突出显示合并域】按钮，插入的所有合并域自动以灰色底纹显示，如图9-27所示。

（7）单击功能区中的【邮件】⇨【开始邮件合并】⇨【编辑收件人列表】按钮，打开【邮件合并收件人】对话框，单击"筛选"链接，如图 9-28 所示。

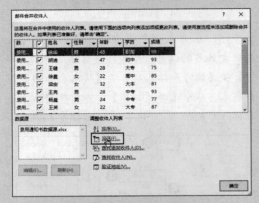

图 9-27　插入的合并域以灰色底纹显示

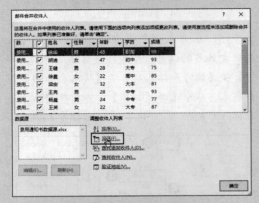

图 9-28　单击"筛选"链接

（8）打开【筛选和排序】对话框的【筛选记录】选项卡，在【域】下拉列表中选择【成绩】，在【比较关系】下拉列表中选择【大于或等于】，在【比较对象】文本框中输入"85"，然后单击【确定】按钮，如图 9-29 所示。

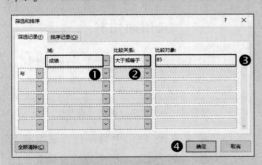

图 9-29　设置筛选条件

（9）返回【邮件合并收件人】对话框，筛选后将只保留成绩大于等于 85 分的记录，如图 9-30 所示。单击【确定】按钮，关闭【邮件合并收件人】对话框。

（10）单击功能区中的【邮件】➪【预览结果】➪【预览结果】按钮，Word 将用数据

源中的实际数据代替前几步插入的合并域，在文档中可以预览合并后的效果，如图 9-31 所示。单击【预览结果】组中的导航按钮可以查看不同的合并记录。

图 9-30　筛选后的数据

图 9-31　预览合并后的效果

（11）如果对预览效果确认无误，可以单击功能区中的【邮件】➪【完成】➪【完成并合并】按钮，在弹出的菜单中选择【编辑单个文档】命令，打开【合并到新文档】对话框，选中【全部】单选按钮，如图 9-32 所示，单击【确定】按钮。

图 9-32　选中【全部】单选按钮

（12）Word 将主文档中的内容分别与数据源中的每一条记录合并，在一个新文档中

自动创建符合条件的多个录用通知书，每个录用通知书单独占用一页，如图 9-33 所示。

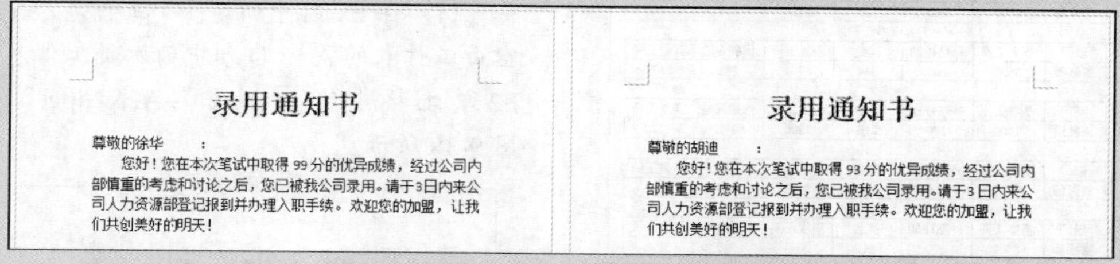
录用通知书

尊敬的徐华　　：

您好！您在本次笔试中取得 99 分的优异成绩，经过公司内部慎重的考虑和讨论之后，您已被我公司录用。请于3日内来公司人力资源部登记报到并办理入职手续。欢迎您的加盟，让我们共创美好的明天！

录用通知书

尊敬的胡迪　　：

您好！您在本次笔试中取得 93 分的优异成绩，经过公司内部慎重的考虑和讨论之后，您已被我公司录用。请于3日内来公司人力资源部登记报到并办理入职手续。欢迎您的加盟，让我们共创美好的明天！

图 9-33　合并后的录用通知书

9.3.4 批量创建员工工资条

使用邮件合并功能创建工资条的方法与上一小节介绍的创建录用通知书类似，但是由于工资条通常整页打印，因此需要将主文档的类型设置为【目录】。此外，由于工资条是表格形式的，因此需要在主文档中创建一个表格，在其中输入工资条所包含的内容。为了让创建的员工工资条之间有一定的间隔，可以在主文档的表格上方保留一个空行，或在表格下方保留两个空行。

案例 9-2

批量创建员工工资条

案例目标： 图 9-34 所示为本例创建员工工资条所使用的主文档和数据源，数据源中包含每个员工的姓名和工资明细数据，需要为每个员工创建工资条。

姓名	部门	基本工资	补贴补助	奖金	应发工资	代缴保险	实发工资

	A	B	C	D	E	F	G	H	I
1	姓名	部门	基本工资	补贴补助	奖金	应发工资	代缴保险	实发工资	
2	唐华	信息部	2800.00	200.00	123.00	3123.00	218.00	2905.00	
3	周军	客服部	3500.00	200.00	234.00	3934.00	361.00	3573.00	
4	吴方	信息部	1900.00	200.00	206.00	2306.00	277.00	2029.00	
5	张宏	财务部	2600.00	200.00	189.00	2989.00	326.00	2663.00	
6	高佳	客服部	2300.00	200.00	147.00	2647.00	349.00	2298.00	
7	唐枫	信息部	2700.00	200.00	118.00	3018.00	304.00	2714.00	
8	高丹	人力部	3200.00	200.00	338.00	3738.00	382.00	3356.00	
9	马军	人力部	1800.00	200.00	472.00	2472.00	472.00	2000.00	
10	孙昂	信息部	1500.00	200.00	268.00	1968.00	155.00	1813.00	
11	唐波	客服部	3100.00	200.00	326.00	3626.00	467.00	3159.00	
12									
13									

工资明细数据

图 9-34　创建员工工资条所使用的主文档和数据源

完成本例的具体操作步骤如下。

（1）在 Word 中打开员工工资条主文档，然后单击功能区中的【邮件】⇨【开始邮件合并】⇨【开始邮件合并】按钮，在弹出的菜单中选择【目录】命令。

（2）单击功能区中的【邮件】⇨【开始邮件合并】⇨【选择收件人】按钮，在弹出的菜单中选择【使用现有列表】命令。打开【选取数据源】对话框，双击本例需要使用的 Excel 数据源文件。

（3）打开【选择表格】对话框，选择包含数据的工作表，然后单击【确定】按钮，建立数据源与主文档之间的关联。

（4）将数据源中的数据以合并域的形式插入到主文档表格中的对应单元格中，插入时需要打开功能区中的【邮件】⇨【编写和插入域】⇨【插入合并域】下拉列表，从中选择对应的选项。插入合并域后的效果如图 9-35 所示。

姓名	部门	基本工资	补贴补助	奖金	应发工资	代缴保险	实发工资
«姓名»	«部门»	«基本工资»	«补贴补助»	«奖金»	«应发工资»	«代缴保险»	«实发工资»

图 9-35　将数据源中的数据以合并域的形式插入到主文档中

（5）单击功能区中的【邮件】⇨【完成】⇨【完成并合并】按钮，在弹出的菜单中选择【编辑单个文档】命令，在打开的对话框中选中【全部】单选按钮，单击【确定】按钮，将在一个新建的文档中创建员工工资条，如图 9-36 所示。

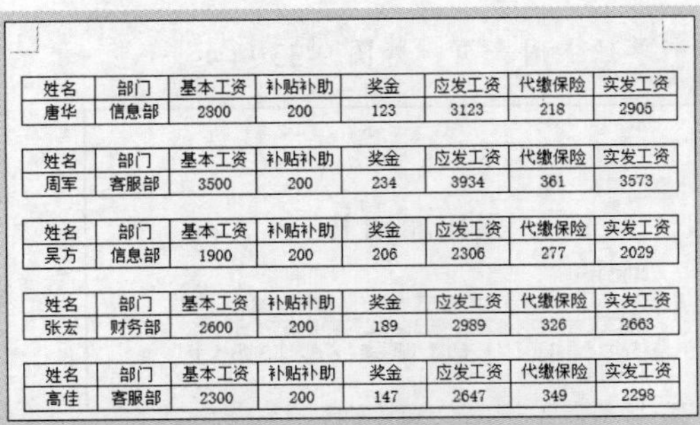

姓名	部门	基本工资	补贴补助	奖金	应发工资	代缴保险	实发工资
唐华	信息部	2800	200	123	3123	218	2905

姓名	部门	基本工资	补贴补助	奖金	应发工资	代缴保险	实发工资
周军	客服部	3500	200	234	3934	361	3573

姓名	部门	基本工资	补贴补助	奖金	应发工资	代缴保险	实发工资
吴方	信息部	1900	200	206	2306	277	2029

姓名	部门	基本工资	补贴补助	奖金	应发工资	代缴保险	实发工资
张宏	财务部	2600	200	189	2989	326	2663

姓名	部门	基本工资	补贴补助	奖金	应发工资	代缴保险	实发工资
高佳	客服部	2300	200	147	2647	349	2298

图 9-36　合并后的员工工资条

9.3.5 批量创建带照片的工作证

由于工作证包含照片，因此创建本例所使用的主文档、数据源的结构和制作方法与前两个案例有所不同。主文档中包含姓名、性别、年龄、部门、照片 5 项内容，前 4 项内容与照片位于工作证的左右两侧，为了让它们左右均匀排列，可以借助表格来进行布局。数据源中也需要包含与主文档相同的 5 项内容，在 Excel 工作表的 E 列放置照片名称，照片名称由员工姓名和照片文件的扩展名组成。本例使用的员工照片与主文档、数据源保存在同一个文件夹中。为了在主文档中正确显示员工的照片，需要使用 IncludePicture 域。

案例 9-3
批量创建带照片的工作证

案例目标：图 9-37 所示为本例创建带照片的工作证所使用的主文档和数据源，需要为员工创建带照片的工作证。

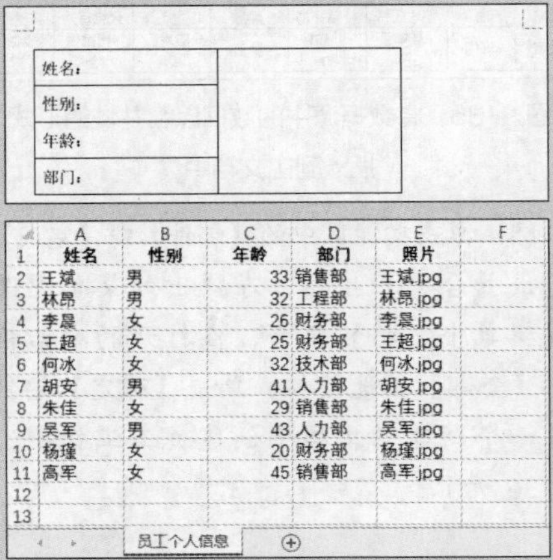

姓名：	
性别：	
年龄：	
部门：	

	A	B	C	D	E	F
1	姓名	性别	年龄	部门	照片	
2	王斌	男	33	销售部	王斌.jpg	
3	林昂	男	32	工程部	林昂.jpg	
4	李晨	女	26	财务部	李晨.jpg	
5	王超	女	25	财务部	王超.jpg	
6	何冰	女	32	技术部	何冰.jpg	
7	胡安	男	41	人力部	胡安.jpg	
8	朱佳	女	29	销售部	朱佳.jpg	
9	吴军	男	43	人力部	吴军.jpg	
10	杨瑾	女	20	财务部	杨瑾.jpg	
11	高军	女	45	销售部	高军.jpg	
12						
13						

图 9-37　创建带照片的工作证所使用的主文档和数据源

完成本例的具体操作步骤如下。

（1）在 Excel 中新建一个工作簿，在一个空白工作表的 A ～ D 列中输入员工信息，在 E2 单元格中输入公式“=A2&".jpg"”，如图 9-38 所示。

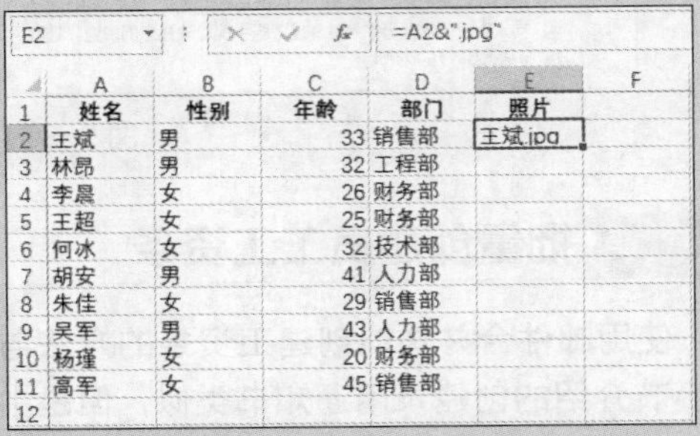

	A	B	C	D	E	F
1	姓名	性别	年龄	部门	照片	
2	王斌	男	33	销售部	王斌.jpg	
3	林昂	男	32	工程部		
4	李晨	女	26	财务部		
5	王超	女	25	财务部		
6	何冰	女	32	技术部		
7	胡安	男	41	人力部		
8	朱佳	女	29	销售部		
9	吴军	男	43	人力部		
10	杨瑾	女	20	财务部		
11	高军	女	45	销售部		
12						

图 9-38　在 Excel 工作表中输入员工信息

提示

本例使用的照片是 JPG 文件类型，如果使用其他图片类型，需要将公式中的“jpg”改为相应的扩展名。

（2）双击 E2 单元格右下角的填充柄（即绿色的小方块），将公式自动复制到下方的单元格区域中。保存并关闭 Excel 工作簿，完成数据源的制作。

（3）在 Word 中新建一个文档，然后单击功能区中的【邮件】⇨【开始邮件合并】⇨【开始邮件合并】按钮，在弹出的菜单中选择【目录】命令，以便可以在一页中显示多个工作证。

（4）在文档中按一次【Enter】键，将插入点定位到第 2 行，在表格上方保留一个空行，以便使以后创建的多个工作证之间有一定的间隔。

（5）在插入点处插入一个 4 行 2 列的表格，在第 1 列中分别输入“姓名：”“性别：”“年龄：”“部门：”，如图 9-39 所示，将第 2 列中的 4 个单元格合并在一起，并为表格中的文字设置适当的字体和字号。

（6）为了避免在表格中插入照片后单元格尺寸自动发生改变，需要右击表格内任意位置，在弹出的菜单中选择【表格属性】命令，打开【表格属性】对话框。在【表格】

选项卡中单击【选项】按钮，在打开的【表格选项】对话框中取消选中【自动重调尺寸以适应内容】复选框，如图 9-40 所示。

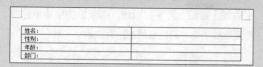

图 9-39 在表格第 1 列输入标题

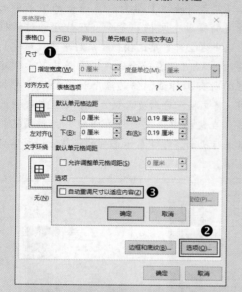

图 9-40 取消选中【自动重调尺寸以适应内容】复选框

> **提示**　如果要创建的工作证数量较多且会占据多个页面，为了避免在跨页时一个表格的两个部分分别显示在前后两页上，可以选中整个表格后打开【段落】对话框，在【换行和分页】选项卡中选中【与下段同页】复选框，然后单击【确定】按钮。

（7）完成工作证表格的结构设计后，单击功能区中的【邮件】⇨【开始邮件合并】⇨【选择收件人】按钮，在弹出的菜单中选择【使用现有列表】命令。在打开的【选取数据源】对话框中双击本例需要使用的 Excel 数据源文件。

（8）打开【选择表格】对话框，选择包含数据的工作表，然后单击【确定】按钮，建立数据源与主文档之间的关联。

（9）将数据源中的数据以合并域的形式插入到主文档表格的各个单元格中，插入时需要打开功能区中的【邮件】⇨【编写和插入域】

⇨【插入合并域】下拉列表，从中选择对应的选项。插入合并域后的效果如图 9-41 所示。

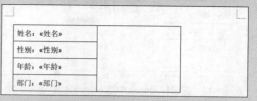

图 9-41 将数据源中的数据以合并域的形式插入到主文档中

（10）单击要放置照片的合并单元格，然后单击功能区中的【插入】⇨【文本】⇨【文档部件】按钮，在弹出的菜单中选择【域】命令，如图 9-42 所示。

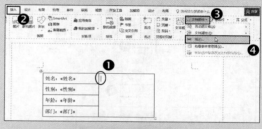

图 9-42 选择【域】命令

（11）打开【域】对话框，在【域名】列表框中选择【IncludePicture】域，然后在【文件名或 URL】文本框中输入一个名称，如"pic"，设置完成后单击【确定】按钮，如图 9-43 所示。由于后面会修改这个名称，因此现在输入什么无关紧要。

图 9-43 选择并设置 IncludePicture 域

（12）在合并单元格中插入图 9-44 所示的内容。

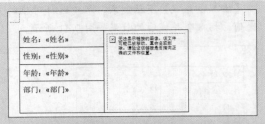

图 9-44　在合并单元格中插入 IncludePicture 域

（13）选择插入的内容，按【Shift+F9】组合键将其切换为域代码。选中域代码中的"pic"，然后打开功能区中的【邮件】⇨【编写和插入域】⇨【插入合并域】下拉列表，从中选择【照片】，如图 9-45 所示，使用"照片"替换域代码中的"pic"。

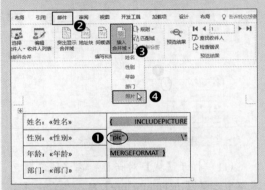

图 9-45　修改域代码中的 pic

（14）单击域代码范围内，按【F9】键更新域代码，将会显示员工照片，如图 9-46 所示。

图 9-46　更新域后显示员工照片

提示

如果不想显示工作证的边框线，可以选中整个表格，然后单击功能区中的【开始】⇨【段落】⇨【边框】按钮上的下拉按钮，在弹出的菜单中选择【无框线】命令删除表格的所有边框。

（15）单击功能区中的【邮件】⇨【完成】⇨【完成并合并】按钮，在弹出的菜单中选择【编辑单个文档】命令。在打开的对话框中选中【全部】单选按钮，然后单击【确定】按钮，Word 将在一个新建的文档中显示创建好的所有工作证，但是每个员工的照片都相同。将文档保存到员工照片所在的文件夹中，然后在文档中依次选择每张照片并按【F9】键进行更新，即可显示正确的照片，如图 9-47 所示。

图 9-47　创建多个带照片的工作证

第3部分

Excel 数据处理、分析与展示

第10章 数据输入与格式设置

数据输入与格式设置是 Excel 中对数据进行处理的基本操作，也是在进行 Excel 其他操作之前的基础工作。本章内容分为 5 个部分，以用户在 Excel 中进行工作的基本流程为主：首先介绍在 Excel 中新建工作表以及工作表的常用操作；然后介绍选择单元格的多种方法，选择合适的方法可以提高效率；接着介绍在工作表中输入数据的各种方法，这些方法适用于不同的应用需求；最后介绍控制数据显示方式的方法以及使用工作簿和工作表模板，包括为数据设置字体格式、数字格式、条件格式等内容。

10.1 在 Excel 中开始工作

在 Excel 中开始工作之前，需要先添加一个工作表，并在其中输入数据，然后才能对数据进行各种所需的计算和分析。如果是新建的一个 Excel 工作簿，其中会默认自带一个空白的工作表。如果是打开一个现有的工作簿，则需要用户手动添加一个空白工作表，然后在其中进行工作。

10.1.1 新建工作表

启动 Excel 后会自动创建一个工作簿，其中只有一个工作表，使用 Excel 中的【新建】命令创建的工作簿中也只包含一个工作表。如果要在工作簿中使用多个工作表，则可以使用以下几种方法添加工作表。

◎ 单击工作表标签右侧的【新工作表】按钮⊕。

◎ 单击功能区中的【开始】⇨【单元格】⇨【插入】按钮下方的下拉按钮，在弹出的菜单中选择【插入工作表】命令。

◎ 右击任意一个工作表标签，在弹出的菜单中选择【插入】命令，打开【插入】对话框的【常用】选项卡，选择【工作表】并单击【确定】按钮，或者直接双击【工作表】，如图 10-1 所示。

◎ 按【Shift+F11】或【Alt+Shift+F1】组合键。

使用第 1 种方法添加的工作表位于活动工作表的右侧，使用其他 3 种方法添加的工作表位于活动工作表的左侧。

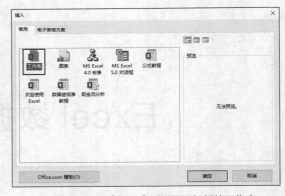

图 10-1 使用【插入】对话框添加新的工作表

> **技巧**
> 可以让新建的空白工作簿中自动包含指定数量的工作表。只需单击【文件】⇨【选项】命令，打开【Excel 选项】对话框，在左侧选择【常规】选项卡，然后在右侧的【新建工作簿时】区域中修改【包含的工作表数】文本框中的数字，如图 10-2 所示，该数字就是新建工作簿时默认包含的工作表数量。工作簿中可以包含的工作表的最大数量受计算机可用内存容量的限制。

图 10-2　设置新建工作簿时默认包含的工作表数量

10.1.2　修改工作表的名称

Excel 默认使用 Sheet1、Sheet2、Sheet3 等作为工作表的名称。为了使工作表更易于识别，应该使用有意义的名称。工作表名称最多可以包含 31 个字符，名称中可以包含空格，但不能包含"：""?""*""/""\""["和"]"等符号。可以使用以下几种方法修改工作表的名称。

◎　双击工作表标签。

◎　右击工作表标签，在弹出的菜单中选择【重命名】命令。

◎　单击功能区中的【开始】⇨【单元格】⇨【格式】按钮，在弹出的菜单中选择【重命名工作表】命令。

无论使用哪种方法，都会进入工作表名称的编辑状态，输入新的名称以替换原有名称，然后按【Enter】键确认修改。

10.1.3　激活与选择工作表

为了便于数据的管理，通常将具有不同用途和类别的数据存储到不同的工作表中，从而使数据位于相对独立的空间。在输入或处理工作表中的数据前，需要先切换到包含目标数据的工作表。

切换工作表的目的是为了使要处理的工作表显示在 Excel 窗口中。无论一个工作簿包含多少个工作表，同一时间该工作簿中只能有一个工作表显示在该工作簿所在的 Excel 窗口中，显示的这个工作表就是"活动工作表"，活动工作表接受用户的操作。使一个工作表成为活动工作

表的操作称为"激活工作表"。

每个工作表都有一个标签，位于单元格区域下边缘与状态栏之间。标签显示了工作表的名称，如 Sheet1、Sheet2、Sheet3，单击工作表标签可以切换到特定的工作表并使其成为活动工作表。图 10-3 所示的 Sheet2 工作表是活动工作表，活动工作表的标签呈现凸起状态（或称"反白"），与其他工作表标签的外观有所区别。

图 10-3　活动工作表

选择工作表与激活工作表不同，激活工作表只针对一个工作表而言，而选择工作表则可以选择一个或多个工作表，但是在所有选中的工作表中只能有一个工作表处于激活状态。

1. 选择一个工作表

单击工作表的标签，即可选择该工作表，并使其成为活动工作表。

2. 选择相邻的多个工作表

选择一个工作表，然后按住【Shift】键，再单击另一个工作表，即可自动选中位于这两个工作表之间的所有工作表，同时包含这两个工作表。图 10-4 所示为同时选中了 3 个工作表：Sheet2、Sheet3 和 Sheet4。其中的 Sheet2 工作表是活动工作表。

图 10-4　选择相邻的多个工作表

> **提示**
> 同时选择多个工作表时，将在 Excel 窗口标题栏中显示"[工作组]"字样。

3. 选择不相邻的多个工作表

选择一个工作表，然后按住【Ctrl】键，再依次单击其他想要选择的工作表，即可选中所有单击过的工作表，Excel 窗口标题栏中会显示

"[工作组]"字样。图10-5所示为同时选中了Sheet1、Sheet3和Sheet5工作表。

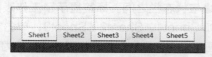

图 10-5　选择不相邻的多个工作表

4. 选择所有工作表

右击任意一个工作表标签，在弹出的菜单中选择【选定全部工作表】命令，可同时选中所有工作表，如图10-6所示。

图 10-6　选择【选定全部工作表】命令

可以使用以下几种方法取消工作表的选中状态。

◉　如果同时选中的不是所有工作表，可以单击未被选中的任意一个工作表。

◉　如果同时选中的是所有工作表，可以单击活动工作表以外的其他任意一个工作表。

◉　右击选中的任意一个工作表，在弹出的菜单中选择【取消组合工作表】命令，该方法适用于以上两种情况。

当工作簿中包含很多工作表时，Excel窗口中不会显示所有工作表的标签，如图10-7所示。可以单击位于工作表标签左侧的左箭头◀或右箭头▶来滚动显示当前未显示的工作表标签。如果工作表的数量较多，可以右击箭头所在的区域，打开【激活】对话框，双击要切换到的工作表，即可将该工作表变为活动工作表。

> **注意**
> 在【激活】对话框中不能同时选择多个工作表，处于隐藏状态的工作表不会显示在【激活】对话框中。

图 10-7　工作表数量较多时的选择方法

10.1.4　移动和复制工作表

可以移动工作表来改变工作表的排列顺序。复制工作表可以快速获得工作表的副本，当要创建的工作表与现有工作表类似时，复制工作表可以提高工作效率。可以在同一个工作簿中移动或复制工作表，也可以将工作表移动或复制到其他工作簿中。

使用鼠标拖动工作表标签是移动和复制工作表的最简便方法。在工作表标签上按住鼠标左键并拖动到目标位置，即可将工作表移动到指定位置。拖动时会显示一个黑色三角，用于指示当前位置，如图10-8所示。如果在拖动过程中按住【Ctrl】键，则将复制工作表。

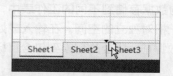

图 10-8　拖动工作表标签时会显示黑色三角

如果要将工作表移动或复制到其他工作簿，则需要使用【移动或复制工作表】对话框。右击要移动或复制的工作表标签，在弹出的菜单中选择【移动或复制】命令，打开【移动或复制工作表】对话框，如图10-9所示。

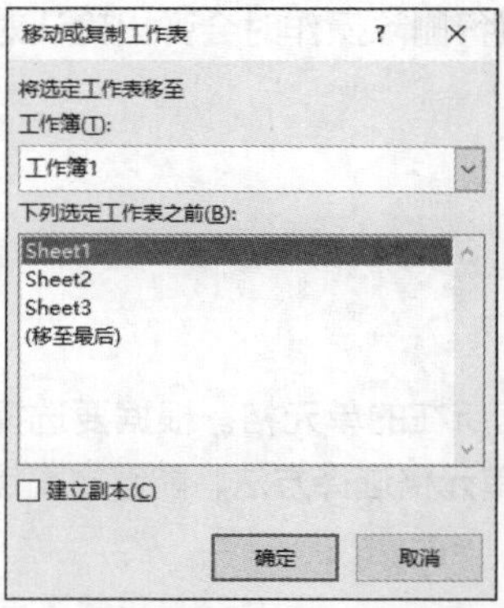

图 10-9 【移动或复制工作表】对话框

图 10-10 选择目标工作簿

在【下列选定工作表之前】列表框中选择移动或复制到的目标位置，当前工作表将被移动或复制到该位置的左侧。如果要复制工作表，则需要选中【建立副本】复选框。在【工作簿】下拉列表中选择要移动或复制到的目标工作簿，其中包含当前打开的每一个工作簿的名称，以及固定选项"（新工作簿）"。如果选择"（新工作簿）"选项，Excel 将新建一个空白工作簿，并将当前工作表移动或复制到该工作簿中。设置完成后，单击【确定】按钮，即可将当前工作表移动或复制到指定位置。

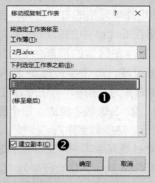

图 10-11 选择目标位置并选中【建立副本】复选框

（4）单击【确定】按钮，将"1月"工作簿中的 A 工作表复制到"2月"工作簿中的 E 工作表的左侧。

案例 10-1
将指定工作表复制到另一个工作簿中

案例目标： 当前打开了名为"1月"和"2月"的两个工作簿，"1月"工作簿包含名为 A、B、C 的 3 个工作表，"2月"工作簿包含名为 D、E、F 的 3 个工作表。现在要将"1月"工作簿中的 A 工作表复制到"2月"工作簿中 D 和 E 两个工作表之间。

完成本例的具体操作步骤如下。

（1）打开名为"1月"的工作簿，右击该工作簿中的 A 工作表标签，在弹出的菜单中选择【移动或复制】命令。

（2）打开【移动或复制工作表】对话框，在【工作簿】下拉列表中选择【2月】，如图10-10 所示。

（3）在【下列选定工作表之前】列表框中选择【E】，然后选中【建立副本】复选框，如图 10-11 所示。

10.1.5 删除工作表

可以将工作簿中不需要的工作表删除，但是当工作簿中只有一个工作表时，无法将该工作表删除。删除工作表的操作不可逆，这意味着无法通过撤销命令恢复已删除的工作表。如果误删了工作表，恢复它的唯一方法是在删除工作表后立刻在不保存的情况下关闭工作簿，再打开该工作簿时，上一次删除的工作表仍然存在。删除工作表的方法有以下两种。

◉ 右击要删除的工作表标签，在弹出的菜单中选择【删除】命令。

◉ 选择要删除的工作表，然后单击功能区中的【开始】⇨【单元格】⇨【删除】按钮下方的下拉按钮，在弹出的菜单中选择【删除工作表】命令。

如果正在删除的工作表包含内容或格式设置信息，则在执行删除操作时会弹出确认对话框，单击【删除】按钮即可将工作表删除。

10.2 选择单元格的多种方法

在 Excel 中对数据执行操作之前，通常都需要先选择数据所在的单元格。根据要选择的单元格的数量和位置的不同，有着多种不同的选择方式。掌握正确的单元格选择方法，能够提高操作效率。本节将介绍选择单元格的多种方法。

10.2.1 单元格的表示方法

在介绍选择单元格的方法之前，应该先了解一下单元格在 Excel 中的表示方法。默认情况下，Excel 工作表区域的顶部由 A、B、C 等英文大写字母组成，每个字母标识工作表中的一列，这些字母称为"列标"。Excel 工作表区域的左侧由 1、2、3 等数字组成，每个数字标识工作表中的一行，这些数字称为"行号"。在 Excel 2007 及 Excel 更高版本中，工作表的最大列标为 XFD（即 16384 列），最大行号为 1048576。

在 Excel 中，单元格是一列和一行交叉位置上的小矩形。为了准确定位工作表中的每一个单元格，使用列标和行号来标识单元格在工作表中的地址，列标在前，行号在后，如 A2 表示位于 A 列和第 2 行交叉位置上的单元格。

Excel 通过单元格地址来引用单元格中存储的数据，将这种调用数据的方法称为"单元格引用"，将使用列标和行号表示单元格地址的方式称为"A1 引用样式"。表 10-1 列出了一些使用 A1 引用样式表示单元格地址的示例。

表 10-1　使用 A1 引用样式表示单元格地址

A1 引用样式的单元格地址	说明
A2	引用的是 A 列第 2 行的单元格
B1:C6	引用的是 B 列第 1 行到 C 列第 6 行所组成的单元格区域
6:6	引用的是第 6 行中的所有单元格
3:6	引用的是第 3 行到第 6 行中的所有单元格
C:C	引用的是 C 列中的所有单元格
A:C	引用的是 A 列到 C 列中的所有单元格

> **提示**
>
> 如果 Excel 工作表中的列标显示为数字，则说明此时正处于 R1C1 引用样式，可以通过设置恢复为 A1 引用样式。单击【文件】⇨【选项】命令，打开【Excel 选项】对话框。在左侧选择【公式】选项卡，然后在右侧取消选中【R1C1 引用样式】复选框。

10.2.2 活动单元格与所选单元格

活动单元格是接受用户输入的单元格。在任何一个工作表中，无论是否选择了单元格或单元格区域，都存在一个活动单元格，这个单元格被绿色矩形框包围起来，但这不是检验活动单元格的主要依据。

在任何时候，工作表中只能有一个活动单元格。要使一个单元格成为活动单元格，只需使用鼠标单击这个单元格。当只选择一个单元格时，这个单元格既是活动单元格，又是选中的单元格，选中的单元格列标和行号会高亮显示。在图 10-12 所示的工作表中，B3 单元格是活动单元格。

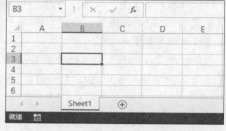

图 10-12　只选择一个单元格时的活动单元格

如果选择了一个单元格区域，整个区域都会

被绿色矩形框包围起来，此时的活动单元格是其中背景为白色的单元格，名称框中会显示活动单元格的地址。在图 10-13 所示的工作表中，选中的单元格区域为 B2:D5，活动单元格为 B2 单元格。

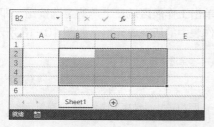

图 10-13　选择单元格区域时的活动单元格

在保持选区不变的情况下，按【Tab】【Shift+Tab】【Enter】和【Shift+Enter】等快捷键可以在选区内改变活动单元格的位置。如图 10-14 所示，选中的单元格区域仍然是 B2:D5，但按了两次【Tab】键后，将活动单元格改为 D2。这是因为【Tab】键按先行后列的顺序改变活动单元格的位置，按两次【Tab】键后，活动单元格从最初的 B2 变为 D2。

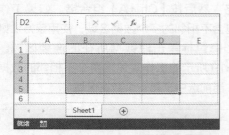

图 10-14　在选区内改变活动单元格的位置

【Enter】键是按先列后行的顺序改变活动单元格的位置。如果同样是按两次【Enter】键，则活动单元格将从 B2 变为 B4。

10.2.3　选择连续或不连续的单元格区域

选择连续单元格区域的方法有以下几种。

◉　选择区域左上角的单元格，然后按住鼠标左键向区域右下角单元格的方向拖动，到达右下角单元格时释放鼠标左键。

◉　选择区域左上角的单元格，然后按住【Shift】键，再选择区域右下角的单元格。

◉　选择区域左上角的单元格，然后按【F8】键进入【扩展】选择模式，可直接单击选择区域右下角的单元格，而不需要按住【Shift】键。在【扩展】选择模式下按【F8】键或【Esc】键将退出该模式。

选择不连续区域的方法有以下几种。

◉　选择一个单元格，然后按住【Ctrl】键，再依次选择其他单元格或区域。

◉　选择一个单元格，然后按【Shift+F8】组合键进入【添加】选择模式，依次选择其他单元格或区域，而不需要按住【Ctrl】键。在【添加】选择模式下按【Shift+F8】组合键或【Esc】键将退出该模式。

如果要选择的区域很大，则可以在名称框中输入单元格区域的地址，然后按【Enter】键，即可快速选中相应的区域。例如，如果要选择 K6:R100 单元格区域，可以单击 Excel 窗口中的名称框，然后输入"K6:R100"，按【Enter】键后将选中该区域，并在窗口中自动定位到该区域，如图 10-15 所示。

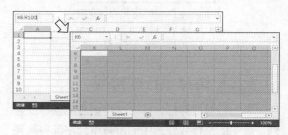

图 10-15　使用名称框选择单元格区域

还可以使用 Excel 中的定位功能选择单元格区域。单击功能区中的【开始】⇨【编辑】⇨【查找和选择】按钮，在弹出的菜单中选择【转到】命令，或直接按【F5】键，打开【定位】对话框，在【引用位置】文本框中输入要选择的单元格区域的地址，如图 10-16 所示，然后单击【确定】按钮，即可选中目标区域。

还可以使用名称框或定位功能选择不连续的多个单元格区域，在名称框或【定位】对话框的【引用位置】文本框中输入要选择的单元格或区域的地址，各个地址之间使用英文半角逗号进行分隔，如"A2,C5:F10,H6,B3:E8"，如图 10-17 所示。然后在名称框中按【Enter】键，或在【定位】对话框中单击【确定】按钮，即可选中输入的所有单元格和区域。

图 10-16 使用定位功能选择连续区域

图 10-17 使用定位功能选择不连续区域

10.2.4 选择整行或整列

单击行号或列标，即可选中相应的整行或整列，选中的整行或整列中的所有单元格都将高亮显示。如果想要同时选择行和列，可以先选择行或列中的一个，然后按住【Ctrl】键，再选择另一个。

> **提示**
> 单击列标或行号时，鼠标指针会变为向下或向右的黑色箭头。

如果要选择连续的多个行，可以单击其中一行的行号，然后按住鼠标左键向上或向下拖动，即可选择与该行相邻的多个行。选择连续多列的方法与此类似，单击其中一列的列标，然后按住鼠标左键向左或向右拖动，即可选择与该列相邻的多个列。

如果要选择不连续的多个行，可以先选择其

中的一行，然后按住【Ctrl】键，再选择其他行，直到选择完所有需要选择的行。选择不连续多列的方法与此类似。

10.2.5 选择所有单元格

单击工作表区域左上角的全选按钮，即可选中工作表中的所有单元格，如图 10-18 所示。

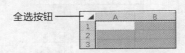

图 10-18 选择工作表中的所有单元格

如果工作表中不包含任何数据，可以按【Ctrl+A】组合键选中工作表中的所有单元格。如果工作表中包含数据，单击数据区域中的任意一个单元格，然后按两次【Ctrl+A】组合键，即可选中工作表中的所有单元格。

10.2.6 选择包含数据的单元格区域

如果工作表中包含数据，当需要选择数据所在的区域时，可以单击数据区域中的任意一个单元格，然后按【Ctrl+A】组合键。如果工作表中包含不相邻的多个数据区域，使用该方法则只会选择鼠标单击时数据所在的连续区域。图 10-19 所示的工作表包含两个不相邻的数据区域，当前选中了第一个数据区域。

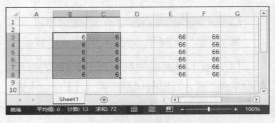

图 10-19 选择包含数据的单元格区域

10.2.7 选择多个工作表中的相同区域

有时可能要对多个工作表中的相同区域进行操作，此时可以先在一个工作表中选择要处理的单元格区域，然后使用本章 10.1.3 小节介绍的方法，同时选择其他所需处理的工作表，之后在选区中输入的内容、设置的格式都会自动反映到所有选中的工作表的相同区域中。

10.2.8 选择具有特定数据类型或属性的单元格

本章前面曾介绍过使用【定位】对话框来快速选择单元格和区域。单击该对话框中的【定位条件】按钮，将打开【定位条件】对话框，如图10-20所示，选中其中的选项，可以快速选择具有特定数据类型或属性的所有单元格。例如，【批注】选项是指包含批注的单元格，【条件格式】是指已经设置了条件格式的单元格。

图10-20 【定位条件】对话框

> **注意**
> 在打开【定位条件】对话框之前，如果选择了一个单元格区域，Excel 将在该区域中查找并选中符合条件的单元格；如果只选择了一个单元格，Excel 将在整个工作表中查找并选中符合条件的单元格。

案例 10-2
将商品销售明细表中的所有金额设置为货币格式

案例目标： 将数据区域中的所有金额设置为货币格式，效果如图10-21所示。

完成本例的具体操作步骤如下。

（1）单击数据区域中的任意一个单元格，按【Ctrl+A】组合键选择整个数据区域。

（2）按【F5】键，打开【定位】对话框，

单击【定位条件】按钮。

	A	B	C	D	E	F	G
1	商品	销售额	商品	销售额	商品	销售额	
2	酸奶	7100	精盐	9300	大米	8400	
3	饮料	6600	牛奶	9200	牛奶	6000	
4	大米	7900	香肠	8700	大米	7600	
5	酒水	6400	大米	5800	酸奶	5400	
6	酒水	8900	饮料	9800	精盐	7300	
7	香油	7600	牛奶	6200	香肠	6100	
8	香油	9200	牛奶	8200	精盐	9300	
9	饮料	8100	大米	6700	牛奶	7500	
10	牛奶	5500	香油	6200	精盐	6900	
11							

⇩

	A	B	C	D	E	F	G
1	商品	销售额	商品	销售额	商品	销售额	
2	酸奶	¥7,100.00	精盐	¥9,300.00	大米	¥8,400.00	
3	饮料	¥6,600.00	牛奶	¥9,200.00	牛奶	¥6,000.00	
4	大米	¥7,900.00	香肠	¥8,700.00	大米	¥7,600.00	
5	酒水	¥6,400.00	大米	¥5,800.00	酸奶	¥5,400.00	
6	酒水	¥8,900.00	饮料	¥9,800.00	精盐	¥7,300.00	
7	香油	¥7,600.00	牛奶	¥6,200.00	香肠	¥6,100.00	
8	香油	¥9,200.00	牛奶	¥8,200.00	精盐	¥9,300.00	
9	饮料	¥8,100.00	大米	¥6,700.00	牛奶	¥7,500.00	
10	牛奶	¥5,500.00	香油	¥6,200.00	精盐	¥6,900.00	
11							

图10-21 将所有金额设置为货币格式

（3）打开【定位条件】对话框，选中【常量】单选按钮，然后在其下方只选中【数字】复选框，如图10-22所示。最后单击【确定】按钮，将自动选中数据区域中的所有金额，如图10-23所示。

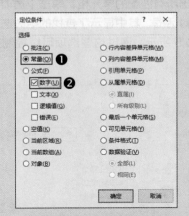

图10-22 选中【常量】类别中的【数字】复选框

	A	B	C	D	E	F	G
1	商品	销售额	商品	销售额	商品	销售额	
2	酸奶	7100	精盐	9300	大米	8400	
3	饮料	6600	牛奶	9200	牛奶	6000	
4	大米	7900	香肠	8700	大米	7600	
5	酒水	6400	大米	5800	酸奶	5400	
6	酒水	8900	饮料	9800	精盐	7300	
7	香油	7600	牛奶	6200	香肠	6100	
8	香油	9200	牛奶	8200	精盐	9300	
9	饮料	8100	大米	6700	牛奶	7500	
10	牛奶	5500	香油	6200	精盐	6900	
11							

图10-23 自动选中所有金额

（4）在功能区【开始】⇨【数字】⇨【数字格式】下拉列表中选择【货币】，如图10-24

所示，即可将所有金额设置为货币格式。

图 10-24　选择【货币】格式

10.2.9　选择包含特定内容的单元格

可以使用 Excel 中的查找功能快速选择包含特定内容的单元格。单击功能区中的【开始】⇨【编辑】⇨【查找和选择】按钮，在弹出的菜单中选择【查找】命令，或者直接按【Ctrl+F】组合键，打开【查找和替换】对话框。在【查找】选项卡的【查找内容】文本框中输入要在工作表中查找的内容，单击【查找下一个】按钮将依次定位每一个匹配的单元格，单击【查找全部】按钮将列出所有匹配的单元格。单击【选项】按钮展开该对话框，其中显示了查找的相关选项，如图 10-25 所示，通过这些选项可以控制查找的方式。

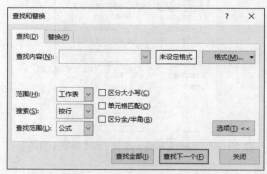

图 10-25　在【查找和替换】对话框【查找】
选项卡中查找特定的内容

各查找选项的含义如下。

◉　范围：指定是在当前工作表中查找，还是在整个工作簿中查找。

◉　搜索：指定查找时的行列优先顺序，包括"按行"和"按列"两种。"按行"是先行后列进行查找，"按列"是先列后行进行查找。

◉　查找范围：指定查找的内容类型，包括"公式""值"和"批注"3 种，其中"公式"包含单元格中的数据和公式中的内容；"值"包含单元格中的数据和公式运算结果，但不包含公式中的内容；"批注"只包含批注内容。

◉　区分大小写：选择在查找时是否区分英文字母的大小写。

◉　单元格匹配：指定是否只查找完全匹配的内容，如果选中【单元格匹配】复选框，查找时仅匹配只包含查找内容的单元格。例如，如果查找"工资"，在查找结果中不会出现包含"工资总额"的单元格，换言之，只包含"工资"二字的单元格才会出现在查找结果中。

◉　区分全 / 半角：指定在查找时是否区分全角和半角字符。

案例 10-3
快速选择包含特定内容的所有单元格

案例目标： 选择工作表中只包含"大米"一词的所有单元格。

完成本例的具体操作步骤如下。

（1）单击功能区中的【开始】⇨【编辑】⇨【查找和选择】按钮，在弹出的菜单中选择【查找】命令。

（2）打开【查找和替换】对话框的【查找】选项卡，在【查找内容】文本框中输入"大米"，单击【选项】按钮，选中【单元格匹配】复选框，然后单击【查找全部】按钮，如图10-26 所示。

图 10-26　输入查找内容并设置查找选项

（3）在对话框的下方会增加一个列表，其中显示了所有与查找内容匹配的单元格的相关信息。按【Ctrl+A】组合键选中列表中的所有项，与此同时也会自动选中工作表中相应的单元格，如图 10-27 所示。

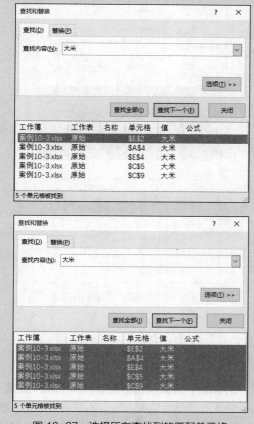

图 10-27　选择所有查找到的匹配单元格

（4）单击【关闭】按钮，关闭【查找和替换】对话框。

10.2.10　选择包含特定格式的单元格

使用查找功能不但可以查找单元格中的具体内容，还可以查找单元格中的格式，快速选择包含特定格式的所有单元格。按【Ctrl+F】组合键，打开【查找和替换】对话框的【查找】选项卡，单击【选项】按钮展开对话框，然后单击【格式】按钮右侧部分的下拉按钮，在弹出的菜单中包括以下 3 个命令，如图 10-28 所示，前两个命令决定格式的查找方式。

⦿　格式：选择该命令将打开【查找格式】对话框，其外观和包含的选项与【设置单元格格式】对话框类似，在对话框的 6 个选项卡中可设置不同的格式，组合出符合查找要求的格式。

⦿　从单元格选择格式：如果希望以某个单元格中的格式为基准来进行查找，可以选择【从单元格选择格式】命令，然后单击这个单元格，Excel 将查找与该单元格中的格式相同的单元格。

⦿　清除查找格式：选择该命令将清除为查找设置的所有格式。

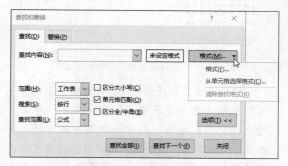

图 10-28　单击【格式】按钮右侧下拉按钮弹出的菜单

如果设置了查找格式，在【查找】选项卡中的【格式】按钮左侧会显示格式的预览。如果未设置任何格式，则会显示"未设定格式"字样。如果只想查找格式而不包含任何特定的内容，则不要在【查找内容】文本框输入任何内容。如果想要查找具有特定格式的内容，则需要在【查找内容】文本框中输入具体的内容。

完成所需设置后，单击【查找下一个】按钮逐一定位找到的单元格，或者采用上一小节介绍的方法，单击【查找全部】按钮，将在对话框下方的列表中列出所有匹配的单元格。

案例 10-4
快速选择商品销售明细表中所有灰色背景的产品

案例目标： 选择工作表中背景色为灰色的所有单元格。

完成本例的具体操作步骤如下。

（1）按【Ctrl+F】组合键打开【查找和替换】对话框的【查找】选项卡，单击【选项】按钮展开对话框，然后单击【格式】按钮右侧的下拉按钮，在弹出的菜单中选择【格式】命令。

　　（2）打开【查找格式】对话框，切换到【填充】选项卡，在【背景色】下方选择灰色，如图 10-29 所示，然后单击【确定】按钮。

图 10-29　选择要查找的单元格背景色

　　（3）返回【查找和替换】对话框，在【格式】按钮左侧会显示格式的预览效果。单击【查找全部】按钮，在对话框下方展开的列表中按【Ctrl+A】组合键，选中其中的所有项及其在工作表中对应的所有单元格，如图 10-30 所示。

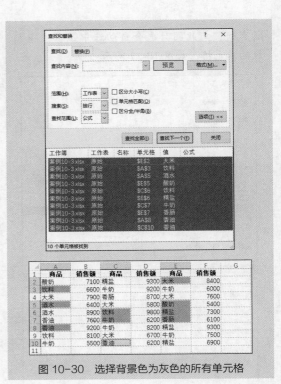

图 10-30　选择背景色为灰色的所有单元格

10.3　数据输入的多种方法

　　数据是在 Excel 中进行其他操作的基础，新建一个工作簿后，首先要做的就是在其中输入数据。Excel 为用户输入数据提供了多种方法，用户可根据实际情况选择最合适的方法。本节将介绍输入数据的多种方法，但在介绍输入数据的方法之前，首先介绍 Excel 中包含的数据类型及其特性，了解这些内容，将为数据的正确输入提供帮助。

10.3.1　Excel 中的数据类型

　　数据类型决定数据在 Excel 中的存储和处理方式。Excel 中的数据可以分为 5 种基本类型：文本、数值、日期和时间、逻辑值、错误值。日期和时间实际上是一种特殊形式的数值。默认情况下，不同类型的数据在单元格中具有不同的对齐方式：文本在单元格中左对齐，数值与日期和时间在单元格中右对齐，逻辑值和错误值在单元格中居中对齐，如图 10-31 所示。

图 10-31　不同类型的数据具有不同的对齐方式

1. 文本

　　文本用于表示特定的名称或任何具有描述性的内容，如公司名称、人名、产品编号等。文本可以是文字、符号以及它们与数字的任意组合。一些无须计算的数字可以存储为文本格式，如电话号码、身份证号等，以文本格式存储的数字称为"文本型数字"。因此，文本涵盖的范围非常灵活。文本不能用于数值计算，但可以比较大小。一个单元格最多可容纳 32767 个字符，在单元格中最多只能显示 1024 个字符，但是在编辑栏中可以全部显示出来。

2. 数值

　　在 Excel 中，数字和数值是两个不同的概念。数字是指由 0 ~ 9 这 10 个数字任意组合而成的单纯的数,数值用于表示具有特定用途或含义的量,如金额、销量、员工人数、体重、身高等。除了普通的数字外,Excel 也会将一些带有特殊符号的数字识别为数值,如百分号(%)、货币符号(如¥)、千位分隔符(,)、科学计数符号(E)等。

数值可以参与计算,但并非所有数值都有必要参与计算,是否参与计算取决于数值本身表达的含义以及应用目的。例如,在销售明细表中,需要对表示销量的数值进行求和计算,以便统计总销量,而在员工健康调查表中,通常不需要对表示体重的数值进行计算。

数值可以是正数,也可以是负数。现实中数值的大小没有限制,但在 Excel 中受到软件自身的限制。Excel 支持的最大正数约为 9E+307,最小正数约为 2E-308,最大负数与最小负数与这两个数字相同,只需在数字开头添加负号。虽然 Excel 支持一定范围内的数字,但只能正常存储和显示最大精确到 15 位有效数字的数字。对于超过 15 位的整数,多出的位数会变为 0,如"112233445566778899"会变为"112233445566778000"。对于超过 15 位有效数字的小数,多出的位数会被截去。

如果要在单元格中输入超过 15 位有效数字的数字,必须以文本格式进行输入,才能保持其原样。例如,上一节介绍的身份证号包含 18 位数字,为了避免最后 3 位变为 0,必须以文本格式存储。任何一个数字在 Excel 中都可以有两种存储形式,以数值形式存储的数字称为"数值型数字",以文本格式存储的数字称为"文本型数字"。

Excel 会自动对输入的数值进行分析,并以其认为最合适的形式显示在单元格中,主要包括以下几种情况。

◉ 如果输入的整数位数较多,超出单元格的宽度,Excel 会自动增加列宽,以完全显示输入的整数。

◉ 如果输入的整数超过 11 位,Excel 会自动以科学计数的形式显示该数值。

◉ 如果输入的小数位数较多,超出单元格的宽度,Excel 会自动对超出宽度的第 1 个小数

位上的数字进行四舍五入,并将其后的小数位数截去。例如,在单元格的默认宽度下,输入小数"1.23456789"会自动变为"1.234568"。

◉ 如果输入的数值两侧包含一对半角小括号,Excel 会自动以负数形式显示该数值,而括号不再显示,这是会计方面的一种数值形式。

◉ 如果输入的小数结尾为 0,Excel 会自动将非有效位数上的 0 删除。

3. 日期和时间

Excel 中的日期和时间实际上也是数值,只是以另一种形式来显示,这种形式称为"序列值"。在 Windows 操作系统的 Excel 版本中,序列值 1 对应于 1900 年 1 月 1 日,序列值 2 对应于 1900 年 1 月 2 日,以此类推,最大序列值 2958465 对应于 9999 年 12 月 31 日。因此,在 Windows 操作系统的 Excel 版本中,支持的日期范围是 1900 年 1 月 1 日~9999 年 12 月 31 日,这个日期系统称为"1900 日期系统"。在 Macintosh 计算机的 Excel 版本中使用的是"1904 日期系统",该日期系统中的第一个日期是 1904 年 1 月 1 日,其序列值为 1。

> **提示**
>
> 可以通过设置,使 Excel 在 1900 和 1904 两个日期系统之间转换。只需单击【文件】⇨【选项】命令,打开【Excel 选项】对话框,在左侧选择【高级】选项卡,然后在右侧的【计算此工作簿时】区域中选中或取消选中【使用 1904 日期系统】复选框,如图 10-32 所示,即可对日期进行两个日期系统之间的转换。

图 10-32 转换日期系统

日期的序列值是一个整数，一天的数值单位是 1，一天有 24 小时，因此 1 小时可以表示为 1/24。1 小时有 60 分钟，那么 1 分钟可以表示为 1/(24×60)。这意味着，一天中的每一个时刻都可以使用小数形式的序列值来表示，如 0.5 表示一天中的一半，即中午 12 点。如果是一个大于 1 的小数，Excel 会将整数部分换算为日期，将小数部分换算为时间。因此，一个包含整数和小数的序列值可以表示一个日期和时间，如序列值 43257.5 表示 2018 年 6 月 6 日中午 12 点。

如果想要查看一个日期的序列值，可以在单元格中输入这个日期，然后将单元格格式设置为【常规】。如果想要查看一个序列值所对应的日期，可以在单元格中输入这个序列值，然后将单元格格式设置为一种日期格式。由于日期和时间的本质是数值，因此日期和时间可用于数值计算。

4. 逻辑值

逻辑值只有 TRUE（真）和 FALSE（假）两个值，主要用于公式的条件判断中。当条件判断结果为 TRUE 时，执行一种预先设定好的计算；当条件判断结果为 FALSE 时，执行另一种预先设定好的计算。这样就可以根据条件判断结果，返回不同的计算结果。在以下 3 种应用环境中，逻辑值具有不同的特性。

◉ 在条件判断中用作条件时，任何非 0 的数字等价于逻辑值 TRUE，0 等价于逻辑值 FALSE。

◉ 在比较字符大小时，TRUE 大于 FALSE，FALSE 大于其他任何字符。

◉ 逻辑值可以进行四则运算，在四则运算中，TRUE 等于 1，FALSE 等于 0。

5. 错误值

错误值有 7 个：#DIV/0!、#NUM!、#VALUE!、#REF!、#NAME?、#N/A、#NULL!。每个错误值用于标识一种特定的错误类型，都以井号（#）开头，不能参与计算和排序。当用户在单元格中输入无法识别的内容或公式计算不正确时，就会返回一个错误值，通过错误值可以大概判断导致问题的主要原因。

10.3.2 输入数据的基本方法

无论在单元格中输入哪类数据，都遵循以下操作流程。

选择要向其中输入数据的单元格 ⇨ 输入所需的数据 ⇨ 确认输入操作

选择单元格的方法已在本章前面介绍过，可根据需要选择接受输入的单元格，最常用的方法就是单击某个单元格，使其成为活动单元格，然后输入所需的内容，输入的内容会同时在单元格和编辑栏中显示，如图 10-33 所示。输入完成后，按【Enter】键或单击编辑栏左侧的【输入】按钮✔结束输入。如果在输入过程中想要取消本次输入，可以按【Esc】键或单击编辑栏左侧的【取消】按钮✘。

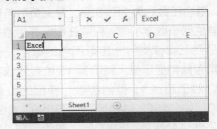

图 10-33　在单元格中输入数据

> **提示**　按【Enter】键会激活下方的单元格使其成为活动单元格，为后续输入做好准备，而单击【输入】按钮✔不会改变活动单元格的位置。

在单元格中开始输入内容后，状态栏左侧会由最初显示的"就绪"变为"输入"，表示当前进入【输入】模式。在该模式下，插入点（即光标的位置）会随着用户输入的内容从左向右移动。如果按箭头键，其效果与按【Enter】键类似，即结束输入并改变活动单元格的位置。如果希望在输入过程中使用箭头键随意移动插入点的位置，以修改已输入的内容，则可以按【F2】键进入【编辑】模式，此时状态栏左侧会显示"编辑"字样。

> **交叉参考**　在输入公式时还有一个【点】模式，有关输入公式的更多内容，请参考本书第 11 章。

对已输入的内容进行编辑，分为"完全覆盖"和"局部修改"两种方式。如果要使用新内容替换单元格中的原有内容，可以在选择单元格后直接输入新的内容，即可完全覆盖原内容。如果只想修改单元格中的部分内容，可以使用以下几种方法进入【编辑】模式，然后再进行修改。

- ◉ 双击单元格。
- ◉ 单击单元格，然后按【F2】键。
- ◉ 单击单元格，然后单击编辑栏。由于编辑栏可以提供更大的显示空间，因此如果单元格中包含很多内容，在编辑栏中进行修改会比较方便。

如果要删除单元格中的内容，可以选择单元格或区域，然后按【Delete】键。如果单元格中设置了格式，则该方法无法删除其中的格式。如果想要同时删除单元格中的内容和格式，可以单击功能区中的【开始】➪【编辑】➪【清除】按钮，在弹出的菜单中选择【全部清除】命令，如图 10-34 所示。菜单中还包括其他几个命令，分别用于清除特定的项目。

图 10-34　同时删除单元格中的内容和格式

10.3.3　输入特定类型的数据

在输入不同类型的数据时，需要掌握一些基本的输入方法，才能正确输入这些数据。本小节将介绍输入日期和时间，以及输入一些特殊数字的方法。

1. 输入日期和时间

由于 Excel 中的日期和时间本质上也是数值，因此，如果想要让输入的数据被 Excel 正确识别为日期和时间，则需要按特定格式进行输入。对于 Windows 中文操作系统而言，在表示年、月、日的数字之间使用 "-" 或 "/" 符号，Excel 会将输入的内容识别为日期，在一个日期中也可以混合使用 "-" 和 "/" 符号。在表示年、月、日的数字之后添加 "年" "月" "日" 等文字，Excel 也会将其识别为日期。例如，以下几种输入方式都能被 Excel 识别为日期。

2018-6-8、2018/6/8、2018-6/8、
2018/6-8、2018 年 6 月 8 日

可以使用两位数年份来输入日期，下面输入的 18 会被 Excel 识别为 2018。

18-6-8、18/6/8、18 年 6 月 8 日

> **提示**
> 在 Excel 97 以及更高版本的 Excel 中，数字 00 ~ 29 表示 2000 ~ 2029 年，数字 30 ~ 99 表示 1930 ~ 1999 年。为了避免出现识别或理解错误，最好输入 4 位数年份。

如果省略表示年份的数字，则表示系统当前年份的日期。

6-8、6/8、6 月 8 日

如果省略表示日的数字，则表示所输入的月份的第 1 天。

2018-6、2018/6、2018 年 6 月

除了以上介绍的这些可被正确识别为日期的格式外，还可以使用英文月份来输入日期。使用空格或其他符号作为表示年、月、日的数字之间的分隔符时，Excel 会将其视为文本而非日期。

时间的输入方法比较简单，只需使用冒号分隔表示小时、分钟和秒的数字即可。由于时间分为 12 小时制和 24 小时制，因此如果希望使用 12 小时制来表示时间，则需要在表示上午和凌晨时间的结尾添加 "Am"，在表示下午和晚上时间的结尾添加 "Pm"。例如，"9:30 Am" 表示上午 9 点 30 分，"9:30 Pm" 表示晚上 9 点 30 分。如果时间结尾没有 Am 或 Pm，则表示 24 小时制的时间，"9:30" 表示上午 9 点 30 分，而晚上 9 点 30 分表示为 "21:30"。

输入的时间必须包含"小时"和"分钟"两个部分，但是可以像上面举例那样，省略"秒"的部分。如果要在时间中输入"秒"，只需使用

冒号分隔表示"秒"的数字与表示"分钟"的数字，如"9:30:15"表示上午 9 时 30 分 15 秒。

2. 输入 15 位以上的数字

由于 Excel 支持的有效数字位数最多为 15 位，因此如果希望在单元格中正常显示诸如身份证号、银行账号这类超过 15 位的数字，则需要以文本格式输入这些数字，输入后这些数字将变为文本型数字，它们存储为文本格式。可以使用以下两种方法输入文本型数字。

◉ 选择要进行输入的单元格，然后在功能区【开始】⇨【数字】组中打开【数字格式】下拉列表，从中选择【文本】，之后在该单元格中输入的数字即为文本格式。

◉ 在单元格中先输入一个英文半角单引号"'"，然后输入所需的数字，即为文本型数字。

如图 10-35 所示，A1 单元格中是使用以上任意一种方法输入的 18 位数字，可以正确显示所有数字，而 A2 单元格中是使用普通方法输入的 18 位数字，Excel 会自动将其变为科学计数形式，并且 15 位以后的数字都会变为 0。

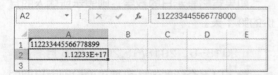

图 10-35 以文本格式输入超过 15 位的数字

3. 输入指数

如果要输入图 10-36 所示带有指数上标的数字，可以使用前面介绍的方法将单元格格式设置为【文本】，然后进入单元格的编辑状态，选中要作为上标的数字，打开【设置单元格格式】对话框，选中【上标】复选框，单击【确定】按钮完成设置。

图 10-36 输入指数

4. 输入分数

当用户在单元格中输入一些分数形式的内容时，通常会被 Excel 识别为日期，如输入"5/6"

后按【Enter】键，Excel 会自动将其变为"5月 6 日"。如果想要保留分数形式，需要先输入一个 0 和一个空格，然后再输入所需的分数，如图 10-37 所示。

图 10-37 输入分数

如果分数包含整数部分，则使用整数部分代替 0，即先输入整数部分和一个空格，然后再输入分数部分。

10.3.4 多单元格批量输入

Excel 支持同时在多个单元格中输入数据。首先选择要输入数据的多个单元格，这些单元格可以是连续的，也可以是不连续的。选择好后，输入所需内容，内容会被输入到活动单元格中，按【Ctrl+Enter】组合键，输入的内容会同时出现在选中的每一个单元格中，如图 10-38 所示。

图 10-38 同时在多个单元格中输入数据

10.3.5 换行输入

当在单元格中输入的内容超过单元格本身的宽度时，使用 Excel 中的自动换行功能，可以将超出宽度的内容移动到单元格中的下一行继续显示，如图 10-39 所示。如果要使用自动换行功能，需要先选择目标单元格，然后单击功能区中的【开始】⇨【对齐方式】⇨【自动换行】按钮。

有时可能希望手动控制换行的位置，而不是根据单元格的列宽自动换行。如果要进行手动换行，可以先按【F2】键进入单元格的编辑状态，将插入点定位到要换行的位置，然后按【Alt+Enter】组合键，使用该方法可以在多个位置手动换行。图 10-40 所示为手动换行后的效果，编辑栏中所显示的单元格内容也会呈现换行格式。

图 10-39　根据单元格的宽度对其中的内容自动换行

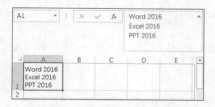

图 10-40　对内容进行手动换行

为单元格设置了手动换行后，【自动换行】按钮会自动变为按下状态。此时如果单击该按钮取消自动换行设置，单元格中的内容会显示为一行，但是编辑栏中的内容仍然以换行格式显示。

10.3.6　按特定次序自动填充输入

在实际应用中，经常需要输入一系列存在某种特定关系的数据，通过 Excel 提供的填充功能，可以快速完成这类数据的输入工作。"填充"是指在使用鼠标拖动单元格右下角的填充柄的过程中，鼠标拖动过的每一个单元格中会自动输入数据，这些数据与最初拖动的起始单元格存在某种关系。Excel 提供的填充功能适用于不同类型数据的快速输入，具体包括以下几种类型。

◉　填充数值：数值类型的数据都可以使用填充功能快速输入，通常使用等差序列或等比序列的方式进行填充。

◉　填充日期：以指定的日期单位快速输入一系列日期，日期单位可以是日、月、年或工作日。

◉　填充带有数字编号的文本：对带有数字编号的文本进行填充时，编号依次递增，文本保持不变。

◉　填充不含数字编号的文本：Excel 内置了一些文本序列，当输入这些序列中的内容时，可以直接对内容所在的整个序列进行自动填充输入。如果要自动填充输入的内容不在内置序列中，则需要创建自定义序列。

使用填充功能前，需要启用"填充柄和单元格拖放"功能（Excel 默认启用该功能），单击【文件】⇨【选项】命令打开【Excel 选项】对话框，在左侧选择【高级】选项卡，然后在右侧的【编辑选项】区域中选中【启用填充柄和单元格拖放功能】复选框。

1.　以等差序列或等比序列填充数字

数值型数据的填充类型包括等差序列和等比序列两种。等差序列是指数据按固定的差值间隔依次填充，如自然数序列 1、2、3、4、5 等。等比序列是指数据按固定的比值间隔依次填充，如 2、4、8、16、32 等。默认情况下，Excel 使用等差方式填充数据序列，常用的填充方法有以下两种。

◉　输入数据序列中的前两个值，选择这两个值所在的单元格，然后拖动第二个单元格右下角的填充柄。

◉　输入数据序列中的第一个值，按住【Ctrl】键后拖动单元格右下角的填充柄。如果不按住【Ctrl】键而直接拖动填充柄，则将执行复制操作。

的填充情况。

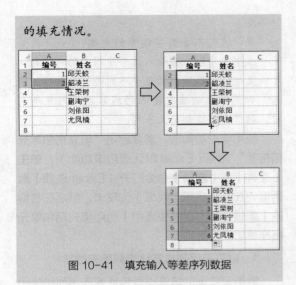

图 10-41　填充输入等差序列数据

> **提示**
> 如果要输入的序列数据的差值间隔不是 1，则可以根据所需的差值来输入序列数据中的前两个数字，Excel 将根据用户指定的前两个数字的差值来填充数据序列。

除了使用鼠标拖动填充柄的方式填充数据外，如果与正在填充数据的列的左侧或右侧相邻的列中包含数据，则可以双击单元格右下角的填充柄快速将数据填充至相邻列中最后一个数据所在的行。如果相邻的左右两列都有数据，则以包含更多数据的列为准进行填充。

图 10-42 所示的 B 列为填充数据的列，其左右两侧相邻的 A 列和 C 列都有数据，C 列中的最后一个数据在第 10 行，A 列中的最后一个数据在第 6 行，那么在双击单元格右下角的填充柄对 B 列进行填充时，B 列数据会自动填充到与 C 列最后一个数据相同的行，即第 10 行。

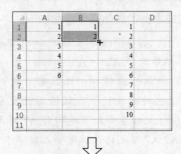

图 10-42　双击填充柄快速填充数据

图 10-42　双击填充柄快速填充数据（续）

案例 10-6
自动输入等比数字序列

案例目标： 以等比序列的方式在 A 列中自动输入数字 2、4、8、16、32、64、128、256、512、1024，效果如图 10-43 所示。

图 10-43　填充输入等比数字序列

完成本例的具体操作步骤如下。

（1）在 A1 单元格中输入数字 2，确保选择 A1 单元格，然后单击功能区中的【开始】⇨【编辑】⇨【填充】按钮，在弹出的菜单中选择【序列】命令，如图 10-44 所示。

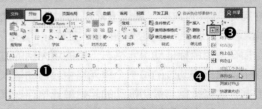

图 10-44　选择【序列】命令

> **提示**
> 还可以使用鼠标右键拖动单元格右下角的填充柄，然后在弹出的菜单中选择【序列】命令来打开【序列】对话框。

（2）打开【序列】对话框，进行以下几项设置。

◎ 在【序列产生在】区域中选中【列】单选按钮。

◎ 在【类型】区域中选中【等比序列】单选按钮。

◎ 将【步长值】设置为【2】，将【终止值】设置为【1024】。

（3）单击【确定】按钮，关闭【序列】对话框，将在 A 列自动填充比值间隔为 2 的数字序列。

设置过程如图 10-45 所示。

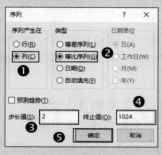

图 10-45　设置数字填充选项

还可以使用下面的方法实现上面两个案例中的数字序列填充：在 A1 和 A2 单元格中输入等差或等比序列中的前两个数字，然后选择 A1 和 A2 单元格，使用鼠标右键拖动选区右下角的填充柄，在弹出的菜单中选择【等差序列】或【等比序列】命令，如图 10-46 所示。使用这种方法进行填充时，数据序列中的最后一个值由鼠标拖动到的位置决定，而不像在【序列】对话框中那样可以预先设定一个终止值。

图 10-46　使用右键菜单中的填充命令

2. 以指定的时间间隔填充日期

连续日期的填充输入比数字序列填充更简单，只需在单元格中输入一个起始日期，然后使用鼠标拖动单元格右下角的填充柄，即可快速填充输入一系列连续的日期，这是因为 Excel 默认以"日"为单位对日期序列进行填充。

如果希望以"月"或"年"为单位填充日期序列，则需要使用【序列】对话框或鼠标右键菜单中的填充命令进行操作。打开【序列】对话框或鼠标右键菜单的方法与上一小节介绍的填充数字序列相同。在【序列】对话框中需要选择日期单位，并设置日期间隔的值以及结束日期。在鼠标右键菜单中则可以直接选择表示特定日期单位的填充命令。

案例 10-7
在销量汇总表中自动输入连续月份同一天的日期

案例目标： 在 A 列中自动输入一年连续 12 个月同一天的日期，效果如图 10-47 所示。

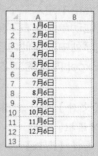

图 10-47　填充输入连续的月份日期

完成本例的具体操作步骤如下。

（1）在 A1 单元格中输入日期序列中的起始日期，如"1 月 6 日"。

（2）选择 A1 单元格，然后单击功能区中的【开始】⇨【编辑】⇨【填充】按钮，在弹出的菜单中选择【序列】命令，打开【序列】对话框，进行以下几项设置。

◎ 在【序列产生在】区域中选中【列】单选按钮。

◎ 在【类型】区域中选中【日期】单选按钮，然后在【日期单位】区域中选中【月】单选按钮。

◎ 将【步长值】设置为【1】，将【终止值】设置为【12-6】。

（3）单击【确定】按钮，关闭【序列】对话框，将在 A 列自动填充一年 12 个月同一天的日期。

设置过程如图 10-48 所示。

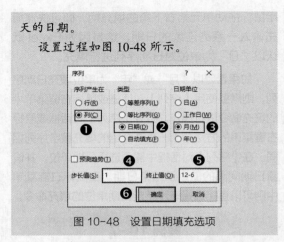

图 10-48　设置日期填充选项

3. 以内置序列或自定义序列填充文本

除了使用填充功能快速输入序列数值和日期外，也可使用该功能快速输入一系列具有特定顺序的文本。Excel 已经内置了一些常用的文本序列，当用户在单元格中输入某个内置文本序列中的某项内容后，拖动单元格右下角的填充柄就会自动填充该文本序列中的其他内容。可以使用下面的方法查看 Excel 内置的文本序列，具体的操作步骤如下。

（1）单击【文件】⇨【选项】命令，打开【Excel 选项】对话框。

（2）在左侧选择【高级】选项卡，在右侧的【常规】区域中单击【编辑自定义列表】按钮，如图 10-49 所示。

图 10-49　单击【编辑自定义列表】按钮

（3）打开【自定义序列】对话框，左侧的列表框中显示了 Excel 内置的所有文本序列，选择一个文本序列，在右侧的列表框中会显示其包含的所有文本项，如图 10-50 所示。如果想要输入的文本序列没有出现在左侧的列表框中，则可以创建自定义序列。

图 10-50　Excel 内置的文本序列

> **提示**
>
> 由于所有的数值和日期类型的数据都默认可以被自动填充，因此它们并未显示在列表框中。

案例 10-8
创建自定义文本序列

案例目标： 创建包含"第一天、第二天、第三天、第四天、第五天、第六天"6 项内容的文本序列。

完成本例的具体操作步骤如下。

（1）单击【文件】⇨【选项】命令，打开【Excel 选项】对话框，在左侧选择【高级】选项卡，在右侧的【常规】区域中单击【编辑自定义列表】按钮。

（2）打开【自定义序列】对话框，在【自定义序列】列表框中选择【新序列】，然后在右侧的列表框中输入文本序列中的第 1 项内容"第一天"，如图 10-51 所示。

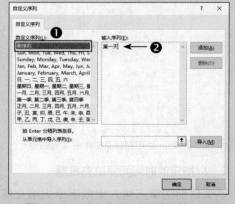

图 10-51　输入自定义序列中的第 1 项

（3）按【Enter】键，将插入点定位到第 2 行，然后输入文本序列中的第 2 项内容"第二天"。其他项的输入方法与此类似，确保文本序列中的每一项单独占据一行。单击【添加】按钮，将输入好的文本序列添加到左侧的列表框中，如图 10-52 所示，最后单击【确定】按钮。

图 10-52　将输入的文本序列添加到 Excel 内置序列中

（4）在单元格中输入刚创建的文本序列中的第 1 项，然后使用鼠标拖动单元格右下角的填充柄，将在拖动过的单元格中依次输入序列中的每一项。

技巧　如果单元格区域中已经包含要创建为序列的内容，则可以在【自定义序列】对话框中单击【导入】按钮左侧的折叠按钮，然后在工作表中选择包含要作为序列内容的单元格区域，如图 10-53 所示。单击展开按钮返回【自定义序列】对话框，最后单击【导入】按钮，将所选区域中的内容创建为自定义序列。

图 10-53　选择包含要作为序列内容的单元格区域

可以修改和删除用户创建的自定义序列，但不能修改和删除 Excel 内置的序列。打开【自定义序列】对话框，在左侧的列表框中选择要修改或删除的自定义序列，在右侧的列表框中可以修改序列中的内容。如果要删除自定义序列，单击【删除】按钮，然后在弹出的对话框中单击【确定】按钮，即可将所选序列删除。

10.3.7 通过复制和选择性粘贴功能灵活输入数据

在对移动或复制的数据执行默认粘贴操作时，Excel 会将源单元格中的全部内容和格式粘贴到目标单元格中，包括数据、公式、单元格格式、条件格式、数据验证以及批注等。除了默认的粘贴方式外，用户还可以选择其他的粘贴方式，但只在复制数据时才能使用。

1. 使用粘贴选项

粘贴选项提供了默认粘贴方式之外的其他粘贴方式。在 Excel 中复制数据的方法与 Word 类似，可以使用鼠标右击目标单元格，然后在弹出的菜单中选择【复制】命令，或者选择单元格后按【Ctrl+C】组合键。对数据执行【复制】命令后，可以在以下 3 个位置找到粘贴选项。

◉　单击功能区中的【开始】➪【剪贴板】➪【粘贴】按钮下方的下拉按钮，在弹出的菜单中包含粘贴选项，如图 10-54（a）所示。

◉　右击目标单元格，在弹出的菜单中的【粘贴选项】中包含常用的粘贴选项。将鼠标指针指向【选择性粘贴】右侧的箭头，在弹出的子菜单中包含粘贴选项，如图 10-54（b）所示。

◉　对目标单元格执行粘贴命令，然后单击目标单元格右下角的【粘贴选项】按钮，在弹出的菜单中包含粘贴选项，如图 10-54（c）所示。

【粘贴选项】中的大部分选项与【选择性粘贴】对话框中的选项相同。

2. 使用【选择性粘贴】对话框

除了粘贴选项外，还可以在【选择性粘贴】对话框中选择不同的粘贴方式。该对话框提供了比【粘贴选项】更多的粘贴方式。在前面介绍的打开包含粘贴选项的菜单中选择【选择性粘贴】命令，将会打开图 10-55 所示的【选择性粘贴】对话框。如果复制的数据来源于 Excel 之外的其他程序，则打开的【选择性粘贴】对话框将类似于图 10-56 所示，根据复制数据类型的不同，对话框中会包含不同的粘贴选项。

（a）

（b）

（c）

图 10-54　粘贴选项出现在 3 个位置

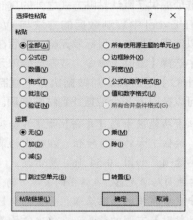

图 10-55　【选择性粘贴】对话框

图 10-56　复制其他程序中的内容时可使用的粘贴选项

在正常打开的【选择性粘贴】对话框中，【粘贴】区域中包含的各粘贴选项的含义如表 10-2 所示。

表 10-2　【选择性粘贴】对话框中粘贴选项的含义

粘贴选项	含义
全部	Excel 默认使用的粘贴方式，粘贴源单元格中包含的所有内容和格式
公式	只粘贴源单元格中的数据和公式，不包括格式、数据验证、批注
数值	只粘贴源单元格中的数据和公式运算结果，不包括公式本身、格式、数据验证、批注
格式	只粘贴源单元格中的所有格式，不包括其他内容
批注	只粘贴源单元格中的批注，不包括其他内容
验证	只粘贴源单元格中的数据验证，不包括其他内容
所有使用源主题的单元	粘贴源单元格中包含的所有内容和格式，并使用源单元格的主题，通常在跨工作簿粘贴时使用该项
边框除外	粘贴源单元格中包含的所有内容和格式，但不包括单元格的边框格式
列宽	只将目标单元格的列宽设置为与源单元格相同，不包括其他内容
公式和数字格式	只粘贴源单元格中的数据、公式和数字格式，不包括字体、颜色、边框和填充等格式，也不包括条件格式、数据验证、批注
值和数字格式	只粘贴源单元格中的数据、公式运算结果和数字格式，不包括字体、颜色、边框和填充等格式，也不包括公式本身、条件格式、数据验证、批注
所有合并条件格式	合并源单元格与目标单元格中包含的所有条件格式

除了上表列出的粘贴选项外,【选择性粘贴】对话框中还包括以下几种特殊的粘贴方式。

◉ 运算:将源单元格中的数据与目标单元格中的数据进行四则运算。

◉ 跳过空单元:如果源单元格区域中包含空单元格,粘贴时将会保留目标区域中对应位置上的数据,而不会被源单元格区域中的空单元格覆盖。

◉ 转置:将源单元格区域中的行列位置互换后粘贴到目标区域。

下面通过3个案例来介绍这3种特殊粘贴方式的使用方法。

案例 10-9
粘贴时忽略空单元格

案例目标: 在A1:A10单元格区域中,A3、A6、A9是3个空单元格,C1:C10单元格区域中的每个单元格都包含数据,现在希望在将A1:A10中的所有内容粘贴到C1:C10中时,不让A1:A10中的空单元格替换C1:C10中相应位置上的内容,效果如图10-57所示。

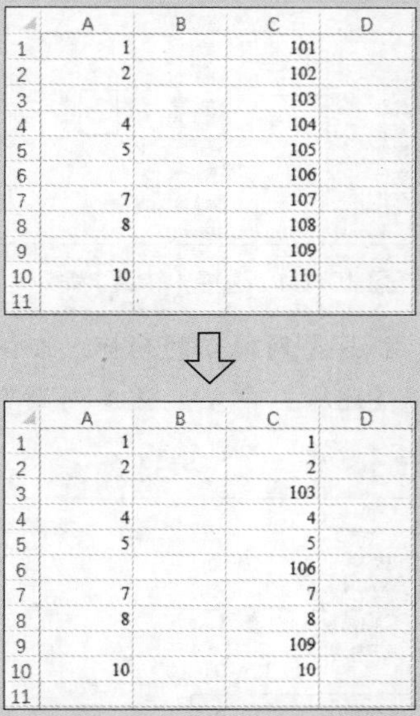

图 10-57 粘贴时跳过空白单元格

完成本例的具体操作步骤如下。

(1)选择A1:A10单元格区域,按【Ctrl+C】组合键进行复制。

(2)右击C1单元格,在弹出的菜单中选择【选择性粘贴】命令,如图10-58所示。

图 10-58 选择【选择性粘贴】命令

(3)打开【选择性粘贴】对话框,选中【跳过空单元】复选框,单击【确定】按钮,如图10-59所示,完成数据的复制和粘贴。

图 10-59 选中【跳过空单元】复选框

案例 10-10
通过粘贴的方式对两个年度各月的销量进行求和

案例目标: B、C两列包含两个年度各月的销量情况,现在希望在不使用公式的情况下,计算出两个年度各月的销量之和,效果如图10-60所示。

完成本例的具体操作步骤如下。

(1)选择2017年各月销量所在的B2:B13单元格区域,然后按【Ctrl+C】组合键进行复制。

(2)选择2017年各月销量所在的C2:C13单元格区域或只选择起始单元格C2,然后右击选区,在弹出的菜单中选择【选择性粘贴】命令,如图10-61所示。

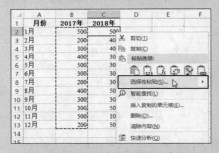

图 10-60 粘贴时执行数学运算

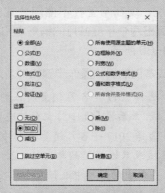

图 10-61 选择【选择性粘贴】命令

（3）打开【选择性粘贴】对话框，在【运算】区域中选中【加】单选按钮，单击【确定】按钮，如图 10-62 所示，完成数据的复制和粘贴。最后可以适当修改 C 列的标题。

![选择性粘贴对话框]

图 10-62 选中【加】单选按钮

案例 10-11
快速调整员工资料表中标题行的方向

案例目标： A1:A6 单元格区域中包含 6 个标题，现在希望在不重新输入或不使用公式的情况下，将这些标题快速放置到 A1:F1 单元格区域中，效果如图 10-63 所示。

图 10-63 粘贴时转换行列位置

完成本例的具体操作步骤如下。

（1）选择 A1:A6 单元格区域，按【Ctrl+C】组合键进行复制。

（2）右击 B1 单元格，在弹出的菜单中选择【粘贴选项】中的【转置】命令，如图 10-64 所示。

图 10-64 选择【转置】命令

（3）右击 A 列顶部的列标，在弹出的菜单中选择【删除】命令，将 A 列删除，如图 10-65 所示。

图 10-65 删除 A 列

> **提示**　也可以选择【选择性粘贴】命令，在打开的【选择性粘贴】对话框中选中【转置】复选框，与选择【粘贴选项】中的【转置】命令具有同等效果。

10.3.8 同时在多个工作表中输入数据

有时需要将一个工作表中的数据复制到同一个工作簿的多个工作表中，使用工作表组的填充功能可以快速完成这类任务。只需选择包含要复制数据的区域，然后选择多个工作表，再单击功能区中的【开始】⇨【编辑】⇨【填充】按钮，在弹出的菜单中选择【成组工作表】命令，最后选择复制方式，即可将指定的数据区域复制到多个工作表中。

案例 10-12
在各部门的员工资料表中快速输入相同的标题行

案例目标： 将"人力部"工作表的 A1:A4 单元格区域中的数据复制到"财务部"和"技术部"工作表中。

完成本例的具体操作步骤如下。

（1）选择"人力部"工作表中的 A1:A4 单元格区域，按住【Ctrl】键并依次单击"财务部"和"技术部"工作表标签，同时选中 3 个工作表。

（2）单击功能区中的【开始】⇨【编辑】⇨【填充】按钮，在弹出的菜单中选择【成组工作表】命令，如图 10-66 所示。

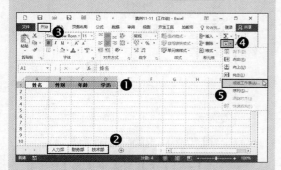

图 10-66 选择【成组工作表】命令

（3）打开【填充成组工作表】对话框，根据需要选择复制的方式：全部、内容或格式。由于 A1:A4 单元格区域中的内容包含了字体加粗和居中对齐等格式，因此需要选中【全部】单选按钮，同时复制内容和格式，如图 10-67 所示。单击【确定】按钮，将所选区域中的内容和格式复制到其他选中的工作表中的相同位置上。

图 10-67 选择复制的方式

> **注意**　如果要复制到的目标工作表中包含数据，并且数据的位置正好与源工作表中复制数据的位置相同，则复制后会自动覆盖目标工作表中的数据，而不会有任何提示。

10.3.9 使用数据验证功能规范化输入

Excel 中的数据验证功能用于限制在单元格中可以输入的内容，从而防止用户随意输入不符合要求的数据，给数据的后期处理带来麻烦。在 Excel 2013 之前的版本中，数据验证功能的名称是"数据有效性"。本小节将介绍数据验证功能在数据输入中的使用方法。

数据验证功能根据预先设置好的验证规则，对用户在单元格中输入的数据进行检查，只会将符合规则的数据输入到单元格中。选择要设置数据验证的单元格或区域，然后单击功能区中的【数据】⇨【数据工具】⇨【数据验证】按钮，打开【数据验证】对话框，如图 10-68 所示。

【数据验证】对话框包含【设置】【输入信息】【出错警告】和【输入法模式】4 个选项卡，各选项卡的功能如下。

◉ 【设置】选项卡：在该选项卡中设置数据的验证条件，在【允许】下拉列表中选择一种验证条件，下方会显示所选验证条件包含的选项，不同类型的验证条件包含不同的选项。【允许】下拉列表中包含的 8 种数据验证条件的功能如表 10-3 所示。如果选中【忽略空值】复选框，则无论为单元格设置了哪种验证条件，空单元格都是有效的，否则在空单元格中按【Enter】键将会显示警告信息。

图 10-68　设置数据验证

表 10-3　8 种数据验证条件的功能说明

验证条件	说明
任何值	在单元格中输入的内容不受限制
整数	只能在单元格中输入整数，并设置整数的范围
小数	只能在单元格中输入小数，并设置小数的范围
序列	为单元格提供一个下拉列表，只能从下拉列表中选择一项输入到单元格中
日期	只能在单元格中输入日期，并设置日期的范围
时间	只能在单元格中输入时间，并设置时间的范围
文本长度	只能在单元格中输入指定字符长度的内容
自定义	使用公式和函数灵活设置数据验证条件。公式需要返回逻辑值 TRUE 或 FALSE，如果公式返回的是数字，则所有非 0 数字等价于 TRUE，0 等价于 FALSE。公式返回 TRUE 或非 0 数字表示数据符合验证条件，否则表示不符合验证条件

◉ 【输入信息】选项卡：设置该选项卡，可以在选择包含数据验证条件的单元格时，显示用于提醒用户需要输入哪类数据的提示信息。

◉ 【出错警告】选项卡：设置该选项卡，可以在输入的数据不符合数据验证条件时发出警告信息，以提醒用户修改数据或取消输入。

◉ 【输入法模式】选项卡：设置该选项卡，可以在选择特定的单元格或区域时，自动切换到

相应的输入法模式，从而实现智能的输入法切换。

在每个选项卡中进行所需的设置，完成后单击【确定】按钮，将为所选单元格或区域创建数据验证。每个选项卡的左下角都有一个【全部清除】按钮，单击该按钮将会清除用户在所有选项卡中进行的设置。

下面通过几个案例介绍数据验证的常见应用。

案例 10-13
在员工资料表中对输入的员工年龄范围进行限制

案例目标： 员工的年龄有一定的要求，通常为 18 ~ 60 岁之间。为了避免表格中包含错误的年龄，在输入员工年龄时要求只能输入 18 ~ 60 之间的数字，在输入无效年龄时显示警告信息，效果如图 10-69 所示。

图 10-69　限制输入的员工年龄范围

完成本例的具体操作步骤如下。

（1）选择要输入年龄的单元格区域，本例为 B2:B6，然后单击功能区中的【数据】➪【数据工具】➪【数据验证】按钮。

（2）打开【数据验证】对话框，在【设置】选项卡中进行以下几项设置，如图 10-70 所示。

图 10-70　设置数据验证条件

◉ 在【允许】下拉列表中选择【整数】。
◉ 在【数据】下拉列表中选择【介于】。

◉ 在【最小值】文本框中输入"18"。

◉ 在【最大值】文本框中输入"60"。

（3）切换到【输入信息】选项卡，进行以下几项设置。

◉ 选中【选定单元格时显示输入信息】复选框。

◉ 在【标题】文本框中输入"输入年龄"。

◉ 在【输入信息】文本框中输入"请输入 18 ～ 60 之间的数字"。

设置过程如图 10-71 所示。

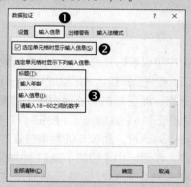

图 10-71　设置在选择单元格时显示的提示信息

（4）切换到【出错警告】选项卡，进行以下几项设置。

◉ 选中【输入无效数据时显示出错警告】复选框。

◉ 在【样式】下拉列表中选择【停止】。

◉ 在【标题】文本框中输入"年龄超出范围"。

◉ 在【错误信息】文本框中输入"只能输入 18 ～ 60 之间的数字"。

设置过程如图 10-72 所示。

图 10-72　设置输入无效数据时显示的警告信息

（5）设置完成后单击【确定】按钮。选择包含数据验证的单元格时，将会显示提示信息。如果在单元格中输入的数字不在 18~60 之间，按【Enter】键后会显示警告信息，此时只能重新输入符合验证条件的数据，或者取消本次输入。

案例 10-14
在员工资料表中对输入的员工性别进行限制

案例目标： 员工性别只有男女之分，为了防止输入性别之外的其他文字，现在需要为单元格提供一个下拉列表，强制在列表中使用选择性别的方式代替手动输入，效果如图 10-73 所示。

图 10-73　通过下拉列表选择员工的性别

完成本例的具体操作步骤如下。

（1）选择要输入性别的单元格区域，本例为 C2:C6，然后单击功能区中的【数据】⇨【数据工具】⇨【数据验证】按钮。

（2）打开【数据验证】对话框，在【设置】选项卡中进行以下几项设置，如图 10-74 所示。设置完成后单击【确定】按钮。

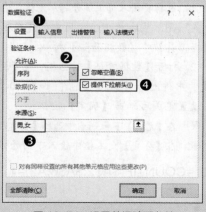

图 10-74　设置数据验证条件

◉ 在【允许】下拉列表中选择【序列】。

207

◉ 在【来源】文本框中输入"男,女",文字之间的逗号需要在英文半角状态下输入,如果想要在输入时随意移动插入点的位置,需要按【F2】键进入编辑状态。如果要作为下拉列表中的项目已经输入到单元格区域中,则可以单击【来源】文本框右侧的折叠按钮🔼,在工作表中选择该区域。

◉ 选中【提供下拉箭头】复选框。

提示　本书第 15 章将介绍一个使用公式作为数据验证条件创建二级下拉列表的案例。

案例 10-15
在员工资料表中禁止输入重复的员工编号

案例目标:由于员工的姓名可能相同,因此使用员工编号作为每一个员工的唯一标识。现在需要在 A 列输入员工编号,当输入重复的员工编号时显示警告信息并禁止输入,效果如图 10-75 所示。

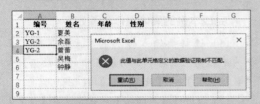

图 10-75　禁止输入重复的员工编号

完成本例的具体操作步骤如下。

(1) 选择要输入员工编号的单元格区域,本例为 A2:A6,然后单击功能区中的【数据】⇨【数据工具】⇨【数据验证】按钮。

(2) 打开【数据验证】对话框,在【设置】选项卡中进行以下几项设置,如图 10-76 所示。设置完成后单击【确定】按钮。

◉ 在【允许】下拉列表中选择【自定义】。

◉ 在【公式】文本框中输入下面的公式。

=COUNTIF($A$2:$A$6,A2)=1

注意　公式中的 A2 单元格需要使用相对引用,并确保 A2 是选区中的活动单元格。

图 10-76　设置数据验证条件

用户可以随时修改已经设置好的数据验证规则。首先选择包含数据验证规则的任意一个单元格,然后单击功能区中的【数据】⇨【数据验证】⇨【数据验证】按钮,打开【数据验证】对话框,对现有的数据验证规则进行修改,然后选中【设置】选项卡中的【对有同样设置的所有其他单元格应用这些更改】复选框,如图 10-77 所示,最后单击【确定】按钮。

图 10-77　修改数据验证规则

如果复制一个包含数据验证规则的单元格,则该单元格中的内容和数据验证规则会被同时复制到目标位置。如果只想复制单元格中的数据验证规则,而不包含内容,则可以使用本章 10.3.7 小节介绍的选择性粘贴功能,在【选择性粘贴】对话框中选择【数据验证】选项进行粘贴即可。

> **注意**
> 如果将一个不包含数据验证规则的单元格复制并粘贴到包含数据验证规则的单元格或区域中，则目标位置上的数据验证规则会被清除。

清除单元格中的数据验证规则有以下两种方法。

◉ 清除特定单元格或区域中的数据验证规则：选择包含数据验证规则的单元格或区域，然后单击功能区中的【数据】⇨【数据验证】⇨【数据验证】按钮，打开【数据验证】对话框，在任意一个选项卡中单击【全部清除】按钮，最后单击【确定】按钮。

◉ 清除整个工作表中的所有数据验证规则：单击工作表区域左上角的全选按钮，选中工作表中的所有单元格，然后单击功能区中的【数据】⇨【数据验证】⇨【数据验证】按钮，将会弹出一个对话框，单击【确定】按钮，自动打开【数据验证】对话框，然后单击【确定】按钮将其关闭。

10.3.10 使用替换功能批量修改和删除数据

在本章前面介绍选择包含特定内容的单元格时，已介绍过使用【查找和替换】对话框中的【查找】选项卡查找数据的方法。该对话框还有一个【替换】选项卡，使用该选项卡可以对指定内容进行替换操作，即用新数据覆盖原始数据，从而快速完成大量数据的修改工作。

单击功能区中的【开始】⇨【编辑】⇨【查找和选择】按钮，在弹出的菜单中选择【替换】命令，或者按【Ctrl+H】组合键，打开【查找

和替换】对话框的【替换】选项卡。在【查找内容】和【替换为】两个文本框中分别输入替换前的原始内容和替换后的新内容，如图 10-78 所示。然后根据需要执行以下两种替换方式之一。

图 10-78　在【替换】选项卡中设置替换前和替换后的内容

◉ 全部替换：单击【全部替换】按钮，将与【查找内容】中的设置所匹配的内容全部替换为【替换为】中的内容。替换前如果选择了特定区域，则只对该区域执行替换操作，否则将对当前整个工作表执行替换操作。替换完成后会显示已成功替换数量的提示信息。

◉ 每次替换一个：单击【查找下一个】按钮，定位到下一个与【查找内容】中的内容匹配的单元格，然后单击【替换】按钮，将该单元格中的内容替换为【替换为】中的内容。反复执行相同操作，直到完成所需的所有替换。

如果将【替换为】文本框留空，即不输入任何内容，单击【全部替换】按钮后，将会删除所有与【查找内容】中的设置相匹配的内容。

> **交叉参考**
> 可以单击【选项】按钮，在展开的对话框中对替换选项进行设置，各选项的含义与查找选项相同，具体内容请参考本章 10.2.9 小节。

10.4　控制数据的显示方式

将数据输入到工作表中后，通常都需要为数据设置不同的格式，如字体格式、数字格式、对齐方式等，从而满足不同用途的报表在显示方面的要求。本节将介绍在 Excel 中用于控制数据显示方式的主要功能。

10.4.1 调整行高和列宽

单元格的尺寸是指单元格的高度和宽度。由于在设置某个单元格的高度和宽度后，设置结果会自动作用于该单元格所在的整行和整列，因此设置单元格的高度和宽度实际上相当于设置行高和列宽。Excel 为行高和列宽的设置提供了以下3种方法。

◉ 手动调整行高和列宽：使用鼠标拖动的方法手动调整行高和列宽。

◉ 自适应调整行高和列宽：根据数据的字符高度和长度，让 Excel 自动将行高和列宽设置为正好完全容纳数据的最合适的大小。

◉ 精确设置行高和列宽：将行高和列宽设置为精确的值。

1. 手动调整行高和列宽

如果单元格中包含文本类型的内容，且内容的长度超过单元格的宽度时，在以下两种情况下会有不同的显示方式。

◉ 该单元格右侧的单元格没有内容：单元格中的内容会完全显示，如图 10-79 所示（上图）。外观上看似乎占用了位于其右侧的单元格，但实际上所有内容仍然位于一个单元格中。

◉ 该单元格右侧的单元格有内容：单元格中的内容不能完全显示，如图 10-79 所示（下图）。

无论以上哪种情况，编辑栏中都会完整显示单元格中的内容。

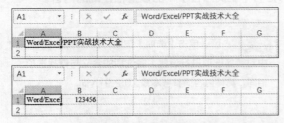

图 10-79 内容长度超过单元格宽度时的两种显示方式

为了使内容在单元格中完全显示出来，可以手动调整单元格的宽度。将鼠标指针指向两个列标之间的位置，当鼠标指针变为左右双箭头时，按住鼠标左键并向左或向右拖动，即可改变单元格的宽度，如图 10-80 所示。

手动调整行高的方法与调整列宽类似，只需将鼠标指针指向两个行号之间，当鼠标指针变为上下双箭头时上下拖动即可。

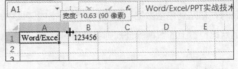

图 10-80 手动调整列宽

2. 自适应调整行高和列宽

如果想让单元格的宽度正好可以完全容纳其中的内容，一种方法是手动调整列宽和行高以达到宽度匹配，但是如果需要调整多列的宽度或多行的高度，效率较低。更简单的方法是让 Excel 根据内容的长度自动调整列宽和行高，有以下两种方法进行调整。

◉ 选择需要调整宽度的一列或多列，然后单击功能区中的【开始】⇨【单元格】⇨【格式】按钮，在弹出的菜单中选择【自动调整列宽】命令，如图 10-81 所示。如果要调整行高，需要选择【自动调整行高】命令。

图 10-81 从功能区执行【自动调整列宽】命令

◉ 将鼠标指针指向两个列标之间的位置，当鼠标指针变为左右双箭头时双击，即可自动调整左侧列标对应列的宽度。该方法也可同时作用于多列，只需选择这些列，然后双击其中任意两列之间的位置，即可同时调整这些列的列宽。自动调整行高的方法与此类似，只需双击两个行号之间的位置即可。

3. 精确设置行高和列宽

如果想要将列宽设置为一个特定的值，需要先选择要设置的一列或多列，然后右击选区范围内或选中的任意一个列标，在弹出的菜单中选择【列宽】命令，打开【列宽】对话框，如图 10-82 所示，输入要设置的值，最后单击【确定】按钮。设置行高的方法与此类似，只需在右击行号后选择【行高】命令，然后在【行高】对话框中进行设置。

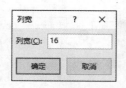

图 10-82　精确设置列宽

10.4.2　设置数据的对齐方式

对齐方式是指数据在单元格中水平和垂直两个方向上的位置。水平对齐包括常规、靠左、居中、靠右、填充、两端对齐、跨列居中、分散对齐等几种对齐方式。垂直对齐包括靠上、居中、靠下、两端对齐、分散对齐等几种对齐方式。在功能区【开始】⇨【对齐方式】组中只提供了几种常用的水平对齐和垂直对齐方式，如图 10-83 所示。如果要访问所有的对齐方式，需要使用【设置单元格格式】对话框的【对齐】选项卡，如图 10-84 所示。

图 10-83　功能区中的对齐命令

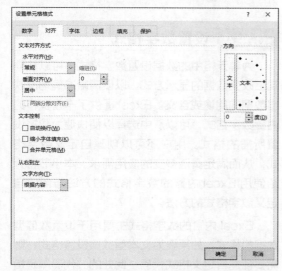

图 10-84　在【对齐】选项卡中可以访问所有的对齐方式

可以使用以下几种方法打开【设置单元格格式】对话框。

◉ 右击单元格，在弹出的菜单中选择【设置单元格格式】命令。

◉ 在功能区【开始】选项卡中，单击【字体】【对齐方式】【数字】任意一个组右下角的对话框启动器。

◉ 按【Ctrl+1】组合键。

在单元格中输入的内容使用"常规"作为默认的水平对齐方式，即：文本型数据自动左对齐，数值型数据自动右对齐，逻辑值和错误值自动居中对齐。所有类型数据的垂直对齐方式默认为"居中"，只有增加单元格的高度，才会看到垂直居中对齐的效果。

在所有的水平对齐方式中，"填充"和"跨列居中"两种对齐方式的效果比较特殊。

◉ 填充：如果需要在单元格中输入重复的多组内容，则可以使用"填充"对齐方式，该对齐方式会自动重复单元格中的内容，直到填满单元格或者单元格的剩余空间无法完全显示内容为止，如图 10-85 所示。

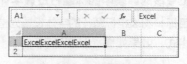

图 10-85　"填充"对齐方式

◉ 跨列居中：跨列居中的效果与使用合并单元格中的【合并后居中】类似，但前者并未真正合并单元格，而只是在显示方面实现了合并居中的效果。图 10-86 所示为将 A1:D1 单元格区域设置为【跨列居中】对齐方式后的效果，内容位于 A1 单元格中，但看起来就像将 A1:D1 这 4 个单元格合并在一起。

图 10-86　"跨列居中"对齐方式

> **注意**
> 无论何时，编辑栏中始终会忠实反映单元格中的内容本身，而单元格中的显示结果会根据格式设置有所不同。

10.4.3　设置字体格式

Excel 提供的字体格式虽然不如 Word 丰

富，但也具备字体、字号、颜色等基本格式。Excel 2016 中的默认字体为"等线"，字号为 11 号。可以根据需要或个人习惯，在【Excel 选项】对话框【常规】选项卡【新建工作簿时】区域中，通过设置【使用此字体作为默认字体】和【字号】两个选项来改变默认字体。

如果要为工作表中的内容设置字体格式，需要先选择包含内容的单元格，或者在单元格编辑状态下选择单元格中的部分内容，然后使用以下几种方法进行设置。

◉ 在功能区【开始】⇨【字体】组中设置字体格式。

◉ 打开【设置单元格格式】对话框，在【字体】选项卡中设置字体格式。

◉ 使用浮动工具栏设置字体格式。

案例 10-16

为员工考核成绩表中的标题行设置字体格式

案例目标： 将表格标题行的字体设置为楷体、加粗格式，效果如图 10-87 所示。

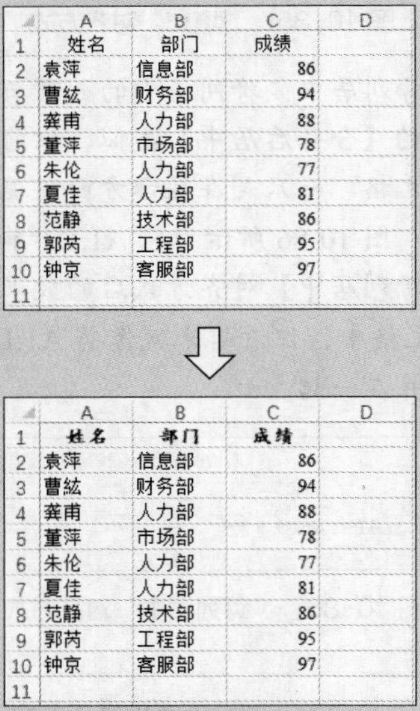

图 10-87　为表格标题行设置字体格式

完成本例的具体操作步骤如下。

（1）选择标题行所在的 A1:C1 单元格区域，然后单击功能区中的【开始】⇨【字体】⇨【加粗】按钮，如图 10-88 所示，为标题行设置加粗格式。

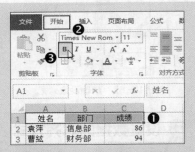

图 10-88　为标题行设置加粗格式

（2）保持标题行的选中状态，在功能区【开始】⇨【字体】组中打开【字体】下拉列表，从中选择【楷体】，如图 10-89 所示。

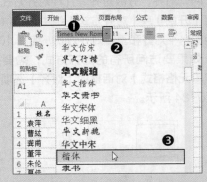

图 10-89　将标题行的字体设置为楷体

10.4.4　设置数字格式

为单元格中的数据设置数字格式，可以从外观上改变数据的显示方式，以便清晰准确地反映出数据的用途或含义。Excel 提供了丰富多样的内置数字格式，可以从中选择以便快速为数据设置所需的格式。用户还可以创建自定义数字格式，从而满足灵活多变的应用需求。本小节将介绍使用 Excel 内置的数字格式的方法与创建自定义数字格式的方法。

Excel 内置的数字格式主要用于设置数值型数据的格式，如果要为文本型数据设置格式，则需要创建自定义格式代码，此处的"代码"是指专门用于定义单元格数字格式的特定字符组合。如果要为单元格数据设置 Excel 内置的数字格式，需要先选择包含数据的单元格或单元格区域，然后使用以下几种方法进行设置。

◉ 在功能区【开始】⇨【数字】组中打开

【数字格式】下拉列表，从中选择所需的数字格式，如图10-90所示。

图10-90 在【数字格式】下拉列表中选择数字格式

◉ 在功能区【开始】➾【数字】组中包含以下5个格式命令按钮：【会计数字格式】【百分比样式】【千位分隔样式】【增加小数位数】【减少小数位数】，如图10-91所示。使用这5个命令按钮可以快速设置相应的数字格式。

图10-91 格式命令按钮

◉ 在【设置单元格格式】对话框【数字】选项卡的【分类】列表框中选择一个数字格式类型，然后在右侧进行具体设置，设置后的预览效果会显示在【示例】区域中，如图10-92所示。12种数字格式的简要说明如表10-4所示。

图10-92 在【设置单元格格式】对话框中设置数字格式

表10-4 12种数字格式的简要说明

数字格式类型	说明
常规	数据的默认格式，如果没有为单元格设置任何格式，则默认使用"常规"格式
数值	用于一般数字的表示，可以为数值设置小数位数、千位分隔符、负数的样式
货币	将数值设置为货币格式，并自动显示千位分隔符，可以设置小数位数、负数的样式
会计专用	与"货币"格式类似，区别是将货币符号显示在单元格的最左侧
日期	将数值设置为日期格式，可以同时显示日期和时间
时间	将数值设置为时间格式
百分比	将数值设置为百分比格式，可以设置小数位数
分数	将数值设置为分数格式
科学记数	将数值设置为科学记数格式，可以设置小数位数
文本	将数值设置为文本格式，之后输入的数值以文本格式存储
特殊	将数值设置为特殊格式，包括邮政编码、中文小写数字、中文大写数字3种
自定义	使用格式代码自定义设置数据的数字格式

在图10-93所示的工作表中，A列是原始数据，B列是为A列中的数据设置数字格式后的效果。由此可见，同一个数值的不同显示效果可以表示不同的含义。

	A	B	C	D
1	原始数据	设置数字格式后	数字格式类型	
2	0.75	3/4	分数	
3	0.75	75.00%	百分比	
4	0.75	18:00:00	时间	
5	43259	¥43,259.00	货币	
6	43259	2018年6月8日	日期	
7	43259	肆万叁仟贰佰伍拾玖	特殊	
8				

图10-93 设置数字格式可以改变数据的显示外观

> **注意**
>
> 为数据设置的数字格式只改变数据的显示外观，而不会改变数据的实际值和数据类型。此外，Excel中的数字格式会受到当前Windows操作系统版本的影响。

案例 10-17
将商品销售明细表中的销售额设置为货币格式

案例目标： 将销售额设置为货币格式，不保留小数部分，效果如图10-94所示。

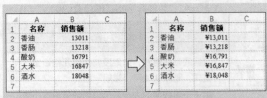

图 10-94　将销售额设置为货币格式

完成本例的具体操作步骤如下。

（1）选择要包含销售额的 B2:B6 单元格区域，然后按【Ctrl+1】组合键。

（2）打开【设置单元格格式】对话框，在【数字】选项卡的【分类】列表框中选择【货币】，在右侧将【小数位数】设置为【0】，确保【货币符号】选择的是人民币符号【¥】，在【负数】列表框中选择负数的显示方式，如图 10-95 所示，最后单击【确定】按钮。

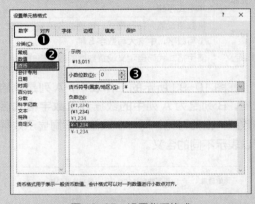

图 10-95　设置货币格式

10.4.5　自定义数字格式

如果 Excel 内置的数字格式无法满足使用需求，则可以在【设置单元格格式】对话框【数字】选项卡的【分类】列表框中选择【自定义】，然后在右侧的【类型】文本框中输入自定义格式代码。

Excel 内置的所有数字格式都有对应的格式代码，如果要查看特定的数字格式代码，可以在【设置单元格格式】对话框的【数字】选项卡中选择一种数字格式（如上一小节的案例 10-17 中所选择的货币格式），然后在【分类】列表框中选择【自定义】，在【类型】文本框中将会显示所选数字格式对应的格式代码，如图 10-96

所示。

图 10-96　查看 Excel 内置数字格式对应的格式代码

> **提示**
>
> 在【数字】选项卡的【分类】列表框中选择"自定义"后，对话框的右下角会显示一个【删除】按钮。如果该按钮为灰色，则说明当前选择的是 Excel 内置的数字格式代码，无法将其删除；否则可以单击该按钮，删除用户创建的自定义数字格式代码。

自定义格式代码的完整结构由 4 个部分组成，每个部分中的代码对应不同类型的内容，各部分之间以半角分号";"分隔，如下所示。

正数;负数;零值;文本

虽然格式代码共包含 4 个部分，但在实际应用中可以只提供 1 ~ 3 个部分，此时出现在格式代码中的各部分的含义如下。

◉ 如果格式代码只包含 1 个部分，则用于设置所有数值。

◉ 如果格式代码包含两个部分，则第 1 部分用于设置正数和零值，第 2 部分用于设置负数。

◉ 如果格式代码包含 3 个部分，则第 1 部分用于设置正数，第 2 部分用于设置负数，第 3 部分用于设置零值。

除了以数值正负作为格式代码 4 个部分的划分标准外，还可以使用"比较运算符 + 数值"的方式在格式代码中设置条件值。只能在格式代码的前两个部分设置条件，而第 3 部分将自动以"除此之外"作为该部分的条件，第 4 部分用于设置文本格式，各部分之间仍以半角分号分隔，如下所示。

条件1;条件2;除了条件1和条件2之外的数值;文本

使用条件的格式代码不需要完整提供4个部分，但是不能少于两个部分，只提供2~3个部分时的各部分含义如下。

◉ 如果格式代码包含两个部分，则第1部分用于设置满足条件1的情况，第2部分用于设置其他情况。

◉ 如果格式代码包含3个部分，则第1部分用于设置满足条件1的情况，第2部分用于设置满足条件2的情况，第3部分用于设置其他情况。

> **交叉参考** 在格式代码中可以使用的比较运算符与在公式中可以使用的比较运算符相同，具体请参考本书第11章。

在创建自定义格式代码时，需要使用Excel支持的特定字符来编写格式代码，这些字符在格式代码中具有特殊含义，如表10-5所示。

表10-5 创建自定义格式代码所使用的特定字符及其含义

代码	说明
G/通用格式	不设置任何格式，等同于"常规"格式
#	数字占位符，只显示有效数字，不显示无意义的零值
0	数字占位符，如果数字位数小于代码指定的位数，则显示无意义的零值
?	数字占位符，与"0"类似，但以空格代替无意义的零值，可用于显示分数
@	文本占位符，等同于"文本"格式
.	小数点
,	千位分隔符
%	百分号
*	重复下一个字符来填充列宽
\或!	显示"\"或"!"右侧的一个字符，用于显示格式代码中的特定字符本身
_	保留与下一个字符宽度相同的空格
E-、E+、e-和e+	科学计数符号
"文本内容"	显示双引号之间的文本

代码	说明
[颜色]	显示相应的颜色，在中文版的Excel中只能使用中文颜色名称：[黑色][白色][红色][黄色][蓝色][绿色][青绿色][洋红色]，而英文版Excel必须使用英文颜色名称
[颜色n]	显示兼容Excel 2003调色板上的颜色，n为1~56之间的数字
[条件]	在格式代码中使用"比较运算符+数值"的形式设置条件
[DBNum1]	显示中文小写数字，如"168"显示为"一百六十八"
[DBNum2]	显示中文大写数字，如"168"显示为"壹佰陆拾捌"
[DBNum3]	显示全角的阿拉伯数字与小写的中文单位，如"168"显示为1百6十8

Excel还提供了在创建日期和时间格式代码时可以使用的特定字符，如表10-6所示。

表10-6 创建日期和时间格式代码所使用的特定字符及其含义

代码	说明
y	使用两位数字显示年份（00~99）
yy	同上
yyyy	用四位数字显示年份（1900~9999）
m	使用没有前导零的数字显示月份（1~12）或分钟（0~59）
mm	使用有前导零的数字显示显示月份（01~12）或分钟（00~59）
mmm	使用英文缩写显示月份（Jan~Dec）
mmmm	使用英文全拼显示月份（January~December）
mmmmm	使用英文首字母显示月份（J~D）
d	使用没有前导零的数字显示日期（1~31）
dd	使用有前导零的数字显示日期（01~31）
ddd	使用英文缩写显示日期（Sun~Sat）
dddd	使用英文全拼显示日期（Sunday~Saturday）
aaa	使用中文简称显示星期几（一~日）
aaaa	使用中文全称显示星期几（星期一~星期日）
h	使用没有前导零的数字显示小时（0~23）
hh	使用有前导零的数字显示小时（00~23）
s	使用没有前导零的数字显示秒（0~59）
ss	使用有前导零的数字显示秒（00~59）
[h][m][s]	显示超出进制的小时数、分钟数、秒数
AM/PM	使用英文上下午显示十二进制时间
A/P	与AM/PM相同
上午/下午	使用中文上下午显示十二进制时间

用户创建的自定义格式代码仅存储在代码所在的工作簿中，如果要在其他工作簿中使用创建的自定义数字格式，需要将包含自定义数字格式的单元格复制到目标工作簿中。如果要在所有工作簿中使用创建的自定义数字格式，可以在 Excel 模板中创建自定义格式，通过该模板创建的每一个工作簿都可使用该自定义数字格式。

> **交叉参考** 有关创建与使用模板的更多内容，请参考本章 10.5 节。

如果想要保存经过数字格式设置后在单元格中显示的内容，可以选择该单元格，按【Ctrl+C】组合键进行复制。然后启动 Windows 操作系统中的记事本程序，按【Ctrl+V】组合键将单元格中显示的内容原样粘贴到记事本中，最后将记事本中的内容复制并粘贴到 Excel 中。

下面将介绍自定义数字格式的一些典型应用。

案例 10-18
将所有小于 1 的小数以百分数显示

案例目标：将所有小于 1 的小数显示为包含两位小数的百分数，效果如图 10-97 所示。

图 10-97　将所有小于 1 的小数以百分数显示

完成本例的具体操作步骤如下。

（1）选择要设置数字格式的数据区域，按【Ctrl+1】组合键打开【设置单元格格式】对话框，在【数字】选项卡的【分类】列表框中选择【自定义】，然后在【类型】文本框中输入下面的格式代码，如图 10-98 所示。

[<1]0.00%

（2）设置完成后单击【确定】按钮，选区中所有小于 1 的数值都会显示为两位小数的百分数。

图 10-98　在【类型】文本框中输入格式代码

> **注意** 由于后面几个案例创建格式代码的操作步骤与本例完全相同，因此在这些案例中将会直接给出格式代码，不再重复介绍操作步骤。

案例 10-19
以"万"为单位显示商品的销售额

案例目标：将所有销售额以"万"为单位显示，并在每个销售额数字右侧自动添加"万元"，效果如图 10-99 所示。

图 10-99　以万为单位显示金额

实现本例要求的格式代码如下。

0!.0,"万元 "

案例 10-20
使用数字 0 和 1 简化员工性别的输入

案例目标：在输入员工性别时，希望输入数字 1 后可以自动显示为"男"，输入数字 0 后可以自动显示为"女"，效果如图 10-100 所示。

实现本例要求的格式代码如下。

[=1]" 男 ";[=0]" 女 "

姓名	性别
林晨	女
薛迪	女
陈庆	男
邵彬	男
胡宁	女

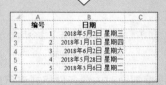

图 10-100　使用数字 0 和 1 简化性别输入

案例 10-21

将不同数量区间的商品销量设置为不同颜色

案例目标：将大于等于 100 的销量显示为蓝色，将小于 100 的销量显示为黑色，如果销量为 0 则显示为红色，效果如图 10-101 所示。

实现本例要求的格式代码如下。

[蓝色][>=100]G/ 通用格式 ;[红色][=0]
G/ 通用格式 ;G/ 通用格式

名称	销量
饼干	132
大米	84
香油	0
酒水	75
酸奶	87
香肠	107
精盐	131

图 10-101　将不同数值显示为不同的颜色

案例 10-22

显示包含星期的日期

案例目标：在日期中显示星期几，效果如图 10-102 所示。

编号	日期
1	2018年5月2日
2	2018年1月11日
3	2018年6月2日
4	2018年5月28日
5	2018年3月6日

⇩

编号	日期
1	2018年5月2日 星期三
2	2018年1月11日 星期四
3	2018年6月2日 星期六
4	2018年5月28日 星期一
5	2018年3月6日 星期二

图 10-102　显示包含星期的日期

实现本例要求的格式代码如下。

yyyy”年 "m" 月 "d" 日 " aaaa

案例 10-23

隐藏所有零值

案例目标：将数据区域中的所有零值显示为空白，效果如图 10-103 所示。

A	B	C	D
1	0	2	
1	0	0	
1	1	1	
2	0	0	
0	3	1	
1	3	1	

⇩

A	B	C	D
1		2	
1			
1	1	1	
2			
	3	1	
1	3	1	

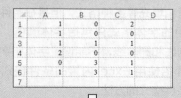

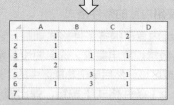

图 10-103　隐藏所有零值

实现本例要求的格式代码如下。

G/ 通用格式 ;G/ 通用格式 ;

案例 10-24

为员工编号批量添加公司英文缩写

案例目标：在所有编号开头添加英文字母“EX”和一个连接符“-”，效果如图 10-104 所示。

员工编号	姓名
1	邓婉
2	潘昊
3	徐迪
4	邱蕾
5	吴刚
6	任玫
7	韦丹
8	廖健
9	沈弘
10	周强

⇨

员工编号	姓名
EX-01	邓婉
EX-02	潘昊
EX-03	徐迪
EX-04	邱蕾
EX-05	吴刚
EX-06	任玫
EX-07	韦丹
EX-08	廖健
EX-09	沈弘
EX-10	周强

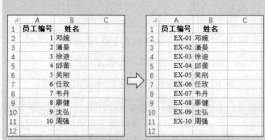

图 10-104　在文本开头添加附加信息

实现本例要求的格式代码如下。

“EX-” 00

条件格式规则	说明
数据条、色阶、图标集	创建可以反映单元格中的值的图形化展示的规则，包括数据条、色阶和图标集3种

10.4.6 设置条件格式

Excel 中的条件格式功能可以根据单元格中的内容，动态设置单元格的格式。当单元格中的内容发生变化时，Excel 会自动对其进行检查，以判断变化后的内容是否符合条件格式规则，如果符合，则仍然应用预先设置的条件格式，否则清除已应用的条件格式。

在条件格式中可以包括字体格式、数字格式、边框和填充等多种格式，但是在条件格式中可以使用的字体格式只包括字体颜色、字体样式、下划线和删除线，不能设置字体和字号。本小节将介绍使用 Excel 内置的条件格式与创建自定义条件格式的方法。

1. 使用内置的条件格式

Excel 内置了很多条件格式规则，它们可以满足大多数常规应用需求。选择要设置条件格式的单元格或区域，然后单击功能区中的【开始】⇨【样式】⇨【条件格式】按钮，弹出图 10-105所示的菜单，其中包含 8 个命令，上面 5 个命令用于设置 Excel 内置的条件格式规则，各命令的功能如表 10-7 所示，下面 3 个命令用于对条件格式规则执行创建、修改、删除等操作。

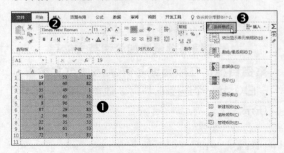

图 10-105 在【条件格式】菜单中选择内置的
条件格式规则类型

表 10-7 内置的条件格式规则的功能说明

条件格式规则	说明
突出显示单元格规则	创建基于数值大小比较的规则，如大于、小于、等于、介于、文本包含、发生日期、重复值或唯一值等
最前 / 最后规则	创建基于排名或平均值的规则，如前n项、前百分之n项、后n项、后百分之n项、高于平均值、低于平均值等

选择【突出显示单元格规则】或【最前 / 最后规则】命令，在弹出的子菜单中显示了命令包含的具体规则。选择一个具体规则后，将会弹出一个对话框，其中包含 Excel 默认设置好的规则选项以及符合规则时所设置的格式，用户可以对默认规则和格式进行修改，以符合实际需求。

图 10-106 所示为选择【最前 / 最后规则】命令中的【前 10 项】规则后显示的对话框，该规则用于为选区中大小位于前 10 的数值设置特定的填充色，用户可以将默认的数字 10 改为其他数字，也可以在【设置为】下拉列表中选择其他格式。

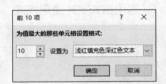

图 10-106 设置规则选项与格式

选择【数据条】【色阶】或【图标集】命令，在弹出的子菜单中选择一种图形化展示数值的方式。图 10-107 所示为选择【数据条】命令后显示的数据条样式列表。

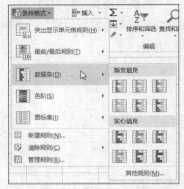

图 10-107 选择【数据条】命令后显示的
数据条样式列表

可以根据需要对内置条件格式进行自定义设置，只需单击功能区中的【开始】⇨【样式】⇨

【条件格式】按钮，在弹出的菜单中选择【新建规则】命令，然后在图 10-108 所示的【新建格式规则】对话框中选择一种规则，并进行所需设置即可。

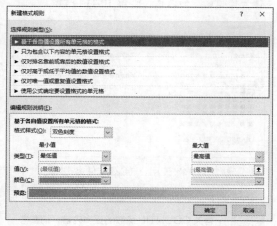

图 10-108　【新建格式规则】对话框

案例 10-25

在商品销量明细表中突出显示前 5 名销量

案例目标：快速找到销量位居前 5 名的商品，并为相应的销量设置填充色，效果如图 10-109 所示。

	A	B	C	D
1	编号	名称	销量	
2	1	电视	535	
3	2	冰箱	515	
4	3	电视	499	
5	4	空调	328	
6	5	微波炉	445	
7	6	洗衣机	539	
8	7	空调	536	
9	8	音响	238	
10	9	冰箱	264	
11				

	A	B	C	D
1	编号	名称	销量	
2	1	电视	535	
3	2	冰箱	515	
4	3	电视	499	
5	4	空调	328	
6	5	微波炉	445	
7	6	洗衣机	539	
8	7	空调	536	
9	8	音响	238	
10	9	冰箱	264	
11				

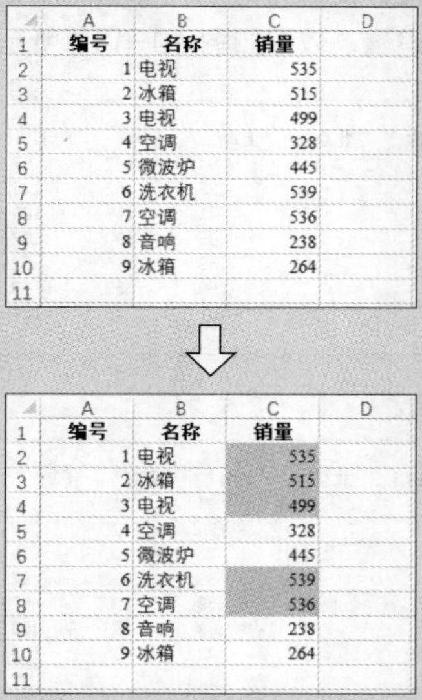

图 10-109　突出显示前 5 名销量

完成本例的具体操作步骤如下。

（1）选择要设置条件格式的数据区域，本例为 C2:C10，然后单击功能区中的【开始】⇨【样式】⇨【条件格式】按钮，在弹出的菜单中选择【最前 / 最后规则】⇨【前 10 项】命令，如图 10-110 所示。

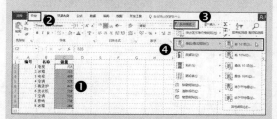

图 10-110　选择【前 10 项】命令

（2）打开【前 10 项】对话框，将文本框中的数字设置为【5】，在【设置为】下拉列表中选择【浅红色填充】，如图 10-111 所示，最后单击【确定】按钮。

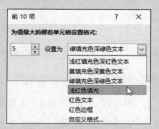

图 10-111　设置条件格式规则的格式

2. 创建基于公式的条件格式

如果 Excel 内置的条件格式无法满足应用需求，则可以使用公式创建条件格式，从而为条件格式提供最大的灵活性。在条件格式中使用公式与在数据验证中使用公式的方法类似，公式需要返回逻辑值 TRUE 或 FALSE，但实际上返回数字的公式也可用于创建条件格式，因为所有非 0 数字等价于 TRUE，0 等价于 FALSE。公式返回 TRUE 或非 0 数字时，将会为选区应用预先设置好的格式，否则不应用格式。

另一个需要注意的问题是公式中的单元格引用方式，通常以选区中的活动单元格为参数进行设置，这样可以将条件格式规则正确应用于选区中的每一个单元格。

下面通过几个案例介绍使用公式创建条件格式的一些常见应用。

案例 10-26

在员工资料表中快速找到同名的员工

案例目标： 将工作表中的同名员工所在的数据行设置为灰色背景，效果如图 10-112 所示。

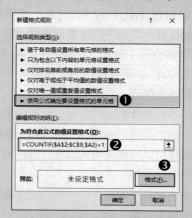

图 10-112 突出显示同名的员工

完成本例的具体操作步骤如下。

（1）选择要设置条件格式的数据区域，本例为 A2:C9 单元格区域。然后单击功能区中的【开始】⇨【样式】⇨【条件格式】按钮，在弹出的菜单中选择【新建规则】命令。

（2）打开【新建格式规则】对话框，在【选择规则类型】列表框中选择【使用公式确定要设置格式的单元格】，在下方的【编辑规则说明】文本框中输入下面的公式，然后单击【格式】按钮，如图 10-113 所示。

图 10-113 设置要为单元格设置的填充色

=COUNTIF($A$2:$C$9,$A2)>1

（3）打开【设置单元格格式】对话框，切换到【填充】选项卡，在【背景色】区域中选择一种颜色，如灰色，如图 10-114 所示。

图 10-114 使用公式创建条件格式规则

> **交叉参考** 有关 COUNTIF 函数的更多内容，请参考本书第 14 章。

（4）单击两次【确定】按钮，依次关闭打开的对话框。

案例 10-27

突出显示商品在各地区的最高销量

案例目标： 使用特定颜色标记商品在各地区的最高销量，效果如图 10-115 所示。

图 10-115 突出显示商品在各地区的最高销量

完成本例的具体操作步骤如下。

（1）选择要设置条件格式的数据区域，

本例为 B2:E8 单元格区域。然后单击功能区中的【开始】⇨【样式】⇨【条件格式】按钮，在弹出的菜单中选择【新建规则】命令。

（2）打开【新建格式规则】对话框，在【选择规则类型】列表框中选择【使用公式确定要设置格式的单元格】，在下方的【编辑规则说明】文本框中输入下面的公式。

=B2=MAX($B2:$E2)

交叉参考 有关 MAX 函数的更多内容，请参考本书第 14 章。

（3）单击【格式】按钮，在【设置单元格格式】对话框中为符合条件格式规则的单元格设置一种填充色，如灰色，最后单击两次【确定】按钮。

案例 10-28
在员工资料表中突出显示当天生日的员工

案例目标： 使用特定颜色标记当天生日的员工所在的数据行，效果如图 10-116 所示，本例假设当前日期为 5 月 1 日。

	A	B	C	D	E
1	姓名	性别	年龄	出生日期	
2	徐芬	男	34	1976年10月6日	
3	郑佳	女	41	1970年5月1日	
4	孙辉	男	43	1968年1月7日	
5	吴芙	男	43	1967年5月1日	
6	林晨	女	30	1981年7月20日	
7	赵豪	男	42	1968年10月4日	
8	马芬	男	31	1980年5月1日	
9	张静	女	27	1984年6月15日	
10					

	A	B	C	D	E
1	姓名	性别	年龄	出生日期	
2	徐芬	男	34	1976年10月6日	
3	郑佳	女	41	1970年5月1日	
4	孙辉	男	43	1968年1月7日	
5	吴芙	男	43	1967年5月1日	
6	林晨	女	30	1981年7月20日	
7	赵豪	男	42	1968年10月4日	
8	马芬	男	31	1980年5月1日	
9	张静	女	27	1984年6月15日	
10					

图 10-116　突出显示当天生日的员工

完成本例的具体操作步骤如下。

（1）选择要设置条件格式的数据区域，本例为 A2:D9 单元格区域。然后单击功能区

中的【开始】⇨【样式】⇨【条件格式】按钮，在弹出的菜单中选择【新建规则】命令。

（2）打开【新建格式规则】对话框，在【选择规则类型】列表框中选择【使用公式确定要设置格式的单元格】，在下方的【编辑规则说明】文本框中输入下面的公式。

=TODAY()=DATE(YEAR(TODAY()),MONTH($D2),DAY($D2))

（3）单击【格式】按钮，在【设置单元格格式】对话框中为符合条件格式规则的单元格设置一种填充色，如灰色，最后单击两次【确定】按钮。

交叉参考 有关 YEAR、MONTH、DAY、TODAY、DATE 几个函数的更多内容，请参考本书第 13 章。

3. 管理条件格式

可以修改现有的条件格式规则，以使其符合新的需求。选择包含条件格式的单元格或区域，然后单击功能区中的【开始】⇨【样式】⇨【条件格式】按钮，在弹出的菜单中选择【管理规则】命令，打开【条件格式规则管理器】对话框，其中列出了选区上现有的所有条件格式，选择要修改的规则，然后单击【编辑规则】按钮，在打开的【编辑格式规则】对话框中修改条件格式规则，如图 10-117 所示。

如果同一个单元格或区域包含多个条件格式规则，这些规则将按其在【条件格式规则管理器】对话框中列出的顺序从上到下依次执行。最新添加的规则位于规则列表的顶部，具有最高的优先级。可以在列表中选择某个规则，然后单击【上移】按钮▲或【下移】按钮▼调整其优先级顺序。

如果同一个单元格或区域中的多个规则之间没有冲突，则这些规则全部有效并会依次执行。例如，一个规则将单元格的填充色设置为灰色，另一个规则将单元格的字体设置为加粗，当符合这两个规则时，会将单元格格式设置为灰色背景且字体加粗。如果希望在符合两个规则时，只应

用其中优先级较高的那个规则中所包含的格式，则可以在【条件格式规则管理器】对话框中选中该规则右侧的【如果为真则停止】复选框。

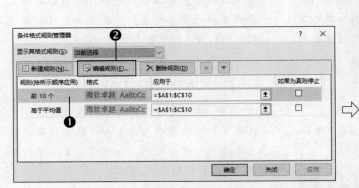
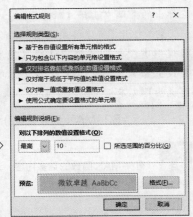

图 10-117　单击【编辑规则】按钮修改指定的条件格式规则

如果多个规则之间存在冲突，则只会执行优先级高的规则。例如，一个规则将单元格的填充色设置为蓝色，另一个规则将单元格的填充色设置为灰色，由于这两个规则都在设置单元格的填充色，因此单元格的填充色将由具有更高优先级的规则来设置。

删除不再需要的条件格式规则的方法有以下两种。

◎　选择设置了条件格式的单元格或区域，然后单击功能区中的【开始】⇨【样式】⇨【条件格式】按钮，在弹出的菜单中选择【清除规则】命令，然后在弹出的子菜单中选择【清除所选单元格的规则】命令，如图 10-118 所示。如果选择【清除整个工作表的规则】命令，则将删除活动工作表中的所有条件格式规则，选择该命令前不需要选择特定区域。

◎　选择设置了条件格式的单元格或区域，

然后单击功能区中的【开始】⇨【样式】⇨【条件格式】按钮，在弹出的菜单中选择【管理规则】命令，打开【条件格式规则管理器】对话框，在规则列表中选择要删除的规则，然后单击【删除规则】按钮将其删除。

图 10-118　删除选区或整个工作表中的条件格式规则

10.5　使用工作簿和工作表模板

每次在 Excel 2016 中新建空白工作簿时，其中都会包含一个工作表，工作表中使用的字体是正文字体，字号是 11 号，行高是 13.5，列宽是 8.38……以上这些设置都是工作表的默认设置，它们不存在于实际的 Excel 模板中，而是由 Excel 程序在启动时自动加载这些参数并进行设置。

如果想要修改这些默认设置，并将修改后的格式作为以后创建空白工作簿时的默认设置，则需要自定义设置 Excel 默认的工作簿模板。模板名称为"工作簿 .xltx"，该名称是唯一可被 Excel 识别的默认工作簿模板的名称。如果想要在默认工作簿模板中包含 VBA 代码，则需要使用名称"工作簿 .xltm"。创建 Excel 默认工作簿模板的具体操作步骤如下。

（1）新建一个工作簿，在其默认自带的工作表中设置所需的格式规范，如字体、字号、字体颜色、边框、填充、行高、列宽等所有需要使用的格式。

（2）按【F12】键或其他方法打开【另存为】对话框，在【保存类型】下拉列表中选择【Excel 模板】，将【文件名】设置为【工作簿】，将对话框上方的路径定位到以下位置（假设 Windows 操作系统安装在 C 盘），如图 10-119 所示。

C:\Users\< 用户名 >\AppData\Roaming\
Microsoft\Excel\XLSTART

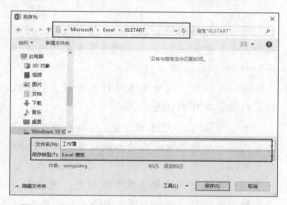

图 10-119 设置默认工作簿模板的名称和存储路径

（3）设置完成后单击【保存】按钮，以名称"工作簿 .xltx"创建工作簿模板。然后单击【文件】⇨【选项】命令，打开【Excel 选项】对话框，在左侧选择【常规】选项卡，在右侧的【启动选项】区域中取消选中【此应用程序启动时显示开始屏幕】复选框，如图 10-120 所示。最后单击【确定】按钮。

图 10-120 取消选中【此应用程序启动时
显示开始屏幕】复选框

以后单击快速访问工具栏中的【新建】按钮或按【Ctrl+N】组合键新建工作簿时，将自动基于名为"工作簿 .xltx"的模板进行创建，工作簿中默认自带的工作表会使用用户预先在该模板中设置好的格式。

> **注意**
>
> 如果在工作簿中手动添加新的工作表，则新工作表中的格式仍然使用 Excel 默认设置。如果希望添加的工作表也能使用用户自定义的格式，则需要创建名为"Sheet.xltx"的模板，并将其保存到"工作簿 .xltx"模板所在的文件夹。

如果要恢复使用 Excel 默认的格式创建新的空白工作簿，只需将 XLSTART 文件夹中的"工作簿 .xltx"模板删除。如果创建了"Sheet.xltx"模板，还需要将该模板删除。

第 11 章

公式和函数基础

公式和函数是 Excel 中实现数据自动计算和汇总统计的核心技术，除了用于数据的计算和汇总外，在制作动态图表和数据透视表等方面也具有非常广泛的应用。本章主要介绍公式和函数的相关概念和使用方法，包括公式的组成、运算符及其优先级、公式的分类、输入与编辑公式、单元格的 3 种引用类型、函数的基本概念、在公式中使用函数、创建和使用名称、数组的类型和运算方式、输入与编辑数组公式、创建引用其他工作表数据的公式、处理公式中的错误等内容。本章是后续 4 章内容的基础，应该认真学习和掌握。

11.1 公式简介

本节是本章后续内容的基础，将对 Excel 中的公式进行概括性介绍，包括公式的组成部分、公式中可以使用的运算符及其运算优先级以及公式类型的划分，最后还将介绍 Excel 对公式与函数方面的一些限制。

11.1.1 公式的组成部分

Excel 中的公式是以等号（=）开始，使用运算符将参与运算的数据有序组织在一起进行运算的等式。出现在公式中的内容可以是以下几类中的任何一种或多种内容的组合。

◎ 常量：固定不变的内容，可以是数字或文本，如 6、3.6、"Excel" "办公软件"。

◎ 单元格引用：使用单元格地址来引用单元格中存储的内容，可以是单个单元格或单元格区域，如 A1、B2:D6。可以引用当前工作表中的单元格、当前工作簿其他工作表中的单元格或其他工作簿中的单元格。当公式所引用的单元格中的内容发生改变时，改变后的内容会自动更新到公式中，比常量具有更大的灵活性。

◎ 工作表函数：Excel 提供了几百个内置函数，这些函数适用于不同领域和不同行业，可以完成不同类型的计算。例如，SUM 函数用于计算数据之和，DAYS 函数用于计算两个日期之间的天数，MID 函数用于从文本中提取特定的部分。

◎ 名称：将复杂或难以输入的常量或公式定义为名称，然后可以在公式中使用名称简化输入，甚至完成一些普通方法难以完成的任务。

◎ 运算符：将公式中的各部分内容连接起来的符号，它们决定着公式的运算方式和运算顺序，如加（+）、减（-）、乘（*）、除（/）。

◎ 小括号：改变运算符的优先级，使较低级别的运算符可以优先运算。

◎ 大括号：大括号在 Excel 公式中主要有两个用途，一个用途是在输入数组公式时，Excel 会自动添加一对大括号将整个公式包围起来；另一个用途是在公式中输入常量数组时，用户需要手动输入大括号，并在大括号中输入数组元素。

下面是一些公式的示例。

="Excel"&2016
// 该公式的结果是 "Excel 2016"

=(A1+A2)*5
// 该公式的结果是单元格 A1 和 A2 之和，然后与 5 的乘积

=AVERAGE(A1:A6)
// 该公式的结果是 A1:A6 单元格中的 6 个单元格的平均值

=MID("Excel",2,3)// 该公式的结果是 "xce"

=SUM({1,2,3,4,5,6}*2)// 该公式的结果是 "42"

11.1.2 公式中的运算符及其运算优先级

运算符用于连接公式中的各部分内容，并执行不同类型的运算，如加法运算符"（+）"用于计算运算符两侧的内容之和。不同类型的运算符具有不同的计算顺序，这种顺序称为运算符的优先级。Excel 中的运算符包括以下 4 种类型：算术运算符、文本连接运算符、比较运算符、引用运算符。表 11-1 列出了按照优先级从高到低的顺序进行排列的运算符及其相关说明。

表 11-1　Excel 中的运算符及其相关说明

运算符类型	运算符	说明	示例
引用运算符	冒号（:）	区域运算符，生成对两个引用之间所有单元格的引用，这两个引用是最终生成的引用区域的左上角和右下角单元格	=SUM(A1:B6) 计算以 A1 单元格为左上角、B6 单元格为右下角所组成的单元格区域的总和
	逗号（,）	联合运算符，将多个引用合并为一个引用	=SUM(A1:B6,D3:D7) 计算两个不连续区域的总和
	空格（ ）	交叉运算符，生成对两个引用中共有单元格的引用	=SUM(A1:B3 B2:C5) 计算两个区域共有的单元格中的数值总和，该示例中为 B2 和 B3 单元格的总和
算术运算符	–	负数	=15*–6
	%	百分比	=5*18%
	^	乘方（幂）	=2^3–1
	* 和 /	乘法和除法	=7*8/3
	+ 和 –	加法和减法	=2+6-5
文本连接运算符	&	将两部分内容连接在一起	="Excel"&"2016" ="20"&"16"
比较运算符	=、<、<=、>、>= 和 <>	比较两部分内容，比较结果为一个逻辑值	=A1=A2 =A1<=A2

如果一个公式中包含多个不同类型的运算符，Excel 将按照这些运算符的优先级对公式中的各部分进行计算。如果一个公式中包含多个具有相同优先级的同一类型的运算符，Excel 将按照运算符在公式中出现的位置，从左到右对各部分进行计算。

可以使用小括号改变运算符的优先级，使较低优先级的运算符先进行计算。例如，下面两个公式基本相同，唯一区别是在第 2 个公式中加入了一对小括号，因此两个公式的计算结果完全不同。

$$=10+5*4/2$$
$$=(10+5)*4/2$$

在第 1 个公式中，先计算"5*4/2"，即 5 乘以 4 再除以 2，计算结果为 10。然后将该结果与 10 相加，最终的计算结果为 20。

在第 2 个公式中，由于使用小括号将"10+

5"部分包围起来，因此先计算该部分，计算结果为 15。然后将该结果乘以 4 再除以 2，最终的计算结果为 30。

在复杂的公式中通常包含多对小括号，而且可能会出现小括号互相嵌套的情况，即一对小括号位于另一对小括号中。嵌套小括号的计算顺序是从最内层的小括号开始逐级向外层进行计算。

11.1.3 普通公式与数组公式

普通公式通常是用户在 Excel 中最先接触到、也是最常见的公式，前两小节中介绍的公式都是普通公式。普通公式在输入方面的一个共同点是按【Enter】键结束输入，并得到计算结果。例如，在 A1 单元格中输入下面的公式后按【Enter】键，计算结果为 16。

$$=10+6$$

另一种功能强大的公式是数组公式。由于数组公式可以执行多项计算，因此通常只需一个数组公式即可解决需要多个普通公式才能解决的复杂问题。多项计算是指同时对公式中具有对应关系的数组元素分别执行相应的计算。

与输入普通公式的方法不同，输入数组公式时需要按【Ctrl+Shift+Enter】组合键结束。按下该组合键后，Excel 会自动在公式两端添加一对大括号，将整个公式包围起来，如图 11-1 所示。通过这对大括号可以区分数组公式与普通公式。

图 11-1　Excel 使用一对大括号将数组公式包围起来

 有关数组公式的更多内容，请参考本章 11.5 节。

11.1.4　单个单元格公式与多个单元格公式

按一个公式占据的单元格数量进行划分，可以将公式分为单个单元格公式与多个单元格公式（或多单元格公式）。普通公式属于单个单元格公式，每个公式只能返回一个结果。数组公式分为单个单元格公式和多个单元格公式两种，当一个数组公式同时返回多个结果时，这个数组公式就需要占据多个单元格，以便在这些单元格中分别存放不同的结果。

对于占据多个单元格的数组公式而言，无法单独编辑其中的任意一个单元格，需要对公式所在的整个区域进行统一编辑，具体方法将在本章 11.5.3 小节进行介绍。

11.1.5　Excel 在公式与函数方面的限制

Excel 对单元格和公式中可以包含的最大字符数、数字精度、函数的参数个数以及可以嵌套的函数层数等方面都有一定的限制，如表 11-2 所示。

表 11-2　Excel 在公式与函数方面的限制

功能	最大限制
单元格中可以包含的最大字符数	32767
公式中可以包含的最大字符数	8192
单元格中可以输入的最大正数	9.99999999999999E+307
单元格中可以输入的最小正数	2.2251E-308
单元格中可以输入的最大负数	−9.99999999999999E+307
单元格中可以输入的最小负数	−2.2251E-308
数字精度的最大位数	15 位，超过 15 位的部分自动变为 0
函数可以包含的最大参数个数	255
函数可以嵌套的最大层数	64

11.2　输入与编辑公式

输入与编辑公式是使用公式进行计算并解决实际问题的基础，本节将介绍输入与编辑公式方面的内容，包括输入公式、编辑公式、移动和复制公式、改变公式的计算方式、隐藏公式、删除公式等内容。在介绍移动和复制公式前，会先介绍单元格的 3 种引用类型，因为不同类型的单元格引用会影响复制公式后的结果。

11.2.1 输入公式

输入公式前，需要先选择一个单元格。如果输入的是一个多单元格数组公式，则需要选择一个单元格区域。然后输入一个等号，此时 Excel 认为用户已经开始输入一个公式了，并在等号后显示一个闪烁的竖线，可以将其称为"插入点"，插入点指示当前的输入位置。

接下来输入公式中包含的内容，如常量、单元格引用、函数、运算符、小括号等，即本章 11.1.1 和 11.1.2 两小节介绍的公式的组成部分。如果输入的是普通公式，在完成输入后按【Enter】键结束。如果输入的是数组公式，需要按【Ctrl+Shift+Enter】组合键结束输入。

在输入公式前，Excel 窗口底部的状态栏左侧会显示"就绪"字样。一旦开始输入公式，状态栏左侧将显示不同的文字，以表示当前的输入状态，分为以下 3 种。

◉ 输入：开始向单元格中输入公式后，状态栏左侧将显示"输入"字样，如图 11-2 所示。此时需要从左向右依次输入公式中的内容。如果在输入状态下按键盘上的方向键，将结束公式的输入，效果等同于按【Enter】键。

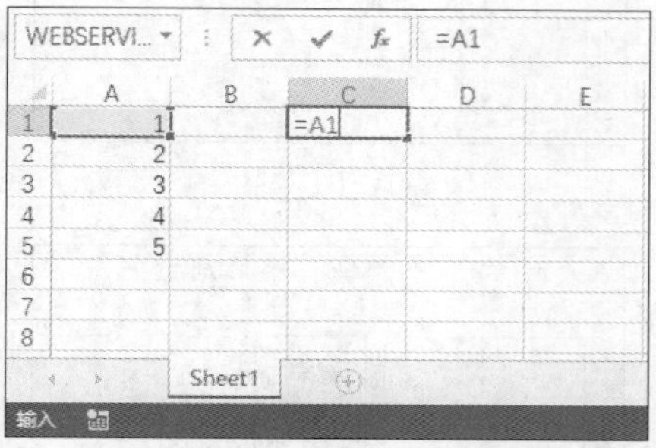

图 11-2 输入状态

◉ 点：如果在输入运算符后按方向键，状态栏左侧将显示"点"字样，此时当前选中的单元格的边框会变为虚线，同时该单元格的地址会被添加到公式中，如图 11-3 所示的 A2 单元格。可以使用鼠标单击或移动键盘上的方向键更改当前输入到公式中的单元格地址。

◉ 编辑：在前两种状态下按【F2】键，将进入编辑状态，状态栏左侧会显示"编辑"字样。在编辑状态下可以通过鼠标单击或按键盘方向键

的方式，将插入点定位到公式中的任意位置，对公式中的内容进行修改，如图 11-4 所示。

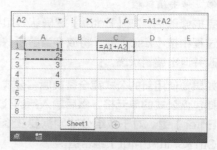

图 11-3 点状态

图 11-4 编辑状态

> **注意** 如果在公式中没有输入配对的小括号，在按下【Enter】键结束公式输入时，Excel 会自动给出更正建议，但有时并不一定正确。例如，如果要计算 A1 与 A2 两个单元格之和，然后再计算与 A3 单元格的乘积，当输入"=(A1+A2*A3"后按【Enter】键时，将显示图 11-5 所示的对话框，此时 Excel 给出的更正结果并不正确。

图 11-5 不正确的更正建议

11.2.2 编辑公式

如果要对公式进行修改，可以先选择包含公式的单元格，然后使用以下几种方法进入编辑状态。

◉ 按【F2】键。

◉ 双击单元格。

◉ 单击编辑栏。

完成修改后，按【Enter】键确认。如果在修改过程中按【Esc】键，将放弃当前所做的所有修改并退出编辑状态。

如果要使用新的公式完全替换原有公式，只需选择包含公式的单元格，然后输入新的公式并按【Enter】键。对于数组公式则需要在修改后按【Ctrl+Shift+Enter】组合键。

11.2.3 相对引用、绝对引用和混合引用

单元格地址的引用类型分为 3 种：相对引用、绝对引用、混合引用。3 种引用类型在外观上可以根据是否包含 $ 符号相区分，而功能上的区别主要体现在复制公式时。

本章前面介绍的公式中的单元格引用都是相对引用，如 "=A1+A2"，每个单元格地址由列字母和行号组成。如果分别在列字母和行号前添加 $ 符号，则将单元格地址转换为绝对引用，如 "=$A$1+$A$2"。如果在一个单元格地址中，列字母或行号的其中一个使用相对引用，另一个使用绝对引用，则该单元格地址的引用类型是混合引用，如 "=$A1+A$2"。

可以使用【F4】键快速切换单元格地址的引用类型。假设单元格地址最初为相对引用，使用下面的方法可以将其依次转换为其他引用类型。

◉ 按 1 次【F4】键，转换为绝对引用，如 A1⇨$A$1。

◉ 按 2 次【F4】键：转换为行绝对引用，列相对引用，如 A1⇨A$1。

◉ 按 3 次【F4】键：转换为行相对引用，列绝对引用，如 A1⇨$A1。

◉ 按 4 次【F4】键：转换为最初的引用类型。

如果要在 R1C1 引用样式下表示单元格地址的相对引用，需要使用中括号分别将字母 R 和 C 右侧的数字括起。例如，在 A1 引用样式下，

B1 单元格包含公式 "=A1+A2"，如果使用 R1C1 引用样式，则该公式将变为以下形式。

$$=RC[-1]+R[1]C[-1]$$

字母 R 和 C 右侧表示行和列的数字相对于公式所在的单元格，正数表示下方、右侧的单元格，负数表示上方、左侧的单元格。如果是同行的单元格则省略字母 R 右侧的数字，如果是同列的单元格则省略字母 C 右侧的数字。在上面的公式中，RC[-1] 表示引用的是与公式所在的 B1 单元格同行但位于其左侧一列的单元格，即 A1 单元格。R[1]C[-1] 表示引用的是位于公式所在的 B1 单元格下面一行、左侧一列的单元格，即 A2 单元格。

11.2.4 移动和复制公式

可以将单元格中的公式移动或复制到其他位置，其方法与移动和复制单元格数据相同，具体操作请参考本书第 10 章。图 11-6 所示为使用填充的方式复制公式。

图 11-6 使用单元格的填充柄复制公式

复制公式时，公式中的单元格地址的引用类型会发生变化，分为以下几种情况。

◉ 相对引用的单元格地址：将复制前的单元格地址看作起点，根据公式目标单元格与原始单元格之间的相对位置，改变复制公式后的单元格地址。例如，如果公式位于 C1 单元格，公式中包含一个单元格引用 A1，在将公式复制到 C6

单元格时，公式中的 A1 会自动变为 A6，这是因为公式由 C1 复制到 C6 时，相当于从 C1 向下移动了 5 行而到达 C6，因此公式中的 A1 也要向下移动 5 行，最终变为 A6。

◎ 绝对引用的单元格地址：无论将公式复制到哪里，公式中使用绝对引用的单元格地址始终保持不变。

◎ 混合引用的单元格地址：复制公式后，单元格地址中的相对引用部分根据公式复制前、后的相对距离发生改变，绝对引用部分保持不变。

11.2.5 改变公式的计算方式

默认情况下，在单元格中输入公式并按【Enter】键后，会自动得到计算结果。当修改公式中的常量或相关单元格中的数据时，按【Enter】键后公式的计算结果会立刻更新。当工作表中包含大量的公式时，这种自动计算并更新计算结果的方法可能会影响 Excel 的整体性能。Excel 提供了 3 种计算方式，用户可以根据实际情况选择合适的计算方式。3 种计算方式可以通过单击功能区中的【公式】⇨【计算】⇨【计算选项】按钮，然后在弹出的菜单中进行选择，如图 11-7 所示。

图 11-7　在菜单中选择公式的计算方式

1. 自动计算

自动计算是 Excel 默认使用的计算方式，如果要将其他计算方式改为自动计算，可以在单击【计算选项】按钮弹出的菜单中选择【自动】命令。

2. 手动计算

如果不希望在工作表数据发生变化时 Excel 自动进行重新计算，可以在单击【计算选项】按钮弹出的菜单中选择【手动】命令，将计算方式改为手动计算。在手动计算方式下，如果存在任何未计算的公式，会在状态栏中显示"计算"字样，此时可以使用以下几种方法对公式执行计算。

◎ 单击功能区中的【公式】⇨【计算】⇨【开始计算】按钮，或按【F9】键，重新计算所有打开工作簿中的所有工作表中未计算的公式。

◎ 单击功能区中的【公式】⇨【计算】⇨【计算工作表】按钮，或按【Shift+F9】组合键，重新计算当前工作表中的公式。

◎ 按【Ctrl+Alt+F9】组合键，重新计算所有打开工作簿中的所有工作表中的公式，无论公式是否需要重新计算。

◎ 按【Ctrl+Shift+Alt+F9】组合键，重新检查相关公式，并重新计算所有打开工作簿中的所有工作表中的公式，无论公式是否需要重新计算。

3. 不计算数据表

在单击【计算选项】按钮弹出的菜单中选择【除模拟运算表外，自动重算】命令，可以在 Excel 重新计算公式时自动忽略模拟运算表的相关公式。

> **提示**　模拟运算表是通过单击功能区中的【数据】⇨【预测】⇨【模拟分析】按钮，然后在弹出的菜单中选择【模拟运算表】命令创建的。

11.2.6 隐藏公式

选择公式所在的单元格时，会在编辑栏中显示单元格中的公式。如果不想让别人看到单元格中的公式，可以将公式隐藏起来。

案例 11-1
隐藏单元格中的公式

案例目标： 将 C1:C6 单元格区域中的公式隐藏起来，当选择包含公式的单元格时，在编辑栏中不显示公式，效果如图 11-8 所示。

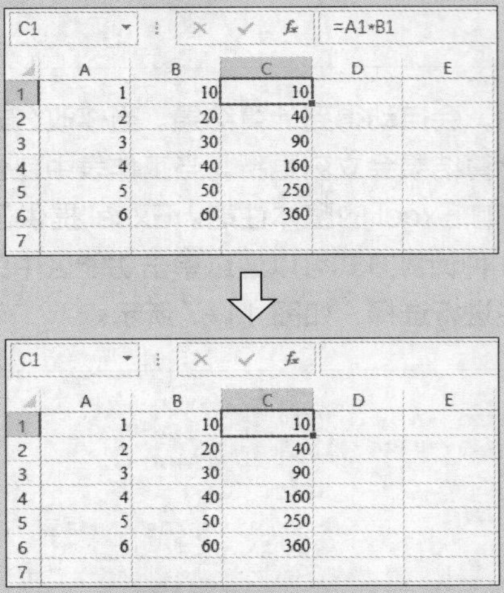

图 11-8 隐藏单元格中的公式

完成本例的具体操作步骤如下。

（1）选择要隐藏的公式所在的单元格，然后右击选区，在弹出的菜单中选择【设置单元格格式】命令，如图 11-9 所示。

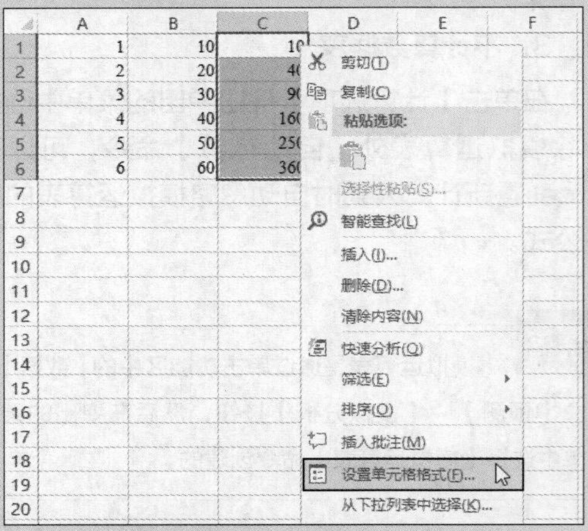

图 11-9 选择【设置单元格格式】命令

（2）打开【设置单元格格式】对话框，切换到【保护】选项卡，选中【隐藏】复选框，如图 11-10 所示，然后单击【确定】按钮。

（3）单击功能区中的【审阅】➪【更改】➪

【保护工作表】按钮，在打开的对话框中输入密码，如图 11-11 所示，单击【确定】按钮，然后再次输入一遍相同的密码，最后单击【确定】按钮。此时所选单元格中的公式将被隐藏起来。

图 11-10 选中【隐藏】复选框

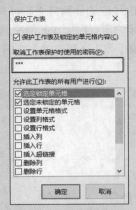

图 11-11 设置保护工作表的密码

如果想要重新显示处于隐藏状态的公式，可以单击功能区中的【审阅】➪【更改】➪【撤销工作表保护】按钮，输入正确的密码后单击【确定】按钮。

11.2.7 删除公式

如果要删除普通公式，只需选择公式所在的单元格，然后按【Delete】键。如果要删除的是占据多个单元格的数组公式，需要先选择数组公式占据的整个单元格区域，然后按【Delete】键才能将数组公式删除。如果选择其中的某个单元格并按【Delete】键，则会弹出警告对话框。

技巧　可以快速选择多单元格数组公式占据的整个单元格区域，方法是先选择数组公式所在的任意一个单元格，然后按【Ctrl+/】组合键。

11.3　在公式中使用函数

本节将介绍 Excel 函数的基本概念与输入方法，函数的基本概念包括函数类型、函数的参数、函数的易失性等内容。Excel 函数的具体应用将在本书第 12 章～第 15 章进行介绍。

11.3.1　为什么要使用函数

首先可以尝试不使用函数解决一个实际问题的方法。假设需要计算 A1～A10 这 10 个单元格中的数字之和，只需在公式中依次输入 A1、A2、A3 直到 A10，并使用加号将这些计算项连接起来，公式如下。

=A1+A2+A3+A4+A5+A6+
A7+A8+A9+A10

输入上面的公式虽然需要花费点时间，但还可以应付。如果需要计算 A1～A100 这 100 个单元格中的数字之和，将是一项非常烦琐的工作，不但输入量大增，而且容易出错，出错后的排查工作也会十分复杂，不易查找和修改。

如果使用 Excel 中的 SUM 函数，可以使上述问题的解决变得非常简单，公式如下。

=SUM(A1:A100)

在上面的公式中，只需输入 SUM 函数的名称以及待计算范围的第一个单元格和最后一个单元格，即可得到计算结果。利用函数极大地减少了输入量，能有效避免错误的发生，并可根据需要随时调整计算范围，具有很强的适应性。

使用函数的另一个优点是可以完成很多特殊方式和用途的计算，这些计算通常很难或无法通过计算项和运算符的简单组合来实现。

11.3.2　函数的类型

Excel 提供了几百个内置函数，用于执行不同类型的计算任务，表 11-3 列出了 Excel 2016 包含的函数类别及其功能。从 Excel 2010 开始对 Excel 早期版本中的一些函数进行了重命名，以使函数名可以更准确地描述函数所实现的功能，同时还改进了一些函数的性能和计算精确度。Excel 2016 仍然沿用 Excel 2010 中的函数命名方式。

表 11-3　Excel 2016 包含的函数类别及其功能

函数类别	函数功能
数学和三角函数	包括四则运算、数字舍入、指数与对数、阶乘、矩阵和三角函数等数学计算
日期和时间函数	对日期和时间进行计算和推算
逻辑函数	通过设置判断条件，使公式可以处理多种情况
文本函数	对文本进行查找、替换、提取或设置格式
查找和引用函数	查找和返回工作表中的匹配数据或特定信息
信息函数	返回单元格格式或数据类型的相关信息
统计函数	对数据执行统计计算和分析
财务函数	对财务数据进行计算和分析
工程函数	对工程数据进行计算和分析
数据库函数	对数据列表和数据库中的数据进行计算和分析
多维数据集函数	对多维数据集合中的数据进行计算和分析
Web 函数	新增于 Excel 2013 中的函数类别，用于与网络数据进行交互
加载宏和自动化函数	通过加载宏提供的函数，扩展 Excel 函数的功能
兼容性函数	这些函数已被重命名后的函数代替，保留这些函数主要用于 Excel 早期版本

为了保持与 Excel 早期版本的兼容性，Excel 2010 以及更高版本的 Excel 中保留了重命名前的函数，它们位于功能区中的【公式】⇨【函数库】⇨【其他函数】⇨【兼容性】类别中。重命名后的函数的名称通常是在原有函数名称中间的某个位置添加了一个英文句点"."，有的函数会在其原有名称的结尾添加包含英文句点在内的后缀。例如，NORMSDIST 是 Excel 2003 中的标准正态累积分布函数，在 Excel 2010 以及更高版本的 Excel 中，将该函数重命名为 NORM.S.DIST。

11.3.3 函数的参数

所有函数的基本结构都是相同的，每个函数都由一个函数名、一对小括号以及位于小括号中的一个或多个参数组成，各参数之间使用英文逗号进行分隔，形式如下。

函数名（参数 1, 参数 2, 参数 3,……, 参数 n）

参数为函数提供了要进行处理的数据，并限定了数据的类型。用户需要按照函数语法中的参数位置和数据类型，提供相应的数据，函数才能得到正确的计算结果。少数函数没有参数，直接输入这些函数即可得到计算结果。参数可以是以常量形式输入的数值或文本，也可以是单元格引用、数组、名称，还可以是另一个函数的计算结果。当一个函数作为另一个函数的参数出现时，将其称为嵌套函数。

根据是否必须明确提供参数的值，可以将参数分为以下两类。

◉ **必选参数**：输入函数时必须明确提供必选参数的值。

◉ **可选参数**：输入函数时可以省略可选参数的值，这样将自动使用 Excel 为该参数设置的默认值。

对于包含可选参数的函数，如果在可选参数后还有参数，当不指定前一个可选参数而直接指定其后的可选参数时，必须保留前一个可选参数的占位符号，即一个英文逗号。例如，OFFSET 函数包含 5 个参数，前 3 个参数是必选参数，后 2 个参数是可选参数，当不指定该函数的第 4 个参数而需要指定第 5 个参数时，必须保留第 4 个参数与第 5 个参数之间的英文逗号。

例如，下面的公式返回 B1:D2 单元格区域，该公式以 A1 单元格为基点，向右偏移一行，将基点重新定义为 B1 单元格。然后以 B1 单元格为基点，向下扩展到 2 行、向右扩展到 3 列，最终返回包含 2 行 3 列的 B1:D2 单元格区域。由于省略了第 2 个参数，因此基点不会在行的方向上进行偏移，这是因为省略该参数时，Excel 会自动使用默认值 0 作为该参数的值。

=OFFSET(A1,,1,2,3)

> **交叉参考** 有关 OFFSET 函数的更多内容，请参考本书第 15 章。

11.3.4 函数的易失性

在关闭某些工作簿时，可能会弹出提示用户是否保存工作簿的对话框，即使在打开工作簿后没有进行任何修改，在关闭工作簿时仍然可能出现这样的提示。

出现这种情况的原因通常是在工作簿中使用了易失性函数。当在工作表中的任意一个单元格中输入数据或进行编辑，甚至只是打开工作簿，工作表中的易失性函数都会自动重新计算，以更新计算结果。常见的易失性函数有 TODAY、NOW、RAND、RANDBETWEEN、OFFSET、INDIRECT、CELL、INFO 等。

下面的操作不会触发易失性函数的自动重新计算。

◉ 将计算方式设置为【手动计算】。

◉ 设置单元格格式或其他显示方面的属性。

◉ 输入或编辑单元格的过程中按【Esc】键取消本次输入或编辑。

◉ 使用双击外的其他方法调整单元格的行高和列宽。

11.3.5 在公式中输入函数

在公式中输入函数的方法有以下几种。

◉ 使用功能区中的函数命令。

◉ 手动输入函数。

◉ 使用【插入函数】对话框。

1. 使用功能区中的函数命令

在功能区【公式】选项卡的【函数库】组中列出了不同的函数类别，用户可以从各个函数类别中选择所需使用的具体函数。图 11-12 所示为从【逻辑】函数类别中选择的 IF 函数。当鼠标指针指向某个函数时，会自动显示该函数的功能简介及参数构成。

图 11-12 在功能区中选择需使用的函数

2. 手动输入函数

如果熟悉要使用的函数，采用手动输入的方式会更高效。当用户在公式中输入函数的首字母或前几个字母时，Excel 会自动显示包含与用户输入相匹配的函数和名称的列表，该列表由"公式记忆式键入"功能控制，用户可以从中选择或继续输入更多的字母以缩小匹配结果的范围。

例如，要使用 SUM 函数计算单元格区域中的数字之和，首先输入一个等号，以通知 Excel 现在开始一个新公式的输入。然后输入 SUM 函数的首字母"S"，此时会显示以字母"S"开头的所有函数和名称的列表。继续输入 SUM 函数的第 2 个字母"U"，列表被自动筛选一次，将显示以字母"SU"开头的函数和名称的列表。滚动鼠标滚轮或使用键盘上的方向键选中所需使用的函数，按【Tab】键将其输入到公式中，如图 11-13 所示。

图 11-13 使用函数的前两个字母筛选函数列表

Excel 会自动在函数名的右侧添加一个左括号，并在函数名下方显示当前需要输入的参数信息，参数名显示为粗体，以中括号包围的参数是可选参数，如图 11-14 所示。输入参数后，需

要输入右括号表示完成当前函数的所有输入，最后按【Enter】键得到计算结果。

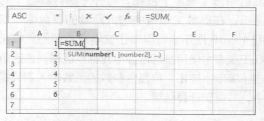

图 11-14 将函数输入到公式中

前面介绍的是公式中只有一个函数的情况，也可以将函数作为公式中的一个计算项，这种情况下函数的输入方法与前面介绍的基本相同，此处不再赘述。

> **提示** 当用户以英文小写的形式输入函数时，如果函数的名称正确，在按下【Enter】键后函数名会自动转换为英文大写形式。利用这项功能，可以验证用户输入的函数名称是否正确。

3. 使用【插入函数】对话框

如果只知道想要实现的功能，但对函数的名称及拼写不太了解，那么可以使用【插入函数】对话框输入函数。单击编辑栏左侧的 fx 按钮，打开【插入函数】对话框。在【搜索函数】文本框中输入想要实现的功能，然后单击【转到】按钮，Excel 会显示与输入的功能相匹配的函数，如图 11-15 所示。

图 11-15 通过输入的描述信息查找适合的函数

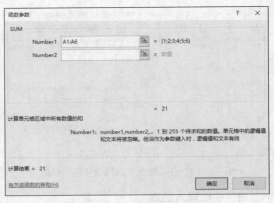

图 11-16 设置函数的参数值

在【选择函数】列表框中选择所需的函数，然后单击【确定】按钮，打开【函数参数】对话框，在参数文本框中输入函数的参数值，如图 11-16 所示。可以单击文本框右侧的按钮在工作表中使用鼠标选择单元格或区域。最后单击【确定】按钮，将包含参数的函数输入到公式中，并得到计算结果。

11.4　在公式中使用名称

在 Excel 中，可以为常量、单元格区域、公式等内容创建名称，之后就可以使用名称代替这些内容，既可以简化输入，也使公式的含义更易理解，还可以减少错误的发生。本节将介绍在 Excel 中创建与使用名称的方法。

11.4.1　名称的级别

在 Excel 中创建的名称分为两个级别：工作簿级名称和工作表级名称。在名称所在工作簿的任意一个工作表中，都可以直接使用工作簿级名称。在使用工作表级名称时，如果是在该名称所在的工作表中调用该名称，则可以直接使用该工作表级名称；如果是在其他工作表中调用该名称，则需要在名称左侧添加工作表名和一个感叹号，以指明名称来自于哪个工作表。

可以创建同名的工作簿级名称和工作表级名称，但在使用时需要注意名称的优先级。在名称所在的工作表中使用同名的名称时，将使用工作表级名称，即同名的工作表级名称优先于工作簿级名称。在其他工作表中使用同名的名称时，将使用工作簿级名称。最好不要创建同名但不同级别的名称，以免发生混淆。

11.4.2　创建名称的几种方法

在 Excel 中可以使用以下几种方法创建名称。

◎　名称框：在编辑栏左侧的名称框中输入名称，按【Enter】键后为选择的单元格区域创建名称，名称的级别默认为工作簿级。如果要创建工作表级名称，需要在名称框中输入的名称左侧添加工作表名和一个感叹号。

◎　【新建名称】对话框：【新建名称】对话框是创建名称最灵活的方式。在【新建名称】对话框中可以对名称进行全面设置，在【范围】下拉列表中可以选择名称的级别，如图 11-17 所示。在【引用位置】文本框中可以输入单元格区域的地址、常量、公式等内容。

◎　根据所选内容创建名称：如果数据区域包含行、列标题，则可以为单元格区域创建名称，并自动使用行、列标题为名称命名。

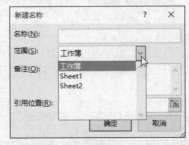

图 11-17 使用【新建名称】对话框创建名称

接下来的几个小节将详细介绍创建名称的几种方法。

11.4.3 为单元格区域创建名称

为单元格区域创建名称是最基本、也是最常用的名称创建方式，可以使用上一小节介绍的 3 种方法来进行创建。

1. 使用名称框创建名称

在工作表中选择要为其创建名称的单元格区域，然后单击名称框，输入希望为所选区域创建的名称，按【Enter】键后即可为选区创建名称，如图 11-18 所示。

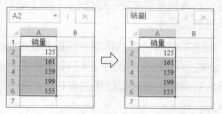

图 11-18　使用名称框创建名称

使用名称框创建的名称默认为工作簿级名称，如果希望创建工作表级名称，需要在名称框中输入的名称左侧添加对当前工作表的引用，如下所示。

Sheet1! 销量

2. 使用【新建名称】对话框创建名称

在工作表中选择要为其创建名称的单元格区域，然后单击功能区中的【公式】⇨【定义的名称】⇨【定义名称】按钮，打开【新建名称】对话框，如图 11-19 所示，进行以下几项设置。

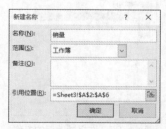

图 11-19　使用【新建名称】对话框创建名称

◉　在【名称】文本框中输入名称，如“销量”。

◉　在【范围】下拉列表中选择名称的级别，选择【工作簿】将创建工作簿级名称，选择特定的工作表名将创建工作表级名称。

◉　在【引用位置】文本框中自动填入了事先选择的单元格区域。可以单击文本框右侧的按钮，在工作表中重新选择区域。

◉　可以在【备注】文本框中输入对名称的简要说明。

完成以上设置后，单击【确定】按钮即可创建名称。

3. 根据所选内容自动命名

如果要创建名称的区域包含标题行或标题列，则可以使用行标题或列标题自动为相应的区域命名。

案例 11-2

使用列标题批量为商品销量明细表的各列命名

案例目标： 在图 11-20 所示的工作表中包含 A、B、C 3 列，现在希望分别为各列创建一个名称，并使用各列顶部的标题为各列命名。

	A	B	C	D
1	商品	产地	销量	
2	音响	山西	207	
3	手机	吉林	308	
4	洗衣机	河北	384	
5	电视	北京	433	
6	空调	上海	395	
7	微波炉	辽宁	448	
8	空调	天津	147	
9				

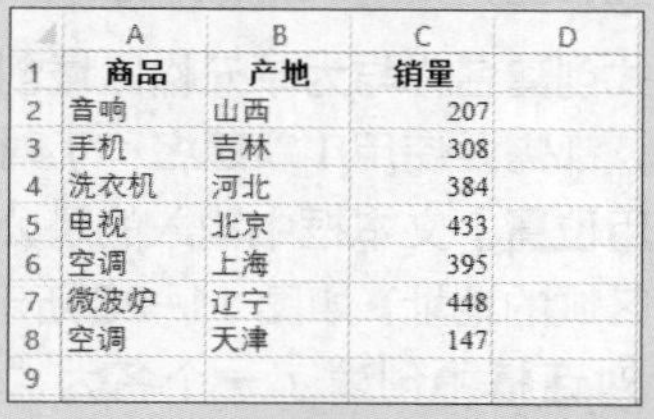

图 11-20　使用列标题批量为各列命名

完成本例的具体操作步骤如下。

(1) 选择包含列标题在内的数据区域，本例为 A1:C8 单元格区域，然后单击功能区中的【公式】⇨【定义的名称】⇨【根据所选内容创建】按钮，如图 11-21 所示。

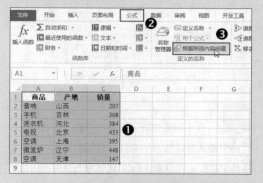

图 11-21　根据所选内容创建名称

（2）打开【以选定区域创建名称】对话框，选中【首行】复选框，如图 11-22 所示，单击【确定】按钮，将为每一列数据创建一个名称，并使用各列顶部的标题为名称命名。

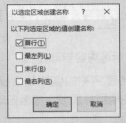

图 11-22 选中【首行】复选框

11.4.4 为公式创建名称

在很多复杂应用中，一个公式都会包含多个嵌套函数，为了减少整个公式的输入量，可以为内层的嵌套函数创建名称。对于图表和数据透视表而言，需要为公式创建名称，从而构建动态的数据源。

为公式创建名称与为单元格区域创建名称的方法类似，都需要使用【新建名称】对话框，只是在【引用位置】文本框中输入的是公式，而不是单元格区域的地址。如图 11-23 所示，在【新建名称】对话框中创建了一个名为"动态数据源"的名称，在【引用位置】文本框中输入下面的公式，最后单击【确定】按钮创建名称。

=OFFSET($A$1,,,COUNTA($A:$A))

图 11-23 为公式创建名称

> **提示**
>
> 在【引用位置】文本框中输入公式与在单元格中输入公式的方法类似，也包含输入、点、编辑几个状态。可以按【F2】键在输入与编辑两个状态之间切换。

11.4.5 在公式中使用名称

可以在公式中使用创建好的名称，分为两种情况：种情况是在公式中输入名称；另一种情况是使用现有名称替换公式中与该名称对应的单元格区域。

1. 在公式中输入名称

在公式中输入名称的方法与输入函数类似，名称也支持弹出列表选择功能。当输入名称的前几个字符时，在弹出的列表中会显示匹配的函数和名称，选择所需的名称后按【Tab】键，将名称添加到公式中。

如果不记得名称的拼写，可以单击功能区中的【公式】⇨【定义的名称】⇨【用于公式】按钮，在弹出的菜单中选择要使用的名称，如图 11-24 所示。

图 11-24 从名称列表中选择要使用的名称

如果选择图 11-24 所示菜单中的【粘贴名称】命令，将打开【粘贴名称】对话框，如图 11-25 所示。可以在【粘贴名称】列表框中选择要使用的名称，然后单击【确定】按钮。

图 11-25 选择要使用的名称

如果单击【粘贴列表】按钮，则将创建的所有名称粘贴到以活动单元格为区域左上角的区域中，如图 11-26 所示。

2. 使用名称替换公式中的单元格区域

如果已经输入好了公式，又为公式中的单元

格区域创建了名称，那么可以让名称自动替换单元格区域，而无须手动修改。

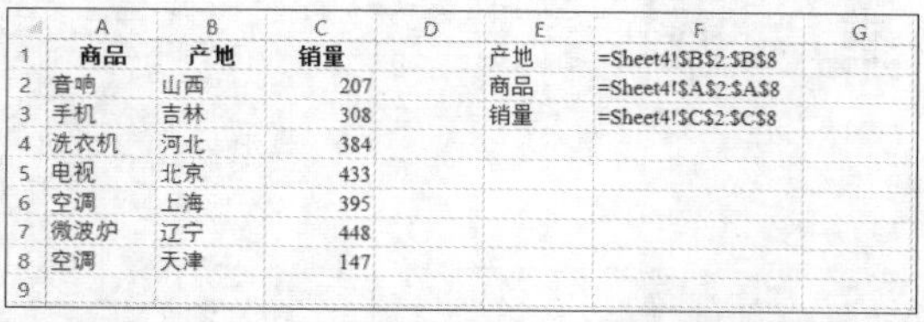

图 11-26　将所有名称及其引用位置粘贴到工作表中

案例 11-3
使用名称替换公式中的单元格区域

案例目标： 在图 11-27 所示的工作表中，F1 单元格中的公式用于计算 C2:C8 单元格区域中的销量总和。后来为该区域创建了名称"销量"，现在希望使用该名称替换公式中的"C2:C8"。

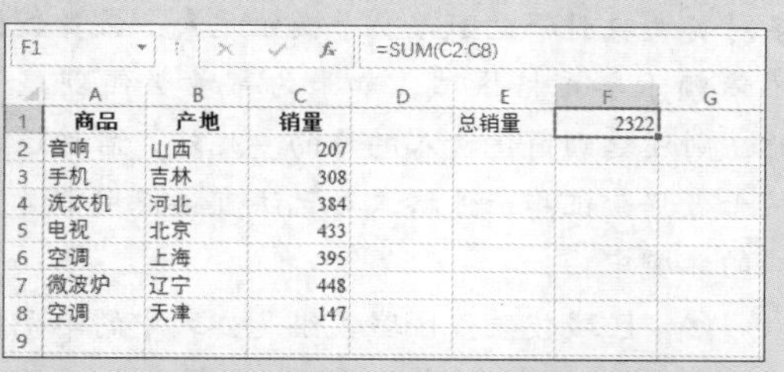

	A	B	C	D	E	F	G
F1			=SUM(C2:C8)				
1	商品	产地	销量		总销量	2322	
2	音响	山西	207				
3	手机	吉林	308				
4	洗衣机	河北	384				
5	电视	北京	433				
6	空调	上海	395				
7	微波炉	辽宁	448				
8	空调	天津	147				
9							

图 11-27　使用名称替换公式中的单元格区域

完成本例的具体操作步骤如下。

（1）激活公式所在的工作表，然后单击功能区中的【公式】▷【定义的名称】▷【定义名称】按钮右侧的下拉按钮，在弹出的菜单中选择【应用名称】命令，如图 11-28 所示。

图 11-29　选择要应用到公式中的名称

11.4.6　管理名称

可以在【名称管理器】对话框中修改已创建名称的命名、引用位置和备注，但不能修改名称的级别。单击功能区中的【公式】▷【定义的名称】▷【名称管理器】按钮，打开【名称管理器】对话框，如图 11-30 所示。

图 11-30　查看和管理已经创建好的名称

在【名称管理器】对话框中可以进行以下操作。

◎　**创建新名称：** 单击【新建】按钮，在【新建名称】对话框中创建新的名称。

◎　**修改名称：** 单击【编辑】按钮，在【编辑名称】对话框中修改所选名称的相关信息。如果只修改名称的引用位置，则可以直接在【名称管理器】对话框底部的【引用位置】文本框中进行编辑。

图 11-28　选择【应用名称】命令

（2）打开【应用名称】对话框，在列表框中选择要应用的名称，本例选择【销量】，如图 11-29 所示。单击【确定】按钮，使用所选名称替换工作表中的所有公式中的相应单元格区域，本例为 C2:C8 单元格区域。

◉ 删除名称：单击【删除】按钮，删除选中的名称。可以在【名称管理器】对话框中使用拖动鼠标的方法选择多个名称，也可以使用【Shift】键或【Ctrl】键并配合鼠标单击来选择多个相邻或不相邻的名称，与在 Windows 文件资源管理器中选择多个文件和文件夹的方法相同。

◉ 以不同方式查看名称：单击【筛选】按钮，在弹出的菜单中选择筛选条件，如图 11-31 所示。可以使用名称级别、是否错误等作为筛选条件，从而快速显示符合特定条件的所有名称。

图 11-31　按不同条件筛选名称

11.5　使用数组公式

本节将介绍数组公式的基本概念和基本操作，包括数组和数组公式的类型、数组的运算方式、输入与编辑数组公式。本书第 12 章～第 15 章包含数组公式在实际中的具体应用。

11.5.1　数组的类型

在 Excel 中，数组是指排列在一行、一列或多行多列中的一组数据的集合。数组中的每一个数据称为数组元素，数组元素的数据类型可以是 Excel 支持的数据类型，包括数值、文本、日期和时间、逻辑值、错误值等。

按数组的维数划分，可以将 Excel 中的数组分为以下两类。

◉ 一维数组：数组元素排列在一行或一列的数组是一维数组。数组元素排列在一行的数组是水平数组（或横向数组），数组元素排列在一列的数组是垂直数组（或纵向数组）。

◉ 二维数组：数组元素同时排列在多行多列的数组是二维数组。

数组的尺寸是指数组各行各列的元素个数。一行 N 列的一维水平数组的尺寸为 $1 \times N$，一列 N 行的一维垂直数组的尺寸为 $N \times 1$，M 行 N 列的二维数组的尺寸为 $M \times N$。

按数组的存在形式划分，可以将 Excel 中的数组分为以下 3 类。

◉ 常量数组：常量数组是直接在公式中输入数组元素，并使用一对大括号将这些元素包围起来。如果数组元素是文本型数据，则需要使用多对英文双引号包围每一个数组元素。常量数组不依赖于单元格区域，如果为常量数组创建名称，则可起到简化输入的目的。此外，名称还常用于数据验证和条件格式等无法直接使用常量数组的环境中。

◉ 区域数组：区域数组是公式中的单元格区域引用，如公式 "=SUM(A1:B10)" 中的 A1:B10 就是区域数组。

◉ 内存数组：内存数组是在公式的计算过程中，由中间步骤返回的多个结果所临时构成的数组，通常作为一个整体继续参与下一步计算。内存数组独立存在于内存中，不依赖于单元格区域。

无论哪种类型的数组，数组中的元素都遵循以下格式：水平数组中的各个元素之间使用英文逗号分隔，垂直数组中的各个元素之间使用英文分号分隔。

在图 11-32 所示的工作表中，B1:G1 单元格区域中包含一个一维横向的常量数组，公式如下。

$$=\{1,2,3,4,5,6\}$$

在图 11-33 所示的工作表中，A2:A7 单元格区域中包含一个一维纵向的常量数组，公式如下。

$$=\{"A";"B";"C";"D";"E";"F"\}$$

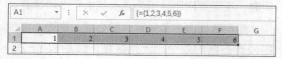

图 11-32 一维水平数组

图 11-33 一维垂直数组

在输入上面两个常量数组时，需要选择与数组方向及元素个数完全一致的单元格区域，并在输入数组公式后按【Ctrl+Shift+Enter】组合键结束。

数组公式的类型在本章 11.1.4 小节已经介绍过，根据公式占据的单元格数量，可以分为单个单元格数组公式和多个单元格数组公式（或多单元格数组公式）。

11.5.2 数组的运算方式

本小节介绍的数组的运算方式是使用运算符对常量数组中的元素进行的直接运算，从而可以了解数组与常量以及数组与数组之间的运算规律，区域数组和内存数组也具有相同的运算方式。由于数组元素可以是 Excel 支持的任何数据类型，因此数组元素具有与普通数据相同的运算特性。例如，数值型和逻辑型数组元素可以进行加、减、乘、除等算术运算，文本型数组元素可以进行字符串连接运算。

1. 数组与单个值之间的运算

数组与单个值运算时，数组中的每个元素都与该值进行运算，最后返回与原数组同方向、同尺寸的数组。下面的公式计算一个一维水平数组与 10 之和，最后仍然返回一个一维水平数组，并分别将每个元素与 10 相加。

$$=\{1,2,3,4,5,6\}+10$$

返回结果：

$$=\{11,12,13,14,15,16\}$$

2. 同方向一维数组之间的运算

如果同方向的两个一维数组具有相同的元素个数，则两个数组中对应位置上的两个元素进行运算，最后返回与这两个数组同方向、同尺寸的一维数组。

$$=\{1,2,3\}+\{4,5,6\}$$

返回结果：

$$=\{5,7,9\}$$

相当于以下运算：

$$=\{1+4,2+5,3+6\}$$

如果同方向的两个一维数组具有不同的元素个数，那么多出的元素位置将返回 #N/A 错误值。

$$=\{1,2,3\}+\{4,5\}$$

返回结果：

$$=\{5,7,\#N/A\}$$

3. 不同方向一维数组之间的运算

两个不同方向的一维数组进行运算后，将返回一个二维数组。如果一个数组是尺寸为 $1 \times N$ 的水平数组，另一个数组是尺寸为 $M \times 1$ 的垂直数组，这两个数组运算后返回的是一个尺寸为 $M \times N$ 的二维数组。第 1 个数组中的每个元素分别与第 2 个数组中的第 1 个元素进行运算，完成后，第 1 个数组中的每个元素再分别与第二个数组中的第 2 个元素进行运算……以此类推，直到与第 2 个数组中的所有元素都进行了运算。

$$=\{1,2,3,4\}+\{5;6\}$$

返回结果：

$$=\{6,7,8,9;7,8,9,10\}$$

4. 一维数组与二维数组之间的运算

如果一维数组的尺寸与二维数组同方向上的尺寸相同，则在这个方向上，对应位置上的两个元素进行运算。对于尺寸为 $M \times N$ 的二维数组而言，可与 $M \times 1$ 或 $1 \times N$ 的一维数组进行运算，

返回一个尺寸为 $M \times N$ 的二维数组。

$$={\{1,2,3\}}+{\{1,2,3;4,5,6\}}$$

返回结果：

$$={\{2,4,6;5,7,9\}}$$

如果一维数组与二维数组在同方向上的尺寸不同，则多出的元素位置将返回 #N/A 错误值。

$$={\{1,2,3\}}+{\{1,2;4,5\}}$$

返回结果：

$$={\{2,4,\#N/A;5,7,\#N/A\}}$$

5．二维数组之间的运算

如果两个二维数组具有相同的尺寸，则两个数组中对应位置上的两个元素进行运算，最后返回与这两个数组同尺寸的二维数组。

$$={\{1,2,3;4,5,6\}}+{\{1,1,1;2,2,2\}}$$

返回结果：

$$={\{2,3,4;6,7,8\}}$$

如果两个二维数组的尺寸不同，则多出的元素位置将返回 #N/A 错误值。

$$={\{1,2,3;4,5,6\}}+{\{1,1;2,2\}}$$

返回结果：

$$={\{2,3,\#N/A;6,7,\#N/A\}}$$

11.5.3　输入与编辑数组公式

输入数组公式的方法实际上已在本章前面的内容中进行过介绍，只需按【Ctrl+Shift+Enter】组合键结束公式的输入，即可将公式以数组公式的方式输入。按下【Ctrl+Shift+Enter】组合键后，Excel 会自动将一对双引号添加到公式的首尾，将整个公式包围起来。

使用【Ctrl+Shift+Enter】组合键输入公式是数组公式与普通公式的标志性区别，使用该组合键输入公式会通知 Excel 这是一个数组公式，Excel 计算引擎将对公式执行多项计算。然而并非所有执行多项计算的公式都必须以数组公式的方式输入，在 SUMPRODUCT、MMULT、LOOKUP 等函数中使用数组并返回单一计算结果时，不需要使用数组公式就能执行多项计算。

如果要修改多单元格数组公式，需要选择数组公式占据的整个单元格区域，然后按【F2】键进入编辑状态并修改数组公式，最后按【Ctrl+Shift+Enter】组合键完成修改。如果对多单元格数组公式的某个单元格进行修改，则会弹出警告对话框，禁止用户的编辑操作。删除多单元格数组公式的方法与对其进行编辑的方法类似，需要选择数组公式占据的整个单元格区域，然后按【Delete】键将数组公式删除。

下面通过两个案例说明单个单元格数组公式与多单元格数组公式在实际中的应用。

案例 11-4
使用数组公式一次性计算出各个商品的销售额

案例目标： 使用一个公式一次性计算出各个商品的销售额，并将计算结果放置到 D2:D6 单元格区域中，如图 11-34 所示。

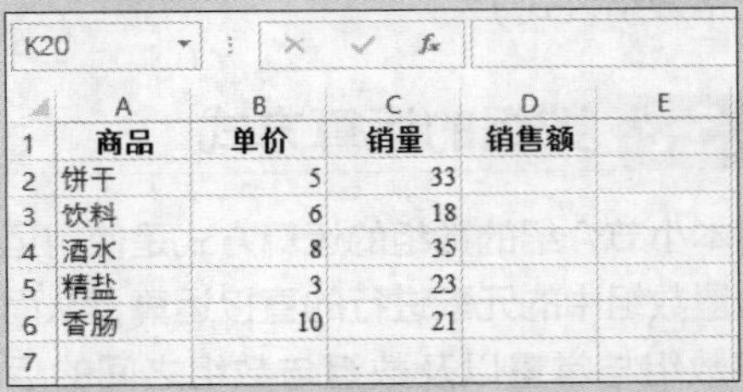

图 11-34　计算各个商品的销售额

完成本例的具体操作步骤如下。

选择 D2:D6 单元格区域，然后输入下面的公式，按【Ctrl+Shift+Enter】组合键结束，如图 11-35 所示。

$$\{=B2:B6*C2:C6\}$$

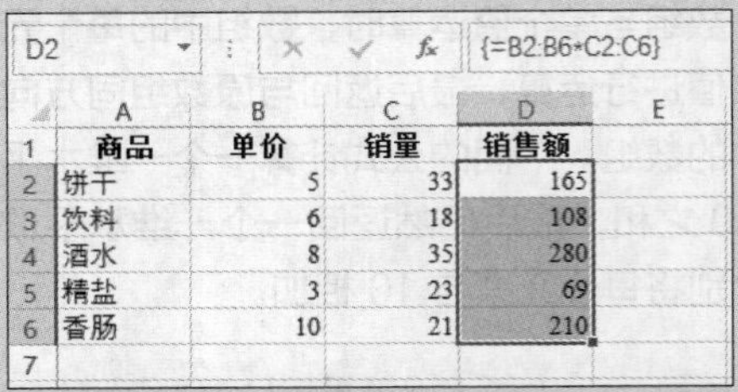

图 11-35　在单元格区域中输入数组公式

案例 11-5
汇总所有商品的总销售额

案例目标： 使用一个公式汇总所有商品的总销售额，并将计算结果放置到 F1 单元格中，如图 11-36 所示。

完成本例的具体操作步骤如下。

选择 F1 单元格，然后输入下面的公式，按【Ctrl+Shift+Enter】组合键结束，如图 11-36 所示。

$$\{=SUM(B2:B6*C2:C6)\}$$

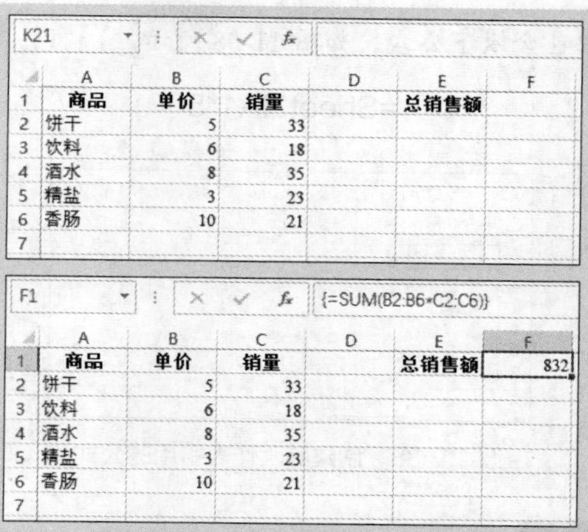

图 11-36 汇总所有商品的总销售额

11.6 创建引用其他工作表数据的公式

Excel 公式中引用的数据并非总是来自于公式所在的工作表，很多情况下都来自于同一个工作簿的其他工作表，甚至是其他工作簿中的数据。在公式中引用公式所在工作表以外位置上的数据时，需要使用特定的格式。本节将介绍引用其他工作表数据的公式的创建方法，包括跨工作表引用和跨工作簿引用两种情况。

11.6.1 创建引用其他工作表数据的公式

在公式中可以引用与公式位于同一个工作簿的其他工作表中的数据。在这种情况下，需要在单元格地址的左侧添加工作表名称和一个英文感叹号，格式如下。

= 工作表名称！单元格地址

也可以在公式编辑状态下，用鼠标单击要引用的单元格所在的工作表标签，然后选择其中的单元格来创建跨工作表引用的公式。使用这种方法无须手动输入单元格所在的工作表名和英文感叹号。

案例 11-6
引用其他工作表中的数据创建跨工作表引用的公式

案例目标： 在 Sheet2 工作表的 A1 单元格中包含数值 168，现在希望在同一个工作簿的 Sheet1 工作表的 A1 单元格中输入一个公式，用于计算 Sheet2 工作表中的 A1 单元格中的数值与 5 的乘积。

完成这项任务的具体操作步骤如下。

（1）选择 Sheet1 工作表中的 A1 单元格，然后输入一个等号，进入公式输入状态。

（2）单击 Sheet2 工作表标签，然后单击该工作表中的 A1 单元格（即包含数值 168 的单元格），如图 11-37 所示。注意：编辑栏中的公式以及底部当前激活的工作表名称。

图 11-37 引用其他工作表中的数据

（3）接下来不要单击 Sheet1 工作表标签，而是直接输入公式的剩余部分，最后按【Enter】键结束输入并得到计算结果。在编辑栏中可以看到 Sheet1 工作表的 A1 单元格中包含以下公式，如图 11-38 所示。

=Sheet2!A1*5

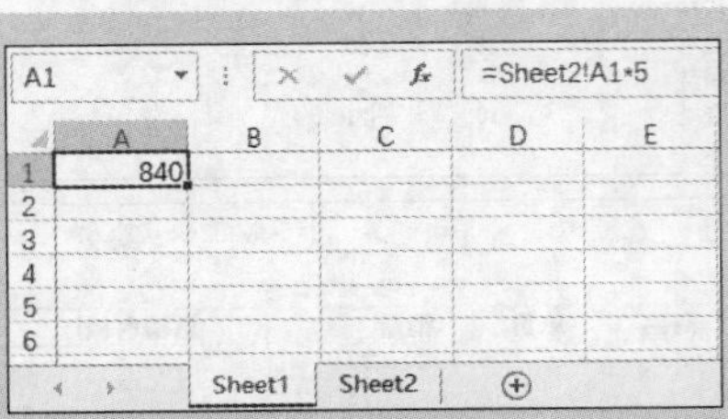

图 11-38　创建跨工作表引用的公式

> **注意**
>
> 当工作表名称以数字开头，或其中包含空格、特殊字符（如 $、%、# 等）时，在跨表引用公式中需要使用一对单引号将工作表名称包围起来，如 "='Sheet 2'!A1*5"。当修改工作表标签的名称时，跨表引用公式中的工作表名称会自动更新。

11.6.2　创建引用其他工作簿数据的公式

如果公式中要引用的数据来自于其他工作簿，此时就需要创建跨工作簿引用的公式。在这种情况下，需要在公式中添加数据所在工作簿的名称，并使用一对中括号将工作簿名称包围起来，格式如下。

=[工作簿名称] 工作表名称 ! 单元格地址

如果工作簿名称或工作表名称以数字开头，或其中包含空格、特殊字符时，需要使用一对单引号同时将工作簿名称和工作表名称包围起来，格式如下。

='[工作簿名称] 工作表名称 '! 单元格地址

公式中引用的数据所在的工作簿如果已经打开，那么只需按照上面给出的格式输入工作簿的名称。如果工作簿没有打开，需要在公式中添加工作簿的完整路径。如果路径中包含空格，需要使用一对单引号将感叹号左侧的所有内容包围起来，格式如下。

=' 工作簿路径 [工作簿名称] 工作表名称 '! 单元格地址

> **提示**
>
> 如果在工作簿打开的情况下设置好公式，在关闭工作簿后，其路径会被自动添加到公式中。

下面的公式的作用是引用名为"销售数据"的工作簿中的 Sheet2 工作表中的 A1 单元格，并计算该单元格中的数据与 5 的乘积，结果如图 11-39 所示。

=[销售数据 .xlsx]Sheet2!A1*5

图 11-39　创建跨工作簿引用的公式

11.6.3　创建引用多个工作表中相同数据区域的公式

如果需要引用多个相邻工作表中的相同数据区域，可以使用跨多个工作表的三维引用简化对每一个工作表的单独引用，格式如下。

起始工作表的名称 : 终止工作表的名称 ! 单元格地址

下面的公式的作用是计算 Sheet1、Sheet2 和 Sheet3 工作表中的 A1:A10 单元格区域中的数值总和。

=SUM(Sheet1:Sheet3!A1:A10)

如果不使用三维引用，则需要在公式中分别引用每一个工作表中的单元格区域。

=SUM(Sheet1!A1:A10,Sheet2!A1:A10,Sheet3!A1:A10)

并非所有函数都支持跨多个工作表的三维引用，下面这些函数支持跨多个工作表的三维引用：SUM、AVERAGE、AVERAGEA、COUNT、COUNTA、MAX、MAXA、MIN、MINA、PRODUCT、STDEV.P、STDEV.S、STDEVA、STDEVPA、VAR.P、VAR.S、

VARA 和 VARPA。

当改变公式中引用的多个工作表的起始工作表或终止工作表，或在所引用的多个工作表的范围内添加或删除工作表时，Excel 会自动调整公式中所引用的多个工作表的起止范围及其中包含的工作表。

> **注意**
>
> 不能在数组公式中使用本小节介绍的跨多个工作表的三维引用。

如果要引用工作簿中除了当前工作表外的其他所有工作表，可以使用通配符"*"代表公式所在的工作表之外的所有其他工作表的名称，类似于如下形式。

=SUM('*'!A1:A10)

11.6.4　更新跨工作簿引用的公式

如果打开的工作簿中包含跨工作簿引用的公式，则可以通过手动更新，强制使用外部工作簿中的数据对当前公式进行更新。在包含跨工作簿引用公式的 Excel 工作簿中，单击功能区中的【数据】➪【连接】➪【编辑链接】按钮，打开【编辑链接】对话框，单击【更新值】按钮，如图 11-40 所示。

如果改变公式中引用的外部工作簿的名称或位置，在打开包含该公式的工作簿时，将收到是否修改错误的工作簿链接的提示信息，如图 11-41 所示。单击【编辑链接】按钮，然后

在打开的【编辑链接】对话框中单击【更改源】按钮，重新选择公式中要引用的外部工作簿。

图 11-40　更新跨工作簿引用的公式

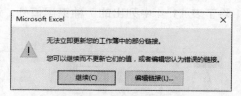

图 11-41　修改错误的工作簿链接的提示信息

> **提示**
>
> 当打开的工作簿中包含了引用外部工作簿数据的公式，并且该外部工作簿当前未打开时，将在功能区下方显示安全警告信息，此时需要单击安全警告信息中的【启用内容】按钮，才能使用外部工作簿中的最新数据更新跨工作簿引用的公式。

如果不再需要从外部工作簿中获取最新数据，可以在【编辑链接】对话框中单击【断开链接】按钮，彻底断开公式与外部工作簿之间的链接关系，该操作无法撤销。

11.7　处理公式中的错误

在使用公式的过程中，经常会出现很多错误。为了解决这些错误，需要了解错误的类型及产生原因，并掌握 Excel 提供的公式审核工具的使用方法。

11.7.1　公式返回的 7 种错误值

当单元格中的公式发生错误时，会在单元格中显示 Excel 内置的错误值，错误值是以"#"符号开头的文本，用于标识错误的类型及产生原因。表 11-4 列出了 Excel 中的 7 种错误值及其产生原因。

表 11-4　Excel 中的 7 种错误值及其产生原因

错误值	说明
#DIV/0!	当数字除以 0 时，将会出现该类型的错误
#NUM!	如果在公式或函数中使用了无效的数值，将会出现该类型的错误
#VALUE!	当在公式或函数中使用的参数或操作数的类型错误时，将会出现该类型的错误
#REF!	当单元格引用无效时，将会出现该类型的错误
#NAME?	当 Excel 无法识别公式中的文本时，将会出现该类型的错误
#N/A	当数值对函数或公式不可用时，将会出现该类型的错误
#NULL!	如果指定两个并不相交的区域的交点，将会出现该类型的错误

除了表 11-4 中列出的 7 种错误值外，还有一种常见的错误，即单元格被 "#" 符号填充。出现这种错误主要有以下两个原因。

◎　单元格的列宽过小，以至于无法完全显示其中的内容。

◎　在单元格中输入了负的日期或时间。

11.7.2　显示公式本身而非计算结果

如果工作表中包含很多公式，想要在单元格中显示所有公式本身的内容而非计算结果，则可以单击功能区中的【公式】⇨【公式审核】⇨【显示公式】按钮，或按【Ctrl+'】组合键，实现在公式本身内容的显示与隐藏状态之间切换，如图 11-42 所示。

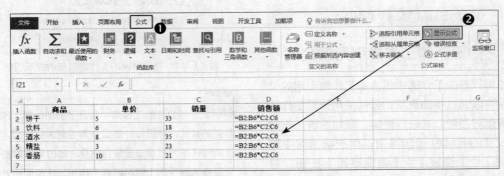

图 11-42　显示公式本身的内容

11.7.3　使用公式错误检查器

如果 Excel 检测到单元格中包含错误，该单元格的左上角会显示一个绿色的三角形，单击这个单元格将显示 ⬧ 按钮。单击该按钮将弹出图 11-43 所示的菜单，其中包含用于错误检查与处理的相关命令。

图 11-43　包含错误检查与处理命令的菜单

提示

也可以单击功能区中的【公式】⇨【公式审核】⇨【错误检查】按钮，在打开的对话框中以按钮的形式提供了相应的错误检查与处理的相关命令，如图 11-44 所示。

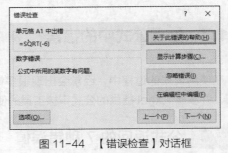

图 11-44　【错误检查】对话框

菜单顶部显示了错误的类型命令（如图 11-43中的【数字错误】），其他命令的含义如下。

◎ 关于此错误的帮助：选择该命令将打开帮助窗口并显示相应的错误帮助主题。

◎ 显示计算步骤：选择该命令可通过分步计算检查发生错误的位置。

◎ 忽略错误：选择该命令则不处理单元格中的错误，而保留当前值。

◎ 在编辑栏中编辑：选择该命令将进入单元格的编辑状态，用户可以在编辑栏中修改单元格中的内容。

◎ 错误检查：选择该命令将打开【Excel选项】对话框的【公式】选项卡，在该界面中可以设置 Excel 检查错误的规则，如图 11-45 所示。使用 Excel 错误检查功能的前提是已经选中了【允许后台错误检查】复选框。

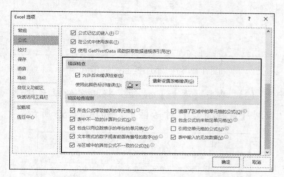

图 11-45　设置错误检查选项

> **提示**
> 如果错误的类型不同，则菜单中显示的命令会有少许差别，但大多数命令都是相同的。

11.7.4 追踪单元格之间的关系

由于大部分公式都会涉及单元格引用，而很多公式出现的错误都来源于单元格引用，因此可以使用 Excel 提供的追踪功能查找公式错误的源头来自于哪些单元格。在追踪公式中引用的单元格前，需要了解以下 3 个概念。

◎ 引用单元格：在公式中引用的单元格。例如，在 B1 单元格中包含公式"=A1+A2"，A1 和 A2 单元格就是 B1 单元格的引用单元格，更确切地说这两个单元格是直接引用单元格。如果 A1 单元格中又包含公式"=A3*A4"，那么A3 和 A4 单元格就是 B1 单元格的间接引用单元

格，因为这两个单元格是通过 A1 单元格建立了与 B1 单元格之间的关联。

◎ 从属单元格：从属单元格是包含引用其他单元格的公式的单元格。例如，在 B1 单元格中包含公式"=A1+A2"，B1 单元格就是 A1 和 A2 单元格的从属单元格。可以理解为，一旦改变 A1 或 A2 单元格中的值，B1 单元格的值就会改变，相当于 B1 单元格中的值从属于 A1 和 A2 单元格中的值。从属单元格也可分为直接从属单元格和间接从属单元格，它们的定义与直接引用单元格和间接引用单元格类似。

◎ 错误单元格：在公式中直接或间接引用的、包含错误的单元格。

如果要追踪公式中引用的单元格，需要先选择包含公式的单元格，如 B3 单元格。然后单击功能区中的【公式】⇨【公式审核】⇨【追踪引用单元格】按钮，将从各引用单元格伸出箭头指向公式所在的单元格，如图 11-46 所示。如果存在间接引用单元格，当再次选择【追踪引用单元格】命令时，将显示间接引用的单元格及其指向公式的箭头，如图 11-47 所示。

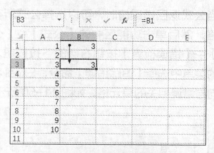

图 11-46　追踪直接引用单元格

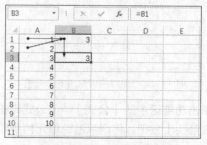

图 11-47　追踪间接引用单元格

如果公式中引用了其他工作表中的数据，Excel 将显示虚线箭头和工作表图标，如图 11-48 所示。选择公式中引用的某个单元格，然后单击

功能区中的【公式】⇨【公式审核】⇨【追踪从属单元格】按钮，Excel 将创建一个箭头从该单元格指向其从属单元格，即引用了该单元格的公式所在的单元格，如图 11-49 所示。

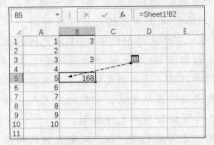

图 11-48　追踪引用当前工作表之外的单元格

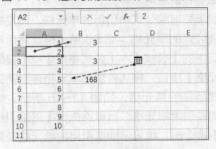

图 11-49　追踪从属单元格

当公式返回错误值时，可以选择公式所在的单元格，然后单击功能区中的【公式】⇨【公式审核】⇨【错误检查】按钮右侧的下拉按钮，在弹出的菜单中选择【追踪错误】命令，Excel 将自动指向与错误相关的单元格，如图 11-50 所示。

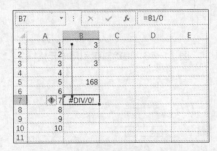

图 11-50　追踪错误来源的单元格

单击功能区中的【公式】⇨【公式审核】⇨【移去箭头】按钮，将删除追踪单元格所显示的箭头。

11.7.5　监视单元格中的内容

当要追踪距离较远的单元格时，可以使用监视窗口。Excel 将对所监视的单元格所属的工作簿、工作表、自定义名称、单元格、值以及公式进行监视，并实时显示最新内容。在监视窗口中添加要监视的数据的具体操作步骤如下。

（1）单击功能区中的【公式】⇨【公式审核】⇨【监视窗口】按钮，打开【监视窗口】对话框。

（2）单击【添加监视】按钮，打开【添加监视点】对话框，在文本框中输入要监视的单元格地址，或者直接在工作表中选择要监视的单元格，如图 11-51 所示。

图 11-51　添加要监视的单元格

（3）单击【添加】按钮，将指定的单元格添加到【监视窗口】对话框中，如图 11-52 所示。

图 11-52　查看被监视单元格的详细情况

如果要删除正在监视的对象，可以在【监视窗口】对话框中选择要删除的监视对象，然后单击【删除监视】按钮。

11.7.6　使用公式求值器

如果公式的结构比较复杂，一旦出现错误，在查找错误原因时会耗费较多时间。使用 Excel 提供的分步计算功能可以将复杂的计算过程分解为单步计算，从而帮助用户快速找到错误根源。

要使用分步计算功能，需要选择公式所在的单元格，然后单击功能区中的【公式】⇨【公式审核】⇨【公式求值】按钮，打开【公式求值】对话框，如图 11-53 所示。

【公式求值】对话框中带有下划线的内容表示当前准备计算的公式，单击【求值】按钮将得到下划线部分的计算结果，如图 11-54 所示。继续单击【求值】按钮依次对公式中的其他部分进行计算，直到获得整个公式的最终结果。完成整个公式的计算后，可以单击【重新启动】按钮重新对公式进行分步计算。

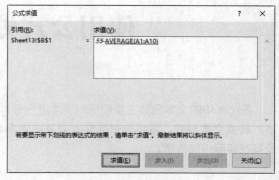

图 11-54　计算第 1 部分公式后的结果

在【公式求值】对话框中还有两个按钮——【步入】和【步出】。当公式中包含多个计算项且其中含有单元格引用时，【步入】按钮将变为可用状态，单击该按钮会显示分步计算中当前显示下划线部分的值。如果下划线部分包含公式，则会显示具体的公式。单击【步出】按钮可以从步入的下划线部分返回到整个公式的分步计算中。

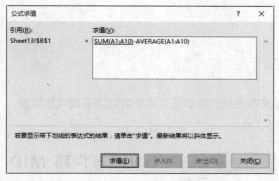

图 11-53　【公式求值】对话框

Excel 中的文本函数主要用于对文本进行各种处理，包括转换字符编码、提取文本内容、合并文本、转换文本格式、查找与替换文本以及删除多余字符等。本章主要介绍常用文本函数的语法格式及其在实际中的应用。

12.1 常用文本函数

本节将介绍 Excel 中比较常用的文本函数。无论文本函数的参数是文本型数据还是数值型数据，文本函数返回的结果都是文本型数据。

12.1.1 LEN 和 LENB 函数

LEN 函数用于计算文本的字符数，其语法格式如下。

> LEN(text)

LEN 函数只有一个必选参数 text，表示要计算其字符数的内容。下面的公式返回 5，因为"Excel"包含 5 个字符。

> =LEN("Excel")

LENB 函数的功能与 LEN 函数相同，但以"字节"为单位来计算字符长度。对于双字节字符（汉字和全角字符），LENB 函数计数为 2，LEN 函数计数为 1；对于单字节字符（英文字母、数字和半角字符），LENB 和 LEN 函数都计数为 1。

下面的公式返回 6，因为"ａｂｃ"为全角形式，每个字符的长度为 2。

> =LENB("ａ ｂ ｃ")

而下面的公式返回 3，即使参数中的字符是全角形式，LEN 函数对每个字符的长度也按 1 个字符计算。

> =LEN("ａ ｂ ｃ")

12.1.2 LEFT、RIGHT 和 MID 函数

LEFT 函数用于从文本左侧的起始位置开始，提取指定数量的字符。LEFT 函数的语法格式如下。

> LEFT(text,[num_chars])

RIGHT 函数用于从文本右侧的结尾位置开始，提取指定数量的字符。RIGHT 函数的语法格式如下。

> RIGHT(text,[num_chars])

LEFT 和 RIGHT 函数包含以下两个参数。

◉ text（必选）：要从中提取字符的内容。

◉ num_chars（可选）：提取的字符数量，如果省略该参数，其值默认为 1。

MID 函数用于从文本中的指定位置开始，提取指定数量的字符。MID 函数的语法格式如下。

> MID(text,start_num,num_chars)

MID 函数包含 3 个参数，第 1 个参数和第 3 个参数与 LEFT 和 RIGHT 函数的两个参数的含义相同，MID 函数的第 2 个参数表示提取字符的起始位置。

本章后续内容以及接下来的 3 章，将使用"（必选）"表示参数为必选参数，使用"（可选）"表示参数为可选参数。

下面的公式提取"Excel"中的前两个字符，返回"Ex"。

=LEFT("Excel",2)

下面的公式提取"Excel"中的后 3 个字符，返回"cel"。

=RIGHT("Excel",3)

下面的公式提取"Excel"中第 2 ~ 4 个字符，返回"xce"。

=MID("Excel",2,3)

12.1.3　FIND 和 SEARCH 函数

FIND 函数用于查找指定字符在文本中第一次出现的位置，其语法格式如下。

FIND(find_text,within_text,[start_num])

SEARCH 函数的功能与 FIND 函数类似，但在查找时不区分大小写，而 FIND 函数在查找时区分大小写。SEARCH 函数的语法格式如下。

SEARCH(find_text,within_text,
[start_num])

FIND 函数和 SEARCH 函数包含以下 3 个参数。

◉　find_text（必选）：要查找的内容。

◉　within_text（必选）：在其中进行查找的内容。

◉　start_num（可选）：开始查找的起始位置。如果省略该参数，其值默认为 1。

如果找不到特定的字符，FIND 和 SEARCH 函数都会返回 #VALUE! 错误值。

下面的公式返回 4，因为 FIND 函数区分大小写，因此查找的小写字母 e 在"Excel"中第 1 次出现的位置位于第 4 个字符。

=FIND("e","Excel")

如果将公式中的 FIND 函数改为 SEARCH 函数，则公式返回 1。因为 SEARCH 函数不区分英文字母的大小写，因此"Excel"中的第 1 个大写字母"E"与查找的小写字母"e"匹配。

=SEARCH("e","Excel")

12.1.4　REPLACE 和 SUBSTITUTE 函数

REPLACE 函数使用指定字符替换指定位置上的内容，适用于知道要替换文本的位置和字符数，但不知道要替换哪些内容，其语法格式如下。

REPLACE(old_text,start_num,
num_chars,new_text)

◉　old_text（必选）：要在其中替换字符的内容。

◉　start_num（必选）：替换的起始位置。

◉　num_chars（必选）：替换的字符数。如果省略该参数的值，即不为参数设置值，但保留该参数与前一个参数之间的逗号分隔符，则在由 start_num 参数表示的位置上插入指定的内容。

◉　new_text（必选）：替换的内容。

下面的公式将"Excel"中的第 2 ~ 4 个字符替换为"???"，返回"E???l"。

=REPLACE("Excel",2,3,"???")

下面的公式在数字 2 的左侧插入一个空格，返回"Excel 2016"。

=REPLACE("Excel2016",6,," ")

也可以使用 FIND 函数自动查找数字 2 的位置。

=REPLACE("Excel2016",FIND
(2,"Excel2016"),," ")

SUBSTITUTE 函数使用指定的文本替换原有文本，适用于知道替换前、后的内容，但不知道替换的具体位置，其语法格式如下。

SUBSTITUTE(text,old_text,new_
text,[instance_num])

- ◉ text（必选）：要在其中替换字符的内容。
- ◉ old_text（必选）：要替换掉的内容。
- ◉ new_text（必选）：用于替换的内容。如果省略该参数的值，则将删除由 old_text 参数指定的内容。
- ◉ instance_num（可选）：要替换掉第几次出现的 old_text。如果省略该参数，则替换所有符合条件的内容。

下面的公式将"Word 2016 和 Word 2016"中的第 2 个"Word"替换为"Excel"，返回"Word 2016 和 Excel 2016"。如果省略最后一个参数，则将替换文本中的所有"Word"。

> =SUBSTITUTE("Word 2016 和 Word 2016","Word","Excel",2)

12.1.5 LOWER 和 UPPER 函数

LOWER 函数用于将文本中的大写字母转换为小写字母，其语法格式如下。

> LOWER(text)

UPPER 函数用于将文本中的小写字母转换为大写字母，其语法格式如下。

> UPPER(text)

LOWER 和 UPPER 两个函数只包含一个必选参数 text，表示要转换为小写或大写字母的内容。

12.1.6 CHAR 和 CODE 函数

CHAR 函数用于返回指定编码在字符集中对应的字符，其语法格式如下。

> CHAR(number)

CHAR 函数只有一个必选参数 number，表示 1 ~ 255 之间的 ANSI 字符编码。如果 number 参数包含小数，则只有整数部分参与计算。

下面的公式返回大写字母 A。

> =CHAR(65)

如果 number 参数的值超过 255，也可以返回内容。下面的公式返回汉字"好"。

> =CHAR(47811)

CODE 函数用于返回文本中第一个字符在字符集中对应的编码，其语法格式如下。

> CODE(text)

CODE 函数只有一个必选参数 text，表示要转换为 ANSI 字符编码的内容。

下面的公式返回 66。

> =CODE("B")

12.1.7 TEXT 函数

TEXT 函数用于设置文本的数字格式，与在【设置单元格格式】对话框中自定义数字格式的功能类似，其语法格式如下。

> TEXT(value,format_text)

- ◉ value（必选）：要设置格式的内容。
- ◉ format_text（必选）：自定义数字格式代码，需要将格式代码放到一对双引号中。

在【设置单元格格式】对话框中设置的大多数格式代码都适用于 TEXT 函数，但以下两种情况需要注意。

- ◉ *TEXT 函数不支持改变文本颜色的格式代码。*
- ◉ *TEXT 函数不支持使用星号重复某个字符来填满单元格。*

下面的公式将数字 1000 设置为中文货币格式"¥1,000.00"，自动添加千位分隔符并保留两位小数。

> =TEXT(1000,"¥#,##0.00;¥-#,##0.00")

与自定义数字格式代码类似，使用 TEXT 函数设置格式代码时也可以包含完整的 4 个部分，各部分之间以半角分号";"分隔，各部分的含义与自定义数字格式代码相同，具体内容请参考本书第 10 章。

12.2 空单元格、空文本和空格之间的区别

在使用公式和函数计算或处理数据时，经常会遇到空单元格、空文本与空格，了解它们之间的区别，有助于正确使用公式并返回所需结果。

空单元格是指未输入任何内容的单元格，或在输入内容后按【Delete】键将内容删除后的单元格。使用 ISBLANK 函数检查空单元格会返回逻辑值 TRUE，这种单元格被认为是“真空”。

空文本由其中不包含任何内容的一对双引号组成，其字符长度为 0。空文本不会在单元格中显示出来，但是 Excel 会认为单元格中有内容而非“真空”。使用 ISBLANK 函数检测包含空文本的单元格时会返回逻辑值 FALSE。

空格可由空格键或 CHAR(32) 产生。使用 LEN 函数检查每个空格的长度为 1，使用 LENB 函数检查全角空格的长度为 2，半角空格的长度为 1。与空文本类似，空格也不会在单元格中显示出来，但使用 ISBLANK 函数检查包含空格的单元格时，也会返回逻辑值 FALSE。

12.3 文本函数的实际应用

本节列举了文本函数在实际中的一些典型应用，通过这些案例，可以更好地理解文本函数的具体用法。

12.3.1 计算文本中包含的数字和汉字的个数

案例 12-1

计算文本中包含的数字和汉字的个数

案例目标：计算 A 列各单元格中包含的数字与汉字的个数，效果如图 12-1 所示。

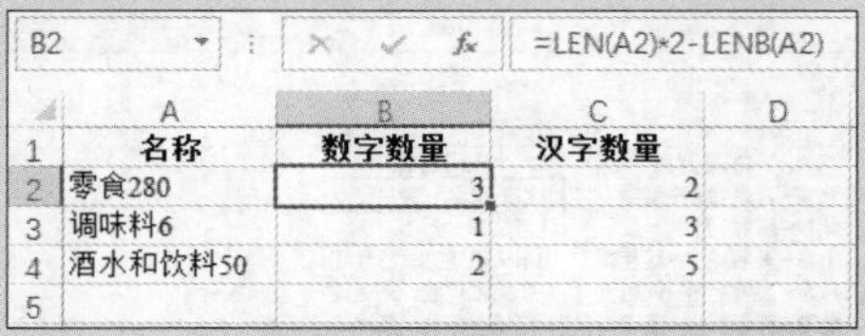

	A	B	C	D
1	名称	数字数量	汉字数量	
2	零食280	3	2	
3	调味料6	1	3	
4	酒水和饮料50	2	5	
5				

图 12-1 计算文本中包含的数字和汉字的个数

完成本例的具体操作步骤如下。

(1) 在 B2 单元格中输入下面的公式并按【Enter】键，然后将公式向下复制到 B4 单元格，得到 A 列各单元格中包含的数字个数。

=LEN(A2)*2-LENB(A2)

(2) 在 C2 单元格中输入下面的公式并按【Enter】键，然后将公式向下复制到 C4 单元格，得到 A 列各单元格中包含的汉字个数。

=LENB(A2)-LEN(A2)

公式解析：使用 LENB 函数以“字节”为单位计算单元格的字符总数，每个汉字的长度为 2，每个数字的长度为 1。然后使用 LEN 函数以“字符”为单位计算单元格的字符总数，汉字和数字的长度都按 1 计算。最后将 LEN 函数返回的结果乘以 2，减去 LENB 函数返回的结果，得到是文本中包含的数字个数。如果将 LENB 函数返回的结果减去 LEN 函数返回的结果，得到的是文本中包含的汉字个数。

12.3.2 将文本转换为句首字母大写其他字母小写

案例 12-2

将文本转换为句首字母大写其他字母小写

案例目标：A 列包含大小写混合的英文，现

在需要将 A 列各单元格中的英文转换为句首字母大写，其他字母小写的形式，效果如图 12-2 所示。

B2 =UPPER(LEFT(A2,1))&LOWER(RIGHT(A2,LEN(A2)-1))

	A	B	C	D	E	F
1	英文	首字母大写				
2	wE are THE wORLD	We are the world				
3	Can YOU help Me	Can you help me				
4	what cAN I do For You	What can i do for you				
5						

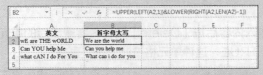

图 12-2　将文本转换为句首字母大写其他字母小写

完成本例的具体操作步骤如下。

在 B2 单元格中输入下面的公式并按【Enter】键，然后将公式向下复制到 B4 单元格。

=UPPER(LEFT(A2,1))&LOWER(RIGHT(A2,LEN(A2)−1))

公式解析：使用 UPPER 函数将单元格中的第 1 个字母转换为大写，然后使用 LOWER 函数将单元格中除了第 1 个字母外的其他字母转换为小写，最后将两部分合并在一起。

12.3.3 提取公司名称

案例 12-3

从包含地区、公司、人员的综合信息中提取公司名称

案例目标：A 列包含的公司信息由地区名称、公司名称、人员姓名 3 部分组成，各部分之间使用“−”符号分隔。现在需要提取位于两个“−”符号之间的公司名称，效果如图 12-3 所示。

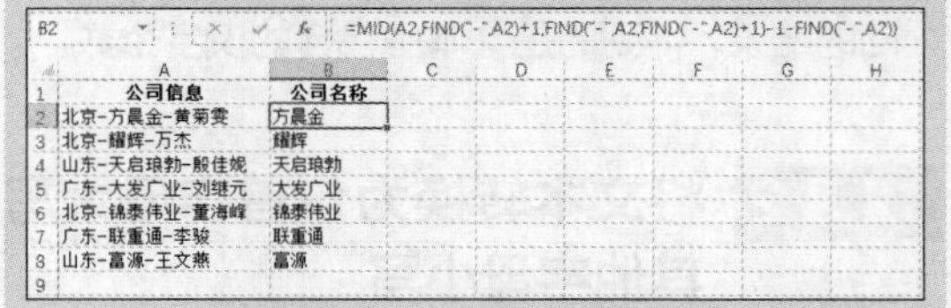
B2 =MID(A2,FIND("-",A2)+1,FIND("-",A2,FIND("-",A2)+1)-1-FIND("-",A2))

	A	B	C	D	E	F	G	H
1	公司信息	公司名称						
2	北京-方晨金-黄菊雯	方晨金						
3	北京-耀辉-万杰	耀辉						
4	山东-天启琅勃-殷佳妮	天启琅勃						
5	广东-大发广业-刘继元	大发广业						
6	北京-锦泰伟业-董海峰	锦泰伟业						
7	广东-联重通-李骏	联重通						
8	山东-富源-王文燕	富源						
9								

图 12-3　提取公司名称

完成本例的具体操作步骤如下。

在 B2 单元格中输入下面的公式并按【Enter】键，然后将公式向下复制到 B8 单元格。

=MID(A2,FIND("−",A2)+1,FIND("−",A2,FIND("−",A2)+1)−1−FIND("−",A2))

公式解析：由于公司名称位于两个“−”符号之间，因此需要使用 FIND 函数查找每个“−”符号在文本中的位置，然后通过 MID 函数提取位于两个“−”之间的文本。FIND("−",A2)+1 部分用于确定从第几个字符开始提取，即第 1 个“−”符号的位置加 1 就是公司名称中第 1 个字符的位置。FIND("−",A2,FIND("−",A2)+1)−1−FIND("−", A2) 部分用于确定提取的字符数量，其中的 FIND("−",A2,FIND("−",A2)+1) 部分用于确定第 2 个“−”符号的位置，将此位置减去 1 再减去第 1 个“−”符号的位置，得到两个“−”符号之间的字符数量。最后使用 MID 函数提取两个“−”符号之间的字符。

12.3.4 格式化公司名称

案例 12-4

批量格式化公司名称

案例目标：A 列包含的公司信息由地区名称、公司名称、人员姓名 3 部分组成，各部分之间是使用“−”符号分隔。现在需要删除第 1 个“−”符号，并将第 2 个“−”符号改为“：”符号，效果如图 12-4 所示。

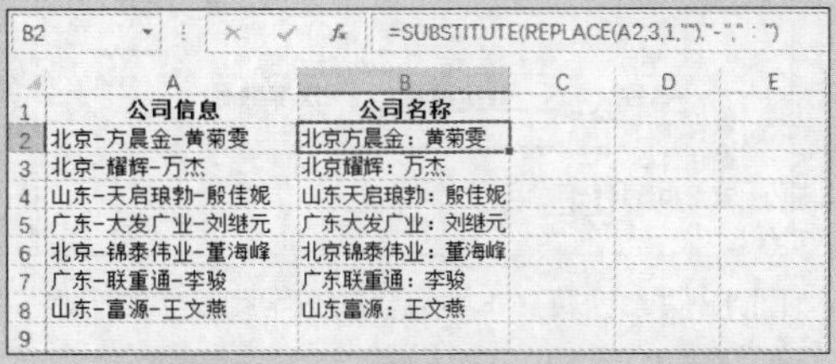
B2 =SUBSTITUTE(REPLACE(A2,3,1,""),"-","：")

	A	B	C	D	E
1	公司信息	公司名称			
2	北京-方晨金-黄菊雯	北京方晨金：黄菊雯			
3	北京-耀辉-万杰	北京耀辉：万杰			
4	山东-天启琅勃-殷佳妮	山东天启琅勃：殷佳妮			
5	广东-大发广业-刘继元	广东大发广业：刘继元			
6	北京-锦泰伟业-董海峰	北京锦泰伟业：董海峰			
7	广东-联重通-李骏	广东联重通：李骏			
8	山东-富源-王文燕	山东富源：王文燕			
9					

图 12-4　格式化公司名称

完成本例的具体操作步骤如下。

在 B2 单元格中输入下面的公式并按【Enter】键，然后将公式向下复制到 B8 单元格。

=SUBSTITUTE(REPLACE(A2,3,1,""),"−","：")

公式解析： 先使用 REPLACE 函数将第一个"–"符号替换为空，然后使用 SUBSTITUTE 函数将剩下的"–"符号替换为"："。

本例还可以使用下面的公式，内层的 SUBSTITUTE 函数用于删除第 1 个"–"符号，外层的 SUBSTITUTE 函数用于将第 2 个"–"符号改为"："符号。如果第 1 个"–"符号左侧的字符数量不固定，则使用该公式具有更强的适应性。

=SUBSTITUTE(SUBSTITUTE
(A2,"–","",1),"–","：")

12.3.5 从身份证号码中提取出生日期

案例 12-5
**从员工资料表的身份证号码中提取
员工的出生日期**

案例目标： A 列包含员工的姓名，B 列为对应的身份证号码，现在需要从身份证号码中提取出生日期，效果如图 12-5 所示。

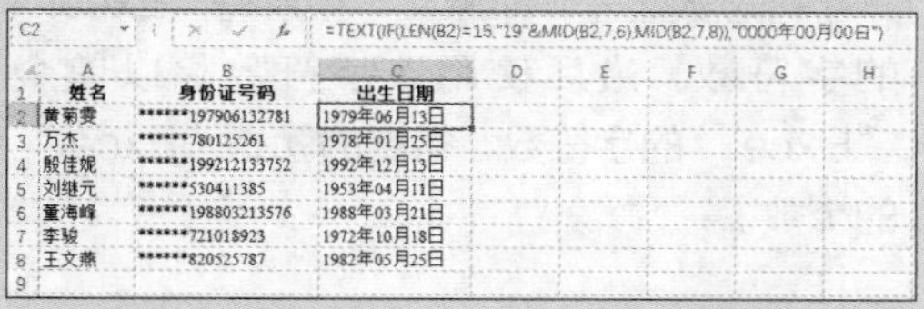

图 12-5 从身份证号码中提取出生日期

完成本例的具体操作步骤如下。

在 C2 单元格中输入下面的公式并按【Enter】键，然后将公式向下复制到 C8 单元格。

=TEXT(IF(LEN(B2)=15,"19"&MID(B2,7,
6),MID(B2,7,8)),"0000 年 00 月 00 日")

公式解析： 首先判断身份证号码的位数是 15 位还是 18 位，如果是 15 位，则从第 7 位开始提取连续的 6 个数字，并在其前面加上"19"。如果是 18 位，则从第 7 位开始提取连续的 8 位数字，最后使用 TEXT 函数为提取出的出生日期设置日期格式。

IF 函数是一个逻辑函数，用于在公式中设置判断条件，并根据判断返回的不同结果 TRUE 或 FALSE 来返回不同的值。在公式中使用 IF 函数，可以使公式更加灵活智能。

IF(logical_test,[value_if_true],
[value_if_false])

⊙ logical_test（必选）：要测试的值或表达式，计算结果为 TRUE 或 FALSE。例如，A1>16 是一个表达式，如果单元格 A1 中的值为 15，那么该表达式的结果为 FALSE（因为 15 不大于 16），只有当 A1 中的值大于 16 才返回 TRUE。如果 logical_test 参数不是表达式而是一个数字，则非 0 等价于逻辑值 TRUE，0 等价于逻辑值 FALSE。

⊙ value_if_true（可选）：当 logical_test 参数的结果为 TRUE 时返回的值。如果 logical_test 参数的结果为 TRUE 而 value_if_true 参数为空，IF 函数将返回 0。例如，IF(A1>16,"小于 16")，当 A1>16 为 TRUE 时，该公式将返回 0，因为 value_if_true 参数的位置为空。

⊙ value_if_false（可选）：当 logical_test 参数的结果为 FALSE 时返回的值。如果 logical_test 参数的结果为 FALSE 且省略 value_if_false 参数，IF 函数将返回 FALSE 而不是 0。但如果保留 value_if_false 参数的逗号分隔符且省略 value_if_false 参数的值，IF 函数将返回 0 而不是 FALSE。

下面的公式是 IF 函数的一个简单示例，用于判断 A1 单元格中的值是否小于 60，如果小于 60 则返回"未达标"，否则返回"达标"。

=IF(A1<60,"未达标","达标")

12.3.6 从身份证号码中提取性别信息

案例 12-6
从员工资料表的身份证号码中提取员工的性别

案例目标： B 列是身份证号码，现在需要从身份证号码中提取性别信息，效果如

图 12-6 所示。

图 12-6 从身份证号码中提取性别信息

完成本例的具体操作步骤如下。

在 C2 单元格中输入下面的公式并按【Enter】键，然后将公式向下复制到 C8 单元格。

=IF(MOD(IF(LEN(B2)=15,RIGHT(B2,1), MID(B2,17,1)),2)," 男 "," 女 ")

公式解析： 身份证号码由 15 位或 18 位组成，15 位身份证号码的最后一位数字和 18 位身份证号码的第 17 位数字作为判断性别的依据。如果该数字为奇数，则为男性，否则为女性。在 IF 函数中使用 LEN 函数计算身份证号码的长度，如果长度为 15 位，则使用 RIGHT 函数提取最后 1 位；如果长度不是 15 位，则肯定是 18 位，此时使用 MID 函数提取第 17 位数字。最后使用 MOD 函数判断提取出的数字是否能被 2 整除。如果不能被整除，则返回的不是 0，此时 IF 条件为 TRUE（非 0 的数字等价于 TRUE），说明当前身份证号码为男性，否则为女性。

本例还可以使用下面的公式，使用 MID 函数从身份证号码的第 15 位开始，提取连续的 3 位数字，通过判断该数字的奇偶性来返回"男"或"女"。使用该方法不需要检查身份证号码的位数，因为如果身份证号码是 15 位，MID(B2,15,3) 部分的第 3 参数为 3，已经超过 1 位数，因此对提取 15 位身份证号码的最后一位没有任何影响。而对于 18 位身份证号码而言，从第 15 位开始提取连续的 3 位数字，最后一位数字正好是第 17 位，因此可用于检测性别。

=IF(MOD(MID(B2,15,3),2)," 男 "," 女 ")

12.3.7 统计指定字符在文本中出现的次数

案例 12-7
统计指定字符在文本中出现的次数

案例目标： 统计"Excel"在 A 列各单元格中出现的次数，效果如图 12-7 所示。

图 12-7 统计指定字符在文本中出现的次数

完成本例的具体操作步骤如下。

在 B1 单元格中输入下面的公式并按【Enter】键，然后将公式向下复制到 B4 单元格。

=(LEN(A2)−LEN(SUBSTITUTE (A2,"Excel","")))/LEN("Excel")

公式解析： 先使用 SUBSTITUTE 函数将文本中的"Excel"替换为空文本，即将"Excel"删除。然后计算删除"Excel"前、后的文本字符总数之差，即原文本中所有"Excel"的字符数。最后使用该字符数除以单个"Excel"的字符数，得到的就是"Excel"的个数。

12.3.8 将普通数字转换为电话格式

案例 12-8
为电话号码设置规范的格式

案例目标： A 列包含 11 位数的电话号码，现在需要将其转换为正规的电话号码格式，效果如图 12-8 所示。

	A	B	C	D	E
1	转换前	转换后			
2	99887766554	(0998)8776-6554			
3	88776655443	(0887)7665-5443			
4	77665544332	(0776)6554-4332			
5	66554433221	(0665)5443-3221			
6	55443322110	(0554)4332-2110			
7					

图 12-8 将普通数字转换为电话格式

完成本例的具体操作步骤如下。

在B2单元格输入下面的公式并按【Enter】键，然后将公式向下复制到B6单元格。

=TEXT(A2,"(0000)0000-0000")

12.3.9 评定员工考核成绩

案例 12-9

对员工的考核成绩进行评定

案例目标： B列为员工的业务考核分数，现在需要根据该分数对员工成绩进行评定，评定标准为：大于等于80分为“良好”，大于等于60分为“合格”，小于60分为“不合格”，效果如图12-9所示。

C2 =TEXT(B2,"[>=80]良好;[>=60]合格;不合格")

	A	B	C	D	E	F	G	H
1	姓名	考核分数	成绩评定					
2	黄菊雯	58	不合格					
3	万杰	75	合格					
4	殷佳妮	57	不合格					
5	刘继元	89	良好					
6	董海峰	72	合格					
7	李骏	68	合格					
8	王文燕	83	良好					
9								

图 12-9 评定员工考核成绩

完成本例的具体操作步骤如下。

在C2单元格中输入下面的公式并按【Enter】键，然后向下复制公式到C8单元格。

=TEXT(B2,"[>=80] 良好 ;[>=60] 合格 ; 不合格 ")

公式解析： 使用TEXT函数指定包含3个部分的格式代码，指定了3个条件，格式代码的前两个部分[>=80]和[>=60]，分别指定大于等于80分和大于等于60分这两个条件，最后一个部分虽然没有明确指定数值比较条件，但相当于表示“其他分数”。

12.3.10 将顺序错乱的字母按升序排列

案例 12-10

将顺序错乱的字母按升序排列

案例目标： A列字母的排列顺序是错乱的，现在需要将A列字母按A、B、C、D等升序排列，效果如图12-10所示。

B2 {=CHAR(SMALL(CODE($A$2:$A$11),ROW(A1)))}

	A	B	C	D	E	F	G
1	乱序字母	按顺序排列					
2	D	A					
3	A	B					
4	G	C					
5	B	D					
6	F	E					
7	E	F					
8	K	G					
9	L	H					
10	H	K					
11	C	L					
12							

图 12-10 将顺序错乱的字母按升序排列

完成本例的具体操作步骤如下。

在B2单元格中输入下面的公式并按【Ctrl+Shift+Enter】组合键，然后将公式向下复制到B11单元格。

{=CHAR(SMALL(CODE($A$2:$A$11),ROW(A1)))}

公式解析： 首先使用CODE函数将A2:A11单元格区域中的每个字母转换为相应的字符编码，然后使用SMALL函数从小到大每次提取一个字符编码，最后使用CHAR函数将提取出的编码转换为相应的字母。ROW(A1)部分返回1，在将公式向下复制的过程中，该部分依次返回2、3、4等数字，将其作为SMALL函数的第2参数，以指定从小到大依次提取数据。

本例还可以使用多单元格数组公式，在输入公式前先选择B2:B11单元格区域，然后输入下面的公式并按【Ctrl+Shift+Enter】组合键。ROW(1:10)部分返回{1,2,3,4,5,6,7,8,9,10}常量数组，作为SMALL函数的第二个参数，从而在内存中对A2:A11单元格区域中的字母按升序进行排列，最后将排好顺序的字母列表一次性输入到选中的单元格区域中。

{=CHAR(SMALL(CODE(A2:A11),ROW(1:10)))}

交叉参考

有关SMALL函数的更多内容，请参考本书第14章。有关ROW函数的更多内容，请参考本书第15章。

第 13 章

使用公式处理日期和时间

Excel 中的日期和时间函数主要用于对日期和时间进行计算或推算，包括获取当前日期和时间以及指定的日期和时间、提取日期和时间中的特定部分、文本与日期和时间格式之间的转换、计算两个日期之间相隔的时间长度、计算基于特定时间单位的过去或未来的日期或时间等。本章主要介绍常用日期和时间函数的语法格式及其在实际中的应用，但是在开始介绍这些内容之前，首先介绍修复不规范日期的两种方法。

13.1 修复不规范的日期

在实际应用中，经常遇到日期的不规范输入，导致 Excel 无法对表示日期的数据进行正常的计算和处理。例如，很多用户喜欢使用类似"2018.10.17"的形式来输入日期，Excel 将这种形式的日期和时间识别为文本型数据。本节将介绍两种方法来修复不规范的日期，以使输入的日期可以被 Excel 正确识别和计算。

13.1.1 使用分列功能修复不规范的日期

通过 Excel 分列功能，可以修复不规范的日期，如将"2018.10.17"更正为"2018/10/17"。如果需要使用分列功能，可以单击功能区中的【数据】⇨【数据工具】⇨【分列】按钮，在打开的【文本分列向导】对话框中进行设置。

案例 13-1
通过分列功能修复不规范的日期

案例目标： A 列包含以英文句点分隔年、月、日的不规范日期，Excel 无法对其进行计算，

现在需要将 A 列中的不规范日期转换为 Excel 可以识别的日期，效果如图 13-1 所示。

图 13-1　使用分列功能修复不规范的日期

完成本例的具体操作步骤如下。

（1）选择包含不规范日期的单元格区域，本例为 A2:A8，然后单击功能区中的【数据】⇨【数据工具】⇨【分列】按钮，如图 13-2 所示。

图 13-2　单击【分列】按钮

（2）打开【文本分列向导】对话框，如图 13-3 所示，直接单击【下一步】按钮，在进入的下一个界面中也直接单击【下一步】按钮。

（3）进入图 13-4 所示的界面，选中【日期】单选按钮，然后单击【完成】按钮，Excel 自动将选区中的不规范日期转换为可以正常识别的日期。

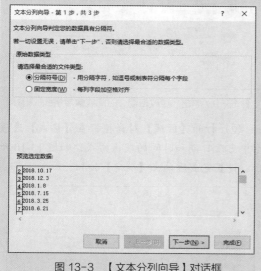

图 13-3 【文本分列向导】对话框

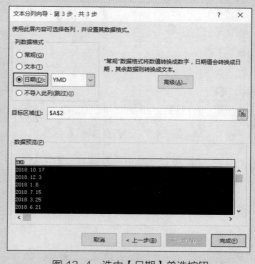

图 13-4 选中【日期】单选按钮

13.1.2 使用替换功能修复不规范的日期

除了使用分列功能外，还可以使用 Excel 中的查找和替换功能修复不规范的日期。

案例 13-2
通过替换功能修复不规范的日期

案例目标：与上一个案例类似，需要将 A 列中的不规范日期转换为 Excel 可以识别的日期，效果如图 13-5 所示。

图 13-5 使用替换功能修复不规范的日期

完成本例的具体操作步骤如下。

（1）选择包含不规范日期的单元格区域，本例为 A2:A8，然后单击功能区中的【开始】⇨【编辑】⇨【查找和选择】按钮，在弹出的菜单中选择【替换】命令，如图 13-6 所示。

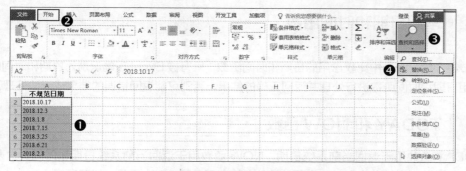

图 13-6 选择【替换】命令

（2）打开【查找和替换】对话框的【替换】选项卡，在【查找内容】文本框中输入"."，在【替换为】文本框中输入"/"，如图 13-7 所示，然后单击【全部替换】按钮。

图 13-7　设置替换选项

（3）弹出图 13-8 所示的对话框，单击【确定】按钮，将选区中的所有日期中的"."更改为"/"。

图 13-8　成功替换的提示信息

13.1.3　设置默认的日期和时间格式

在 Excel 中无论使用"/"还是"-"作为分隔符输入日期，输入的日期只会使用其中一种符号作为年、月、日之间的分隔符，具体使用哪种符号由系统设置决定。可以通过更改系统设置改变 Excel 中的默认日期和时间格式，具体操作步骤如下。

（1）打开 Windows 系统中的【控制面板】窗口，在【时钟、语言和区域】类别下单击【更改日期、时间或数字格式】链接，如图 13-9 所示。

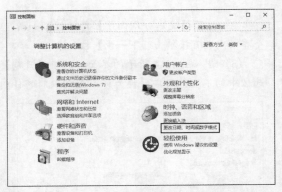

图 13-9　单击"更改日期、时间或数字格式"链接

（2）打开【区域】对话框，在【格式】选项卡中更改日期和时间的默认格式，如图 13-10 所示。设置完成后单击【确定】按钮。

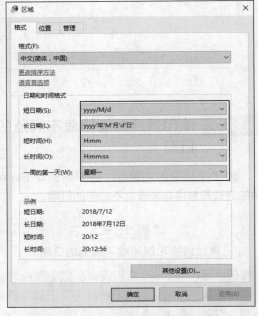

图 13-10　设置系统默认的日期和时间格式

13.2　常用日期和时间函数

本节将介绍 Excel 中比较常用的日期和时间函数。只有被 Excel 正确识别为日期和时间的数据，才能使用日期和时间函数进行处理并返回正确的结果，否则可能返回错误的结果或无法处理。

13.2.1　TODAY 和 NOW 函数

TODAY 函数用于返回当前系统日期，NOW 函数用于返回当前系统日期和时间。这两个函数不包含任何参数，在输入它们时，需要在函数名的右侧保留一对小括号，如下所示。

```
=TODAY()
=NOW()
```

TODAY 函数和 NOW 函数返回的日期和时间会随着系统的日期和时间而变化，每次打开包含这两个函数的工作簿，或在工作表中按【F9】键，都会将这两个函数返回的日期和时间更新到当前系统日期和时间。

13.2.2 DATE 和 TIME 函数

DATE 函数用于返回指定的日期，其语法格式如下。

```
DATE(year,month,day)
```

* year（必选）：指定日期中的年。
* month（必选）：指定日期中的月。
* day（必选）：指定日期中的日。

下面的公式返回"2018/10/1"，表示 2018 年 10 月 1 日。

```
=DATE(2018,10,1)
```

如果将 day 参数设置为 0，则将返回由 month 参数指定的月份的上一个月最后一天的日期。下面的公式返回"2018/9/30"。

```
=DATE(2018,10,0)
```

如果将 month 参数设置为 0，则将返回由 year 参数指定的年份的上一年最后一个月的日期。下面的公式返回"2017/12/1"。

```
=DATE(2018,0,1)
```

可以将 month 和 day 参数设置为负数，下面的公式返回"2018/9/27"。

```
=DATE(2018,10,−3)
```

TIME 函数用于返回指定的时间，其语法格式如下。

```
TIME(hour,minute,second)
```

* hour（必选）：指定时间中的时。
* minute（必选）：指定时间中的分。
* second（必选）：指定时间中的秒。

下面的公式返回"5:30 PM"，表示下午 5

点 30 分 15 秒，默认情况下不显示秒数，可以通过设置单元格数字格式将其显示出来。

```
=TIME(17,30,15)
```

13.2.3 YEAR、MONTH 和 DAY 函数

YEAR 函数用于返回日期中的年份，返回值为 1900 ~ 9999，其语法格式如下。

```
YEAR(serial_number)
```

MONTH 函数用于返回日期中的月份，返回值为 1 ~ 12，其语法格式如下。

```
MONTH(serial_number)
```

DAY 函数用于返回日期中的天数，返回值为 1 ~ 31，其语法格式如下。

```
DAY(serial_number)
```

3 个函数只包含一个必选参数 serial_number，表示要从中提取年、月、日的日期。

如果 A1 单元格包含日期"2018/10/1"，下面 3 个公式将分别返回 2018、10、1。

```
=YEAR(A1)
=MONTH(A1)
=DAY(A1)
```

下面 3 个公式同样返回 2018、10、1，其中将日期作为 YEAR、MONTH 和 DAY 函数的参数。

```
=YEAR("2018/10/1")
=MONTH("2018/10/1")
=DAY("2018/10/1")
```

13.2.4 HOUR、MINUTE 和 SECOND 函数

HOUR 函数用于返回时间中的小时数，返回值为 0 ~ 23，其语法格式如下。

```
HOUR(serial_number)
```

MINUTE 函数用于返回时间中的分钟数，返回值为 0 ~ 59，其语法格式如下。

MINUTE(serial_number)

SECOND 函数用于返回时间中的秒数，返回值为 0 ～ 59，其语法格式如下。

SECOND(serial_number)

3 个函数只包含一个必选参数 serial_number，表示要从中提取时、分、秒的时间。如果 A1 单元格包含时间 "17:30:15"，下面 3 个公式将分别返回 17、30、15。

=HOUR(A1)
=MINUTE(A1)
=SECOND(A1)

13.2.5 DATEVALUE 和 TIMEVALUE 函数

DATEVALUE 函数用于将文本格式的日期转换为 Excel 可以正确识别并进行计算的日期，语法格式如下。

DATEVALUE(date_text)

DATEVALUE 函数只有一个必选参数 date_text，表示以文本格式输入的日期。

如图 13-11 所示，下面的公式将 A1:A3 单元格区域中的文本转换为 Excel 可以正确识别的日期，并使用 MONTH 函数从中提取月份。

=MONTH(DATEVALUE(A1&A2&A3))

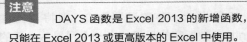

图 13-11　将文本格式的日期转换为 Excel 可以识别的日期

TIMEVALUE 函数用于将文本格式的时间转换为 Excel 可以正确识别并进行计算的时间，其语法格式如下。

TIMEVALUE(time_text)

TIMEVALUE 函数只有一个必选参数 time_text，表示以文本格式输入的时间。

如图 13-12 所示，下面的公式将 A1:A3 单元格区域中的文本转换为 Excel 可以正确识别的时间，并使用 HOUR 函数从中提取小时。

=HOUR(TIMEVALUE(A1&A2&A3))

图 13-12　将文本格式的时间转换为 Excel 可以识别的时间

13.2.6 DAYS 函数

DAYS 函数用于计算两个日期之间相差的天数，其语法格式如下。

DAYS(end_date,start_date)

- ◉ end_date（必选）：指定结束日期。
- ◉ start_date（必选）：指定开始日期。

> **注意**　DAYS 函数是 Excel 2013 的新增函数，只能在 Excel 2013 或更高版本的 Excel 中使用。

下面的公式计算日期 "2018/10/1" 和 "2018/9/25" 之间相差的天数，返回 6。

=DAYS("2018/10/1","2018/9/25")

如果两个日期位于 A1 和 A2 单元格，则可以使用下面的公式。

=DAYS(A1,A2)

13.2.7 DATEDIF 函数

DATEDIF 函数用于计算两个日期之间相差的年、月、天数，其语法格式如下。

DATEDIF(start_date,end_date,unit)

- ◉ start_date（必选）：指定开始日期。
- ◉ end_date（必选）：指定结束日期。
- ◉ unit（必选）：指定计算时的时间单位，该参数的取值范围如表 13-1 所示。

表 13-1　unit 参数的取值范围

unit 参数值	说明
y	开始日期和结束日期之间的整年数
m	开始日期和结束日期之间的整月数
d	开始日期和结束日期之间的天数
ym	开始日期和结束日期之间的月数（日期中的年和日都被忽略）
yd	开始日期和结束日期之间的天数（日期中的年被忽略）
md	开始日期和结束日期之间的天数（日期中的年和月被忽略）

提示

DATEDIF 函数是一个隐藏的工作表函数，在【插入函数】对话框中不会显示该函数，因此只能手动输入。

下面的公式计算日期 "2018/10/30" 和 "2018/9/25" 之间相差的月数，返回 1。

=DATEDIF("2018/9/25","2018/10/30","m")

下面的公式返回 0，因为两个日期之间相差不足一个月。

=DATEDIF("2018/9/25","2018/10/1","m")

如果将 DATEDIF 函数的 unit 参数设置为【d】，则该函数与 DAYS 函数等效。下面的公式计算两个日期之间相差的天数，返回 6，与 13.2.6 小节使用 DAYS 函数的计算结果相同。

=DATEDIF("2018/9/25","2018/10/1","d")

13.2.8 WEEKDAY 函数

WEEKDAY 函数用于计算指定日期是星期几，其语法格式如下。

WEEKDAY(serial_number,[return_type])

◉　serial_number（必选）：指定返回星期几的日期。

◉　return_type（可选）：该参数的取值范围为 1 ~ 3 和 11 ~ 17，设置为不同值时，WEEKDAY 函数的返回值与星期的对应关系如表 13-2 所示。如果省略该参数，则其值默认为 1。

表 13-2　return_type 参数的取值范围

return_type 参数值	WEEKDAY 函数的返回值
1 或省略	数字 1（星期日）到数字 7（星期六），同 Excel 早期版本
2	数字 1（星期一）到数字 7（星期日）
3	数字 0（星期一）到数字 6（星期日）
11	数字 1（星期一）到数字 7（星期日）
12	数字 1（星期二）到数字 7（星期一）
13	数字 1（星期三）到数字 7（星期二）
14	数字 1（星期四）到数字 7（星期三）
15	数字 1（星期五）到数字 7（星期四）
16	数字 1（星期六）到数字 7（星期五）
17	数字 1（星期日）到数字 7（星期六）

如果 A1 单元格包含日期 "2018/10/1"，下面的公式将返回 1。由于将 return_type 参数设置为 2，因此数字 1 对应于星期一，即 2018 年 10 月 1 日是星期一。

=WEEKDAY(A1,2)

13.2.9 WEEKNUM 函数

WEEKNUM 函数用于计算指定日期位于当年的第几周，其语法格式如下。

WEEKNUM(serial_num,[return_type])

◉　serial_num（必选）：指定要计算周数的日期。

◉　return_type（可选）：指定一周的第一天是星期几，该参数的取值范围如表 13-3 所示。如果省略该参数，则其值默认为 1。

表 13-3　return_type 参数的取值范围

return_type 参数值	一周的第一天为	机制
1 或省略	星期日	1
2	星期一	1
11	星期一	1
12	星期二	1
13	星期三	1
14	星期四	1
15	星期五	1
16	星期六	1
17	星期日	1
21	星期一	2

机制 1 是指包含 1 月 1 日的周为该年的第 1 周，机制 2 是指包含该年的第一个星期四的周为该年的第 1 周。

如果 A1 单元格包含日期"2018/10/1"，下面的公式将返回 40，表示 2018 年 10 月 1 日位于 2018 年的第 40 周。由于将 return_type 参数设置为 2，因此将一周的第一天指定为星期一。

=WEEKNUM(A1,2)

13.2.10 EDATE 和 EOMONTH 函数

EDATE 函数用于计算与指定日期相隔几个月之前或之后的月份中位于同一天的日期，语法格式如下。

EDATE(start_date,months)

EOMONTH 函数用于计算与指定日期相隔几个月之前或之后的月份中最后一天的日期，语法格式如下。

EOMONTH(start_date,months)

EDATE 和 EOMONTH 函数包含以下两个参数。

⊙ start_date（必选）：指定开始日期。
⊙ months（必选）：指定开始日期之前或之后的月数，正数表示未来几个月，负数表示过去几个月，0 表示与开始日期位于同一个月。

如果 A1 单元格包含日期"2018/10/1"，由于将 months 参数设置为 2，因此下面的公式返回的是 2 个月以后同一天的日期"2018/12/1"。

=EDATE(A1,2)

下面的公式返回"2019/2/1"，日期中的年份会自动调整，并返回第 2 年指定的月份。

=EDATE(A1,4)

如果 A1 单元格包含日期"2018/5/31"，下面的公式将返回"2018/6/30"，因为 6 月只有 30 天，因此返回第 30 天的日期。

=EDATE(A1,1)

如果 A1 单元格包含日期"2018/10/1"，下面的公式将返回"2018/12/31"，即 2 个月后的那个月份最后一天的日期。

=EOMONTH(A1,2)

如果将 months 参数设置为负数，则表示过去的几个月。如果 A1 单元格包含日期"2018/5/31"，下面的公式将返回"2018/3/31"，因为将 months 参数设置为 -2，表示距离指定日期的两个月前。

=EDATE(A1,-2)

13.2.11 WORKDAY.INTL 函数

WORKDAY.INTL 函数用于计算与指定日期相隔数个工作日之前或之后的日期，其语法格式如下。

WORKDAY.INTL(start_date,days,
[weekend],[holidays])

⊙ start_date（必选）：指定开始日期。
⊙ days（必选）：指定工作日的天数，不包括每周的周末以及其他指定的节假日，正数表示未来数个工作日，负数表示过去数个工作日。
⊙ weekend（可选）：指定一周中的哪几天是周末，以数值或字符串表示。数值型的 weekend 参数的取值范围如表 13-4 所示。weekend 参数也可以使用长度为 7 个字符的字符串，每个字符从左到右依次表示星期一、星期二、星期三、星期四、星期五、星期六、星期日。使用数字 0 和 1 表示是否将一周中的每一天指定为工作日，0 代表指定为工作日，1 代表不指定为工作日。例如，0000111 表示将星期五、星期六和星期日作为周末，在计算工作日时会自动将这 3 天排除。
⊙ holidays（可选）：指定不作为工作日计算的节假日。

表 13-4　weekend 参数的取值范围

weekend 参数值	周末
1 或省略	星期六、星期日
2	星期日、星期一
3	星期一、星期二
4	星期二、星期三
5	星期三、星期四
6	星期四、星期五
7	星期五、星期六
11	仅星期日
12	仅星期一
13	仅星期二
14	仅星期三
15	仅星期四
16	仅星期五
17	仅星期六

案例 13-3

计算指定工作日之后的日期

案例目标：A2 单元格包含日期“2018/10/1”，现在需要计算 30 个工作日之后的日期，且要将国庆 7 天假期以及每周末的双休日（周六和周日）排除在外，国庆 7 天假期位于 D2:D8 单元格区域，效果如图 13-13 所示。

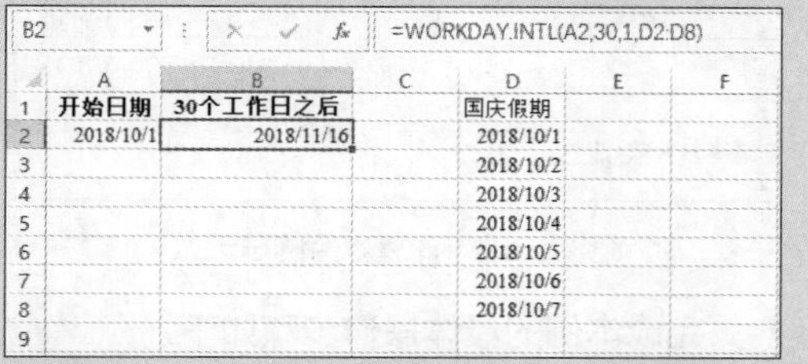
B2　=WORKDAY.INTL(A2,30,1,D2:D8)

	A	B	C	D	E	F
1	开始日期	30个工作日之后		国庆假期		
2	2018/10/1	2018/11/16		2018/10/1		
3				2018/10/2		
4				2018/10/3		
5				2018/10/4		
6				2018/10/5		
7				2018/10/6		
8				2018/10/7		
9						

图 13-13　使用 WORKDAY.INTL 函数计算指定工作日之后的日期

完成本例的具体操作步骤如下。

在 B2 单元格中输入下面的公式并按【Enter】键，将返回 30 个工作日之后的日期“2018/11/16”。

```
=WORKDAY.INTL(A2,30,1,D2:D8)
```

下面的公式可以返回相同的结果，但使用的是 weekend 参数的字符串形式。

```
=WORKDAY.INTL(A2,30,"0000011",D2:D8)
```

13.2.12 NETWORKDAYS.INTL 函数

NETWORKDAYS.INTL 函数用于计算两个日期之间包含的工作日数，其语法格式如下。

```
NETWORKDAYS.INTL(start_date,end_date,[weekend],[holidays])
```

- start_date（必选）：指定开始日期。
- end_date（必选）：指定结束日期。
- weekend（可选）：指定一周中的哪几天是周末，以数值或字符串表示。该参数的含义和取值范围请参考 13.2.11 小节介绍的 WORKDAY.INTL 函数及相关表格。
- holidays（可选）：指定不作为工作日计算的节假日。

案例 13-4

计算两个日期之间包含的工作日数

案例目标：A2 和 B2 单元格分别包含日期“2018/10/1”和“2018/11/16”，现在需要计算这两个日期之间包含的工作日数，且要将每周末的双休日（周六和周日）以及国庆 7 天假期排除在外，效果如图 13-14 所示。

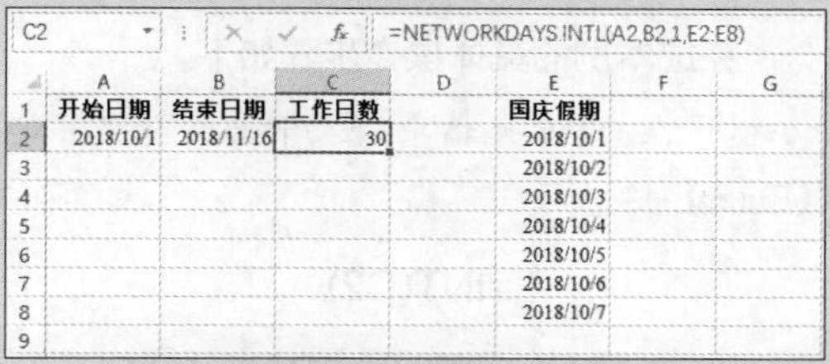
C2　=NETWORKDAYS.INTL(A2,B2,1,E2:E8)

	A	B	C	D	E	F	G
1	开始日期	结束日期	工作日数		国庆假期		
2	2018/10/1	2018/11/16	30		2018/10/1		
3					2018/10/2		
4					2018/10/3		
5					2018/10/4		
6					2018/10/5		
7					2018/10/6		
8					2018/10/7		
9							

图 13-14　使用 NETWORKDAYS.INTL 函数计算两个日期之间包含的工作日数

完成本例的具体操作步骤如下。

在 C2 单元格中输入下面的公式并按【Enter】键，将返回两个日期之间包含的工作日数。

```
=NETWORKDAYS.INTL(A2,B2,1,E2:E8)
```

13.3 日期和时间函数的实际应用

本节列举了日期和时间函数在实际中的一些典型应用，通过这些案例，可以更好地理解日期和时间函数的具体用法。

13.3.1 提取日期和时间

案例 13-5
从商品进货记录中提取进货日期和时间

案例目标： C 列同时包含进货的日期和时间，现在需要将日期和时间分别提取出来，效果如图 13-15 所示。

图 13-15　提取日期和时间

完成本例的具体操作步骤如下。

（1）在 D2 单元格中输入下面的公式并按【Enter】键。

=INT(C2)

（2）在 E2 单元格中输入下面的公式并按【Enter】键。

=MOD(C2,1)

（3）同时选择 D2 和 E2 单元格，然后双击 E2 单元格右下角的填充柄，将两个公式同时向下复制。

公式解析： 由于日期和时间是由整数和小数组成的数字，日期是数字的正数部分，时间是数字的小数部分，因此使用 INT 函数提取数字的整数部分，得到的整数部分就是日期。使用 MOD 函数计算日期除以 1 的余数，得到的小数部分就是时间。

提示
如果 D 列和 E 列显示的不是日期和时间，可以在功能区【开始】➡【数字】组中的【数字格式】下拉列表中选择日期和时间格式。

13.3.2 计算本月的总天数

案例 13-6
计算本月的总天数

案例目标： 计算当前系统日期所属月份的总天数，效果如图 13-16 所示。

图 13-16　计算本月的总天数

完成本例的具体操作步骤如下。

在 B1 单元格中输入下面的公式并按【Enter】键，返回本月的总天数。

=DAY(EOMONTH(TODAY(),0))

公式解析： 首先使用 TODAY 函数返回当前日期，然后使用 EOMONTH 函数计算当前日期所属月份最后一天的日期，最后使用 DAY 函数返回该日期的"天数"部分，即该月份的总天数。

13.3.3　判断闰年

案例 13-7

判断指定日期所属年份是否是闰年

案例目标： 根据 A2 单元格中指定的日期，判断该日期所属年份是否是闰年，效果如图 13-17 所示。

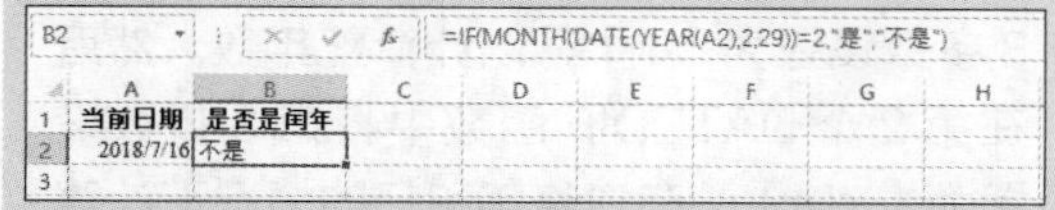

图 13-17　判断闰年

完成本例的具体操作步骤如下。

在 B2 单元格中输入下面的公式并按【Enter】键，得到是否是闰年的判断结果。

=IF(MONTH(DATE(YEAR
(A2),2,29))=2," 是 "," 不是 ")

公式解析： 首先使用 YEAR 函数提取日期中的年份，然后使用 DATE 函数将该年份与 2、29 组合为一个日期，即当前年份的 2 月 29 日。因为闰年 2 月有 29 天，如果不是闰年则 2 月只有 28 天，那么多出的一天就会自动计入下个月，即 3 月 1 日。因此可以使用 MONTH 函数提取 DATE 函数产生的日期中的月份。如果月份为 2，说明 2 月有 29 天，即是闰年；如果月份为 3，则提取出的月份不等于 2，说明 2 月只有 28 天，即不是闰年。最后使用 IF 函数根据判断条件返回不同的结果。

13.3.4　计算母亲节和父亲节的日期

案例 13-8

计算母亲节和父亲节的日期

案例目标： 在 A2 单元格中输入一个日期，计算该日期所属年份中的母亲节和父亲节的日期，效果如图 13-18 所示。

完成本例的具体操作步骤如下。

（1）在 B2 单元格中输入下面的公式并按

【Ctrl+Shift+Enter】组合键，得到母亲节的日期。

图 13-18　计算母亲节和父亲节的日期

{=SMALL(IF(WEEKDAY(DATE(YEAR
(A2),5,ROW(1:31)),2)=7,DATE(YEAR
(A2),5,ROW(1:31))),2)}

（2）在 C2 单元格中输入下面的公式并按【Ctrl+Shift+Enter】组合键，得到父亲节的日期。

{=SMALL(IF(WEEKDAY(DATE(YEAR
(A2),6,ROW(1:31)),2)=7,DATE(YEAR
(A2),6,ROW(1:31))),3)}

公式解析： 母亲节是每年 5 月的第 2 个星期日，父亲节是每年 6 月的第 3 个星期日。首先使用 YEAR 函数从 A2 单元格的给定日期中提取出年份，然后使用 DATE 函数将该年份与 5 和 ROW(1:31) 组成 5 月 1 ~ 31 日的所有日期，ROW(1:31) 返回包含数字 1 ~ 31 的常量数组，作为 DATE 函数的第 3 参数，用于指定日期中的天数。接下来使用 WEEKDAY 函数判断 5 月的每一天是星期几，如果 WEEKDAY 函数返回 7，说明该天是星期日，此时将返回这一天的日期。最后将返回的所有星期日对应的日期作为 SMALL 函数的参数，并将该函数的第 2 参数设置为 2，表示从所有返回日期中提取第 2 个最小值，这个值就是 5 月的第 2 个星期日。计算父亲节的公式的原理与母亲节的公式基本类似，只需把月份改成 6，并将 SMALL 函数的第 2 参数设置为 3，以得到第 3 个最小值，即 6 月的第 3 个星期日。

交叉参考　有关 SMALL 函数的更多内容，请参考本书第 14 章。

13.3.5 统计工资结算日期

案例 13-9

统计员工工资的结算日期

案例目标： 公司规定，工资结算在每月 1 号进行，现在需要统计辞职员工的工资结算日期，效果如图 13-19 所示。

C2 =EOMONTH(B2,0)+1

	A	B	C
1	姓名	辞职日期	工资结算日期
2	黄菊雯	2018/11/13	2018/12/1
3	万杰	2018/11/11	2018/12/1
4	殷佳妮	2018/11/22	2018/12/1
5	刘继元	2018/11/28	2018/12/1
6	董海峰	2018/10/17	2018/11/1
7	李骏	2018/10/26	2018/11/1
8	王文燕	2018/12/10	2019/1/1
9	尚照华	2018/12/18	2019/1/1
10	田志	2018/12/23	2019/1/1
11			

图 13-19 统计员工工资的结算日期

完成本例的具体操作步骤如下。

在 C2 单元格中输入下面的公式并按【Enter】键，然后将公式向下复制到 C10 单元格。

=EOMONTH(B2,0)+1

公式解析： 首先使用 EOMONTH 函数得到 B 列日期所属月份的最后一天的日期，然后将计算结果加 1 即可得到下个月第一天的日期。

13.3.6 计算员工工龄

案例 13-10

计算员工工龄

案例目标： B 列为每个员工参加工作的时间，现在需要计算到日期“2018/10/1”为止，每个员工的工龄，效果如图 13-20 所示。

C2 =DATEDIF(B2,"2018/10/1","Y") & "年" & DATEDIF(B2,"2018/10/1","YM") & "个月"

	A	B	C
1	姓名	参加工作时间	工龄
2	黄菊雯	2014/5/17	4年4个月
3	万杰	2013/12/7	4年9个月
4	殷佳妮	2006/4/6	12年5个月
5	刘继元	2008/2/10	10年7个月
6	董海峰	2012/10/17	5年11个月
7	李骏	2009/2/21	9年7个月
8	王文燕	2014/11/8	3年10个月
9	尚照华	2014/9/11	4年0个月
10	田志	2009/1/13	9年8个月
11			

图 13-20 计算员工工龄

完成本例的具体操作步骤如下。

在 C2 单元格中输入下面的公式并按【Enter】键，然后将公式向下复制到 C10 单元格。

=DATEDIF(B2,"2018/10/1","Y") & " 年 " & DATEDIF(B2,"2018/10/1","YM") & " 个月 "

公式解析： 在第 1 个 DATEDIF 函数中将第 3 参数设置为【Y】，以计算整年数。然后在第 2 个 DATEDIF 函数中将第 3 参数设置为【YM】，在忽略年和日的情况下计算两个日期之间相差的月数。最后使用 & 符号将两个结果连接在一起。

13.3.7 计算还款日期

案例 13-11

计算客户的还款日期

案例目标： B 列为借款日期，C 列为借款周期，以“月”为单位，现在需要计算还款日期，效果如图 13-21 所示。

D2 =TEXT(EDATE(B2,LEFT(C2,LEN(C2)-2)),"yyyy年m月d日")

	A	B	C	D
1	姓名	借款日期	借款周期	还款日期
2	黄菊雯	2018年3月20日	3个月	2018年6月20日
3	万杰	2018年5月20日	2个月	2018年7月20日
4	殷佳妮	2018年1月22日	5个月	2018年6月22日
5	刘继元	2018年8月25日	3个月	2018年11月25日
6	董海峰	2018年10月26日	4个月	2019年2月26日
7	李骏	2018年7月30日	3个月	2018年10月30日
8	王文燕	2018年12月15日	4个月	2019年4月15日
9	尚照华	2018年9月18日	4个月	2019年1月18日
10	田志	2018年8月23日	2个月	2018年10月23日
11				

图 13-21 计算客户的还款日期

完成本例的具体操作步骤如下。

在 D2 单元格中输入下面的公式并按【Enter】键，然后将公式向下复制到 D10 单元格。

=TEXT(EDATE(B2,LEFT(C2,LEN(C2)-2)),"yyyy 年 m 月 d 日 ")

公式解析： 首先使用 EDATE 函数计算还款日期，LEFT(C2,LEN(C2)-2) 部分用于从 C 列的文本中提取借款周期的数字，然后将其作为 EDATE 函数的第 2 参数，从而计算出指定的借款周期后的日期。为了保持与 B 列的日期格式相同，最后使用 TEXT 函数为计算出的还款日期设置日期格式。

13.3.8 计算加班费用

案例 13-12
根据员工的加班时长计算加班费

案例目标： B 列为每个员工的加班时长，公司规定，加班费为每小时 80 元，现在需要计算每个员工的加班费，效果如图 13-22 所示。

	A	B	C
	姓名	加班时长	加班费
2	黄菊雯	3小时45分钟	300
3	万杰	4小时35分钟	367
4	殷佳妮	2小时14分钟	179
5	刘继元	4小时20分钟	347
6	董海峰	5小时38分钟	451
7	李骏	3小时50分钟	307
8	王文燕	2小时30分钟	200
9	尚照华	4小时25分钟	353
10	田志	3小时17分钟	263
11			

图 13-22 计算加班费用

完成本例的具体操作步骤如下。

在 C2 单元格中输入下面的公式并按【Enter】键，然后将公式向下复制到 C10 单元格。

=ROUND(SUBSTITUTE(SUBSTITUTE (B2,"分钟 ","")," 小时 ",":")*24*80,0)

公式解析： 由于 B 列中的时间是文本型数据，无法直接参与计算，因此使用两次 SUBSTITUTE 函数分别将"分钟"替换为空，将"小时"替换为"："，从而将 B 列数据转换为 Excel 可以识别的时间格式。然后将时间乘以 24 转换为小时数，最后乘以 80 并使用 ROUND 函数对计算结果进行取整。

13.3.9 安排会议时间

案例 13-13
安排会议时间

案例目标： 计算从当前时间开始，2 小时 15 分钟之后的会议时间，效果如图 13-23 所示。

图 13-23 安排会议时间

完成本例的具体操作步骤如下。

在 B1 单元格中输入下面的公式并按【Enter】键。

=TEXT(NOW(),"hh:mm")+TIME(2,15,0)

公式解析： 首先使用 TEXT 函数对当前时间进行格式化，然后将其加上一个由 TIME 函数得到的时间间隔计算出会议时间。

13.3.10 计算用餐时长

案例 13-14
计算顾客的用餐时长

案例目标： B 列和 C 列是每位顾客用餐的开始时间和结束时间，现在需要计算每位顾客的用餐时长，以"分钟"为单位，效果如图 13-24 所示。

图 13-24 计算用餐的精确时间

完成本例的具体操作步骤如下。

在 D2 单元格中输入下面的公式并按【Enter】键，然后将公式向下复制到 D10 单元格。

=(HOUR(C2)*60+MINUTE(C2))– (HOUR(B2)*60+MINUTE(B2))

公式解析： 首先使用 HOUR 和 MINUTE 函数分别提取 B 列和 C 列时间中的小时数和分钟数，然后将小时数乘以 60 转换为分钟数，再加上提取出的分钟数，得到以"分钟"为单位的用餐开始时间和结束时间。最后使用 C 列的总分钟数减去 B 列的总分钟数，计算出用餐时长。

第14章 使用公式对数据进行求和与统计

Excel 中的求和与统计函数主要用于对数据进行求和、统计与分析，其中的一部分函数是平时常用的统计工具，如统计数量、平均值、极值和频率等，而大部分函数用于专业领域中的统计分析。本章主要介绍常用求和与统计函数的语法格式及其在实际中的应用。

14.1 常用求和与统计函数

本节将介绍 Excel 中比较常用的求和与统计函数，这些函数可以计算数据的总和、数量、平均值、最大值、最小值、第 n 大或第 n 小的值、排位、出现频率等。

14.1.1 SUM 函数

SUM 函数用于计算数字的总和，其语法格式如下。

> SUM(number1,[number2],…)

◉ number1（必选）：要进行求和的第 1 项，可以是直接输入的数字、单元格引用或数组。

◉ number2,…（可选）：要进行求和的第 2 ~ 255 项，可以是直接输入的数字、单元格引用或数组。

> **注意**　如果 SUM 函数的参数是单元格引用或数组，则只计算其中的数值，而忽略文本、逻辑值、空单元格等内容，但不会忽略错误值。如果 SUM 函数的参数是常量（即直接输入的实际值），则参数必须为数值类型或可转换为数值的数据（如文本型数字和逻辑值），否则 SUM 函数将返回 #VALUE! 错误值。

下面的公式计算 A1:A6 单元格区域中的数字之和，如图 14-1 所示。由于使用单元格引用作为 SUM 函数的参数，因此会忽略 A6 单元格中的文本型数字，只计算 A1:A5 单元格区域中的值。

> =SUM(A1:A6)

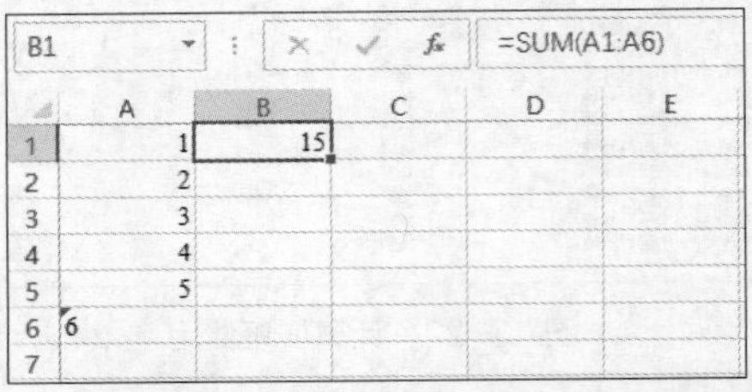

图 14-1　使用单元格引用作为 SUM 函数的参数

下面的公式使用 SUM 函数对用户输入的几个数据求和，如图 14-2 所示。由于使用输入的数据作为 SUM 函数的参数，因此其中带有双引号的文本型数字会自动转换为数值并参与计算。

> =SUM(1,2,3,4,5,"6")

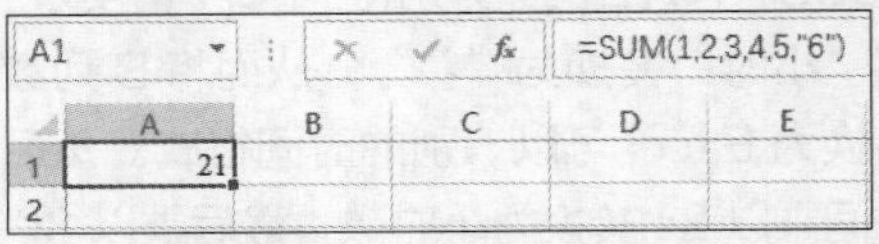

图 14-2　使用输入的数据作为 SUM 函数的参数值

14.1.2 SUMIF 和 SUMIFS 函数

SUMIF 和 SUMIFS 函数都用于对区域中满足条件的单元格求和，它们之间的主要区别在于可设置的条件数量不同：SUMIF 函数只支持单个条件，而 SUMIFS 函数支持 1 ~ 127 个条件。

SUMIF 函数的语法格式如下。

SUMIF(range,criteria,[sum_range])

◉ range（必选）：要进行条件判断的区域，判断该区域中的数据是否满足 criteria 参数指定的条件。

◉ criteria（必选）：要进行判断的条件，可以是数字、文本、单元格引用或表达式，如16、"16"、">16"、"技术部"或">"&A1 等。在该参数中可以使用通配符，问号（?）匹配任意单个字符，星号（*）匹配任意零个或多个字符。如果要查找问号或星号本身，需要在这两个字符前添加“~”符号。

◉ sum_range（可选）：根据条件判断的结果进行求和的区域。如果省略该参数，则对 range 参数中符合条件的单元格求和。如果 sum_range 参数与 range 参数的大小和形状不同，则将在 sum_range 参数中指定的区域左上角的单元格作为起始单元格，然后从该单元格扩展到与 range 参数中的区域具有相同大小和形状的区域。

下面的公式计算 A1:A6 单元格区域中字母为 C 所对应的 B 列中的所有数字之和，如图 14-3 所示。

=SUMIF(A1:A6,"C",B1:B6)

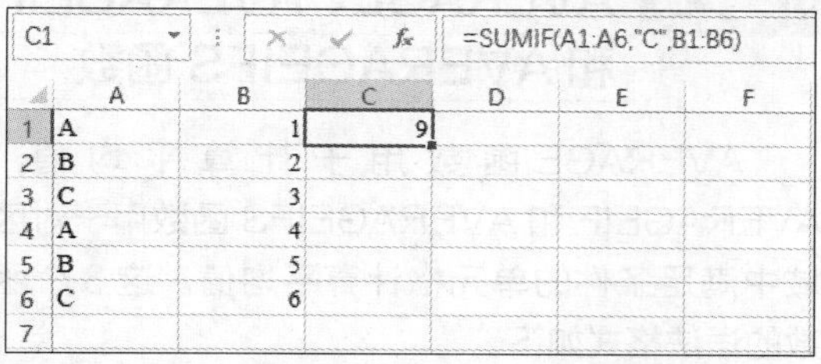
C1 =SUMIF(A1:A6,"C",B1:B6)

	A	B	C	D	E	F
1	A	1	9			
2	B	2				
3	C	3				
4	A	4				
5	B	5				
6	C	6				
7						

图 14-3 使用文本作为 SUMIF 函数的条件

根据前面 sum_range 参数的说明，只要该公式中的 sum_range 参数所指定的区域以 B1 单元格为起点，都可以得到正确的结果，如下面的公式也能得到正确的结果。

=SUMIF(A1:A6,"C",B1:D1)

还可以将上面的公式简化为以下形式。

=SUMIF(A1:A6,"C",B1)

可以在条件中使用单元格引用。下面的公式使用单元格引用作为 SUMIF 函数的第 2 参数，但将返回相同的结果。由于 A3 单元格包含字母 C，因此在公式中可以使用 A3 代替”C”。

=SUMIF(A1:A6,A3,B1:B6)

也可以将使用比较运算符构建的表达式作为 SUMIF 函数的条件。下面的公式计算 A1:A6 单元格区域中不为 C 的其他字母所对应的 B 列中的所有数字之和，如图 14-4 所示。

=SUMIF(A1:A6,"<>C",B1:B6)

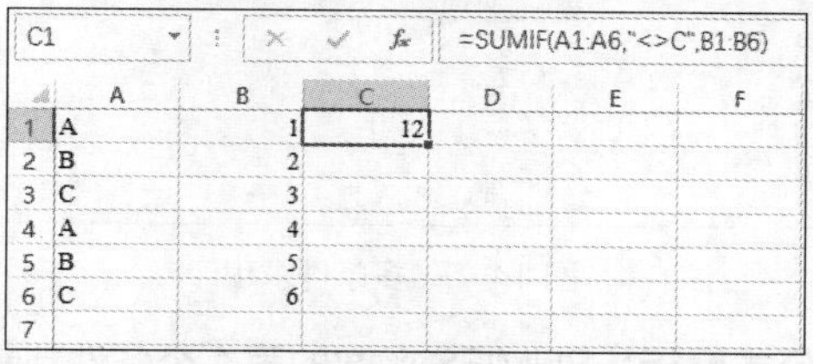
C1 =SUMIF(A1:A6,"<>C",B1:B6)

	A	B	C	D	E	F
1	A	1	12			
2	B	2				
3	C	3				
4	A	4				
5	B	5				
6	C	6				
7						

图 14-4 使用表达式作为 SUMIF 函数的条件

如果使用单元格引用，需要使用 & 符号将比较运算符和单元格引用连接在一起，公式如下。

=SUMIF(A1:A6,"<>"&A3,B1:B6)

SUMIFS 函数的语法格式与 SUMIF 函数类似，语法格式如下。

SUMIFS(sum_range,criteria_range1,criteria1,[criteria_range2],[criteria2],…)

◉ sum_range（必选）：根据条件判断的结果进行求和的区域。

◉ criteria_range1（必选）：要进行条件判断的第 1 个区域，判断该区域中的数据是否满足 criteria1 参数指定的条件。

◉ criteria1（必选）：要进行判断的第 1 个条件，可以是数字、文本、单元格引用或表达式，在该参数中可以使用通配符。

◉ criteria_range2,…（可选）：要进行条件判断的第 2 个区域，最多可以有 127 个区域。

◉ criteria2,…（可选）：要进行判断的第 2 个条件，最多可以有 127 个条件。条件和条件区域的顺序与数量必须一一对应。

SUMIFS 函数中的每个条件区域（criteria_range）的大小和形状必须与求和区域（sum_range）相同。

下面的公式计算 A1:A6 单元格区域中字母为 B 所对应的 B 列中大于 3 的数字之和，如图 14-5 所示。

=SUMIFS(B1:B6,A1:A6,"B",B1:B6,">3")

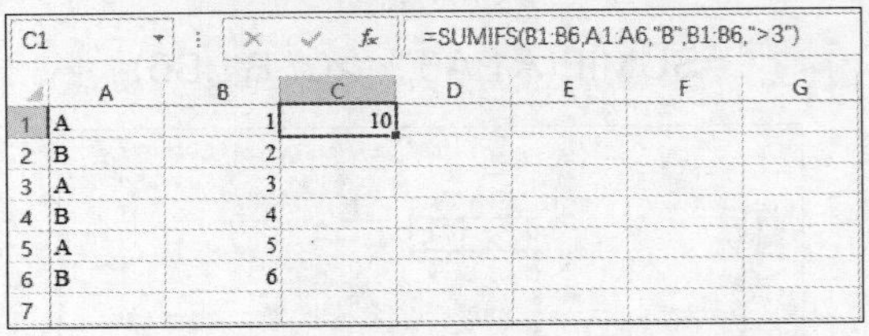

图 14-5　多条件求和

公式解析： SUMIFS 函数的第 1 个条件判断 A 列中包含字母 B 的单元格为 A2、A4 和 A6，B 列中与这 3 个单元格对应的数字为 2、4、6，第 2 个条件判断这 3 个数字中大于 3 的数字为 4 和 6，最后计算 4 和 6 之和为 10。

14.1.3　SUMPRODUCT 函数

SUMPRODUCT 函数用于计算给定的几组数组中对应元素的乘积之和，即先将数组间对应的元素相乘，然后计算所有乘积之和，其语法格式如下。

SUMPRODUCT(array1,[array2], [array3],…)

◉ array1（必选）：要参与计算的第 1 个数组。如果只为 SUMPRODUCT 函数提供了 1 个参数，则该函数将返回参数中各元素之和。

◉ array2,array3,…（可选）：要参与计算的第 2 ～ 255 个数组。

参数中非数值型的数组元素会被 SUMPRODUCT 函数当作 0 处理。各数组的维数必须相同，否则 SUMPRODUCT 函数将返回 #VALUE! 错误值。

下面的公式计算 A1:A6 和 B1:B6 两个区域的乘积之和，如图 14-6 所示。

=SUMPRODUCT(A1:A6,B1:B6)

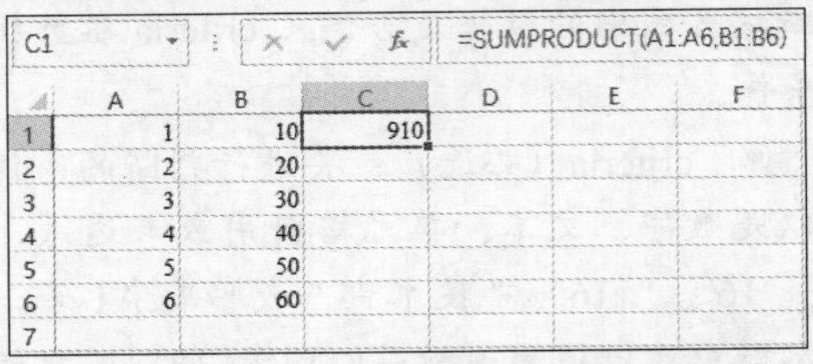

图 14-6　计算各组数据对应元素的乘积之和

公式解析： 先计算 A1:A6 和 B1:B6 两个区域中对应位置上的单元格乘积，然后将得到的所有乘积相加以计算总和，该公式的计算过程如下。

=A1*B1+A2*B2+A3*B3+A4*B4+ A5*B5+A6*B6

即

=1*10+2*20+3*30+4*40+5*50+6*60

使用下面的数组公式可以返回相同的结果，输入公式时需要按【Ctrl+Shift+Enter】组合键结束。

{=SUM(A1:A6*B1:B6)}

14.1.4　AVERAGE、AVERAGEIF 和 AVERAGEIFS 函数

AVERAGE 函数用于计算平均值，AVERAGEIF 和 AVERAGEIFS 函数用于对区域中满足条件的单元格计算平均值。这 3 个函数的语法格式如下。

AVERAGE(number1,[number2],…) AVERAGEIF(range,criteria,[average_range]) AVERAGEIFS(average_range,criteria_range1,criteria1,[criteria_range2,criteria2],…)

这 3 个函数的语法格式分别与 SUM、SUMIF 和 SUMIFS 函数的语法格式类似。AVERAGE 函数最多可以包含 255 个参数，AVERAGEIFS 函数最多可以包含 127 组条件和条件区域。

下面的公式计算 A1:A6 单元格区域中数字的平均值。

=AVERAGE(A1:A6)

下面的公式计算 A1:A6 单元格区域中字母为 C 所对应的 B 列中的所有数字的平均值，如图 14-7 所示。

=AVERAGEIF(A1:A6,"C",B1:B6)

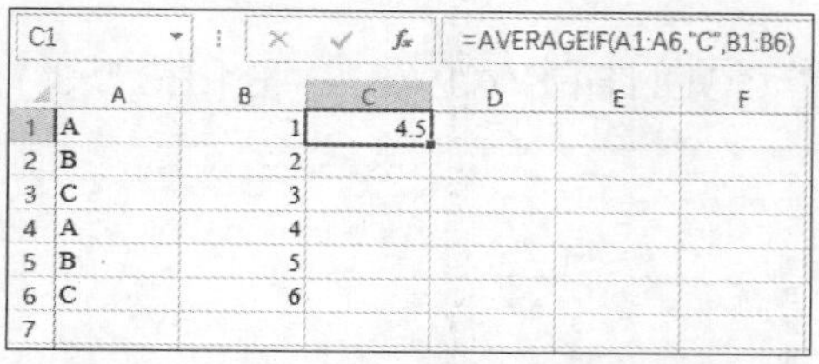

图 14-7 对符合条件的单元格计算平均值

14.1.5 COUNT 和 COUNTA 函数

COUNT 函数用于计算区域中包含数字的单元格的数量，其语法格式如下。

COUNT(value1,[value2],…)

◉ value1（必选）：要计算数字个数的第 1 项，可以是直接输入的数字、单元格引用或数组。

◉ value2，…（可选）：要计算数字个数的第 2 ~ 255 项，可以是直接输入的数字、单元格引用或数组。

> **注意**
> 如果 COUNT 函数的参数是单元格引用或数组，则只计算其中的数值，而忽略文本、逻辑值、空单元格等内容，还会忽略错误值，而 SUM 函数在遇到错误值时会返回该错误值。如果 COUNT 函数的参数是常量（即直接输入的实际值），则计算其中的数值或可转换为数值的数据（如文本型数字和逻辑值），其他内容将被忽略。

下面的公式计算 A1:A6 单元格区域中包含数字的单元格的数量，如图 14-8 所示。

=COUNT(A1:A6)

公式解析： 虽然要计算的区域包含 6 个单元格，但是只有 A1 和 A2 单元格被计算在内，

这是因为 A3 单元格是文本型数字，A4 单元格是逻辑值，A5 单元格是文本，A6 单元格是错误值。由于公式中 COUNT 函数的参数是单元格引用的形式，因此 A3:A6 中的非数值数据不会被 COUNT 函数计算在内。

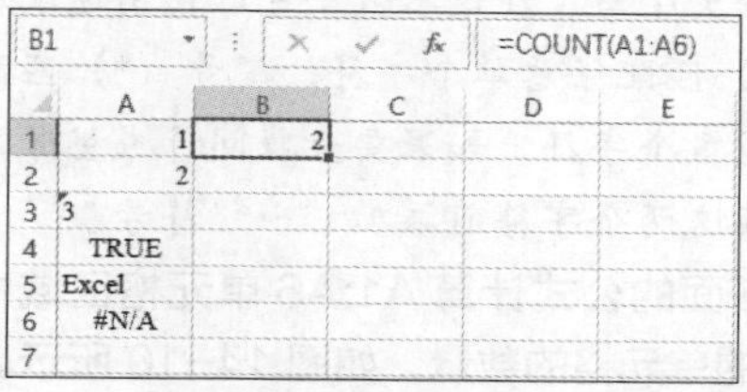

图 14-8 计算区域中包含数字的单元格的数量

如果将公式改为下面的形式，则只有 "Excel" 和 #N/A 错误值不会被计算在内，因为这两项不能被转换为数值，而文本型的 "3" 可以转换为数值 3，逻辑值 TRUE 可以转换为数值 1。

=COUNT(1,2,"3",TRUE,"Excel",#N/A)

COUNTA 函数用于计算区域中不为空的单元格的数量，其语法格式与 COUNT 函数相同。下面的公式计算 A1:A6 单元格区域中不为空的单元格，如图 14-9 所示。

=COUNTA(A1:A6)

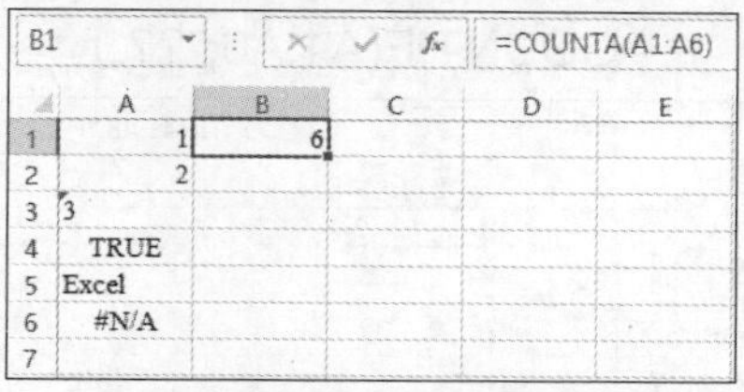

图 14-9 计算区域中不为空的单元格的数量

14.1.6 COUNTIF 和 COUNTIFS 函数

COUNTIF 和 COUNTIFS 函数都用于计算区域中满足条件的单元格的数量，它们之间的主要区别在于可设置的条件数量不同，COUNTIF 函数只支持单个条件，而 COUNTIFS 函数支持 1 ~ 127 个条件。

COUNTIF 函数的语法格式如下。

COUNTIF(range,criteria)

● range（必选）：根据条件判断的结果进行计数的区域。

● criteria（必选）：要进行判断的条件，可以是数字、文本、单元格引用或表达式，如 16、"16"、">16"、"技术部" 或 ">"&A1，英文不区分大小写。在该参数中可以使用通配符，问号（?）匹配任意单个字符，星号（*）匹配任意零个或多个字符。如果要查找问号或星号本身，需要在这两个字符前添加"～"符号。

下面的公式计算 A1:A6 单元格区域中字母为 C 的单元格的数量，如图 14-10 所示。

=COUNTIF(A1:A6,"C")

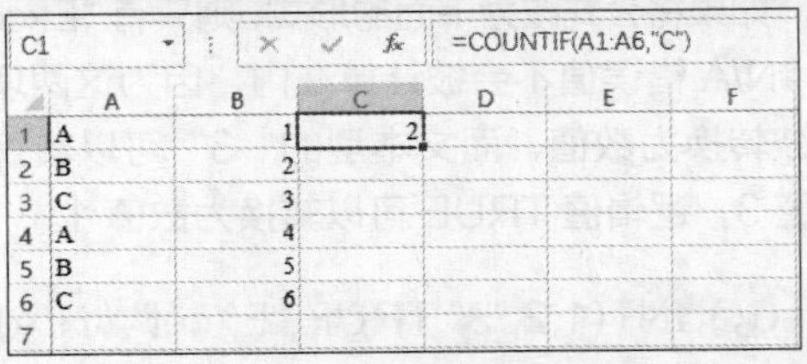

图 14-10　计算符合条件的单元格的数量

下面的公式计算 A1:A6 单元格区域中包含两个字母的单元格的数量，如图 14-11 所示。公式中使用通配符作为条件，每个问号表示一个字符，两个问号就表示两个字符。

=COUNTIF(A1:A6,"??")

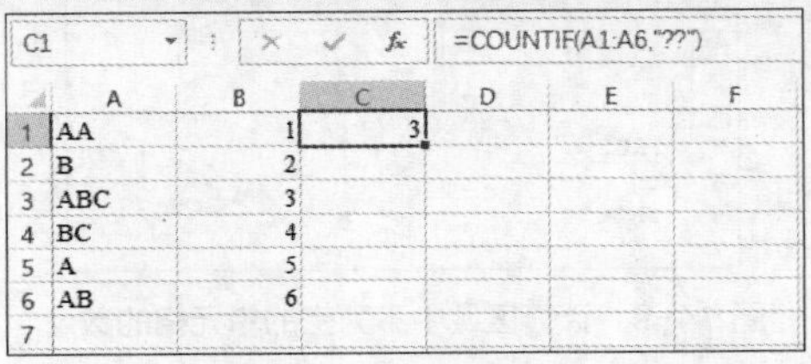

图 14-11　在条件中使用通配符

COUNTIFS 函数的语法格式与 COUNTIF 函数类似，其语法格式如下。

COUNTIFS(criteria_range1,criteria1,
[criteria_range2,criteria2],…)

● criteria_range1（必选）：要进行条件判断的第 1 个区域，判断该区域中的数据是否满足 criteria1 参数指定的条件。

● criteria1（必选）：要进行判断的第 1 个条件，可以是数字、文本、单元格引用或表达

式，在该参数中可以使用通配符。

● criteria_range2,…（可选）：要进行条件判断的第 2 个区域，最多可以有 127 个区域。

● criteria2,…（可选）：要进行判断的第 2 个条件，最多可以有 127 个条件。条件和条件区域的顺序与数量必须一一对应。

下面的公式计算 A1:A6 单元格区域中字母为 B，且对应的 B 列中大于 3 的数字的个数，如图 14-12 所示。

=COUNTIFS(A1:A6,"B",B1:B6,">3")

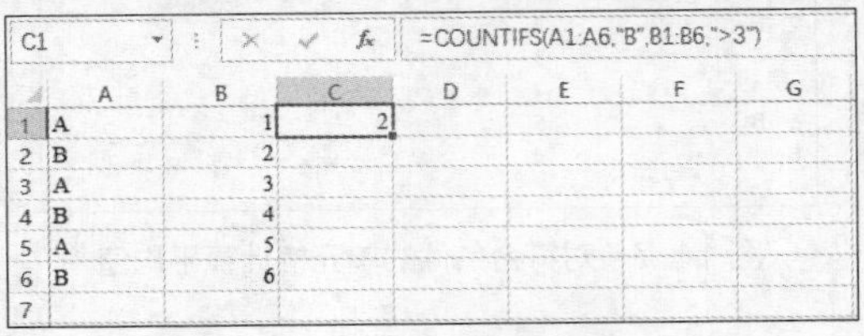

图 14-12　多条件计数

14.1.7 MAX 和 MIN 函数

MAX 函数用于返回一组数字中的最大值，其语法格式如下。

MAX(number1,[number2],…)

MIN 函数用于返回一组数字中的最小值，其语法格式如下。

MIN(number1,[number2],…)

MAX 和 MIN 函数包含以下两个参数。

● number1（必选）：要返回最大值或最小值的第 1 项，可以是直接输入的数字、单元格引用或数组。

● number2,…（可选）：要返回最大值或最小值的第 2～255 项，可以是直接输入的数字、单元格引用或数组。

> **注意**　如果参数是单元格引用或数组，则只计算其中的数值，而忽略文本、逻辑值、空单元格等内容，但不会忽略错误值。如果参数是常量（即直接输入的实际值），则参数必须为数值类型或可转换为数值的数据（如文本型数字和逻辑值），否则 MAX 和 MIN 函数将返回 #VALUE! 错误值。

下面两个公式分别返回 A1:A6 单元格区域中的最大值和最小值，如图 14-13 所示。

=MAX(A1:A6)
=MIN(A1:A6)

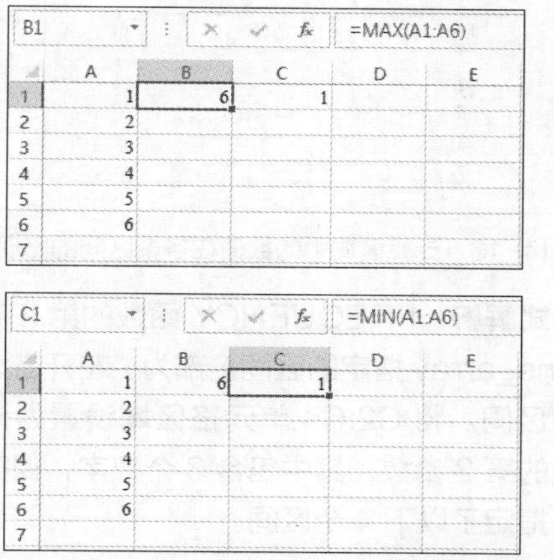

图 14-13 返回区域中的最大值和最小值

14.1.8 LARGE 和 SMALL 函数

LARGE 函数用于返回数据集中第 k 个最大值，其语法格式如下。

LARGE(array,k)

SMALL 函数用于返回数据集中第 k 个最小值，其语法格式如下。

SMALL(array,k)

LARGE 和 SMALL 函数包含以下两个参数。

◉ array（必选）：要返回第 k 个最大值或最小值的单元格区域或数组。

◉ k（必选）：要返回的数据在单元格区域或数组中的位置。如果数据区域包含 n 个数据，则 k 为 1 时返回最大值，k 为 2 时返回第二大的值，k 为 n 时返回最小值，k 为 $n-1$ 时返回第二小的值，以此类推。当使用 LARGE 和 SMALL 函数返回最大值和最小值时，其效果等同于 MAX 和 MIN 函数。

下面两个公式分别返回 A1:A6 单元格区域中的第二大的值和第二小的值，如图 14-14 所示。

=LARGE(A1:A6,2)
=SMALL(A1:A6,2)

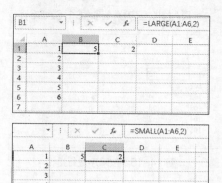

图 14-14 返回区域中第二大的值和第二小的值

14.1.9 RANK.EQ 函数

RANK.EQ 函数用于返回一个数字在数字列表中的排位，其大小与列表中的其他值相关。如果多个值具有相同的排位，则返回该组数值的最高排位，其语法格式如下。

RANK.EQ(number,ref,[order])

◉ number（必选）：要进行排位的数字。

◉ ref（必选）：要在其中进行排位的数字列表，可以是单元格区域或数组。

◉ order（可选）：排位方式。如果为 0 或省略该参数，则按降序计算排位，即数字越大，排位越高，排位值越小；如果不为 0，则按升序计算排位，即数字越大，排位越低，排位值越大。

> **注意** RANK.EQ 函数对重复值的排位结果相同，但会影响后续数值的排位。例如，在一列按升序排列的数字列表中，如果数字 6 出现 3 次，其排位为 2，则数字 7 的排位为 5，因为出现 3 次的数字 6 分别占用了第 2、第 3、第 4 这 3 个位置。

下面的公式返回 A1:A6 单元格区域中的 6 个单元格在该区域中的排位，如图 14-15 所示。由于省略了第 3 参数，因此按降序进行排位。A1 单元格中的数字 100 是 6 个数字中最小的一个，因此其排位为 6，而 A6 单元格中的数字 105 是 6 个数字中最大的一个，因此其排位为 1。

=RANK.EQ(A1,$A$1:$A$6)

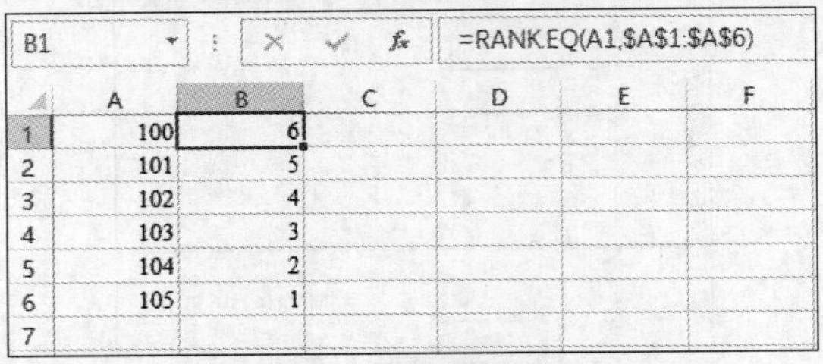

图 14-15 按降序进行排位

如果将第 3 参数设置为一个非 0 值，则按升序排位，在这种情况下通常将第 3 参数设置为 1，公式如下。

=RANK.EQ(A1,$A$1:$A$6,1)

14.1.10 FREQUENCY 函数

FREQUENCY 函数用于计算数值在区域中出现的频率并返回一个垂直数组，其语法格式如下。

FREQUENCY(data_array,bins_array)

◉ data_array（必选）：要统计其出现频率的一组数值，可以位于单元格区域或数组中。如果该参数不包含任何数值，FREQUENCY 函数将返回一个零数组。

◉ bins_array（必选）：用于对 data_array 参数中的数值进行分组的单元格区域或数组，该参数用于设置多个区间的上、下限。如果该参数不包含任何数值，FREQUENCY 函数将返回与 data_array 参数中的元素个数相等的元素，否则 FREQUENCY 函数返回的元素个数比 bins_array 参数中的元素多一个。

下面公式的作用是计算 A2:A11 单元格区域中的数字在由 C2:C4 单元格区域指定的多个区间中各有几个数字，如图 14-16 所示。输入公式前需要先选择一个单元格区域，所选区域的单元格数量需要比区间的单元格数量多一个，然后输入公式，最后按【Ctrl+Shift+Enter】组合键结束。

=FREQUENCY(A2:A11,C2:C4)

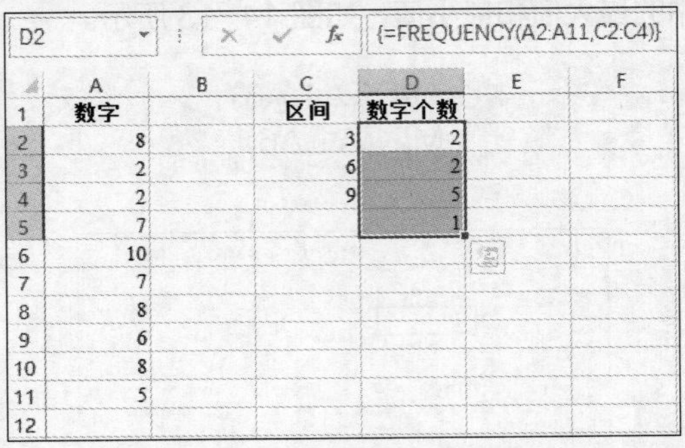

图 14-16 计算区域中的数值在各个区间的出现频率

公式解析： FREQUENCY 函数的第 2 参数 bins_array 指定的区间全部为"左开右闭"的区间。将 C2:C4 单元格区域设置为该函数的第 2 参数，其中包含 3 个数字，但实际上指定了以下 4 个区间。

◉ 大于 0 且小于等于 3：有 2 个数字，位于 A3 和 A4 单元格。

◉ 大于 3 且小于等于 6：有 2 个数字，位于 A9 和 A11 单元格。

◉ 大于 6 且小于等于 9：有 5 个数字，位于 A2、A5、A7、A8 和 A10 单元格。

◉ 大于 9：有 1 个数字，位于 A6 单元格。

14.1.11 SUBTOTAL 函数

SUBTOTAL 函数用于以指定的方式对列表或数据库中的数据进行汇总，包括求和、计数、平均值、最大值、最小值、标准差等，其语法格式如下。

SUBTOTAL(function_num,ref1,[ref2],···)

◉ function_num（必选）：要对列表或数据库中的数据进行汇总的方式，该参数的取值范围为 1 ~ 11（包含隐藏值）和 101 ~ 111（忽略隐藏值），如表 14-1 所示。当 function_num 参数的值为 1 ~ 11 时，SUBTOTAL 函数将包括执行【隐藏行】命令所隐藏的行中的值。当 function_num 参数的值为 101 ~ 111 时，SUBTOTAL 函数将忽略【隐藏行】命令所隐藏的行中的值。无论将 function_num 参数设置为哪个值，SUBTOTAL 函数都会忽略通过筛选操作隐藏的行。

⊙ ref 1（必选）：要进行汇总的第 1 个区域。

⊙ ref 2,…（可选）：要进行汇总的第 2 ～ 254 个区域。

表 14-1 function_num 参数的取值范围

function_num 包含隐藏值	function_num 忽略隐藏值	对应函数	功能
1	101	AVERAGE	计算平均值
2	102	COUNT	计算数值单元格的数量
3	103	COUNTA	计算非空单元格的数量
4	104	MAX	计算最大值
5	105	MIN	计算最小值
6	106	PRODUCT	计算乘积
7	107	STDEV	计算标准偏差
8	108	STDEVP	计算总体标准偏差
9	109	SUM	计算总和
10	110	VAR	计算方差
11	111	VARP	计算总体方差

注意　SUBTOTAL 函数只适用于垂直区域或数据列，不适用于水平区域或数据行。

下面两个公式返回相同的结果，将 SUBTOTAL 函数的第 1 参数设置为 9 或 109，都能计算 A1:A10 单元格区域的总和，如图 14-17 所示。

```
=SUBTOTAL(9,A1:A10)
=SUBTOTAL(109,A1:A10)
```

图 14-17　使用 SUBTOTAL 函数实现 SUM 函数的求和功能

如果要计算的区域包含手动隐藏的行，则 SUBTOTAL 函数的第 1 参数的设置值将会影响最后的计算结果。如图 14-18 所示，执行【隐藏行】命令将 A1:A10 单元格区域中的第 3 ～ 6 行隐藏起来，然后使用上面两个公式对该区域进行求和计算，将返回不同的结果。

⊙ 将第 1 参数设置为 9 时不会忽略隐藏行，计算 A1:A10 区域中的所有数据。

⊙ 将第 1 参数设置为 109 时会忽略隐藏行，只计算 A1:A10 区域中当前显示的数据。

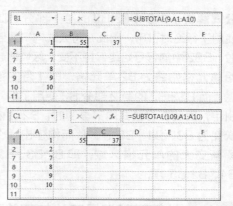

图 14-18　SUBTOTAL 函数第 1 参数的设置值会影响计算结果

14.2　求和与统计函数的实际应用

本节列举了求和与统计函数在实际中的一些典型应用，通过这些案例，可以更好地理解求和与统计函数的具体用法。

14.2.1 累计求和

案例 14-1
按月对商品销量进行累计求和

案例目标： B 列为某商品的月销量，现在需要计算商品在各月份的累计销量，效果如图 14-19 所示。

	A	B	C	D	E
			=SUM(B$2:B2)		
1	月份	月销量	累计求和		
2	1月	300	300		
3	2月	800	1100		
4	3月	600	1700		
5	4月	700	2400		
6	5月	900	3300		
7	6月	500	3800		
8					

图 14-19　按月对商品销量进行累计求和

完成本例的具体操作步骤如下。

在 C2 单元格中输入下面的公式并按【Enter】键，然后将公式向下复制到 C7 单元格。

=SUM(B$2:B2)

公式解析： 由于 B$2:B2 的第 1 部分 B$2 使用了行绝对引用，因此在将公式向下复制时，B$2 中的行号始终保持不变，区域的起始单元格始终为 B2 单元格，即 1 月的销量。而 B$2:B2 的第 2 部分 B2 使用了相对引用，因此在将公式向下复制时，B2 会依次变为 B3、B4、B5 等，从而构建出一个逐渐变大的单元格区域，即 B2:B3、B2:B4、B2:B5 等。

14.2.2 计算某部门员工的年薪总和

案例 14-2
计算某部门员工的年薪总和

案例目标： B 列为部门名称，D 列为每个员工的年薪，现在需要计算工程部所有员工的年薪总和，效果如图 14-20 所示。

完成本例的具体操作步骤如下。

在 G1 单元格中输入下面的公式并按【Enter】键。

=SUMIF(B2:B14," 工程部 ",D2:D14)

	A	B	C	D	E	F	G	H
				=SUMIF(B2:B14,"工程部",D2:D14)				
1	姓名	部门	职位	年薪		工程部年薪总和	105600	
2	刘树梅	人力部	普通职员	14400				
3	袁芳	销售部	高级职员	18000				
4	薛力	人力部	普通职员	25200				
5	胡伟	人力部	部门经理	32400				
6	蒋超	销售部	部门经理	32400				
7	刘力平	后勤部	部门经理	32400				
8	朱红	后勤部	普通职员	32400				
9	邓苗	工程部	普通职员	32400				
10	姜然	财务部	部门经理	34800				
11	郑华	工程部	普通职员	36000				
12	何贝贝	工程部	高级职员	37200				
13	郭静纯	销售部	普通职员	44800				
14	陈义军	销售部	普通职员	46800				
15								

图 14-20　计算某部门员工的年薪总和

使用 SUM 函数的数组公式也可以完成这类单条件的求和计算，公式如下。

{=SUM((B2:B14=" 工程部 ")*D2:D14)}

> **注意**
> 输入公式时，需要按【Ctrl+Shift+Enter】组合键结束。

14.2.3 计算前两名和后两名员工的销售额总和

案例 14-3
计算前两名和后两名员工的销售额总和

案例目标： B 列为每个员工完成的销售额，现在需要计算销售额位于前两名和后两名的员工的销售额总和，效果如图 14-21 所示。

	A	B	C	D	E	F	G	H
			=SUMIF(B2:B10,">"&LARGE(B2:B10,3))+SUMIF(B2:B10,"<"&SMALL(B2:B10,3))					
1	姓名	销售额	前两名和后两名销售额总和		62977			
2	刘树梅	17366						
3	袁芳	13666						
4	薛力	11357						
5	胡伟	13143						
6	蒋超	19897						
7	刘力平	13438						
8	朱红	18009						
9	邓苗	13006						
10	姜然	18717						
11								

图 14-21　计算前两名和后两名员工的销售额总和

完成本例的具体操作步骤如下。

在 E1 单元格中输入下面的公式并按【Enter】键。

=SUMIF(B2:B10,">"&LARGE(B2:B10,3))+
SUMIF(B2:B10,"<"&SMALL(B2:B10,3))

公式解析： 第 1 个 SUMIF 函数使用 ">"&LARGE(B2:B10,3) 作为条件，表示大于 B2:B10 单元格区域中第三大的数据，即销售额的前两名。第 2 个 SUMIF 函数使用 "<"&SMALL(B2:B10,3) 作为条件，表示小于 B2:B10 单元格区域中倒数第 3 小的数据，即销售额的最后两名。最后将两个 SUMIF 函数的计算结果相加，即得到销售额位于前两名和后两名的员工的销售额总和。

14.2.4 汇总指定销售额范围内的销售总额

案例 14-4
汇总指定销售额范围内的销售总额

案例目标： B 列为每个员工完成的销售额，现在需要计算销售额在 15000 ~ 25000 之间的销售总额，效果如图 14-22 所示。

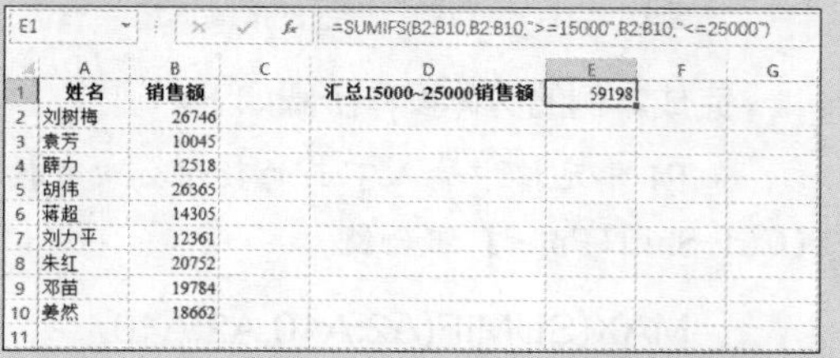

	A	B	C	D	E	F	G
1	姓名	销售额		汇总15000~25000销售额	59198		
2	刘树梅	26746					
3	袁芳	10045					
4	薛力	12518					
5	胡伟	26365					
6	蒋超	14305					
7	刘力平	12361					
8	朱红	20752					
9	邓苗	19784					
10	姜然	18662					
11							

图 14-22 汇总指定销售额范围内的销售总额

完成本例的具体操作步骤如下。

在 E1 单元格中输入下面的公式并按【Enter】键。

=SUMIFS(B2:B10,B2:B10,">=15000",B2:B10,"<=25000")

使用 SUM 函数的数组公式也可以完成这类多条件的求和计算，公式如下。输入公式时，需要按【Ctrl+Shift+Enter】组合键结束。

{=SUM((B2:B10>=15000)*(B2:B10<=25000)*B2:B10)}

14.2.5 计算商品打折后的总价格

案例 14-5
计算商品打折后的总价格

案例目标： B 列为商品单价，C 列为商品数量，D 列为商品折扣，现在需要计算商品打折后的总价格，效果如图 14-23 所示。

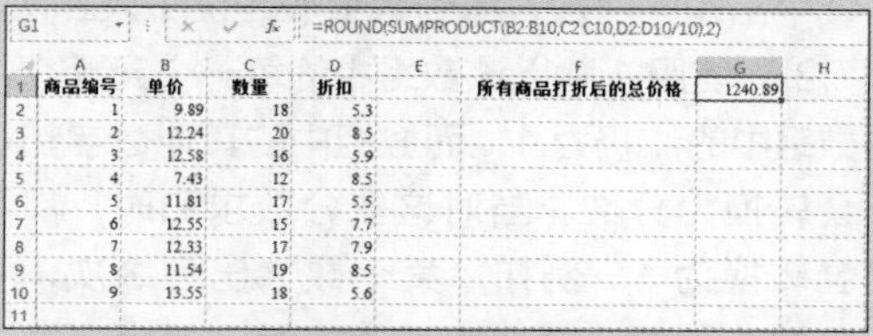

	A	B	C	D	E	F	G	H
1	商品编号	单价	数量	折扣		所有商品打折后的总价格	1240.89	
2	1	9.89	18	5.3				
3	2	12.24	20	8.5				
4	3	12.58	16	5.9				
5	4	7.43	12	8.5				
6	5	11.81	17	5.5				
7	6	12.55	15	7.7				
8	7	12.33	17	7.9				
9	8	11.54	19	8.5				
10	9	13.55	18	5.6				
11								

图 14-23 计算商品打折后的总价格

完成本例的具体操作步骤如下。

在 G1 单元格中输入下面的公式并按【Enter】键。

=ROUND(SUMPRODUCT(B2:B10,C2:C10,D2:D10/10),2)

公式解析： 本例需要计算的是 B、C、D 3 列对应位置上的单元格的乘积之和，因此非常适合使用 SUMPRODUCT 函数。D 列中的折扣不能直接参与计算，需要将其除以 10 后才能正确计算。最后使用 ROUND 函数将计算结果设置为保留两位小数。

14.2.6 统计不重复员工的人数

案例 14-6
统计不重复员工的人数

案例目标： A 列为员工姓名，但是有重复，现在需要统计不重复员工的人数，效果如图 14-24 所示。

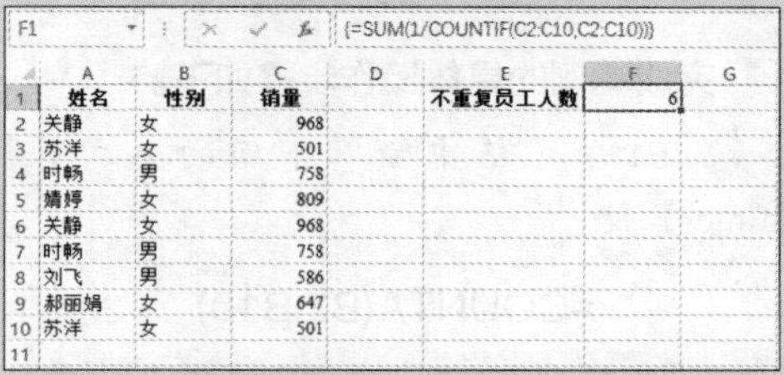

	A	B	C	D	E	F	G
1	姓名	性别	销量		不重复员工人数	6	
2	关静	女	968				
3	苏洋	女	501				
4	时畅	男	758				
5	婧婷	女	809				
6	关静	女	968				
7	时畅	男	758				
8	刘飞	男	586				
9	郝丽娟	女	647				
10	苏洋	女	501				
11							

图 14-24 统计不重复员工的人数

完成本例的具体操作步骤如下。

在 F1 单元格中输入下面的数组公式并按【Ctrl+Shift+Enter】组合键。

{=SUM(1/COUNTIF(C2:C10,C2:C10))}

公式解析： 首先使用 COUNTIF 函数统计 C2:C10 单元格区域中的每个单元格在该区域中出现的次数，得到数组 {2;2;2;1;2;2;1;1;2}。使用 1 除以该数组中的每一个元素，数组中的 1 仍为 1，而数组中的其他数字都会转换为分数。当对这些分数求和时，都会转换为 1。例如，某个数字出现 3 次，在被 1 除后，每次出现的位置上都会变为 1/3，对 3 次出现的 3 个位置上的 1/3 进行求和，结果为 1，从而将多次出现的同一个姓名按 1 次计算，最后统计出不重复员工的人数。

14.2.7 统计迟到人数

案例 14-7

统计迟到员工的人数

案例目标： A 列为员工姓名，B 列为迟到登记者，现在需要统计迟到人数，效果如图 14-25 所示。

E1 =COUNTA(B2:B10)

	A	B	C	D	E	F
1	姓名	迟到登记		迟到人数	4	
2	关静					
3	王平	迟到				
4	婧婷	迟到				
5	时畅					
6	刘飞					
7	郝丽娟					
8	苏洋	迟到				
9	王远强					
10	于波	迟到				
11						

图 14-25　统计迟到员工的人数

完成本例的具体操作步骤如下。

在 E1 单元格中输入下面的公式并按【Enter】键。

=COUNTA(B2:B10)

公式解析： 由于 COUNTA 函数不会将空白单元格计算在内，而本例中的所有迟到人员都标记为“迟到”，因此，计算包含的“迟到”单元格的数量就可得到迟到的人数。

14.2.8 计算单日最高销量

案例 14-8

计算单日商品的最高销量

案例目标： A 列为销售日期，B 列为销量，同一天的销售记录可能不止一条，现在需要计算单日最高销量，效果如图 14-26 所示。

E1 {=MAX(SUMIF(A2:A10,A2:A10,B2:B10))}

	A	B	C	D	E	F	G
1	日期	销量		单日最高销量	2394		
2	9月6日	509					
3	9月6日	803					
4	9月6日	578					
5	9月7日	741					
6	9月7日	505					
7	9月7日	602					
8	9月8日	809					
9	9月8日	737					
10	9月8日	848					
11							

图 14-26　计算单日商品的最高销量

完成本例的具体操作步骤如下。

在 E1 单元格中输入下面的数组公式并按【Ctrl+Shift+Enter】组合键。

{=MAX(SUMIF(A2:A10,A2:A10,B2:B10))}

公式解析： 首先使用 SUMIF 函数对每天的销量求和，然后使用 MAX 函数从中提取出最大值，即单日最高销量。SUMIF(A2:A10,A2:A10,B2:B10) 部分返回 {1890;1890;1890;1848;1848;1848;2394;2394;2394} 数组，即每日销量总和，数组中重复的元素说明同一天不止一条销售记录。

14.2.9 计算销量前 3 名的销量总和

案例 14-9

计算销量前 3 名的销量总和

案例目标： C 列为每个员工完成的销量，现在需要计算销量前 3 名的销量总和，效果如图 14-27 所示。

F1 =SUM(LARGE(C2:C10,{1,2,3}))

	A	B	C	D	E	F	G
1	姓名	性别	销量		前3名销量总和	2931	
2	关静	女	968				
3	王平	男	994				
4	婧婷	女	809				
5	时畅	男	758				
6	刘飞	男	586				
7	郝丽娟	女	647				
8	苏洋	女	501				
9	王远强	男	969				
10	于波	男	691				
11							

图 14-27　计算销量前 3 名的销量总和

完成本例的具体操作步骤如下。

在 F1 单元格中输入下面的数组公式并按【Enter】键。

=SUM(LARGE(C2:C10,{1,2,3}))

公式解析：使用常量数组 {1,2,3} 作为 LARGE 函数的第 2 参数，依次提取区域中最大、第二大和第三大的值，然后使用 SUM 函数对提取出的前 3 名销量求和。

14.2.10 在筛选状态下生成连续编号

案例 14-10

在筛选状态下生成连续编号

案例目标：对区域中的数据进行筛选前和筛选后，A 列中的编号始终都是连续的，效果如图 14-28 所示。

A2 =SUBTOTAL(103,$B$2:B2)

	A	B	C	D	E	F
1	编号	姓名	部门	职位	年薪	
2	1	刘树梅	人力部	普通职员	14400	
3	2	袁芳	销售部	高级职员	18000	
4	3	薛力	人力部	高级职员	25200	
5	4	胡伟	人力部	部门经理	32400	
6	5	蒋超	销售部	部门经理	32400	
7	6	刘力平	后勤部	部门经理	32400	
8	7	朱红	后勤部	普通职员	32400	
9	8	邓苗	工程部	普通职员	32400	
10	9	姜然	财务部	部门经理	34800	
11	10	郑华	工程部	普通职员	36000	
12	11	何贝贝	工程部	高级职员	37200	
13	12	郭静纯	销售部	高级职员	43200	
14	13	陈义军	销售部	普通职员	46800	
15						

A2 =SUBTOTAL(103,$B$2:B2)

	A	B	C	D	E	F
1	编号	姓名	部门	职位	年薪	
2	1	刘树梅	人力部	普通职员	14400	
8	2	朱红	后勤部	普通职员	32400	
9	3	邓苗	工程部	普通职员	32400	
11	4	郑华	工程部	普通职员	36000	
14	5	陈义军	销售部	普通职员	46800	
15						

图 14-28　在筛选状态下生成连续编号

完成本例的具体操作步骤如下。

筛选数据前，在原始数据的 A2 单元格中输入下面的公式并按【Enter】键，然后将公式向下复制到 A14 单元格。此后对数据进行任意筛选，A 列中的编号始终都是连续的。

=SUBTOTAL(103,$B$2:B2)

第 15 章 使用公式查找和引用数据

Excel 中的查找和引用函数主要用于对工作表中的数据进行查找和引用，包括查找数据本身或数据在区域中的位置，还可以返回单元格地址、行号和列号等信息。本章主要介绍常用查找和引用函数的语法格式以及在实际中的应用。

15.1 常用查找和引用函数

本节将介绍 Excel 中比较常用的查找和引用函数，这些函数在很多实际应用中发挥着重要的作用。

15.1.1 ROW 和 COLUMN 函数

ROW 函数用于返回单元格或单元格区域首行的行号，其语法格式如下。

ROW([reference])

COLUMN 函数用于返回单元格或单元格区域首列的列号，其语法格式如下。

COLUMN([reference])

ROW 和 COLUMN 函数只包含一个可选参数 reference，表示要返回行号或列号的单元格或单元格区域。如果省略该参数，则返回公式所在的单元格的行号或列号。

在任意一个单元格中输入下面的公式，将返回该单元格所在的行号。图 15-1 所示为在 B3 单元格中输入该公式，返回 B3 单元格的行号 3。

=ROW()

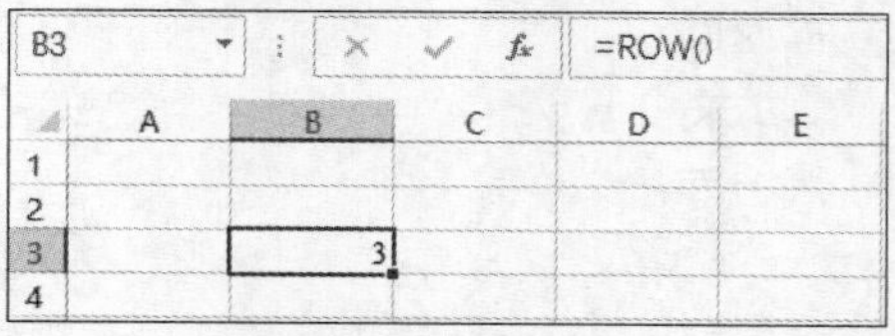

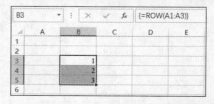

图 15-1 使用 ROW 函数返回当前行号

如果想在任意单元格中输入的 ROW 函数返回 3，只需使用行号为 3 的单元格引用作为

ROW 函数的参数即可，单元格引用中的列标是什么无关紧要，如下面的公式。

=ROW(A3)

COLUMN 函数的用法与 ROW 函数类似，只不过 COLUMN 函数返回的是列号。下面的公式返回 C6 单元格的列标 C 对应的序号 3。

=COLUMN(C6)

使用 ROW 和 COLUMN 函数还能以数组的形式返回一组自然数序列。此时需要使用单元格区域作为 ROW 和 COLUMN 函数的参数，ROW 函数将返回一个垂直数组，COLUMN 函数将返回一个水平数组，数组的元素就是作为参数的单元格区域的行号序列或列号序列。

下面的公式返回一个包含自然数 1、2、3 的垂直数组 {1;2;3}。输入这个公式前需要先选择一列中连续的 3 个单元格，然后输入公式，最后按【Ctrl+Shift+Enter】组合键结束，如图 15-2 所示。

{=ROW(A1:A3) }

图 15-2 使用 ROW 函数返回一个垂直数组

下面的公式返回一个包含6个元素的水平数组{1,2,3,4,5,6}，需要输入到一行连续的6个单元格中，并按【Ctrl+Shift+Enter】组合键结束。

{=COLUMN(A2:F5)}

15.1.2 VLOOKUP函数

VLOOKUP函数用于在区域或数组的第1列查找指定的值，并返回该区域或数组其他列中与所查找的值位于同一行的数据，其语法格式如下。

VLOOKUP(lookup_value,table_array,col_index_num,[range_lookup])

- lookup_value（必选）：要在区域或数组的第1列中查找的值。
- table_array（必选）：要在其中进行查找的区域或数组。
- col_index_num（必选）：要返回区域或数组中第几列的值。该参数不是工作表的实际列号，而是以table_array参数所表示的区域或数组为基准，在其中某列的序号。例如，如果将该参数设置为3，那么对于B1:D6单元格区域而言，将返回D列中的数据，而不是C列。
- range_lookup（可选）：查找方式，包括精确查找和模糊查找两种，该参数的取值范围如表15-1所示。

表15-1 range_lookup参数的取值范围

range_lookup参数值	说明
TRUE或省略	模糊查找，返回查找区域第1列中小于等于查找值的最大值，查找区域必须按升序排列，否则可能会返回错误的结果
FALSE或0	精确查找，返回查找区域第1列中与查找值匹配的第1个值，查找区域无须排序。在该方式下查找文本时，可以使用通配符？和 *

注意 如果区域或数组中包含多个符合条件的值，VLOOKUP函数只返回第1个匹配的值。如果在区域或数组中没有符合条件的值，VLOOKUP函数将返回#N/A错误值。

案例15-1

根据商品名称查找销量

案例目标： A列为商品名称，B列为商品单价，C列为商品销量，现在需要根据E2单元格中的商品名称，查找与其对应的销量，效果如图15-3所示。

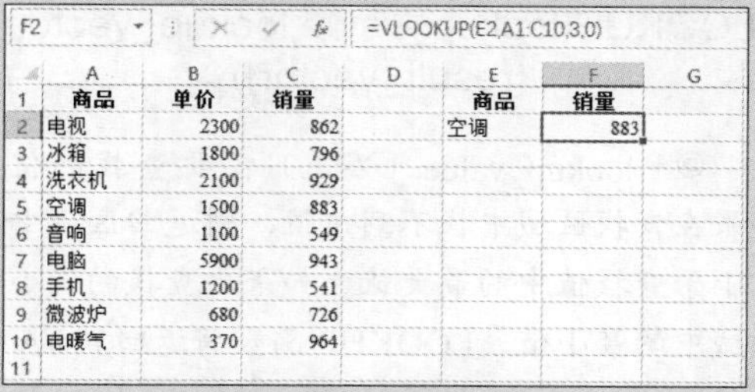
F2 =VLOOKUP(E2,A1:C10,3,0)

	A	B	C	D	E	F	G
1	商品	单价	销量		商品	销量	
2	电视	2300	862		空调	883	
3	冰箱	1800	796				
4	洗衣机	2100	929				
5	空调	1500	883				
6	音响	1100	549				
7	电脑	5900	943				
8	手机	1200	541				
9	微波炉	680	726				
10	电暖气	370	964				
11							

图15-3 根据商品名称查找销量

完成本例的具体操作步骤如下。

在E2单元格中输入下面的公式并按【Enter】键。

=VLOOKUP(E2,A1:C10,3,0)

公式解析： 由于要查找商品的名称，因此需要将A列作为查找区域的第1列，而要返回的销量位于C列，对于数据所在的A1:C10单元格区域而言，相对于位于该区域的第3列，因此需要将VLOOKUP函数的第3参数设置为3。为了精确匹配指定的商品，需要将VLOOKUP函数的第4参数设置为0。

如果找不到任何匹配的值，VLOOKUP函数会返回#N/A错误值。如果希望返回特定的内容，可以使用IFERROR函数屏蔽错误值。该函数包含两个参数，第1个参数是要检测的表达式，第2个参数是在表达式返回错误值时希望返回的内容。如果表达式未出现错误，则返回表达式的值。可以将上面的公式改为下面的形式，当找不到指定商品时，返回"未找到此商品"文字。

=IFERROR(VLOOKUP(E2,A1:C10,3,0),"未找到此商品")

15.1.3 LOOKUP 函数

LOOKUP 函数具有向量形式和数组形式两种语法格式。向量形式的 LOOKUP 函数用于在单行或单列中查找指定的值，并返回另一行或另一列中对应位置上的值。LOOKUP 函数的语法格式如下。

> LOOKUP(lookup_value,lookup_vector,
> [result_vector])

◉ lookup_value（必选）：要查找的值。如果在查找区域中找不到该值，则返回区域中所有小于查找值中的最大值。如果要查找的值小于区域中的最小值，LOOKUP 函数将返回 #N/A 错误值。

◉ lookup_vector（必选）：要在其中进行查找的单行或单列，可以是只有一行或一列的单元格区域，也可以是一维数组。

◉ result_vector（可选）：要返回结果的单行或单列，可以是只有一行或一列的单元格区域，也可以是一维数组，其大小必须与查找区域相同。当查找区域和返回数据的结果区域相同时，可以省略该参数。

> **注意**　如果要查找精确的值，查找区域必须按升序排列，否则可能会返回错误的结果。如果查找区域中包含多个符合条件的值，则 LOOKUP 函数只返回最后一个匹配值。

下面的公式在 A1:A6 单元格区域中查找数字 3，并返回 B1:B6 单元格区域中对应位置上的值。由于 A3 单元格中包含 3，因此返回 B3 单元格中的值 300，如图 15-4 所示。

=LOOKUP(3,A1:A6,B1:B6)

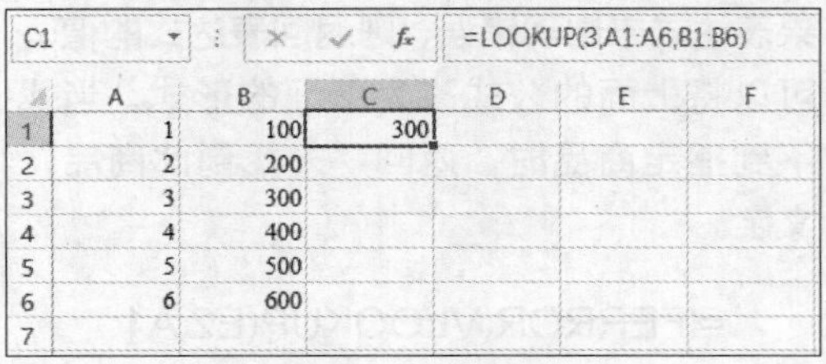

图 15-4　查找精确的值

下面的公式仍然在 A1:A6 单元格区域中查找数字 3，但是由于该区域中不止一个单元格包含 3，因此返回最后一个包含 3 的单元格对应于 B 列中的值，即 A5 单元格与查找值匹配，并返回 B5 单元格中的值 500，如图 15-5 所示。

=LOOKUP(3,A1:A6,B1:B6)

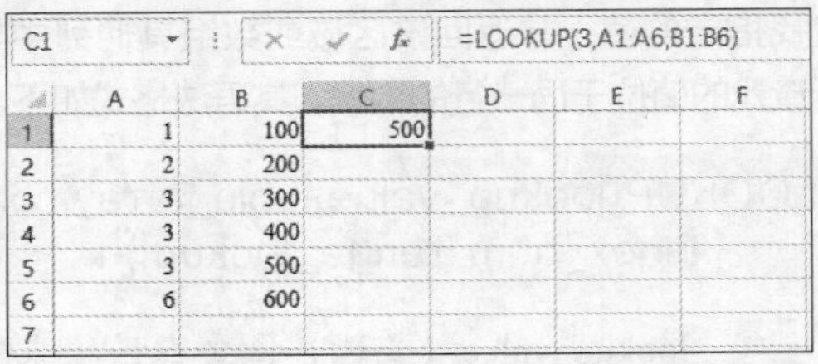

图 15-5　有多个符合条件的值的情况

下面的公式查找 5.5，由于 A 列中没有该数字，而小于该数字的有 5 个（1、2、3、4、5），LOOKUP 函数将使用所有小于该数字中的最大值进行匹配，即 A5 单元格中的数字 5，并返回 B5 单元格中的值 500，如图 15-6 所示。

=LOOKUP(5.5,A1:A6,B1:B6)

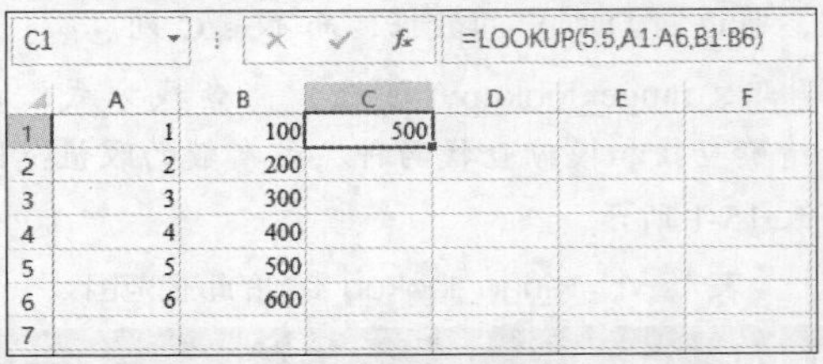

图 15-6　返回小于查找值的最大值

数组形式的 LOOKUP 函数用于在区域或数组的第 1 行或第 1 列中查找指定的值，并返回该区域或数组最后一行或最后一列中对应位置上的值，其语法格式如下。

> LOOKUP(lookup_value,array)

◉ lookup_value（必选）：要查找的值。如果在查找区域中找不到该值，则返回区域中所有小于查找值中的最大值。如果要查找的值小于区域中的最小值，LOOKUP 函数将返回 #N/A 错误值。

◉ array（必选）：要在其中进行查找的区域或数组。

match_type 参数值	说明
-1	模糊查找，返回大于等于查找值的最小值的位置，查找区域必须按降序排列，否则可能会返回错误的结果

> **注意**
> 　　如果要查找精确的值，查找区域必须按升序排列，否则可能会返回错误的结果。如果查找区域中包含多个符合条件的值，则 LOOKUP 函数只返回最后一个匹配值。

> **注意**
> 　　查找文本时不区分文本的大小写，如果在查找文本时将 MATCH 函数的第 3 参数设置为 0，则可以在第 1 参数中使用通配符。如果在区域或数组中没有符合条件的值，MATCH 函数将返回 #N/A 错误值。

　　下面的公式使用数组形式的 LOOKUP 函数，在 A1:A6 单元格区域的第 1 列中查找数字 3，然后返回该区域最后一列即 B 列对应位置上的值 300，如图 15-7 所示。

=LOOKUP(3,A1:B6)

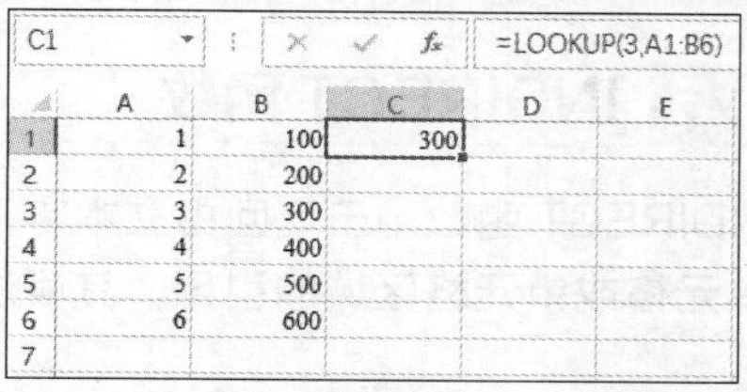

图 15-7　使用数组形式的 LOOKUP 函数查找数据

15.1.4　MATCH 函数

　　MATCH 函数用于在单行或单列中查找指定的值，并返回该值在行或列中的相对位置，其语法格式如下。

MATCH(lookup_value,lookup_array,
[match_type])

- ◉ lookup_value（必选）：要查找的值。
- ◉ lookup_array（必选）：要在其中进行查找的单行或单列，可以是只有一行或一列的单元格区域，也可以是一维数组。
- ◉ match_type（可选）：查找方式，包括精确查找和模糊查找两种，match_type 参数的取值范围如表 15-2 所示。

表 15-2　match_type 参数的取值范围

match_type 参数值	说明
1 或省略	模糊查找，返回小于等于查找值的最大值的位置，查找区域必须按升序排列，否则可能会返回错误的结果
0	精确查找，返回查找区域中第 1 个与查找值匹配的值的位置，查找区域无须排序

　　下面的公式返回 3，表示数字 3 在 A2:A7 单元格区域中的相对位置，而不是在工作表中的位置，如图 15-8 所示。

=MATCH(3,A2:A7,0)

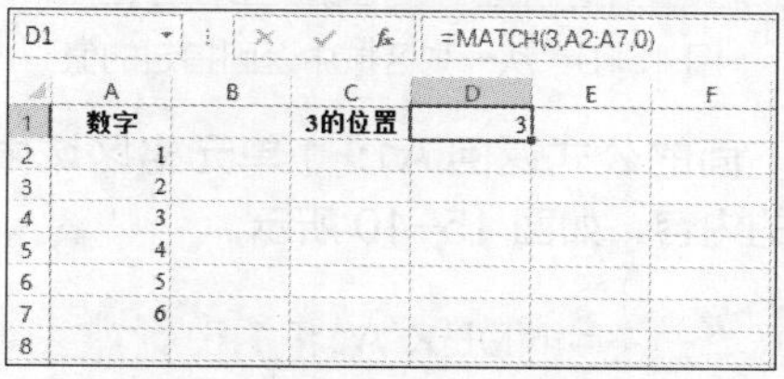

图 15-8　查找指定值的位置

15.1.5　INDEX 函数

　　INDEX 函数具有数组形式和引用形式两种语法格式。由于引用形式的 INDEX 函数没有数组形式的 INDEX 函数常用，因此本小节主要介绍数组形式的 INDEX 函数。数组形式的 INDEX 函数用于返回区域或数组中位于行、列交叉位置上的值，其语法格式如下。

INDEX(array,row_num,[column_num])

- ◉ array（必选）：要从中返回值的区域或数组。
- ◉ row_num（必选）：要返回的值所在区域或数组中的指定行。如果将该参数设置为 0，INDEX 函数将返回 array 参数中的指定列中的所有值。
- ◉ column_num（可选）：要返回的值所

在区域或数组中的指定列。如果将该参数设置为 0，INDEX 函数将返回 array 参数中的指定行中的所有值。

> **注意** 如果 array 参数只有一行或一列，则可以省略 column_num 参数。如果 row_num 参数或 column_num 参数超出 array 参数中的区域或数组的范围，INDEX 函数将返回 #REF! 错误值。

下面的公式返回 A1:A6 单元格区域中第 5 行上的内容，如图 15-9 所示。

=INDEX(A1:A6,5)

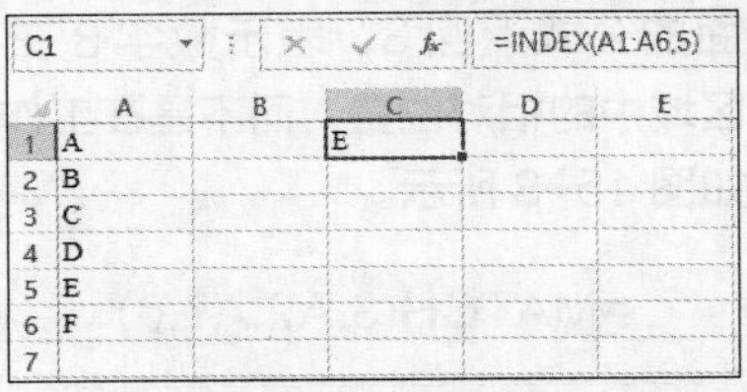

图 15-9 从一列区域中返回指定的值

下面的公式返回 A1:F1 单元格区域中第 5 列上的内容，如图 15-10 所示。

=INDEX(A1:F1,5)

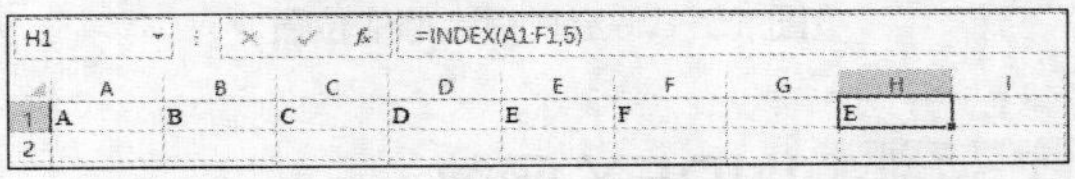

图 15-10 从一行区域中返回指定的值

下面的公式返回 A1:C6 单元格区域中位于第 3 行第 2 列上的内容，如图 15-11 所示。

=INDEX(A1:C6,3,2)

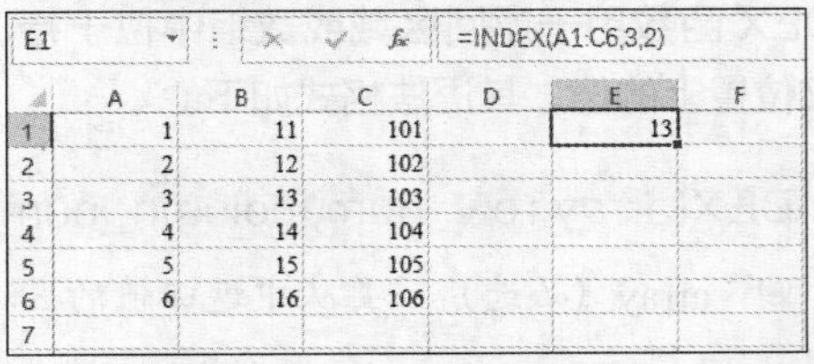

图 15-11 从多行多列区域中返回指定的值

下面的公式计算 A1:C6 单元格区域中第 2 列的总和，如图 15-12 所示。此处将第 2 参数设置为 0，将第 3 参数设置为 2，表示引用的是区域中的第 2 列中的所有内容。

=SUM(INDEX(A1:C6,0,2))

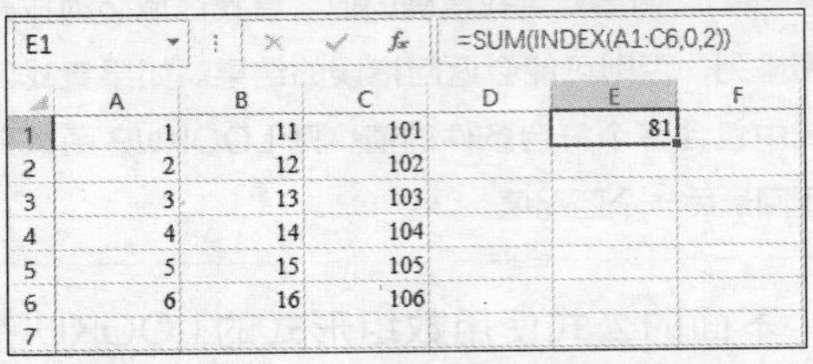

图 15-12 引用区域中指定的整列

下面的公式将 INDEX 函数的第 1 参数设置为常量数组，返回该数组中的第 5 个元素。

=INDEX({"A";"B";"C";"D";"E";"F"},5)

15.1.6 INDIRECT 函数

INDIRECT 函数用于返回由文本字符串指定的单元格或单元格区域的引用，其语法格式如下。

INDIRECT(ref_text,[a1])

⊙ ref_text（必选）：表示单元格地址的文本，可以是 A1 或 R1C1 引用样式的字符串。

⊙ a1（可选）：一个逻辑值，表示 ref_text 参数中的单元格的引用样式。如果该参数为 TRUE 或省略，则 ref_text 参数中的文本被解释为 A1 样式的引用；如果该参数为 FALSE，则 ref_text 参数中的文本被解释为 R1C1 样式的引用。

> **注意** 如果 ref_text 参数不能被正确转换为有效的单元格地址，或引用的单元格超出 Excel 支持的最大范围，或引用一个未打开的外部工作簿中的单元格或单元格区域，INDIRECT 函数都将返回 #REF! 错误值。

如图 15-13 所示，C1:H1 单元格区域中的每个公式分别引用 A1:A6 单元格区域中的内容。在 C1 单元格中输入下面的公式，然后将公式向右复制到 H1 单元格即可自动得到 A1:A6 单元格区域中的内容。在将公式向右复制的过程中，COLUMN(A1) 中的 A1 会自动变为 B1、C1、D1、E1 和 F1，因此会返回从 A 列开始的列号 1、2、3、4、5、6。最后将返回的数字与字母 A 组成单元格地址的文本，并使用 INDIRECT

函数将其转换为实际的单元格引用。

=INDIRECT("A"&COLUMN(A1))

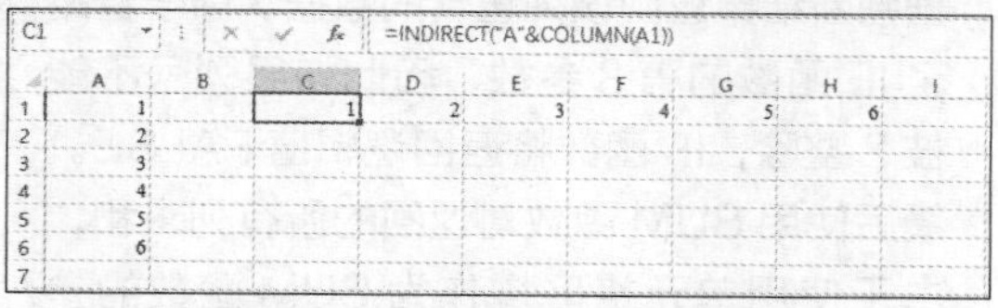

图 15-13 引用单元格中的内容

15.1.7 OFFSET 函数

OFFSET 函数用于以指定的引用为参照系，通过给定的偏移量返回一个对单元格或单元格区域的引用，并可以指定单元格区域包含的行数和列数，其语法格式如下。

OFFSET(reference,rows,cols,[height],
[width])

◉ reference（必选）：作为偏移量参照系的起始引用区域，该参数必须是对单元格或连续单元格区域的引用，否则 OFFSET 函数将返回 #VALUE! 错误值。

◉ rows（必选）：相对于偏移量参照系的左上角单元格，向上或向下偏移的行数。行数为正数时，表示向下偏移；行数为负数时，表示向上偏移。

◉ cols（必选）：相对于偏移量参照系的左上角单元格，向左或向右偏移的列数。列数为正数时，表示向右偏移；列数为负数时，表示向左偏移。

◉ height（可选）：要返回的引用区域包含的行数。行数为正数时，表示向下扩展的行数；行数为负数时，表示向上扩展的行数。

◉ width（可选）：要返回的引用区域包含的列数。列数为正数时，表示向右扩展的列数；列数为负数时，表示向左扩展的列数。

> **注意**
> 如果行数和列数的偏移量超出了工作表的范围，OFFSET 函数将返回 #REF! 错误值。如果省略 row 和 cols 两个参数的值，则默认按 0 处理，此时偏移后新区域的左上角单元格与原区域的左上角单元格相同，即 OFFSET 函数不执行任何偏移操作。如果省略 height 或 width 参数，则偏移后新区域包含的行数或列数与原区域相同。

下面的公式返回 D6:F10 单元格区域，表示从 B3 单元格开始，向下偏移 3 行，向右偏移 2 列，此时新区域左上角的单元格为 D6，然后从该单元格开始，向下扩展 5 行，向右扩展 3 列，最后引用的是 D6:F10 单元格区域。

=OFFSET(B3,3,2,5,3)

15.2 查找和引用函数的实际应用

本节列举了查找和引用函数在实际中的一些典型应用，通过这些案例，可以更好地理解查找和引用函数的具体用法。

15.2.1 快速输入月份

案例 15-2
快速输入月份

案例目标： 在任意一列中快速输入格式为"1月""2月""3月"的月份，效果如图 15-14 所示。

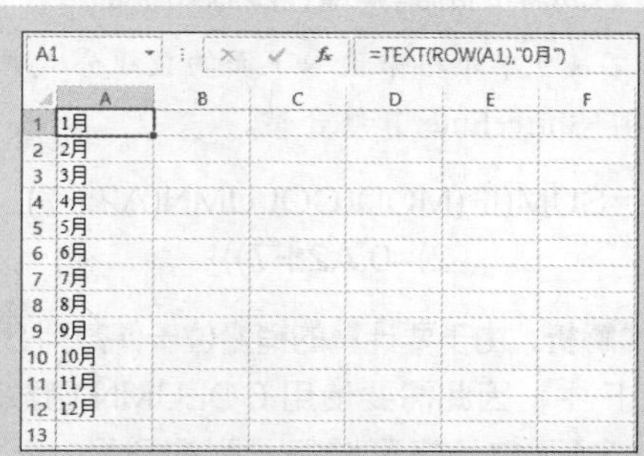

图 15-14 在一列中快速输入月份

完成本例的具体操作步骤如下。

在任意一个单元格中输入下面的公式并按【Enter】键，然后将公式向下复制。

=TEXT(ROW(A1),"0 月 ")

公式解析： 无论将公式输入到哪个单元格中，ROW(A1) 都会返回 A1 的行号 1，A1 也可以改成 B1、C1、D1 等，只要确保是任意一列的第 1 单元格即可。然后使用 TEXT 函数为返回的数字设置格式，“0 月”中的 0 为数字占位符，在数字右侧显示“月”字。

如果要输入中文小写数字的月份，如“一月”“二月”“三月”，则可以使用下面的公式。

=TEXT(ROW(A1),"[DBNum1]")&" 月 "

15.2.2 汇总多个列中的销量

案例 15-3

汇总各区域的销量

案例目标： 3 个区域的销量分别位于 B、D、F 列中，现在需要计算 3 个区域的销量总和，效果如图 15-15 所示。

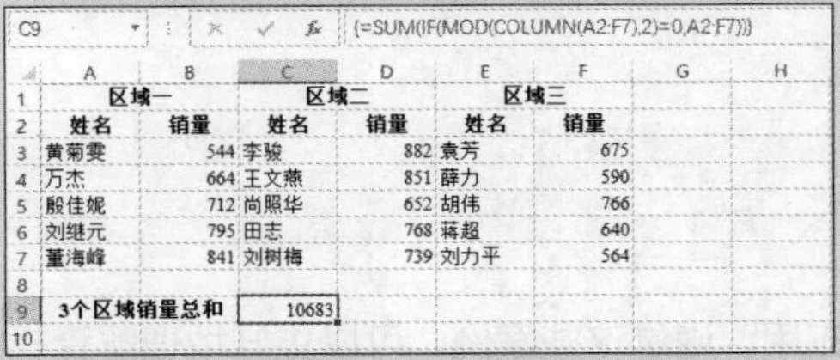
C9 {=SUM(IF(MOD(COLUMN(A2:F7),2)=0,A2:F7))}

	A	B	C	D	E	F	G	H
1	区域一		区域二		区域三			
2	姓名	销量	姓名	销量	姓名	销量		
3	黄菊雯	544	李骏	882	袁芳	675		
4	万杰	664	王文燕	851	薛力	590		
5	殷佳妮	712	尚照华	652	胡伟	766		
6	刘继元	795	田志	768	蒋超	640		
7	董海峰	841	刘树梅	739	刘力平	564		
8								
9	3个区域销量总和		10683					
10								

图 15-15 汇总各区域的销量

完成本例的具体操作步骤如下。

在 C9 单元格中输入下面的数组公式并按【Ctrl+Shift+Enter】组合键。

{=SUM(IF(MOD(COLUMN(A2:F7),2)=0,A2:F7))}

公式解析： 由于要计算的销量位于偶数列 B、D、F 中，因此需要使用 COLUMN 函数获得 A2:F7 单元格区域每一列的列号，然后使用 MOD 函数检查列号能否被 2 整除，如果能则说明该列为偶数列，使用 IF 函数根据判断结果返回该列包含的数据。由于省略了 IF 函数的第 3 参数，因此如果列号不能被 2 整除，IF 函数将返回逻辑值 FALSE。最后使用 SUM 函数对返回的所有列求和，由于使用单元格区域作为 SUM 函数的参数，因此只计算其中的数值，而忽略文本和逻辑值，最终得到 3 个区域的销量总和。

15.2.3 从多列数据中查找员工信息

案例 15-4

在职位薪资表的多列中查找特定员工的信息

案例目标： A 列为部门名称，B 列为员工姓名，C 列为员工的职位，D 列为员工的月薪，现在需要根据 F2 和 G2 单元格中的值，提取指定部门和姓名的员工的月薪，效果如图 15-16 所示。

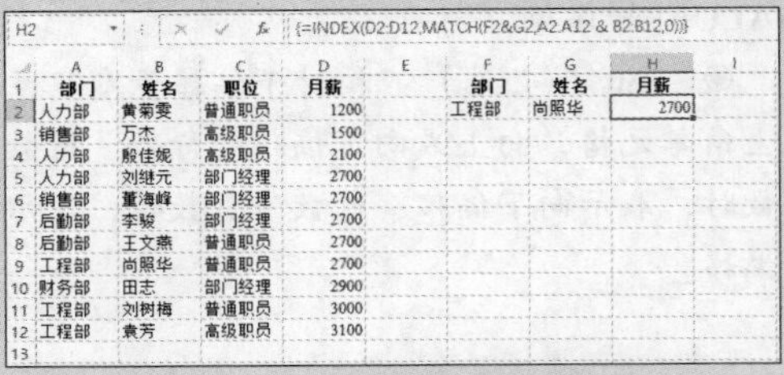
H2 {=INDEX(D2:D12,MATCH(F2&G2,A2:A12 & B2:B12,0))}

	A	B	C	D	E	F	G	H	I
1	部门	姓名	职位	月薪		部门	姓名	月薪	
2	人力部	黄菊雯	普通职员	1200		工程部	尚照华	2700	
3	销售部	万杰	高级职员	1500					
4	人力部	殷佳妮	高级职员	2100					
5	人力部	刘继元	部门经理	2700					
6	销售部	董海峰	部门经理	2700					
7	后勤部	李骏	部门经理	2700					
8	后勤部	王文燕	普通职员	2700					
9	工程部	尚照华	普通职员	2700					
10	财务部	田志	部门经理	2900					
11	工程部	刘树梅	普通职员	3000					
12	工程部	袁芳	高级职员	3100					
13									

图 15-16 从多列数据中查找员工信息

完成本例的具体操作步骤如下。

在 H2 单元格中输入下面的数组公式并按【Ctrl+Shift+Enter】组合键。

=INDEX(D2:D12,MATCH(F2&G2,A2:A12 & B2:B12,0))

公式解析： 本例用作 MATCH 函数的查找数据和查找区域比较特殊。对于 MATCH 函数的第 1 参数，使用了 F2&G2 的形式，返回文本字符串“" 工程部尚照华 "”。对于 MATCH 函数的第 2 参数，使用两个区域的联合引用，返回数组 {" 人力部黄菊雯 ";" 销售部万杰 ";" 人力部殷佳妮 ";" 人力部刘继元 ";"

销售部董海峰";"后勤部李骏";"后勤部王文燕";"工程部尚照华";"财务部田志";"工程部刘树梅";"工程部袁芳"}，然后通过 MATCH 函数返回 F2&G2 在联合区域引用数组中的位置，最后使用 INDEX 函数提取指定位置上的值。

15.2.4 逆向查找

案例 15-5

根据员工姓名逆向查找员工编号

案例目标： A 列为员工编号，B 列为员工姓名，现在需要根据 D2 单元格中的姓名，查找对应的员工编号，效果如图 15-17 所示。

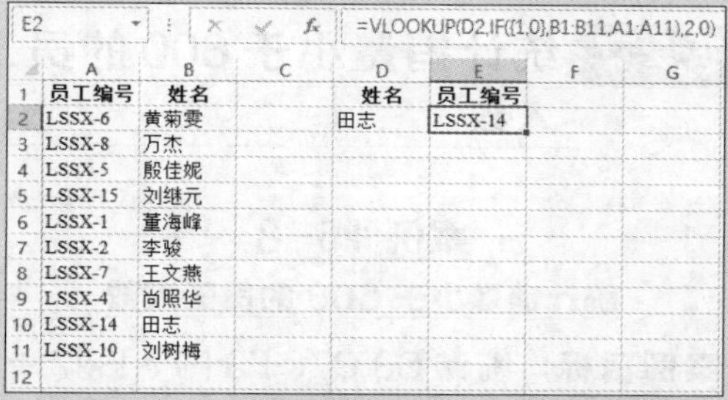
E2 =VLOOKUP(D2,IF({1,0},B1:B11,A1:A11),2,0)

	A	B	C	D	E	F	G
1	员工编号	姓名		姓名	员工编号		
2	LSSX-6	黄菊雯		田志	LSSX-14		
3	LSSX-8	万杰					
4	LSSX-5	殷佳妮					
5	LSSX-15	刘继元					
6	LSSX-1	董海峰					
7	LSSX-2	李骏					
8	LSSX-7	王文燕					
9	LSSX-4	尚照华					
10	LSSX-14	田志					
11	LSSX-10	刘树梅					
12							

图 15-17　根据员工姓名逆向查找员工编号

完成本例的具体操作步骤如下。

在 E2 单元格中输入下面的公式并按【Enter】键。

=VLOOKUP(D2,IF({1,0},B1:B11,
A1:A11),2,0)

公式解析： 默认情况下，VLOOKUP 函数只能在区域或数组的第 1 列中进行查找，然后返回该区域或数组右侧指定列中的数据。本例要查找的值位于区域的第 2 列，所以 VLOOKUP 函数默认无法完成该任务。为了解决这个问题，使用一个包含 1 和 0 的常量数组作为 IF 函数的条件，数字 1 相当于逻辑值 TRUE，数字 0 相当于逻辑值 FALSE，当条件为 TRUE 时返回 B1:B11 单元格区域，条件为 FALSE 时返回 A1:A11 单元格区域，这样就可以通过 IF 函数互换 A 列和 B 列的位置并重新构建一个区域，然后就可以使用 VLOOKUP 函数在新构建的区域中进行查找。

15.2.5 提取商品最后一次进货日期

案例 15-6

提取商品最后一次的进货日期

案例目标： A 列是进货日期，B 列是各日期的进货量，A 列中的各日期之间存在空白单元格，现在需要提取最后一次进货的日期，效果如图 15-18 所示。

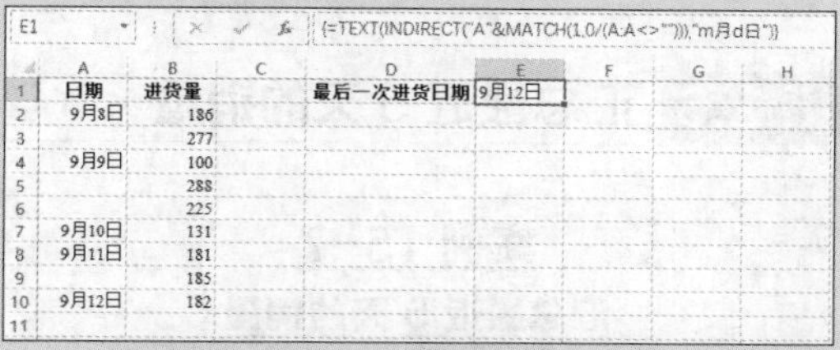
E1 {=TEXT(INDIRECT("A"&MATCH(1,0/(A:A<>""))),"m月d日")}

	A	B	C	D	E	F	G	H
1	日期	进货量		最后一次进货日期	9月12日			
2	9月8日	186						
3		277						
4	9月9日	100						
5		288						
6		225						
7	9月10日	131						
8	9月11日	181						
9		185						
10	9月12日	182						
11								

图 15-18　提取商品最后一次的进货日期

完成本例的具体操作步骤如下。

在 E1 单元格中输入下面的数组公式并按【Ctrl+Shift+Enter】组合键。

{=TEXT(INDIRECT("A"&MATCH(1,0/
(A:A<>""))),"m 月 d 日 ")}

公式解析： "A:A<>""" 部分用于判断 A 列中不为空的单元格，返回一个包含逻辑值 TURE 和 FALSE 的数组。然后使用 0 除以该数组中的每个元素，进行除法时会自动将 TRUE 转换为 1，将 FALSE 转换为 0，返回一个包含 0 和错误值的数组，为 0 的位置说明是 A 列中不为空的单元格，即包含进货日期的单元格。使用 MATCH 函数在包含 0 和错误值的数组中查找 1，由于省略了 MATCH 函数的第 3 参数，并且在数组中找不到 1，因此返回的是所有比 1 小的值中的最大值，即返回 0。数组中虽然包含多个 0，但是 MATCH 函数只返回最后一个 0 的位置。最后使用 INDIRECT 函数将字母 A 与返回的位置序号的文本转换为实际的单元格引用，并使用 TEXT 函数将结果设置为日期格式。

本例也可以使用下面的公式，提取 A 列中的最大值，由于日期的本质是数值，因此相当于提取最后一次进货日期。9E+307 是接近 Excel 中允许输入的最大数值的科学计数形式的数字，使用该值作为查找值，LOOKUP 函数将返回比该值小的值中的最大值。无论是否对查找区域进行升序排列，LOOKUP 函数在找不到精确匹配的值时，将会返回查找区域中的最后一个值。

=TEXT(LOOKUP(9E+307,A:A),"m 月 d 日 ")

15.2.6 汇总最近 5 天的销量

案例 15-7

汇总最近 5 天的销量

案例目标： A 列为销售日期，B 列为与日期对应的销量，现在需要汇总最近 5 天的销量，效果如图 15-19 所示。

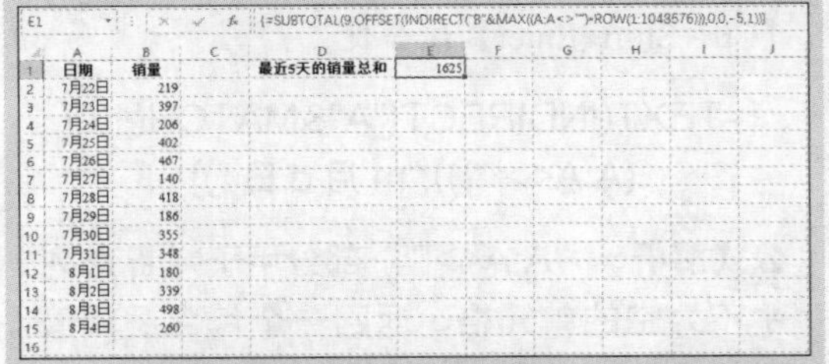
E1 {=SUBTOTAL(9,OFFSET(INDIRECT("B"&MAX((A:A<>"")*ROW(1:1048576))),0,0,-5,1))}

	A	B	C	D	E
1	日期	销量		最近5天的销量总和	1625
2	7月22日	219			
3	7月23日	397			
4	7月24日	206			
5	7月25日	402			
6	7月26日	467			
7	7月27日	140			
8	7月28日	418			
9	7月29日	186			
10	7月30日	355			
11	7月31日	348			
12	8月1日	180			
13	8月2日	339			
14	8月3日	498			
15	8月4日	260			
16					

图 15-19 汇总最近 5 天的销量

完成本例的具体操作步骤如下。

在 E1 单元格中输入下面的数组公式并按【Ctrl+Shift+Enter】组合键。

{=SUBTOTAL(9,OFFSET(INDIRECT("B"&MAX((A:A<>"")*ROW(1:1048576))),0,0,-5,1))}

公式解析： "(A:A<>" ")*ROW(1:1048576)" 部分用于判断 A 列中不为空的单元格，并将得到的包含逻辑值 TRUE 和 FALSE 的数组乘以行号，得到一个包含 0 和非空单元格的行号的数组。使用 MAX 函数提取其中的最大值，即 A 列中最后一个非空单元格的行号，然后使用 INDIRECT 函数将该行号与字母 B 组合在一起并转换为实际的单元格引用。接着使用 OFFSET 函数以该单元格为起点，向上扩展到 5 行 1 列的区域，即最近 5 天的销量。最后使用 SUBTOTAL 函数对该区域求和，计算出最近 5 天的销量总和。

注意

本例必须使用 SUBTOTAL 函数对 OFFSET 函数返回的区域进行求和，而不能使用 SUM 函数，这是因为 SUM 函数只能对二维引用求和，而 OFFSET 函数返回的区域为三维引用。

15.2.7 统计销量小于 600 的员工人数

案例 15-8

统计销量小于 600 的员工人数

案例目标： 统计 C3:C7、F3:F7、I3:I7 单元格区域中销量小于 600 的员工数，效果如图 15-20 所示。

D9 =SUM(COUNTIF(INDIRECT({"C3:C7","F3:F7","I3:I7"}),"<600"))

	A	B	C	D	E	F	G	H	I
1	区域一			区域二			区域三		
2	编号	姓名	销量	编号	姓名	销量	编号	姓名	销量
3	1	黄菊雯	544	6	李骏	882	11	袁芳	675
4	2	万杰	664	7	王文燕	851	12	薛力	590
5	3	殷佳妮	712	8	尚照华	652	13	胡伟	766
6	4	刘继元	795	9	田志	768	14	蒋超	640
7	5	董海峰	841	10	刘树梅	739	15	刘力平	564
8									
9	销量小于600的员工人数			3					
10									

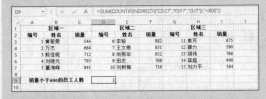

图 15-20 统计销量小于 600 的员工人数

完成本例的具体操作步骤如下。

在 D9 单元格中输入下面的公式并按【Enter】键。

=SUM(COUNTIF(INDIRECT({"C3:C7","F3:F7","I3:I7"}),"<600"))

公式解析： 由于 COUNTIF 函数默认只能使用一个单元格区域作为其条件区域，为了解除这一限制，本例使用 INDIRECT 函数以文本的形式同时引用 3 个不相邻的区域，

然后使用 COUNTIF 函数统计这 3 个区域中小于 600 的单元格数量，最后使用 SUM 函数对这些数量求和，即可得到 3 个区域中销量小于 600 的员工人数。

15.2.8 提取文本中的数字

案例 15-9

提取文本中的数字

案例目标：A 列为包含金额的文本，现在需要将其中的金额数字提取出来，效果如图 15-21 所示。

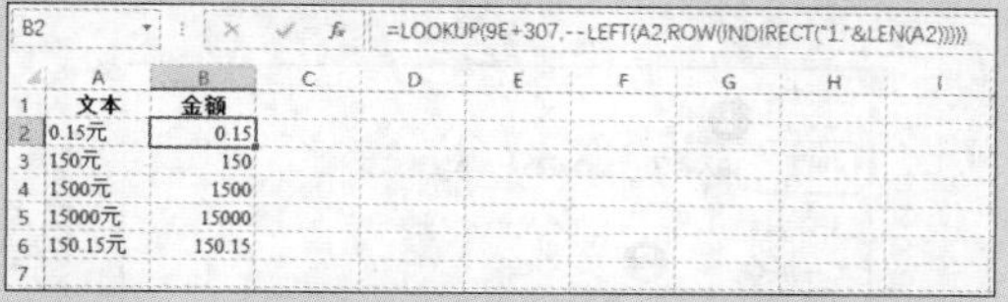

	A	B
1	文本	金额
2	0.15元	0.15
3	150元	150
4	1500元	1500
5	15000元	15000
6	150.15元	150.15

图 15-21 提取文本中的金额

完成本例的具体操作步骤如下。

在 B2 单元格中输入下面的公式并按【Enter】键，然后将公式向下复制到 B6 单元格。

```
=LOOKUP(9E+307,--LEFT(A2,ROW(INDIRECT("1:"&LEN(A2)))))
```

公式解析：首先使用 LEN 函数获得 A2 单元格中的字符个数，然后使用 ROW 函数搭配 INDIRECT 函数，返回一个从 1 到 A2 单元格字符个数的常量数组 {1;2;3;4;5}。接着使用 LEFT 函数依次提取 A2 单元格左侧的 1、2、3、4、5 个字符，使用 -- 减负运算将文本型数字转换为数值，纯文本则被转换为错误值，返回一个包含数字和错误值的数组。最后使用 LOOKUP 函数在该数组中查找小于等于 9E+307 的最大值，即 A2 单元格中的金额。

本例还可以使用下面更简洁的公式，其原理与上面的公式类似，只是下面的公式直接使用“1:15”代替“INDIRECT("1:"&LEN(A2))”。在 LEFT 函数前只添加了一个符号，将数组中的每一个值转换为负数，然后在 LOOKUP 函数中查找 1。最后在 LOOKUP 函数前需要再添加一个符号，以将提取出的负数转换为正数。

```
=-LOOKUP(1,-LEFT(A2,ROW(1:15)))
```

15.2.9 提取不重复的员工姓名

案例 15-10

提取不重复的员工姓名

案例目标：A 列为销售日期，B 列为员工姓名，C 列为员工销量。B 列中的姓名有重复，现在需要将不重复的员工姓名提取出来，效果如图 15-22 所示。

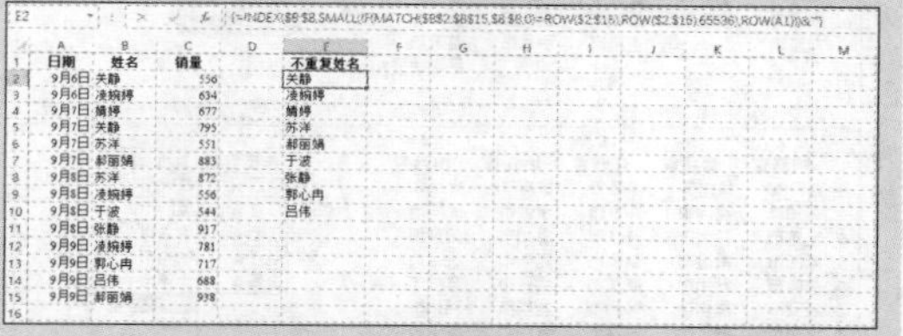

	A	B	C	D	E
1	日期	姓名	销量		不重复姓名
2	9月6日	关静	556		关静
3	9月6日	凌婉婷	634		凌婉婷
4	9月7日	婧婷	677		婧婷
5	9月7日	关静	795		苏洋
6	9月7日	苏洋	551		郝丽娟
7	9月7日	郝丽娟	883		于波
8	9月8日	苏洋	872		张静
9	9月8日	凌婉婷	556		郭心冉
10	9月8日	于波	544		吕伟
11	9月8日	张静	917		
12	9月9日	凌婉婷	781		
13	9月9日	郭心冉	717		
14	9月9日	吕伟	688		
15	9月9日	郝丽娟	938		

图 15-22 提取不重复的员工姓名

完成本例的具体操作步骤如下。

在 E2 单元格中输入下面的数组公式并按【Ctrl+Shift+Enter】组合键，然后将公式向下复制到 E15 单元格。

```
{=INDEX($B:$B,SMALL(IF(MATCH($B$2:$B$15,$B:$B,0)=ROW($2:$15),ROW($2:$15),65536),ROW(A1)))&""}
```

公式解析：首先使用 MATCH 函数在 B 列中查找每个姓名的位置，如果查找到的位置序号与数据自身的行号相同，则说明该数据是第一次出现，否则说明该数据重复出现。在 IF 函数中判断数据是否是第一次出现，如果是则返回数据所在的行号，否则返回一个较大的值，如 65536。然后使用 SMALL 函数从小到大依次提取数据所在的行号，最后使用 INDEX 函数根据行号从 B2:B15 单元格区域中提取不重复的姓名。

15.2.10 创建可自动扩展的二级下拉列表

案例 15-11
创建可自动扩展的二级下拉列表

案例目标： A:E 列包含 5 个省份及相关城市的名称，现在希望从 G 列单元格的下拉列表中选择省份名称后，在 H 列对应单元格的下拉列表中可以自动显示与省份名称对应的城市列表，从而实现联动输入，效果如图 15-23 所示。

图 15-23 使用二级下拉列表选择省份和城市的名称

完成本例的具体操作步骤如下。

（1）选择 G2:G6 单元格区域，然后单击功能区中的【数据】➡【数据工具】➡【数据验证】按钮，打开【数据验证】对话框，在【设置】选项卡的【允许】下拉列表中选择【序列】，然后在【来源】文本框中输入公式"=$A$1:$E$1"，如图 15-24 所示。

交叉参考 有关数据验证的更多内容，请参考本书第 10 章。

（2）与上一步操作类似，选择 H2:H6 单元格区域，然后打开【数据验证】对话框，在【来源】文本框中输入公式"=OFFSET($A$2,,

MATCH($G2,$1:$1,)-1,COUNTA(OFFSET($A$2,,MATCH($G2,$1:$1,)-1,99)))"，如图 15-25 所示。

图 15-24 为省份名称设置数据验证规则

图 15-25 为城市名称设置数据验证规则

（3）设置完成后，单击【确定】按钮，关闭【数据验证】对话框。

公式解析： 以 H2 单元格中的公式为例，OFFSET 函数的第 1 参数以 A2 单元格为起点，查找 G2 单元格中的省份名称在 A1:E1 单元格区域中的位置，将找到的位置序号减 1，作为以 A2 单元格为起点向右的偏移量，从而定位与 G2 单元格中的省份对应的城市名称列。然后使用 COUNTA 函数计算 G2 中的省份名对应的城市名占据的行数，以作为 OFFSET 函数的第 4 参数，从而得到一个包含 G2 中的省份名所包含的城市名的列表。公式中的 99 可以改为其他数字，只要这个数字包含最大的省市数量即可。

对数据进行排序、筛选和分类汇总

排序、筛选和分类汇总是几种比较常用的处理和分析数据的简单方式，使用 Excel 提供的相应功能可以轻松完成这些工作。本章主要介绍使用 Excel 中的排序、筛选和分类汇总功能处理及分析数据的方法。

16.1 理解 Excel 中的数据列表

数据列表是由多行多列数据构成的信息集合，如员工信息表、客户资料表、商品销售明细表等都属于数据列表。数据列表的顶部通常包含一行字段标题，用于说明每列数据的含义，数据列表中的其他行则为具体的数据。数据列表中的数据通常为原始数据，用户需要使用 Excel 中的计算和分析功能对数据列表中的数据进行处理。

为了确保数据列表中的数据可以被 Excel 正确处理，数据列表的结构应该符合以下条件。

◉ 数据列表的第 1 行包含标题，且各个标题不能重复。

◉ 每列数据表达同一类信息，且具有相同的数据类型。

◉ 一个完整的数据列表的总行数不能超过 1048576，总列数不能超过 16384，即不能超过 Excel 2007 及 Excel 更高版本所支持的最大行、列数。

图 16-1 所示为一个 Excel 数据列表的示例，该数据列表包含 6 列；每一列描述一类特定的信息，除了 D 列的数据类型为数值外，其他列数据的数据类型都是文本。第 1 行为标题行，其中的内容指出了各列的信息类型。第 2 ~ 11 行为数据列表包含的具体数据，可以将每一行数据称为一条记录，每条记录由 6 类信息组成。

	A	B	C	D	E	F	G
1	编号	姓名	性别	年龄	籍贯	学历	
2	001	董思	男	42	重庆	中专	
3	002	蒋荣	女	24	重庆	高中	
4	003	曾勃	女	32	贵州	初中	
5	004	潘如	女	28	河北	硕士	
6	005	魏薇	男	38	湖北	职高	
7	006	曾芮	女	26	吉林	硕士	
8	007	韦浩	女	48	云南	大专	
9	008	李如	女	40	福建	职高	
10	009	钱兰	男	44	河北	职高	
11	010	谢菲	男	34	广东	博士	
12							

图 16-1　数据列表示例

16.2 排序数据

Excel 为数据排序提供了多种方法，从而满足不同的排序要求，如可以按数值或日期的大小升序或降序进行排序，也可以对文本按英文或拼音的首字母进行排序，还可以按用户指定的顺序进行排序。本节将介绍在 Excel 中排序数据的多种方法。

16.2.1 使用单个条件进行排序

最常见的排序方式是按单个关键字进行排序，即基于某一列数据进行排序，排序后各数据行的位置会发生变化。按单个关键字进行排序的方法很简单，只需选择作为排序标准的目标数据列中的任意一个单元格，然后使用以下几种方法进行排序。

◉ 单击功能区【数据】➪【排序和筛选】组中的【升序】或【降序】按钮。

◉ 单击功能区【开始】⇨【编辑】组中的【排序和筛选】按钮，在弹出的菜单中选择【升序】或【降序】命令。

◉ 右击目标数据列中的任意一个单元格，在弹出的菜单中选择【排序】命令，然后在打开的子菜单中选择【升序】或【降序】命令。

案例 16-1
按销售业绩从高到低对员工排序

案例目标： 将员工按销售业绩从高到低的顺序进行排列，效果如图 16-2 所示。

	A	B	C	D	E
1	工号	姓名	性别	销售业绩	
2	001	张迪	女	45700	
3	002	马博	女	43300	
4	003	周健	男	37900	
5	004	吕艾	女	37600	
6	005	杜晏	男	32900	
7	006	龙琪	男	24800	
8	007	沈岚	女	18000	
9	008	罗枫	女	14900	
10					

	A	B	C	D	E
1	编号	姓名	性别	销售业绩	
2	001	吕艾	女	37600	
3	002	罗枫	女	14900	
4	003	杜晏	男	32900	
5	004	周健	男	37900	
6	005	张迪	女	45700	
7	006	龙琪	男	24800	
8	007	沈岚	女	18000	
9	008	马博	女	43300	
10					

图 16-2　将员工按销售业绩从高到低进行排序

完成本例的具体操作步骤如下。

选择销售业绩所在的 D 列中的任意一个单元格，如 D3，然后单击功能区中的【数据】⇨【排序和筛选】⇨【降序】按钮，如图 16-3 所示，即可将数据按销售业绩从高到低的顺序排列。

	A	B	C	D	E	F	G
1	编号	姓名	性别	销售业绩			
2	001	吕艾	女	37600			
3	002	罗枫	女	14900	❶		
4	003	杜晏	男	32900			
5	004	周健	男	37900			
6	005	张迪	女	45700			
7	006	龙琪	男	24800			
8	007	沈岚	女	18000			
9	008	马博	女	43300			
10							

图 16-3　单击【降序】按钮对销售业绩降序排列

16.2.2　使用多个条件进行排序

在实际应用中，有时需要使用多个条件进行排序，如在一个销量明细表中，需要同时按日期和销量对商品进行排序。Excel 支持使用最多 64 个条件进行排序。当需要使用多个条件进行排序时，可以使用上一小节介绍的方法每次使用一个条件进行排序，分多次完成。另一种更便捷的方法是在【排序】对话框中添加多个排序条件，一次性完成多条件排序。可以单击功能区中的【数据】⇨【排序和筛选】⇨【排序】按钮打开【排序】对话框。

案例 16-2
同时按日期和销量对商品进行排序

案例目标： 同时按日期和销量对商品进行排序，先将日期按从早到晚进行升序排列，在日期相同的情况下，再按销量从高到低进行降序排列，效果如图 16-4 所示。

	A	B	C	D
1	日期	商品名称	销量	
2	2018年6月8日	音响	660	
3	2018年6月7日	音响	247	
4	2018年6月6日	空调	323	
5	2018年6月9日	手机	344	
6	2018年6月7日	冰箱	960	
7	2018年6月9日	电脑	307	
8	2018年6月7日	空调	140	
9	2018年6月8日	音响	159	
10	2018年6月6日	冰箱	953	
11	2018年6月6日	电脑	996	
12	2018年6月5日	微波炉	550	
13	2018年6月6日	空调	518	
14	2018年6月7日	电磁炉	138	
15	2018年6月5日	手机	154	
16				

	A	B	C	D
1	日期	商品名称	销量	
2	2018年6月5日	微波炉	550	
3	2018年6月5日	手机	154	
4	2018年6月6日	电脑	996	
5	2018年6月6日	冰箱	953	
6	2018年6月6日	空调	518	
7	2018年6月6日	空调	323	
8	2018年6月7日	冰箱	960	
9	2018年6月7日	音响	247	
10	2018年6月7日	空调	140	
11	2018年6月7日	电磁炉	138	
12	2018年6月8日	音响	660	
13	2018年6月8日	音响	159	
14	2018年6月9日	手机	344	
15	2018年6月9日	电脑	307	
16				

图 16-4　使用多个条件进行排序

完成本例的具体操作步骤如下。

（1）选择数据区域中的任意一个单元格，然后单击功能区中的【数据】⇨【排序和筛选】⇨【排序】按钮。

（2）打开【排序】对话框，在【主要关键字】下拉列表中选择【日期】，将【排序依据】设置为【数值】，将【次序】设置为【升序】，如图 16-5 所示。

图 16-5　设置第一个排序条件

（3）单击【添加条件】按钮，添加第 2 个条件，在【次要关键字】下拉列表中选择【销量】，然后将【排序依据】设置为【数值】，将【次序】设置为【降序】。最后单击【确定】按钮，如图 16-6 所示。

图 16-6　设置第 2 个排序条件

如果在【排序】对话框中添加了错误的条件，可以选择该条件，然后单击【删除条件】按钮将其删除。如果要调整条件的优先级顺序，可以在选择条件后单击【上移】按钮或【下移】按钮。

提示

Excel 还支持使用单元格填充色或字体颜色作为条件进行排序。首先需要为数据区域的单元格设置填充色或字体颜色，然后在【排序】对话框中设置条件时，需要在【排序依据】下拉列表中选择【单元格颜色】或【字体颜色】。

16.2.3　使用自定义顺序进行排序

Excel 对文本默认使用首字母在字母表中的顺序进行排序。当需要以特定的文本顺序进行排列时，需要先创建包含所需文本的自定义序列，然后在设置排序条件时，将【次序】设置为所需的自定义序列。创建自定义序列的方法已在本书第 10 章介绍过，此处不再赘述。

案例 16-3
按员工学历从高到低进行排序

案例目标：按员工学历从高到低进行排序，效果如图 16-7 所示。

	A	B	C	D	E	F
1	编号	姓名	性别	年龄	学历	
2	001	罗丽	女	44	高中	
3	002	周蓉	男	32	初中	
4	003	邵伟	男	48	大本	
5	004	钱晨	女	20	高中	
6	005	万豪	男	35	博士	
7	006	郝晶	女	43	高中	
8	007	谢弘	男	32	高中	
9	009	夏兰	女	27	硕士	
10	009	刘平	男	24	初中	
11	010	熊琬	女	33	大专	
12						

	A	B	C	D	E	F
1	编号	姓名	性别	年龄	学历	
2	005	万豪	男	35	博士	
3	008	夏兰	女	27	硕士	
4	003	邵伟	男	48	大本	
5	010	熊琬	女	33	大专	
6	001	罗丽	女	44	高中	
7	004	钱晨	女	20	高中	
8	006	郝晶	女	43	高中	
9	007	谢弘	男	32	高中	
10	002	周蓉	男	32	初中	
11	009	刘平	男	24	初中	
12						

图 16-7　使用自定义顺序进行排序

完成本例的具体操作步骤如下。

（1）选择数据区域中的任意一个单元格，然后单击功能区中的【数据】⇨【排序和筛选】⇨【排序】按钮。

（2）打开【排序】对话框，将【主要关键字】设置为【学历】，在【次序】下拉列表中选择【自定义序列】，如图 16-8 所示。

（3）打开【自定义序列】对话框，在【输入序列】文本框中按照排序从上到下依次输入学历的名称，然后单击【添加】按钮，将输入的文本序列添加到左侧的列表框中，并自动选中该序列，如图 16-9 所示。确认无误后单击【确定】按钮。

图 16-8　将【次序】设置为【自定义序列】

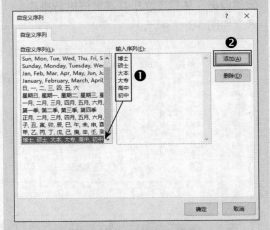

图 16-9　创建自定义序列

（4）返回【排序】对话框，【次序】将被设置为上一步创建的自定义序列，如图 16-10 所示。单击【确定】按钮，将使用该序列中的内容作为排序条件对数据进行排序。

图 16-10　【次序】自动被设置为自定义序列

16.2.4 只对指定列中的数据进行排序

默认情况下，无论按单个条件还是多个条件进行排序，排序结果都会自动作用于整个数据区域。有时可能只想对特定的列进行排序，而不改变其他列数据的排列顺序，即只对某列数据进行内部排序，排序后其他列数据的位置保持不变。

要实现这种排序方式，需要在排序前先选中要排序的列，然后再对其进行排序。在选中某列数据并单击功能区【数据】⇨【排序和筛选】组中的【升序】【降序】或【排序】按钮后，将会弹出图 16-11 所示的对话框，需要选中【以当前选定区域排序】单选按钮，然后单击【排序】按钮，即可只对选中的列进行排序。

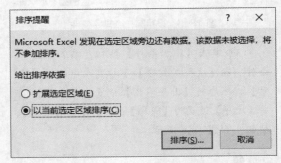

图 16-11　只对选中的列进行排序

16.2.5 对指定区域中的数据进行排序

有时可能希望对数据列表中的部分数据进行排序，在这种情况下通常不会包含数据列表顶部的标题行，此时进行排序时，为了获得正确的排序结果，需要在【排序】对话框中取消选中【数据包含标题】复选框，然后在【主要关键字】下拉列表中选择排序条件所在的列。

例如，需要对图 16-12 所示的工作表中的 A5:F13 单元格区域按"年龄"进行升序排列，首先需要先选择该区域，然后打开【排序】对话框，确保没有选中【数据包含标题】复选框，然后在【主要关键字】下拉列表中选择【列 D】，因为 D 列是年龄所在的列。设置好其他排序选项后单击【确定】按钮，即可只对选区中的数据进行排序。

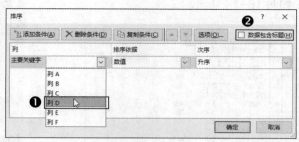

图 16-12　对数据列表中的部分数据进行排序

16.3　筛选数据

筛选用于在数据区域中快速找到并显示符合条件的数据，并隐藏所有不符合条件的数据。当工作表中包含大量数据时，使用筛选功能可以快速获取包含特定信息的数据集合，提高查看和处理特定数据的效率。本节将介绍在 Excel 中筛选数据的方法。

16.3.1　了解 Excel 中的筛选

Excel 提供了以下两种数据筛选方式。

◉　自动筛选：从字段标题的下拉列表中选择选项即可快速完成筛选，适用于筛选条件相对简单的情况。

◉　高级筛选：需要在指定区域中输入筛选的条件，并根据条件所在的行列位置来决定多个条件之间的关系是同时满足的"与"，还是只需满足其中之一的"或"，或者同时结合以上两种情况，适用于需要构建灵活且复杂条件的情况。高级筛选还有很多优于自动筛选的功能，如可以自动将筛选结果提取到工作表中指定的位置，还可以筛选出不重复的数据记录等。

1. 自动筛选

使用自动筛选的首要工作是让数据区域进入筛选模式，之后才能对各列数据执行筛选操作。选择数据区域中的任意一个单元格，然后单击功能区中的【数据】⇨【排序和筛选】⇨【筛选】按钮，即可使数据区域进入筛选模式，如图 16-13 所示，此时具有以下两个特点。

◉　功能区中的【筛选】按钮处于"按下"状态，表示在当前工作表中已启用筛选模式。

◉　数据区域顶部的标题行中的每个单元格都包含一个下拉按钮，表示该区域已进入筛选模

式，等待筛选操作。

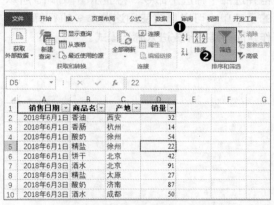

图 16-13　单击【筛选】按钮进入筛选模式

> **注意**
> 如果工作表中包含多个相对独立的数据区域，则同一时间只能有一个数据区域进入筛选模式。

进入筛选模式后，单击标题行中的每个单元格中的下拉按钮，都将打开一个下拉列表，从中可以选择所需的选项对指定列中的数据进行筛选。当对某列数据执行了筛选操作后，该列顶部的标题单元格中的下拉按钮的外观会发生变化，其上会显示一个漏斗图标，表示该列当前正处于筛选状态。与此同时，数据区域中的行号也会发生变化，不符合筛选条件的行将被自动隐藏。此外，状态栏中也会显示筛选的相关信

息，如图 16-14 所示。

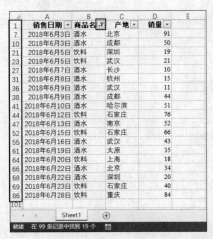

图 16-14　处于筛选状态的数据区域和筛选下拉按钮

在鼠标右键菜单中提供了几个基于当前活动单元格中的值或格式进行筛选的命令。右击单元格并选择【筛选】命令，将显示图 16-15 所示的子菜单，可以直接使用这些命令执行筛选操作，而不需要预先进入筛选模式。

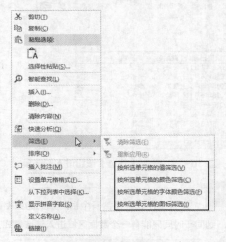

图 16-15　鼠标右键菜单中的筛选命令

> **交叉参考**　Excel 为不同类型的数据提供了不同的筛选选项，各类型数据的具体筛选方法将在本章 16.3.2 小节进行介绍。

可以使用以下几种方法清除数据列的筛选状态或退出筛选模式。

◉ 清除某列数据的筛选状态：单击正处于筛选状态的列，在打开的列表中取消选中【全选】复选框，或者选择【从……中清除筛选】命令，其中的省略号表示列的名称。

◉ 清除所有列数据的筛选状态：单击功能区中的【数据】⇨【排序和筛选】⇨【清除】按钮，将所有处于筛选状态的列恢复为筛选前的状态。

◉ 退出筛选模式：单击功能区中的【数据】⇨【排序和筛选】⇨【筛选】按钮，使其处于"弹起"状态，即可退出筛选模式。

2．高级筛选

高级筛选与自动筛选的主要区别在于筛选条件的设置方式，高级筛选中的筛选条件必须位于工作表的一个特定区域中，且需要与数据区域分开。如果将条件区域放置在数据区域的左侧或右侧，在执行筛选的同时很可能会隐藏条件区域，因此最好将条件区域放置在数据区域的上方或下方。

高级筛选中的条件区域至少包含两行内容，第 1 行是列标题，第 2 行是要设置的条件值。列标题必须与数据区域中的列标题完全一致，但不需要提供数据区域中的全部列标题，只需提供与所设置的条件值对应的列标题即可。条件值输入到标题行下方的单元格中，位于同一行的各个条件值之间表示"与"的关系，位于不同行的各个条件值之间表示"或"的关系，也可以结合使用同一行和不同行的布局方式来放置条件值，从而构建复杂的条件。

如果要使用高级筛选，可以单击功能区中的【数据】⇨【排序和筛选】⇨【高级】按钮，然后在打开的【高级筛选】对话框中进行相关设置。

> **交叉参考**　本章 16.3.3 小节、16.3.4 小节和 16.3.5 小节将对高级筛选的操作方法进行具体介绍。

16.3.2　对不同类型的数据进行筛选

无论筛选哪种类型的数据，都可以单击数据列表顶部的标题单元格中的下拉按钮，然后在打开的列表中选择具体的数据项来完成筛选操作。图 16-16 所示为筛选出产地为"北京"的所有数据。单独选择特定选项的快速方法是在列表中先取消选中【全选】复选框，然后依次选择所需的一项或多项，最后单击【确定】按钮。筛选数值和日期型数据的方法与筛选文本类似。

图 16-16　筛选文本类型的数据

> **提示**
>
> 复制筛选后的数据时，只会复制当前显示的内容，那些不符合筛选条件而处于隐藏状态的内容不会被复制。

当列表中包含大量的数据项并需要从中选择多项时，逐项选择效率较低，而且容易出现疏漏。此时可以自定义设置筛选选项，让 Excel 自动完成数据的筛选。Excel 为文本、数值和日期等不同类型的数据提供了不同的筛选选项，单击数据列表顶部的标题单元格中的下拉按钮，在打开的列表中将会显示以下 3 个命令之一，具体显示哪个命令由当前列的数据类型决定。

◉　文本筛选：在列表中选择【文本筛选】命令，在弹出的子菜单中将会显示与文本筛选相关的选项，如图 16-17（a）所示。

◉　数字筛选：在列表中选择【数字筛选】命令，在弹出的子菜单中将会显示与数字筛选相关的选项，如图 16-17（b）所示。

◉　日期筛选：在列表中选择【日期筛选】命令，在弹出的子菜单中将会显示与日期筛选相关的选项，如图 16-17（c）所示。

图 16-17　文本筛选选项（a）、数字筛选选项（b）、日期筛选选项（c）

无论选择哪个选项，都将打开【自定义自动筛选方式】对话框，并自动将第 1 个下拉列表设置为所选择的选项，如图 16-18 所示。然后在右侧的文本框中输入条件值，或者单击文本框右侧的下拉按钮并在下拉列表中选择。可以同时设置两个条件，并使用【与】或【或】单选按钮建立两个条件之间的逻辑关系，"与"表示必须同时满足两个条件，"或"表示只需满足两个条件之一。设置完成后单击【确定】按钮，将显示符合筛选条件的数据。

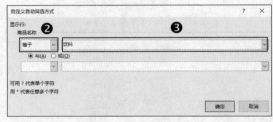

图 16-18　在【自定义自动筛选方式】对话框中
设置筛选条件

可以将上面介绍的方法应用于多列筛选中，只需依次对所需的每一列进行筛选即可。下面通过 3 个案例介绍对文本、数值和日期型数据进行筛选的方法。

案例 16-4
筛选出特定产地以外的其他销售数据
案例目标：筛选出"产地"为"北京"和"上海"外的其他产地的数据。

完成本例的具体操作步骤如下。

（1）选择数据列表中的任意一个单元格，单击功能区中的【数据】⇨【排序和筛选】⇨【筛选】按钮，然后单击"产地"所在的标题单元格中的下拉按钮，在打开的列表中选择【文本筛选】⇨【不等于】命令，如图 16-19 所示。

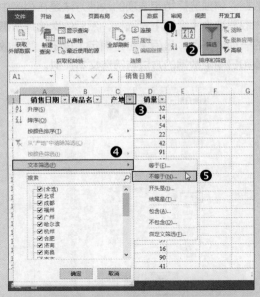

图 16-19　选择【不等于】命令

（2）打开【自定义自动筛选方式】对话框，在第 1 个下拉列表中自动显示【不等于】，并进行以下几项设置，如图 16-20 所示，最后单击【确定】按钮。

◉　在第 1 个下拉列表右侧的文本框中输入第 1 个条件值"北京"。

◉　选中【与】单选按钮。

◉　在第 2 个下拉列表中选择【不等于】，在其右侧的文本框中输入"上海"。

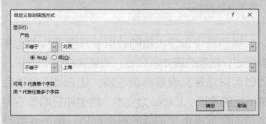

图 16-20　设置筛选条件

案例 16-5
筛选出销量超过特定值的所有销售数据
案例目标：筛选出"销量"大于"90"的数据，效果如图 16-21 所示。

完成本例的具体操作步骤如下。

（1）选择数据列表中的任意一个单元格，单击功能区中的【数据】⇨【排序和筛选】⇨

【筛选】按钮，然后单击"销量"所在的标题单元格中的下拉按钮，在打开的列表中选择【数字筛选】⇨【大于】命令，如图 16-22 所示。

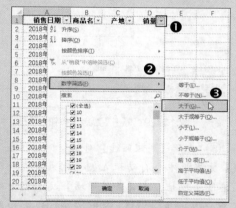

图 16-21　自定义筛选数值

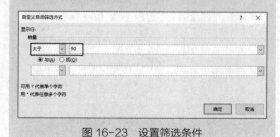

图 16-22　选择【大于】命令

（2）打开【自定义自动筛选方式】对话框，在第 1 个下拉列表中自动显示"大于"，在其右侧的文本框中输入"90"，如图 16-23 所示，然后单击【确定】按钮。

图 16-23　设置筛选条件

案例 16-6

筛选出指定日期范围之内的所有销售数据

案例目标： 筛选出日期在 6 月 10 日～6 月 15 日之间的数据，效果如图 16-24 所示。

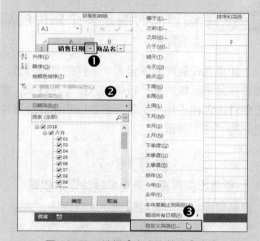

图 16-24　自定义筛选日期

完成本例的具体操作步骤如下。

（1）选择数据列表中的任意一个单元格，单击功能区中的【数据】⇨【排序和筛选】⇨【筛选】按钮，然后单击"销售日期"所在的标题单元格中的下拉按钮，在打开的列表中选择【日期筛选】⇨【自定义筛选】命令，如图 16-25 所示。

图 16-25　选择【自定义筛选】命令

（2）打开【自定义自动筛选方式】对话框，进行以下几项设置，如图 16-26 所示，最后单击【确定】按钮。

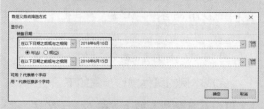

图 16-26　设置筛选条件

◉　在第 1 个下拉列表中选择【在以下日期之后或与之相同】，然后在其右侧输入或选择本例所要设置的日期范围的起始日期。

◉ 选中【与】单选按钮。

◉ 在第 2 个下拉列表中选择【在以下日期之前或与之相同】，然后在其右侧输入或选择本例所要设置的日期范围的结束日期。

> **提示**　默认情况下，单击日期列顶部标题单元格的下拉按钮，在打开的列表中将自动按年、月、日的分组形式显示日期。如果希望在列表中显示具体的日期，则可以单击【文件】⇨【选项】命令，打开【Excel 选项】对话框，在左侧选择【高级】选项卡，在右侧的【此工作簿的显示选项】区域中取消选中【使用"自动筛选"菜单分组日期】复选框。

16.3.3 设置同时满足多个条件的高级筛选

如果要设置同时满足多个条件的高级筛选，需要在筛选区域的同一行中输入多个条件值，每个条件值各自占用一个单元格，以表示多个条件之间的"与"关系。

案例 16-7

筛选出同时满足多个条件的销售数据

案例目标： 使用高级筛选功能筛选出"商品名称"为"酒水"且"销量"大于"50"的数据，效果如图 16-27 所示。

	A	B	C	D	E
1	商品名称	销量			
2	酒水	>50			
3					
4	销售日期	商品名称	产地	销量	
10	2018年6月3日	酒水	北京	91	
44	2018年6月10日	酒水	哈尔滨	51	
50	2018年6月13日	酒水	南京	52	
104					

图 16-27　同时满足多个条件的筛选结果

完成本例的具体操作步骤如下。

（1）在数据列表的上方插入 3 个空行，作为高级筛选的条件区域。在第 1 行中输入筛选条件的标题，在第 2 行相应的列中输入条件值，如图 16-28 所示。

图 16-28　设置条件区域

（2）选择数据列表中的任意一个单元格，然后单击功能区中的【数据】⇨【排序和筛选】⇨【高级】按钮，如图 16-29 所示。

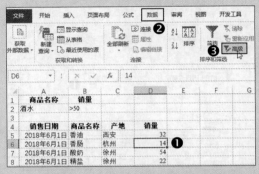

图 16-29　单击【高级】按钮

（3）打开【高级筛选】对话框，【列表区域】文本框中会自动填入数据列表所在的单元格区域地址，在【条件区域】文本框中输入条件区域的地址，本例为 A1:B2，如图 16-30 所示，最后单击【确定】按钮。

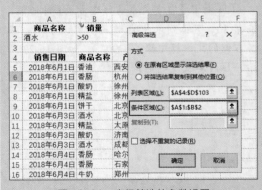

图 16-30　高级筛选的参数设置

> **提示**　如果不想手动输入单元格地址，可以单击【条件区域】文本框右侧的折叠按钮，然后使用鼠标在工作表中选择条件区域，再单击展开按钮恢复【高级筛选】对话框的完整显示。

16.3.4 设置满足多个条件之一的高级筛选

如果设置满足多个条件之一的高级筛选，需要将多个条件值输入到筛选区域的不同行中，以表示多个条件之间的"或"关系。

案例 16-8
筛选出满足多个条件之一的销售数据

案例目标： 使用高级筛选功能筛选出"商品名称"为"饮料"，或"销量"大于"80"的数据。

完成本例的具体操作步骤如下。

（1）在数据列表的上方插入 4 个空行，作为高级筛选的条件区域。在第 1 行中输入筛选条件的标题，在第 2 行和第 3 行相应的列中输入条件值，如图 16-31 所示。

	A	B	C	D	E
1	商品名称	销量			
2	饮料				
3		>80			
4					
5	销售日期	商品名称	产地	销量	
6	2018年6月1日	香油	西安	32	
7	2018年6月1日	香肠	杭州	14	
8	2018年6月1日	酸奶	徐州	54	

图 16-31　设置条件区域

（2）选择数据列表中的任意一个单元格，然后单击功能区中的【数据】⇨【排序和筛选】⇨【高级】按钮。

（3）打开【高级筛选】对话框，【列表区域】文本框中会自动填入数据列表所在的单元格区域地址，在【条件区域】文本框中输入条件区域的地址，本例为A1:B3，如图16-32所示，最后单击【确定】按钮。

图 16-32　高级筛选的参数设置

16.3.5 设置条件更复杂的高级筛选

对于一些复杂的问题，可能需要结合本章 16.3.3 小节和 16.3.4 小节介绍的两种情况来设置筛选条件，即筛选条件中同时包含"与"和"或"两种逻辑关系。

案例 16-9
创建条件更复杂的高级筛选

案例目标： 使用高级筛选功能筛选出"商品名称"为"酒水"且"销量"大于"50"，或者"商品名称"为"饮料"且"销量"大于"70"的数据，效果如图 16-33 所示。

	A	B	C	D	E
1	商品名称	销量			
2	酒水	>50			
3	饮料	>70			
4					
5	销售日期	商品名称	产地	销量	
11	2018年6月3日	酒水	北京	91	
45	2018年6月10日	酒水	哈尔滨	51	
48	2018年6月12日	饮料	石家庄	76	
51	2018年6月13日	酒水	南京	52	
90	2018年6月28日	饮料	重庆	84	
105					

图 16-33　设置条件更复杂的高级筛选所得到的筛选结果

完成本例的具体操作步骤如下。

（1）在数据列表的上方插入 4 个空行，作为高级筛选的条件区域。在第 1 行中输入筛选条件的标题，在第 2 行和第 3 行相应的列中输入条件值，如图 16-34 所示。

	A	B	C	D	E
1	商品名称	销量			
2	酒水	>50			
3	饮料	>70			
4					
5	销售日期	商品名称	产地	销量	
6	2018年6月1日	香油	西安	32	
7	2018年6月1日	香肠	杭州	14	
8	2018年6月1日	酸奶	徐州	54	

图 16-34　设置条件区域

（2）选择数据列表中的任意一个单元格，然后单击功能区中的【数据】⇨【排序和筛选】⇨【高级】按钮。

（3）打开【高级筛选】对话框，【列表区域】文本框中会自动填入数据列表所在的单元格区域地址，在【条件区域】文本框中输入条件区域的地址，本例为 A1:B3，如图 16-35

所示。最后单击【确定】按钮。

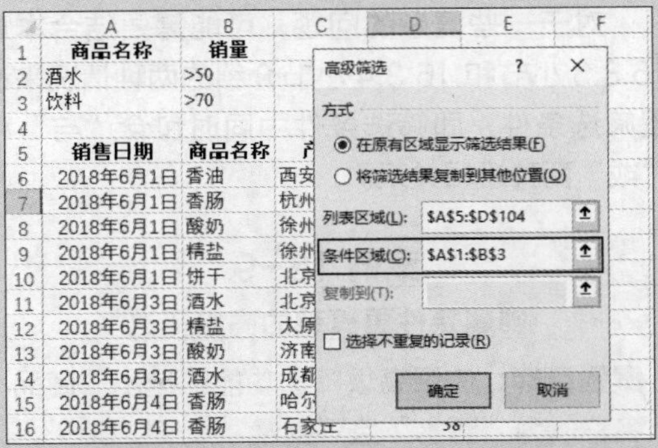

图 16-35　高级筛选的参数设置

16.3.6 在筛选中使用通配符

无论是自动筛选还是高级筛选，都可以在筛选条件中使用以下两种通配符。

◉ ?（问号）：代表任意一个字符。

◉ *（星号）：代表零个或任意多个连续的字符。

例如，“? 奶”可以表示“牛奶”“酸奶”“鲜奶”，但不能表示“核桃奶”“高钙奶”。如果要表示以“奶”字结尾的 3 个字的奶制品，需要使用“?? 奶”。如果要表示所有以“奶”字结尾且不限字数的奶制品，可以使用“* 奶”。

使用自动筛选时需要在【自定义自动筛选方式】对话框中输入通配符，使用高级筛选时需要在条件区域中输入通配符。当筛选通配符本身时，需要在通配符左侧添加波形符号“~”，如“~ ?”和“~ *”。只能在筛选文本型数据时使用通配符，不能将其用于筛选数值和日期型数据。

案例 16-10

使用通配符筛选销售数据

案例目标：筛选出“产地”以“州”字结尾，且字数为两个字的数据，效果如图 16-36 所示。

完成本例的具体操作步骤如下。

（1）选择数据列表中的任意一个单元格，单击功能区中的【数据】⇨【排序和筛选】⇨【筛选】按钮，然后单击“产地”所在的标题单元格中的下拉按钮，在打开的列表中选择【文本筛选】⇨【等于】命令。

	销售日期	商品名	产地	销量
3	2018年6月1日	香肠	杭州	14
4	2018年6月1日	酸奶	徐州	54
5	2018年6月1日	精盐	徐州	22
13	2018年6月4日	牛奶	郑州	67
25	2018年6月6日	牛奶	徐州	83
30	2018年6月8日	牛奶	杭州	78
31	2018年6月8日	酒水	杭州	15
33	2018年6月8日	香肠	广州	100
34	2018年6月9日	牛奶	福州	24
35	2018年6月9日	香肠	福州	13
48	2018年6月13日	香油	福州	49
50	2018年6月13日	大米	郑州	88
60	2018年6月19日	香油	广州	78
63	2018年6月20日	饼干	徐州	37
65	2018年6月20日	酸奶	福州	29
67	2018年6月22日	精盐	徐州	94
79	2018年6月26日	香油	郑州	44
100	2018年6月30日	香肠	福州	29
101				

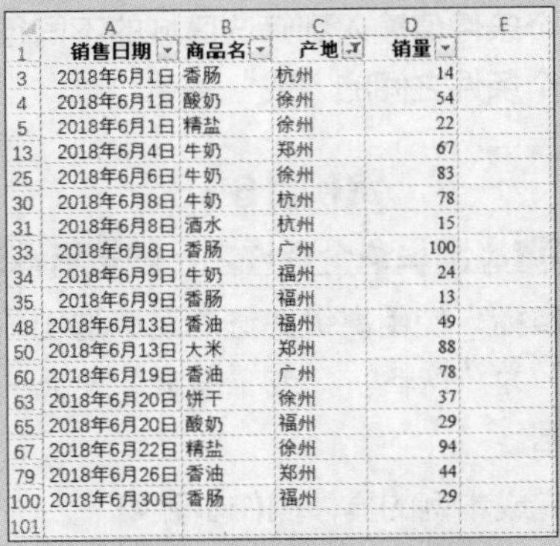

图 16-36　使用通配符筛选数据

（2）打开【自定义自动筛选方式】对话框，在第 1 个下拉列表中自动显示“等于”，在其右侧的文本框中输入“? 州”，如图 16-37 所示，然后单击【确定】按钮。

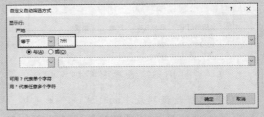

图 16-37　在筛选条件中使用通配符

16.3.7 删除重复数据

可以通过高级筛选功能将不重复的数据提取到工作表中的指定位置，从而实现删除重复数据的目的，而且不会破坏原始数据的完整性。在使用前几小节介绍的方法进行高级筛选时，如果想要在筛选结果中删除重复数据，并将筛选结果放置到其他位置，则可以在打开的【高级筛选】对话框中进行以下几项设置，如图 16-38 所示。设置完成后单击【确定】按钮，即可将筛选结果提取到指定位置，并删除其中的重复数据。

◉ 选中【将筛选结果复制到其他位置】单选按钮。

◉ 在【复制到】文本框中指定放置筛结果数据的区域左上角单元格的地址。

● 选中【选择不重复的记录】复选框。

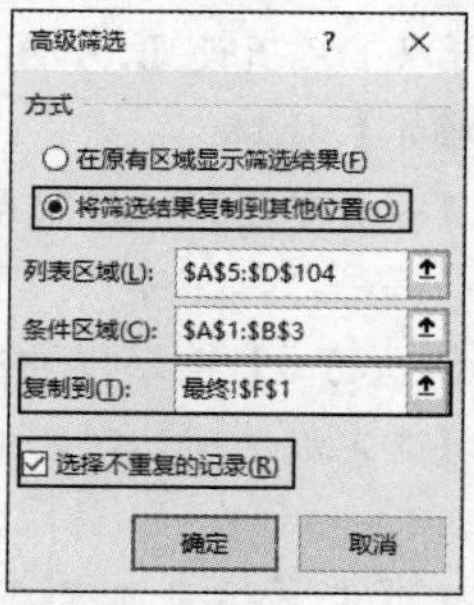

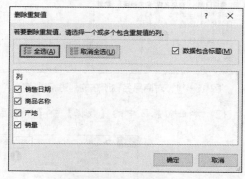

图 16-38 通过高级筛选删除重复数据

实际上 Excel 本身就提供了删除重复数据的功能，操作方法也很简单。选择数据列表中的任意一个单元格，然后单击功能区中的【数据】⇨【数据工具】⇨【删除重复值】按钮，打开图 16-39 所示的【删除重复值】对话框，其中

显示了当前数据列表中包含的列标题的名称，选中要作为重复值判断依据的列。如果数据列表中包含标题行，则需要选中【数据包含标题】复选框。设置完成后单击【确定】按钮，将在原始数据区域中删除重复的数据行。

图 16-39 选择重复数据的匹配方式

16.4 分类汇总数据

分类汇总是指按内容的类别进行划分，并对每类内容中的数据进行统计，如求和、计数、平均值、最大值、最小值等。可以汇总单类数据，也可以汇总多类数据。本节将介绍在 Excel 中分类汇总数据的方法。

16.4.1 汇总单类数据

分类汇总数据前，需要先对要作为分类依据的内容进行排序，然后单击功能区中的【数据】⇨【分级显示】⇨【分类汇总】按钮，在打开的【分类汇总】对话框中设置分类汇总的相关选项。

案例 16-11

汇总每种商品的总销量

案例目标： 计算每种商品的销量总和，效果如图 16-40 所示。

完成本例的具体操作步骤如下。

（1）由于本例要以商品作为汇总依据，因此需要先对商品所在的列进行排序。选择商

品名称所在的 B 列中的任意一个单元格，如 B6 单元格，然后单击功能区中的【数据】⇨【排序和筛选】⇨【升序】按钮，如图 16-41 所示，按拼音首字母对商品名称进行升序排列。

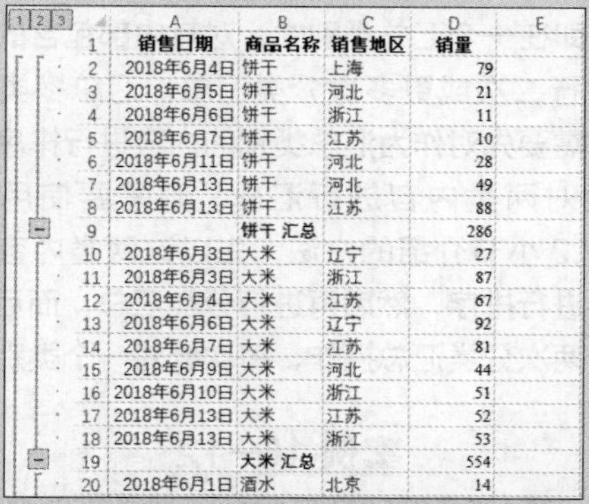

图 16-40 汇总单类数据

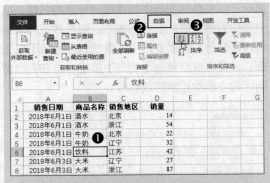

图 16-41 对商品名称所在的列进行排序

（2）单击功能区中的【数据】⇨【分级显示】⇨【分类汇总】按钮，打开【分类汇总】对话框，进行以下几项设置，如图 16-42 所示，最后单击【确定】按钮。

◉ 在【分类字段】下拉列表中选择【商品名称】。

◉ 在【汇总方式】下拉列表中选择【求和】。

◉ 在【选定汇总项】列表框中选中【销量】复选框。

◉ 选中【汇总结果显示在数据下方】复选框。如果不选择该项，汇总结果将显示在数据的上方。

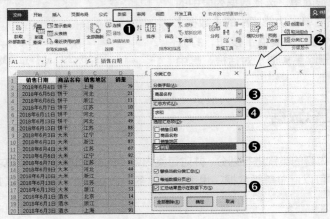

图 16-42 设置分类汇总选项

16.4.2 汇总多类数据

如果原始数据比较复杂，为了获得更详细的汇总数据，可能需要进行多个级别的嵌套分类汇总，即在一个汇总类别中，对其内部包含的子类别进行二次或更多次分类汇总。汇总多类数据前，需要先对作为汇总类别的内容进行排序。假设要对两类内容进行汇总，则需要使用本章 16.2.2 小节介绍的方法，先以这两类内容作为条件进行排序，然后再进行分类汇总，而且需要执行两次分类汇总操作，每次针对一个类别。

案例 16-12
同时汇总每种商品的总销量及其在各地区的销量

案例目标： 计算各种商品的销量总和，以及同一种商品在各个地区的销量总和，效果如图 16-43 所示。

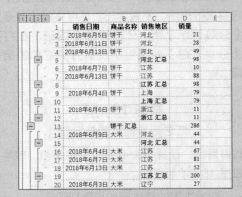

图 16-43 汇总多类数据

完成本例的具体操作步骤如下。

（1）选择数据列表中的任意一个单元格，然后单击功能区中的【数据】⇨【排序和筛选】⇨【排序】按钮，打开【排序】对话框，进行以下几项设置，如图 16-44 所示。

◉ 在【主要关键字】下拉列表中选择【商品名称】，将【排序依据】设置为【数值】，将【次序】设置为"升序"。

◉ 单击【添加条件】按钮添加一个新的条件，然后在【次要关键字】下拉列表中选择【销售地区】，将【排序依据】设置为【数值】，将【次序】设置为【升序】。

图 16-44　设置排序条件

（2）设置完成后单击【确定】按钮，将同时按"商品名称"和"销售地区"两列内容进行排序，确保已选择数据列表中的任意一个单元格，单击功能区中的【数据】⇨【分级显示】⇨【分类汇总】按钮，打开【分类汇总】对话框，进行以下几项设置，如图 16-45 所示。

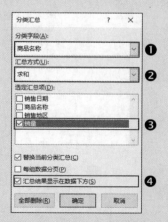

图 16-45　设置第 1 次分类汇总

◉ 在【分类字段】下拉列表中选择【商品名称】。

◉ 在【汇总方式】下拉列表中选择【求和】。

◉ 在【选定汇总项】列表框中选中【销量】复选框。

◉ 选中【汇总结果显示在数据下方】复选框。如果不选择该项，第 1 次汇总结果

将被第 2 次汇总结果覆盖。

（3）设置完成后单击【确定】按钮，对数据列表执行第 1 次分类汇总，此时的结果与 16.4.1 小节中的案例 16-11 类似。再次单击功能区中的【数据】⇨【分级显示】⇨【分类汇总】按钮，打开【分类汇总】对话框，进行以下几项设置，如图 16-46 所示。

◉ 在【分类字段】下拉列表中选择【销售地区】。

◉ 在【汇总方式】下拉列表中选择【求和】。

◉ 在【选定汇总项】列表框中选中【销量】复选框。

◉ 取消选中【替换当前分类汇总】复选框。

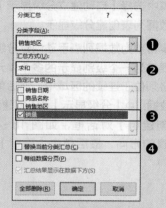

图 16-46　设置第 2 次分类汇总

（4）单击【确定】按钮，对数据列表执行第 2 次分类汇总。

16.4.3　分级查看数据

为数据创建分类汇总后，将在工作表左侧显示由数字、加号、减号组成的分级显示符号。单击数字可以查看特定级别的数据。数字越大，数据的级别越小，级别较小的数据是其上一级数据的明细数据，单击加号或减号可以显示或隐藏明细数据。图 16-47 所示为单击工作表左侧的数字 2 所显示的 1～2 级数据的工作表，其中显示了每个商品的销量，以及所有商品的总销量，但是没有显示每个商品的具体销售记录，即隐藏了第 3 级数据。如果想要显示第 3 级数据，可以单击工作表左侧的数字 3，或者单击一个或多个加号以显示特定商品的销售明细数据。

1 2 3		A	B	C	D	E
	1	销售日期	商品名称	销售地区	销量	
+	9		饼干 汇总		286	
+	19		大米 汇总		554	
+	32		酒水 汇总		630	
+	44		牛奶 汇总		389	
+	48		酸奶 汇总		214	
+	56		饮料 汇总		430	
-	57		总计		2503	
	58					

图 16-47 分节查看数据

用户可以为数据自动或手动创建分级显示，自动创建分级显示要求数据列表中必须包含汇总数据，如使用 SUM 函数或 AVERAGE 函数计算数据的总和或平均值。然后选择数据列表中的任意一个单元格，单击功能区中的【数据】⇨【分级显示】⇨【创建组】按钮上的下拉按钮，在弹出的菜单中选择【自动建立分级显示】命令，将自动为数据列表创建分级显示。

如果希望为数据列表手动创建分级显示，可以选择要作为一个级别显示的多个单元格，这些单元格必须位于连续的区域中，然后单击功能区中的【数据】⇨【分级显示】⇨【创建组】按钮，打开【创建组】对话框，如图 16-48 所示，选择创建的方向，最后单击【确定】按钮。重复相同的操作，直到为所需的所有单元格创建好分级。

图 16-48 设置创建组的方向

16.4.4 清除分类汇总状态

如果想要清除数据列表中的分类汇总数据和分级显示符号，可以选择设置了分类汇总的数据列表中的任意一个单元格，然后单击功能区中的【数据】⇨【分级显示】⇨【分类汇总】按钮，打开【分类汇总】对话框，单击【全部删除】按钮，即可删除数据列表中的所有汇总数据和分级显示符号。

如果只想删除分级显示符号，可以单击功能区中的【数据】⇨【分级显示】⇨【取消组合】按钮下方的下拉按钮，在弹出的菜单中选择【清除分级显示】命令。

第17章

使用数据透视表多角度分析数据

　　数据透视表是一个有效的数据分析工具，可以快速将大量数据转变为有实际意义的业务报表。用户只需通过鼠标的单击和拖曳，即可在不使用任何公式和函数的情况下，快速构建出不同类型和应用需求的报表，提高数据处理与分析的效率。本章主要介绍使用数据透视表处理和分析数据的方法，包括数据透视表的组成结构和术语、创建与编辑数据透视表、创建动态的数据透视表、设置数据透视表的布局和外观、查看明细数据、对数据分组、排序数据、使用切片器筛选数据、设置数据的汇总方式、创建计算字段和计算项等内容。

17.1　数据透视表的组成结构

　　如图 17-1 所示，数据透视表由行区域、列区域、值区域、报表筛选区域 4 个部分组成。

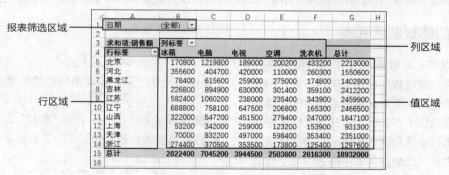

图 17-1　数据透视表的组成结构

　　◉　行区域：位于数据透视表的左侧，可以在该区域中放置一个或多个字段，每个字段中的项目都会显示在该区域中。当放置多个字段时，各字段的放置顺序决定了它们之间的层次结构。

　　◉　列区域：位于数据透视表的上方，与行区域类似，也可放置一个或多个字段，并根据放置顺序形成多层嵌套结构。

　　◉　值区域：值区域通常是数据透视表中面积最大的区域，其中显示了经过汇总后的数据。默认情况下，值区域中的数值型数据的汇总方式为求和，文本型数据的汇总方式为计数。

　　◉　报表筛选区域：位于数据透视表的最上方，由一个或多个下拉列表组成。在下拉列表中选择选项，可以对整个数据透视表中的数据进行筛选。

17.2　数据透视表的相关术语

　　为了更好地理解本章后面的内容，应该对数据透视表中的一些术语有所了解。这些术语也为与其他用户交流数据透视表方面的内容提供了统一的描述方式。表 17-1 列出了数据透视表中常用的一些术语。

表 17-1　数据透视表中常用的术语

术语	说明
数据源	用于创建数据透视表的基础数据，可以是 Excel 中的数据列表、现有的数据透视表以及外部数据，如文本文件、Access 数据库、SQL Server 数据库、OLAP 多维数据集等。本章主要介绍使用 Excel 数据列表作为数据源来创建数据透视表
行字段	位于行区域中的字段。当数据透视表包含多个行字段时，行字段将从左到右依次展开，靠近值区域的字段称为内部行字段，远离值区域的字段称为外部行字段
列字段	位于列区域中的字段
报表筛选字段	位于报表筛选区域中的字段，也可称为筛选器
字段标题	用于描述字段内容的文字，相当于数据列表中每列顶部的标题
项目	字段中的成员，如"电视""冰箱"是"商品名称"字段中的项目
组	多个项目的集合，可以自动或手动将多个项目组成一个逻辑的组

17.3　创建与编辑数据透视表

本节将介绍创建与编辑数据透视表的方法，包括创建数据透视表、字段布局、重命名字段、更改和刷新数据透视表等内容，最后还将介绍使用函数与名称作为数据源创建动态数据透视表的方法。

17.3.1　创建数据透视表

本章将以 Excel 数据列表作为数据源来创建数据透视表。创建数据透视表前，应该先检查数据源是否符合创建要求，其中最重要的一点是数据列表的标题行中不能包含合并单元格或空白单元格，否则在创建数据透视表时将会出现错误提示。除此之外，在数据列表中最好没有空行或空列，否则在创建的数据透视表中将有可能丢失部分数据。其他方面只要满足数据列表的结构要求即可，具体请参考本书第 18 章。

不同版本的 Excel 一直在对数据透视表的创建过程进行着不断改进，在 Excel 2003 中需要通过多步向导才能完成创建，在 Excel 2007/2010/ 中只需一个对话框即可完成创建，而在 Excel 2013/2016 中新增了智能的"推荐"功能，使用该功能可以帮助不熟悉数据透视表的用户快速创建数据透视表。

可以使用以下两种方法创建数据透视表。

◉　单击功能区中的【插入】➪【表格】➪【推荐的数据透视表】按钮，使用"推荐"功能创建数据透视表。

◉　单击功能区中的【插入】➪【表格】➪【数据透视表】按钮，【创建数据透视表】对话

框创建数据透视表。

案例 17-1

使用"推荐"功能为商品销售明细表创建数据透视表

案例目标：使用 Excel 中的"推荐"功能创建数据透视表，效果如图 17-2 所示。

图 17-2　使用"推荐"功能创建的数据透视表

完成本例的具体操作步骤如下。

（1）选择数据源中的任意一个单元格，如F6单元格，然后单击功能区中的【插入】⇒【表格】⇒【推荐的数据透视表】按钮，如图17-3所示。

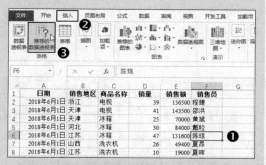

图 17-3　单击【推荐的数据透视表】按钮

（2）打开【推荐的数据透视表】对话框，左侧列出了不同的推荐项，右侧放大显示当前选中的推荐项，如图17-4所示。各推荐项的主要区别是字段布局的不同，进而得到不同的数据汇总方式。根据所需的分析目的，从中选择一个推荐项，然后单击【确定】按钮。

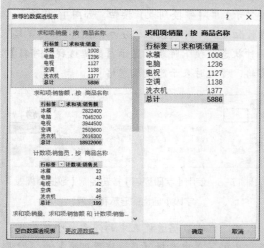

图 17-4　选择一个推荐项

提示

如果不想使用推荐项，可以单击对话框左下角的【空白数据透视表】按钮，创建一个未进行字段布局的空白数据透视表。

（3）Excel 将在一个新建的工作表中创建

数据透视表，并按用户所选择的推荐项中的设置自动完成字段布局。

如果不想使用"推荐"功能，可以使用【创建数据透视表】对话框来创建数据透视表。这种方式尤其适合数据源中包含空行或空列的情况，因为在这种情况下需要由用户手动选择数据源的完整区域，否则由Excel自动选择可能是不完整的。

案例 17-2
使用【创建数据透视表】对话框为商品销售明细表创建数据透视表

案例目标： 使用【创建数据透视表】对话框创建数据透视表，创建后的数据透视表的初始状态是一个空白的数据透视表，效果如图17-5所示。

图 17-5　创建一个空白的数据透视表

完成本例的具体操作步骤如下。

（1）选择数据源中的任意一个单元格，然后单击功能区中的【插入】⇒【表格】⇒【数据透视表】按钮。

（2）打开【创建数据透视表】对话框，其中自动选中了【选择一个表或区域】单选按钮，并在【表/区域】文本框中自动填入所选单元格所在的连续数据区域，如图17-6所示。如果自动填入的区域不完整，可以单击【表/区域】文本框右侧的 按钮手动选择数据区域，或者直接在该文本框中输入区域地址，然后使用以下两个选项选择放置数据透视表的位置。

◉ 新建的工作表：选择【新工作表】

单选按钮，将创建的数据透视表放置在新建的工作表中，本例选择该项。

◎ 现有的工作表：选择【现有工作表】单选按钮，将创建的数据透视表放置在现有的某个工作表中，选择该项需要指定用于放置数据透视表的区域左上角的位置。

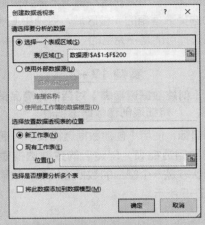

图 17-6 【创建数据透视表】对话框

（3）设置完成后单击【确定】按钮。由于本例选择的是【新工作表】，因此 Excel 将会新建一个工作表，并在其中创建一个空白的数据透视表。

17.3.2 数据透视表字段窗格

创建数据透视表后，将在 Excel 窗口的右侧自动显示【数据透视表字段】窗格，该窗格反映了数据透视表的结构，如图 17-7 所示。将字段列表中的字段添加到其他 4 个区域来完成数据透视表的字段布局，可以调整每个区域中的字段排列顺序，以获得数据透视表的不同布局。

◎ 字段列表：字段列表中显示的内容对应于数据源中各列顶部的标题。

◎ 报表筛选区域：该区域中的字段显示在数据透视表的报表筛选区域中。

◎ 行区域：该区域中的字段显示在数据透视表的行区域中。

◎ 列区域：该区域中的字段显示在数据透视表的列区域中。

◎ 值区域：该区域中的字段显示在数据透

视表的值区域中。

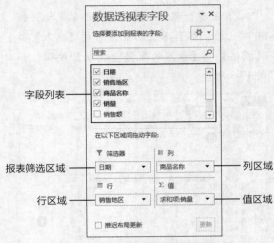

图 17-7 【数据透视表字段】窗格

1. 显示和隐藏【数据透视表字段】窗格

默认情况下，创建数据透视表后将会自动显示【数据透视表字段】窗格，可以根据需要随时显示或隐藏该窗格，方法有以下几种。

◎ 选择数据透视表中的任意一个单元格，然后单击功能区中的【数据透视表工具|分析】➡【显示】➡【字段列表】按钮，如图 17-8 所示。该按钮是一个开关按钮，分为"按下"和"弹起"两种状态，按下时表示显示【数据透视表字段】窗格，弹起时表示隐藏该窗格。

图 17-8 使用【字段列表】按钮控制【数据透视表字段】窗格的显示和隐藏

◎ 右击数据透视表中的任意一个单元格，在弹出的菜单中选择【显示字段列表】或【隐藏字段列表】命令，如图 17-9 所示。

◎ 如果当前处于显示【数据透视表字段】窗格的状态，可以单击该窗格右上角的【关闭】按钮 ✕ 将其隐藏。

2. 更改【数据透视表字段】窗格的显示方式

默认情况下，在打开的【数据透视表字段】窗格中，字段列表位于窗格上方，其他 4 个区域位于窗格下方。可以根据个人习惯或字段数量的多少，更改字段列表和 4 个区域在【数据透视表字段】窗格中的显示方式。单击【数据透视表字段】窗格中的【工具】按钮，弹出图 17-10 所示的菜单，可从中选择以下任意一种显示方式。

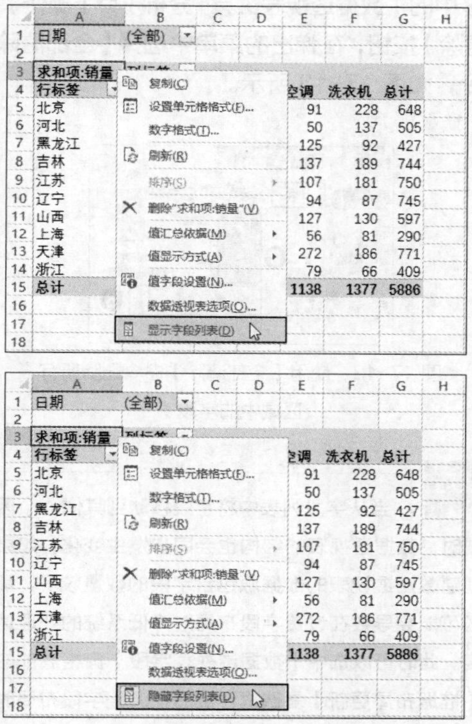

段名称较长时，使用该显示方式可以让字段名称完整显示。

图 17-9　使用鼠标右键菜单命令控制【数据透视表字段】窗格的显示和隐藏

图 17-10　更改【数据透视表字段】窗格的显示方式

◉　字段节和区域节层叠：【数据透视表字段】窗格的默认显示方式。

◉　字段节和区域节并排：字段列表显示在窗格的左侧，其他 4 个区域从上到下依次显示在窗格的右侧。当数据源包含较多字段时，非常适合使用这种显示方式。

◉　仅字段节：只显示字段列表。

◉　仅 2×2 区域节：以两行两列的方式显示 4 个区域，但不显示字段列表。当完成数据透视表的布局设置且不再需要改变时，使用该显示方式可以更好地显示每个区域中的字段，便于查看和操作这些字段。

◉　仅 1×4 区域节：与【仅 2×2 区域节】显示方式类似，但是 4 个区域呈单列显示。当字

17.3.3　对数据透视表中的字段进行布局

使用"推荐"功能创建的数据透视表将会自动完成字段的布局，而使用【创建数据透视表】对话框将会创建一个空白的数据透视表，此时需要手动对字段进行布局。可以在【数据透视表字段】窗格中使用以下几种方法对数据透视表中的字段进行布局。

◉　选中字段的复选框：在字段列表中选中某些字段，这些字段将被自动添加到相应的区域中，数值型字段被添加到值区域，非数值型字段被添加到行区域，各区域中字段的排列顺序由选中字段的顺序决定。

◉ 鼠标拖动字段：在字段列表中使用鼠标将字段拖动到其他 4 个区域中。

◉ 鼠标右键菜单：在字段列表中右击某个字段，然后在弹出的菜单中选择要将字段添加到哪个区域中，如图 17-11 所示。

图 17-11　在鼠标右键菜单中选择字段的添加位置

对于已经完成字段布局的数据透视表，可以将某个区域中的字段移动到其他区域，或者在同一个区域中调整多个字段之间的顺序，从而快速改变数据透视表的结构。在【数据透视表字段】窗格中单击任意一个区域中的某个字段，在弹出的菜单中可以选择要将字段移动到的目标区域。图 17-12 所示为将列区域中的"商品名称"字段移动到行区域时所选择的【移动到行标签】命令。

图 17-12　将字段移动到指定区域

当一个区域中包含多个字段时，可以在单击

字段后弹出的菜单中通过【上移】【下移】【移至开头】【移至末尾】等命令调整各个字段之间的排列顺序。

如果要从区域中删除某个字段，可以单击该字段，然后在弹出的菜单中选择【删除字段】命令。如果要删除所有区域中的字段，可以单击功能区中的【数据透视表工具 | 分析】⇨【操作】⇨【清除】按钮，在弹出的菜单中选择【全部清除】命令，如图 17-13 所示。

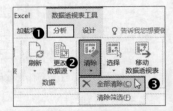

图 17-13　使用【全部清除】命令删除所有区域中的字段

> **技巧**
>
> 当从字段列表中将字段移动到其他 4 个区域时，数据透视表的结构也会同步发生变化。如果创建数据透视表的数据源包含字段的数量较多，那么可能会导致在设置字段布局时降低系统的处理速度。此时可以选中【数据透视表字段】窗格底部的【推迟布局更新】复选框，从而在调整字段布局时禁止数据透视表结构的同步更新。在完成字段布局后，单击【数据透视表字段】窗格底部的【更新】按钮即可使用新的字段布局更新数据透视表的结构。需要注意的是，选中【推迟布局更新】复选框后，数据透视表的很多功能将暂时无法使用，取消选中该复选框后即可恢复正常使用。

17.3.4　重命名字段

将字段添加到数据透视表中的值区域后，Excel 将在字段原有名称的开头添加"求和项"或"计数项"字样，如"销量"字段会被重命名为"求和项：销量"或"计数项：销量"，使用哪种命名方式由字段的数据类型决定。为了使字段名称更简洁，可以对字段进行重命名，将"求和项"或"计数项"删除。

案例 17-3

将名为"求和项:销量"的字段重命名为"销量"

案例目标: 将值区域中名为"求和项:销量"的字段重命名为"销量",效果如图 17-14 所示。

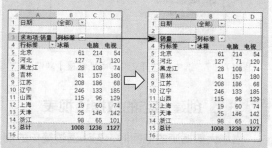

图 17-14 在单元格中重命名字段

完成本例的方法有以下两种。

◉ 在数据透视表中选择【求和项:销量】所在的单元格,按【F2】键进入编辑状态,将【求和项:】删除,然后在最后一个字的右侧输入一个空格,最后按【Enter】键确认修改。

> **提示**
> 对字段重命名后,其名称不能与字段列表中的任何一个字段同名,获得看似同名字段的方法是在重命名的字段结尾输入一个空格,从而使两个字段外观相同,但实际上其中一个字段比另一个字段多了一个空格。

◉ 在数据透视表中右击"求和项:销量"所在的单元格,或者右击值区域中的任意一个单元格,在弹出的菜单中选择【值字段设置】命令,打开【值字段设置】对话框,在【自定义名称】文本框中输入字段的新名称,最后单击【确定】按钮,如图 17-15 所示。

使用类似的方法,还可以重命名报表筛选字段、行字段、列字段的名称。只需右击这些字段所在的单元格,或者右击这些字段对应的区域中的任意一个单元格,然后在弹出的菜单中选择【字段设置】命令,在打开的【字段设置】对话框中设置字段的名称。

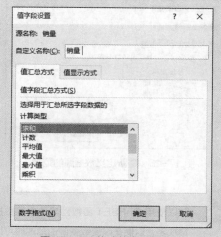

图 17-15 修改值字段的名称

> **注意**
> 如果将重命名后的字段从数据透视表中删除,当下次重新将其添加到数据透视表中时,字段名称将自动恢复为其初始状态。

对值区域中的字段进行重命名后,【数据透视表字段】窗格中的该字段的名称不会发生变化。对其他3个区域中的字段进行重命名后,【数据透视表字段】窗格中相应字段的名称会同步改变。无论数据透视表中的字段名称如何改变,数据源中的字段名称都不会发生变化。

17.3.5 更改和刷新数据透视表

如果数据源的范围发生了变化,为了在数据透视表中完整包含数据源中的所有内容,需要重新定义创建数据透视表的数据源范围,具体操作步骤如下。

(1)选择数据透视表中的任意一个单元格,然后单击功能区中的【数据透视表工具|分析】⇨【数据】⇨【更改数据源】按钮。

(2)打开【更改数据透视表数据源】对话框,在【表/区域】文本框中输入数据源的新地址,或者单击该文本框右侧的折叠按钮,在数据源所在工作表中选择数据源的新范围,如图 17-16 所示。最后单击【确定】按钮,使用新定义的数据源更新数据透视表。

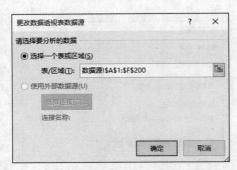

图 17-16　重新定义数据源的范围

> **交叉参考** 可以使用 OFFSET 函数创建动态的数据透视表，以便在改变数据源的范围时可以自动更新数据透视表，而不需要像上面介绍的那样，在【更改数据透视表数据源】对话框中手动指定数据源的新范围。有关创建动态数据透视表的方法请参考本章 17.3.6 小节。

在修改数据源的内容后，为了使数据透视表可以正确反映数据源的最新内容，需要对数据透视表执行刷新操作。可以手动刷新，也可以在打开 Excel 工作簿时自动刷新。

1. 手动刷新数据透视表

手动刷新数据透视表的方法有以下 3 种。

◉ 右击数据透视表中的任意一个单元格，在弹出的菜单中选择【刷新】命令。

◉ 选择数据透视表中的任意一个单元格，然后单击功能区中的【数据透视表工具 | 分析】⇨【数据】⇨【刷新】按钮。

◉ 选择数据透视表中的任意一个单元格，然后按【Alt+F5】组合键。

2. 打开 Excel 工作簿时自动刷新数据透视表

除了手动刷新外，还可以通过设置实现在每次打开工作簿时自动刷新其中包含的数据透视表，具体的操作步骤如下。

（1）右击数据透视表中的任意一个单元格，在弹出的菜单中选择【数据透视表选项】命令。

（2）打开【数据透视表选项】对话框，切换到【数据】选项卡，然后选中【打开文件时刷新数据】复选框，如图 17-17 所示，最后单击【确

定】按钮。

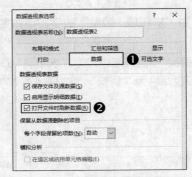

图 17-17　选中【打开文件时刷新数据】复选框

17.3.6　创建动态的数据透视表

当增大数据源的范围时，无法通过简单的刷新操作保持数据透视表与数据源的完全同步，而只能使用 17.3.5 小节介绍的方法手动重新选择数据源。为了使这种情况下的操作变得更加自动和智能，可以为数据源定义一个名称，并在定义名称时使用 COUNTA 函数和 OFFSET 函数自动检查并获取数据源的最新范围。

> **案例 17-4**
> **通过定义名称创建动态的数据透视表**
>
> **案例目标：** 为数据源定义一个名称，然后使用该名称作为数据源创建动态的数据透视表，以便实现在调整数据源的范围时，数据透视表中的内容可以自动与数据源保持同步。

完成本例的具体操作步骤如下。

（1）选择包含数据源的工作表，然后单击功能区中的【公式】⇨【定义的名称】⇨【定义名称】按钮，如图 17-18 所示。

图 17-18　单击【定义名称】按钮

（2）打开【新建名称】对话框，在【名称】文本框中输入一个名称，如"动态数据源"，然后在【引用位置】文本框中输入下面的公式，如图 17-19 所示，最后单击【确定】按钮。

=OFFSET(数据源 !$A$1,,,COUNTA($A:$A),COUNTA($1:$1))

图 17-19 为数据源定义名称

公式解析： COUNTA($A:$A) 部分用于统计 A 列中非空单元格的个数，即在添加新行后获取当前包含内容的总行数。COUNTA($1:$1) 部分的作用类似，用于统计第 1 行中非空单元格的个数。公式中省略了 OFFSET 函数的第 2 个和第 3 个参数的值，但是需要保留用于分隔参数的英文逗号。

> **交叉参考** 有关 COUNTA 函数的更多内容请参考本书第 14 章，有关 OFFSET 函数的更多内容请参考本书第 15 章。

（3）单击功能区中的【插入】⇨【表格】⇨

【数据透视表】按钮，打开【创建数据透视表】对话框，将【表 / 区域】文本框中的内容修改为本例定义的名称"动态数据源"，如图 17-20 所示。单击【确定】按钮，使用由名称定义的数据源创建数据透视表。

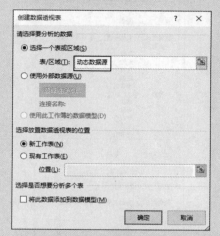

图 17-20 使用由名称定义的数据源创建数据透视表

以后在数据源中添加新的行或列时，数据透视表可以自动获取新增范围中的内容，用户不需要手动更改数据源的范围，而只需对数据透视表执行刷新操作，即可使数据透视表与数据源中的内容同步。

17.4 设置数据透视表的显示方式

可以对创建好的数据透视表的外观进行设置，以符合所需的显示方式。本节将介绍数据透视表外观方面的一些常用设置，包括设置数据透视表的报表布局、设置总计和分类汇总的显示方式、设置数据的数字格式、设置空单元格和错误值的显示方式以及使用样式格式化数据透视表。

17.4.1 设置数据透视表的报表布局

创建的数据透视表默认使用压缩形式的报表布局，该布局将所有的行字段堆积在一列中并分层显示，可以极大地节省横向空间，并可以通过【＋】和【－】按钮或双击的方式展开和折叠各个字段中的项目。但是由于每一个行字段的标题不会显示在数据透视表中，因此可读性不是很好。

为了让多个行字段依次显示在不同的列中，并让每个行字段的标题都能显示在数据透视表中，用户可以将数据透视表的布局改为大纲形式或表格形式。单击数据透视表中的任意一个单元格，然后单击功能区中的【数据透视表工具 | 设计】⇨【布局】⇨【报表布局】按钮，在弹出的菜单中选择数据透视表的布局形式。

图 17-21 所示为使用大纲形式布局和表格形式布局的数据透视表，这两种布局形式没有太大区

别，各个行字段从左到右依次显示在各列中，位于左侧的行字段具有更高的级别，位于右侧的行字段具有更低的级别。将位于更高一级的行字段称为“外部行字段”，将位于更低一级的行字段称为“内部行字段”。

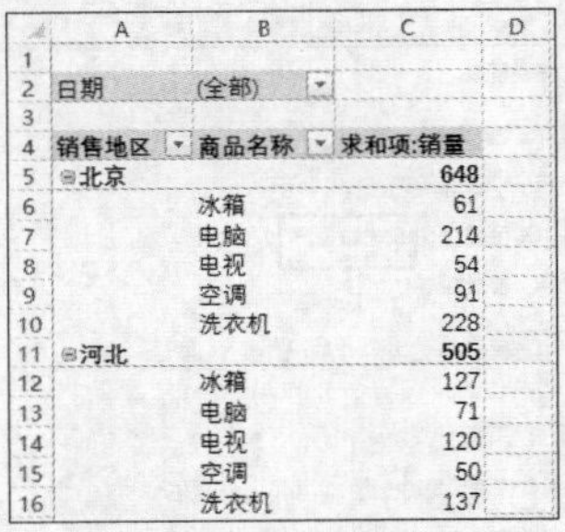

	A	B	C	D
1				
2	日期	(全部)		
3				
4	销售地区	商品名称	求和项:销量	
5	⊟北京		648	
6		冰箱	61	
7		电脑	214	
8		电视	54	
9		空调	91	
10		洗衣机	228	
11	⊟河北		505	
12		冰箱	127	
13		电脑	71	
14		电视	120	
15		空调	50	
16		洗衣机	137	

（a）

	A	B	C	D
1				
2	日期	(全部)		
3				
4	销售地区	商品名称	求和项:销量	
5	⊟北京	冰箱	61	
6		电脑	214	
7		电视	54	
8		空调	91	
9		洗衣机	228	
10	北京 汇总		648	
11	⊟河北	冰箱	127	
12		电脑	71	
13		电视	120	
14		空调	50	
15		洗衣机	137	
16	河北 汇总		505	

（b）

图 17-21　大纲形式布局（a）和表格形式布局（b）的数据透视表

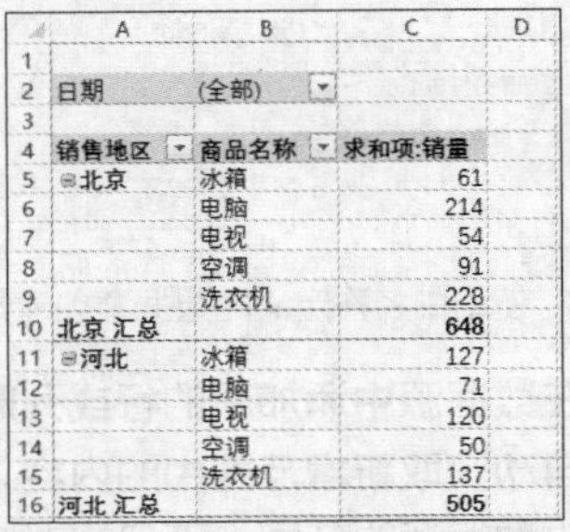

案例 17-5
自动填充“销售地区”字段中的空单元格

案例目标：当使用大纲形式或表格形式的布局，行字段不止一个时，外部行字段中的项目只显示一次。现在希望将外部行字段中的空白单元格填充为该字段中相应的项目，效果如图 17-22 所示。

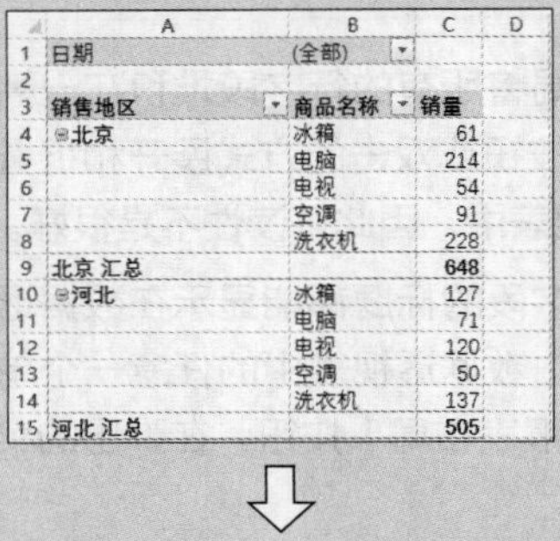

	A	B	C	D
1	日期	(全部)		
2				
3	销售地区	商品名称	销量	
4	⊟北京	冰箱	61	
5		电脑	214	
6		电视	54	
7		空调	91	
8		洗衣机	228	
9	北京 汇总		648	
10	⊟河北	冰箱	127	
11		电脑	71	
12		电视	120	
13		空调	50	
14		洗衣机	137	
15	河北 汇总		505	

图 17-22　自动填充行字段中的空白单元格

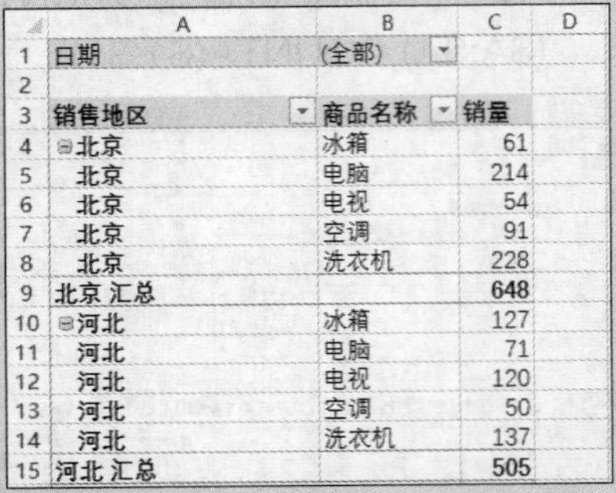

	A	B	C	D
1	日期	(全部)		
2				
3	销售地区	商品名称	销量	
4	⊟北京	冰箱	61	
5	北京	电脑	214	
6	北京	电视	54	
7	北京	空调	91	
8	北京	洗衣机	228	
9	北京 汇总		648	
10	⊟河北	冰箱	127	
11	河北	电脑	71	
12	河北	电视	120	
13	河北	空调	50	
14	河北	洗衣机	137	
15	河北 汇总		505	

图 17-22　自动填充行字段中的空白单元格（续）

完成本例的具体操作步骤如下。

（1）选择数据透视表中的任意一个单元格，然后单击功能区中的【数据透视表工具 | 设计】⇨【布局】⇨【报表布局】按钮，在弹出的菜单中选择【以大纲形式显示】或【以表格形式显示】命令，将数据透视表的报表布局设置为大纲形式或表格形式。

（2）确保当前选择了数据透视表中的任意一个单元格，然后单击功能区中的【数据透视表工具 | 设计】⇨【布局】⇨【报表布局】按钮，在弹出的菜单中选择【重复所有项目标签】命令，如图 17-23 所示。

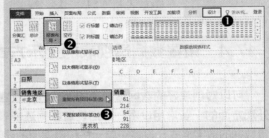

图 17-23　选择【重复所有项目标签】命令

提示

如果想要将行字段恢复为原来的显示方式，可以单击功能区中的【数据透视表工具 | 设计】⇨【布局】⇨【报表布局】按钮，在弹出的菜单中选择【不重复项目标签】命令。

17.4.2 设置总计和分类汇总的显示方式

默认情况下，在创建的数据透视表中会自动

显示对行数据和列数据的总计，如图 17-24 所示。行总计显示在每行的最右侧，用于计算每行数据的总和；列总计显示在每列的最下方，用于计算每列数据的总和。

日期	(全部)					
求和项:销量	列标签					
行标签	冰箱	电脑	电视	空调	洗衣机	总计
北京	61	214	54	91	228	648
河北	127	71	120	50	137	505
黑龙江	28	108	74	125	92	427
吉林	81	157	180	137	189	744
江苏	208	186	68	107	181	750
辽宁	246	133	185	94	87	745
山西	115	96	129	127	130	597
上海	19	60	74	56	81	290
天津	25	146	142	272	186	771
浙江	98	65	101	79	66	409
总计	1008	1236	1127	1138	1377	5886

图 17-24 数据透视表默认显示行总计和列总计

可以根据需要打开或关闭总计显示功能。方法是：选择数据透视表中的任意一个单元格，然后单击功能区中的【数据透视表工具 | 设计】⇨【布局】⇨【总计】按钮，弹出图 17-25 所示的菜单，从中选择总计的显示方式，可以选择同时显示行和列的总计，也可以选择只显示其中一种总计，还可以选择同时隐藏两种总计。

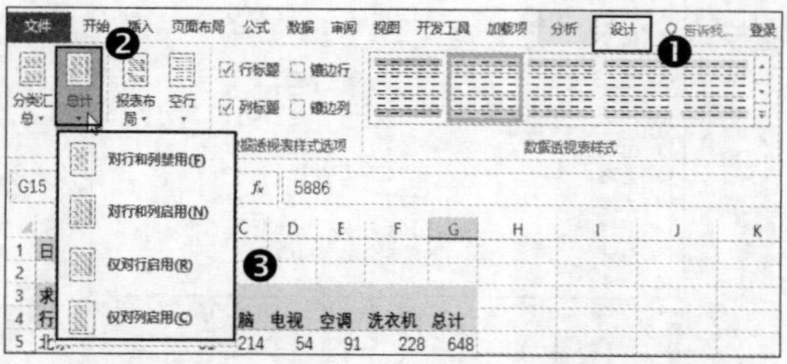

图 17-25 选择行总计和列总计的显示方式

如果数据透视表的某个区域包含 2 个或多个字段，那么 Excel 会自动对子字段项进行汇总求和，并将汇总值显示在其所属的父字段项的顶部或底部，图 17-26 所示为按地区对商品的销量进行汇总。

用户可以控制在数据透视表中是否显示汇总。单击数据透视表中的任意一个单元格，然后单击功能区中的【数据透视表工具 | 设计】⇨【布局】⇨【分类汇总】按钮，在弹出的菜单中选择汇总的显示方式和位置，如图 17-27 所示。

地区	商品	求和项:销量
⊟北京		
	冰箱	40
	电视	100
	空调	89
	洗衣机	93
北京 汇总		322
⊟河北		
	冰箱	16
	电视	91
	空调	64
	洗衣机	101
河北 汇总		272
⊟河南		
	冰箱	54
	电视	102
	空调	31
	洗衣机	72
河南 汇总		259

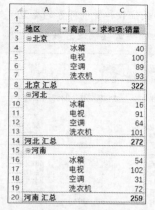

图 17-26 显示汇总的数据透视表

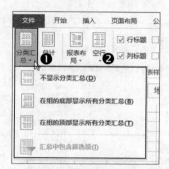

图 17-27 选择所需的分类汇总方式

17.4.3 设置数据的数字格式

与本书第 10 章介绍的为单元格区域中的数据设置数字格式的方法类似，也可以为数据透视表中的数据设置数字格式，以符合数据在显示方面的需要。例如，可以为表示金额的数字设置货币格式，从而更直观地表示数据的含义。

案例 17-6

将按地区统计商品销售报表中的销售额设置为货币格式

案例目标：将数据透视表中表示销售额的数字设置为货币格式，效果如图 17-28 所示。

完成本例的具体操作步骤如下。

（1）右击值区域中销售额所在的任意一个单元格，然后在弹出的菜单中选择【数字格式】命令，如图 17-29 所示。

（2）打开【设置单元格格式】对话框，在【分类】列表框中选择【货币】，然后在右侧设置小数位数和货币符号的类型，如图17-30所示，最后单击【确定】按钮。

图 17-28　将销售额设置为货币格式

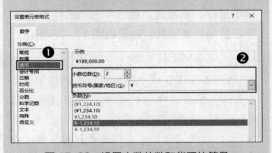

图 17-29　选择【数字格式】命令

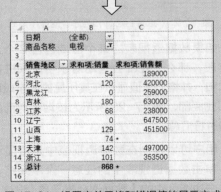

图 17-30　设置小数位数和货币的符号

提示

可以在【分类】列表框中选择"自定义"，然后输入格式代码，从而为数据设置自定义数字格式。格式代码的更多内容请参考本书第10章。

17.4.4　设置空单元格和错误值的显示方式

在创建的数据透视表中可能会包含一些空单元格或显示错误值的单元格，可以在【数据透视表选项】对话框中设置空单元格和错误值的显示方式。

案例 17-7
将没有销量和包含错误值的单元格分别设置为 0 和星号（＊）

案例目标：将数据透视表中的空单元格显示为 0，将错误值显示为星号（＊），效果如图 17-31 所示。

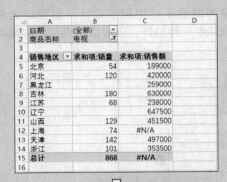

图 17-31　设置空单元格和错误值的显示方式

完成本例的具体操作步骤如下。

（1）右击数据透视表中的任意一个单元

格，然后在弹出的菜单中选择【数据透视表选项】命令。

（2）打开【数据透视表选项】对话框，切换到【布局和格式】选项卡，进行以下两项设置，如图 17-32 所示，最后单击【确定】按钮。

◎ 选中【对于错误值，显示】复选框，并在右侧的文本框中输入"*"。

◎ 选中【对于空单元格，显示】复选框，并在右侧的文本框中输入"0"。

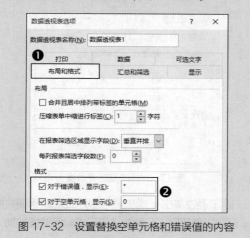

图 17-32　设置替换空单元格和错误值的内容

17.4.5 使用样式格式化数据透视表

Excel 为数据透视表提供了几十种样式，使用这些样式可以快速改变数据透视表的外观，包括字体、边框和填充等方面的设置。选择数据透视表中的任意一个单元格，然后在功能区【数据透视表工具 | 设计】⇒【数据透视表样式】组中打开数据透视表的样式列表，分为浅色、中等深浅、深色 3 组样式。根据需要选择所需的样式，即可将其应用到数据透视表中。右击样式列表中的任意一个样式，弹出图 17-33 所示的菜单，可以执行以下操作。

◎ 应用样式的方式：选择【应用并清除格式】命令，将在设置样式时删除为数据透视表手动设置的所有格式。选择【应用并保留格式】命令，将在设置样式时保留手动设置的所有格式。

◎ 基于现有样式创建新的自定义样式：选择【复制】命令，弹出【修改数据透视表样式】对话框，如图 17-34 所示，其中显示了当前右击

的样式所包含的格式，可在此基础上通过修改格式创建新的样式，而不会影响该样式的原始版本。如果希望从头开始创建新的样式，可以在功能区中打开样式列表，然后选择列表底部的【新建数据透视表样式】命令。

◎ 编辑自定义样式：如果已经创建了自定义样式，可以选择【修改】命令修改样式中的格式，或者选择【删除】命令删除自定义样式。

◎ 设置默认样式：选择【设为默认值】命令，将当前右击的样式设置为创建数据透视表时的默认外观。

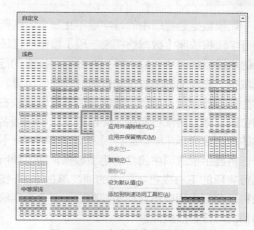

图 17-33　右击样式所弹出的菜单

图 17-34　通过【复制】命令创建新的样式

功能区【数据透视表工具 | 设计】⇒【数据透视表样式选项】组中的选项用于改变数据透视表的行和列的边框与填充效果，各选项的作用如下。

◎ 行标题：为数据透视表中的第 1 列设置格式。

◉ 列标题：为数据透视表中的第 1 行设置格式。
◉ 镶边行：为数据透视表中的奇数行和偶数行分别设置不同的格式。
◉ 镶边列：为数据透视表中的奇数列和偶数列分别设置不同的格式。

17.5 在数据透视表中查看与分析数据

本节将介绍在数据透视表中查看与分析数据的方法，包括查看明细数据、对数据分组、排序数据、使用切片器筛选数据等内容。

17.5.1 查看明细数据

如果数据透视表中的行字段不止一个，则所有行字段将按照【数据透视表字段】窗格行区域中的字段添加顺序，依次排列在数据透视表的行区域中。先添加的字段位于行区域较左的位置，称为外部行字段；后添加的字段位于行区域较右的位置，称为内部行字段。外部行字段中各项名称的左侧会显示【+】或【-】按钮，单击【+】按钮将显示相应项中包含的明细数据，即该项所属行字段的下一级行字段中的项，单击【-】按钮将隐藏相应项中包含的明细数据。多个列字段的情况与行字段类似。

例如，在图 17-35 所示的数据透视表中，有两个行字段“销售地区”和“商品名称”，“销售地区”为外部行字段，“商品名称”为内部行字段。“北京”和“河北”是行字段“销售地区”中的项目，当前显示了这两项中包含的各个商品的销量情况。此时如果单击任意一项左侧的 ⊟ 符号，将隐藏相应项中的明细数据。图 17-36 所示隐藏了“北京”地区的商品销量情况，此时“北京”左侧的 ⊟ 符号变为 ⊞ 符号。

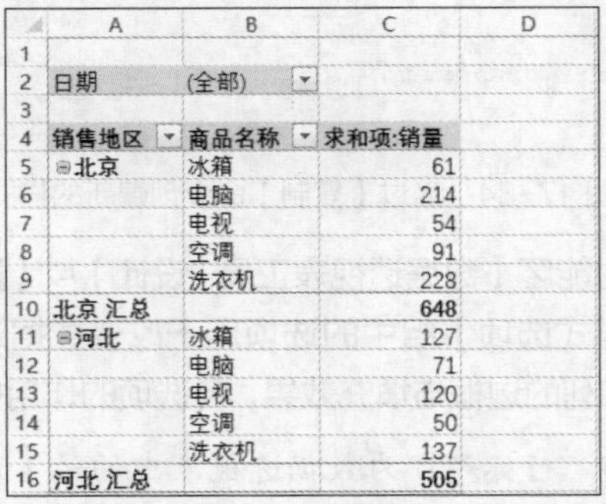

	A	B	C	D
1				
2	日期	(全部)		
3				
4	销售地区	商品名称	求和项:销量	
5	⊟北京	冰箱	61	
6		电脑	214	
7		电视	54	
8		空调	91	
9		洗衣机	228	
10	北京 汇总		648	
11	⊟河北	冰箱	127	
12		电脑	71	
13		电视	120	
14		空调	50	
15		洗衣机	137	
16	河北 汇总		505	

图 17-35 显示明细数据

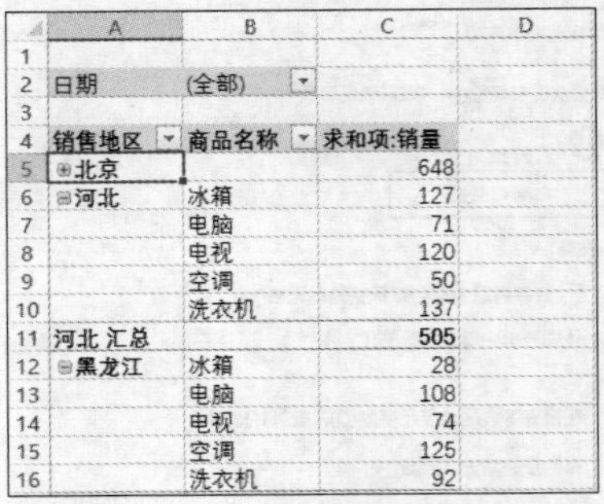

	A	B	C	D
1				
2	日期	(全部)		
3				
4	销售地区	商品名称	求和项:销量	
5	⊞北京		648	
6	⊟河北	冰箱	127	
7		电脑	71	
8		电视	120	
9		空调	50	
10		洗衣机	137	
11	河北 汇总		505	
12	⊟黑龙江	冰箱	28	
13		电脑	108	
14		电视	74	
15		空调	125	
16		洗衣机	92	

图 17-36 隐藏明细数据

除了通过单击 ⊞ 或 ⊟ 符号显示或隐藏明细数据外，还可以使用以下几种方法显示或隐藏明细数据。

◉ 双击要显示或隐藏其明细数据的项目，即可显示或隐藏该项目的明细数据。

◉ 右击要显示或隐藏其明细数据的项目，在弹出的菜单中选择【展开 / 折叠】命令，然后在弹出的子菜单中选择【展开】或【折叠】命令，如图 17-37 所示。如果想要一次性显示或隐藏行字段中所有项目的明细数据，可以选择【展开整个字段】或【折叠整个字段】命令。

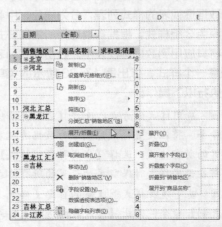

图 17-37 使用右键菜单中的命令显示或隐藏明细数据

◉ 双击内部行字段中的某一项，在弹出的【显示明细数据】对话框中选择要查看的明细数据的类别，单击【确定】按钮后将显示所选择的明细数据。例如，双击图17-38所示的B6单元格，在弹出的对话框中选择【日期】，然后单击【确定】按钮，将显示“北京”地区“电脑”每天的销量情况。这种方式实际上是在内部行字段中添加在对话框中所选择的字段，以继续构建具有层级关系的嵌套行字段。

	A	B	C
1			
2	日期	(全部)	
3			
4	销售地区	商品名称	求和项:销量
5	⊟北京	冰箱	61
6		电脑	214
7		电视	54
8		空调	91
9		洗衣机	228
10	北京 汇总		648
11	⊟河北	冰箱	127
12		电脑	71
13		电视	120
14		空调	50
15		洗衣机	137
16	河北 汇总		505

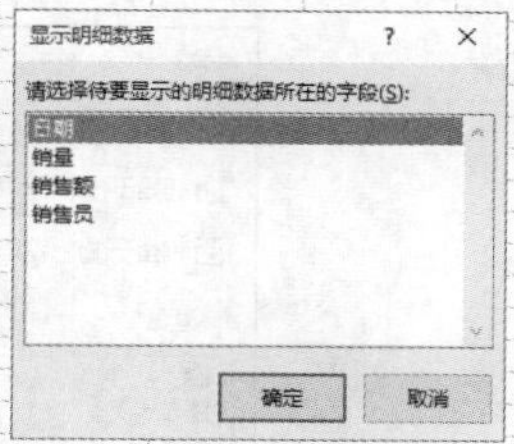

⇩

	A	B	C	D
1				
2				
3				
4	销售地区	商品名称	日期	求和项:销量
5	⊟北京	⊞冰箱		61
6		⊟电脑	2018/6/7	43
7			2018/6/11	12
8			2018/6/12	58
9			2018/6/20	21
10			2018/6/24	46
11			2018/6/27	34
12		电脑 汇总		214
13		⊞电视		54
14		⊞空调		91
15		⊞洗衣机		228
16	北京 汇总			648

图 17-38 查看指定类别的明细数据

如果双击值区域中的某个单元格，将自动新建一个工作表，并在其中显示与该单元格中的数据相关的明细数据。例如，双击图17-39所示的C6单元格，将在新建的工作表中显示“北京”地区“电脑”的销售记录。

	A	B	C
1			
2	日期	(全部)	
3			
4	销售地区	商品名称	求和项:销量
5	⊟北京	冰箱	61
6		电脑	214
7		电视	54
8		空调	91
9		洗衣机	228
10	北京 汇总		648

⇩

图 17-39 查看数据点的明细数据

	A	B	C	D	E	F
1	日期	销售地区	商品名称	销量	销售额	销售员
2	2018/6/27	北京	电脑	34	193800	张博
3	2018/6/24	北京	电脑	46	262200	尹鹏
4	2018/6/20	北京	电脑	21	119700	杨健
5	2018/6/12	北京	电脑	37	210900	叶娜
6	2018/6/12	北京	电脑	21	119700	戴骏
7	2018/6/11	北京	电脑	12	68400	汪露
8	2018/6/7	北京	电脑	43	245100	方萍
9						

图 17-39 查看数据点的明细数据（续）

17.5.2 对数据分组

数据透视表可以自动汇总分类数据，但是为数据提供的默认分类方式通常无法完全满足数据在显示与分析方面的多种需求。例如，对于销售数据而言，用户可能希望按年、季度、月、日等时间尺度来查看和分析销售情况；对于员工的信息而言，用户可能希望按不同的年龄段来查看员工的信息。

可以使用数据透视表提供的分组功能，对日期、数值和文本等不同类型的数据进行分组，从而构建出具有不同分类方式和结构的报表。如果要为数据分组，需要先选择要作为一组的字段中的项目，然后右击所选内容，在弹出的菜单中选择【创建组】命令。根据所选内容的类型，完成后续的分组操作。也可以使用功能区【数据透视表工具 | 分析】⇨【分组】组中的命令为数据分组。

下面将分别介绍对数据透视表中的日期、数值和文本进行分组的方法。

1. 对日期分组

数据透视表为日期型数据提供了多种分组方案，可以按年、季度、月、日、小时、分钟、秒等时间单位对日期或时间进行分组。

案例 17-8

对销售日期按“月”分组

案例目标：将数据透视表中的销售日期按月分组，效果如图17-40所示。

完成本例的具体操作步骤如下。

（1）右击数据透视表中的“日期”字段标题或该字段中的任意一项，然后在弹出的菜单中选择【创建组】命令，如图17-41所示。

图 17-40　对销售日期按月分组

图 17-41　选择【创建组】命令

（2）打开【组合】对话框，Excel 会自动在【起始于】和【终止于】文本框中填入数据透视表中最早和最晚的日期，用户也可以根据需要手动填写这两个日期。在【步长】列表框中选择【月】，然后单击【确定】按钮，如图 17-42 所示。

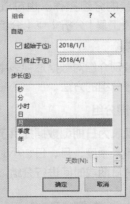

图 17-42　设置组合选项

（3）选择"日期"字段标题，将其名称修改为"月份"，然后按【Enter】键。

在【步长】列表框中可以通过反复单击同一项来对其进行选择或取消选择。可以在【步长】列表框中同时选择多项，只需依次单击所要选择的每一项即可。

注意

如果数据透视表中包含不止一个年份下的日期，那么在按月分组时，需要在【步长】列表框中同时选择【年】和【月】两项，否则在分组后，不同年份的同月数据将会汇总到一起。

按年、季度、日等其他单位对日期进行分组的方法类似，在按日分组时，当在【步长】列表框中选择【日】后，可以在【天数】文本框设置分组的天数间隔，如图 17-43 所示。

图 17-43　按日分组时需要设置【天数】

如果希望取消数据的分组状态，可以右击已分组的字段标题或该字段中的任意一项，然后在弹出的菜单中选择【取消组合】命令。

2. 对数值分组

对数值进行分组的方法与日期类似，也需要指定起始值、终止值和步长值。

案例 17-9
统计各部门不同年龄段的员工数量

案例目标： 希望对公司各部门不同年龄段的员工数量进行统计，效果如图 17-44 所示。

图 17-44　统计各部门不同年龄段的员工数量

完成本例的具体操作步骤如下。

（1）右击数据透视表中的“年龄”字段标题或该字段中的任意一项，然后在弹出的菜单中选择【创建组】命令，如图 17-45 所示。

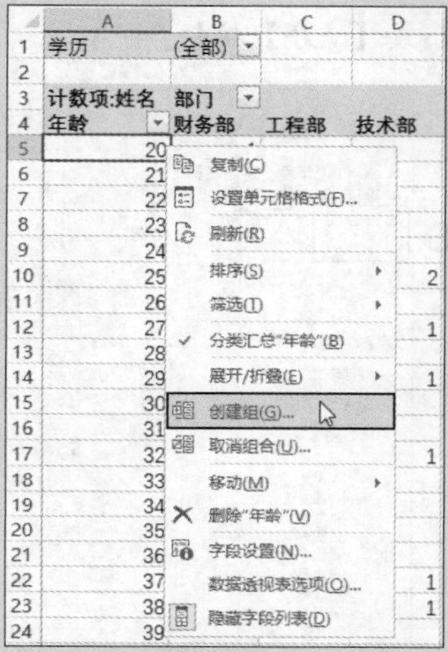

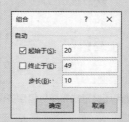

图 17-45　选择【创建组】命令

（2）打开【组合】对话框，Excel 会自动在【起始于】和【终止于】文本框中填入数据透视表中最小和最大的年龄。保持【起始于】文本框中的【20】不变，将【终止于】中的值修改为【49】，然后将【步长】修改为【10】，如图 17-46 所示。最后单击【确定】按钮，将自动统计出各部门 20 ～ 29、30 ～ 39、40 ～ 49 这 3 个年龄段的员工数量。

图 17-46　设置组合选项

（3）选择“年龄”字段标题，将其名称修改为【年龄段】，最后按【Enter】键。

3. 对文本分组

对文本型数据进行分组的方法与日期型和数值型数据不同，这是因为 Excel 无法自动确定用户对文本型数据进行分组的标准，因此用户需要手动完成文本型数据的分组。

案例 17-10
按区域统计商品销量

案例目标：统计东北、华北、华东 3 个区域的商品销量，效果如图 17-47 所示。

	A	B	C	D	E	F	G	H
1	日期	(全部)						
2								
3	求和项:销量		商品名称					
4	销售区域	销售地区	冰箱	电脑	电视	空调	洗衣机	总计
5	华北区域	北京	61	214	54	91	228	648
6		河北	127	71	120	50	137	505
7		山西	115	96	129	127	130	597
8		天津	25	146	142	272	186	771
9	东北区域	黑龙江	28	108	74	125	92	427
10		吉林	81	157	180	137	189	744
11		辽宁	246	133	185	94	87	745
12	华东区域	江苏	208	186	68	107	181	750
13		上海	19	60	74	56	81	290
14		浙江	98	65	101	79	66	409
15	总计		1008	1236	1127	1138	1377	5886

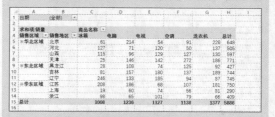

图 17-47　按区域统计商品销量

完成本例的具体操作步骤如下。

（1）首先创建东北区域，选择“黑龙江”“吉林”“辽宁”所在的单元格。由于这 3 个单元格不相邻，因此需要按住【Ctrl】键后依次单击它们来进行选择。然后右击选区并在弹出的菜单中选择【创建组】命令，如图 17-48 所示，创建第 1 个组。

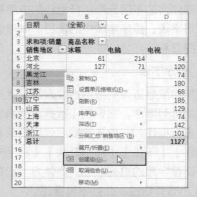

图 17-48　选择【创建组】命令创建第 1 个组

（2）选择上一步创建的组所在的 A7 单元格，将其名称修改为【东北区域】，最后按【Enter】键，如图 17-49 所示。

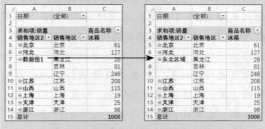

图 17-49　修改组的名称

（3）使用类似的方法，创建华北区域和华东区域。数据透视表中会新增一个名为"销售地区2"的字段，选择该字段标题所在的A4单元格，将其名称修改为【销售区域】，最后按【Enter】键，如图17-50所示。

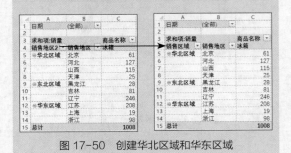

图 17-50　创建华北区域和华东区域

17.5.3 排序数据

在数据透视表中排序数据的方法与本书第16章介绍的在数据列表中进行排序的方法类似，但是由于数据透视表的结构特殊，因此可以对其内部包含的不同元素执行相应的排序操作，包括排序字段、排序字段中的项目、排序值区域中的数据3种。

1．排序字段

排序字段是指改变数据透视表指定区域中各个字段的排列顺序，需要在【数据透视表字段】窗格中进行操作，在单击字段后弹出的菜单中通过【上移】【下移】【移至开头】【移至末尾】等命令调整字段的排列顺序。具体方法已在本章17.3.3小节介绍过，此处不再赘述。

2．排序字段中的项目

可以使用以下几种方法对字段中的项目进行排序。

◉ 单击字段标题右侧的下拉按钮，在打开的列表中选择【升序】或【降序】命令，如图17-51所示。如果数据透视表使用压缩形式布局，且行区域中有多个字段，在打开的列表顶部将会显示【选择字段】，需要先从中选择要排序或筛选的字段，然后执行排序命令，如图17-52所示。

◉ 右击字段标题或该字段中的任意一项，在弹出的菜单中选择【排序】命令，然后在弹出的子菜单中选择【升序】或【降序】命令，如图17-53所示。

◉ 选择字段标题或该字段中的任意一项，然后在功能区【数据】⇨【排序和筛选】组中单击【升序】或【降序】按钮。

图 17-51　使用下拉列表进行排序

图 17-52　使用压缩形式布局且包含多个字段的情况

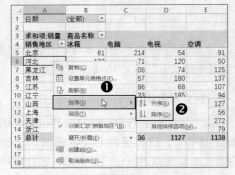

图 17-53　使用右键菜单进行排序

当需要以特定的顺序排列字段中的项目时，简单地使用【升序】或【降序】命令通常无法完成任务，此时可以手动调整项目的排列顺序。例如，要将“销售地区”字段中的“天津”移动到“北京”下方，无论使用升序或降序都无法实现。

在这种情况下，可以将鼠标指针移动到“天津”所在单元格的边框上，当鼠标指针变为✥时，按住鼠标左键并将该单元格中的内容拖动到目标位置，最后释放鼠标左键。拖动过程中会显示一条粗线，用于指示当前移动到的位置，如图 17-54 所示。

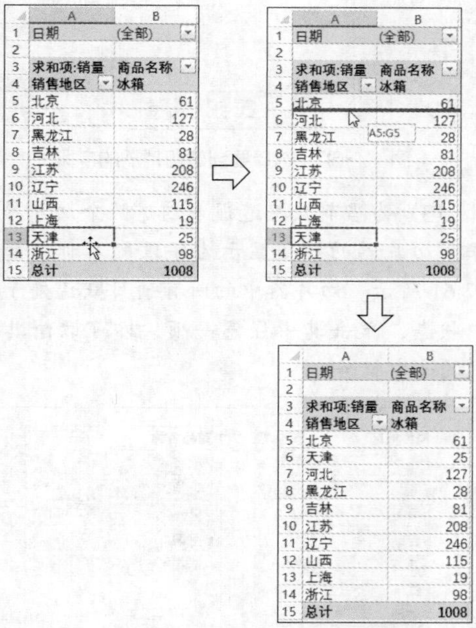

图 17-54　手动调整字段项的排列顺序

3. 排序值区域中的数据

可以使用本小节前面介绍的方法对值区域中的数据进行升序或降序排列，但默认是在列方向上进行排序。如果想要对值区域中的数据在行方向上进行排序，则需要设置排序选项。为值区域中的数据设置排序选项的方法有以下两种。

◉ 选择值区域中要进行排序的单元格，然后单击功能区中的【数据】⇨【排序和筛选】⇨【排序】按钮。

◉ 右击值区域中要进行排序的单元格，然后在弹出的菜单中选择【排序】⇨【其他排序选项】命令。

案例 17-11

对同一地区的不同商品按销量从高到低排序

案例目标：对在“北京”地区销售的各个商品，按照销量的多少从高到低进行排序，效果如图 17-55 所示。

日期	(全部)					
求和项:销量	商品名称					
销售地区	洗衣机	电脑	空调	冰箱	电视	总计
北京	228	214	91	61	54	648
河北	137	71	50	127	120	505
黑龙江	92	108	125	28	74	427
吉林	189	157	137	81	180	744
江苏	181	186	107	208	68	750
辽宁	87	133	94	246	185	745
山西	130	96	127	115	129	597
上海	81	60	56	19	74	290
天津	186	146	272	25	142	771
浙江	66	65	79	98	101	409
总计	1377	1236	1138	1008	1127	5886

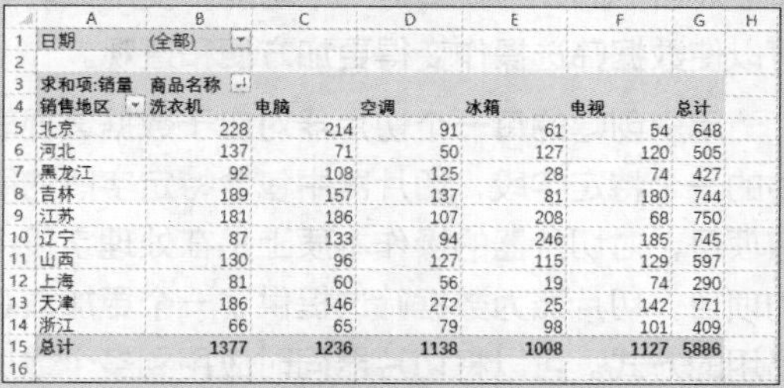

图 17-55　对同一地区的不同商品按销量从高到低排序

完成本例的具体操作步骤如下。

（1）右击北京地区各商品销量所在的任意一个单元格，如 B5 单元格，然后在弹出的菜单中选择【排序】⇨【其他排序选项】命令，如图 17-56 所示。

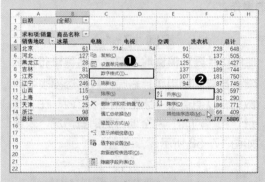

图 17-56　选择【其他排序选项】命令

（2）打开【按值排序】对话框，在【排序选项】区域中选中【降序】单选按钮，在【排序方向】区域中选中【从左到右】单选按钮，最后单击【确定】按钮，如图 17-57 所示。

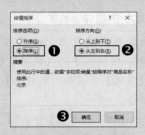

图 17-57　设置排序选项

17.5.4 使用切片器筛选数据

本书第 16 章介绍的数据列表的大多数筛选技术同样适用于数据透视表，因此本小节不再重复介绍这些内容，本小节主要介绍在数据透视表中使用"切片器"功能筛选数据的方法。切片器是 Excel 2010 中新增的一个功能，使用该功能可以使数据筛选操作变得更加方便和直观。

用户创建的每一个切片器对应于数据透视表中的一个特定字段，切片器中包含特定字段的所有项目，对切片器的操作本质上是在处理字段中的项目，切片器为数据筛选提供了一个更加直观易用的方式。可以将切片器同时应用到多个数据透视表中，以实现多个数据透视表之间的联动。

1. 创建切片器

如果要为数据透视表创建切片器，需要单击功能区中的【数据透视表工具 | 分析】⇨【筛选】⇨【插入切片器】按钮，然后选择要添加到切片器中的字段，最后在切片器中执行数据的筛选操作。

案例 17-12

使用切片器对销售地区和商品名称进行筛选

案例目标：使用切片器筛选数据透视表中的数据，以便查看"冰箱"和"空调"在"北京"和"河北"两个地区的销量情况，效果如图 17-58 所示。

图 17-58　使用切片器筛选数据

完成本例的具体操作步骤如下。

（1）选择数据透视表中的任意一个单元格，然后单击功能区中的【数据透视表工具 | 分析】⇨【筛选】⇨【插入切片器】按钮，如图 17-59 所示。

（2）打开【插入切片器】对话框，选中【销售地区】和【商品名称】两个复选框，然后

单击【确定】按钮，如图 17-60 所示。

图 17-59　单击【插入切片器】按钮

图 17-60　选择要创建切片器的字段

（3）为当前数据透视表创建两个切片器，每个切片器的标题显示为字段的名称，如图 17-61 所示。切片器中的所有项目默认处于选中状态，单击其中任意一项，即可取消其他项的选中状态。

图 17-61　为数据透视表创建两个切片器

提示　可以拖动切片器将其移动到合适的位置。如果有多个切片器，可以按住【Shift】键后依次单击每一个切片器，以便将它们同时选中，然后再一起移动。还可以单击功能区中的【切片器工具 | 选项】⇨【排列】⇨【对齐】按钮设置多个切片器的对齐方式。

（4）单击【销售地区】切片器顶部的【多选】按钮，开启多选模式。然后在该切片器中同时选中【北京】和【河北】两项，以便对数据透视表中的"销售地区"字段进行

筛选，使其显示"北京"和"河北"两个地区所有商品的销量情况，如图 17-62 所示。

图 17-62 使用切片器对"销售地区"进行筛选

（5）单击【商品名称】切片器顶部的【多选】按钮，开启多选模式。然后在该切片器中同时选中【冰箱】和【空调】两项，将在上一步筛选的基础之上，继续对数据透视表中的"商品名称"字段进行筛选，将会显示"冰箱"和"空调"两个商品的销量情况，即本例希望实现的目标。

提示　如果想要清除切片器中的筛选状态，可以单击切片器右上角的【清除筛选器】按钮，或者右击切片器并在弹出的菜单中选择【从……中清除筛选器】命令，省略号表示具体的字段名称。

2. 在多个数据透视表中共享切片器

为了便于从不同角度查看和分析数据，可以使用同一个数据源创建多个数据透视表，然后为这些数据透视表设置不同的字段布局。为了使同一个字段的筛选结果可以同时反映到这些数据透视表中，可以将字段所属的切片器设置为共享模式，具体操作步骤如下。

（1）在包含切片器的数据透视表中右击要进行共享的切片器，在弹出的菜单中选择【报表连接】命令，如图 17-63 所示。

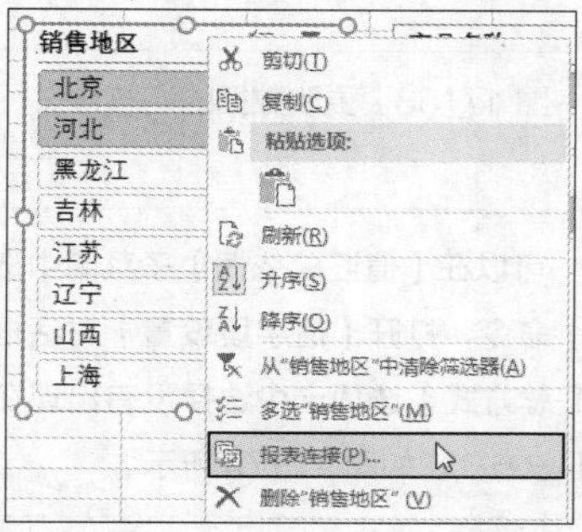

图 17-63 选择【报表连接】命令

（2）打开【数据透视表连接】对话框，选中要连接到当前切片器的数据透视表名称左侧的复选框，然后单击【确定】按钮，如图 17-64 所示。

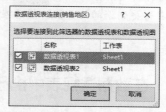

图 17-64 选择要连接到切片器的数据透视表

注意　每次只能为一个切片器设置共享模式，如果同时选择多个切片器，右键菜单中的【报表连接】命令将处于禁用状态。

在图 17-65 所示的工作表中包含两个数据透视表，它们共用"销售地区"和"商品名称"两个切片器，对这两个切片器中的字段进行筛选时，筛选结果会同时作用于两个数据透视表。

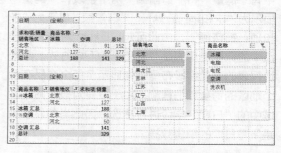

图 17-65 两个数据透视表共享相同的切片器

还可以为数据透视表选择与特定的切片器连接。选择要设置的数据透视表中的任意一个单元格，然后单击功能区中的【数据透视表工具|分析】⇨【筛选】⇨【筛选器连接】按钮，在打开的对话框中选择需要连接的切片器，如图 17-66 所示。

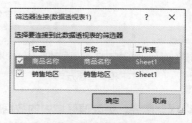

图 17-66 选择需要连接的切片器

3. 删除切片器

如果不再需要某个切片器，可以使用以下两种方法将其删除。

- 选择要删除的切片器，然后按【Delete】键。
- 右击要删除的切片器，然后在弹出的菜单中选择【删除……】命令，省略号表示具体的字段名称。

17.6 在数据透视表中执行计算

数据透视表值区域中的数值型数据的汇总方式默认为求和，非数值型数据的汇总方式默认为计数。用户可以使用其他汇总方式对值区域中的数据进行计算，如平均值、最大值和最小值等。除了设置汇总方式外，用户还可以使用公式对数据透视表中的数据进行计算，并将计算结果以"计算字段"或"计算项"的形式添加到数据透视表中。计算字段和计算项只存在于数据透视表中，不会对数据源造成任何影响。本节将介绍在数据透视表中设置数据的汇总方式以及创建计算字段和计算项的方法。

17.6.1 设置数据的汇总方式

在图 17-67 所示的数据透视表中，值区域中有"销量"和"销售额"两个字段，"销量"显示为"求和项：销量"，"销售额"显示为"求和项：销售额"，由此可知，Excel 对这两个字段中的数据使用的是"求和"的汇总方式。数据透视表的当前字段布局结构显示了每个商品在各个地区的销量和销售额。由于没有对报表筛选区域中的"日期"字段进行筛选，因此当前显示的是所有日期的销售数据。

大销量，可以在数据透视表中右击"销量"字段标题或该字段中的任意一项，在弹出的菜单中选择【值汇总依据】命令，然后在弹出的子菜单中选择【最大值】命令，如图 17-68 所示，即可将"销量"的汇总方式由"求和"改为"最大值"，如图 17-69 所示。

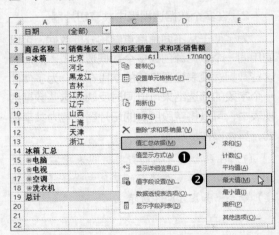

图 17-68 更改数据的汇总方式

图 17-67 值区域中的数值型数据默认使用"求和"汇总方式

可以根据需要，更改值区域中的数据的汇总方式。例如，如果想要查看商品在各个地区的最

> **提示** 可以在【值汇总依据】子菜单中选择【其他选项】命令，打开【值字段设置】对话框，然后在【值汇总方式】选项卡中选择没有出现在菜单中的其他汇总方式，如图 17-70 所示。

日期	(全部)		
商品名称	销售地区	最大值项:销量	求和项:销售额
冰箱	北京	27	170800
	河北	41	355600
	黑龙江	28	78400
	吉林	44	226800
	江苏	47	582400
	辽宁	49	688800
	山西	47	322000
	上海	19	53200
	天津	25	70000
	浙江	49	274400
冰箱 汇总		49	2822400
电脑		50	7045200
电视		48	3944500
空调		48	2503600
洗衣机		50	2616300
总计		50	18932000

图 17-69　将汇总方式改为"最大值"

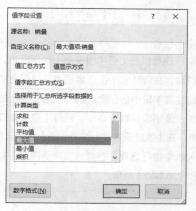

图 17-70　选择其他汇总方式

可以在数据透视表中以多种方式汇总值区域中的数据，而不只是单一的求和或计数。只需根据要显示的汇总方式的数量，将同一个字段以相同的数量添加到值区域中，然后为该字段的每个版本设置一种汇总方式即可。图 17-71 显示了以求和、最大值、最小值 3 种方式汇总商品的销量。

日期	(全部)		
商品名称	求和项:销量	最大值项:销量2	最小值项:销量3
冰箱	1008	49	11
电脑	1236	50	10
电视	1127	48	10
空调	1138	48	13
洗衣机	1377	50	10
总计	5886	50	10

图 17-71　为值区域中的数据设置多种汇总方式

当数据透视表包含两个或多个行字段时，默认使用"求和"方式对外部行字段中的每一项进行汇总。可以根据需要，为行字段添加多种汇总方式。

案例 17-13
汇总各地区商品的总销量、最大日销量和最小日销量

案例目标： 在数据透视表中显示各个地区商品的总销量、商品的最大日销量和最小日销量，效果如图 17-72 所示。

日期	(全部)	
销售地区	商品名称	求和项:销量
北京	冰箱	61
	电脑	214
	电视	54
	空调	91
	洗衣机	228
北京 求和		648
北京 最大值		46
北京 最小值		11
河北	冰箱	127
	电脑	71
	电视	120
	空调	50
	洗衣机	137
河北 求和		505
河北 最大值		45
河北 最小值		10

图 17-72　为外部行字段添加多种汇总方式

完成本例的具体操作步骤如下。

（1）右击"销售地区"字段标题或该字段中的任意一项，然后在弹出的菜单中选择【字段设置】命令，如图 17-73 所示。

日期	(全部)	
销售地区	商品名称	求和项:销量
北京		61
		214
		54
		91
		228
北京 汇总		648
河北		127
		71
		120
		50
		137
河北 汇总		505
黑龙江		28
		108
		74
		125
		92
黑龙江 汇		427
吉林		81
		157

（右键菜单项）复制(C)、设置单元格格式(F)...、刷新(R)、排序(S)、筛选(T)、✓ 分类汇总"销售地区"(B)、展开/折叠(E)、创建组(G)、取消组合(U)...、移动"销售地区"(M)、删除"销售地区"(V)、字段设置(N)...、数据透视表选项(O)...、隐藏字段列表(D)

图 17-73　选择【字段设置】命令

（2）打开【字段设置】对话框，在【分类汇总和筛选】选项卡中选中【自定义】单选按钮，然后在下方的列表框中选择【求和】【最大值】【最小值】3 种汇总方式，最后单击【确定】按钮，如图 17-74 所示。

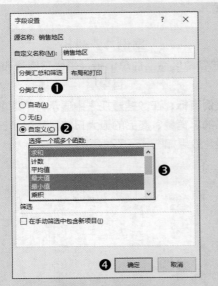

图 17-74　选择所需的汇总方式

除了设置数据的汇总方式外，有时可能希望值区域中的数据以特殊的方式显示，如分析各个商品的销量在所有商品总销量中所占的比例，如图 17-75 所示。

1	日期	(全部)	
2			
3	商品名称	求和项:销量	
4	冰箱	1008	
5	电脑	1236	
6	电视	1127	
7	空调	1138	
8	洗衣机	1377	
9	总计	5886	

1	日期	(全部)	
2			
3	商品名称	求和项:销量	
4	冰箱	17.13%	
5	电脑	21.00%	
6	电视	19.15%	
7	空调	19.33%	
8	洗衣机	23.39%	
9	总计	100.00%	

图 17-75　分析各个商品的销量在所有商品
总销量中所占的比例

可以通过设置"值显示方式"来实现。在值区域中右击想要改变显示方式的字段标题或该字段中的任意一项，在弹出的菜单中选择【值显示方式】命令，然后在弹出的子菜单中选择【总计的百分比】命令，如图 17-76 所示。

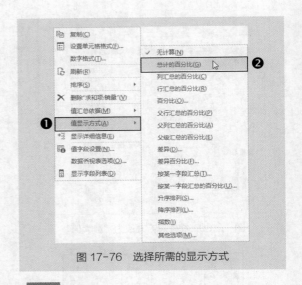

图 17-76　选择所需的显示方式

提示　还可以在【值字段设置】对话框中完成相同的设置。在值区域中右击想要改变显示方式的字段标题或该字段中的任意一项，然后在弹出的菜单中选择【值字段设置】命令，打开【值字段设置】对话框，在【值显示方式】选项卡的【值显示方式】下拉列表中进行选择，有些选项需要指定【基本字段】和【基本项】两项。

17.6.2　创建计算字段

计算字段是对数据透视表中现有的字段进行自定义计算后产生的新字段，创建的计算字段将会显示在【数据透视表字段】窗格中。数据透视表中原有字段的大多数操作同样适用于用户创建的计算字段。如果要创建计算字段，需要单击功能区中的【数据透视表工具|分析】⇨【计算】⇨【字段、项目和集】按钮，在弹出的菜单中选择【计算字段】命令，然后在打开的对话框中进行设置。

案例 17-14
使用计算字段为商品添加价格

案例目标： 数据透视表中显示了每个商品的销量和销售额，现在希望通过这两个数据计算出商品的价格，并将其显示在数据透视表中，效果如图 17-77 所示。

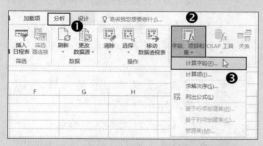

图 17-77　使用计算字段添加商品的价格

完成本例的具体操作步骤如下。

（1）选择数据透视表中的任意一个单元格，然后单击功能区中的【数据透视表工具 | 分析】⇨【计算】⇨【字段、项目和集】按钮，在弹出的菜单中选择【计算字段】命令，如图 17-78 所示。

图 17-78　选择【计算字段】命令

（2）打开【插入计算字段】对话框，进行以下几项设置，如图 17-79 所示。

　◉　在【名称】文本框中输入计算字段的名称，如"价格"。

　◉　删除【公式】文本框中的 0。

　◉　将插入点定位到【公式】文本框中，然后依次双击【字段】列表框中的"销售额"和"销量"，将它们添加到【公式】文本框中的等号右侧。

　◉　在【公式】文本框中的"销售额"和"销量"之间输入一个除号"/"。

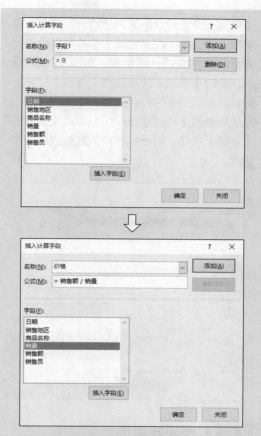

图 17-79　设置计算字段

<blockquote>
注意

在设置计算字段的公式时可以使用 Excel 工作表函数和数学运算符，如 +、−、*、/、^、% 等，但是不能在公式中使用单元格引用和定义的名称。
</blockquote>

<blockquote>
提示

如果要创建多个计算字段，可以在【插入计算字段】对话框中设置好一个计算字段后，只单击【添加】按钮，而不单击【确定】按钮，然后继续设置下一个计算字段。设置并添加好最后一个计算字段后，再单击【确定】按钮。
</blockquote>

（3）设置完成后单击【添加】按钮，然后单击【确定】按钮，将在数据透视表中添加一个名为"求和项：价格"的新字段，该字段中的数据为各个商品的价格。

可以随时修改或删除现有的计算字段。

使用本小节前面介绍的方法打开【插入计算字段】对话框，在【名称】下拉列表中选择要修改或删除的计算字段，如图 17-80 所示，此时【添加】按钮变为【修改】按钮。对计算字段的名称和公式进行所需的修改，完成后单击【修改】按钮。也可以直接单击【删除】按钮，将计算字段从数据透视表中删除。

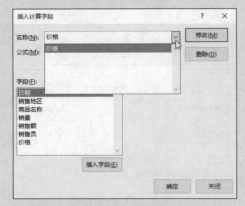

图 17-80　选择要修改或删除的计算字段

17.6.3　创建计算项

计算项是对数据透视表字段中的现有项目进行自定义计算后产生的新项目，创建的计算项不会显示在【数据透视表字段】窗格中，数据透视表中原有项目的大多数操作同样适用于用户创建的计算项。如果要创建计算项，需要单击功能区中的【数据透视表工具 | 分析】⇨【计算】⇨【字段、项目和集】按钮，在弹出的菜单中选择【计算项】命令，然后在打开的对话框中进行设置。

案例 17-15
使用计算项计算两种商品的销售额差异

案例目标： 数据透视表中显示了冰箱和空调在各个地区的销售额，现在希望计算这两种商品销售额之间的差异，并将其显示在数据透视表中，效果如图 17-81 所示。

完成本例的具体操作步骤如下。

（1）选择数据透视表列区域中的"商品名称"字段标题中的任意一项，然后单击功能

区中的【数据透视表工具 | 分析】⇨【计算】⇨【字段、项目和集】按钮，在弹出的菜单中选择【计算项】命令。

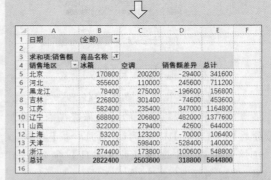

图 17-81　使用计算项计算两种商品销售额之间的差异

（2）打开【在"商品名称"中插入计算字段】对话框，进行以下几项设置，如图 17-82 所示。

◉　在【名称】文本框中输入计算项的名称，如"销售额差异"。

◉　删除【公式】文本框中的 0。

◉　将插入点定位到【公式】文本框中，然后在下方的【字段】列表框中选择【商品名称】，在右侧的【项】列表框中双击"冰箱"，将其添加到【公式】文本框中的等号右侧。使用相同的方法，将"商品名称"中的"空调"添加到【公式】文本框中。

◉　在【公式】文本框中的"冰箱"和"空调"之间输入一个减号"-"。

（3）设置完成后单击【添加】按钮，然后单击【确定】按钮，将在数据透视表的"商品名称"字段中添加一个名为"销售额差异"的新项目，该项目中的数据为各个地区的冰箱与空调的销售额差异。

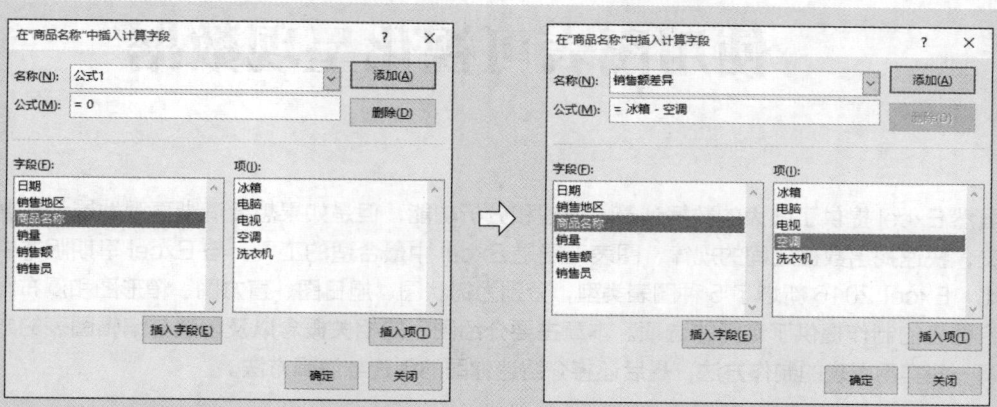

图 17-82 设置计算项

　　与修改和删除计算字段的方法类似，也可以修改和删除计算项。打开【在……中插入计算字段】对话框，省略号表示具体的字段名称。在【名称】下拉列表中选择要修改或删除的计算项，完成修改后单击【修改】按钮，也可直接单击【删除】按钮将所选计算项删除。

第18章

使用图表可视化呈现数据

虽然 Excel 提供了强大的数据计算、处理和分析功能，但是如果想要清晰直观地展示数据自身的含义，快速找出数据之间的规律，图表无疑是 Excel 中最合适的工具。与 Excel 早期版本中的图表相比，Excel 2016 新增了 5 种图表类型，分别为树状图、旭日图、直方图、箱形图和瀑布图，并为组合图表的制作提供了专门的选项。本章主要介绍图表的相关概念以及创建与编辑图表的方法，并讲解一些实用图表的制作方法，最后还将介绍迷你图的创建与编辑方法。

18.1 图表简介

本节将对 Excel 提供的图表类型进行概括性介绍，还将介绍图表的组成结构以及图表在工作簿中存放的两个位置。

18.1.1 图表的两大特点

图表是数据图形化的展示方式，通过将数据以特定尺寸的点、线、面等图形元素绘制出来，直观反映数据自身的含义和规律，如数据之间的差异和变化趋势。在图 18-1 所示的工作表中，A、B 两列包含某商品每个月的销量情况，右侧的图表由这些数据绘制而成，从中可以很容易看出商品销量的整体变化趋势，并可以快速找出最高销量和最低销量分别在哪两个月，而图表左侧的数据区域无法直观反映这些信息。

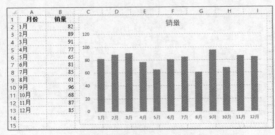

图 18-1　图表可以直观反映数据的含义和规律

除了可以直观反映数据的含义和规律外，图表的另一个特点是可以自动更新。当用于绘制图表的数据源中的数据发生更改时，图表会自动更新以反映数据的最新变化。数据源是指创建图表所使用的数据区域。

18.1.2 Excel 图表类型

Excel 2016 提供了 16 种图表类型，每种图表类型包括一个或多个子图表类型，每种类型的图表都有自己的特点，适用于不同的数据结构及展示目的。例如，柱形图包括 7 种子类型：簇状柱形图、堆积柱形图、百分比堆积柱形图、三维簇状柱形图、三维堆积柱形图、三维百分比堆积柱形图、三维柱形图，其中的百分比堆积柱形图适用于比较各个值占总和的百分比的情况。Excel 2016 中的所有图表类型及其说明如表 18-1 所示。

表 18-1　Excel 图表类型及其说明

图表名称	特点和用途	图示
柱形图	显示一段时间内的数据变化情况，或对比数据之间的差异，通常横轴表示数据类别，纵轴表示数据的值	
条形图	显示各个数据之间的比较情况，适用于连续时间的数据或横轴文本过长的情况	
折线图	显示随时间变化的连续数据，通常横轴表示数据类别，纵轴表示数据的值	
XY 散点图	显示若干数据系列中各数值之间的关系，或将两组数绘制为 XY 坐标的一个系列。散点图有两个数值轴，将这些数值合并到单一数据点并显示为不均匀间隔或簇	
气泡图	气泡图只有数值坐标轴，没有分类坐标轴，使用 X 轴和 Y 轴的数据绘制气泡的位置，然后使用第 3 列数据表示气泡的大小，用于描绘 3 类数据之间的关系	
饼图	显示一个数据系列中各项的大小与各项总和的比例的百分比值	
圆环图	与饼图类似，但是可以包含多个数据系列	
面积图	显示所绘制的值的总和，或部分与整体之间的关系，用于强调数量随时间而变化的程度	
曲面图	找到两组数据之间的最佳组合，与地形图类似，颜色和图案表示同数值范围区域	
股价图	显示股价的波动，也可用于科学数据，需要根据股价图的子类型来选择合适的数据区域	
雷达图	显示数据系列相对于中心点以及各数据分类间的变化，每一个分类都有自己的坐标轴	
树状图	比较层级结构不同级别的值，以矩形显示层次结构级别中的比例，适用于按层次结构组织并具有较少类别的数据	
旭日图	比较层级结构不同级别的值，以环形显示层次结构级别中的比例，适用于按层次结构组织并具有较多类别的数据	
直方图	由一系列高度不等的纵向条纹或线段表示数据分布的情况，通常横轴表示数据类型，纵轴表示分布情况。直方图类型包括直方图和排列图两种子类型	
箱形图	显示一组数据的分散情况资料，适用于以某种方式关联在一起的数据，常见于品质管理	
瀑布图	显示数据的多少以及各部分数据之间的差异，适用于包含正、负值的数据，如财务数据	

18.1.3　图表的组成结构

一个图表由多个部分组成，这些部分称为图表元素，各个图表元素的位置和格式的不同组合构成了具有不同外观的图表。在图 18-2 所示的图表中包括以下几种图表元素。

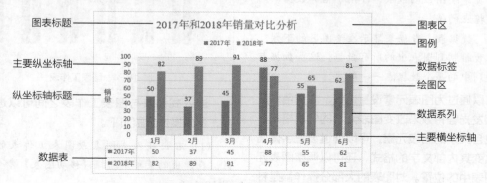

图 18-2　图表的组成结构

◉ 图表区：图表区覆盖图表的完整部分，其他图表元素都位于图表区中。选择图表区后，图表四周会显示边框以及用于调整图表大小的8个控制点，拖动控制点可以调整图表的大小。如果要设置图表中所有文字的字体格式，可以先选择图表区，然后再进行设置。

◉ 绘图区：绘图区是图中大面积的浅灰色部分，即由坐标轴包围住的矩形区域。选择绘图区后，其四周也会显示8个控制点。数据系列、标签、网格线等图表元素都位于绘图区中。

◉ 图表标题：图表顶部的文字，位于绘图区上方的文本框中，用于描述图表的含义。

◉ 图例：图表标题下方带有色块的文字，用于标识不同的数据系列。

◉ 数据系列：数据系列是图中位于绘图区中的矩形，同一种颜色的所有矩形构成一个数据系列，其中的每个矩形是数据系列中的一个数据点。每个数据点对应于数据源中的某个单元格中的数据，每个数据系列对应于数据源中的一行或一列数据。

◉ 数据标签：数据标签是图中位于数据系列顶部的数字，用于描述数据点的值。

◉ 坐标轴及其标题：坐标轴包括主要横坐标轴、主要纵坐标轴、次要横坐标轴、次要纵坐标轴4个，默认只显示前两个坐标轴。图18-2中的主要横坐标轴位于绘图区的下方，其下标有"1月""2月"等文字。图中的主要纵坐标轴位于绘图区的左侧，其左侧标有"10""20"等数字。可以为坐标轴添加标题，用于描述坐标轴的含义。

◉ 网格线：网格线是从坐标轴的刻度上延伸出的贯穿绘图区的线条，可用于估算数据系列各个数据点的值。

◉ 数据表：数据表显示在绘图区的下方，其中包含绘制到图表中的所有数据，这些数据与数据系列中的每个数据点一一对应。

可以通过为图表元素设置边框、填充色以及阴影和发光等特效来改变图表元素的外观格式。对于包含文字的图表元素，可以通过设置字体格式来改变其内部文字的格式，还可以调整图表元素在图表中的位置。对图表的大部分操作都是针对不同的图表元素进行的操作，因此应该熟悉各个图表元素的特点。

18.1.4 嵌入式图表与图表工作表

按照图表在工作簿中的放置方式划分，可以将图表分为嵌入式图表和图表工作表两种。嵌入式图表位于普通工作表中，且通常与数据源位于同一个工作表中，以便于同时查看和编辑图表及其数据源，如图18-3所示。嵌入式图表与工作表中的图形对象在很多操作上都非常类似，如可以在工作表中随意移动嵌入式图表、改变嵌入式图表的大小、对多个嵌入式图表进行排列和对齐。

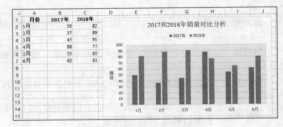

图 18-3　嵌入式图表

图表工作表与普通工作表类似，拥有独立的工作表标签，为图表区提供更大的空间，如图18-4所示。调整Excel窗口大小时，图表大小会随之自动调整。

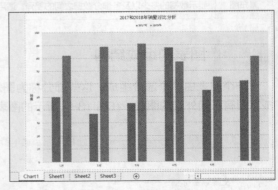

图 18-4　图表工作表

嵌入式图表与图表工作表之间可以进行转换，具体操作步骤如下。

（1）右击嵌入式图表或图表工作表的图表区，在弹出的菜单中选择【移动图表】命令，如图18-5所示。

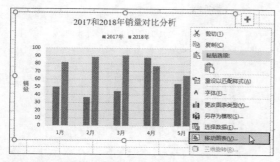

图 18-5 选择【移动图表】命令

（2）打开【移动图表】对话框，如图 18-6 所示，进行以下两项任意一个设置，设置完成后单击【确定】按钮。

◉ 如果要将嵌入式图表转换为图表工作

表，需要选中【新工作表】单选按钮，然后在右侧的文本框中设置图表工作表的标签名称。

◉ 如果要将图表工作表转换为嵌入式图表，需要选中【对象位于】单选按钮，然后在右侧的下拉列表中选择目标工作表。

图 18-6 选择将图表移动到的目标位置

18.2 创建与编辑图表

本节将介绍图表的基本操作，包括创建图表、移动图表、更改图表类型、编辑图表中的数据系列、设置图表的布局和格式、处理图表中丢失的数据、创建与使用图表模板、将图表保存为图片、删除图表，这些操作是创建复杂图表的基础。

18.2.1 创建图表

创建图表时，Excel 会根据数据区域包含的行数和列数来决定如何安排图表中的数据系列与横坐标轴：如果数据区域的行数大于列数，则将第 1 列设置为图表的横坐标轴，将其他列设置为图表的数据系列，正如本章前面内容中介绍的图表；如果数据区域的列数大于行数，则将第 1 行设置为图表的横坐标轴，将其他行设置为图表的数据系列。

可以根据上面的规则，事先准备好用于创建图表的数据，实际创建图表的过程则比较简单。下面以创建簇状柱形图为例来介绍创建图表的方法。

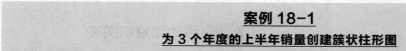

案例 18-1
为 3 个年度的上半年销量创建簇状柱形图

案例目标： 为 A1:D7 单元格区域中的数据创建一个簇状柱形图，效果如图 18-7 所示。

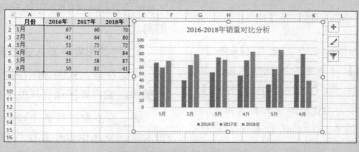

图 18-7 创建簇状柱形图

完成本例的具体操作步骤如下。

（1）选择用于创建图表的数据区域中的任意一个单元格，然后单击功能区中的【插入】⇨【图表】⇨【插入柱形图或条形图】按钮，在打开的列表中选择【簇状柱形图】，如图 18-8 所示。

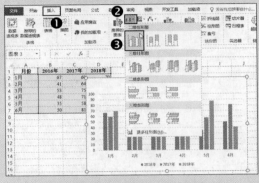

图 18-8　选择【簇状柱形图】

> **提示**
> 将鼠标指针指向某个图表类型的缩略图时，将在工作表中显示该类型图表的预览效果。

（2）在当前工作表中插入一个簇状柱形图，右击图表标题，在弹出的菜单中选择【编辑文字】命令，如图 18-9 所示。

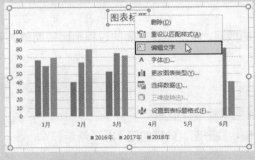

图 18-9　选择【编辑文字】命令

（3）进入文本编辑状态，使用【Delete】键或【BackSpace】键删除原有标题内容，然后输入新的标题，如"2016—2018 年销量对比分析"，如图 18-10 所示。最后使用鼠标拖动图表区，将图表移动到工作表中的合适位置。

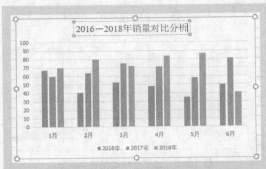

图 18-10　修改图表标题

如果要创建图表工作表，可以选择数据区域中的任意一个单元格，然后按【F11】键，即可创建一个图表工作表。如果不确定要使用哪类图表，可以使用 Excel 的"推荐"功能创建图表。选择用于创建图表的数据区域，此时将在区域右下角显示【快速分析】按钮。单击该按钮，在打开的面板中选择【图表】选项卡，然后从中选择一种推荐的图表类型，如图 18-11 所示。

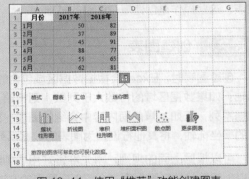

图 18-11　使用"推荐"功能创建图表

18.2.2　移动和复制图表

由于嵌入式图表和图表工作表的放置方式不同，因此对它们进行移动和复制的操作也不相同。

1. 移动和复制嵌入式图表

可以在嵌入式图表所在的工作表中移动嵌入式图表，或将其移动到其他工作表，方法如下。

◉ 在当前工作表中移动：将鼠标指针指向图表区，当鼠标指针变为十字箭头时，按住鼠标左键将图表拖动到目标位置。

⊙ 移动到其他工作表：右击图表区，在弹出的菜单中选择【移动图表】命令，打开【移动图表】对话框，在【对象位于】下拉列表中选择目标工作表。该方法曾在本章18.1.4小节介绍过。

还可以使用以下两种方法移动嵌入式图表。

⊙ 右击要移动的图表，在弹出的菜单中选择【剪切】命令，如图18-12所示。然后在当前工作表或其他工作表中右击某个单元格，在弹出的菜单中选择相应的粘贴选项，即可将图表粘贴到以该单元格为区域左上角的位置上。

⊙ 选择要移动的图表，按【Ctrl+X】组合键进行剪切，然后在当前工作表或其他工作表中选择某个单元格，按【Ctrl+V】组合键进行粘贴。

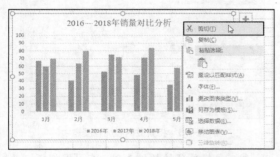

图 18-12　对图表执行剪切操作

可以使用类似方法来复制嵌入式图表，即从鼠标右键菜单中选择【复制】命令，或直接按【Ctrl+C】组合键对图表执行复制操作。然后右击目标单元格并选择相应的粘贴选项，或选择目标单元格后按【Ctrl+V】组合键进行粘贴。

复制图表时，还可以将鼠标指针指向图表区，当鼠标指针变为十字箭头时，按住鼠标左键拖动图表，然后在拖动过程中按住【Ctrl】键，此时会在鼠标指针附近显示一个 ＋ 号，当拖动到目标位置后，先释放鼠标左键，再释放【Ctrl】键。

2. 移动和复制图表工作表

将图表工作表转换为嵌入式图表的方法已在本章18.1.4小节介绍过，这里主要介绍移动和复制图表工作表的其他方式。由于图表工作表拥有独立的工作表标签，因此与移动和复制普通工作表的方法类似，可以直接对图表工作表的工作表标签进行操作，相关操作请参考本书第10章。

使用鼠标右键菜单或快捷键只能复制图表工作表，而不能对其进行移动，复制的方法与前面介绍的复制嵌入式图表类似。复制操作针对的是图表工作表的图表本身，而不是整个工作表。

18.2.3　更改图表类型

创建图表后，可以随时更改图表的类型，具体操作步骤如下。

（1）右击图表的图表区，在弹出的菜单中选择【更改图表类型】命令。

（2）打开【更改图表类型】对话框，在【所有图表】选项卡的左侧列表中选择所需的图表类型，然后在右侧选择图表类型中的子图表类型。单击【确定】按钮，将原来的图表类型改为新选择的图表类型。

18.2.4　编辑图表的数据系列

数据系列是图表最重要的元素，通过数据系列可以了解数据的具体值、不同数据之间的差异以及数据的整体变化趋势。图表的很多操作也都建立在数据系列之上，如在图表中添加或删除部分数据、为数据系列添加数据标签、添加趋势线和误差线等。

在图18-13所示的图表中，绘制到图表中的数据位于A1:C7单元格区域，图表中的数据系列对应于B2:C7单元格区域。如果要将D1:E7单元格区域中的数据添加到图表中，则可以使用下面的方法，具体操作步骤如下。

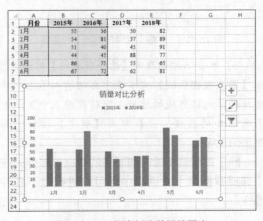

图 18-13　包含部分数据的图表

（1）右击图表的任意一个元素，如绘图区，在弹出的菜单中选择【选择数据】命令，如图18-14所示。

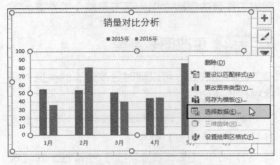

图18-14 选择【选择数据】命令

> **提示** 右击很多图表元素所弹出的菜单中都包含【选择数据】命令，如图表区、数据系列、坐标轴、图表标题、图例等。

（2）打开【选择数据源】对话框，单击对话框右侧的 按钮折叠对话框，如图18-15所示。然后在工作表中选择要添加的数据区域。由于要添加的D1:E7与之前的区域组成了连续的数据区域A1:E7，因此可以在工作表中直接选择完整的A1:E7单元格区域。选择前需要确保文本框中的内容处于选中状态，以便在选择新区域后自动替换原有内容。

图18-15 折叠【选择数据源】对话框

（3）单击 按钮展开【选择数据源】对话框，在【图表数据区域】文本框中自动填入了上一步选择的单元格区域的地址，同时在图表中显示出了新添加的数据，最后单击【确定】按钮，如图18-16所示。

除了重新选择绘制到图表的数据区域外，在【选择数据源】对话框中还可以进行以下几种操作。

◎ 调整数据系列的位置：在【图例项（系列）】列表框中选择一项，然后单击【上移】按钮▲或【下移】按钮▼，可以调整该数据系列在图表中的位置。

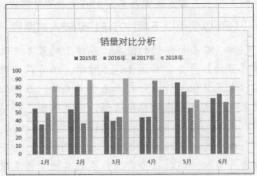

图18-16 将新数据添加到图表中

◎ 编辑单独的数据系列：在【图例项（系列）】列表框中选择一项，然后单击【编辑】按钮，打开【编辑数据系列】对话框，可以设置选中的数据系列的标题和数据区域，如图18-17所示。

图18-17 编辑单独的数据系列

◎ 添加或删除数据系列：在【图例项（系列）】列表框中单击【添加】按钮可以添加新的数据系列，单击【删除】按钮可以删除列表框中选中的数据系列。

◎ 编辑横坐标轴：在【水平（分类）轴标签】列表框中单击【编辑】按钮，在打开的对话框中可以指定横坐标轴的数据区域，如图18-18所示。也可以在【水平（分类）轴标签】列表框中取消选中某些复选框来隐藏相应的标签。

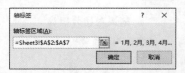

图 18-18 编辑横坐标轴的标签

◉ 交换数据系列与横坐标轴的位置：单击【切换行/列】按钮，可以交换绘制到图表中的数据的行、列位置。

除了使用图表布局方案外，也可以在图表中添加或删除特定的图表元素，或者设置现有图表元素的显示方式。选择图表后，单击功能区中【图表工具 | 设计】⇨【图表布局】⇨【添加图表元素】按钮，在弹出的菜单中选择要设置的图表元素，如图 18-20 所示。

18.2.5 设置图表的布局和配色

图表布局是指图表中包含的元素种类及其位置的不同组合方式。Excel 提供了多种图表布局方案，使用图表方案可以快速获得包含特定图表元素的图表。选择图表后，单击功能区中的【图表工具 | 设计】⇨【图表布局】⇨【快速布局】按钮，打开图 18-19 所示的列表，通过缩略图可以大致了解不同布局包含的图表元素及其在图表中的位置，可以从中选择一种图表布局。

图 18-20 从菜单中选择要设置的图表元素

例如，如果要为所有数据系列添加数据标签，可以在菜单中依次选择【数据标签】⇨【数据标签外】命令，在每个数据系列的形状之外添加数据标签，如图 18-21 所示。

Excel 还为图表中的数据系列提供了配色方案。如果要更改数据系列的颜色，可以在选择图表后，单击功能区中的【图表工具 | 设计】⇨【图表样式】⇨【更改颜色】按钮，在打开的列表中选择一种配色方案。【彩色】类别中的第 1 组颜色是当前工作簿使用的主题颜色，如图 18-22 所示。

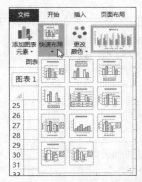

图 18-19 选择图表布局

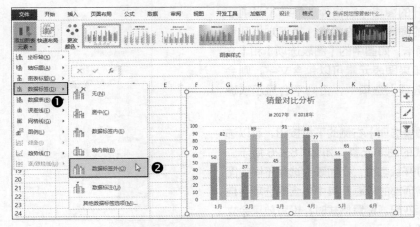

图 18-21 添加数据标签

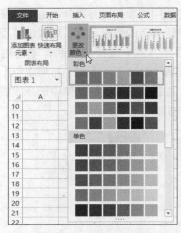

图 18-22 选择配色方案

如果想要同时改变图表中的元素种类、位置和格式，则可以在选择图表后，在功能区中的【图表工具 | 设计】选项卡中打开【图表样式】库，从中选择一种图表样式。图 18-23 所示为选择【样式 2】图表样式后的效果。

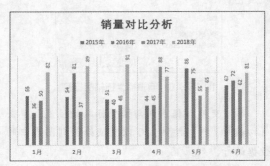

图 18-23 使用图表样式格式化图表外观

18.2.6 设置图表格式

上一小节介绍的图表样式用于整体改变图表的外观格式。如果只想为特定的图表元素设置格式，则可以选择相应的图表元素，然后在功能区【图表工具 | 格式】选项卡中的【形状样式】组中为所选图表元素设置填充、边框和特殊效果等格式，如图 18-24 所示。

图 18-24 为所选图表元素设置格式

除了使用功能区中的命令为图表元素设置格式外，还可以双击图表元素，在打开的格式设置窗格中进行设置。不同的图表元素都有与其对应的格式设置窗格，图 18-25 所示为双击图表区所打开的窗格，窗格顶部显示了当前正在设置格式的图表元素的名称，其下方排列着 1 ~ 2 个选项卡，如图中的【图表选项】和【文本选项】。如果图表元素可以包含文字，则会显示【文本选项】选项卡，否则不会显示该选项卡。

单击【图表选项】右侧的下拉按钮，可以选择要设置格式的图表元素，如图 18-26 所示。在窗格处于打开状态时，在图表中选择不同的图表元素，窗格顶部的标题及其中包含的选项会自动与所选元素匹配。设置格式时，设置效果会立刻反映到图表上。

图 18-25 设置图表元素格式的窗格

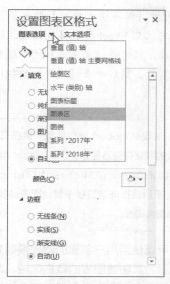

图 18-26 选择要设置格式的图表元素

选项卡下方的图标表示选项所属的类别，如在【图表选项】选项卡中包含 3 个类别，从左到右依次为【填充与线条】【效果】和【大小与属性】，如图 18-27 所示。单击某个图标，将显示相应类别中包含的格式选项，然后根据需要进行设置。所有图表元素的格式设置窗格的结构和使用方法都非常相似。

图 18-27 选项类别

案例 18-2

设置销量对比分析图表的填充和边框

案例目标：创建图表时绘图区默认没有填充和边框效果，现在需要将绘图区的填充设置为灰色，绘图区的边框设置为虚线，线宽为 1.5 磅，效果如图 18-28 所示。

完成本例的具体操作步骤如下。

（1）双击图表的绘图区，打开【设置绘图区格式】窗格，在【绘图区选项】选项卡的【填充与线条】类别中单击【填充】以展开其中包含的选项，然后选中【纯色填充】单选按钮，再单击【填充颜色】下拉按钮，选择灰色，如图 18-29 所示。

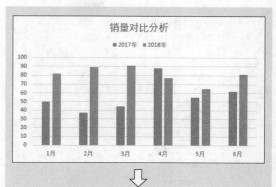

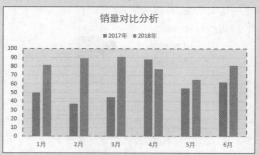

图 18-28 自定义设置绘图区的填充和边框

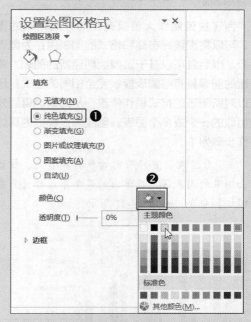

图 18-29 设置填充选项

（2）单击【边框】以展开其中包含的选项，单击【短划线类型】下拉按钮，在打开的列表中选择【短划线】，如图 18-30 所示。然后将【宽度】设置为【1.5 磅】，最后单击窗格右上角的关闭按钮将其关闭。

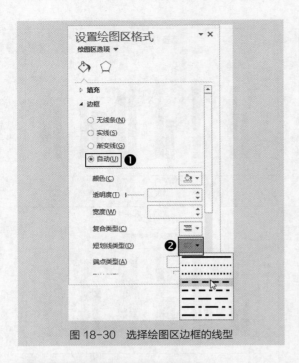

图 18-30　选择绘图区边框的线型

18.2.7　创建与使用图表模板

为了快速制作大量具有相同外观格式的图表，可以将设置好布局和格式的图表保存为图表模板，以后就可以基于该模板创建新的图表，使新建的图表具有与图表模板完全相同的格式。还可以对新图表的格式稍作修改，从而快速得到外观相似的一个或多个图表。创建图表模板的具体操作步骤如下。

（1）为图表设置好所需的布局和格式，然后右击图表的图表区，在弹出的菜单中选择【另存为模板】命令，如图 18-31 所示。

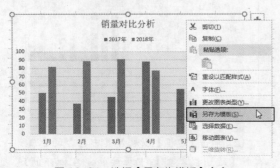

图 18-31　选择【另存为模板】命令

（2）打开【保存图表模板】对话框，保存路径会自动定位到 Excel 图表模板的默认位置，无须进行更改，只需在【文件名】文本框中输入图表模板的名称，然后单击【保存】按钮即可创建图表模板。

> **提示**
>
> 假设 Windows 操作系统安装在 C 盘，则图表模板的默认存储路径是：C:\Users\< 用户名 >\AppData\Roaming\Microsoft\Templates\Charts，可以直接向该路径中复制图表模板，或删除其中的图表模板。

以后可以使用用户创建的图表模板来新建图表。选择要为其创建图表的数据区域，然后单击功能区【插入】⇨【图表】组右下角的对话框启动器，打开【插入图表】对话框，在左侧列表中选择【模板】，右侧列出了用户创建的所有图表模板，如图 18-32 所示。选择要使用的图表模板，然后单击【确定】按钮。

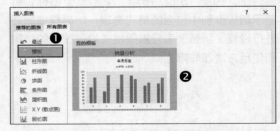

图 18-32　选择用于创建图表的图表模板

18.2.8　删除图表

如果要删除嵌入式图表，可以单击图表的图表区将图表选中，然后按【Delete】键。或者右击图表的图表区，在弹出的菜单中选择【剪切】命令。

如果要删除图表工作表，可以右击图表工作表的工作表标签，在弹出的菜单中选择【删除】命令，然后在弹出的对话框中单击【删除】按钮。

18.3 图表制作示例

本节将介绍通过对图表数据源的构建、图表类型的选择、图表元素的设置等方面制作专业实用图表的方法，其中还包括使用控件实现图表与用户之间的交互。

18.3.1 制作组合图表

案例 18-3

制作住宅价格与销量分析的组合图表

案例目标： 柱形图包含"住宅价格"和"销量"两个数据系列，现在需要将"销量"数据系列的图表类型改为折线，效果如图 18-33 所示。

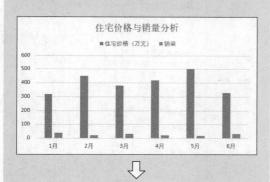

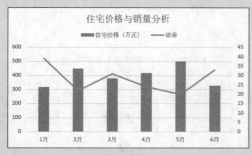

图 18-33 组合图表

完成本例的具体操作步骤如下。

（1）在图表中右击要改为折线的数据系列，本例为"销量"数据系列，然后在弹出的菜单中选择【更改系列图表类型】命令，如图 18-34 所示。

（2）打开【更改图表类型】对话框，在下方的【为您的数据系列选择图表类型和轴】

列表框中进行以下两项设置，如图 18-35 所示，最后单击【确定】按钮。

◉ 在"销量"数据系列对应的下拉列表中选择【折线图】。

◉ 选中"销量"数据系列对应的【次坐标轴】复选框。

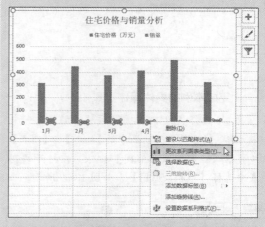

图 18-34 选择【更改系列图表类型】命令

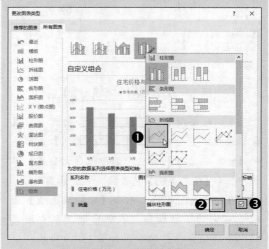

图 18-35 选择图表类型

18.3.2 制作甘特图

案例 18-4
制作任务计划和时间安排甘特图

案例目标： A 列为任务名称，B 列为任务开始的日期，C 列为任务进行的天数，A1 单元格留空，现在需要使用 A1:C11 单元格区域中的数据制作一个类似于 Microsoft Project 软件中的甘特图，效果如图 18-36 所示。

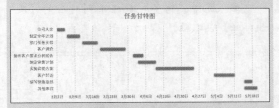

图 18-36　甘特图

完成本例的具体操作步骤如下。

（1）选择 A2:C11 单元格区域中的任意一个单元格，然后单击功能区中的【插入】➡【图表】➡【插入柱形图或条形图】按钮，在打开的列表中选择【堆积条形图】，如图 18-37 所示。

图 18-37　选择【堆积条形图】

（2）双击图表中的纵坐标轴，打开【设置坐标轴格式】窗格，在【坐标轴选项】选项卡的【坐标轴选项】类别中选中【最大分类】单选按钮和【逆序类别】复选框，如图 18-38 所示。

（3）不关闭窗格，单击【坐标轴选项】选项卡右侧的下拉按钮，在弹出的菜单中选择【水平（值）轴】命令，如图 18-39 所示。

（4）将窗格切换到包含横坐标轴选项的界面，进行以下几项设置，如图 18-40 所示。

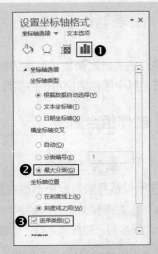

图 18-38　设置纵坐标轴

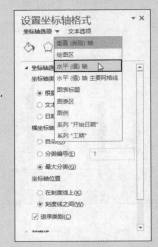

图 18-39　切换到横坐标轴的设置界面

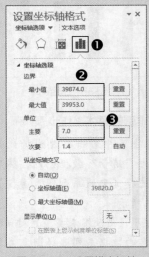

图 18-40　设置横坐标轴

◉ 最小值：在【最小值】文本框中输入本例第一个日期对应的序列值，即 3 月 2 日的序列值为 39874。

◉ 最大值：在【最大值】文本框中输入本例最后一个日期对应的序列值，即 5 月 15 日的序列值为 39948。由于这个日期还有 5 天的工期，因此需要将该序列值再加 5，即为 39953。

◉ 主要刻度单位：在【主要】文本框中将主要刻度单位设置为 7，表示横坐标轴的日期刻度以周为单位。

（5）不关闭窗格，单击【坐标轴选项】选项卡右侧的下拉按钮，在弹出的菜单中选择【系列"开始日期"】命令，切换到包含"开始日期"数据系列选项的界面，然后在【填充与线条】类别中将【填充】设置为【无填充】，将【边框】设置为【无线条】，如图 18-41 所示。

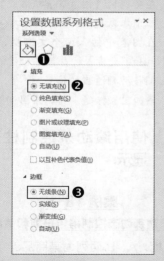

图 18-41 设置【开始日期】数据系列

（6）将图表标题设置为【任务甘特图】，然后将图例删除，并调整整个图表的宽度，使横坐标轴中的日期可以完整显示，还可以根据需要对数据系列和其他图表元素的外观格式进行美化设置。

18.3.3 制作对比条形图

案例 18-5
制作各部门员工学历对比分析的条形图
案例目标： A 列为部门名称，B 列为大本学

历的人数，C 为大专学历的人数，为了便于对比各部门具有大本和大专学历的人数，现在需要制作一个对比条形图，效果如图 18-42 所示。

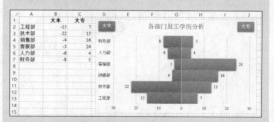

图 18-42 对比条形图

完成本例的具体操作步骤如下。

（1）为了实现本例要求，在用于创建图表的数据源中，B、C 两列中的任意一列必须为负值，在本例中 B 列为负值。选择 A1:C7 单元格区域中的任意一个单元格，然后单击功能区中的【插入】➪【图表】➪【插入柱形图或条形图】按钮，在打开的列表中选择【簇状条形图】，如图 18-43 所示。

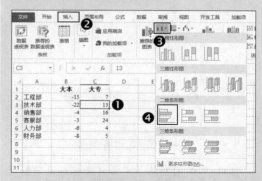

图 18-43 选择【簇状条形图】

（2）双击图表中的纵坐标轴，打开【设置坐标轴格式】窗格，在【坐标轴选项】选项卡的【坐标轴选项】类别中，将【刻度线】中的【主要类型】设置为【无】，将【标签】中的【标签位置】设置为【低】，如图 18-44 所示。

（3）不关闭窗格，单击【坐标轴选项】选项卡右侧的下拉按钮，在弹出的菜单中选择【水平（值）轴】命令，在【数字】中的【格式代码】文本框中输入"0;0;0"，然后单击【添加】按钮，如图 18-45 所示。

图 18-44　设置纵坐标轴

图 18-45　设置横坐标轴

（4）不关闭窗格，单击【坐标轴选项】选项卡右侧的下拉按钮，在弹出的菜单中选择任意一个数据系列，在【系列选项】类别中将【系列重叠】设置为【100%】，将【分类间距】设置为【0%】，如图 18-46 所示。

（5）最后对图表进行以下几种设置。

◎　选择图表的图表区，然后单击功能区中的【图表工具|设计】⇨【图表布局】⇨【添加图表元素】按钮，在弹出的菜单中选择【数据标签】⇨【数据标签外】命令，为两个数据添加数据标签。

◎　为了让负数的数据标签显示为正数，需要使用步骤（3）的方法，将负数标签的数

字格式设置为【0;0;0】。

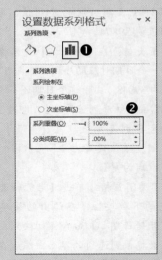

图 18-46　设置数据系列

◎　在功能区【图表工具|格式】⇨【形状样式】组中为数据系列设置形状格式。

◎　在图表中插入两个文本框，分别输入"大本"和"大专"，并设置合适的格式，然后将它们移动到适当的位置。

◎　添加图表标题，并删除图例。

18.3.4 使用滚动条控制柱形图的显示

案例 18-6
使用滚动条动态控制销售日期和销量情况

案例目标： A、B 两列为某商品连续 10 天的销量情况，现在需要使用滚动条控制图表中显示的数据，拖动滚动条时可以在图表中滚动显示数据，效果如图 18-47 所示。

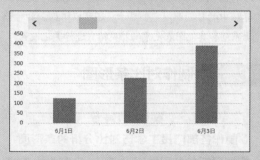

图 18-47　使用滚动条控制图表的显示

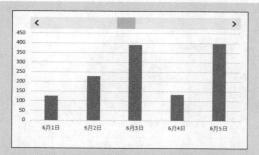

图 18-47 使用滚动条控制图表的显示（续）

完成本例的具体操作步骤如下。

（1）选择 A1:B11 单元格区域中的任意一个单元格，单击功能区中的【插入】⇨【图表】⇨【插入柱形图或条形图】按钮，在打开的列表中选择【簇状柱形图】，如图 18-48 所示。

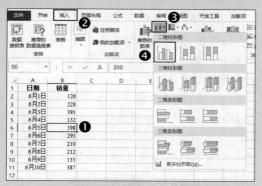

图 18-48 选择【簇状柱形图】

（2）在工作表中插入一个柱形图，选择图表标题，然后按【Delete】键将其删除。

（3）选择图表的绘图区，然后将鼠标指针指向绘图区上边框位于中间的控制点，当鼠标指针变为上下箭头时，如图 18-49 所示，按住鼠标左键向下拖动，减小绘图区的大小，从而在绘图区上方留出一定的空间。

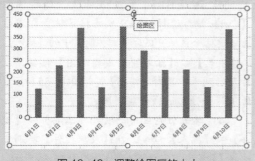

图 18-49 调整绘图区的大小

（4）单击功能区中的【开发工具】⇨【控件】⇨【插入】命令，在【表单控件】类别中选择【滚动条（窗体控件）】，如图 18-50 所示。

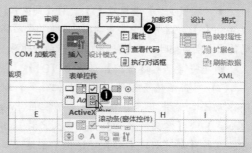

图 18-50 选择【滚动条（窗体控件）】

（5）在图表的绘图区上方的空白处按住鼠标左键并拖动，插入一个滚动条控件。右击滚动条控件，在弹出的菜单中选择【设置控件格式】命令，如图 18-51 所示。

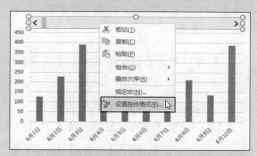

图 18-51 选择【设置控件格式】命令

（6）打开【设置控件格式】对话框，切换到【控制】选项卡，然后进行以下几项设置，如图 18-52 所示，最后单击【确定】按钮。

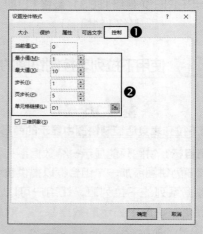

图 18-52 设置滚动条

◎ 将【最小值】设置为【1】。

◎ 将【最大值】设置为【10】，该值需要根据数据源除标题行外的其他行的总数决定。

◎ 将【步长】设置为【1】，将【页步长】设置为【5】，这两项主要决定在单击滚动条两端的箭头或空白处时，滚动条中的滑块移动的距离。

◎ 将【单元格链接】设置为【D1】。

（7）单击滚动条控件以外的其他位置，取消滚动条的选中状态。然后单击功能区中的【公式】⇨【定义的名称】⇨【定义名称】按钮，在打开的【新建名称】对话框中创建"日期"和"销量"两个名称。

日期: =OFFSET(最终 !$A$2,0,0,$D$1,1)
销量: =OFFSET(最终 !$B$2,0,0,$D$1,1)

 交叉参考 有关名称的更多内容，请参考本书第 11 章。

（8）选择图表中的数据系列，在编辑栏中会显示下面的 SERIES 公式。

=SERIES(最终 !$B$1, 最终 !
$A$2:$A$11, 最终 !$B$2:$B$11,1)

使用上一步创建的两个名称"日期"和"销量"替换公式中的 $A$2:$A$11 和 $B$2:$B$11，修改后的公式如下，之后即可通过滚动条控制图表数据的显示。

=SERIES(最终 !$B$1, 最终 ! 日期, 最终 ! 销量 ,1)

18.3.5 使用下拉列表控制饼图的显示

案例 18-7
使用下拉列表灵活控制饼图中显示的商品销量
案例目标： 饼图只能显示一个数据系列，现在需要为饼图添加一个组合框以提供包含所有数据系列的下拉列表，让用户可以从中选择要在饼图中显示的数据系列，效果如图 18-53 所示。

图 18-53　使用下拉列表控制饼图的显示

完成本例的具体操作步骤如下。

（1）在 A9 单元格中输入一个 1 ~ 6 之间的数字，数字上限由数据区域中除标题行外的其他行的总数决定。

（2）在 B9 单元格中输入下面的公式，使用 INDEX 函数在 B 列查找由 A9 单元格表示的行号所对应的数据。然后将该单元格中的公式向右复制到 E9 单元格，如图 18-54 所示。

=INDEX(B2:B7,$A$9)

月份	电视	冰箱	空调	洗衣机
1月	398	337	304	261
2月	146	151	161	350
3月	174	472	126	137
4月	417	228	476	312
5月	420	308	152	249
6月	250	341	455	105
1	398	337	304	261

图 18-54　输入公式以提取数据

（3）选择 B1:E1 单元格区域，然后按住【Ctrl】键再选择 B9:E9 单元格区域，即同时选中这两个区域。然后单击功能区中的【插入】⇨【图表】⇨【插入饼图或圆环图】按钮，在打开的列表中选择【饼图】，如图 18-55 所示，使用两个独立区域创建饼图。

（4）单击功能区中的【开发工具】⇨【控件】⇨【插入】命令，在【表单控件】类别中选择【组合框（窗体控件）】，如图 18-56 所示。

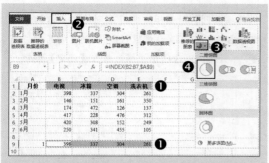

图 18-55 选择【饼图】

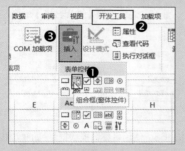

图 18-56 选择【组合框（窗体控件）】

（5）在图表的适当位置按住鼠标左键并拖动，插入一个组合框控件。然后右击组合框控件，在弹出的菜单中选择【设置控件格式】命令，如图 18-57 所示。

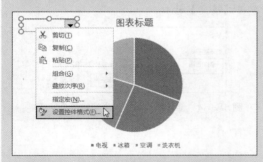

图 18-57 选择【设置控件格式】命令

（6）打开【设置控件格式】对话框，切换到【控制】选项卡，然后进行以下几项设置，如图 18-58 所示，最后单击【确定】按钮。

- ◉ 将【数据源区域】设置为【A2:A7】。
- ◉ 将【单元格链接】设置为【A9】。
- ◉ 将【下拉显示项数】设置为【6】。

（7）单击组合框控件以外的其他位置，取消组合框的选中状态，最后将图表标题设置为【电器销量分析】。

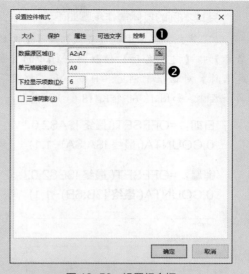

图 18-58 设置组合框

18.3.6 制作动态数据源的图表

案例 18-8
制作可随数据增删而自动更新的动态图表

案例目标： A 列为日期，B 列为销量，创建图表所使用的数据位于 A1:B7 单元格区域。现在需要在 A、B 两列添加新数据后，使新增数据能自动绘制到图表中，而不是由用户手动选择数据，效果如图 18-59 所示。

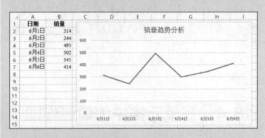

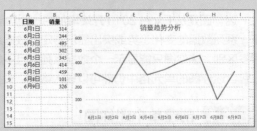

图 18-59 制作动态数据源的图表

完成本例的具体操作步骤如下。

（1）单击功能区中的【公式】⇨【定义的名称】⇨【定义名称】按钮，在打开的【新建名称】对话框中创建"日期"和"销量"两个名称，如图 18-60 和图 18-61 所示。

日期：=OFFSET(最终 !\$A\$2,0, 0,COUNTA(最终 !\$A:\$A)−1,1)

销量：=OFFSET(最终 !\$B\$2,0, 0,COUNTA(最终 !\$B:\$B)−1,1)

图 18-60　创建"日期"

图 18-61　创建"销量"

（2）创建名称后，右击图表的图表区，在弹出的菜单中选择【选择数据】命令，如图 18-62 所示。

（3）打开【选择数据源】对话框，单击【图例项（系列）】列表框中的【编辑】按钮，打开【编辑数据系列】对话框，将【系列值】文本框中感叹号右侧的内容改为步骤（1）中创建的名称"销量"，如图 18-63 所示，然后单击【确定】按钮。

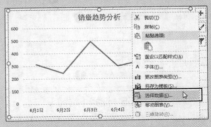

图 18-62　选择【选择数据】命令

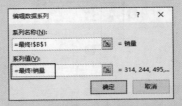

图 18-63　使用名称替换数据系列的数据区域

（4）返回【选择数据源】对话框，单击【水平（分类）轴标签】列表框中的【编辑】按钮，打开【轴标签】对话框，将【轴标签区域】文本框中感叹号右侧的内容改为步骤（1）中创建的名称"日期"，如图 18-64 所示，然后单击【确定】按钮。

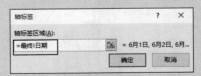

图 18-64　使用名称替换横坐标轴的标签区域

18.4　在单元格中创建迷你图

迷你图是从 Excel 2010 开始增加的一个功能，使用该功能可以在单元格中创建微型图表，用于表示一系列数据的变化趋势或突出显示特定的数据点。虽然迷你图与普通图表的外观类似，但实际上存在很多区别。迷你图只能显示一个数据系列，且不具备标题、图例、网格线等普通图表拥有的图表元素。在包含迷你图的单元格中仍然可以输入数据、设置填充色等。本节将介绍创建与编辑迷你图的方法。

18.4.1　创建单个迷你图

可以为一行或一列数据创建迷你图，以柱形图为例，具体的操作步骤如下。

（1）选择放置迷你图的单元格，如 H2 单元格，然后单击功能区中的【插入】➡【迷你图】➡【柱形图】按钮，如图 18-65 所示。

图 18-65　单击【柱形图】按钮

（2）打开【创建迷你图】对话框，在【数据范围】文本框中输入用于创建迷你图的数据区域，如 B2:G2。可以直接输入所需的单元格地址，也可以单击【数据范围】文本框右侧的 按钮，然后在工作表中拖动鼠标进行选择，如图 18-66 所示。

图 18-66　选择迷你图使用的数据范围

> **提示**
> 也可以在打开【创建迷你图】对话框前，选择要创建迷你图的数据区域，打开该对话框后需要指定放置迷你图的单元格。

（3）设置完成后单击【确定】按钮，将在指定单元格中创建柱形迷你图，如图 18-67 所示。

	A	B	C	D	E	F	G	H
1	2018年	1月	2月	3月	4月	5月	6月	迷你图
2	电视	215	265	389	296	468	344	■_■■
3	冰箱	221	446	144	287	281	389	
4	空调	425	332	104	495	293	441	
5								

图 18-67　创建单个迷你图

使用鼠标拖动包含迷你图的单元格右下角的填充柄，可以将迷你图填充到其他单元格，如图 18-68 所示。

	A	B	C	D	E	F	G	H
1	2018年	1月	2月	3月	4月	5月	6月	迷你图
2	电视	215	265	389	296	468	344	■_■■
3	冰箱	221	446	144	287	281	389	■■_■
4	空调	425	332	104	495	293	441	■_■■
5								

图 18-68　将迷你图填充到其他单元格

18.4.2　创建多个迷你图

可以同时创建多个相同类型的迷你图，方法与创建单个迷你图类似，以折线图为例，具体操作步骤如下。

（1）选择放置多个迷你图的单元格区域，如 H2:H4，然后单击功能区中的【插入】➡【迷你图】➡【折线图】按钮。

（2）打开【创建迷你图】对话框，在【数据范围】文本框中输入用于创建迷你图的数据区域，如 B2:G4，如图 18-69 所示。

图 18-69　选择多个迷你图使用的数据范围

（3）单击【确定】按钮，将在指定单元格区域中创建多个折线迷你图，如图 18-70 所示。

	A	B	C	D	E	F	G	H	I
1	2018年	1月	2月	3月	4月	5月	6月	迷你图	
2	电视	215	265	389	296	468	344	～	
3	冰箱	221	446	144	287	281	389	～	
4	空调	425	332	104	495	293	441	～	
5									

图 18-70　同时创建多个迷你图

18.4.3　迷你图组合

通过填充方式得到的多个迷你图，或像上18.4.2 小节介绍的同时创建的多个迷你图，会自动成为迷你图组合。当选择迷你图组合中的任意一个迷你图时，成组迷你图会显示蓝色的外边框。对迷你图组合中的任意一个迷你图进行编辑时，编辑结果会同时作用于成组迷你图。

可以手动将不属于同一组的迷你图组合在一起。如图 18-71 所示，选择位于 B5:G5 单元格区域中的柱形迷你图，然后按住【Ctrl】键，再选择位于 H2:H4 单元格区域中的折线迷你图，此时将同时选中两组迷你图。

单击功能区中的【迷你图工具 | 设计】➡【分组】➡【组合】按钮，或者右击选区后在弹出的

菜单中选择【迷你图】➪【组合】命令，将两组迷你图组合在一起，如图 18-72 所示。

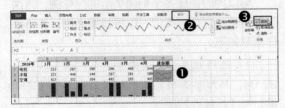

图 18-71　选择要组合的两组迷你图

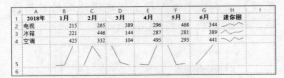

图 18-72　组合后的迷你图

组合后的迷你图的图表类型由最后选中的单元格中的迷你图的类型决定。例如，在上面的操作中，先选择的 B5:G5 单元格区域中的是柱形迷你图，最后选择的 H2:H4 单元格区域中的是折线迷你图，因此组合后的迷你图类型为折线图。

还可以取消处于组合状态的迷你图，使它们成为各自独立的迷你图。选择成组迷你图所在的单元格区域，然后单击功能区中的【迷你图工具 | 设计】➪【分组】➪【取消组合】按钮，如图 18-73 所示，将选区中的所有迷你图变成独立的个体。

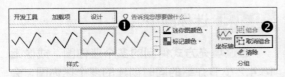

图 18-73　取消迷你图组合

> **提示**
> 也可以右击要取消组合的迷你图所在的单元格，然后在弹出的菜单中选择【迷你图】➪【取消组合】命令。

18.4.4　更改迷你图类型

Excel 为迷你图提供了折线图、柱形图、盈亏 3 种类型，如图 18-74 所示。

◉ 折线迷你图：与普通图表中的折线图类

似，主要用于展示数据的变化趋势。

◉ 柱形迷你图：与普通图表中的柱形图类似，主要用于展示数据之间的对比。

◉ 盈亏迷你图：将正数和负数绘制到水平轴的上、下两侧，主要用于展示数据的盈亏，正数表示盈利、负数表示亏损。

	A	B	C	D	E	F	G	H	I
1	2017年	1月	2月	3月	4月	5月	6月	折线图	
2	电视	411	327	439	108	160	283		
3	冰箱	454	376	321	346	474	111		
4	空调	187	133	183	215	422	420		
5									
6	2018年	1月	2月	3月	4月	5月	6月	柱形图	
7	电视	215	265	389	296	468	344		
8	冰箱	221	446	144	287	281	389		
9	空调	425	332	104	495	293	441		
10									
11	差异	1月	2月	3月	4月	5月	6月	盈亏图	
12	电视	-196	-62	-50	188	308	61		
13	冰箱	-233	70	-177	-59	-193	278		
14	空调	238	199	-79	280	-129	21		
15									

图 18-74　迷你图的 3 种类型

如果要更改单元格中迷你图的类型，可以选择该单元格，然后在功能区的【迷你图工具 | 设计】➪【类型】组中选择所需的迷你图类型，如图 18-75 所示。如果所选单元格位于成组迷你图的范围内，则会同时改变同一组中的所有迷你图的类型。在这种情况下如果只想改变特定迷你图的类型，则需要取消迷你图组合后再进行操作。

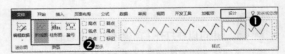

图 18-75　更改迷你图类型

18.4.5　编辑迷你图

创建迷你图后，可以随时更改迷你图所使用的数据区域以及放置迷你图的位置。选择迷你图所在的单元格，然后单击功能区中的【迷你图工具 | 设计】➪【迷你图】➪【编辑数据】按钮下方的下拉按钮，在弹出的菜单中选择编辑迷你图的范围，如图 18-76 所示。

◉ 编辑成组迷你图：选择【编辑组位置和数据】命令，将打开【编辑迷你图】对话框，如图 18-77 所示，对包含当前所选单元格在内的成组迷你图进行编辑。

◉ 编辑单个迷你图：选择【编辑单个迷你图的数据】命令，将打开【编辑迷你图数据】对

话框，如图 18-78 所示，只编辑当前所选单元格中的迷你图。

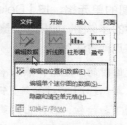

图 18-76　编辑成组或单个迷你图

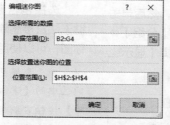

图 18-77　编辑成组的迷你图

图 18-78　编辑单个的迷你图

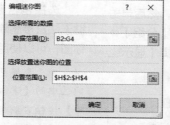

18.4.6　设置迷你图格式

Excel 为迷你图提供了一些格式设置选项，包括设置迷你图样式、迷你图颜色、数据点高亮显示、横坐标轴等。选择包含迷你图的单元格，在功能区【迷你图工具 | 设计】选项卡中的【显示】【样式】【分组】3 个组中可以找到这些设置选项。例如，对于折线迷你图而言，可以在【显示】组中选中【标记】复选框，标记折线迷你图中的数据点，如图 18-79 所示。

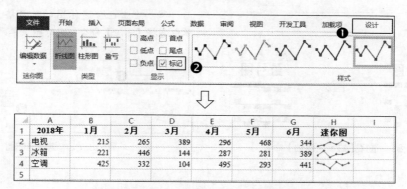

图 18-79　标记折线迷你图中的数据点

数据点的颜色默认为红色，可以单击功能区中的【迷你图工具 | 设计】⇨【样式】⇨【标记颜色】按钮，在弹出的菜单中选择相应的标记类型，然后在打开的颜色列表中选择所需颜色，如图 18-80 所示。

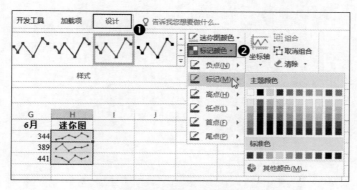

图 18-80　更改标记颜色

对于包含正、负值的盈亏迷你图而言，可以为其添加横坐标轴，以使正、负值之间的边界更清晰。选择包含盈亏迷你图的单元格，然后单击功能区中的【迷你图工具 | 设计】➾【分组】➾【坐标轴】按钮，在弹出的菜单中选择【显示坐标轴】命令，如图 18-81 所示。

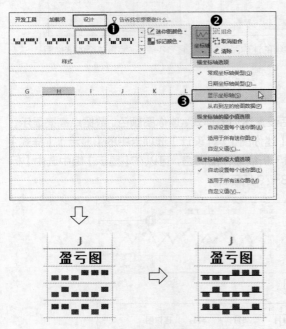

图 18-81　选择【显示坐标轴】命令

18.4.7　删除迷你图

选择包含迷你图的单元格，按【Delete】键无法直接删除其中的迷你图。如果想要删除迷你图，可以使用以下几种方法。

◉　选择包含迷你图的单元格，然后单击功能区中的【迷你图工具 | 设计】➾【分组】➾【清除】按钮右侧部分的下拉按钮，在弹出的菜单中选择【清除所选的迷你图】或【清除所选的迷你图组】命令，如图 18-82 所示。

◉　右击包含迷你图的单元格，在弹出的菜单中选择【迷你图】➾【清除所选的迷你图】或【清除所选的迷你图组】命令。

◉　选择包含迷你图的单元格，然后单击功能区中的【开始】➾【编辑】➾【清除】按钮，在弹出的菜单中选择【全部清除】命令。

◉　右击包含迷你图的单元格，在弹出的菜单中选择【删除】命令，同时删除单元格和迷你图。

图 18-82　删除迷你图

第**19**章 工作表页面设置与打印

　　虽然平时在制作、浏览与编辑 Excel 文件时都是在计算机中使用的电子格式，但是在很多应用场合中仍然需要将电子表格打印输出到纸张上。为了使打印出的表格符合版式和显示方面的要求，需要对工作表的页面及打印环境进行设置。本章主要介绍工作表页面格式和打印选项的设置方法。

19.1　工作表的页面设置

　　本节将介绍工作表的页面设置，包括纸张大小和方向、页边距、页眉和页脚等的设置。工作表的大部分页面设置选项同时出现在以下几个位置。

- 　功能区【页面布局】选项卡中的【页面设置】组，如图 19-1 所示。
- 　单击【文件】按钮，在进入的界面中选择【打印】命令。
- 　单击功能区【页面布局】⇨【页面设置】组右下角的对话框启动器，打开【页面设置】对话框。

图 19-1　功能区中的页面设置选项

19.1.1　设置纸张大小和方向

　　Excel 默认的纸张大小为"A4"，默认的纸张方向为"纵向"，可以根据需要修改纸张大小和方向，以符合实际的打印需求。单击功能区中的【页面布局】⇨【页面设置】⇨【纸张大小】按钮，在弹出的菜单中选择所需的纸张大小，如图 19-2 所示。

　　如果要设置纸张方向，可以单击功能区中的【页面布局】⇨【页面设置】⇨【纸张方向】按钮，在弹出的菜单中选择纸张方向，如图 19-3 所示。

> **提示**
> 　　在更改纸张大小或进行其他页面设置后，工作表中会自动显示虚线以表示当前的打印范围。

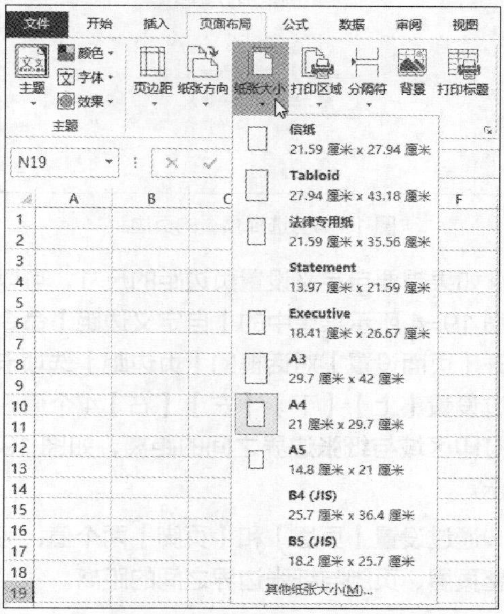

图 19-2　设置纸张大小

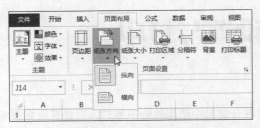

图 19-3　设置纸张方向

19.1.2　设置页边距

通过设置页边距可以控制打印区域与纸张边界之间的距离。单击功能区中的【页面布局】⇨【页面设置】⇨【页边距】按钮，在弹出的菜单中选择预置的页边距，如图 19-4 所示。

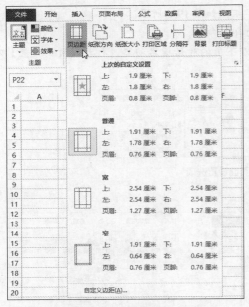

图 19-4　选择预置的页边距

如果想要自定义设置页边距的尺寸，可以选择图 19-4 所示菜单中的【自定义边距】命令，打开【页面设置】对话框的【页边距】选项卡，通过设置【上】【下】【左】【右】4 个值，调整打印区域与纸张边界之间的距离，如图 19-5 所示。

通过设置【页眉】和【页脚】两个值，可以调整页眉、页脚与纸张边界之间的距离。

如果同时选中【水平】和【垂直】两个复选框，则可使内容在纸张上居中打印。

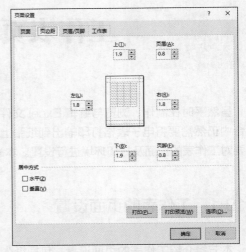

图 19-5　自定义设置页边距

19.1.3　设置页眉和页脚

页眉和页脚是位于纸张顶部和底部的固定内容，可以是文字或图形对象，主要用于为工作表提供一些辅助信息，如表格标题、页码、总页数、日期和时间、公司 Logo 等。

单击功能区【页面布局】⇨【页面设置】组右下角的对话框启动器，打开【页面设置】对话框，切换到【页眉 / 页脚】选项卡，在【页眉】和【页脚】两个下拉列表中选择要添加到页眉和页脚中的预置内容，如图 19-6 所示。

图 19-6　选择要添加到页眉和页脚中的预置内容

【页面设置】对话框的【页眉 / 页脚】选项卡中包含以下 4 项。单击 Excel 窗口底部状态栏

中的【页面布局】按钮，切换到页面布局视图。然后单击页眉或页脚区域，进入页眉或页脚编辑状态，在功能区【页眉和页脚工具 | 设计】⇨【选项】组中也可以找到这几项。各选项的功能如下。

◉ 奇偶页不同：选中该复选框后，可以为奇数页和偶数页设置不同的页眉和页脚。

◉ 首页不同：选中该复选框后，可以为第 1 个页面设置与其他页面不同的页眉和页脚。

◉ 随文档自动缩放：选中该复选框后，如果设置了打印缩放比例，则会自动调整页眉和页脚中的字号。

◉ 与页边距对齐：选中该复选框后，将左页眉和左页脚与纸张左边距对齐、将右页眉和右页脚与纸张右边距对齐。

如果要向页眉和页脚中添加自定义的内容，可以单击【页眉 / 页脚】选项卡中的【自定义页眉】和【自定义页脚】按钮。图 19-7 所示为单击【自定义页眉】按钮后所打开的【页眉】对话框。页眉分为左、中、右 3 个部分，可以单击【左】

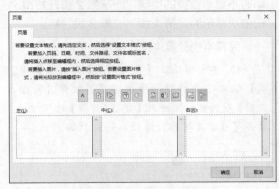

图 19-7 自定义设置页眉

【中】【右】3 个文本框，然后手动输入所需内容，或者单击上方的按钮向页眉中自动添加特定的元素，各按钮的功能如表 19-1 所示。页脚的设置方法与页眉类似。

表 19-1 【页眉】对话框中各按钮的功能说明

按钮名称	单击按钮时插入的代码或执行的操作
格式文本	打开【字体】对话框，设置页眉中的文本的字体格式
插入页码	插入代码"&[页码]"，在工作表上添加页码
插入页数	插入代码"&[总页数]"，在工作表上添加工作表的总页数
插入日期	插入代码"&[日期]"，在工作表上添加系统日期
插入时间	插入代码"&[时间]"，在工作表上添加系统时间
插入文件路径	插入代码"&[路径]&[文件]"，在工作表上添加工作簿的路径和文件名
插入文件名	插入代码"&[文件]"，在工作表上添加工作簿的文件名
插入数据表名称	插入代码"&[标签名]"，在工作表上添加工作表的名称
插入图片	打开【插入图片】对话框，选择要在页眉中插入的图片
设置图片格式	打开【设置图片格式】对话框，为已插入的图片设置格式

> **提示**
> 如果要在页眉或页脚中显示"&"符号本身，则需要使用两个"&"符号。例如，如果要在页眉中显示"入库 & 出库"，则需要输入"入库 && 出库"。

> **提示**
> 在页面布局视图中进入页眉或页脚编辑状态，在功能区中的【页眉和页脚工具 | 设计】⇨【页眉和页脚元素】组中也包含了【页眉】对话框中的这些按钮，如图 19-8 所示。

图 19-8 功能区中用于设置页眉和页脚的相关命令

在实际应用中，可以结合手动与自动两种方式来添加页眉和页脚中的内容。

案例 19-1
打印工作表时首页不显示页码

案例目标： 工作表不止 1 页，现在需要在打印时不显示首页的页码，而从第 2 页开始页码依次显示为"第 1 页""第 2 页"等。

完成本例的具体操作步骤如下。

（1）单击功能区【页面布局】⇨【页面设置】组右下角的对话框启动器，打开【页面设置】对话框，切换到【页眉/页脚】选项卡，单击【自定义页脚】按钮，如图 19-9 所示。

图 19-9　单击【自定义页脚】按钮

（2）打开【页脚】对话框，单击【中】文本框，输入"第"字，然后单击上方的【插入页码】按钮，插入代码"&[页码]"，接着输入"-1"和"页"字，如图 19-10 所示。最后单击【确定】按钮。

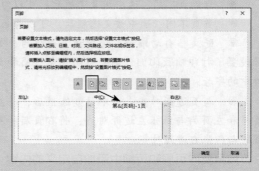

图 19-10　自定义设置页码

（3）返回【页面设置】对话框的【页眉/页脚】选项卡，选中【首页不同】复选框，然后单击【确定】按钮，如图 19-11 所示。

图 19-11　选中【首页不同】复选框

19.2　按不同需求进行打印

本节将介绍满足不同需求打印的设置方法，包括分页打印、缩放打印、打印工作表中的特定内容、在每一页打印标题行、打印包含特殊内容的单元格等内容。

19.2.1　分页打印

在打印多页工作表时，Excel 默认以纸张大小自动进行分页打印，并在工作表中使用虚线作为页面之间的分界线。执行以下任意一种操作时，都会在工作表中显示虚线。

◉　设置纸张的大小、方向、页边距等页面格式。

◎ 单击Excel窗口状态栏中的【页面布局】按钮，切换到页面布局视图，之后再切换回普通视图。

◎ 单击【文件】按钮，在进入的界面中选择【打印】命令，然后再返回工作表界面。

用户可以根据需要，自定义设置分页的位置，使其可以在不满一页的情况下就开始打印下一页。分页的标记称为"分页符"。分页符分为水平分页符和垂直分页符两种，Excel 基于活动单元格的位置来插入分页符。

例如，如果选择 D6 单元格，然后单击功能区中的【页面布局】⇨【页面设置】⇨【分隔符】按钮，在弹出的菜单中选择【插入分页符】命令，将在 D6 单元格的上方和左侧各插入一个分页符，显示为水平和垂直的实线，如图 19-12 所示。

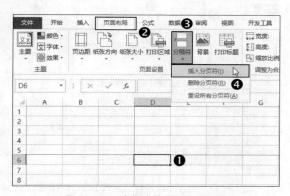

图 19-12 在指定位置插入分页符

> **提示**　如果在插入分页符之前，活动单元格位于第 1 行或第 1 列，则只会插入一种分页符。

可以单击功能区中的【页面布局】⇨【页面设置】⇨【分隔符】按钮，然后在弹出的菜单中选择【删除分页符】命令来删除指定的分页符。例如，对于前面基于 D6 单元格添加的分页符而言，如果 D6 单元格为活动单元格，则执行功能区中的【删除分页符】命令将同时删除该单元格上方和左侧的两个分页符。如果活动单元格是第 6 行除了 D6 外的其他任意单元格，则在执行【删除分页符】命令时只会删除水平分页符。如果想要单独删除垂直分页符，则需要让活动单元格位

于 D 列除了 D6 以外的其他单元格。

如果要删除所有由用户插入的分页符，可以单击功能区中的【页面布局】⇨【页面设置】⇨【分隔符】按钮，然后在弹出的菜单中选择【重设所有分页符】命令。

也可以在分页预览视图中插入和删除分页符。单击 Excel 窗口状态栏中的【分页预览】按钮，切换到分页预览视图，右击 C6 单元格，然后在弹出的菜单中选择【插入分页符】命令，即可在 C6 单元格的上方和左侧各插入一个分页符，如图 19-13 所示。

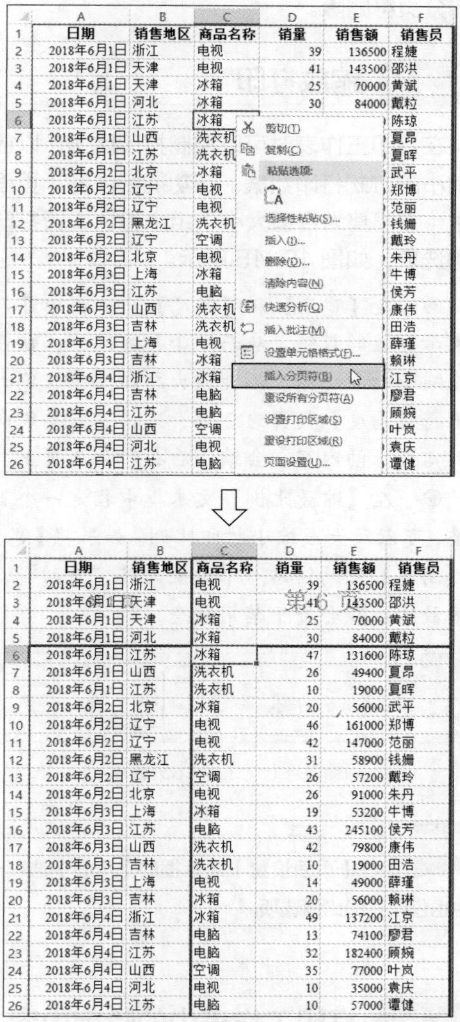

图 19-13 在分页预览视图中插入分页符

可以使用鼠标直接拖动插入的分页符，以改变分页的位置。将鼠标指针指向分页符，当鼠标

指针变为双向箭头时，按住鼠标左键进行拖动即可调整分页符的位置，如图 19-14 所示。

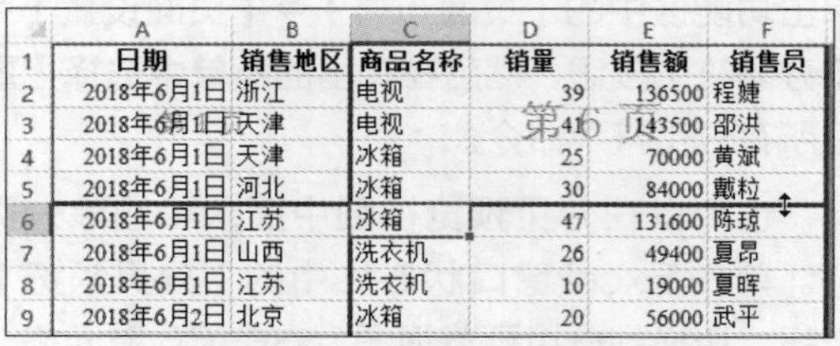

图 19-14　使用鼠标拖动分页符的位置

右击 C6 单元格，在弹出的菜单中选择【删除分页符】命令，可将位于 C6 单元格上方和左侧的分页符删除。

19.2.2　缩放打印

在打印工作表时可以控制打印比例，以放大或缩小的方式打印数据。在功能区中的【页面布局】⇨【调整为合适大小】组中包含设置打印比例的选项，如图 19-15 所示。

◉ 在【宽度】和【高度】文本框中可以指定表示页数的数字，从而缩小打印比例。该设置只能缩小打印比例，不能放大打印比例。例如，如果将【高度】设置为 2 页，则原本需要纵向打印到 4 页上的内容，会缩小后打印到 2 页上。

◉ 在【缩放比例】文本框中指定一个百分比值，可以放大或缩小打印比例。如果将【宽度】和【高度】中的任意一个设置为非"自动"，则【缩放比例】会处于禁用状态。

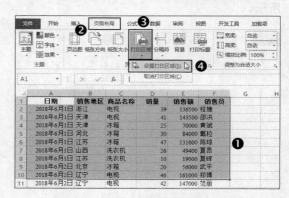

图 19-15　打印比例选项

> **提示**
>
> 在【页面设置】对话框的【页面】选项卡中也包含打印比例选项。

19.2.3　打印工作表中的特定内容

打印工作表时，Excel 默认打印工作表中的可见内容，包括单元格中的数据、为单元格设置

的边框和填充色、图片、图形和图表等，但是不会打印组成单元格可视部分的浅灰色网格线。如果要打印这些网格线，需要在功能区中的【页面布局】⇨【工作表选项】组中选中【网格线】类别中的【打印】复选框，如图 19-16 所示。

图 19-16　选中【打印】复选框以打印网格线

有时可能只想打印部分内容，可以通过设置打印区域来实现。选择要打印的数据所在的单元格区域，然后单击功能区中的【页面布局】⇨【页面设置】⇨【打印区域】按钮，在弹出的菜单中选择【设置打印区域】命令，如图 19-17 所示。设置后会在所选区域的四周显示黑色的边框线。

图 19-17　选择【设置打印区域】命令将所选区域设置为打印区域

如果要同时打印不相邻的多个区域，可以在设置好第 1 个打印区域后，继续选择其他区域，然后单击功能区中的【页面布局】⇨【页面设置】⇨【打印区域】按钮，在弹出的菜单中选择【添加到打印区域】命令。如图 19-18 所示，将 A1:F6 和 A11:F16 两个区域设置为打印区域。打印时会将多个区域分别打印到不同的纸张上。

如果要取消已经设置好的打印区域，可以单击功能区中的【页面布局】⇨【页面设置】⇨【打印区域】按钮，然后在弹出的菜单中选择【取消打印区域】命令。

如果只想打印工作表中的图表，则可以先选中该图表，然后执行打印操作。如果不想打印工

作表中特定的图形对象，则可以右击该图形对象，在弹出的菜单中选择【大小和属性】命令，在打开的窗格中展开【属性】类别，取消选中【打印对象】复选框，如图19-19所示。

	A	B	C	D	E	F	G
1	日期	销售地区	商品名称	销量	销售额	销售员	
2	2018年6月1日	浙江	电视	39	136500	程婕	
3	2018年6月1日	天津	电视	41	143500	邵洪	
4	2018年6月1日	天津	冰箱	25	70000	黄斌	
5	2018年6月1日	河北	冰箱	30	84000	戴粒	
6	2018年6月1日	江苏	冰箱	47	131600	陈琼	
7	2018年6月1日	山西	洗衣机	26	49400	夏昂	
8	2018年6月1日	江苏	洗衣机	10	19900	夏晖	
9	2018年6月2日	北京	冰箱	20	56000	武平	
10	2018年6月2日	辽宁	电视	46	161000	郑博	
11	2018年6月2日	辽宁	电视	42	147000	范丽	
12	2018年6月2日	黑龙江	洗衣机	31	58900	钱姗	
13	2018年6月2日	辽宁	空调	26	57200	戴玲	
14	2018年6月2日	北京	电视	26	91000	朱丹	
15	2018年6月3日	上海	冰箱	19	53200	牛博	
16	2018年6月3日	江苏	电脑	43	245100	侯芳	
17	2018年6月3日	山西	洗衣机	42	79800	康伟	
18	2018年6月3日	吉林	洗衣机	10	19900	田浩	

图 19-18　同时指定两个打印区域

图 19-19　取消选中【打印对象】复选框

19.2.4 在每一页打印标题行

在打印多页工作表时，只有第1页包含表格标题。可以通过设置打印选项，使其他页中的表格也包含标题。可以设置标题行或标题列，这里以设置标题行为例，具体的操作步骤如下。

（1）单击功能区中的【页面布局】⇨【页面设置】⇨【打印标题】按钮，打开【页面设置】对话框的【工作表】选项卡，单击【顶端标题行】文本框右侧的折叠按钮，如图19-20所示。

（2）将对话框折叠后，鼠标指针变为右箭头形状，在工作表中单击标题行的位置，如图19-21所示。

图 19-20　单击【顶端标题行】右侧的折叠按钮

	A	B	C	D	E	F	G	H
1	日期	销售地区	商品名称	销量	销售额	销售员		
2	2018年6月1日	浙江	电视	39	136500	程婕		
3	2018年6月1日	天津	电视	41	143500	邵洪		
4								
5	页面设置 - 顶端标题行:					? ×		
6	$1:$1							
7	2018年6月1日	山西	洗衣机	26	49400	夏昂		

图 19-21　选择标题行的位置

（3）单击折叠对话框中的展开按钮，还原【页面设置】对话框，所选标题行的单元格地址被自动填入【顶端标题行】文本框中，如图19-22所示，最后单击【确定】按钮。如果知道标题行的位置，可以在【顶端标题行】文本框中手动输入标题行的单元格地址。

图 19-22　设置重复打印的标题行

19.2.5 打印包含特殊内容的单元格

经过公式和函数计算后数据区域中可能会包含零值和错误值，在打印这些数据时，可能不想将零值和错误值打印出来，以免干扰正常数据的显示。

1. 不打印零值

单击【文件】⇨【选项】命令，打开【Excel选项】对话框，在左侧选择【高级】选项卡，在右侧的【此工作表的显示选项】区域中取消选中【在具有零值的单元格中显示零】复选框，然后单击【确定】按钮，如图 19-23 所示。

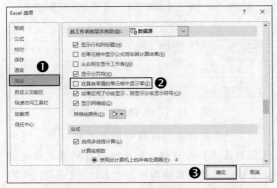

图 19-23 取消选中【在具有零值的单元格中显示零】复选框

2. 不打印错误值

单击功能区【页面布局】⇨【页面设置】组右下角的对话框启动器，打开【页面设置】对话框，切换到【工作表】选项卡，在【错误单元格打印为】下拉列表中选择要将错误值打印成什么形式，如图 19-24 所示。

图 19-24 设置错误值的打印方式

3. 不打印单元格中的填充色

打开【页面设置】对话框，切换到【工作表】选项卡，选中【单色打印】复选框，然后单击【确定】按钮。

19.3 打印预览

在开始打印前，通常需要预览一下工作表的打印效果，如果发现问题可以及时修正，在确认无误后再进行打印。单击【文件】⇨【打印】命令，进入打印预览界面，如图 19-25 所示。界面左侧包含与页面设置和打印选项相关的设置项，右侧为工作表的打印预览效果。如果工作表不止一页，可以单击右侧下方的箭头切换显示不同的页面。

左侧的部分选项与本章前面介绍的页面设置和打印选项的功能相同，这里列出这些选项主要便于在预览打印效果时随时对各选项的设置进行调整和修改。左侧还包括以下一些选项。

◉ 份数：设置要打印的文件数量。

◉ 打印机：选择打印操作所使用的打印机。

◉ 打印活动工作表：默认打印活动工作表，也可以在该项设置所在的下拉列表中选择打印整个工作簿或当前选定区域。

◉ 页数：如果工作表不止一页，则可以设置要打印的页面范围。

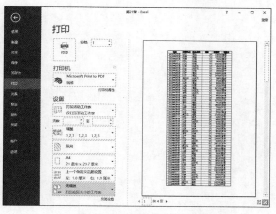

图 19-25　打印预览界面

● 调整：如果打印多份文件，则可以在该项设置所在的下拉列表中选择多份文件的打印顺序，默认为"1,2,3 1,2,3 1,2,3"，即先打印第 1 份文件，打印完成后，再打印第 2 份文件，直到打印完最后一份文件。如果将该设置改为"1,1,1 2,2,2 3,3,3"，则会先打印每份文件的第 1 页，然后打印每份文件的第 2 页，以此类推，直到打印完每份文件的最后一页。

如果所有设置都确认无误，则可以单击打印预览界面中的【打印】按钮，按照当前的设置开始进行打印。

19.4　为工作表创建自定义视图

可以将为工作表设置好的显示和打印方面的选项保存为自定义视图，为以后快速应用这些设置提供方便，而不必重复进行相同的设置。创建自定义视图的具体操作步骤如下。

（1）为工作表设置好所需的显示和打印选项，然后单击功能区中的【视图】⇨【工作簿视图】⇨【自定义视图】按钮，打开【视图管理器】对话框，单击【添加】按钮，如图 19-26 所示。

（2）打开【添加视图】对话框，在【名称】文本框中输入视图的名称，然后选择要包含在视图中的设置，如图 19-27 所示。最后单击【确定】按钮，创建自定义视图。

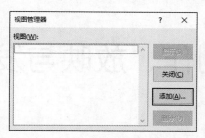

图 19-26　单击【添加】按钮

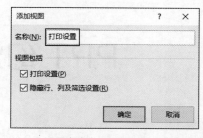

图 19-27　设置自定义视图的名称和包含的设置

以后可以为该工作表应用自定义视图。打开【视图管理器】对话框，在列表框中选择要应用的视图，然后单击【显示】按钮，如图 19-28 所示。对于不需要的视图，可以在选择后单击【删除】按钮将其删除。

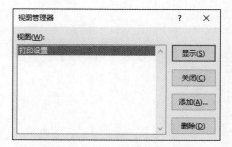

图 19-28　已创建的自定义视图

第4部分

Word Excel PPT

PPT 幻灯片制作、放映与发布

第20章 **在幻灯片中添加与设置文本**

虽然"一图胜千言"，图片有助于人们建立简单、直观的沟通，但是不可否认，图片所传达的信息有时可能会让人误解，文字才是传达信息最准确的方式。本章主要介绍在 PPT 中添加文本并为其设置格式的方法，还将介绍使用表格组织数据的方法，这些内容所涉及的很多操作与 Word 中的同类内容有很多相似之处。本章在介绍以上这些内容之前，将首先介绍幻灯片的基本操作。

20.1　幻灯片的基本操作

PPT 演示文稿和幻灯片之间的关系，类似于 Excel 工作簿和工作表之间的关系。一个演示文稿可以包含一张或多张幻灯片，演示文稿中的内容分布在这些幻灯片中，创建、编辑和放映演示文稿中的内容都是以幻灯片为单位的，因此应该掌握幻灯片的基本操作。

20.1.1　添加幻灯片

启动 PPT 后会自动创建一个演示文稿，其中包含一张幻灯片，可以根据需要添加多张幻灯片。普通视图是 PPT 的默认视图，在该视图中，左侧窗格显示了所有幻灯片的缩略图，右侧较大尺寸的窗格显示的是在左侧窗格中选中的幻灯片及其包含的内容，如图 20-1 所示。

图 20-1　PPT 中的普通视图

可以使用功能区或鼠标右键菜单中的命令向演示文稿中添加幻灯片。

1. 使用功能区添加幻灯片

可以使用功能区中的【开始】⇨【幻灯片】⇨

【新建幻灯片】按钮添加幻灯片。该按钮分为上下两部分，单击上面的部分将会添加一张由 PPT 指定版式的幻灯片，版式类型通常与左侧窗格中选中的幻灯片或插入点上方的幻灯片的版式类型相同。单击【新建幻灯片】按钮下面的部分可以在弹出的菜单中选择幻灯片的版式，如图 20-2 所示。

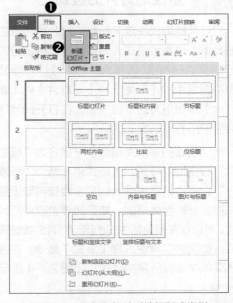

图 20-2　添加幻灯片时选择版式类型

使用这种方法添加幻灯片前，鼠标在左侧窗

格中的行为决定了新幻灯片被添加到的位置，分为以下两种情况。

◉ 添加幻灯片前，如果在左侧窗格中选中了某张幻灯片，则新幻灯片将被添加到所选幻灯片的下方。

◉ 添加幻灯片前，如果在左侧窗格中单击幻灯片之间的空白处，则会显示一条横线，如图 20-3 所示，可以将其称为"插入点"，此时新幻灯片将被添加到插入点所在的位置。

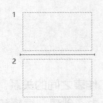

图 20-3　单击幻灯片之间将显示插入点

2. 使用鼠标右键菜单添加幻灯片

在 PPT 窗口左侧的窗格中单击鼠标右键，在弹出的菜单中选择【新建幻灯片】命令。如果右击的位置位于两张幻灯片之间，新幻灯片将被添加到右击的位置；如果右击的是幻灯片缩略图，则将在幻灯片下方添加新幻灯片。

20.1.2　更改幻灯片的版式

幻灯片的版式决定了一张幻灯片中包含的内容的类型、位置和格式，幻灯片版式由占位符来进行定义。PPT 默认包含 11 种幻灯片版式，单击功能区中的【开始】⇨【幻灯片】⇨【新建幻灯片】按钮下方的下拉按钮，在打开的列表中将会显示所有默认的版式。

默认创建的演示文稿包含一张名为"标题幻灯片"版式的幻灯片，该版式包含两个"标题占位符"，在占位符中输入的文字会被自动设置为预先指定好的字体格式。如果想要更改幻灯片的版式，可以在左侧窗格中右击该幻灯片的缩略图，然后在弹出的菜单中选择【版式】命令，在弹出的子菜单中选择所需的版式，如图 20-4 所示。

> **交叉参考**　有关占位符的更多内容，请参考本章 20.2.1 小节和本书第 22 章。

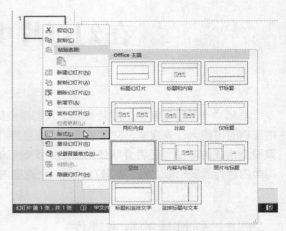

图 20-4　更改幻灯片的版式

20.1.3　选择幻灯片

与在 Excel 工作表中输入内容前需要先选择特定的工作表类似，在 PPT 幻灯片中添加内容前，也需要先选择特定的幻灯片。选择幻灯片的操作需要在左侧窗格中完成，有以下几种方法。

◉ 选择单张幻灯片：单击幻灯片缩略图，即可选中该张幻灯片，选中后的幻灯片缩略图的边框会自动加粗显示。

◉ 选择连续的多张幻灯片：单击要选择的多张幻灯片中的第 1 张幻灯片缩略图，然后按住【Shift】键，再单击要选择的多张幻灯片中的最后一张幻灯片缩略图，即可选中这两张幻灯片以及位于它们之间的所有幻灯片，如图 20-5 所示。

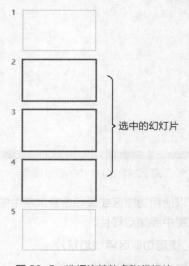

图 20-5　选择连续的多张幻灯片

◉ 选择不连续的多张幻灯片：单击要选择的多张幻灯片中的任意一张幻灯片缩略图，然后按住【Ctrl】键，再分别单击其他要选择的幻灯片。

◉ 选择所有幻灯片：单击任意一张幻灯片缩略图，然后按【Ctrl+A】组合键；或者单击功能区中的【开始】⇨【编辑】⇨【选择】按钮，在弹出的菜单中选择【全选】命令。

20.1.4 移动和复制幻灯片

移动和复制幻灯片是幻灯片的常用操作。通过移动幻灯片，可以调整各幻灯片之间的排列顺序。通过复制幻灯片，可以得到现有幻灯片的副本，然后在此基础上进行修改，以便快速获得版式、格式和内容都相同或相似的幻灯片，提高制作效率。

移动幻灯片需要在左侧窗格中进行操作，有以下几种方法。

◉ 在左侧窗格中单击要移动的幻灯片缩略图，然后按住鼠标左键，将幻灯片拖动到目标位置。

◉ 在左侧窗格中右击要移动的幻灯片缩略图，在弹出的菜单中选择【剪切】命令。然后右击目标位置，在弹出的菜单中选择【粘贴选项】中的命令，如【保留源格式】。

◉ 在左侧窗格中单击要移动的幻灯片，按【Ctrl+X】组合键将其剪切到剪贴板，然后单击目标位置并按【Ctrl+V】组合键进行粘贴。

复制幻灯片的方法与移动幻灯片类似，也需要在左侧窗格中进行操作，有以下几种方法。

◉ 在左侧窗格中单击要移动的幻灯片缩略图，然后按住鼠标左键，将幻灯片拖动到目标位置，拖动过程中需要按住【Ctrl】键。

◉ 在左侧窗格中右击要移动的幻灯片缩略图，在弹出的菜单中选择【复制】命令。然后右击目标位置，在弹出的菜单中选择【粘贴选项】中的命令，如【使用目标主题】。

◉ 在左侧窗格中单击要移动的幻灯片，按【Ctrl+C】组合键将其剪切到剪贴板，然后单击目标位置并按【Ctrl+V】组合键进行粘贴。

20.1.5 为幻灯片分节

使用"节"功能可以根据需要对演示文稿中的幻灯片进行分类组织，之后可以按组查看幻灯片，或对整组幻灯片统一进行操作。当不再需要组时，可以将组删除而保留幻灯片，或者将组及其中包含的幻灯片一起删除。

1. 创建节

右击要作为一节开始的第 1 张幻灯片，在弹出的菜单中选择【新增节】命令，如图 20-6 所示，将在该幻灯片上方添加一个名为"无标题节"的标记。如果当前右击的幻灯片不是演示文稿中的第 1 张幻灯片，则会同时创建两节，该幻灯片之前的所有幻灯片为第 1 节，该幻灯片及其之后的所有幻灯片为第 2 节。

图 20-6 创建节

节标记默认显示为"无标题节"，可以使用有意义的名称为其重命名。右击节标记，在弹出的菜单中选择【重命名节】命令，在打开的对话框中输入所需的名称，然后单击【重命名】按钮，如图 20-7 所示。

图 20-7 修改节的名称

2.使用节

创建节后,可以对节执行以下几种操作。

◉ 展开或折叠节中的幻灯片:单击节标记左侧的三角按钮,可以展开和折叠当前节包含的所有幻灯片。折叠后在节标记右侧显示的数字表示该节包含的幻灯片总数,如图20-8所示。

图 20-8 折叠节后会显示幻灯片总数

◉ 将幻灯片移入或移出节:可以使用鼠标拖动幻灯片,将节以外的幻灯片拖动到指定节中,或者将节中的幻灯片拖动到节以外的位置。

◉ 整体移动节的位置:使用鼠标拖动节标记,可以像移动幻灯片一样移动节的位置,节中的所有幻灯片作为一个整体同时移动。

使用幻灯片浏览视图可以更好地浏览各节中的幻灯片。单击 PPT 窗口底部状态栏中的【幻灯片浏览】按钮,切换到幻灯片浏览视图,每节中的幻灯片会按先行后列的顺序依次排列,如图20-9所示。可以使用从上到下滚动鼠标的方式浏览所有幻灯片,也可以使用前面介绍的方法,展开或折叠节标记,以显示或隐藏其中的幻灯片。

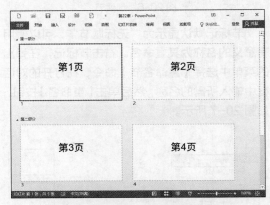

图 20-9 在幻灯片浏览视图中查看幻灯片

3.删除节

如果不再需要使用节来对幻灯片进行分组,则可以右击节标记,然后在弹出的菜单中选择【删除节】命令。如果要删除演示文稿中的所有节,则选择【删除所有节】命令。如果要删除节及其中的幻灯片,则选择【删除节和幻灯片】命令。

20.1.6 重用幻灯片

在制作 PPT 的过程中,可能需要重复使用以前做好的某些幻灯片,或者在以前幻灯片的基础上稍作修改。使用"重用幻灯片"功能可以使这项任务变得更简单。重用幻灯片的具体操作步骤如下。

(1)打开要制作的演示文稿,然后单击功能区中的【开始】⇨【幻灯片】⇨【新建幻灯片】按钮下方的下拉按钮,在打开的列表底部选择【重用幻灯片】命令,如图20-10所示。

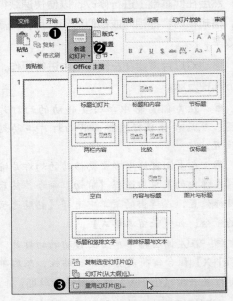

图 20-10 选择【重用幻灯片】命令

(2)打开【重用幻灯片】窗格,单击【浏览】按钮,在弹出的菜单中选择【浏览文件】命令,如图20-11所示。

图 20-11 选择【浏览文件】命令

（3）打开图 20-12 所示的对话框，选择包含要重用的幻灯片所属的演示文稿，然后单击【打开】按钮，或者可以直接双击该演示文稿。

图 20-12　选择要重用的幻灯片所属的演示文稿

（4）返回【重用幻灯片】窗格，其中列出了上一步选择的演示文稿中包含的所有幻灯片，如图 20-13 所示。单击要重用的幻灯片，即可将其插入到当前演示文稿中，幻灯片的内容保持不变，但其外观会被设置为与当前演示文稿中的主题格式相匹配。如果要以完全相同的格式重用幻灯片，可以先选中【保留源格式】复选框，然后

单击要重用的幻灯片。

图 20-13　选择要重用的幻灯片

20.1.7　删除幻灯片

可以将不需要的幻灯片删除，选择要删除的一张或多张幻灯片，然后使用以下任意一种方法将所选幻灯片删除。

◉　按【Delete】键。

◉　右击选中的任意一张幻灯片，在弹出的菜单中选择【删除幻灯片】命令。

◉　右击选中的任意一张幻灯片，在弹出的菜单中选择【剪切】命令。

20.2　输入与编辑文本

文本是 PPT 的重要组成部分，可以清晰地表达 PPT 的含义。在 PPT 中输入和编辑文本的方法与 Word 有很多相似之处，但是 PPT 中的文本存在于占位符中，因此其排版方式与 Word 有所区别。本节将介绍在 PPT 中输入与编辑文本的方法。

20.2.1　了解 PPT 中的占位符

在 PPT 中，占位符是幻灯片中的内容及其格式和位置的排版工具，其外观类似于文本框。占位符中默认显示一些提示性文本，一旦单击占位符内部，这些文本就会自动消失，并显示一个闪烁的插入点，等待用户的输入。

不同版式的幻灯片拥有不同类型和数量的占位符。启动 PPT 后默认创建的演示文稿中自带一张版式为"标题幻灯片"的幻灯片，其中包含两个占位符，在这两个占位符中分别显示了提示性文本"单击此处添加标题"和"单击此处添加

副标题"，如图 20-14 所示。

图 20-14　包含两个占位符的幻灯片

单击功能区中的【开始】⇨【幻灯片】⇨【新

建幻灯片】按钮下方的下拉按钮，在打开的列表中可以看到 PPT 默认的每个版式包含的占位符。虽然占位符的外观和某些操作与文本框类似，但是它们之间存在一些重要的区别。

◉ 占位符中默认会显示提示性文本，而在创建的文本框中默认不显示任何内容。

◉ 不同类型的占位符默认具有不同的字体格式。在向占位符中输入文本时，文本会被自动设置为相应的字体格式，而在文本框中输入的文本只具有普通字体格式。

◉ 占位符具有多种类型，如用于输入文本的占位符、用于插入图片的占位符、用于插入表格或图表的占位符、用于插入视频的占位符，或者可以添加以上所有类型内容的占位符，而在文本框中只能输入文字。

20.2.2 在幻灯片中输入文本

在幻灯片中输入文本主要通过占位符来完成，也可以使用文本框或艺术字功能来添加位置和格式不固定的内容。本小节主要介绍在占位符中输入文本的方法，使用文本框和艺术字输入文本的方法将在本书第 21 章进行介绍。

单击要输入文本的占位符内部，在占位符中会显示一条闪烁的竖线，竖线的位置和高度决定了内容输入的位置和字体大小。与 Word 文档中的竖线类似，也可以将 PPT 占位符中的竖线称为"插入点"。此时可以输入所需的内容，插入点会随着输入的内容自动右移，如图 20-15 所示。

图 20-15　在占位符中输入文本

当输入的内容到达占位符的右边缘时，后续内容会自动转入下一行。如果希望在任意位置强制换行输入，可以将插入点定位到所需位置后按【Enter】键。在占位符中可以使用鼠标单击或按键盘上的箭头键来改变插入点的位置，以便在已输入内容的特定位置插入新的内容。

如果输入了错误的内容，可以选择该内容，然后按【Delete】键将其删除。或者将插入点定位到要删除内容的左侧或右侧，然后按【Delete】键或【BackSpace】键。

除了在普通视图下的占位符中输入内容外，还可以在大纲视图中进行输入，以便更好地掌控整个 PPT 内容的结构。单击功能区中的【视图】⇨【演示文稿视图】⇨【大纲视图】按钮，切换到大纲视图。此时 PPT 窗口左侧不再显示幻灯片缩略图，而是显示当前演示文稿中的所有幻灯片及其中的内容，每个数字表示幻灯片的编号，拖动数字右侧的图标可以调整幻灯片之间的排列顺序。

图 20-16 所示包含 3 张幻灯片，大纲窗格中的内容显示了 3 张幻灯片中包含的文本。在大纲窗格中，每张幻灯片使用一个数字和一个矩形图标表示，数字表示幻灯片的编号，矩形图标右侧的文字就是该幻灯片中包含的内容，字体颜色相对深一些的是标题内容，字体颜色相对浅一些的是正文内容。

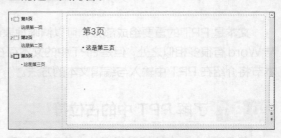

图 20-16　使用大纲窗格输入文本

可以在大纲窗格中输入与编辑幻灯片中的内容，方法如下。

◉ 在要输入内容的矩形图标右侧单击，然后输入所需内容。单击时右侧窗格中会自动显示相应的幻灯片以及输入的内容。

◉ 如果幻灯片中已经包含内容，则可以在大纲视图中单击内容之间的任意位置，然后插入新的内容，或删除插入点两侧的内容。

◉ 在大纲视图中拖动鼠标可以选择所需的

内容，然后对其执行剪切、复制、粘贴或删除等操作。

◉ 如果插入点位于标题内容范围内，按【Enter】键将添加一张新的幻灯片，按【Shift+Enter】组合键将从插入点位置强制换行显示和输入，按【Ctrl+Enter】组合键将插入点定位到当前幻灯片的正文部分。

◉ 如果插入点位于正文内容范围内，按【Enter】键将在一个新建的段落中输入内容，按【Shift+Enter】组合键将强制换行输入，换行后的内容与之前的仍位于同一个段落中，按【Ctrl+Enter】组合键将添加一张新的幻灯片。

20.2.3 移动和复制文本

在 PPT 中移动和复制文本的方法与 Word 类似，包括鼠标拖动、鼠标右键菜单和快捷键 3 种，具体如下。

◉ 鼠标拖动：选择要移动的内容，然后使用鼠标拖动选区，将内容移动到目标位置。如果在拖动过程中按住【Ctrl】键，则可复制内容。

◉ 鼠标右键菜单：选择要移动的内容，右击选区并在弹出的菜单中选择【剪切】命令，然后右击目标位置并在弹出的菜单中选择相应的粘贴选项。如果要复制内容，则在第一次右击时从弹出菜单中选择【复制】命令，其他操作不变。

◉ 快捷键：选择要移动的内容，按【Ctrl+X】组合键将内容剪切到剪贴板，然后单击目标位置，按【Ctrl+V】组合键进行粘贴。如果要复制内容，则需要将【Ctrl+X】组合键改为【Ctrl+C】组合键，其他操作不变。

如果要移动或复制占位符中的所有文本，可以单击占位符内部，按【Ctrl+A】组合键选中所有内容，然后再使用上面的方法对其进行移动或复制。

20.2.4 查找与替换文本

如果需要修改位于 PPT 中某个位置上的内容，可以使用查找功能快速定位该内容，然后对其进行编辑。如果要修改的内容出现在多个位置，则可以使用替换功能批量完成编辑任务。

案例 20-1
使用替换功能批量修改内容

案例目标： 将演示文稿中所有的"Word"改为"PPT"。

完成本例的具体操作步骤如下。

（1）选择任意一张幻灯片，然后单击功能区中的【开始】➡【编辑】➡【替换】按钮，如图 20-17 所示，或者按【Ctrl+H】组合键。

图 20-17 单击【替换】按钮

（2）打开【替换】对话框，在【查找内容】文本框中输入"Word"，在【替换为】文本框中输入"PPT"，如图 20-18 所示。

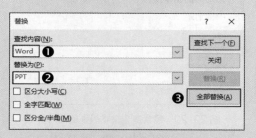

图 20-18 【替换】对话框

（3）单击【全部替换】按钮，弹出图 20-19 所示的对话框，其中显示了成功替换的数量，单击【确定】按钮，将当前演示文稿的每一张幻灯片中的"Word"改为"PPT"。

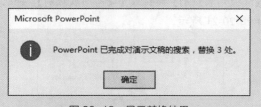

图 20-19 显示替换结果

提示

如果要替换具有特定大小写形式的"Word"一词，则需要在【查找内容】文本框中严格按照大小写形式进行输入，并选中【区分大小写】复选框。

20.2.5 设置文本级别

在 PPT 中输入的文本具有不同的级别。例如，在版式为【标题和内容】的幻灯片中包含两个占位符，上方占位符中的文本以"标题"的形式出现，下方占位符中的文本以"正文"的形式出现，标题的级别高于正文的级别。在图 20-20 所示的幻灯片中包含 3 个级别的文本。

◉　上方的"幻灯片的基本操作"文字是标题，位于当前幻灯片中所有文本的顶级。

◉　下方的所有内容都是正文，但是分为两个级别："添加幻灯片""选择幻灯片""为幻灯片分节""重用幻灯片"这 4 个部分是正文中的第一级别；"创建节""使用节""删除节"这 3 个部分是正文中的第二级别，下属于"为幻灯片分节"。正文中不同级别的文本默认使用不同的段落缩进。

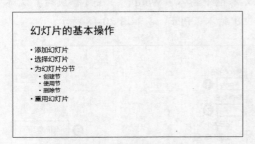

图 20-20　包含多个文本级别的幻灯片

为了使 PPT 内容的结构更加清晰，可以在输入或编辑内容时为其设置相应的级别，有以下 3 种方法。

◉　功能区：将插入点定位到要设置的段落范围内，然后单击功能区中的【开始】 ⇨ 【段落】 ⇨ 【降低列表级别】按钮或【提高列表级别】按钮，如图 20-21 所示。

图 20-21　使用功能区命令设置文本级别

◉　【大纲】选项卡：单击功能区中的【视图】 ⇨ 【演示文稿视图】 ⇨ 【大纲视图】按钮，切换到大纲视图，然后右击要设置级别的段落内部，在弹出的菜单中选择【升级】或【降级】命令，如图 20-22 所示。

图 20-22　在大纲视图中设置文本级别

◉　快捷键：选择要设置的内容或单击内容的起始位置，按【Tab】键将内容降低一级，按【Shift+Tab】组合键将内容升高一级。

20.2.6 设置字体格式和段落格式

为 PPT 中的文本设置字体格式和段落格式的方法与 Word 类似，如果已经掌握了在 Word 中设置文本格式的方法，则可以很容易掌握 PPT 中的文本设置方法。由于 PPT 和 Word 在字体格式和段落格式方面包含大量的重复设置，因此小本节主要介绍 PPT 中常用的字体格式和段落格式。

可以使用类似于 Word 中的方法，为 PPT 中的文本设置字体格式和段落格式。常用的字体格式包括字体、字号、字体颜色、加粗、倾斜等，常用的段落格式包括对齐方式、段落缩进、段间距和行距等。设置字体格式和段落格式的命令位于功能区【开始】选项卡中的【字体】和【段落】组中，如图 20-23 所示。

图 20-23　【字体】组和【段落】组包含设置文本格式的命令

也可以单击【字体】组和【段落】组右下角的对话框启动器，在打开的【字体】对话框和【段落】对话框中设置字体格式及段落格式，如图20-24所示。

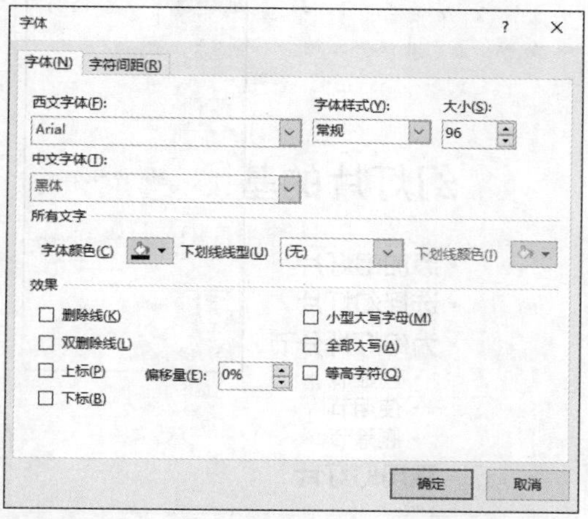

图20-24 【字体】对话框（a）和【段落】对话框（b）

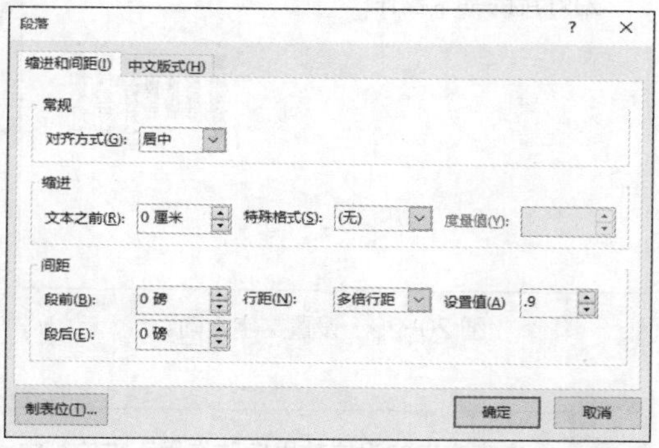

如果要为文本设置字体格式，需要先选择文本，然后再进行设置，分为以下两种情况。

◉ 如果要为占位符中的所有内容设置字体格式，则可以单击占位符的边框，将占位符选中，然后使用功能区【开始】➪【字体】组中的命令或【字体】对话框设置字体格式。如果没有显示占位符的边框，则可以先单击占位符内部，然后再单击占位符的边框。选中的占位符的边框为实线，未选中的占位符的边框为虚线。

◉ 如果要为占位符中的部分内容设置字体格式，则可以单击占位符内部，选择要设置的文本，然后再为其设置字体格式。

案例 20-2
设置标题和正文的字体及段间距

案例目标 将幻灯片标题的字体设置为黑体，将正文字体设置为微软雅黑，各段落之间的间距为12磅，效果如图20-25所示。

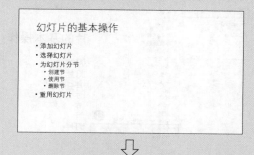

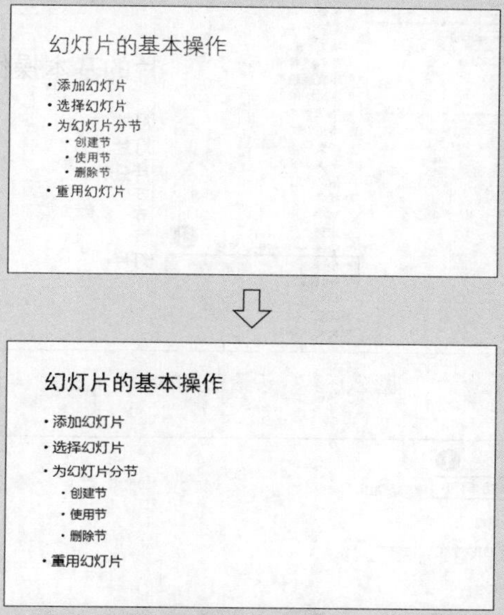

图20-25 设置标题和正文的字体及段间距

完成本例的具体操作步骤如下。

（1）单击标题所在的占位符的边框，选中该占位符，然后在功能区【开始】➪【字体】组中的【字体】下拉列表中选择【黑体】，如图20-26所示。

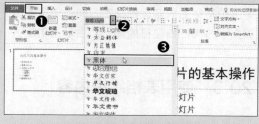

图20-26 设置标题的字体

（2）单击正文所在的占位符的边框，选中该占位符，然后在功能区【开始】➪【字体】组中的【字体】下拉列表中选择【微软雅黑】，如图20-27所示。

（3）确保仍然选中正文所在的占位符，单击功能区【开始】➪【段落】组右下角的对话框启动器，打开【段落】对话框，在【缩进和间距】选项卡中将【段后】设置为【12磅】，如图20-28所示。最后单击【确定】按钮。

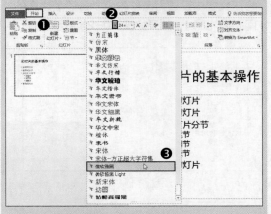

图 20-27　设置正文的字体

图 20-28　设置正文的段间距

由于占位符类似于文本框，因此很容易为占位符中的内容设置文字方向。单击要设置文字方向的占位符内部，然后单击功能区

中的【开始】⇨【段落】⇨【文字方向】按钮，在弹出的菜单中选择一种文字方向，如图20-29所示。

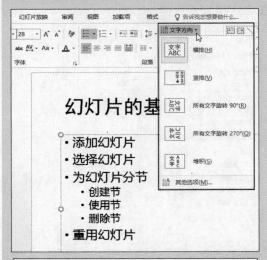

图 20-29　设置文字方向

> **注意**
> 文字方向的设置效果自动作用于占位符中的所有内容。换言之，即使选择的是占位符中的部分内容，文字方向的设置效果仍然作用于占位符中的所有内容。

20.3　使用表格组织内容

在制作包含较多数据的 PPT 时，可以使用表格来组织数据，以提供最佳的数据呈现效果。为了更好地展示数据的含义，可以将数据绘制到图表中。在 PPT 中创建与操作表格的方法与 Word 中的表格有很多相似之处。

20.3.1　创建表格

在 PPT 中创建表格的方法与在 Word 中创建表格类似，可以单击功能区中的【插入】⇨【表格】⇨【表格】按钮，在弹出的菜单中选择创建表格的方法，如图20-30所示。

图 20-30　在功能区中选择创建表格的方法

除了使用功能区命令创建表格外，如果幻灯片的占位符中包含【插入表格】按钮，则还可以使用该按钮创建表格，该按钮的作用与上图菜单中的【插入表格】命令相同。PPT 默认的 4 种幻灯片版式的占位符中都包含【插入表格】按钮，这 4 种版式为"标题和内容""两栏内容""比较""内容与标题"。图 20-31 所示为"标题和内容"幻灯片版式的占位符中的【插入表格】按钮。

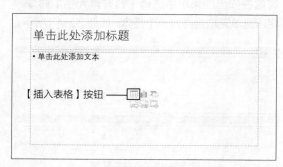

图 20-31　占位符中的【插入表格】按钮

单击【插入表格】按钮，打开【插入表格】对话框，如图 20-32 所示，在【列数】和【行数】文本框中输入所需的列数和行数，然后单击【确定】按钮，将在当前占位符中创建一个表格，如图 20-33 所示。

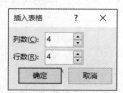

图 20-32　【插入表格】对话框

图 20-33　在幻灯片中创建表格

20.3.2　在表格中输入与设置文本

在表格中输入内容前，需要先将插入点定位到目标单元格中，然后再进行输入。可以通过鼠标单击，或者按【Tab】键或【Shift+Tab】组合键，在各单元格之间移动插入点。图 20-34 所示为输入内容后的表格。

月份	电视	冰箱	空调
1月	30	20	15
2月	20	15	10
3月	25	10	20

图 20-34　在表格中输入内容

如果要删除单元格中的内容，可以选中内容后按【Delete】键。如果要删除表格中的所有内容，需要先选择表格中的所有单元格，然后按【Delete】键。可以使用以下两种方法选择表格中的所有单元格。

◎　单击表格左上角的单元格，然后按住鼠标左键，拖动鼠标选择表格中的所有单元格。

◎　单击表格左上角的单元格，按住【Shift】键后单击表格右下角的单元格。

在 PPT 中选择表格中的行、列和单元格区域的方法与 Word 表格类似，此处不再赘述。

在表格中输入的内容默认在单元格中靠左对齐，为了使内容整齐美观，可以设置对齐方式使内容在单元格中居中显示。

案例 20-3
使销售明细表中的所有数据居中对齐
案例目标：在表格中输入的内容默认在单元格中左对齐，现在需要使内容在单元格中居中对齐，效果如图 20-35 所示。

月份	电视	冰箱	空调
1月	30	20	15
2月	20	15	10
3月	25	10	20

图 20-35　使内容在表格中居中对齐

完成本例的具体操作步骤如下。

（1）单击表格中的任意一个单元格，显示出表格的外边框。然后将鼠标指针移动到外边框上，当鼠标变为十字箭头时单击，以选中整个表格，如图 20-36 所示。

月份	电视	冰箱	空调
1月	30	20	15
2月	20	15	10
3月	25	10	20

图 20-36　单击表格边框以选中表格

（2）单击功能区中的【表格工具 | 布局】⇨【对齐方式】⇨【居中】按钮，如图 20-37 所示。

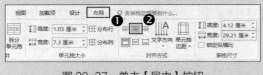

图 20-37　单击【居中】按钮

20.3.3　设置表格的结构和外观

可以为创建好的表格调整整体大小以及行、列、单元格的大小，还可以通过合并与拆分单元格构建特殊结构的表格。如果希望快速美化表格，可以使用 PPT 中的表格样式。

1. 调整表格大小

调整表格的整体大小：单击表格中的任意一个单元格，显示出表格的外边框，其上有 8 个控制点。将鼠标指针移动到四角上的任意一个控制点上，当鼠标指针变为斜向箭头时，按住鼠标左键进行拖动，可以同时改变表格的行高和列宽。如果拖动水平边框或垂直边框中间的控制点，可以调整表格的整体高度或宽度。如果想要精确设置表格的尺寸，可以在功能区中的【表格工具 | 布局】⇨【表格尺寸】⇨【高度】和【宽度】文本框中进行设置，如图 20-38 所示。

图 20-38　精确设置表格的尺寸

调整行高：将鼠标指针移动到行与行之间的分隔线上，当鼠标指针变为双向箭头时，拖动分

隔线可以调整分隔线上侧的行高。

调整列宽：将鼠标指针移动到列与列之间的分隔线上，当鼠标指针变为双向箭头时，拖动分隔线可以调整分隔线左、右两侧的列宽。

如果要同时设置多行或多列的尺寸，需要先选中这些行或列，然后在功能区中的【表格工具 | 布局】⇨【单元格大小】⇨【高度】和【宽度】文本框中进行设置，如图 20-39 所示。单击【分布行】或【分布列】按钮，将自动均分选中的所有行或列的大小。

图 20-39　精确设置行高和列宽

2. 合并与拆分单元格

合并单元格：选择要进行合并的两个或多个单元格，然后单击功能区中的【表格工具 | 布局】⇨【合并】⇨【合并单元格】按钮，或者右击选区后在弹出的菜单中选择【合并单元格】命令，将所选单元格合并为一个整体，如图 20-40 所示。

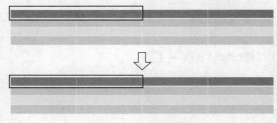

图 20-40　合并单元格

拆分单元格：将插入点定位到要拆分的单元格中，然后单击功能区中的【表格工具 | 布局】⇨【合并】⇨【拆分单元格】按钮，或者右击要拆分的单元格，并在弹出的菜单中选择【拆分单元格】命令，打开图 20-41 所示的对话框，设置拆分后的行、列数，然后单击【确定】按钮。

图 20-41　拆分单元格

3. 设置表格样式

创建表格后，可以使用功能区中的【表格工具|设计】⇨【表格样式】库快速改变表格的外观。单击表格内部以激活功能区中的【表格工具|设计】选项卡，然后打开其中的【表格样式】库，从中选择一种表格样式，这些样式的主要区别在于每行的填充色和边框线的样式，如图20-42所示。如果不想使用任何样式，可以选择【表格样式】库底部的【清除表格】命令。

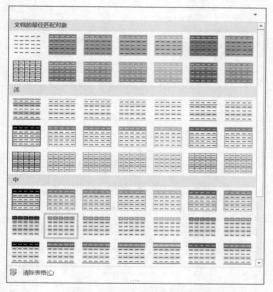

图 20-42 【表格样式】库

在应用表格样式时，可以选择是否保留用户为表格手动设置的格式。右击【表格样式】库中要应用的样式，弹出图20-43所示的菜单，根据是否要保留手动设置的格式来选择以下两个命令之一。

◉ 应用（并清除格式）：选择该命令，在应用样式时将清除手动为表格设置的格式。

◉ 应用并维护格式：选择该命令，在应用样式时将保留手动为表格设置的格式。

图 20-43 右击表格样式弹出的菜单

如果在菜单中选择【设为默认值】命令，则将右击的样式设置为表格的默认样式，以后在该演示文稿中创建的所有表格的初始格式都将使用该样式。

20.3.4 使用图表展示表格中的数据

可以将 PPT 表格中的数据绘制到图表中，以图形化的方式展示数据的含义。与在 Word 中创建图表的方法类似，在 PPT 中创建图表时也需要借助 Excel 的图表功能来完成。一些幻灯片版式的占位符中包含【插入图表】按钮，可以单击该按钮插入图表。对于不包含【插入图表】按钮的幻灯片版式，可以单击能区中的【插入】⇨【插图】⇨【图表】按钮来插入图表。

案例 20-4
使用图表展示商品销售情况

案例目标：使用柱形图绘制表格中的数据，效果如图 20-44 所示。

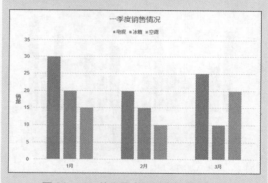

图 20-44 使用图表展示表格中的数据

完成本例的具体操作步骤如下。

（1）在演示文稿中添加一张版式为"空白"的幻灯片，然后单击功能区中的【插入】⇨【插图】⇨【图表】按钮，如图20-45所示。

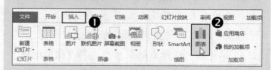

图 20-45 单击【图表】按钮

（2）打开【插入图表】对话框，在左侧选择【柱形图】，然后在右侧选择【簇状柱形图】，如图20-46所示，最后单击【确定】按钮。

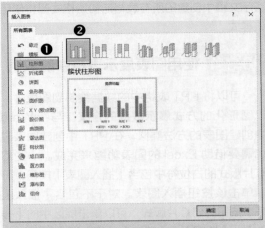

图 20-46 选择要创建的图表类型

（3）在当前幻灯片中插入一个包含默认数据的柱形图，并自动在 Excel 窗口中显示绘制图表默认使用的数据，如图 20-47 所示。

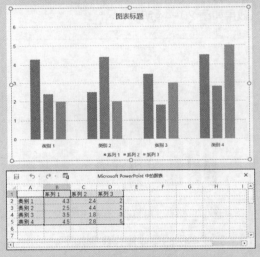

图 20-47 默认创建的柱形图

（4）在 PPT 中，单击表格的外边框以选中整个表格，然后按【Ctrl+C】组合键，将表格中的所有数据复制到剪贴板。

（5）切换到与图表关联的 Excel 工作表，右击 A1 单元格，在弹出的菜单中选择【粘贴选项】中的【匹配目标格式】命令，如图 20-48 所示。

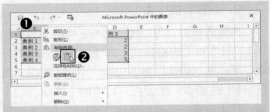

图 20-48 选择【匹配目标格式】命令

图 20-49 选择【编辑数据】命令

（6）粘贴后的结果如图 20-50 所示。返回 PowerPoint 窗口，可以看到 PPT 中的图表已使用新的数据进行绘制，但是存在一个多余的数据系列"类别 4"，如图 20-51 所示。

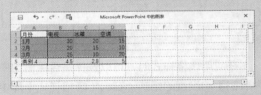

图 20-50 将 PPT 表格数据粘贴到 Excel 工作表中

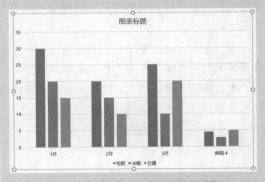

图 20-51 存在一个多余的数据系列

（7）切换到 Excel 工作表，将鼠标指针移动到 D5 单元格右下角的三角标记上，当鼠标指针变为双向箭头形状时，将该标记向上拖动到 D4 单元格，如图 20-52 所示。拖动时会显示一个绿色边框，它表示当前绘制到图表中的数据范围。

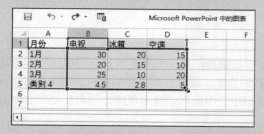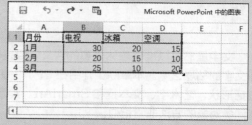

图 20-52　重新调整绘制数据范围

（8）关闭 Excel 窗口，此时 PPT 中的图表将显示正确的数据。最后可以修改图表标题，并添加和设置其他所需的图表元素，如调整图例的位置、添加坐标轴标题等。

添加静态可视化元素

文字虽然可以准确表达信息的含义，但是图片可以让信息的含义更易于理解，而且还可以避免纯文字的枯燥乏味。本章除了介绍在 PPT 中使用图片的方法，还将介绍其他图形对象的使用方法，包括形状、艺术字、文本框和 SmartArt。实际上，在 PPT 中操作这些对象的方法与在 Word 中处理同类对象的方法非常相似。

21.1 使用图片和 SmartArt

本节将介绍在 PPT 中插入与设置图片和 SmartArt 的方法。PPT 中跟图片相关的很多功能都和 Word 中的图片功能类似，然而与 Word 不同的是，PPT 中的图片不存在嵌入式与浮动式的区别。在 PPT 中创建 SmartArt 的方法与在 Word 和 Excel 中的创建方法基本相同。

21.1.1 插入图片

在 PPT 中可以插入以下两类图片。

⦿ 计算机中的图片文件：插入存储在计算机中的图片文件，PPT 支持多种图片文件格式，包括 .bmp、.jpg、.png、.gif、.wmf 等。

⦿ 网站上的联机图片：默认使用 Bing 搜索引擎根据用户输入的关键字查找并插入图片，还可以插入用户在 OneDrive 上存储的图片。

如果占位符中包含【图片】按钮，则可以单击该按钮。如果占位符中没有【图片】按钮，则可以单击功能区中的【插入】⇨【图像】⇨【图片】按钮，如图 21-1 所示。无论使用哪种方法，都会打开【插入图片】对话框，双击要插入的图片文件，或者选择图片后单击【插入】按钮，即可将图片插入到当前幻灯片中。

图 21-1 单击【图片】按钮

如果为 PPT 中的图片设置了所需的格式，在需要更换图片时，希望更换后的图片仍保留为原有图片设置好的各种格式，可以右击要更换的

图片，在弹出的菜单中选择【更改图片】命令，如图 21-2 所示。

图 21-2 选择【更改图片】命令

打开图 21-3 所示的【插入图片】对话框，选择新图片的来源，然后选择新图片并使用其替换 PPT 中的原有图片。替换后的图片保留了原有图片的所有格式设置，如图片大小、图片样式等。

插入图片

🖼 从文件   浏览

ᗷ 必应图像搜索   搜索必应

☁ OneDrive - 个人   浏览

图 21-3 选择图片的来源

21.1.2 设置图片格式

图片格式主要分为两类：一类是图片的基本格式，如图片的大小、方向、位置、剪裁区域等；另一类图片格式主要是指图片的外观效果，如图片的亮度、对比度、饱和度、边框、艺术效果和样式等。可以使用功能区命令或鼠标右键菜单来设置这两类格式。

◉ 功能区命令：选择要设置格式的图片，然后在功能区中的【图片工具|格式】选项卡中选择要使用的图片格式命令，如图 21-4 所示。

◉ 鼠标右键菜单：右击要设置格式的图片，在弹出的菜单中包含了一些图片格式命令，如【大小和位置】【样式】【裁剪】【设置图片格式】等，通过这些命令可以快速进行常用的格式设置。右击图片所弹出的菜单请参考图 21-2，这里不再重复列出。

图 21-4 功能区中包含的图片格式命令

在 PPT 中设置图片格式的方法与在 Word 中的设置基本相同，因此这里就不再重复介绍了，具体内容请参考本书第 7 章。

21.1.3 借助参考线精确定位图片

如果在幻灯片中只放置一张图片，那么摆放的位置比较自由。当需要在一张幻灯片中放置多张图片时，各个图片之间的位置关系则变得非常重要，因为这会影响到整张幻灯片的版式布局及信息传递的方式和有效性。使用参考线可以使在幻灯片中摆放图片的操作变得更简单，也更精确。更重要的是，使用参考线可以确保同一个演示文稿中的所有幻灯片中的图片或图形对象具有统一的位置。

在功能区【视图】⇨【显示】组中选中【参考线】复选框，如图 21-5 所示，将在当前演示文稿的每一张幻灯片中显示两条相同的虚线，一条虚线相对于幻灯片水平居中，另一条虚线相对于幻灯片垂直居中，它们彼此相交且贯穿幻灯片，如图 21-6 所示。

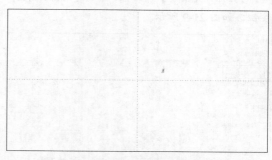

图 21-6 在幻灯片中显示参考线

将鼠标指针指向参考线，当鼠标指针变为双向箭头时，按住鼠标左键拖动参考线，可以改变参考线的位置。如果按住【Ctrl】键后拖动参考线，则会复制一条参考线，这样就可以使用多条参考线构建灵活的幻灯片版式布局，以符合特定的排版需求。

如果想要精确放置参考线的位置，可以在功能区【视图】⇨【显示】组中选中【标尺】复选框，在幻灯片上方将会显示标尺，之后在拖动参考线时会显示具体的刻度值，如图 21-7 所示。

图 21-5 选中【参考线】复选框

图 21-7 在显示标尺的情况下拖动参考线会显示刻度值

21.1.4 创建图片相册

使用 PPT 的相册功能可以快速制作出包含大量图片且具有特定布局的演示文稿。使用相册功能创建演示文稿的具体操作步骤如下。

（1）在 PPT 中单击功能区中的【插入】➪【图像】➪【相册】按钮下方的下拉按钮，在弹出的菜单中选择【新建相册】命令，如图 21-8 所示。

图 21-8　选择【新建相册】命令

（2）打开【相册】对话框，单击【文件/磁盘】按钮，如图 21-9 所示。

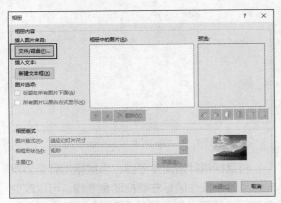

图 21-9　单击【文件/磁盘】按钮

（3）打开【插入新图片】对话框，导航到包含所需图片的文件夹，然后选择要插入的图片。如果要想选择文件夹中的所有图片，可以按【Ctrl+A】组合键。如果只想选择部分图片，可以使用【Shift】键或【Ctrl】键配合鼠标单击来选择相邻或不相邻的多张图片。图 21-10 所示为选择了相邻的多张图片，选择好后单击【插入】按钮。

（4）返回【相册】对话框，将上一步选中的图片添加到【相册中的图片】列表框中，如图 21-11 所示，然后可以执行以下几项操作。

◎　如果要调整图片的亮度、对比度等参数，可以选中图片左侧的复选框，然后使用预览画面下方的按钮进行设置。如果同时选中两张或

多张图片，这些按钮将处于禁用状态。

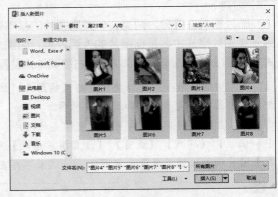

图 21-10　选择要插入的多张图片

图 21-11　设置相册的相关选项

◎　如果要调整图片的排列顺序或删除图片，可以选中一张或多张图片左侧的复选框，然后单击列表框下方的箭头按钮来调整这些图片的排列顺序，单击【删除】按钮将删除所有选中的图片。

◎　在【图片版式】下拉列表中选择图片在幻灯片中的布局方式，主要用于控制每张幻灯片包含的图片数量，带有"带标题"几个字的选项表示在每张幻灯片中除了包含指定数量的图片外，还包含一个标题占位符。

◎　在【相框形状】下拉列表中选择图片的样式，与功能区【图片工具|格式】➪【图片样式】组中的选项类似。

◎　单击【浏览】按钮，在打开的【选择主题】对话框中为相册选择一种主题。单击更改视图下拉按钮，在弹出的菜单中选择【大图标】，可以看到主题效果的缩略图，以便于选择所需的主题，如图 21-12 所示。

◎　如果想要在每张图片的下方显示图片的文

件名，可以选中【标题在所有图片下面】复选框。

◉ 如果想让图片呈现出老照片的效果，可以选中【所有图片以黑白方式显示】复选框。

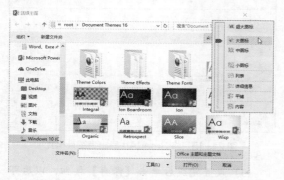

图21-12 更改视图类型以显示主题缩略图

（5）设置好所需选项后，单击【创建】按钮，将在一个新建的演示文稿中创建相册。相册中的图片就是步骤（3）中选择的图片，这些图片在幻灯片中的布局方式和外观样式就是在上一步中进行的设置，如图21-13所示。

创建相册后，还可以对创建相册时的各项设置进行修改，为此需要打开相册对应的演示文稿，然后单击功能区中的【插入】⇨【图像】⇨【相册】按钮下方的下拉按钮，在弹出的菜单中选择【编辑相册】命令，在打开的【编辑相册】对话框中可以修改相册的选项设置，该对话框中包含的选项与【相册】对话框完全相同，完成修改后单击【更新】按钮。

图21-13 创建的相册

21.1.5 将SmartArt导出为图片

在PPT中创建SmartArt的方法与Word相同，因此本小节不再重复介绍在PPT中创建SmartArt的方法。在Word中可以将文档中的图片转换为SmartArt，PPT中也同样支持该功能。然而与Word不同的是，PPT还支持将创建好的SmartArt导出为图片文件的功能，具体操作步骤如下。

（1）在PPT中右击要导出为图片的SmartArt内部的空白处，然后在弹出的菜单中选择【另存为图片】命令，如图21-14所示。

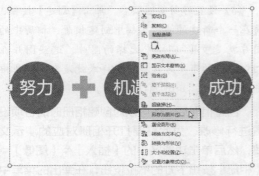

图 21-14　选择【另存为图片】命令

图 21-15　将 SmartArt 导出为图片格式

（2）打开【另存为图片】对话框，选择导出图片的存储位置，然后在【文件名】文本框中输入图片的名称，并在【保存类型】下拉列表中选择一种图片格式，如图 21-15 所示。

（3）设置完成后单击【保存】按钮，以后可以将导出为图片格式的 SmartArt 插入到 PPT 或其他程序中。

21.2　使用形状、艺术字和文本框

形状、艺术字和文本框这 3 种对象虽然在创建之初的外观样式有所不同，但是实际上它们可以实现几乎完全相同的功能，因此本节将对这 3 种对象进行统一介绍。这 3 种对象在 PPT 中的操作方法与它们在 Word 中的操作方法基本相同，如果已经通过本书前面的章节掌握了在 Word 中使用形状、艺术字和文本框的方法，那么将会很容易理解和掌握本节中的内容。

21.2.1　插入形状、艺术字和文本框

无论在 PPT 中插入形状、艺术字还是文本框，都需要先选择一张幻灯片，然后在功能区的【插入】选项卡中分别执行相应的命令插入形状、艺术字和文本框，如图 21-16 所示。

图 21-16　【插入】选项卡中包含创建形状、艺术字和文本框的命令

● 插入形状：单击功能区中的【插入】⇨【插图】⇨【形状】按钮，在打开的列表中选择一种形状，然后在幻灯片中拖动鼠标绘制一个形状。如果需要重复多次绘制同一个形状，可以在形状列表中右击该形状，在弹出的菜单中选择【锁定绘图模式】命令，如图 21-17 所示。当不再需要绘制该形状时，可按【Esc】键退出锁定模式。

● 插入文本框：单击功能区中的【插入】⇨【文本】⇨【文本框】按钮下方的下拉按钮，在弹出的菜单中选择【横排文本框】或【竖排文本框】命令，然后在幻灯片中拖动鼠标绘制一个文本框。横排文本框与竖排文本框的主要区别在于文字的排列方式不同，横排文本框中的文字是从左到右、从上到下依次排列，而竖排文本框中的文字是从上到下、从右到左依次排列。

● 插入艺术字：单击功能区中的【插入】⇨【文本】⇨【艺术字】按钮，在打开的艺术字样式

列表中选择一种艺术字样式，如图 21-18 所示。

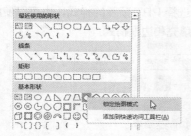

图 21-17　锁定绘图模式

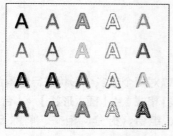

图 21-18　艺术字列表

21.2.2　在形状、艺术字和文本框中输入文字

在 PPT 中插入的形状默认不包含文字，也不能直接在其中输入文字。如果要在形状中输入文字，需要右击形状，在弹出的菜单中选择【编辑文字】命令，如图 21-19 所示，然后就可以在形状中输入文字了。

图 21-19　选择【编辑文字】命令

在 PPT 中插入的艺术字具有默认文字，可将默认文字删除，然后输入所需的内容。

在 PPT 中插入的文本框中默认没有任何内容，只有一个插入点，可以直接在文本框中输入所需内容。如果在插入文本框时没有输入文字，而是对其执行了其他操作，如设置填充色，在以后需要在文本框中输入文字时，也需要像在形状中输入文字那样，右击文本框并在弹出的菜单中选择【编辑文字】命令，才能输入文字。

> **注意**　如果插入文本框后，在其中没有输入任何内容，而单击文本框以外的位置，则会自动删除文本框。

21.2.3　设置文字特效

只要在形状、艺术字和文本框中输入了文字，在单击这 3 种对象的边框以将其选中后，就可以使用功能区【绘图工具 | 格式】⇨【艺术字样式】组中的选项为这 3 种对象中的文字设置文字效果，如图 21-20 所示。可以从【艺术字样式】库中选择 PPT 预置的样式，也可以使用【文本填充】【文本轮廓】和【文本效果】3个按钮自定义设置文字效果。

图 21-20　设置文字特效的功能区命令

图 21-21 所示为选择 4 种不同的艺术字样式的效果。

图 21-21　为文字设置艺术字样式

21.2.4　设置形状、艺术字和文本框的格式

除了为形状、艺术字和文本框中的文字设置文字特效外，还可以为形状、艺术字和文本框设置填充和边框格式。在单击这 3 种对象的边框

将其选中后，可以使用功能区【绘图工具 | 格式】⇨【形状样式】组中的命令为这 3 种对象设置填充和边框格式，如图 21-22 所示。可以从【形状样式】库中选择 PPT 预置的样式，也可以使用【形状填充】【形状轮廓】和【形状效果】3 个按钮自定义设置填充和边框格式。

图 21-22　设置填充和边框格式的功能区命令

在 PPT 中设置形状、艺术字及文本框的填充和边框格式的方法与在 Word 中的设置基本相同，具体内容请参考本书第 7 章。

21.2.5　逻辑合并多个形状

除了简单地将两个或多个形状组合为一个整体外，还可以对两个或多个形状进行逻辑合并。选择要合并的两个或多个形状，然后单击功能区中的【绘图工具 | 格式】⇨【插入形状】⇨【合并形状】按钮，在弹出的菜单中选择形状的合并类型，包括联合、组合、拆分、相交、剪除 5 种，如图 21-23 所示。

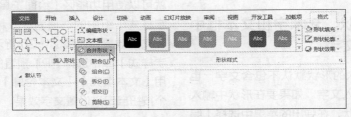

图 21-23　选择形状的合并类型

在将鼠标指针指向某种合并类型时，将在幻灯片中显示形状合并后的效果，如图 21-24 所示，从而便于用户在真正进行合并前了解不同合并类型的效果。

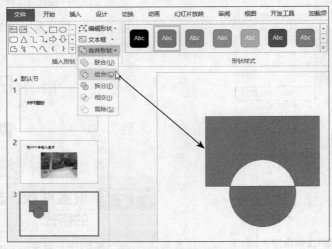

图 21-24　预览合并后的效果

第22章 使用幻灯片版式、母版与模板

到目前为止，虽然本书还没有正式介绍过幻灯片版式和母版，但是在添加幻灯片或更改幻灯片版式时一直都在使用它们。PPT 默认提供了一套母版及其中包含的 11 个版式，用户也可以自己创建母版和版式，从而满足幻灯片内容的自定义布局和格式。本章主要介绍可以提高 PPT 设计质量和效率的工具，包括幻灯片版式、母版与模板，还将介绍主题和幻灯片背景的设置。

22.1 使用幻灯片版式和母版

本节将介绍幻灯片版式和母版的相关操作，包括对幻灯片版式和母版进行添加、删除、重命名、设计、复制等操作，还将介绍保留母版的作用。

22.1.1 理解幻灯片版式和母版

启动 PPT 程序，在开始屏幕上单击"空白演示文稿"，会自动创建一个空白的演示文稿。如果取消了 PPT 开始屏幕的显示，则在启动 PPT 程序后会自动创建一个空白的演示文稿。

在创建的空白演示文稿中默认自带一张幻灯片，幻灯片中包含两个边框为虚线的矩形，在这两个矩形中分别显示文字"单击此处添加标题"和"单击此处添加副标题"，如图 22-1 所示。单击任意一个矩形内部，之前显示的文字会自动消失并显示一个插入点，等待用户输入内容，输入的内容会自动具有特定的字体和字号，用户也可以为输入的内容手动设置所需的格式。在 PPT 中将具有以上特性的矩形虚线框称为"占位符"。

将不同数量的占位符按照特定位置和格式放置在幻灯片中，就构成了幻灯片版式。可以将幻灯片版式看作是实际使用的幻灯片的样板，这种概念类似于 Word 中的模板与文档。添加新幻灯片时，可以单击功能区中的【开始】⇨【幻灯片】⇨【新建幻灯片】按钮下方的下拉按钮，然后在打开的列表中为将要添加的幻灯片选择一种版式，如图 22-2 所示。每个缩略图下方的文字是版式的名称，缩略图中显示了版式包含的占位符的数量、类型和位置。

图 22-2　PPT 中默认的幻灯片版式

多个相关的版式构成了幻灯片母版，PPT

单击此处添加标题

单击此处添加副标题

图 22-1　默认自带的幻灯片包含两个占位符

默认提供的 11 个版式构成了名为"Office 主题"的幻灯片母版，幻灯片母版的名称显示在版式列表的顶部。一个演示文稿可以有多套幻灯片母版，每套幻灯片母版可以包含多个幻灯片版式。

> **提示**
> 为了简化描述，在本章后续内容中出现的"母版"是指幻灯片母版，"版式"是指幻灯片版式。

22.1.2 幻灯片母版视图

幻灯片版式和母版的相关操作需要在幻灯片母版视图中进行，可以使用以下两种方法切换到幻灯片母版视图。

◉ 单击功能区中的【视图】⇨【母版视图】⇨【幻灯片母版】按钮，如图 22-3 所示。

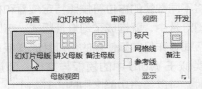

图 22-3 单击【幻灯片母版】按钮

◉ 按住【Shift】键，然后单击 PPT 窗口底部状态栏中的【普通视图】按钮，如图 22-4 所示。

图 22-4 按住【Shift】键单击状态栏中的【普通视图】按钮

切换到幻灯片母版视图后，左侧窗格中列出了很多幻灯片，如图 22-5 所示，最上方的那张幻灯片比其他幻灯片大一些，将这张幻灯片称为母版幻灯片，将其他幻灯片称为版式幻灯片。在母版幻灯片的左侧有一个数字，该数字表示母版的编号。每套母版都包含一张母版幻灯片和数张版式幻灯片，母版幻灯片是母版中的第 1 张幻灯片。

幻灯片母版和版式的相关操作都需要在幻灯片母版视图中进行，进入该视图后，功能区中会自动显示【幻灯片母版】选项卡，如图 22-6 所示。如果要退出幻灯片母版视图，可以单击功能区中的【幻灯片母版】⇨【关闭】⇨【关闭母版

视图】按钮。

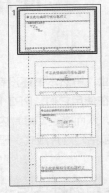

图 22-5 母版及其版式

图 22-6 幻灯片母版视图中的【幻灯片母版】选项卡

22.1.3 添加和删除幻灯片版式和母版

除了 PPT 默认提供的一套幻灯片母版及其版式外，用户可以添加新的母版和版式。使用 22.1.2 小节介绍的方法切换到幻灯片母版视图，然后单击功能区中的【幻灯片母版】⇨【编辑母版】⇨【插入幻灯片母版】按钮，如图 22-7 所示。将在现有母版的最后一个版式下方添加一套新的母版和版式，母版幻灯片左侧的编号会自动顺延。

图 22-7 单击【插入幻灯片母版】按钮

也可以使用类似的方法在现有母版中添加版式。选择要在其中添加版式的母版中的任意一张幻灯片，然后单击功能区中的【幻灯片母版】⇨【编辑母版】⇨【插入版式】按钮，将在该母版中添加一张版式幻灯片。根据选择的位置，新增版式出现的位置会有所不同。

◉ 如果选择的是母版幻灯片，新增版式会被添加到母版的结尾处，即最后一个版式的下方。

◉ 如果选择的是版式幻灯片，新增版式会被添加到所选版式的下方。

除了使用功能区命令添加母版和版式外，还可以使用鼠标右键菜单进行添加。右击现有母版中的任意一张幻灯片，弹出图22-8所示的菜单，选择【插入幻灯片母版】命令将在当前母版之后添加一套新母版，选择【插入版式】命令将在当前母版中添加一个版式。

图22-8 使用鼠标右键菜单添加母版和版式

对于不再需要的母版和版式，应该及时将其删除，以免带来混乱。可以使用以下几种方法删除幻灯片母版和版式。

◉ 如果要删除整套母版，可以右击该母版的母版幻灯片，然后在弹出的菜单中选择【删除母版】命令。与此类似，要删除版式，可以右击版式幻灯片，然后在弹出的菜单中选择【删除版式】命令，如图22-9所示。

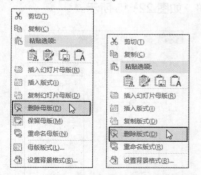

图22-9 使用鼠标右键菜单删除母版和版式

◉ 选择要删除的母版中的母版幻灯片或版式幻灯片，然后单击功能区中的【幻灯片母版】⇨【编辑母版】⇨【删除】按钮。

◉ 选择要删除的母版中的母版幻灯片或版式幻灯片，然后按【Delete】键。

22.1.4 保留幻灯片母版

在PPT中新添加的母版会被自动设置为保留，即在新增母版的母版幻灯片左侧的编号下方有一个锁定标记，如图22-10所示，有该标记的母版表示已设置为保留。换言之，如果未将母版设置为保留，并且当前没有使用该母版中的任意一种版式，那么该母版就会被删除。因此，为了保留创建但未投入使用的母版及其中的所有版式，需要将母版设置为保留。

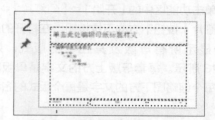

图22-10 设置为保留的母版

可以使用以下两种方法将指定的母版设置为保留。

◉ 选择要保留的母版中的母版幻灯片，然后单击功能区中的【幻灯片母版】⇨【编辑母版】⇨【保留】按钮，如图22-11所示。

图22-11 单击【保留】按钮

◉ 右击要保留的母版中的母版幻灯片，在弹出的菜单中选择【保留母版】命令。

22.1.5 重命名幻灯片版式和母版

为了便于识别不同的母版和版式，应该为现有或新建的母版和版式设置有意义的名称。可以使用以下两种方法重命名母版和版式。

◉ 选择要重命名的母版中的母版幻灯片或版式幻灯片，然后单击功能区中的【幻灯片母版】⇨【编辑母版】⇨【重命名】按钮，在打开的【重命名版式】对话框中设置所需名称，如图22-12所示，最后单击【重命名】按钮。

◉ 右击要重命名的母版中的母版幻灯片或

版式幻灯片，在弹出的菜单中选择【重命名母版】或【重命名版式】命令，然后在打开的对话框中设置所需名称，最后单击【重命名】按钮。

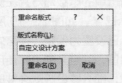

图 22-12　重命名母版和版式

当 PPT 中包含不止一套母版时，在普通视图中单击功能区中的【开始】⇨【幻灯片】⇨【新建幻灯片】按钮下方的下拉按钮，在打开的列表中会显示所有母版及其包含的版式，如图22-13 所示。每套母版上方的文字是母版的名称，每个缩略图下方的文字是每个版式的名称。

图 22-13　新建幻灯片的列表中显示所有母版及其版式

22.1.6　复制幻灯片版式和母版

如果要创建的幻灯片版式与现有的某个版式只有很小的差别，那么可以复制现有的版式，然后对复制后的版式进行少量修改，以便提高版式的设计效率。对于母版而言也是如此，可以复制现有的整套母版，然后对复制后的母版进行所需的修改。可以使用以下两种方法复制幻灯片母版和版式。

◉　选择要复制的版式幻灯片或母版幻灯片，然后单击功能区中的【开始】⇨【剪贴板】

⇨【复制】按钮右侧部分的下拉按钮，在弹出的菜单中选择图 22-14 所示的【复制】命令。

图 22-14　使用功能区命令复制幻灯片版式和母版

◉　右击要复制的版式幻灯片或母版幻灯片，在弹出的菜单中选择【复制幻灯片母版】或【复制版式】命令。

22.1.7　设计幻灯片版式

如果 PPT 默认提供的幻灯片版式不能满足实际使用需求，则可以自己设计新的版式。设计版式时可以自定义以下内容。

◉　设置文字、表格、图片、图表、SmartArt 等对象在幻灯片中的位置和格式。

◉　设置对象的动画效果。

◉　设置幻灯片的页面格式，包括幻灯片尺寸、背景、页脚等。

◉　设置配色方案。

为了可以在版式设计时自由指定不同类型的内容，PPT 提供了相应类型的占位符。单击功能区中的【幻灯片母版】⇨【母版版式】⇨【插入占位符】按钮，在弹出的菜单中可以看到这些占位符，如图 22-15 所示。

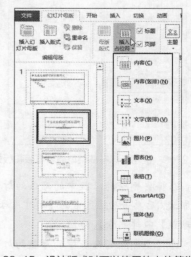

图 22-15　设计版式时可以使用的占位符类型

除了内容占位符外的其他占位符只能提供单一的功能，如表格占位符只能用于插入表格，图片占位符只能用于插入图片。而内容占位符可以同时提供其他几类占位符的功能，如图22-16所示。

图 22-16　内容占位符可以提供其他占位符的功能

在开始设计幻灯片版式前，需要了解以下两点重要内容。

◉　在母版幻灯片中添加的内容，将会自动出现在当前母版中的所有版式幻灯片中。

◉　在特定的版式幻灯片中添加的内容，只存在于该版式中，而不会影响其他版式。

案例 22-1
设计员工简介的幻灯片版式

案例目标：为了便于制作公司员工个人简介PPT，现在需要设计一个新的幻灯片版式，在其中可以输入员工的姓名、性别、照片等内容，并且这些内容处于特定的位置，效果如图22-17所示。

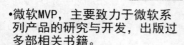

图 22-17　设计幻灯片版式

完成本例的具体操作步骤如下。

（1）新建一个演示文稿，单击功能区中的【视图】⇨【母版视图】⇨【幻灯片母版】按钮，切换到幻灯片母版视图。

（2）只保留PPT默认母版中的母版幻灯片以及版式为"标题幻灯片"和"空白"的两张幻灯片，将其他幻灯片删除，如图22-18所示。

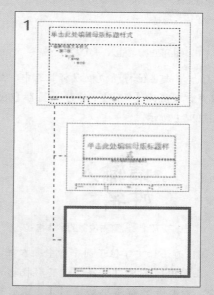

图 22-18　只保留母版中特定的幻灯片

（3）在左侧窗格中选择版式为"空白"的幻灯片，然后单击功能区中的【幻灯片母版】⇨【母版版式】⇨【插入占位符】按钮，在弹出的菜单中选择【文本】命令，如图22-19所示。

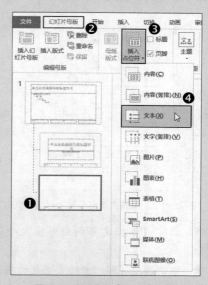

图 22-19　选择【文本】命令

（4）在幻灯片中拖动鼠标绘制一个文本占位符，将文本占位符中的内容全部删除，然后在其中输入"请输入姓名"，如图22-20所示。

图22-20　插入一个文本占位符

（5）单击占位符的边框以将其选中，然后将其字体设置为【黑体】，字号设置为【60】，如图22-21所示。

图22-21　设置占位符的字体格式

（6）为了让文字位于同一行中，右击占位符，在弹出的菜单中选择【设置形状格式】命令，在打开的窗格中切换到【文本选项】选项卡的【文本框】类别，然后进行以下两项设置，如图22-22所示。

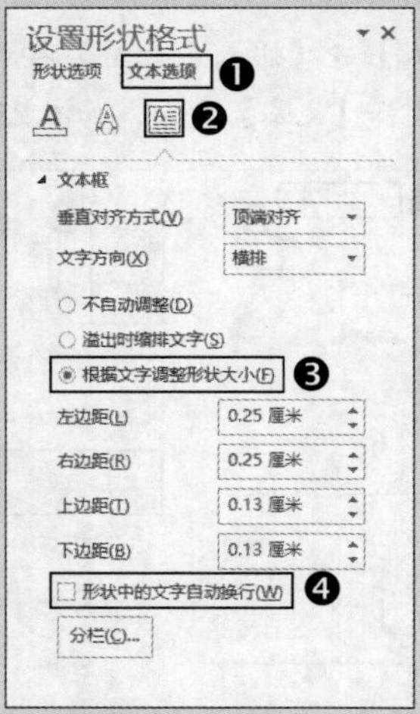

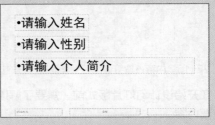

图22-22　设置文本占位符的形状格式

◉　选中【根据文字调整形状大小】单选按钮。

◉　取消选中【形状中的文字自动换行】复选框。

（7）关闭【设置形状格式】窗格，完成第一个文本占位符的设置。使用相同的方法再插入两个文本占位符，在这两个占位符中分别输入"请输入性别""请输入个人简介"，并为它们设置与第一个占位符相同的字体格式，然后调整这3个占位符的位置，完成后的效果如图22-23所示。

图22-23　创建完成的3个文本占位符

提示　包含"请输入性别"的占位符的文本框格式按照步骤（6）进行设置。在设置包含"请输入个人简介"占位符的文本框格式时，需要选中【形状中的文字自动换行】复选框，由于个人简介可能包含多行，因此需要占位符具有换行功能。

（8）单击功能区中的【幻灯片母版】⇨【母版版式】⇨【插入占位符】按钮，在弹出的菜单中选择【图片】命令，在幻灯片中拖动鼠标绘制一个图片占位符，在占位符中输入"请选择个人照片"，然后调整其大小和位置，如图22-24所示。

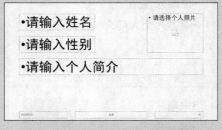

图22-24　设计完成的幻灯片版式

（9）在左侧窗格中右击正在设计的这张版式幻灯片，在弹出的菜单中选择【重命名版式】命令，在打开的对话框中输入"个人资料页"，然后单击【重命名】按钮，如图22-25所示。

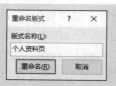

图 22-25 重命名版式

（10）单击功能区中的【幻灯片母版】⇨
【关闭】⇨【关闭母版视图】按钮，退出幻
灯片切换视图，返回普通视图。

（11）单击功能区中的【开始】⇨【幻灯片】
⇨【新建幻灯片】按钮下方的下拉按钮，在
打开的列表中只包含两种幻灯片版式，选择
名为"个人资料页"的版式，如图 22-26 所示。

（12）基于上一步选择的版式添加了一张
新幻灯片，单击第一个占位符，其中的文字
会自动消失，并显示一个插入点等待用户输
入，如图 22-27 所示。可以根据需要输入内容，
单击图片占位符中的按钮，可以在打开的对
话框中选择要插入的图片。

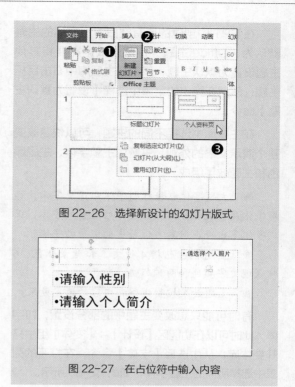

图 22-26 选择新设计的幻灯片版式

图 22-27 在占位符中输入内容

22.2 使用主题

主题是字体、颜色、效果 3 种元素的组合，用于快速改变文档的外观样式。主题是基于 Office
套件的样式，这意味着 Word、Excel 和 PPT 可以共享相同的主题，以便在这几种程序中创建外观
和风格完全一致的文档。可以在多个不同的主题之间切换，从而灵活地改变文档的整体外观。

22.2.1 使用内置主题

PPT 内置了几十种主题，可以为演示文稿选择一种主题，以便快速改变演示文稿的外观。在功能
区【设计】⇨【主题】组中打开主题库，其中以缩略图的形式显示每个主题的外观，如图 22-28 所示。

单击某个主题缩略图，即可为当前演示文稿中的所有幻灯片设置该主题包含的格式。如果只想
为特定的幻灯片设置某个主题，则可以先选择这些幻灯片，然后在主题库中右击想要设置的主题，
在弹出的菜单中选择【应用于选定幻灯片】命令，如图 22-29 所示。

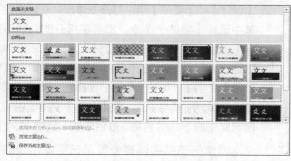

图 22-28 PPT 内置的主题

图 22-29 选择【应用于选定幻灯片】命令

在 PPT 中创建的所有空白演示文稿的主题默认为"Office 主题"，可以根据需要将其他主题设置为默认主题，只需在主题库中右击目标主题，然后在弹出的菜单中选择【设置为默认主题】命令。

在主题库中选择不同的主题，可以快速改变整个演示文稿的外观。主题由主题字体、主题颜色和主题效果组成。

◎　主题字体包括标题字体和正文字体。标题字体是出现在标题占位符中的文字的字体，正文字体是出现在内容占位符中的文字的字体。

◎　主题颜色包括 4 种文本和背景颜色、6 种强调文字颜色和两种超链接颜色。

◎　主题效果控制线条和内容的填充效果。

有时可能只想改变主题中的部分设置，如字体，此时可以在功能区【设计】⇨【变体】组中打开变体库，从中选择【字体】命令，在打开的列表中选择所需的主题字体，如图 22-30 所示。

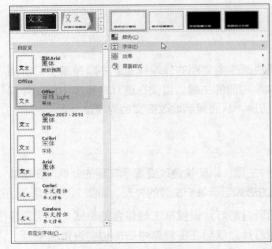

图 22-30　选择主题字体

如需改变主题颜色或主题效果，可以选择【颜色】或【效果】命令，然后在打开的列表中进行选择。

22.2.2　创建自定义主题

如果 PPT 内置的主题不能满足使用需求，则可以创建新的主题。根据需要对当前主题进行修改，可以选择主题字体、主题颜色或主题效果，

也可以创建新的主题字体或主题颜色，然后为当前演示文稿应用新建的主题字体和主题颜色。

完成以上设置后，在功能区【设计】⇨【主题】组中打开主题库，选择【保存当前主题】命令，打开图 22-31 所示的对话框，自动定位到用于存储 Office 主题文件的 Document Themes 文件夹。在【文件名】文本框中输入主题文件的名称，然后单击【保存】按钮。

图 22-31　保存自定义主题

下次打开主题库时，新建的主题将会显示在【自定义】类别中，如图 22-32 所示。右击新建的主题，在弹出的菜单中选择【删除】命令可将其删除。

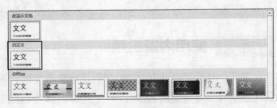

图 22-32　新建的主题

除了创建主题外，还可以创建主题字体和主题颜色。如果想要创建主题字体，可以在功能区【设计】⇨【变体】组中打开变体库，在弹出的菜单中选择【字体】命令，然后在打开的列表中选择【自定义字体】命令。打开【新建主题字体】对话框，如图 22-33 所示，可以分别设置英文字体和中文字体，每种字体都分为标题字体和正文字体。选择好所需字体后，在【名称】文本框中输入自定义主题字体的名称，最后单击【保存】按钮。

创建的主题字体将会显示在字体列表的顶部。右击创建的主题字体，弹出图 22-34 所示

的菜单，选择【编辑】命令可以修改主题字体中的设置，选择【删除】命令将删除创建的主题字体。

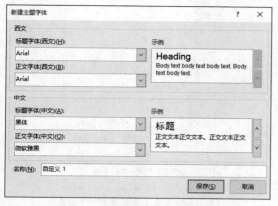

图 22-33 创建自定义主题字体

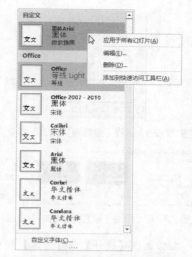

图 22-34 右击自定义主题字体弹出的菜单

22.3 设置幻灯片背景

根据当前设置的主题颜色，PPT 提供了 4 种颜色的背景，每种包含 3 个样式。这 4 种背景颜色是当前应用的主题颜色中专门用于文本和背景的 4 种颜色。在功能区【设计】⇨【变体】组中打开变体库，然后选择【背景样式】命令，在打开的列表中选择一种背景样式，如图 22-35 所示。

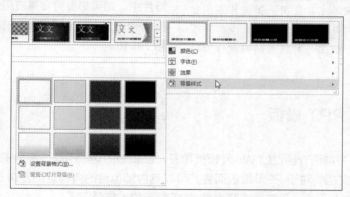

图 22-35 选择 PPT 内置的背景样式

选择的背景会自动应用到当前演示文稿的所有幻灯片中。如果只想为部分幻灯片设置指定的背景，则可以先选择这些幻灯片，然后在列表中右击所需的背景样式，在弹出的菜单中选择【应用于所选幻灯片】命令。使用【重置幻灯片背景】命令可以让这些幻灯片的背景恢复到设置前的状态。

除了选择 PPT 内置的背景外，还可以自定义设置背景，如设置渐变色的背景，或者使用图片作为背景。自定义设置背景的操作需要在【设置背景格式】窗格中进行，打开该窗格的方法有以下 3 种。

- ◉ 右击幻灯片中的空白处，在弹出的菜单中选择【设置背景格式】命令，如图 22-36 所示。
- ◉ 单击功能区中的【设计】⇨【自定义】⇨【设置背景格式】按钮，如图 22-37 所示。

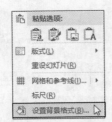

图 22-36　选择【设置背景格式】命令

图 22-37　单击【设置背景格式】按钮

◎　在功能区【设计】⇨【变体】组中打开变体库，然后选择【背景样式】命令，在打开的列表中选择【设置背景格式】命令。

打开【设置背景格式】窗格，如图 22-38 所示。选中不同的单选按钮，可以设置不同类型的背景，具体如下。

◎　纯色填充：使用一种颜色作为幻灯片背景。

◎　渐变填充：使用两种或多种颜色通过渐变设置作为幻灯片背景。

◎　图片或纹理填充：使用一张图片或预置的纹理效果作为幻灯片背景。

◎　图案填充：使用一种预置的图案作为幻灯片背景。

灯片背景。

图 22-38　【设置背景格式】窗格

背景设置过程中的改变会立刻反映到当前幻灯片中，因此可以边在窗格中设置边查看设置效果。如果发现某一步设置有误，则可以按【Ctrl+Z】组合键撤销该步操作。如果想要将幻灯片背景恢复到设置前的状态，则可以单击窗格中的【重置背景】按钮。

设置好背景后，默认只将背景应用到当前幻灯片中。如果想要将背景应用到当前演示文稿中的所有幻灯片，则需要单击窗格中的【全部应用】按钮。

22.4　创建 PPT 模板

PPT 模板与本书前面介绍过的 Word 模板和 Excel 模板的功能相同，都用于批量创建具有相同内容和格式的多个文档。对于 PPT 模板而言，可能其内部包含的内容更加复杂一些，因为在 PPT 中还包含幻灯片版式和母版，而这些内容也是 PPT 模板的一部分。

PPT 模板的创建过程与创建 Word 模板和 Excel 模板基本相同。在设置好演示文稿的主题、母版、版式、背景等内容后，按【F12】键打开【另存为】对话框，在【保存类型】下拉列表中选择【PowerPoint 模板】选项，如图 22-39 所示。如果希望模板可用于 PPT 2003 或更早版本，则需要选择【PowerPoint 97-2003 模板】选项。选择文件类型后会自动定位到存储用户自定义模板的文件夹，然后在【文件名】文本框中输入模板的名称，最后单击【保存】按钮。

可以基于创建的 PPT 模板来创建演示文稿。在 PPT 中单击【文件】⇨【新建】命令，然后选择【自定义】⇨【自定义 Office 模板】，再选择要使用的 PPT 模板，如图 22-40 所示，即可基于所选模板创建新的演示文稿。

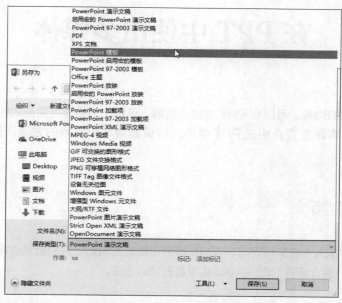

图 22-39　选择 PPT 模板文件类型

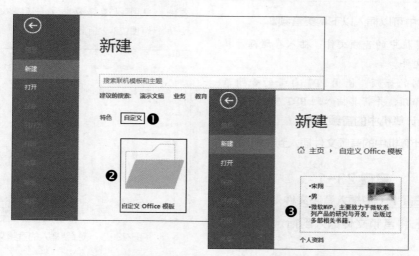

图 22-40　基于自定义模板创建演示文稿

第23章 在 PPT 中使用多媒体

为了丰富 PPT 的内容，可以在 PPT 中插入音频、视频、动画等不同形式的媒体，并支持多种类型的媒体格式。本章主要介绍在 PPT 中插入与设置音频和视频的方法，最后还将介绍插入 FLASH 动画的方法。

23.1 使用音频

可以在 PPT 中插入 MP3、WAV、WMA 等常见格式的音频，并对音频进行简单的编辑以及播放方式的设置，本节将介绍在 PPT 中添加和设置音频的方法。

23.1.1 插入音频

在 PPT 中可以插入以下两类音频。

◉ 计算机中的音频文件：插入存储在计算机中的音频文件。

◉ 录制的音频：使用 PPT 自带的音频录制功能录制音频，并将其插入到 PPT 中。

1. 插入计算机中的音频文件

可以将计算机中的音频文件插入到 PPT 中。

案例 23-1
在 PPT 中插入音频文件

案例目标：将音频文件插入到指定的幻灯片中。

完成本例的具体操作步骤如下。

（1）选择要插入音频文件的幻灯片，然后单击功能区中的【插入】⇨【媒体】⇨【音频】按钮，在弹出的菜单中选择【PC 上的音频】命令，如图 23-1 所示。

图 23-1 选择【PC 上的音频】命令

（2）打开【插入音频】对话框，定位到音频文件所在的位置，然后双击要插入的音频文件，也可以选择音频文件后单击【插入】按钮，如图 23-2 所示。

图 23-2 选择要插入的音频文件

（3）将所选的音频文件插入到当前幻灯片中，显示为一个音量图标和一个简易的播放器，如图 23-3 所示。

图 23-3 在 PPT 中插入音频文件

从PPT 2010开始，默认以嵌入的形式将音频文件插入到PPT中。如果音频文件较大，则在将其插入到PPT中并保存PPT后，PPT文件的大小也会相应增加。如果要减小PPT文件的体积，可以将音频文件以链接的形式插入到PPT中，只需在【插入音频】对话框中单击【插入】按钮右侧的下拉按钮，然后在弹出的菜单中选择【链接到文件】命令。

2. 插入录制的音频

除了插入已有的音频文件外，还可以在PPT中插入录制的音频。单击功能区中的【插入】⇨【媒体】⇨【音频】按钮，在弹出的菜单中选择【录制音频】命令，打开【录制声音】对话框，如图23-4所示。在【名称】文本框中为即将录制的音频设置一个有意义的名称，然后可以执行以下几种操作。

图23-4 录制声音

◉ 单击【录制】按钮 ● 开始录音。

◉ 单击【停止】按钮 ■ 完成录音。

◉ 单击【播放】按钮 ▶ 收听录制的声音。

◉ 单击【确定】按钮，将录制的声音插入到当前幻灯片中，与插入的音频文件的外观相同，仍然显示为一个音量图标和一个简易的播放器。

无论插入的是音频文件还是录制的音频，都可以单击音量图标，然后单击下方工具栏中的播放按钮收听音频内容，播放按钮的右侧会显示播放进度及播放时间，如图23-5所示。单击工具栏中的音量图标，可以拖动滑块调整音量。

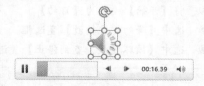

图23-5 播放插入的音频

如果要删除PPT中的音频，可以单击与音频对应的音量图标，然后按【Delete】键。

23.1.2 剪裁音频

如果只需要音频中的部分内容，则可以对音频进行剪裁。单击PPT中与音频对应的音量图标，然后单击功能区中的【音频工具|播放】⇨【编辑】⇨【剪裁音频】按钮，如图23-6所示。

图23-6 单击【剪裁音频】按钮

打开【剪裁音频】对话框，如图23-7所示，左上角显示了音频的名称，右上角显示了音频的总时长。对话框中间的进度条的两端各有一个滑块，左侧的滑块用于控制剪裁后的音频起点，右侧的滑块用于控制剪裁后的音频终点，因此只能从音频的两端进行剪裁。

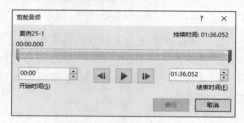

图23-7 【剪裁音频】对话框

根据需要将两个滑块拖动到适当的位置，也可以在【开始时间】和【结束时间】两个文本框中输入音频的开始时间和结束时间，如图23-8所示。可以单击对话框中的播放按钮确定剪裁的起点和终点以及剪裁后的部分是否合适，设置完成后单击【确定】按钮。

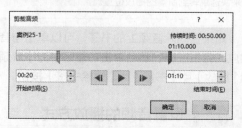

图23-8 处于剪裁状态的【剪裁音频】对话框

23.1.3 为音频添加书签

通过为音频设置书签，可以在播放音频时快

速定位到特定位置，但是只能为每个音频添加一个书签。

案例 23-2
为音频添加书签

案例目标： 为 PPT 中的音频添加书签，将该书签设置在音频的第 30 秒左右。

完成本例的具体操作步骤如下。

（1）在 PPT 中插入所需的音频，然后单击音频上的播放按钮，开始播放音频。

（2）当播放到第 30 秒时，单击功能区中的【音频工具 | 播放】⇨【书签】⇨【添加书签】按钮，如图 23-9 所示。

图 23-9 单击【添加书签】按钮

（3）将在播放进度条的当前位置添加一个书签，显示为一个圆圈，如图 23-10 所示，以后可以通过单击书签快速定位音频中的该位置并进行播放。

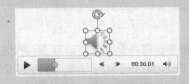

图 23-10 为音频添加书签

> **提示**
> 也可以直接单击播放进度条上的指定位置来快速跳转到所需的播放位置。

如果要删除音频上的书签，可以单击与音频对应的音量图标，然后单击功能区中的【音频工具 | 播放】⇨【书签】⇨【删除书签】按钮。

23.1.4 设置音频的播放方式

默认情况下，在放映包含音频的 PPT 时，只有单击与音频对应的音量图标才会开始播放，可以根据需要修改音频的默认播放方式。在 PPT 中单击音频对应的音量图标，然后单击功能

区中的【音频工具 | 播放】⇨【音频选项】⇨【开始】右侧的下拉按钮，在打开的列表中选择音频的播放方式，如图 23-11 所示。

图 23-11 设置音频的播放方式

23.1.5 播放音频时不显示音量图标

在放映包含音频的 PPT 时，默认会显示与音频对应的音量图标，这样会影响 PPT 内容的正常显示。通过设置可以在放映 PPT 时隐藏音频的音量图标。在 PPT 中单击要隐藏的音频的音量图标，然后在功能区【音频工具 | 播放】⇨【音频选项】组中选中【放映时隐藏】复选框即可，如图 23-12 所示。

图 23-12 选中【放映时隐藏】复选框

23.1.6 放映 PPT 时始终播放音频

默认情况下，在播放幻灯片中的音频时，如果切换到其他幻灯片，则会立刻停止音频的播放。有时可能希望在放映 PPT 的整个过程中，始终循环播放同一个音频。通过设置播放选项可以实现该需求。只需单击幻灯片与音频对应的音量图标，然后在功能区【音频工具 | 播放】⇨【音频选项】组中进行以下两项设置，如图 23-13 所示。

- 将【开始】设置为【自动】。
- 选中【跨幻灯片播放】复选框。
- 选中【循环播放，直到停止】复选框。

图 23-13 设置音频的循环播放

23.2 使用视频

与本章前面介绍的音频类似，还可以在 PPT 中插入 AVI、WMV、MPEG 等常见格式的视频，并对视频进行简单的编辑以及显示和播放方式等的设置，本节将介绍在 PPT 中添加和设置视频的方法。

23.2.1 插入视频

在 PPT 中可以插入以下 3 类视频。

◉ 计算机中的视频文件：插入存储在计算机中的视频文件。

◉ 网站中的联机视频：将网站中的视频嵌入代码复制到 PPT 中。

◉ 屏幕录制：使用 PPT 自带的屏幕录制功能录制屏幕中的操作，并将其插入到 PPT 中。

1. 插入计算机中的视频文件

插入视频文件的操作与插入音频文件基本相同。如果 PPT 的占位符中包含【插入视频文件】按钮，则可以单击该按钮。如果占位符中没有【插入视频文件】按钮，则可以单击功能区中的【插入】⇨【媒体】⇨【视频】按钮，在弹出的菜单中选择【PC 上的视频】命令，如图 23-14 所示。

图 23-14　选择【PC 上的视频】命令

无论使用哪种方法，都会打开【插入视频文件】对话框，双击要插入的视频文件，即可将其插入到当前幻灯片中。将鼠标指针指向视频画面或单击视频画面时，将会显示浮动或固定的视频播放工具栏，可以单击其中的播放按钮播放视频，如图 23-15 所示。

2. 插入网站中的联机视频

要插入网站中的联机视频，可以单击功能区中的【插入】⇨【媒体】⇨【视频】按钮，在弹出的菜单中选择【联机视频】命令，打开图 23-16 所示的对话框，将网站中的视频嵌入

代码复制到【来自视频嵌入代码】右侧的文本框中，最后单击文本框右侧的【插入】按钮。

图 23-15　在 PPT 中插入视频文件

图 23-16　插入网站中的联机视频

3. 插入屏幕录制的视频

还可以使用 PPT 自带的屏幕录制功能录制屏幕中的操作，并自动将录制结果插入到 PPT 中。单击功能区中的【插入】⇨【媒体】⇨【屏幕录制】按钮，在屏幕中将显示用于屏幕录制的工具栏，如图 23-17 所示。

图 23-17　屏幕录制的工具栏

开始录制前需要单击【选择区域】按钮，然

后拖动鼠标在屏幕中选择一个录制范围，以红色虚线显示录制范围的边界。选择好范围后，单击【录制】按钮开始录制。如果要同时录制音频和鼠标指针，则需要选中【音频】和【录制指针】两项。录制完成后，需要按【Windows 徽标 + Shift+Q】组合键退出屏幕录制。录制的内容会被自动插入到当前幻灯片中。

无论在 PPT 中插入哪类视频，都可以预览视频的播放效果。单击视频画面以将其选中，然后单击视频播放工具栏中的【播放】按钮播放视频。如果要删除 PPT 中的视频，可以单击视频画面，然后按【Delete】键。

23.2.2 剪裁视频

剪裁视频的方法与裁剪音频类似，单击要剪裁的视频画面，然后单击功能区中的【视频工具 | 播放】⇨【编辑】⇨【剪裁视频】按钮，在打开的对话框中对视频进行剪裁，如图 23-18 所示。该对话框与剪裁音频时打开的对话框类似，只是多了一个显示视频预览的画面，其他选项都相同。剪裁完成后单击【确定】按钮。

图 23-18 【剪裁视频】对话框

23.2.3 为视频添加书签

与为音频添加书签类似，也可以为视频添加书签，以便快速跳转到视频的指定位置。与音频不同的是，可以为一个视频添加多个书签。

案例 23-3
为视频添加书签

案例目标： 为 PPT 中的视频添加两个书签。

完成本例的具体操作步骤如下。

（1）在 PPT 中插入所需的视频，然后单击视频画面以将其选中，并显示播放工具栏。

（2）在播放进度条上单击要添加第 1 个书签的位置，然后单击功能区中的【视频工具 | 播放】⇨【书签】⇨【添加书签】按钮，如图 23-19 所示，为进度条的当前位置添加一个书签。

图 23-19 单击【添加书签】按钮

（3）使用相同的方法，单击进度条上的另一个位置，并为该位置添加第 2 个书签，所有书签都以圆圈显示，如图 23-20 所示。

图 23-20 为视频添加两个书签

如果要删除视频上的书签，可以单击视频播放进度条上的书签，然后单击功能区中的【视频工具 | 播放】⇨【书签】⇨【删除书签】按钮。要删除视频上的多个书签，需要重复此操作。

23.2.4 为视频设置标牌框架

将视频插入到 PPT 后，默认情况下视频会显示其第一帧的静态画面。可以通过【标牌框架】功能将视频中的任意一帧设置为视频的初始画面。

案例 23-4
为视频设置标牌框架

案例目标： 为 PPT 中的视频设置静止时显示的初始画面。

完成本例的具体操作步骤如下。

（1）在 PPT 中插入所需视频，然后单击视频画面以将其选中，并显示播放工具栏。

（2）单击工具栏中的【播放】按钮开始播放视频，到达所需的画面时单击【暂停】按钮，暂停播放。

（3）单击功能区中的【视频工具|格式】⇨【调整】⇨【标牌框架】按钮，在弹出的菜单中选择【当前框架】命令，如图 23-21 所示，将视频中的当前画面设置为视频的初始画面。

图 23-21 选择【当前框架】命令

如果想使视频在静止时显示其第 1 帧画面，则可以在选择视频后单击功能区中的【视频工具|格式】⇨【调整】⇨【标牌框架】按钮，然后在弹出的菜单中选择【重置】命令。

23.2.5 设置视频的播放方式

与设置音频的播放方式类似，也可以对视频的播放方式进行设置。在放映 PPT 时，只有切换到包含视频的幻灯片并单击视频时才会开始播放。如果希望在切换到包含视频的幻灯片时自动开始播放视频，则可以选择幻灯片中的视频，然后单击功能区中的【视频工具|播放】⇨【视频选项】⇨【开始】右侧的下拉按钮，在弹出的菜

单中选择【自动】，如图 23-22 所示。

图 23-22 设置视频的播放方式

如果需要在放映 PPT 时让视频全屏显示，则可以在选择视频后，在功能区的【视频工具|播放】⇨【视频选项】组中选中【全屏播放】复选框，如图 23-23 所示。

图 23-23 选中【全屏播放】复选框

23.2.6 通过控件播放视频文件

除了使用前面介绍的方法播放视频文件外，在 PPT 中还可以使用控件来播放视频文件，具体操作步骤如下。

（1）在 PPT 中单击功能区的【开发工具】⇨【控件】⇨【其他控件】按钮，如图 23-24 所示。

图 23-24 单击【其他控件】按钮

（2）打开【其他控件】对话框，选择【Windows Media Player】选项，如图 23-25 所示，然后单击【确定】按钮。

图 23-25 选择【Windows Media Player】选项

可以在【PowerPoint 选项】对话框的【自定义功能区】选项卡中，选中【开发工具】复选框，将该选项卡添加到功能区中。

(3) 在幻灯片中拖动鼠标绘制适当大小的控件，然后右击该控件，在弹出的菜单中选择【属性表】命令，如图 23-26 所示。

图 23-26　选择【属性表】命令

(4) 打开【属性】对话框，单击【自定义】右侧的按钮，如图 23-27 所示。

图 23-27　单击【自定义】右侧的按钮

(5) 打开【Windows Media Player 属性】对话框，在【常规】选项卡中单击【浏览】按钮，在打开的对话框中双击所需的视频文件，返回后

的【Windows Media Player 属性】对话框如图 23-28 所示，最后单击【确定】按钮。

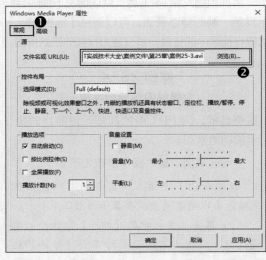

图 23-28　【Windows Media Player 属性】对话框

在放映 PPT 时将会自动播放控件中的视频，如图 23-29 所示。如果想要全屏幕播放视频，则可以在【Windows Media Player 属性】对话框的【常规】选项卡中选中【全屏播放】复选框。

图 23-29　使用控件播放视频

23.3　插入 FLASH 动画

借助控件除了可以在 PPT 中插入视频外，还可以插入 FLASH 动画，FLASH 动画通常为 swf 格式。在 PPT 中插入 FLASH 动画的具体操作步骤如下。

(1) 在 PPT 中单击功能区中的【开发工具】➾【控件】➾【其他控件】按钮，打开【其他控件】对话框，选择【Shockwave Flash Object】选项，然后单击【确定】按钮，如图 23-30 所示。

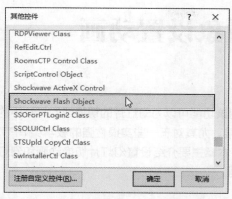

图 23-30　选择【Shockwave Flash Object】选项

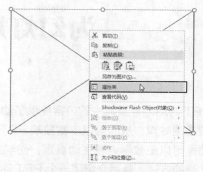

图 23-31　选择【属性表】命令

（2）在幻灯片中拖动鼠标绘制适当大小的控件，然后右击该控件，在弹出的菜单中选择【属性表】命令，如图 23-31 所示。

（3）打开【属性】对话框，单击【Movie】属性，在其右侧输入要播放的 Flash 动画文件的路径，如图 23-32 所示。在放映 PPT 时，将会自动播放幻灯片中的 FLASH 动画。

图 23-32　设置【Movie】属性

第24章 为幻灯片和对象设置动画

PPT 为幻灯片及其中的内容提供了动画功能，利用该功能可以为幻灯片的切换或幻灯片中的内容设置动画效果，从而可以丰富放映 PPT 时的视觉效果。尤其对于一些实操性强的教学类 PPT 来说，动画可以使教学内容生动直观，使学生易于理解。本章主要介绍设置幻灯片切换动画和幻灯片内容动画的方法，最后介绍了一个 PPT 动画的应用案例。

24.1 设置幻灯片切换动画

幻灯片切换动画是指在放映 PPT 时，从一张幻灯片切换到另一张幻灯片时的过渡效果，包括视觉和听觉两方面。可以为一个演示文稿中的所有幻灯片设置统一的切换动画，也可以为各幻灯片设置不同的切换动画。本节将介绍设置幻灯片切换动画的方法。

24.1.1 使用预置的幻灯片切换动画

在 PPT 功能区中的【切换】⇨【切换到此幻灯片】组中打开幻灯片切换动画库，其中包含 PPT 预置的所有幻灯片切换动画，如图 24-1 所示。

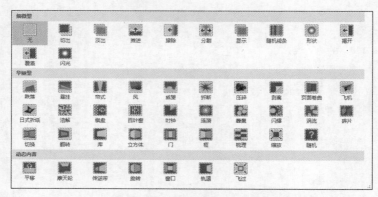

图 24-1 预置的幻灯片切换动画

选择要设置切换动画的幻灯片，然后在上图所示的动画列表中选择一个切换动画，即可为所选幻灯片设置切换动画。也可以同时为多张幻灯片设置相同的切换动画，只需先同时选择这些幻灯片，然后再选择切换动画即可。

设置好幻灯片切换动画后，可以单击功能区中的【切换】⇨【预览】⇨【预览】按钮，在当前幻灯片中播放动画效果。也可以在 PPT 窗口左侧的窗格中，通过单击幻灯片缩略图左侧的五角星标记 ★ 播放动画，如图 24-2 所示。

一些切换动画包含特定的效果选项。例如，当为幻灯片设置名为"翻转"的切换动画时，功能区【切换】⇨【切换到此幻灯片】组中的【效果选项】按钮变为可用状态，单击该按钮将弹出图 24-3 所示的菜单，用于设置"翻转"动画的翻转方向，默认为【向右】。

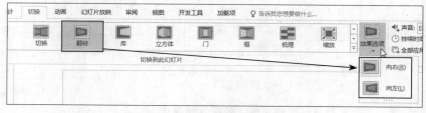

图 24-2　单击五角星标记
　　　　将播放动画

图 24-3　设置切换动画的效果选项

24.1.2　设置幻灯片切换时的音效

在为幻灯片设置好切换动画后，可以为切换动画添加音效。选择要添加音效的幻灯片，然后在功能区中的【切换】⇨【计时】组中打开【声音】下拉列表，从中选择一种预置的音效，如图 24-4 所示。

图 24-4　选择幻灯片切换时的音效

如果想要使用自己收集的声音作为幻灯片切换时的音效，则可以选择菜单底部的【其他声音】命令，然后在打开的对话框中选择扩展名为".wav"的声音文件，如图 24-5 所示。

24.1.3　设置幻灯片的切换速度

不同的幻灯片切换动画，其播放的持续时间各不相同。例如，名为"百叶窗"的切换动画的持续时间为 1.6 秒，而名为"切出"的切换动画

的持续时间只有 0.1 秒。可以根据实际需要，调整幻灯片切换动画的持续时间。改变持续时间也就相当于改变幻灯片的切换速度。

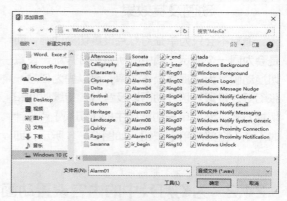

图 24-5　选择计算机中的声音文件

选择要设置动画持续时间的幻灯片，然后在功能区中的【切换】⇨【计时】⇨【持续时间】文本框中输入所需的时间值，或者单击右侧的微调按钮进行设置，如图 24-6 所示。

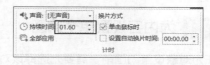

图 24-6　设置幻灯片切换动画播放的持续时间

24.1.4　设置幻灯片的切换方式

在放映 PPT 时，单击鼠标左键或按【Enter】键，将从当前幻灯片切换到下一张幻灯片。在某些应用场合，可能希望在放映 PPT 时自动以指定的时间间隔切换幻灯片。在 PPT 中选择要进行自动切换的幻灯片，然后在功能区【切换】⇨【计时】组中设置幻灯片的切换方式，

如图 24-7 所示。

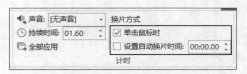

图 24-7 设置幻灯片的切换方式

◉ 单击鼠标时：选中该项，将以鼠标单击的方式切换幻灯片，这是默认的幻灯片切换方式。

◉ 设置自动换片时间：选中该项，然后在右侧输入一个以"秒"为单位的时间值，将以该时间值为间隔自动切换幻灯片。

24.1.5 **为所有幻灯片统一设置切换动画及其效果**

通常不会只为单张幻灯片设置切换动画，而是会为同一个演示文稿中的所有幻灯片统一设置切换动画。为了提高操作效率，可以先为任意一张幻灯片设置好切换动画以及音效、持续时间和切换方式，然后单击功能区中的【切换】➩【计时】➩【全部应用】按钮，如图 24-8 所示，即

可将该幻灯片上设置好的切换动画及其效果应用到其他幻灯片上。

图 24-8 单击【全部应用】按钮

24.1.6 **删除幻灯片切换动画**

如果想要删除为幻灯片设置的切换动画，则可以选择包含动画的幻灯片，然后在功能区【切换】➩【切换到此幻灯片】组中打开幻灯片切换动画库，从中选择【无】选项。

如果为切换动画设置了音效，则可以在功能区【切换】➩【计时】组中打开【声音】下拉列表，从中选择【无声音】选项，将音效删除。

如果想要删除所有幻灯片的切换效果，则可以在执行上述操作删除任意一张幻灯片的切换效果后，单击功能区中的【切换】➩【计时】➩【全部应用】按钮，对所有幻灯片执行相同的设置。

24.2 为幻灯片中的内容设置动画

除了为幻灯片之间的切换设置动画效果外，还可以为幻灯片中的内容设置动画效果，可以将这种动画称为对象动画。在设置对象动画时，可以在一个对象上只设置一个动画，也可以在一个对象上同时设置多个动画，对象上的动画数量取决于想要实现的效果的复杂程度。本节将介绍为幻灯片的内容设置动画的方法。

24.2.1 **为内容设置单个动画**

在为对象设置动画前，需要先选择该对象。对于幻灯片中的图形对象，单击即可将其选中；对于幻灯片占位符中的文本，只需单击占位符内部以显示插入点，无须单击占位符边框来选中整个占位符；对于幻灯片中的表格，只需单击表格中的任意一个单元格，无须选中整个表格。

选择好要设置动画的对象后，在功能区【动画】➩【动画】组中打开对象动画库，从中选择一种动画效果，如图 24-9 所示。

图 24-9 预置的对象动画

对象动画分为进入、强调、退出、动作路径4类。并非所有动画都适用于任何一个对象，当前所选对象不同，可用动画也不相同。例如，【强调】类别中的"加粗闪烁"动画可用于占位符，但是不能用于图片。

如果库中列出的动画无法满足使用需求，则可以选择库底部带有"更多"二字的命令，然后选择指定动画类别中的更多动画。例如，选择【更多进入效果】命令将打开【更改进入效果】对话框，如图24-10所示，选择所需动画后单击【确定】按钮。

图24-10 选择指定类别中的更多动画

为对象设置动画后，将在幻灯片中该对象的左侧显示一个数字，这个数字表示动画在其所在的幻灯片中的动画编号，编号决定动画的播放顺序。在图24-11所示的幻灯片中包含两个动画，文字的动画编号为"1"，图片的动画编号为"2"，这意味着在放映该张幻灯片时，先播放文字上的动画，再播放图片上的动画。

图24-11 动画编号决定动画的播放顺序

如果要更改对象上的动画，则需要先选择该对象，然后在功能区【动画】⇨【动画】组中打开对象动画库，从中选择所需的动画，将使用该动画替换对象上的原有动画。

预览对象动画的方法与预览幻灯片切换动画类似，选择包含对象动画的幻灯片，然后单击功能区中的【动画】⇨【预览】⇨【预览】按钮，或者单击幻灯片缩略图左侧的五角星标记。

24.2.2 为内容设置多个动画

如果想要实现复杂的动画效果，通常需要在一个对象上设置多个动画，并合理安排这些动画的排列顺序以及播放时长。在对象上设置第1个动画的方法与设置单个动画类似，但是在该对象上继续设置第2个或更多个动画时，需要单击功能区中的【动画】⇨【高级动画】⇨【添加动画】按钮，然后在打开的动画列表中选择所需的动画。使用这种方法可以为同一个对象添加多个动画。

为一个对象设置多个动画后，在幻灯片中的该对象左侧会显示多个编号，这些编号表示在这个对象上各个动画的播放顺序，如图24-12所示。

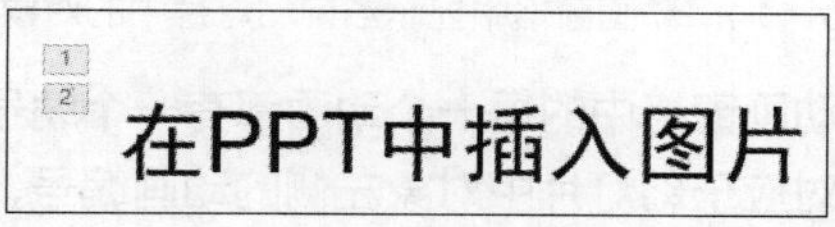

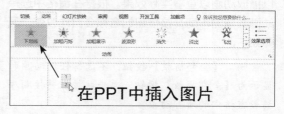

图24-12 为同一个对象设置多个动画

如果不了解对象上每个编号所代表的是什么动画，那么可以单击相应的编号，在功能区中的【动画】⇨【动画】组的动画列表中，当前被自动选中的就是与编号对应的动画，如图24-13所示。

图24-13 查看与编号对应的动画效果

> **提示**　只有在功能区中切换到【动画】选项卡时，才会显示对象上的动画编号。

24.2.3 调整多个动画的播放顺序

当为一个对象设置了多个动画，或为一张幻灯片中的多个对象设置了动画时，可以使用动画窗格调整这些动画的播放顺序，以改变整个动画的最终效果。单击功能区中的【动画】⇨【高级动画】⇨【动画窗格】按钮，打开动画窗格，其中显示了当前幻灯片中包含的所有对象动画，如图 24-14 所示。这意味着选择包含对象动画的其他幻灯片时，动画窗格中的动画会随之改变。

图 24-14　动画窗格中显示当前幻灯片中的对象动画

动画窗格中的每一个动画都有一个编号，此编号对应于幻灯片中对象左侧的动画编号，单击窗格中的某个动画可以将其选中，此时幻灯片中的该动画也会被同步选中。可以使用鼠标单击并配合【Ctrl】键或【Shift】键来选择多个动画，选择方法与在 Windows 资源管理器中选择文件和文件夹的方法相同。

动画窗格在上方有一个按钮，单击该按钮可以播放动画以查看实际效果。根据在窗格中选择动画数量的不同，该按钮的名称会自动改变，具体如下。

◉　【全部播放】按钮：不选择任何动画时显示为【全部播放】按钮，单击该按钮将按顺序播放窗格中的所有动画。

◉　【播放自】按钮：只选择一个动画时显

示为【播放自】按钮，单击该按钮将从所选动画开始播放该动画以及位于它后面的动画。

◉　【播放所选项】按钮：选择两个或多个动画时显示为【播放所选项】按钮，单击该按钮将播放选中的这些动画。

可以根据需要在动画窗格中调整动画的播放顺序，其方法有以下两种。

◉　在要改变位置的动画上单击并按住鼠标左键，然后将其拖动到目标位置，拖动过程中会显示一条横线，表示当前拖动到的位置，如图 24-15 所示。

图 24-15　使用鼠标拖动动画以改变其位置

◉　单击要改变位置的动画以将其选中，然后单击动画窗格中的 ▲ 或 ▼ 按钮，将所选动画向上或向下移动。

24.2.4 自定义设置动画选项

为幻灯片中的内容设置的动画都有其默认的行为方式，如动画开始播放的方式、播放前是否有等待时间、动画播放的时长等。对于文本对象的动画，可以字为单位来控制动画效果；对于图表和 SmartArt 对象的动画，可以图表和 SmartArt 中的单个数据系列、分类或图形为单位来控制动画效果。通过自定义设置动画的这些选项，可以精确控制动画的播放效果，制作出符合实际要求的动画。

可以使用以下两种方法设置动画的相关选项。

◉　使用功能区：在动画窗格中选择一个动画后，可以在功能区【动画】⇨【计时】组中设置动画的部分选项，如图 24-16 所示。

图 24-16 在功能区中设置动画的部分选项

◉ 使用对话框：如果想要更全面地设置动画的相关选项，可以在动画窗格中右击要设置的动画，然后在弹出的菜单中选择【效果选项】或【计时】命令，打开包含该动画选项的对话框，然后进行详细设置，对话框标题栏中的名称以当前正在设置的动画命名，如图 24-17 所示。

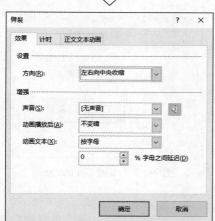

图 24-17 在对话框中设置动画选项

下面介绍一些常用的动画选项。

◉ 开始：设置动画开始的方式，分为"单击时""与上一动画同时""上一动画之后"3

种。默认为"单击时"，即在用户单击鼠标左键时播放一个动画，再次单击鼠标左键将播放下一个动画。如果希望实现动画的自动播放，可以选择其他两项，这两项之间的区别是："与上一动画同时"表示当前动画与上一个动画同时播放，"上一动画之后"表示当前动画在上一个动画播放完成后才会开始播放。

◉ 延迟：设置在播放当前动画前的等待时间，以"秒"为单位。

◉ 期间：设置动画的播放时长，也可以理解为动画的播放速度，以"秒"为单位。

◉ 重复：设置动画是否循环播放以及循环播放的次数。

◉ 正文文本动画：在为占位符、文本框和艺术字设置动画时将出现该选项，它位于一个独立的选项卡中，用于设置文本在动画中的显示方式。

◉ 图表动画：在为图表设置动画时会出现该选项，它位于一个独立的选项卡中，用于设置图表中的所有图形在动画中的显示方式，如图 24-18 所示。

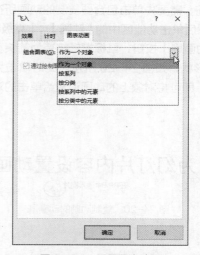

图 24-18 设置图表动画

◉ SmartArt 动画：在为 SmartArt 设置动画时会出现该选项，它位于一个独立的选项卡中，用于设置 SmartArt 中的所有图形在动画中的显示方式，如图 24-19 所示。

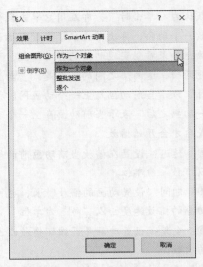

图 24-19　设置 SmartArt 动画

24.2.5　使用动画刷复制动画

PPT 中的动画刷的功能和使用方法与 Word 中的格式刷类似，使用 PPT 动画刷可以快速将一个对象上的动画复制给另一个对象，从而快速为不同的对象设置相同的动画。使用动画刷之前，需要先单击包含要复制的动画所在的对象，然后单击功能区中的【动画】⇨【高级动画】⇨【动画刷】按钮，鼠标指针将变为箭头和小刷子的形状，如图 24-20 所示。此时单击另一个对象，即可将对象上的动画设置给单击的对象。

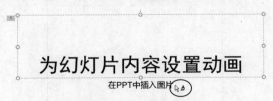

为幻灯片内容设置动画

在PPT中插入图片

图 24-20　复制动画的动画刷

如果要将动画复制给多个对象，可以双击功能区中的【动画刷】按钮，然后依次单击要复制到的每一个对象。如果在双击【动画刷】按钮后不想复制动画了，可以按【Esc】键退出动画复制状态。

24.2.6　删除对象上的动画

选择包含要删除动画的幻灯片，然后可以使用以下两种方法删除其中的对象动画。

◉　切换到功能区中的【动画】选项卡，在幻灯片中单击要删除的动画编号以将其选中，然后按【Delete】键。按住【Ctrl】键的同时可以选择多个动画编号，然后按【Delete】键将它们一次性删除。

◉　打开动画窗格，右击要删除的动画，在弹出的菜单中选择【删除】命令，如图 24-21 所示。在动画窗格中可以同时选中多个动画，然后右击任意一个选中的动画，在弹出的菜单中选择【删除】命令将所有选中的动画删除。

图 24-21　删除指定的动画

24.3　制作倒计时动画

本节通过一个倒计时动画，介绍 PPT 动画的实际应用与制作方法。本例假设要实现一个 5 秒倒计时的动画效果，需要使用文本框或艺术字来制作所需要的几个数字，然后为各个数字设置动画效果。

倒计时效果主要依靠 PPT 中的【退出】类动画实现。将倒计时涉及的所有数字从大到小按照从上到下的顺序依次叠放在一起，最开始只显示最上面的数字，即最大的那个数字。在经过 1 秒后，将该数字隐藏起来，并显示下一个数字，以此类推，从而在视觉上实现倒计时的效果。

案例 24-1
制作倒计时动画

案例目标: 在播放 PPT 中的正式内容前,需要先播放一个 5 秒的倒计时,当倒计时显示为 0 时,开始播放 PPT 内容,效果如图 24-22 所示。

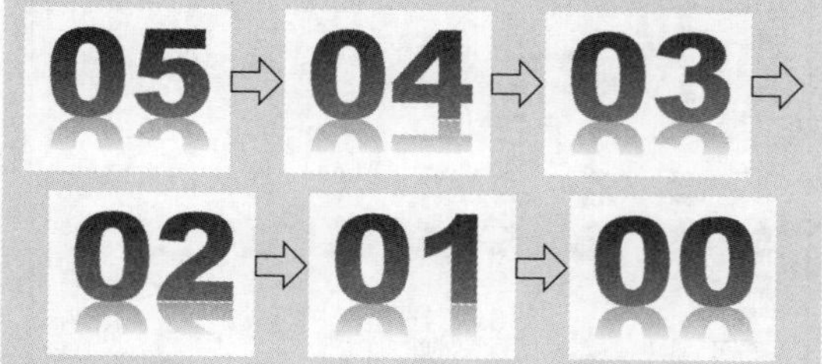

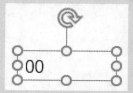

图 24-22 倒计时动画效果

完成本例的具体操作步骤如下。

(1)新建一个演示文稿,将默认自带的幻灯片的版式设置为【空白】。

(2)单击功能区中的【插入】⇨【文本】⇨【文本框】按钮下方的下拉按钮,在弹出的菜单中选择【横向文本框】命令,然后在幻灯片中拖动鼠标绘制一个横向文本框,在文本框中输入"00",如图 24-23 所示。

图 24-23 插入一个文本框并输入"00"

(3)右击文本框的边框,在弹出的菜单中选择【设置形状格式】命令,打开【设置形状格式】窗格,切换到【文本选项】选项卡中的【文本框】类别,然后选中【根据文字调整形状大小】单选按钮,并取消选中【形状中的文字自动换行】复选框,如图 24-24 所示,这样可以让文本框的大小随其内部文字的多少而自动进行调整。

提示 先从最小的数字 00 开始输入,而不是从最大的数字 05 开始,主要是因为最后要将数字 05

显示在最上面,而在幻灯片中后添加的文本框自动位于前一个文本框的上一层。因此先添加位于最底层的数字,最后添加位于最顶层的数字,这样可以省去调整各个数字叠放层次的步骤。

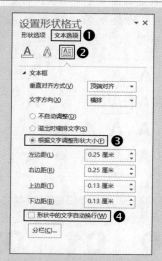

图 24-24 设置文本框选项

(4)单击文本框的边框以选中文本框,然后在功能区的【开始】⇨【字体】⇨【字体】下拉列表中选择【Arial Black】,在【字号】下拉列表中选择【96】,如图 24-25 所示。

图 24-25 设置数字的字体和字号

(5)在功能区的【绘图工具|格式】⇨【艺术字样式】组中打开艺术字样式库,从中选择一种艺术字样式,如【渐变填充 - 蓝色,着色 1,反射】,如图 24-26 所示。

(6)由于共需要 6 个数字,即 00、01、02、03、04、05,所有数字的大小和外观相同,因此可以直接复制已制作好的数字 00。单击数字 00 所在的文本框边框，按住【Ctrl】键的同时使用鼠标向任意方向拖动文本框的边框，复制出一个完全相同的数字 00。使用相同的方法再复制出 4 个文本框，将复制出的 5 个文本框中的数字依次改为 01、02、03、04、05，如图 24-27 所示。

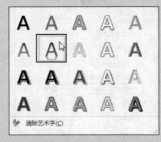

图 24-26　为数字设置艺术字样式

00　01　02

03　04　05

图 24-27　复制数字

提示　　本例是在 PPT 2016 中制作的，其他 PPT 版本中的艺术字样式的名称和外观可能会有所不同，可根据需要自行选择。

（7）单击数字 05 所在的文本框内部，然后在功能区中的【动画】⇨【动画】组中打开对象动画库，从中选择【退出】动画类别中的【消失】，如图 24-28 所示。

（8）单击数字 05 左侧的动画编号，然后在功能区【动画】⇨【计时】组中进行以下两项设置，如图 24-29 所示。

◎　将【开始】设置为【与上一动画同时】。
◎　将【延迟】设置为【1】秒。

（9）接下来设置数字 04 的动画效果。由于数字 04 是在数字 05 经过 1 秒消失后才显示出来的，并且再经过 1 秒后数字 04 也要消失，因此需要为数字 04 设置两个动画，一个

是显示数字 04 的动画，一个是隐藏数字 04 的动画。单击数字 04 所在的文本框内部，然后单击功能区中的【动画】⇨【高级动画】⇨【添加动画】按钮，在打开的列表中选择【进入】动画类别中的"出现"，如图 24-30 所示。

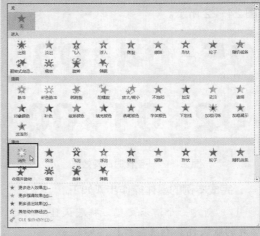

图 24-28　选择【退出】动画类别中的"消失"

图 24-29　设置数字 05 的动画选项

图 24-30　选择【进入】动画类别中的"出现"

（10）在功能区【动画】⇨【计时】组中进行以下两项设置，如图 24-31 所示。

◎　将【开始】设置为【上一动画之后】。
◎　将【延迟】设置为【0】秒。

图 24-31　设置数字 04 第 1 个动画的选项

（11）单击功能区中的【动画】⇨【高级

动画】⇨【添加动画】按钮，在打开的列表中选择【退出】动画类别中的【消失】，为数字04添加第2个动画。然后在功能区【动画】⇨【计时】组中进行以下两项设置，如图24-32所示。

◉ 将【开始】设置为【上一动画之后】。

◉ 将【延迟】设置为【1】秒。

图24-32 设置数字04第2个动画的选项

（12）其他几个数字的动画设置方法与数字04完全相同。设置完成后的数字和动画窗格如图24-33所示，单击动画窗格顶部的【全部播放】按钮，可以预览倒计时动画的播放效果。

图24-33 完成所有动画设置后的数字和动画窗格

（13）在6个数字所在的幻灯片中按【Ctrl+A】组合键，同时选中这6个数字。然后单击功能区中的【绘图工具|格式】⇨【排列】⇨【对齐】按钮，在弹出的菜单中选择【对齐幻灯片】命令，如图24-34所示。

（14）再次打开上一步骤中的菜单，分别选择【水平居中】和【垂直居中】两个命令，将所有数字在幻灯片的正中间对齐，如图24-35所示，完成本例的制作。

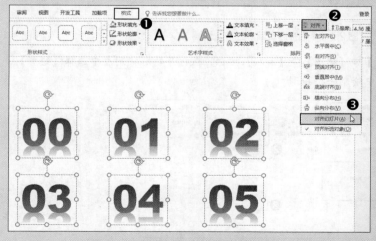

图24-34 将数字以幻灯片为基准对齐

图24-35 将所有数字重叠在一起

第 25 章

为 PPT 提供交互功能

在 PPT 中设计交互功能，可以让 PPT 中的操作变得更加方便，也使 PPT 显得更专业、更智能。如单击目录中的标题，可以自动跳转到相应的幻灯片。PPT 提供了触发器、超链接和动作 3 种交互功能，本章主要介绍这 3 种交互功能的设置方法，最后介绍一个 PPT 交互设计的应用案例。

25.1 利用触发器设计交互功能

PPT 提供了一种称为"触发器"的功能，用于在单击指定对象时播放预先设置好的动画、音频或视频，为动画、音频和视频的播放提供了更多方式。可以作为触发器的对象包括占位符、文本框、艺术字、图片、图形、表格、图表、SmartArt 等。下面通过一个案例介绍触发器功能的设置和使用方法。

案例 25-1
使用触发器控制动画的播放

案例目标： 本例使用触发器功能实现在单击幻灯片中的【显示标题】按钮时，标题文字出现在幻灯片中。

完成本例的具体操作步骤如下。

（1）新建一个演示文稿，在默认自带的幻灯片上方的占位符中输入"PPT 中的触发器"，然后将下方的占位符删除。

（2）单击占位符内部，在功能区【动画】⇨【动画】组中打开对象动画库，从中选择【进入】动画类别中的【缩放】，如图 25-1 所示。

图 25-1 为标题设置"缩放"动画

（3）单击功能区中的【插入】⇨【插图】⇨【形状】按钮，在打开的形状列表中选择【矩形】，如图 25-2 所示，然后在幻灯片中绘制一个矩形。

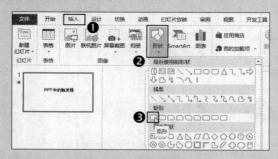

图 25-2 选择【矩形】

（4）右击矩形并在弹出的菜单中选择【编辑文字】命令，在矩形中输入"显示标题"。

（5）单击矩形的边框以将其选中，然后在【开始】⇨【字体】组中的【字体】和【字号】两个下拉列表中为矩形中的文字设置字体和字号，如设置字体为【黑体】，字号为【36】，如图25-3所示。

图25-3 设置矩形的格式

（6）为了使矩形更接近按钮的外观，可以在选中矩形后，单击功能区中的【绘图工具|格式】⇨【形状样式】⇨【形状效果】按钮，在弹出的菜单中选择【棱台】命令中的【凸起】效果，如图25-4所示。

（7）设置完成的矩形如图25-5所示，将矩形移动到幻灯片中合适的位置。

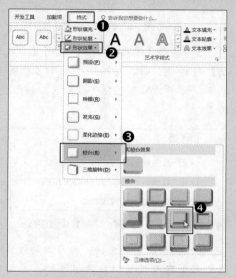

图25-4 为矩形设置类似按钮的效果

PPT中的触发器

显示标题

图25-5 设置完成的矩形和标题

（8）单击占位符内部，然后单击功能区中的【动画】⇨【高级动画】⇨【触发】按钮，在弹出的菜单中选择【单击】命令，在弹出的子菜单中选择矩形的名称，本例为"矩形4"，如图25-6所示。

图25-6 设置触发器

（9）按【F5】键放映PPT，当单击幻灯片中的【显示标题】按钮时，将自动显示标题文字。

25.2 利用超链接设计交互功能

PPT 中的超链接与互联网中的超链接的作用类似，单击指定的文字或图片等对象，可以跳转到另一张幻灯片、另一个演示文稿或打开一个网页。本节将介绍 PPT 中超链接的使用方法。

25.2.1 单击文字自动跳转到指定的幻灯片

在制作 PPT 时，通常都需要有一个目录页，其中包含一些标题，单击这些标题可以自动跳转到相应的幻灯片。通过为目录中的标题设置超链接，很容易实现跳转功能。

案例 25-2

通过超链接实现目录标题的跳转功能

案例目标：目录中包含几个标题，现在需要在放映 PPT 时，单击目录中的标题可以自动跳转到相应的幻灯片。

完成本例的具体操作步骤如下。

（1）新建一个演示文稿，将默认自带的幻灯片的版式设置为【标题和内容】。

（2）在标题占位符和内容占位符中分别输入图 25-7 所示的内容，并适当设置内容占位符中的段间距。然后再添加 3 张版式为【标题幻灯片】的幻灯片，分别在这 3 张幻灯片的标题占位符中输入“第一章”“第二章”和“第三章”。

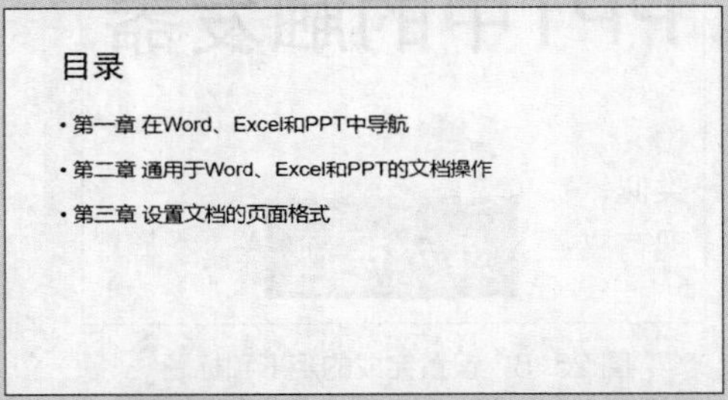

目录
• 第一章 在Word、Excel和PPT中导航
• 第二章 通用于Word、Excel和PPT的文档操作
• 第三章 设置文档的页面格式

图 25-7　输入导航幻灯片的标题和内容

（3）选择目录幻灯片中以“第一章”开头的一行文字，右击选区，在弹出的菜单中选择【超链接】命令，如图 25-8 所示。

• 第一章 在Word、Ex
• 第二章 通用于Word、
的文档操作
• 第三章 设置文档的页
剪切(T)
复制(C)
粘贴选项:
退出文本编辑(X)
字体(F)...
段落(P)...
项目符号(B)
编号(N)
转换为 SmartArt(M)
超链接(H)...
智能查找(L)
同义词(Y)

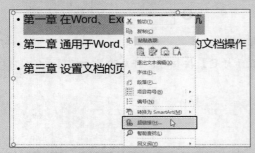

图 25-8　选择【超链接】命令

（4）打开【插入超链接】对话框，在【链接到】列表中选择【本文档中的位置】，然后在【请选择文档中的位置】列表框中选择【2. 第一章】，如图 25-9 所示。

插入超链接
链接到:
要显示的文字(T): 第一章 在Word、Excel和PPT中导航
屏幕提示(P)...
现有文件或网页(X)
本文档中的位置(A)
新建文档(N)
电子邮件地址(M)
请选择文档中的位置(C):
第一张幻灯片
最后一张幻灯片
下一张幻灯片
上一张幻灯片
幻灯片标题
1. 目录
2. 第一章
3. 第二章
4. 第三章
自定义放映
幻灯片预览:
第一章
显示并返回(S)
确定
取消

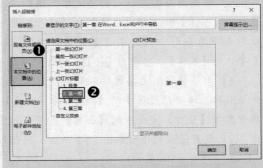

图 25-9　设置要链接到的幻灯片

（5）单击【确定】按钮，关闭【插入超链接】对话框，将在所选文字的下方添加蓝色线条，文字的颜色也会变为蓝色，如图 25-10 所示。

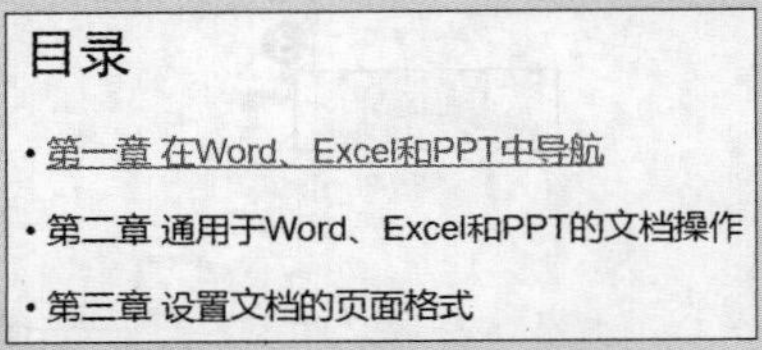

目录
• 第一章 在Word、Excel和PPT中导航
• 第二章 通用于Word、Excel和PPT的文档操作
• 第三章 设置文档的页面格式

图 25-10　为第 1 个标题设置超链接

（6）使用相同的方法，为目录幻灯片中的其他两个标题设置相应的超链接，完成后的效果如图 25-11 所示。

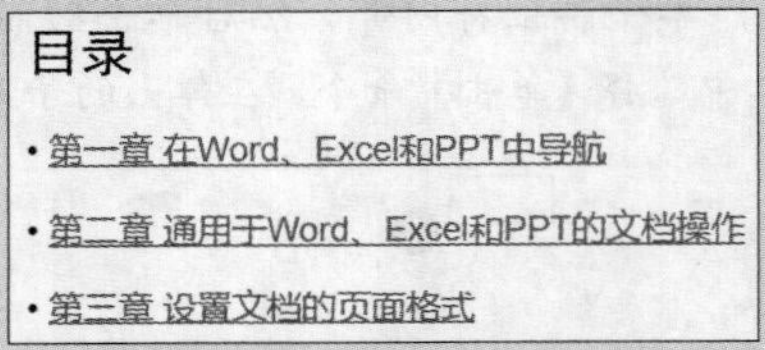

目录
• 第一章 在Word、Excel和PPT中导航
• 第二章 通用于Word、Excel和PPT的文档操作
• 第三章 设置文档的页面格式

图 25-11　为所有文字设置超链接

（7）按【F5】键放映 PPT，将鼠标指针指向任意一个目录标题时，鼠标指针将变为手的形状，如图 25-12 所示。此时单击目录标题，将会自动跳转到与其对应的幻灯片。

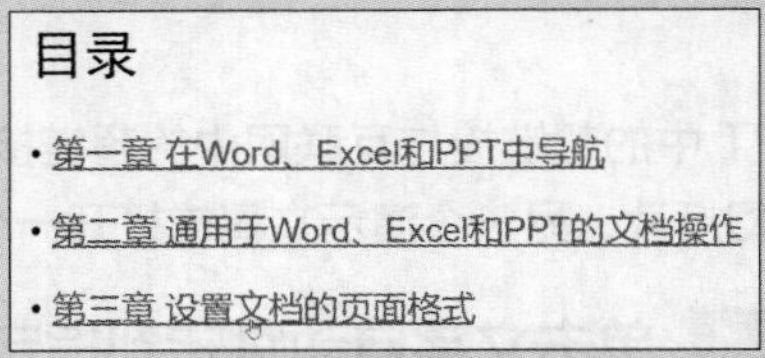

目录
• 第一章 在Word、Excel和PPT中导航
• 第二章 通用于Word、Excel和PPT的文档操作
• 第三章 设置文档的页面格式

图 25-12　测试超链接功能

25.2.2 单击文字自动跳转到其他 PPT 文件中的幻灯片

除了使用超链接实现同一个 PPT 文件中的幻灯片跳转外，还可以通过超链接跳转到其他 PPT 文件中的幻灯片，具体操作步骤如下。

（1）选择要为其设置超链接的文字，右击选区并在弹出的菜单中选择【超链接】命令，打开【插入超链接】对话框，在【链接到】列表中选择【现有文件或网页】，然后导航到包含目标文件的文件夹并选择目标文件，再单击右侧的【书签】按钮，如图 25-13 所示。

图 25-13 选择目标 PPT 文件

（2）打开【在文档中选择位置】对话框，选择要跳转到的幻灯片，然后单击【确定】按钮，如图 25-14 所示。

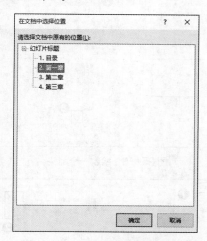

图 25-14 选择要跳转到的幻灯片

（3）返回【插入超链接】对话框，单击【确定】按钮完成设置。【地址】文本框中会显示类似 "案例 27-2.pptx#2. 第一章" 的内容，如图

25-15 所示。"#" 符号左侧的文字表示跳转到的 PPT 文件名及其路径，"#" 符号右侧的文字表示跳转到的幻灯片编号和标题占位符中的内容。

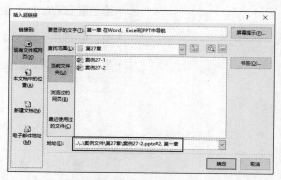

图 25-15 设置超链接后的【插入超链接】对话框

25.2.3 单击 PPT 中的网址自动在浏览器中打开网页

超链接除了可以实现跳转幻灯片的功能外，还可以实现在 PPT 中单击网址自动在浏览器中打开网页的功能。该功能的设置方法与 25.2.2 小节类似，在打开的【插入超链接】对话框中选择【现有文件或网页】，然后在【地址】文本框中输入网页的网址，如 "https://ptpress.com.cn"，如图 25-16 所示。设置完成后单击【确定】按钮。

图 25-16 将超链接设置为网址

25.2.4 修改与删除已添加的超链接

在为对象设置了超链接后，可以随时对超链接进行修改。右击要修改的超链接，在弹出的菜单中选择【编辑超链接】命令，如图 25-17 所

示。在打开的【编辑超链接】对话框中修改超链接的相关选项，该对话框与【插入超链接】对话框基本相同。

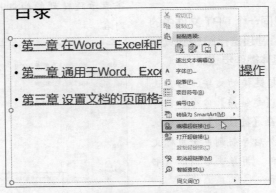

图 25-17　选择【编辑超链接】命令

如果要删除为对象设置的超链接，则可以右击对象，在弹出的菜单中选择【取消超链接】命令。

25.3　利用动作设计交互功能

除了超链接外，还可以通过为对象设置动作来实现 PPT 交互功能。使用【动作】功能可以在用户单击鼠标、鼠标移过时执行指定的操作，还可以运行 VBA 代码或指定的应用程序。由于鼠标的单击和移过两种动作的设置方法基本相同，因此本节以鼠标单击为主来介绍动作的设置方法。

25.3.1　利用动作功能跳转幻灯片

可以设置当使用鼠标单击某个对象时要执行的操作。例如，当用户单击幻灯片中的箭头图形时，将自动切换到下一张幻灯片。

案例 25-3
利用动作功能跳转幻灯片

案例目标： 利用动作功能实现在单击第 2 张幻灯片中的箭头时，自动跳转到第 1 张幻灯片。

完成本例的具体操作步骤如下。

（1）选择要在其中绘制箭头的幻灯片，然后单击功能区中的【插入】⇨【插图】⇨【形状】按钮，在打开的形状列表中选择【上箭头】，如图 25-18 所示，在幻灯片中绘制一个箭头。

（2）可以为绘制好的箭头设置一种形状样式。然后选择绘制好的箭头，单击功能区中的【插入】⇨【链接】⇨【动作】按钮，如图 25-19 所示。

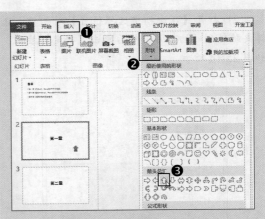

图 25-18　绘制一个箭头

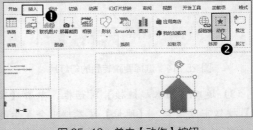

图 25-19　单击【动作】按钮

（3）打开【操作设置】对话框，在【单击鼠标】选项卡中选中【超链接到】单选按钮，然后在其下拉列表中选择【第一张幻灯片】，最后单击【确定】按钮，如图 25-20 所示。

中选择【URL】选项，然后在打开的对话框中输入所需的网址，如图 25-22 所示，最后单击两次【确定】按钮。

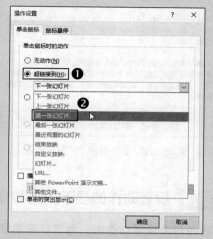

图 25-20　设置动作执行的目标

图 25-22　选择【URL】选项并设置网址

（4）按【F5】键放映 PPT，当单击幻灯片中的箭头时，将会自动跳转到第 1 张幻灯片。

如果要跳转到的幻灯片既不是当前 PPT 中的首、尾幻灯片，又不是上一张或下一张幻灯片，则需要在【超链接到】下拉列表中选择【幻灯片】选项，然后在打开的对话框中选择要跳转到的幻灯片，如图 25-21 所示。

25.3.3 利用动作功能运行指定的应用程序

还可以利用动作功能运行操作系统中的应用程序，如 Windows 记事本程序，具体操作步骤如下。

（1）在幻灯片中选择要为其设置动作的对象，然后单击功能区中的【插入】⇨【链接】⇨【动作】按钮。

（2）打开【操作设置】对话框，选中【运行程序】单选按钮，然后单击右侧的【浏览】按钮，如图 25-23 所示。

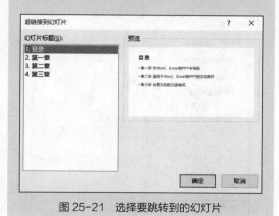

图 25-21　选择要跳转到的幻灯片

25.3.2 利用动作功能打开网页

如果想要使用动作功能打开指定的网页，则可以在【操作设置】对话框的【单击鼠标】选项卡中选中【超链接到】单选按钮，在其下拉列表

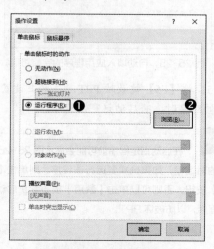

图 25-23　单击【浏览】按钮

（3）打开【选择一个要运行的程序】对话框，选择 Windows 文件夹中的记事本程序文件 notepad. exe，然后单击【确定】按钮，如图 25-24 所示。

图 25-24　选择要运行的应用程序

（4）返回【操作设置】对话框，在【运行程序】文本框中自动填入了记事本程序的完整路径，如图 25-25 所示。确认无误后单击【确定】按钮。

图 25-25　自动填入应用程序的完整路径

（5）按【F5】键放映 PPT，当单击设置了该动作的对象时，将启动记事本程序。

> **注意**
> 在启动指定程序前可能会显示图 25-26 所示的对话框，如果确实要运行该程序，则单击【启用】按钮，否则可以单击【禁用】按钮禁止启动不明程序，以防破坏 PPT。

图 25-26　启动程序前的安全警告

25.3.4 设置动作的显示效果和音效

在为对象设置动作时，为了获得更好的效果，可以为鼠标的单击或移过动作设置音效和视觉效果。打开【操作设置】对话框，在【单击鼠标】选项卡中包含【播放声音】和【单击时突出显示】两个复选框，选中这两个复选框，并在它们之间的下拉列表中选择一种音效，如图 25-27 所示，就可以在单击对象时呈现出按钮的效果。【鼠标悬停】选项卡也提供了类似的选项。

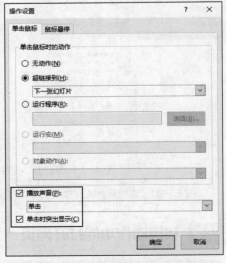

图 25-27　为动作设置音效和视觉效果

25.4 制作弹出式菜单

本节通过制作一个弹出式菜单，介绍 PPT 交互功能的实际应用与制作方法。本例中的菜单栏只有一个名为"切换幻灯片"的菜单，该菜单中包含【第1张】【第2张】【第3张】3个命令，选择不同的命令将会自动跳转到对应的幻灯片。

案例 25-4
制作弹出式菜单

案例目标: 在 PPT 中制作一个弹出式菜单，单击菜单栏中的按钮，将显示弹出式菜单，从中选择命令可跳转到对应的幻灯片，效果如图 25-28 所示。

图 25-28 单击按钮将显示弹出式菜单

完成本例的具体操作步骤如下。

（1）新建一个演示文稿，将默认自带的幻灯片的版式设置为【空白】。

（2）单击功能区中的【插入】▷【插图】▷【形状】按钮，在打开的形状列表中选择【矩形】，如图 25-29 所示，然后在幻灯片中绘制一个矩形。

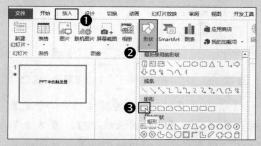

图 25-29 选择【矩形】

（3）右击矩形并在弹出的菜单中选择【编

辑文字】命令，在矩形中输入【切换幻灯片】，然后将矩形中的文字的字体设置为【黑体】，字号设置为【28】，效果如图 25-30 所示。

图 25-30 设置矩形的字体和字号

（4）复制当前幻灯片，然后单击复制后的幻灯片中的形状边框，以将其选中。同时按住【Shift】键和【Ctrl】键，使用鼠标向上拖动形状，复制出一个形状，将其中的文字修改为"第1张"。移动复制后的形状，使其与第1个形状紧靠在一起，如图 25-31 所示。

图 25-31 制作菜单中的第 1 个命令

（5）使用相同的方法再复制出两个形状，并分别将其中的文字修改为"第2张"和"第3张"，然后调整它们的位置，以使 4 个形状彼此紧密相连，如图 25-32 所示。

图 25-32 制作菜单中的另外两个命令

（6）选择第 1 张幻灯片，单击包含"切换幻灯片"文字的形状，然后单击功能区中的【插入】⇨【链接】⇨【动作】按钮，打开【操作设置】对话框，在【单击鼠标】选项卡中进行以下几项设置。

◉ 选中【超链接到】单选按钮，然后在其下拉列表中选择【幻灯片】选项，在打开的对话框中选择【2. 幻灯片 2】，然后单击【确定】按钮，如图 25-33 所示。

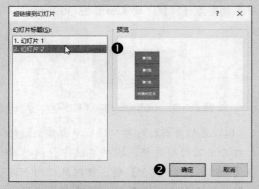

图 25-33　选择包含弹出式菜单的幻灯片

◉ 选中【播放声音】复选框，然后在其下拉列表中选择【单击】选项。

◉ 选中【单击时突出显示】复选框，如图 25-34 所示。

图 25-34　为菜单设置动作选项

（7）在现有的两张幻灯片之后添加 3 张版式为【标题和内容】的幻灯片，分别在这 3 张幻灯片的标题占位符中输入"第 1 张""第 2 张""第 3 张"。

（8）选择第 2 张幻灯片，单击包含"第 1 张"文字的形状，然后单击功能区中的【插入】⇨【链接】⇨【动作】按钮，打开【动作设置】对话框，在【单击鼠标】选项卡中进行以下几项设置，最后单击【确定】按钮。

◉ 选中【超链接到】单选按钮，然后在其下拉列表中选择【幻灯片】，在打开的对话框中选择【3. 第 1 张】，如图 25-35 所示。

图 25-35　选择执行第 1 个命令时跳转的幻灯片

◉ 选中【播放声音】复选框，然后在其下拉列表中选择【单击】选项。

◉ 选中【单击时突出显示】复选框，如图 25-36 所示。

图 25-36　为菜单中的第 1 个命令设置动作选项

（9）使用类似的方法为其他两个命令设置动作选项。按【F5】键放映 PPT，当单击第一张幻灯片中包含"切换幻灯片"文字的形状时，将显示弹出式菜单，选择其中的命令将会跳转到相应的幻灯片。

放映与发布 PPT

无论制作哪种类型的 PPT，最终目的都是为了演示。为了达到最佳的演示效果，在放映 PPT 前通常都需要对放映选项进行设置。用户可以将 PPT 发布为不同的格式，从而使 PPT 以更多的方式进行显示和播放。本章主要介绍放映与发布 PPT 的方法。

26.1 放映 PPT

本节将介绍放映 PPT 之前的选项设置以及放映 PPT 的方法和相关工具，包括隐藏不想放映的幻灯片、设置排练计时、正常放映 PPT、自定义放映 PPT、在放映时使用辅助工具等内容。

26.1.1 隐藏不想放映的幻灯片

在放映 PPT 前，可以将不想放映的幻灯片隐藏起来，在放映 PPT 时会自动跳过这些幻灯片。在 PPT 窗口的左侧窗格中右击要隐藏的幻灯片，然后在弹出的菜单中选择【隐藏幻灯片】命令，如图 26-1 所示，将在该幻灯片编号上显示一条斜线，如图 26-2 所示。

图 26-1　选择【隐藏幻灯片】命令

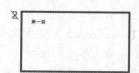

图 26-2　处于隐藏状态的幻灯片

如果要取消幻灯片的隐藏状态，可以右击该幻灯片，然后在弹出的菜单中选择【隐藏幻灯片】命令。

26.1.2 设置排练计时

通过排练计时功能，可以根据每张幻灯片内容的多少选择不同的播放时长。之后就可以让 PPT 按照指定好的时间进行自动播放，非常适合于无人值守的产品展示 PPT。设置排练计时的具体操作步骤如下。

（1）打开要放映的演示文稿，然后单击功能区中的【幻灯片放映】⇨【设置】⇨【排练计时】按钮，如图 26-3 所示。

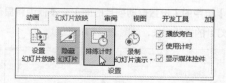

图 26-3　单击【排练计时】按钮

（2）进入 PPT 放映状态，屏幕左上角会显示图 26-4 所示的工具栏，左侧的时间表示当前幻灯片的播放时长，右侧的时间表示累计到当前幻灯片为止的播放总时长。

图 26-4　排练计时的工具栏

（3）单击鼠标左键可以切换到下一张幻灯片

并继续计时。到达最后一张幻灯片后，再次单击将弹出图 26-5 所示的对话框，询问用户是否保存所有幻灯片的计时结果。

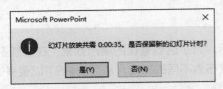

图 26-5　是否保存排练计时结果

（4）单击【是】按钮，单击功能区中的【视图】⇨【演示文稿视图】⇨【幻灯片浏览】按钮，切换到幻灯片浏览视图，其中显示了每张幻灯片的播放时长，如图 26-6 所示。

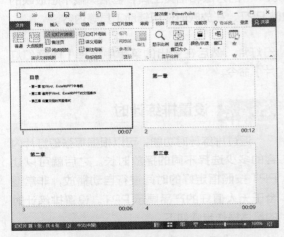

图 26-6　在幻灯片浏览视图中查看排练计时的结果

> **提示**　切换到功能区中的【切换】选项卡，在【计时】组中的【设置自动换片时间】文本框中将显示幻灯片的播放时长，如图 26-7 所示。
>
> ![img] 声音：[无声音]　　换片方式
> 持续时间：02.00　　☑ 单击鼠标时
> 全部应用　　　　　☑ 设置自动换片时间：00:06.67
> 　　　　　　　　　　　计时
>
> 图 26-7　在【设置自动换片时间】文本框中
> 显示播放时长

26.1.3　顺序放映与任意跳转放映

放映 PPT 是指从编辑幻灯片的视图切换到幻灯片放映视图，并全屏显示幻灯片中的内容，在 PPT 中设置的动画、音频、视频等内容都会在放映过程中进行播放。无论当前正在编辑哪张幻灯片，使用以下两种方法都会从第 1 张幻灯片开始放映。

◉　按【F5】键。

◉　单击功能区中的【幻灯片放映】⇨【开始放映幻灯片】⇨【从头开始】按钮。

如果要从当前正在编辑的幻灯片开始放映，则可以使用以下几种方法。

◉　按【Shift+F5】组合键。

◉　单击 PPT 窗口底部状态栏中的【幻灯片放映】按钮 🖥。

◉　单击功能区中的【幻灯片放映】⇨【开始放映幻灯片】⇨【从当前幻灯片开始】按钮。

使用上面任何一种方法，都将切换到幻灯片放映视图开始放映 PPT。如果想要按照幻灯片的默认顺序依次放映，可以使用以下几种方法。

◉　向下滚动鼠标滚轮。

◉　单击鼠标左键。

◉　按【Enter】键、空格键或下箭头键。

◉　单击屏幕底部的 ▷ 按钮。

◉　右击屏幕，在弹出的菜单中选择【下一张】命令，如图 26-8 所示。

图 26-8　选择【下一张】命令

如果想要倒退放映 PPT，即从当前幻灯片切换到上一张幻灯片，则可以使用下面几种方法。

◉　向上滚动鼠标滚轮。

◉　按【BackSpace】键或上箭头键。

◉　单击屏幕底部的 ◁ 按钮。

◉　右击屏幕，在弹出的菜单中选择【上一张】命令。

如果想要从当前幻灯片跳转到与其编号不连

续的另一张幻灯片进行放映，则可以右击屏幕，在弹出的菜单中选择【查看所有幻灯片】命令，如图 26-9 所示。

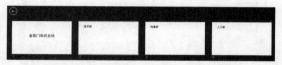

图 26-9　放映任意选定的幻灯片

当放映到最后一张幻灯片时单击鼠标左键，或使用继续放映下一张幻灯片的其他方法，则会显示黑屏并在屏幕顶部显示"放映结束，单击鼠标退出"。此时单击鼠标左键将退出放映状态。

除了在放映结束时自然退出放映状态外，还可以使用以下 3 种方法在放映过程中随时退出放映状态。

◉　按【Esc】键。

◉　右击屏幕，在弹出的菜单中选择【结束放映】命令。

◉　单击屏幕底部的 ⊙ 按钮，在弹出的菜单中选择【结束放映】命令，如图 26-10 所示。

图 26-10　选择【结束放映】命令

26.1.4　使用自定义分组放映幻灯片

在实际应用中可能会遇到这种情况：一个演示文稿中的内容分为几个部分，每个部分针对不同的观众类型，而在演示文稿中还包含一些公共的内容，这部分内容针对所有观众。为了便于为不同类型的观众放映不同的内容，可以使用 PPT 中的自定义放映功能，该功能允许用户为演示文稿中的幻灯片进行自定义分组，从而可以

在放映时只播放指定组中的幻灯片，而隐藏其他幻灯片。

案例 26-1
按部门分组放映幻灯片

案例目标： 演示文稿中包含技术部、销售部、人力部 3 个部门的幻灯片，现在需要按照部门对所有幻灯片进行分组，所有部门都需要放映第 1 张幻灯片，效果如图 26-11 所示。

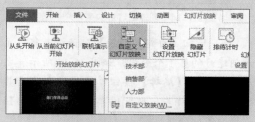

图 26-11　按部门分组放映幻灯片

完成本例的具体操作步骤如下。

（1）打开要设置自定义放映的演示文稿，单击功能区中的【幻灯片放映】⇨【开始放映幻灯片】⇨【自定义幻灯片放映】按钮，在弹出的菜单中选择【自定义放映】命令，如图 26-12 所示。

图 26-12　选择【自定义放映】命令

（2）打开【自定义放映】对话框，单击【新建】按钮，如图 26-13 所示。

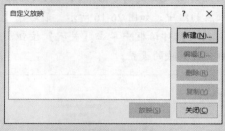

图 26-13　单击【新建】按钮

（3）打开【定义自定义放映】对话框，将【幻灯片放映名称】文本框中的内容修改为所需名称，如"技术部"。然后在左侧列表

框中选择要划分到该组的幻灯片，单击【添加】按钮，将它们添加到右侧的列表框中，如图 26-14 所示，最后单击【确定】按钮。

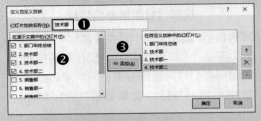

图 26-14　创建幻灯片的第 1 个分组

（4）返回【自定义放映】对话框，将会显示创建好的第 1 个分组，如图 26-15 所示。之后可以单击【编辑】按钮修改组的名称及其所包含的幻灯片，也可以单击【删除】按钮删除指定的分组。

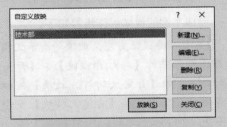

图 26-15　创建好的第 1 个组

> **提示**
> 在左侧列表框中数字编号带括号的项是设置为隐藏的幻灯片。

（5）使用相同的方法，再创建两个组，组名分别为"销售部"和"人力部"，并将第 1 张幻灯片以及其他属于各部门的幻灯片添加到相应的组中，如图 26-16 所示。最后在【自定义放映】对话框中单击【关闭】按钮，完成自定义放映的设置。

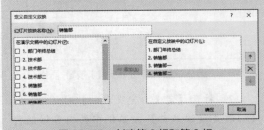

图 26-16　创建第 2 组和第 3 组

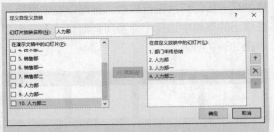

图 26-16　创建第 2 组和第 3 组（续）

为幻灯片分组后，可以单独放映不同组中的幻灯片。单击功能区中的【幻灯片放映】⇨【开始放映幻灯片】⇨【自定义幻灯片放映】按钮，在弹出的菜单中选择要放映的幻灯片组，如图 26-17 所示。

图 26-17　选择要放映的幻灯片组

如果当前正处于 PPT 放映状态下，则可以右击屏幕，在弹出的菜单中选择【自定义放映】命令，然后在其子菜单中选择要放映的幻灯片组，如图 26-18 所示。

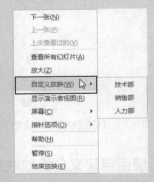

图 26-18　在放映过程中使用自定义放映

26.1.5　在放映中使用黑屏或白屏

在放映过程中，幻灯片内容很容易吸引观众的注意力。为了将观众的注意力集中到演讲者身上，可以在放映时将屏幕转为黑色或白色，使用 PPT 的黑屏或白屏功能可以实现这一目的。

在 PPT 放映状态下，可以使用以下两种方法将屏幕转为黑色或白色。

◉ 右击屏幕，在弹出的菜单中选择【屏幕】⇨【黑屏】或【白屏】命令。

◉ 按【B】键转为黑屏，按【W】键转为白屏，再次按【B】键或【W】键将返回之前的画面。

26.1.6 在放映中使用注释

如果在放映 PPT 时想要对特定内容进行注释，则可以使用 PPT 中的注释功能。在 PPT 放映状态下，单击屏幕底部的 🖊 按钮，在弹出的菜单中选择要使用的笔形和颜色，如图 26-19 所示，即可在幻灯片上随意书写和绘画。

如果想要删除幻灯片中的某个注释，可以在菜单中选择【橡皮擦】命令，然后单击目标注释将其删除。选择【擦除幻灯片上的所有墨迹】命令将删除当前幻灯片中的所有注释。如果在放映过程中添加了标注，在退出放映状态时将弹出图 26-20 所示的对话框，询问用户是否保留注释。

图 26-19 在放映幻灯片中进行标注

图 26-20 询问用户是否保留注释

26.2 发布 PPT

本节将介绍将 PPT 发布为不同格式文件的方法，包括打包 PPT、将 PPT 发布为视频格式、将 PPT 发布为图片 PPT 以及将 PPT 中的每一页发布为图片文件等内容。

26.2.1 打包 PPT

利用打包功能，可以将 PPT 中的所有内容和资源汇总到一起，便于在其他计算机中放映，还可以避免移动 PPT 文件时遗漏与其相关的文件。打包 PPT 的具体操作步骤如下。

（1）打开要打包的演示文稿，单击【文件】⇨【导出】命令，然后双击【将演示文稿打包成CD】命令，如图 26-21 所示。

（2）打开图 26-22 所示的【打包成 CD】对话框，如果想要将演示文稿打包到 CD 光盘中，则可以修改【将 CD 命名为】文本框中的名称，然后单击【复制到 CD】按钮。如果想要将演示文稿打包到计算机的指定文件夹中，则可以单击【复制到文件夹】按钮，打开图 26-23 所示的【复制到文件夹】对话框，在【文件夹名称】文本框中输入打包后的文件夹名称，然后单击【浏览】

按钮选择打包后的存储位置。

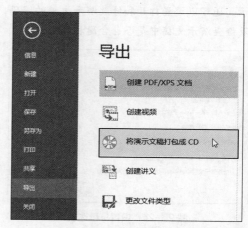

图 26-21 双击【将演示文稿打包成 CD】命令

在【打包成 CD】对话框中还可以执行以下操作。

◉ 【添加】按钮：单击该按钮可将其他演

示文稿添加到当前打包环境中，以便将这些演示文稿一起打包。

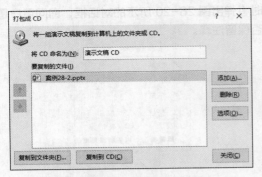

图 26-22 【打包成 CD】对话框

图 26-23 【复制到文件夹】对话框

◉ 【删除】按钮：单击该按钮可将已经添加到打包环境中的演示文稿删除。

◉ 【选项】按钮：单击该按钮可在打开的对话框中设置与打包相关的一些选项。如果在演示文稿中链接而非嵌入了音频和视频文件，则需要选中【链接的文件】复选框，否则打包后无法正常播放演示文稿中的音频和视频，如图 26-24 所示。还可以设置打开和修改演示文稿的密码，以及检查演示文稿中是否包含隐私数据。

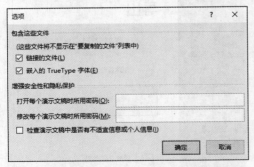

图 26-24 设置打包选项

（3）在【复制文件夹】对话框中设置好打包后的文件夹名称和存储位置后，单击【确定】按钮，弹出图 26-25 所示的安全性提示信息，单击【是】按钮开始打包演示文稿，完成后单击【打

包成 CD】对话框中的【关闭】按钮。打包后的所有文件都位于之前设置好的打包文件夹中。

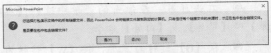

图 26-25 复制链接文件的安全性提示

26.2.2 将 PPT 转换为放映格式

如果已经完成了 PPT 的所有编辑工作，则可将其转换为放映格式，以后只要双击该格式的文件，即可直接开始放映，而不会打开 PPT 的编辑窗口。

案例 26-2
将 PPT 转换为放映格式

案例目标： 将 PPT 转换为放映格式，以后只要双击 PPT 文件即可放映其中的内容。

完成本例的具体操作步骤如下。

（1）打开要转换为放映格式的演示文稿，单击【文件】⇨【导出】⇨【更改文件类型】命令，然后双击【PowerPoint 放映】命令，如图 26-26 所示。

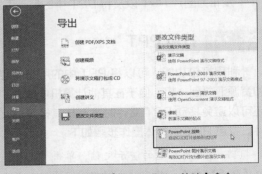

图 26-26 双击【PowerPoint 放映】命令

> **提示** 也可以直接按【F12】键打开【另存为】对话框。后面几小节中的内容都可以使用这种方法转换 PPT 的文件格式。

（2）打开【另存为】对话框，在【保存类型】中自动选中了"PowerPoint 放映"类型。在【文件名】文本框中输入一个名称，然后单击【保存】按钮，如图 26-27 所示。

图 26-27　设置保存选项

26.2.3　将 PPT 转换为视频格式

几乎所有计算机中都至少安装有一种视频播放器，这意味着在各种计算机环境中，视频文件比 PPT 文件更容易播放。在 PPT 中可以将演示文稿转换为 .wmv 格式或 .mp4 格式的视频，还可以控制视频的大小和质量。在将演示文稿转换为视频前，应该了解以下几点。

◉　可以在转换后的视频中播放幻灯片切换动画和对象动画。

◉　可以在转换后的视频中播放幻灯片中嵌入的视频。

◉　可以在转换后的视频中播放录制的语音旁白和激光笔运动轨迹。

◉　创建视频所需的时间长短根据演示文稿自身的文件大小及其复杂程度而定。演示文稿越大，包含的内容及动画越多，创建视频的时间就会越长。

◉　以下几种类型的内容可能无法在转换后的视频中正常播放：PPT 早期版本中插入的媒体、QuickTime 媒体、宏以及 OLE/ActiveX 控件。

打开要转换为视频格式的演示文稿，单击【文件】⇨【导出】命令，然后选择【创建视频】命令，展开图 26-28 所示的面板。

在面板右侧包含 3 个选项，在第 1 个下拉列表中选择视频的质量，如图 26-29 所示，视频质量的设置包含以下 3 项。

◉　演示文稿质量：选择该项将创建高质量的视频，视频文件最大。

◉　互联网质量：选择该项将创建中等质量的视频，视频文件中等。

◉　低质量：选择该项将创建低质量的视频，视频文件最小。

图 26-28　创建视频的选项面板

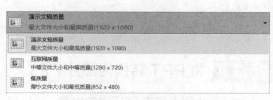

图 26-29　设置视频的质量

在第 2 个下拉列表中选择视频中是否包含已录制的旁白、计时、注释等内容，如图 26-30 所示，包含以下两项。

◉　不要使用录制的计时和旁白：选择该项不会将录制的旁白、计时和注释等内容添加到视频中，而使用在【放映每张幻灯片的秒数】选项中的设置作为每张幻灯片播放的时间。

◉　使用录制的计时和旁白：选择该项会将录制的旁白、计时和注释等内容添加到视频中。

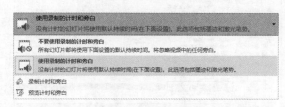

图 26-30　设置视频中是否包含旁白和计时等内容

如果选择了上面的"不要使用录制的计时和旁白"选项，则需要在【放映每张幻灯片的秒数】文本框中输入一个时间，这个时间是视频播放时每张幻灯片的放映时长。

完成所有设置后单击【创建视频】按钮，打开【另存为】对话框，在【文件名】文本框中输入视频文件的名称，然后在【保存类型】下拉列表中选择视频的格式，如图 26-31 所示。最后单击【保存】按钮，即可将当前演示文稿转换为指定格式的视频。

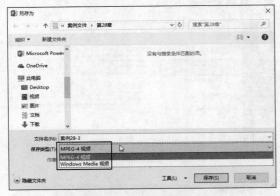

图 26-31　选择视频格式类型

26.2.4　将 PPT 转换为图片 PPT

为了防止别人修改 PPT 中的内容，可以将 PPT 中的内容转换为图片格式，转换后每张幻灯片中的内容都作为一个整体显示，无法再进行编辑。

打开要转换的演示文稿，按【F12】键打开【另存为】对话框，在【保存类型】下拉列表中选择【PowerPoint 图片演示文稿】选项，如图 26-32 所示。然后在【文件名】文本框中输入转换后的文件名，最后单击【保存】按钮。

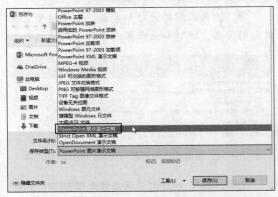

图 26-32　选择【PowerPoint 图片演示文稿】选项

打开转换后的演示文稿，可以发现每张幻灯片中的内容都是一张图片，无法再进行任何修改。

26.2.5　将 PPT 中的每一页转换为图片文件

除了 26.2.4 小节介绍的将 PPT 转换为内部图片格式的 PPT 外，还可以将 PPT 中的每张幻灯片转换为单独的图片文件，可在图片浏览或处理程序中对它们进行查看和编辑。

打开要转换为图片文件的演示文稿，按【F12】键打开【另存为】对话框，在【保存类型】下拉列表中选择一种图片文件类型，如图 26-33 所示，然后在【文件名】文本框中输入转换后的文件名，最后单击【保存】按钮，弹出图 26-34 所示的对话框，选择转换所有幻灯片还是当前幻灯片，选择后即可完成转换并弹出一个对话框，单击【确定】按钮。

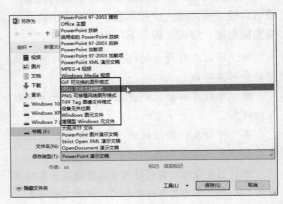

图 26-33　选择图片文件类型

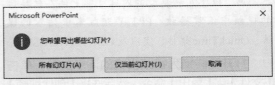

图 26-34　选择转换为图片的幻灯片范围

第**5**部分

Word/Excel/PPT 协同办公

Word/Excel/PPT 之间的协作

由于 Word、Excel 和 PPT 同属于微软 Office 套件中的成员，因此无论在功能还是操作方面，它们之间都存在很多相似之处。除了具有很多相同点之外，用户也很容易在这 3 个程序之间共享数据。由于每个程序具有其特定的功能特性，因此使用这 3 个程序进行协同工作，可以轻松完成很多复杂任务。本章主要介绍数据链接与嵌入的基本概念及其通用操作，还将介绍使用 Word、Excel 和 PPT 协同完成任务的方法。

27.1　对象的链接与嵌入

在 Word、Excel 和 PPT 之间可以通过链接对象或嵌入对象的方式共享数据。链接对象与嵌入对象之间的主要区别是数据的存储位置，以及将对象放置到目标文件后数据的更新方式。本节将介绍对象链接与嵌入的基本概念以及相关操作，所有操作都以在 Word 中链接或嵌入 Excel 工作簿为例。

27.1.1　创建链接对象

目标文件中的链接对象只存储源文件的位置信息，而非源文件中的内容，因此使用链接对象不会显著增加目标文件的大小。只有对源文件进行修改，目标文件中的链接对象才会进行相应的更新。

在 Word、Excel 和 PPT 中创建链接对象的方法基本相同，都需要单击功能区中的【插入】⇨【文本】⇨【对象】按钮，然后在打开的对话框中进行设置。例如，要在 Word 文档中链接一个现有的 Excel 工作簿，具体操作步骤如下。

（1）打开要链接 Excel 工作簿的 Word 文档，然后单击功能区中的【插入】⇨【文本】⇨【对象】按钮，如图 27-1 所示。

图 27-1　单击【对象】按钮

（2）打开【对象】对话框，切换到【由文件创建】选项卡，然后单击【浏览】按钮，如图 27-2 所示。

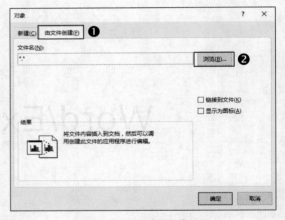

图 27-2　单击【浏览】按钮

（3）打开【浏览】对话框，找到并双击要插入到 Word 文档中的 Excel 工作簿，如图 27-3 所示。

（4）返回【对象】对话框，在【文件名】文本框中自动填入了上一步选择的文件的完整路径，选中【链接到文件】复选框，如图 27-4 所示。

（5）单击【确定】按钮，关闭【对象】对话框，将在 Word 文档中的插入点位置以链接的形式插入所选择的 Excel 工作簿，如图 27-5 所示。

图 27-3　双击要插入的 Excel 工作簿

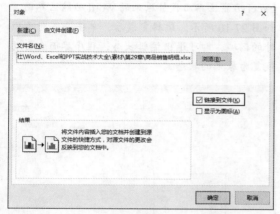

图 27-4　选中【链接到文件】复选框

商品	单价	销量
电视	2300	862
冰箱	1800	796
洗衣机	2100	929
空调	1500	883
音响	1100	549
电脑	5900	943
手机	1200	541
微波炉	680	726
电暖气	370	964

图 27-5　在文档中插入 Excel 工作簿的链接

27.1.2 编辑与更新链接对象

可以使用以下两种方法编辑链接对象（仍以在 Word 文档中链接 Excel 工作簿为例）。

◉ 双击文档中的链接对象。

◉ 右击文档中的链接对象，在弹出的菜单中选择【链接的 Worksheet 对象】⇨【编辑链接】命令，如图 27-6 所示。

图 27-6　选择【编辑链接】命令

进行以上任意操作将自动在链接对象的源程序中打开链接对象，然后可以对其进行编辑，完成后关闭链接对象的源程序。

如果在源程序中对链接对象进行了修改，那么在打开或保存包含链接对象的文档时，将会自动同步更新文档中的链接对象，以反映内容的最新变化。如果文档中包含多个链接对象，那么这种自动更新可能需要很多时间。此时可以改为手动更新，只在需要时才更新，而不是每次打开或保存文档时都进行更新。

右击文档中的链接对象，在弹出的菜单中选择【链接的 Worksheet 对象】⇨【链接】命令，打开【链接】对话框，选中【手动更新】单选按钮，如图 27-7 所示，将链接的更新方式改为手动更新。

图 27-7　选中【手动更新】单选按钮

在【链接】对话框中单击【更改源】按钮，可以更改链接到的源文件。单击【断开链接】按钮，将断开当前链接。

27.1.3 创建与编辑嵌入对象

将对象以嵌入的形式插入到目标文件后，该嵌入对象将成为目标文件的一部分，而不再是源文件的一部分，因此使用嵌入对象可能会显著增加目标文件的大小。修改源文件时，目标文件中的嵌入对象不会进行更新。

创建嵌入对象的方法与创建链接对象基本相同，唯一区别是在【对象】对话框中不要选中【链接到文件】复选框，这样就可以嵌入的形式在目标文件中插入由其他程序创建的文件。插入到文档中的嵌入对象的外观与链接对象类似。

除了在文档中嵌入已有文件外，还可以嵌入新文件，只需在【对象】对话框中切换到【新建】选项卡，然后在【对象类型】列表框中选择嵌入的对象类型。如要嵌入 Excel 工作簿，可以选择【Microsoft Excel Worksheet】选项，如图 27-8 所示。单击【确定】按钮，将在文档中嵌入一个新建的 Excel 工作簿，其中包含一张空白的工作表，如图 27-9 所示。

图 27-8　选择嵌入的对象类型

图 27-9　在文档中嵌入新建的 Excel 工作簿

无论在文档中嵌入的是现有文件还是新建文件，都可以使用以下两种方法编辑嵌入对象。

◉ 双击文档中的嵌入对象，使嵌入对象所使用的源程序的界面代替文档的程序界面。例如，如果嵌入的是 Excel 工作簿，则会使用 Excel 功能区界面代替原来的 Word 功能区界面，如图 27-10 所示。编辑完成后，单击嵌入对象以外的区域，即可退出编辑状态，程序界面会自动恢复为原来的状态。

图 27-10　在 Word 程序中编辑 Excel 工作表

◉ 右击文档中的嵌入对象（以嵌入 Excel 工作簿为例），在弹出的菜单中选择【"Worksheet"对象】命令，在其子菜单中可以选择【编辑】或【打开】命令，如图 27-11 所示。选择【编辑】命令的效果与第 1 种方法相同，选择【打开】命令则会启动 Excel 程序，并在其中打开嵌入对象，这样在编辑时就与目标文件分离。

图 27-11　使用鼠标右键菜单中的命令编辑嵌入对象

27.2 Word、Excel 和 PPT 之间的协作

本节将介绍使用 Word、Excel 和 PPT 协同完成任务的一些应用案例。

27.2.1 将 Excel 工作表快速转换为 Word 表格

案例 27-1

将 Excel 中的员工资料表转换为 Word 表格

案例目标： 将 Excel 工作表 A1:C5 单元格区域中的内容转换为 Word 表格，效果如图 27-12 所示。

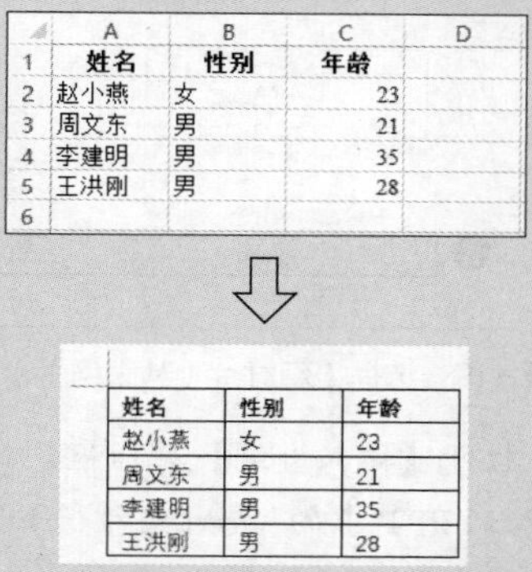

	A	B	C	D
1	姓名	性别	年龄	
2	赵小燕	女	23	
3	周文东	男	21	
4	李建明	男	35	
5	王洪刚	男	28	
6				

姓名	性别	年龄
赵小燕	女	23
周文东	男	21
李建明	男	35
王洪刚	男	28

图 27-12 将 Excel 工作表快速转换为 Word 表格

完成本例的具体操作步骤如下。

(1) 在 Excel 工作表中选择 A1:C5，然后按【Ctrl+C】组合键，将该区域中的内容复制到剪贴板。

(2) 新建或打开一个 Word 文档，右击要创建表格的位置，然后在弹出的菜单中选择【粘贴选项】中的【使用目标样式】命令，如图 27-13 所示。

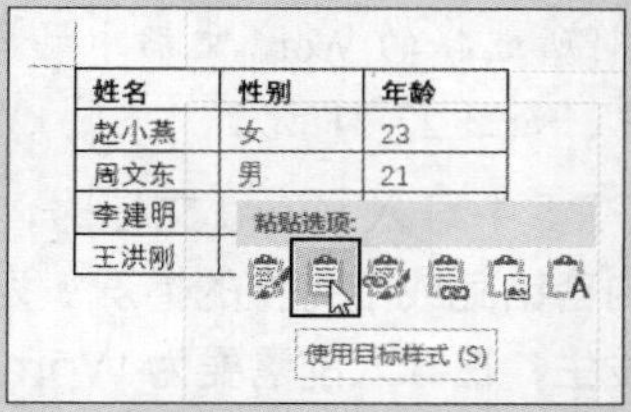

图 27-13 选择【使用目标样式】命令

27.2.2 借助 Excel 轻松转换 Word 表格的行与列

案例 27-2

快速转换 Word 中的员工资料表的行与列

案例目标： Word 没有提供转换表格行、列的功能，可以借助 Excel 的转置功能转换 Word 表格的行与列，效果如图 27-14 所示。

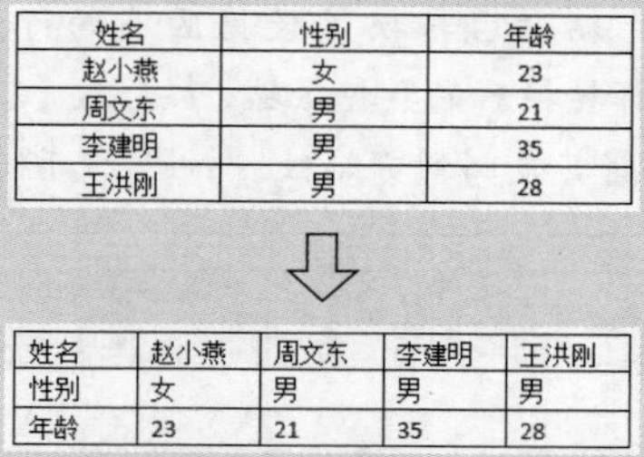

姓名	性别	年龄
赵小燕	女	23
周文东	男	21
李建明	男	35
王洪刚	男	28

姓名	赵小燕	周文东	李建明	王洪刚
性别	女	男	男	男
年龄	23	21	35	28

图 27-14 借助 Excel 转换 Word 表格的行与列

完成本例的具体操作步骤如下。

(1) 在 Word 文档中选择要转换行与列的表格，然后按【Ctrl+C】组合键将表格复制到剪贴板。

(2) 启动 Excel 程序并新建一个工作簿，然后右击默认自带的工作表中的 A1 单元格，在弹出的菜单中选择【粘贴选项】中的【匹配目标格式】命令，如图 27-15 所示。

	A	B	C	D
1	姓名	性别	年龄	
2	赵小燕	女	23	
3	周文东	男	21	
4	李建明	男	35	
5	王洪刚	男	28	
6				
7				

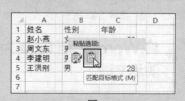

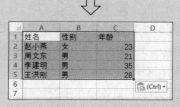

图 27-15 选择【匹配目标格式】命令

（3）将 Word 表格粘贴到 Excel 工作表后，选择工作表中的数据区域，然后按【Ctrl+C】组合键将其复制到剪贴板。

（4）右击数据区域以外的任意一个单元格，如 E1 单元格，然后在弹出的菜单中选择【粘贴选项】中的【转置】命令，如图 27-16 所示。

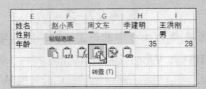

图 27-16　选择【转置】命令

（5）粘贴后转换了数据区域的行、列位置。选择转换后的数据区域，然后按【Ctrl+C】组合键将其复制到剪贴板，如图 27-17 所示。

图 27-17　复制转换后的数据区域

（6）在 Word 文档中右击要放置表格的位置，然后在弹出的菜单中选择【粘贴选项】中的【使用目标样式】命令，如图 27-18 所示，即可完成 Word 表格的行、列转换。

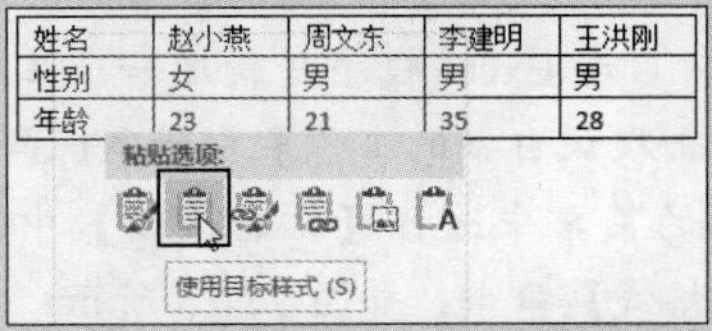

图 27-18　选择【使用目标样式】命令

27.2.3　将 Word 文档转换为 PPT 演示文稿

案例 27-3
将 Word 文档转换为 PPT 演示文稿

案例目标： 将 Word 文档中的内容转换为 PPT 演示文稿。

完成本例的具体操作步骤如下。

（1）启动 PPT 程序并新建一个演示文稿，然后单击功能区中的【开始】⇨【幻灯片】⇨【新建幻灯片】按钮下方的下拉按钮，在打开的列表中选择【幻灯片（从大纲）】命令，如图 27-19 所示。

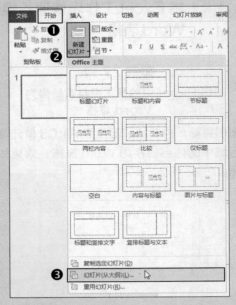

图 27-19　选择【幻灯片（从大纲）】命令

（2）打开【插入大纲】对话框，找到并双击要导入到 PPT 中的 Word 文档，如图 27-20 所示。

图 27-20　双击要导入到 PPT 中的 Word 文档

（3）将所选择的 Word 文档中的内容导入到 PPT 中，如图 27-21 所示。

在 PPT 中导入 Word 文档时，有可能会发生内容错乱或不完整的情况。为了减少错误的发生，在导入前需要为 Word 文档中的标题设置正确的大纲级别，如图 27-22

所示，以便让导入到 PPT 中的内容正确排列在每张幻灯片中。

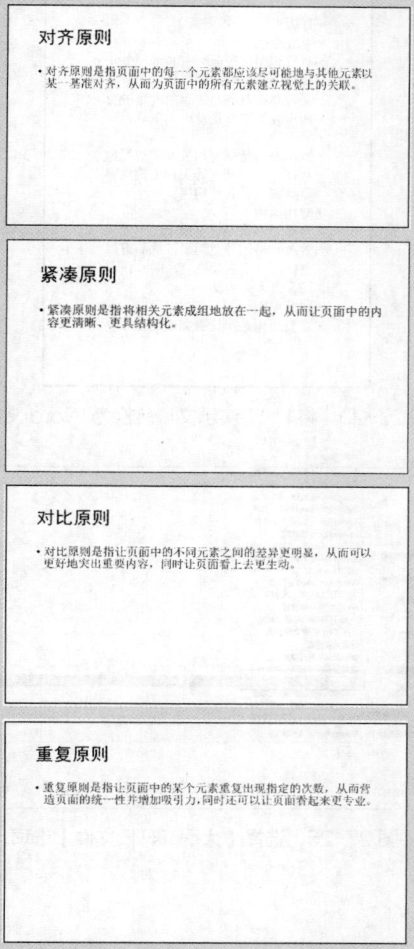

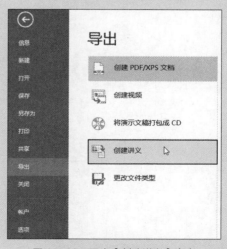

图 27-21 将 Word 文档内容导入到 PPT 中

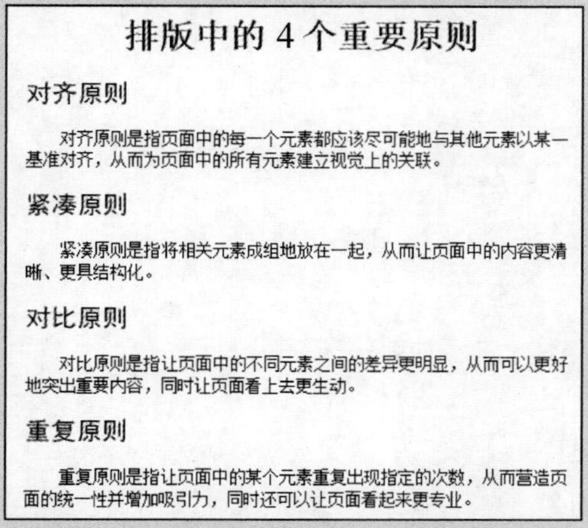

排版中的 4 个重要原则

对齐原则

对齐原则是指页面中的每一个元素都应该尽可能地与其他元素以某一基准对齐，从而为页面中的所有元素建立视觉上的关联。

紧凑原则

紧凑原则是指将相关元素成组地放在一起，从而让页面中的内容更清晰、更具结构化。

对比原则

对比原则是指让页面中的不同元素之间的差异更明显，从而可以更好地突出重要内容，同时让页面看上去更生动。

重复原则

重复原则是指让页面中的某个元素重复出现指定的次数，从而营造页面的统一性并增加吸引力，同时还可以让页面看起来更专业。

图 27-22 为 Word 文档中的标题设置大纲级别

表 27-1 列出了 Word 中的大纲级别与 PPT 中的标题和文本样式级别的对应关系。需要注意的是，在 Word 文档中大纲级别为"正文"的内容不会被导入到 PPT 中。

表 27-1 Word 大纲级别与 PPT 标题和文本样式级别的对应关系

Word 大纲级别	PPT 标题和文本样式级别
大纲 1 级	标题样式
大纲 2 级	第 1 级文本样式
大纲 3 级	第 2 级文本样式
大纲 4 级	第 3 级文本样式
大纲 5 级	第 4 级文本样式
大纲 6 级	第 5 级文本样式
大纲 7 级	第 6 级文本样式
大纲 8 级	第 7 级文本样式
大纲 9 级	第 8 级文本样式

27.2.4 将 PPT 演示文稿转换为 Word 文档

案例 27-4
将 PPT 演示文稿转换为 Word 文档

案例目标： 将 PPT 演示文稿中的内容转换为 Word 文档。

完成本例的具体操作步骤如下。

（1）打开要转换的 PPT 演示文稿，单击【文件】⇨【导出】命令，然后双击【创建讲义】命令，如图 27-23 所示。

图 27-23 双击【创建讲义】命令

（2）打开【发送到 Microsoft Word】对话框，选中【只使用大纲】单选按钮，如图 27-24 所示，然后单击【确定】按钮。

图 27-24　选中【只使用大纲】单选按钮

（3）完成转换后会自动打开包含 PPT 内容的 Word 文档，其中显示了 PPT 演示文稿中的内容，如图 27-25 所示。

还可以使用【另存为】功能将 PPT 演示文稿转换为 Word 文档。按【F12】键打开【另存为】对话框，在【保存类型】下拉列表中选择【大纲 /RTF 文件】选项，如图 27-26 所示。设置好文件名和存储路径，

然后单击【保存】按钮。

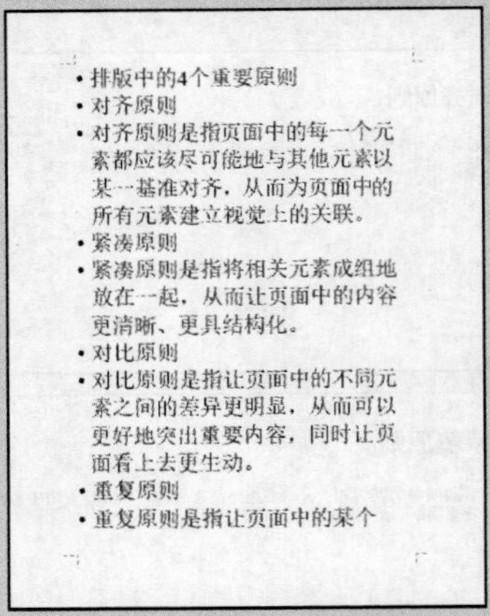

- 排版中的4个重要原则
- 对齐原则
- 对齐原则是指页面中的每一个元素都应该尽可能地与其他元素以某一基准对齐，从而为页面中的所有元素建立视觉上的关联。
- 紧凑原则
- 紧凑原则是指将相关元素成组地放在一起，从而让页面中的内容更清晰、更具结构化。
- 对比原则
- 对比原则是指让页面中的不同元素之间的差异更明显，从而可以更好地突出重要内容，同时让页面看上去更生动。
- 重复原则
- 重复原则是指让页面中的某个

图 27-25　将 PPT 演示文稿转换为 Word 文档

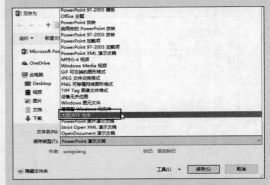

图 27-26　选择【大纲 /RTF 文件】选项